KB252409

혼자서 단숨에 깨치는

기특수학 수I

지은이 **이형욱**

현재 서대문구청 공무원으로, 연세대학교 재학 시절부터 풍부한 과외 경험과 졸업 후 학원강사 활동에서 쌓은 경험을 바탕으로 서대문구 저소득층 중고생들을 위한 수학교실(슬기스쿨-수학을 쉽고 재미있게 공부할 수 있도록 지도하는 자기주도학습 프로그램)을 재능 기부의 형태로 운영 중이다. 학생들을 가르치던 중 '기존 수험서를 가지고는 혼자서 수학을 공부하기 어렵다'는 것을 깨닫고, 사교육 없이도 혼자서 수학을 공부할 수 있도록 도와주는 《혼자서 단숨에 깨치는 기특수학》을 집필하였다. KBS1 라디오 〈공부가 재미있다〉에 출연하여 '자기주도학습 수학공부법'에 대한 특강을 진행하였으며, 서울시 초·중·고등학교를 돌아다니며 학생 및 학부모를 대상으로 '재능 기부(무료) 수학 특강' 강사로도 활동 중이다.

혼자서 단숨에 깨치는 기특수학(수 I)

2013년 11월 15일 개정판 1쇄 발행
2013년 3월 4일 초판 1쇄 발행

지은이 이형욱
감 수 신동규

펴낸이 이원중 편집 김재희 디자인 김지영, 이윤화, 이향란 일러스트 유기영
펴낸곳 지성사 출판등록일 1993년 12월 9일 등록번호 제10-916호
주소 (121-829) 서울시 마포구 상수동 337 – 4 전화 (02) 335 – 5494~5 팩스 (02) 335 – 5496
홈페이지 www.jisungsa.co.kr 블로그 blog.naver.com/jisungsabook 이메일 jisungsa@hanmail.net
편집주간 김명희 편집팀 김재희 디자인팀 이향란

© 이형욱 2013

ISBN 978 - 89 - 7889 - 278 - 0 (43410)

잘못된 책은 바꾸어드립니다. 책값은 뒤표지에 있습니다.

이 도서의 국립중앙도서관 출판시도서목록(CIP)은 서지정보유통시스템 홈페이지(http://seji.nl.go.kr)와 국가자료공동목록시스템(http://www.nl.go.kr/kolisnet)에서 이용하실 수 있습니다.(CIP제어번호 : CIP 2013020915)

혼자서 단숨에 깨치는

기특 수학 수I

이형욱 지음 · 신동규 감수

지성사

추천의 글

창의적이고 논리적 사고를 깨우치는 기특수학

신동규
(감수자, 서울 남강고 수학교사)

오랫동안 교단에서 수학을 가르치다 보니 학생들로부터 종종 이런 질문을 받는다.

"선생님, 몇 문제나 풀어야 모든 유형의 수학문제를 다 경험할 수 있을까요?"

과연 고등학교에서 다루는 수학문제의 유형은 몇 가지나 될까? 매년 학교 시험, 모의고사, 문제집 등을 통해 수많은 수학문제들이 쏟아진다. 시험이라는 제도가 존재하는 한 출제자들은 새로운 문제라며 수십, 수백, 아니 수천 개의 문제를 끊임없이 만들어낼 것이다. 출제자의 입장에서 보면 그다지 큰 고민거리가 될 수 없는 것이, 예를 들어 '2차방정식 $x^2-5x+4=0$의 두 근 α, β에 대하여'라는 말을 '방정식 $x-2=\pm\sqrt{x}$를 만족하는 두 근 α, β에 대하여'라는 말로 바꾸기만 하면 되기 때문이다. 물론 수학을 잘하기 위해서는 많은 문제를 풀어봐야 한다. 그러나 그 과정에서 우리가 반드시 기억해야 할 1가지가 있다. 바로 '자신의 힘으로 원리를 이해하고, 거기에 수학적 깊이를 더해야 한다'는 것이다. 그래야 변형된 문제도 그 핵심을 한번에 파악할 수 있기 때문이다.

어느 날, 졸업한 지 십수 년이 지난 제자가 찾아왔다. 그는 구청 공무원으로 일하면서도 1년 넘게 가정형편이 어려운 학생들을 위해 수학(재능 기부)을 가르치고 있다고 했다.

"선생님, 학생들이 학원에 의존하지 않고 혼자서도 수학을
공부할 수 있는, 그런 자기주도학습 수학기본서를 만들고 싶습니다."

참 기특한 발상이다. 평소 나는 학생들에게 '학교에서 배운 내용으로도 충분하니 굳이 학원에 갈 필요가 없다'라고 말하지만, 정작 시중에 나와 있는 여러 수학참고서를 보면 학생 혼자서 쉽게 공부할 수 있도록 쓰인 책이 별로 없다. 제자는 그간 틈틈이 정리한 자기주도학습 수학기본서 원고를 나에게 건네주었다. 한장 한장 원고를 넘기다 보니 제자의 뜨거운 열정이 내 마음에도 전달되는 듯했다.

우스갯소리로 '서울대 나온 사람은 성적이 하위권인 학생을 잘 가르치지 못한다'는 말이 있다. 무슨 말인고 하니, 수학을 어려워하는 학생 입장이 아닌 오로지 가르치기 위해 학생을 내하다 보니, 학생이 이해하지 못하는 것 자체를 이해하지 못한다는 데서 나온 말이 아닐까 싶다. 마찬가지 이유로, 수학을 전공한 사람들은 수학의 기본적인 개념을 당연하게 받아들이지만, 보통 사람들에게는 전공자들이 당연히 여기는 그 원리가 당연하지 않을 수도 있다. 이러한 현실에서 《혼자서 단숨에 깨치는 기특수학》은 자칫 지나치기 쉬운 수학 원리들을 자세히 설명하는 것은 물론, 본인 역시 고교 시절 힘들어했던 부분에 대한 한을 풀어내듯 학생들의 입장에서 이해하기 쉽도록 수학을 알려준다. 고등학교 수학이지만 마치 이제 막 수학적 두뇌가 형성되기 시작하는 초등학교 고학년 학생에게 이야기하는 듯 수학을 놀이처럼 느낄 수 있게 신선한 시각으로 개념을 설명하고 있어, 그간 제자가 얼마나 노력했을지 그 수고가 고스란히 느껴졌다. 이 책을 읽는 대부분의 사람들은 나처럼 이렇게 생각할 것이다.

'어라~ 수학이 만만해 보이는데? 한번 해볼 만하겠는데…….'

현재 아이들에게 수학을 가르치고 있는 수학교사로서, 이 책은 수학을 제대로 공부하고자 하는 많은 학생들을 위한 자기주도학습서로 흠잡을 데가 없다고 자부한다. 더 나아가 학생을 가르치는 선생님들의 강의 노트로도 손색이 없을 만큼 훌륭하다. 학원에 의존하지 않고 혼자서 수학을 공부하고자 하는 모든 학생들에게 이 책을 적극 추천하고 싶다.

개정판을 내며

2014년도부터 고등수학 교과 과정이 바뀌어 『혼자서 단숨에 깨치는 기특수학』 개정판을 내게 되었다. 그런데 왜 고등수학 교과 과정이 바뀌게 된 것일까? 먼저 현행 고등수학 교과 과정(2014년 이전)부터 살펴보면, 다음과 같이 크게 세 분야로 구성되어 있다.

대수학(algebra)
수와 수 사이의 관계를 보다 더 일반적으로 연구하는 학문으로, 수 대신 문자를 사용하여 문제 해결을 쉽게 하고, 수학적 기본 법칙을 일반적이고 간단하게 표현하고자 하는 수학의 한 분야이다.
예시) 다항식, 방정식, 부등식, 행렬

기하학(geometry)
원이나 삼각형, 사각형 등의 도형을 연구하는 학문으로, 다양한 도형에 대한 이해와 이들 사이의 연관 관계 및 모양이나 크기를 정밀하게 측정하는, 즉 공간의 수리적 성질을 연구하는 수학의 한 분야이다.
예시) 도형(점, 선, 면, 공간), 벡터

해석학(analysis)
함수의 연속성에 관한 성질을 연구하는 학문으로, 미분 및 적분의 개념을 토대로 무한과 무한소 등의 개념을 연구하는 수학의 한 분야이다.
예시) 집합, 함수, 미분, 적분

고등수학을 '대수, 기하, 해석'이라는 고전적 틀 안에서 구성하게 되면 하나의 주제 또는 개념을 여러 단원에 걸쳐 다루기 때문에 학습 분량이 많아질 수밖에 없다. 게다가 이러한 구성은 유사한 개념들에 대한 연결성을 쉽게 파악할 수 없게 할뿐더러 고차원적인 개념에 접근할 수도 없게 한다. 다시 말해 계산과 같은 방법론적인 측면만을 강조하게 된다. 예를 들어, 2차방정식(대수), 2차곡선(기하), 2차함수(해석)를 각각 단원별로 다루게 되면 불필요한 학습 분량이 생기게 되며, 이들의 수학적 연관성을 통해 창의적인 문제 해결을 도모할 수 없게 된다. (사실 2차방정식과 2차부등식의 경우 2차함수를 통해 문제를 보다 쉽게 해결할 수 있는데도 말이다)

특히 미분과 적분의 경우, 기존의 교과 과정에서는 방법론적인 측면, 즉 미적분의 계산 기술에 초점을 맞춰 학습하다 보니 그 본질적인 성질이 소홀히 다뤄져온 측면도 있다. (자연현상과 사회현상이 서로 다른 분야라 하더라도 함수의 성질을 공통적으로 적용하여 그 의미를 통합적으로 파악할 수 있는데도 말이다)

이러한 여러 가지 문제점들을 해결하고자 2014학년도 고등수학 교과 과정에서는 다음과 같이 개정의 기본 방향을 설정하였다.

1) 계산 위주의 학습을 지양
2) 수학적 개념 간의 연결성을 강조
3) 단순 중복적인 학습을 탈피

2014학년도 개정의 기본 방향이 계산 위주의 학습을 지양하고 기본 개념을 바탕으로 창의적으로 문제를 해결할 수 있도록 돕는다는 것은 『혼자서 단숨에 깨치는 기특수학』의 집필 의도와 정확히 일치하는 부분이다.

앞으로 『혼자서 단숨에 깨치는 기특수학』으로 고등수학을 공부하는 학생들이 개정된 교과 과정의 학습 목표에 맞게 수학을 공부함으로써 단순히 수학 분야뿐 아니라 모든 상황에서 창의적이고 논리적인 사고를 키울 수 있길 기대한다.

저자의 말

생각하지 않는 수학은 미친 짓이다

어렸을 때에는 단순히 계산하는 것이 재밌어서 수학을 좋아했다. 사칙연산, 다항식의 계산, 방정식의 풀이 등 친구들과 칠판에 비슷한 문제를 써놓고 '누가 더 빨리 푸나' 내기를 한 적도 많다. 유난히 수학문제를 많이 푼 덕에 초·중학교 때 수학만은 반에서 항상 1등을 놓치지 않았다. 그런데 문제는 고등학교 수능 모의고사(수리영역)였다. 그렇게 많은 문제를 풀고 공식을 달달 외웠음에도 좀처럼 모의고사 성적이 오르지 않았다. 그럴 때마다 끊임없이 새로운 문제집을 사서 더 많은 문제를 풀고는 했는데, '한 번 풀었던 문제는 절대 틀리지 말아야지' 하는 생각에 문제유형까지 모조리 암기했던 기억이 난다. 드디어 1997년 수능시험날. 결과는 무척 실망스러웠다. 투자한 시간에 비해 성적이 턱없이 저조했기 때문이다. '노력은 배신하지 않는다'라는 신조를 가슴에 새기고 고군분투했는데 이런 결과가 나오다니, 좀처럼 결과를 인정할 수 없었다. 그때 문득 이런 생각이 들었다.

"많은 문제를 푸는 것이 정말 수학을 잘하는 데 효과가 있을까?"

결과적으로 말하자면, 내 경우 큰 효과를 거두지는 못했다. 왜 그랬을까? 바로 수학개념에 대한 고민 없이 무작정 수학을 공부했기 때문이다. 나는 항상 수학문제를 보면 바로 연습장을 꺼내 수식부터 써 내려갔다. 그것이 화근이었다. 문제를 풀 수 있으니 개념은 당연히 아는 줄로 착각했다. 나는 문제를 풀기 위해 어떤 개념을 어떻게 사용해야 되는지, 문제의 출제의도가 무엇인지 생각해 본 적이 거의 없었다. 이것이 바로 내가 수학에 실패한 이유다.

유사한 문제를 푸는 것은 한두 번으로 족하다. 중요한 것은 한 문제를 풀더라도 문제를 통해 필요한 개념을 도출하고, 그 개념을 바탕으로 문제해결 과정을 스스로 설계하는 것이다. '기본개념을 바탕으로 문제를 이해하고 생각하는 것', 그것이 바로 수학을 공부하는 기본적인 자세이다. 지금도 수학이 어려워 아예 포기하고 있는 학생들이 있다면 나는 이렇게 말해주고 싶다. "생각하지 않는 수학은 미친 짓"이라고 말이다.

비록 고등학교 때 수학에서 큰 결실을 거두지는 못했지만 워낙 수학을 좋아했던 나는 대학 시절 다수의 과외 경험과 졸업 후 학원강사 경력을 살려, 2011년 12월부터 서대문구 저소득층 중·고생들을 위한 재능 기부 수학교실(슬기스쿨)을 운영하게 되었다. '슬기스쿨'은 수학을 쉽고 재미있게 공부할 수 있도록 코칭하는 일종의 자기주도학습 프로그램이다. 그런데 학생들을 코칭하던 중 '기존 수험서를 가지고는 혼자서 수학을 공부하기 어렵다'는 것을 절실히 깨닫게 되었다. 나는 아이들이 비싼 사교육 없이 혼자서도 수학문제를 즐겁고 재미있게 풀 수 있도록 도와주고 싶었다. 《혼자서 단숨에 깨치는 기특수학》은 이러한 내 간절한 바람을 담아 세상에 나오게 되었다.

이 책은 과거, 잘못된 접근 방법으로 수학에 실패한 나의 경험을 바탕으로 썼기 때문에 개념을 읽고 바로 연습장을 꺼내 문제를 풀면서 수학을 공부하는 기존 수학책과는 달리, 천천히 생각하면서 스스로 개념을 파악하고 한 단원, 한 단원을 끝까지 공부할 수 있도록 읽기 편하게 구성하였다. 또 다양한 삽화와 함께 이야기식으로 개념을 설명하고 있어, 마치 소설책을 읽듯 막힘없이 수학을 공부할 수 있도록 하였다. 무엇보다 정답을 맞히기 위한 문제풀이가 아닌 스스로 개념을 도출하여 문제를 해결하는 혁신적인 문제풀이법을 제시하고 있어, '어떤 개념을 어떻게 활용해야 문제를 해결할 수 있는지' 학생 스스로 깨우쳐 혼자서도 충분히 다양한 수학문제를 풀 수 있도록 도와준다. 모쪼록 이 책을 통해 대한민국 모든 학생들이 창의적이고 깊이 있게 사고할 수 있기를 간절히 소망한다.

고교 시절 실패의 경험을 떠올리며

이형욱

이 책을 읽기 전에

수학에는 왕도가 없다?

고등학교 수학시간에 줄곧 들었던 말이다. 수학이라는 학문은 아무리 왕이라도 쉽게 정복할 수 없음을 의미한다. 즉, 기초를 확실히 다지고 다양한 문제를 접해봐야만 수학을 잘할 수 있다는 뜻이기도 하다.

'정말 수학에는 왕도가 없는 것일까?'

흔히 수학을 이렇게 공부하라고 말한다.

① 기본개념에 충실하라.
② 다양한 유형의 문제를 풀어라.

많은 학생들이 이 말을 굳게 믿고 개념과 공식을 열심히 암기하고, 시간과 공을 들여 수없이 많은 문제를 풀며 수학을 공부하고 있다. 아니 '연습' 하고 있다. 나 또한 그랬다. 그러나 더 이상 수많은 학생들이 나와 같은 실패를 경험하게 하고 싶지 않다. 분명 수학에 왕도는 없지만 내가 생각하는 효율적 수학공부법을 구체적으로 설명해 보려 한다.

① 기본개념의 의미를 파악하라

수학의 기본개념을 이해했다면 그 개념의 의미를 정확히 파악할 수 있어야 한다. 특히 어떤 수학공식에 대해 이 공식이 어디에 어떻게 쓰이는지, 그리고 무슨 의미를 갖고 있는지 '아는 것'이 가장 중요하다. 그럼 다음 2차방정식의 근의 공식이 어떤 의미를 가지고 있는지 함께 생각해 보도록 하자.

2차방정식의 근의 공식 : $ax^2+bx+c=0 \rightarrow x=\dfrac{-b\pm\sqrt{b^2-4ac}}{2a}$

일단 2차방정식의 근의 공식을 암기하는 것보다 '이 공식을 이용하면 어떠한 2차방정식도 풀 수 있다'는 것, 그리고 '근의 공식을 이용하여 어떤 2차식도 인수분해가 가능하다'는 것을 아는 것이 중요하다. 나는 수학을 공부하는 학생들에게 수학공식이란 단순계산 도구에 불과하다는 것을 꼭 말해주고 싶다. 공식은 언제든지 책에서 확인할 수 있다는 것 또한 명심하길 바란다. (공식을 무작정 외우지 말고 여러 번 찾아보면서 자연스럽게 기억하는 것이 좋다)

② 개념을 도출하면서 문제해결 과정을 설계하라

많은 문제를 반복해서 푸는 것은 수학 실력 향상에 그다지 도움이 안 된다. 한 문제를 풀더라도 이 문제를 풀기 위해서 어떤 개념을 알아야 하는지, 그리고 그 개념을 어떻게 적용해야 문제를 해결할 수 있는지 스스로 설계하는 것이 중요하다. 계산은 나중 문제다. 그럼 다음 문제를 통해 개념을 도출하면서 문제해결 과정을 설계해 보도록 하자.

2차방정식 $x^2+(a+1)x+4=0$이 중근을 갖기 위한 a값을 구하여라.

이 문제를 풀기 위해서 먼저 어떤 개념을 알아야 할까? 2차방정식의 판별식과 중근의 개념 등을 알고 있어야 한다. 개념의 내용을 정확히 암기하고 있지 않아도 상관없다. 언제든지 책을 찾아보면 알 수 있으니 말이다. 중요한 것은 우리가 문제를 풀기 위한 기본적인 수학개념(판별식과 중근)을 도출해 냈다는 것이다. 그렇다면 이 개념을 활용하여 어떻게 문제를 해결할 수 있을까? 이 문제는 미지수가 1개(a)이므로 a에 관한 1개의 방정식만 도출하면 되는데, 2차방정식의 중근에 관한 식 '판별식 $D=0$'의 개념을 활용하면 쉽게 a에 관한 방정식을 도출할 수 있을 것이다. 방정식을 푼다는 것은 정해진 해법에 의한 단순계산에 지나지 않는다(이 문제는 2차방정식의 판별식과 중근의 개념을 이용하여 미지수 a값을 구할 수 있는지 묻는 문제이다).

이번에는 수학적 개념에 대한 기초를 다지는 방법에 대해 차근차근 설명해 보도록 하겠다. 우선 수학을 공부하기 위해서는 수학이라는 과목에 대한 특징을 알아야 한다.

수학의 특징

앞의 내용을 '기억'하지 못한다면 뒤의 내용을 '이해'할 수 없다.

수학이 다른 과목에 비해 기초가 중요하다고 말하는 이유는 바로 여기에 있다. 단순히 개념을 '이해'하는 것이 아닌 '80% 이상 기억'하고 있어야 비로소 뒤에 나오는 개념을 이해할 수 있다는 것이 바로 수학의 가장 중요한 특징이다. 개념을 기억하기 위해서는 여러 번에 걸친 개념 이해 작업이 필요하다. 그래야 자연스럽게 기억할 수 있기 때문이다. 이에 따른 이 책의 활용법을 간단히 소개하도록 하겠다.

책의 활용법

1. 소단원(30~40p)을 천천히 이해하면서 끊김 없이 끝까지 읽어본다.
   (70~80%를 이해했더라도 40% 정도만 기억할 것이다)
2. 다시 한 번 천천히 이해하면서 읽어본다. (좀 더 빠르게 읽힐 것이다. 90% 이상 이해했더라도 60% 정도만 기억할 것이다)
3. 마지막으로 한 번 더 천천히 읽어본다. (100% 이해했더라도 80% 정도만 기억할 것이다. 이 정도면 충분하다)

여기서 '기억하는' 것은 '암기하는' 것과는 다르다. 즉, 뒤쪽에서 비슷한 내용이 나올 경우 바로 이해할 수 있다는 뜻이지, 내용 하나하나를 외우는 것이 아님을 명심해야 한다. 혹여 이 책을 처음 읽었을 때, 50%도 이해하지 못했다면 그것은 중학 수학에 대한 개념이 부족한 탓이다. 이러한 경우라면 반드시 중학 수학의 기본개념부터 다시 학습한 후 고등학교 수학을 공부해야 한다.

이렇게 소단원별로 3번 이상 정독하길 권장한다. 천천히 읽다 보면 어느샌가 자신도 모르게 수학이 점점 쉽게 느껴질 것이다. 그리고 더 많은 문제를 풀고 싶다면 시중에 나와 있는 여러 문제집을 사서 풀어보길 바란다. 유사한 문제는 한두 번만 풀어도 족하다. 여기서 중요한 것은 문제유형을 암기하는 것이 아니라 문제를 통해 내가 알고 있는 개념을 도출해야 한다는 것이다. 이 사실을 반드시 기억하길 바란다.

수학은 왜 배울까?

흔히 수학을 배워서 뭐하냐고들 한다. 또 2차방정식, 삼각함수 등은 고등학교를 졸업하면 끝이라고들 말하기도 한다. 틀린 말은 아니다. 학교를 졸업하고 사회에 나와서 2차방정식, 삼각함수 등을 사용할 일은 거의 없기 때문이다. 그러나 이는 수학을 배우는 이유를 아직 잘 모르고 있기 때문에 하는 말이다.

'수학을 배우는 진짜 이유가 뭘까?'

수학을 배우는 진짜 이유는 바로 '논리적이고 창의적인 사고'를 하기 위해서이다. 이해가 잘 안 가는 학생들을 위해 실생활의 예시를 통해 수학을 배우는 이유에 대해서 자세히 살펴보도록 하겠다. (어떤 사람이 커피숍을 운영하기 위해서 고민하고 있다고 가정해 보자)

커피숍 운영 과정	수학문제 해결 과정
커피숍을 성공적으로 운영하기 위해서 내가 알아야 하는 지식은 무엇일까?	문제를 풀기 위해서 내가 알아야 하는 개념(공식)은 무엇일까?
나는 그것(지식)을 정확히 알고 있는가? 만약 모른다면 어떻게 그 지식을 획득할 수 있는가?	나는 그것(개념)을 정확히 알고 있는가? 만약 모른다면 책의 어느 부분을 찾아봐야 그 개념을 확인할 수 있는가?
어떻게 커피숍을 운영해야 성공할 수 있을까? (알고 있는 지식을 가지고 커피숍 운영전략을 설계해 보자)	개념을 어떻게 적용해야 문제를 풀 수 있을까? (알고 있는 개념을 바탕으로 문제해결 과정을 설계해 보자)

어떠한가? 아직도 수학을 배우는 이유를 모르겠는가? 우리가 수학을 배우는 이유는 주어진 상황을 해결하기 위한 논리적이고 창의적인 사고를 하기 위해서이다. 단순히 어려운 수학문제를 푸는 것이 수학의 전부가 아니다. 이것은 극히 일부분에 불과하다. 우리가 경험할 수 있는 모든 상황에 대한 수학적 사고(논리적이고 창의적 사고)를 하기 위해 우리가 수학이라는 과목을 배운다는 사실을 반드시 기억하길 바란다.

Contents

1장 다항식

2장 방정식과 부등식(1)

Contents

2. 직선

3. 원

4. 도형의 이동

5. 부등식의 영역

기특수학 (수 I)

1장 다항식

1. 다항식의 연산
2. 항등식과 나머지정리
3. 인수분해

1 다항식의 연산

수학을 아름답게 만드는 것은 무엇일까요?

수학을 아름답게 만드는 것

숫자 -3

문자 a x^2

연산 $\subset$ $+$ $-$

기호 lim $p \to q$ $\int$

이 단원에서는 수학을 표현하는 **문자와 식**에 대해 배울 것입니다. 수식이 많이 나오기 때문에 읽기에 다소 어려울 수도 있습니다. 하지만 수학의 기본기를 다진다고 생각하고 끈기 있게 차근차근 읽어나가길 바랍니다.

※ 특히 수식이 나올 때는 천천히 암산하면서 읽도록 한다.

식의 체계

수체계와 비교하여 '식'은 어떻게 분류되는지 알아보도록 하겠습니다. (수와 식은 거의 유사한 개념이라고 볼 수 있다)

- 실수식 (실수)
  - 유리식 (유리수)
    - 다항식 (정수) : $2x+1,\ x^2-1\cdots$
    - 분수식 (분수) : $\dfrac{1}{x-1},\ \dfrac{x-1}{x^2+1}\cdots$
  - 무리식 (무리수) $\sqrt{x}+\sqrt{x+2}$

다항식

수학에서 가장 흔하게 볼 수 있는 식이 바로 **다항식**입니다. 다항식의 의미를 알기 위해서는 먼저 **단항식**의 개념부터 알아야 합니다.

단항식

'숫자와 문자', '문자와 문자'의 곱으로만 이루어진 식

$$3,\quad \frac{1}{2}x,\quad xy,\quad \sqrt{3}\,x^2,\quad -4xy^3$$

※ $\dfrac{1}{x},\ \sqrt{x}\cdots$ 등은 '숫자와 문자', '문자와 문자'의 곱으로만 이루어진 식이 아니므로 단항식이 될 수 없다.

1개 이상의 단항식들이 덧셈 또는 뺄셈으로 이루진 식을 **다항식**이라고 말합니다.

다항식을 이루고 있는 단항식을 간단히 **항**이라고 말하는데, 예를 들어 '$2x+3y-1$'은 3개의 항$(2x, 3y, -1)$으로 이루어진 다항식이 됩니다. ('항'의 개념을 바탕으로 단항식과 다항식을 한자로 풀어쓰면 다음과 같다)

단항식과 다항식

- 하나 단(單), 항목 항(項), 수식 식(式) → 하나의 항으로 이루어진 식
- 많을 다(多), 항목 항(項), 수식 식(式) → 여러 개의 항으로 이루어진 식

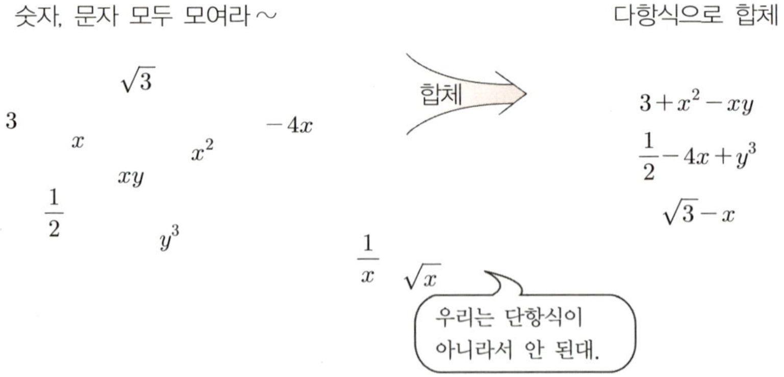

관심 있는 문자

'문자'를 기준으로 다항식을 분류할 수 있습니다. 특히 우리가 '관심 있는 문자(관심문자)'가 바로 다항식의 명칭을 결정합니다. (관심문자는 일반적으로 다항식의 **변수**를 가리킨다)

$$2x+3y-1$$

'관심문자'가 x일 때 → x에 관한 다항식
'관심문자'가 y일 때 → y에 관한 다항식
'관심문자'가 x, y일 때 → x, y에 관한 다항식

다항식에 나오는 문자 중 중요한 문자는 따로 있군.
다항식에서는 우리가 관심을 갖고 있는 문자에 집중해야 돼. 일반적으로 a, b, c…는 상수를 가리키는 문자이고, x, y, z는 변수를 가리키는 문자야. 상황에 따라서 y, z도 상수로 취급할 수 있어.

다항식에는 **차수(次數)**라는 개념이 등장합니다. 차수를 이용하면 다항식을 순서대로 정리할 수 있습니다. (차수에서 차(次)는 '순서, 차례'를 나타내는 한자이다)

먼저 단항식의 차수부터 살펴보도록 하겠습니다.

단항식의 차수

단항식의 '차수'란 '관심문자의 개수'를 말한다.

① $3xy^2$에서 관심문자가 x일 경우,
x의 개수는 1개이므로 → $3xy^2$의 차수는 1차

② $3xy^2$에서 관심문자가 y일 경우,
y의 개수는 2개이므로 → $3xy^2$의 차수는 2차

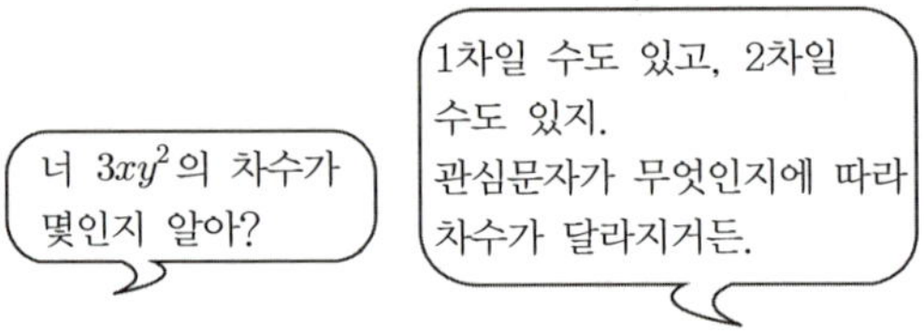

너 $3xy^2$의 차수가 몇인지 알아?
1차일 수도 있고, 2차일 수도 있지. 관심문자가 무엇인지에 따라 차수가 달라지거든.

다항식의 차수는 '가장 높은 단항식의 차수'로 결정됩니다. 그럼 다음 다항식의 차수를 말해보도록 하겠습니다. (단, 관심문자(변수)는 x이다)

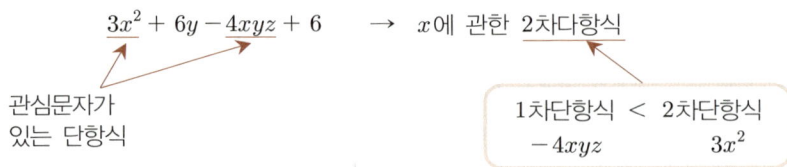

$$3x^2 + 6y - 4xyz + 6 \quad \rightarrow \quad x\text{에 관한 2차다항식}$$

관심문자가 있는 단항식: $3x^2$, $-4xyz$

1차단항식 < 2차단항식
$-4xyz$ $\quad$ $3x^2$

※ x를 제외한 모든 문자는 상수로 취급할 수 있다.

만약에 관심문자가 x, y, z일 경우, 다항식 $3x^2+6y-4xyz+6$의 차수는 3차가 될 것입니다. (차수가 가장 높은 항이 $-4xyz$이므로 관심문자의 개수가 3개인 3차다항식이 된다)

그 밖의 다항식과 관련된 용어

다항식에서 '항상 일정한 값'을 갖는 수를 **상수**라고 말합니다. (상수는 숫자 상수와 문자상수로 나뉜다)

x에 관한 다항식 $ax+1$ → 문자상수 : a 숫자상수 : 1

특히 숫자 1과 같이 상수로만 이루어진 항을 **상수항**이라고 말합니다. 또한 숫자와 문자(변수)로 이루어진 단항식에서 문자 이외의 부분을 **계수**라고 말하는데, 계수의 계는 '맺을 계(係)' 자를 사용합니다. (계수는 '문자와 맺어져 있는 수'를 의미하는 한자어이다)

단항식 $3x$ → **계수** : 3

상수항과 계수는 관심문자가 무엇이냐에 따라 달라집니다. 예를 들어 x, y에 관한 다항식 '$2x+3y$'에서 2와 3은 각각 변수 x, y의 계수가 되는 반면 관심문자가 오직 x일 경우 다항식 '$2x+3y$'에서 $3y$는 상수항으로 취급할 수 있습니다. ('상수항과 계수'는 관심문자에 따른 '상대적인 개념'이라고 볼 수 있다)

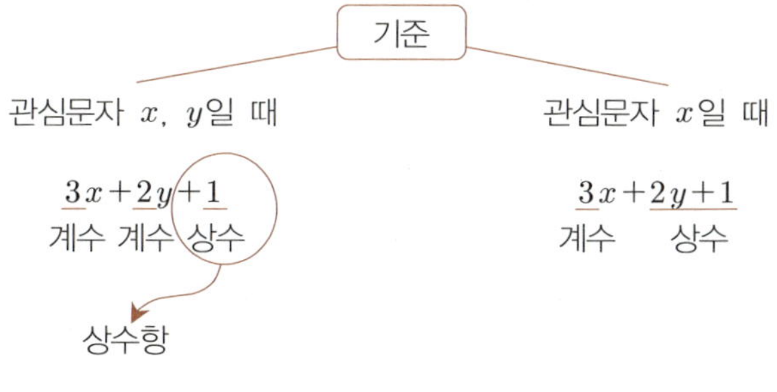

다음 다항식에서 상수항과 계수를 찾아보도록 하겠습니다.

① 다항식 '$x+y-1+a$'의 상수항은?

i) 관심문자가 x, y일 때 → -1, a (상수항)

ii) 관심문자가 x일 때 → $y, -1$, a (상수항)

② 다항식 '$3xy-2x$'의 계수는?

i) 관심문자가 x, y일 때 → xy의 계수는 3, x의 계수는 −2

ii) 관심문자가 x일 때 → x의 계수는 $3y-2$

※ $3xy-2x=(3y-2)x$

참고로 상수항의 경우, 관심문자의 개수가 0개이므로 상수항의 차수는 0차가 됩니다. ($2=2x^0$ ← 지수법칙 $a^0=1$)

한편 계수는 다르지만 '문자와 차수가 같은 항'을 **동류항**이라고 말합니다. (동류항은 '같을 동(同)', '무리 류(類)' 자를 써서 '같은 무리(종류)의 항'을 의미하는 한자어이다)

동류항끼리는 서로 덧셈과 뺄셈이 가능합니다. (분배법칙을 이용하여 동류항을 계산할 수 있다)

$$a\times(x+y) \xrightarrow{\text{분배}} ax+ay \quad : \quad \underbrace{a(x+y)=ax+ay}_{\text{분배법칙}}$$

통상적으로 역의 방향도 분배법칙이라고 말한다 : $ax+ay=a(x+y)$

$$\text{동류항의 계산} : \underbrace{3x+2x}_{\text{동류항}}=(3+2)x=5x$$

복잡한 다항식을 한 문자에 관하여 정리하면, 보기에도 좋고 계산하기도 편리합니다. 다항식을 한 문자(관심문자)에 관하여 차수가 높은 항부터 차례로 정리하는 것을 **내림차순 정리**라고 말합니다.

x^2+x^3+1-2x

x에 관해 내림차순으로 정리하면 → $\underset{\text{3차}}{\underline{x}^{3}} + \underset{\text{2차}}{\underline{x}^{2}} - 2\underset{\text{1차}}{\underline{x}} + \underset{\text{0차}}{\underline{1}}$

반대로 차수가 낮은 항부터 차례로 정리하는 것을 **오름차순 정리**라고 말합니다.

x^2+x^3+1-2x

x에 관해 오름차순으로 정리하면 → $\underset{\text{0차}}{\underline{1}} - 2\underset{\text{1차}}{\underline{x}} + \underset{\text{2차}}{\underline{x}^{2}} + \underset{\text{3차}}{\underline{x}^{3}}$

※ 특별한 경우를 제외하고 대부분의 다항식은 내림차순으로 정리한다.

좌우로 정렬

내림차순 정렬

$2x^2$	x^2
x	$-4x$
$2y$	$3y$
-3	$\sqrt{2}$

다음 x에 관한 다항식에서 상수항과 계수 그리고 동류항을 찾은 후 x에 관하여 내림차순 또는 오름차순으로 정리해 보도록 하겠습니다.

$$3x+4xy+3-2y+x^2$$

※ 관심문자가 x뿐이므로 y는 상수로 취급할 수 있다.

· 동류항(x의 1차단항식) : $3x$, $(4y)x$

· 상수항(관심문자가 없는 단항식) : 3, $-2y$

· 내림차순 정리 : $x^2+(3+4y)x+(-2y+3)$

· 오름차순 정리 : $(-2y+3)+(3+4y)x+x^2$

앞으로 여러분은 x에 관한 다항식을 주로 다루게 될 것입니다. 이참에 x에 관한 일반적인 다항식(1~3차)을 간단히 정리하고 넘어가도록 하겠습니다.

x에 관한 다항식

- x에 관한 1차다항식 : $ax+b$
- x에 관한 2차다항식 : ax^2+bx+c
- x에 관한 3차다항식 : ax^3+bx^2+cx+d

다항식의 덧셈과 뺄셈

다항식에서는 동류항끼리 서로 더하거나 뺄 수 있습니다. (분배법칙을 이용하여 동류항의 계수를 계산한다)

$$2x-x+3y+y$$

$$=(2-1)x+(3+1)y$$

$ma+mb \rightarrow m(a+b)$ 분배법칙

동류항 계산

$$=x+4y$$

다음 다항식을 계산해 보도록 하겠습니다. (단, 변수는 x이다)

$$A=2x^2-(3a+1)x-1,\ B=(a+1)x^2+1$$

① $A+B=2x^2-(3a+1)x-1+(a+1)x^2+1$

$\qquad\quad=(a+3)x^2-(3a+1)x$

② $A-B$ ※ $-B$는 다항식 B에 −1을 곱한 것과 같다.

$\quad=2x^2-(3a+1)x-1-\{(a+1)x^2+1\}$

$\quad=(1-a)x^2-(3a+1)x-2$

동류항끼리 헤쳐 모여~

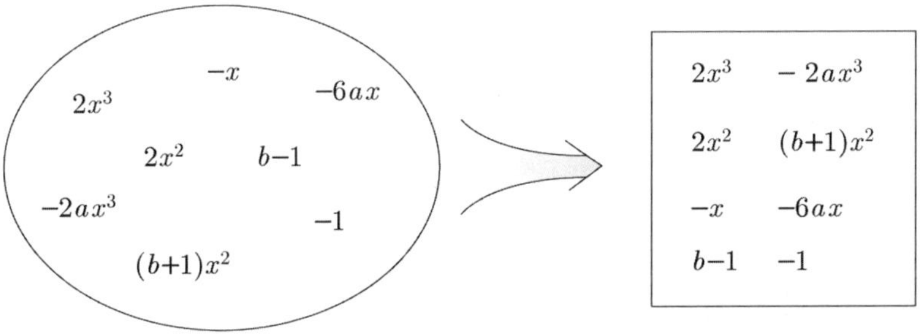

간단한 지수법칙

중학교 때 이미 지수에 대해 배워본 적이 있을 것입니다. **지수**란 어떤 수(또는 문자)의 거듭제곱에 대한 횟수를 나타내는 숫자를 말합니다.

x를 거듭하여 세 번 곱한 식 : $x\times x\times x\ \rightarrow\ x^3$

여기서 x를 밑(또는 밑수), 어깨숫자 3을 지수라고 말합니다. (지수는 동일한 문사 또는 숫자의 거듭제곱을 간단히 표현하기 위한 일종의 수학적 기호이다)

그럼 지수법칙에 대해 알아보도록 하겠습니다. (중학교 때까지는 지수를 자연수로 한정했을 것이다)

지수법칙

m, n을 정수라고 할 때,

① $a^m \times a^n = a^{m+n}$ ② $(a^m)^n = a^{mn}$ ③ $(ab)^n = a^n b^n$

④ $\left(\dfrac{b}{a}\right)^n = \dfrac{b^n}{a^n}$ ⑤ $a^m \div a^n = a^{m-n}$ ⑥ $a^0 = 1$

⑦ $a^{-1} = \dfrac{1}{a}$ ⑧ $a^{-n} = \dfrac{1}{a^n}$(중학교 과정에서 다루지 않았던 지수법칙)

※ '$a^{-1} = \dfrac{1}{a}$, $a^{-n} = \dfrac{1}{a^n}$'에 따라 지수를 정수로 확장할 수 있다.

(이 규칙을 숫자에 적용하면 역수가 된다)

$$3^{-1} = \frac{1}{3} \qquad 2^{-3} = \frac{1}{2^3} = \frac{1}{8}$$

참고로 무리수(제곱근)를 지수로 표현하게 되면, 지수를 유리수까지 확장할 수 있습니다.

지수법칙을 활용하여 다음 단항식의 곱셈을 계산해 보도록 하겠습니다.

$$xy \times 4xy^2 \quad \rightarrow \quad 4x^{1+1}y^{1+2} = 4x^2y^3$$

$$(2x^3y)^2 \quad \rightarrow \quad 2^2x^{3\times 2}y^{1\times 2} = 4x^6y^2$$

$$\frac{a^3}{b^3} \times \frac{b^2}{a^2} \quad \rightarrow \quad \frac{a^3}{b^3} \times \frac{b^2}{a^2} = a^{3-2} \times b^{2-3} = \frac{a}{b}$$

다항식의 곱셈

분배법칙을 활용하면 다항식의 곱셈을 계산할 수 있습니다.

다항식의 곱셈 $(a+b)\times(x+y)$

$(a+b)\times(x+y)$의 계산과정은 다음과 같다.

① $x+y$를 X로 치환하여 분배법칙을 적용한다.

$x+y$를 X로 치환

$$(a+b)(x+y) = (a+b)X = aX+bX$$

분배법칙

② X를 다시 $x+y$로 바꾸어준 다음, 분배법칙을 적용한다.

$$aX+bX = a(x+y)+b(x+y) = ax+ay+bx+by$$

➡ $(a+b)(x+y) = ax+ay+bx+by$

※ 다항식의 곱셈을 **식을 전개한다**라고 말한다. (전개는 '펼 전(展)', '열 개(開)' 사를 써서 '펼쳐서 열어놓는다'는 의미의 한자어이다)

다항식 $(a+b)(x+y)$의 전개과정을 도식화하면 다음과 같습니다.

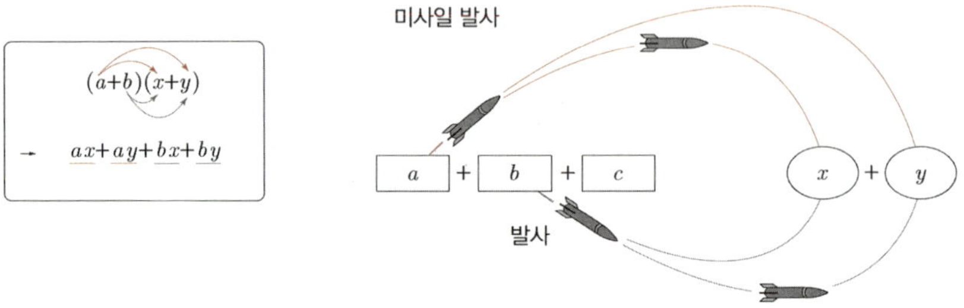

다음 다항식의 곱셈을 계산해 보도록 하겠습니다. (식을 전개한 후, 동류항을 찾아 계산한다)

$$(x+y)(x-2y) = x^2 \underline{-2xy+yx} - 2y^2$$

동류항

$$\Rightarrow (x+y)(x-2y) = x^2 - xy - 2y^2$$

아무리 복잡한 다항식이라도 식을 전개하는 방식은 동일합니다. (왼쪽 괄호 안의 각 항과 오른쪽 괄호 안의 각 항을 모두 곱한다)

$$(a+b+\cdots\quad)(x+y+z+\cdots\quad) = ax+ay+az+\cdots\ +bx+by+\ \cdots$$

식을 전개하는 과정이 조금 복잡하긴 하지만 그렇게 어려운 계산은 아닐 것입니다. (단순계산에 불과하죠)

복잡한 곱셈식의 경우 치환을 통해 보다 쉽게 계산할 수 있습니다.
($x+y-2=X$로 치환)

$$(x+y-2+a)(x+y-2-b) \longrightarrow (X+a)(X-b)$$

곱셈공식

자주 사용되는 다항식의 곱셈을 공식으로 만들어볼 수 있습니다. 다음 다항식의 전개과정을 유심히 살펴보면,

$$(a+b)(a-b) = a^2\underline{-ab+ba}-b^2$$

동류항 계산 $-ab+ba=0$

$$= a^2-b^2$$

어라?
가운데 부호가 반대인
두 다항식을 곱하면,
두 항의 제곱의 차가
되는군.
$(a+b)(a-b)$
$=a^2-b^2$
이것을 공식화하면,
복잡한 다항식을
쉽게 계산할 수 있어!
?

다항식의 곱셈공식 '$(a+b)(a-b)=a^2-b^2$'을 이용하면 중간 풀이과정 없이 바로 계산 결과를 도출해 낼 수 있습니다.

$(2x+5y)(2x-5y)$: $a \rightarrow 2x$, $b \rightarrow 5y$로 생각하면,

$$(2x+5y)(2x-5y)=(2x)^2-(5y)^2$$

- $(x+3)(x-3)=x^2-9$
- $(2a+x)(2a-x)=4a^2-x^2$
- $(2y-\frac{2}{3}x)(2y+\frac{2}{3}x)=4y^2-\frac{4}{9}x^2$
- $(-x+2)(x+2)=(2-x)(2+x)=4-x^2$

이처럼 자주 사용되는 다항식의 곱셈 결과를 공식으로 만들어놓은 것을 **곱셈공식**이라고 말합니다. (좌변을 전개하여 계산해 보면 우변과 같다는 것을 쉽게 알 수 있다)

곱셈공식 I

① $m(a+b)=ma+mb$, $m(a-b)=ma-mb$

② $(a+b)^2=a^2+2ab+b^2$, $(a-b)^2=a^2-2ab+b^2$

③ $(a+b)(a-b)=a^2-b^2$

④ $(x+a)(x+b)=x^2+(a+b)x+ab$

$(x-a)(x-b)=x^2-(a+b)x+ab$

⑤ $(ax+b)(cx+d)=acx^2+(ad+bc)x+bd$

일반적으로 다항식을 전개할 때는 각 항을 일일이 곱한 다음 모든 동류항을 계산해야 하지만, 곱셈공식을 이용하게 되면 중간 풀이과정 없이 단번에 계산 결과를 도출해 낼 수 있습니다.

일반적인 전개과정 : $(x+2)(x+3) = x^2 + \underline{2x + 3x} + 6$

동류항

$= x^2 + 5x + 6$

곱셈공식 활용 : $\underline{(x+2)(x+3) = x^2 + 5x + 6}$

곱셈공식 ④번 적용

공식이란

공통적으로 가지고 있는 유사한 패턴(법칙이나 원리)을 정형화한 것을 말한다.

공식을 활용하면 유사한 상황에서 발생하는 문제를 쉽게 해결할 수 있다.

[큐브공식]

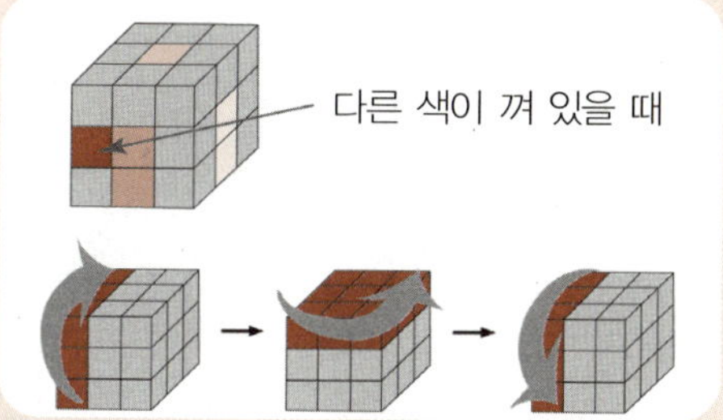

곱셈공식을 몇 개 더 소개하도록 하겠습니다. (책을 처음 읽는 학생들은 기본적인 곱셈공식 ①~⑤까지만 기억하도록 한다)

곱셈공식 Ⅱ

⑥ $(x+a)(x+b)(x+c) = x^3 + (a+b+c)x^2 + (ab+bc+ca)x + abc$

$(x-a)(x-b)(x-c) = x^3 - (a+b+c)x^2 + (ab+bc+ca)x - abc$

⑦ $(a+b)^3 = a^3 + 3ab(a+b) + b^3$, $(a-b)^3 = a^3 - 3ab(a-b) - b^3$

⑧ $(a+b)(a^2 - ab + b^2) = a^3 + b^3$, $(a-b)(a^2 + ab + b^2) = a^3 - b^3$

⑨ $(a+b+c)^2 = a^2 + b^2 + c^2 + 2(ab+bc+ca)$

⑩ $(a+b+c)(a^2 + b^2 + c^2 - ab - bc - ca) = a^3 + b^3 + c^3 - 3abc$

⑪ $(a^2 + ab + b^2)(a^2 - ab + b^2) = a^4 + a^2b^2 + b^4$

곱셈공식을 이용한 다항식의 전개과정은 단순계산에 불과합니다. 따라서 천천히 시간을 갖고 연습해도 괜찮습니다. (무리하게 외우고자 한다면 수학에 흥미를 잃을 수 있으니 절대 그러지 않길 바란다)

공식이라고 해서 그냥 단원별로 한두 개 나오는 줄 알았는데 1번부터 11번까지 있네. 영단어도 아니고 왜 이렇게 많아. 이래서 애들이 수학을 포기하는 구나. 나도 슬슬 수학을 포기해야겠군.
공식이란 건 계산을 편하게 하기 위해서 만든 건데 왜 공식을 보고 수학을 포기하는 거야. 공식을 볼 때 '이 공식은 이럴 때 사용하는 구나'라고 생각하면서 공부를 해봐. 그럼 훨씬 쉬워질 거야. 그리고 무조건 외우지 말고 문제를 풀 때마다 공식을 찾아 하나씩 적용해 보면 자연스럽게 기억할 수 있어.

곱셈공식의 활용

곱셈공식을 활용하여 다음 다항식을 계산해 보도록 하겠습니다.

① $(x+2y)(2x-y)$

곱셈공식⑤ : $(ax+b)(cx+d)=acx^2+(ad+bc)x+bd$

→ $(x+2y)(2x-y)=2x^2+3xy-2y^2$

② $(3x-2y)^2$

곱셈공식② : $(a-b)^2=a^2-2ab+b^2$

→ $(3x-2y)^2=9x^2-12xy+4y^2$

③ $(x-2y+z)^2$

곱셈공식⑨ : $(a+b+c)^2=a^2+b^2+c^2+2(ab+bc+ca)$

$\rightarrow (x-2y+z)^2=x^2+4y^2+z^2+2(-2xy-2yz+zx)$

※ 다항식의 곱셈을 계산할 때, 반드시 곱셈공식을 적용할 필요는 없다.

난 공식 외우는 게 정말 싫거든. 천천히 식을 전개하면서 계산할 거야.
난 공식으로 하는 게 편해서 간단한 것만 몇 개 외우려고.

다음 식을 전개하여라. (시간 날 때 곱셈공식을 보면서 차근차근 풀어보길 바란다)

① $(x+1)(x-2)(x+3)$

② $(x+2y)^3$

③ $(2x-y)(4x^2+2xy+y^2)$

④ $(x+y-1)^2$

⑤ $(x-1+y)(x^2+1+y^2+x+y-xy)$

곱셈공식을 유심히 살펴보면서 식의 형태가 똑같은 것을 찾아 적용해 봐야겠군.

곱셈공식 ② $(a+b)^2 = a^2+2ab+b^2$은 두 항 'a, b의 합과 곱'으로 이루어졌다는 특징이 있습니다. (정확히 말하면 'a, b의 합과 곱' 그리고 'a^2, b^2의 합'으로 이루어져 있다)

$$(a+b)^2 = \underline{a^2+b^2} + \underline{2ab}$$

- $(a+b)$ → a, b의 합
- a^2+b^2 → a^2, b^2의 합
- $2ab$ → a, b의 곱

항 $2ab$를 이항하여 변형된 곱셈공식을 만들어볼 수 있습니다.

$$(a+b)^2 = a^2+2ab+b^2 \quad \rightarrow \quad a^2+b^2 = (a+b)^2 - 2ab$$

곱셈공식 변형식

① $a^2+b^2 = (a+b)^2 - 2ab$

② $a^2+b^2 = (a-b)^2 + 2ab$

③ $(a+b)^2 = (a-b)^2 + 4ab$

변형된 곱셈공식을 활용하면 'a, b의 합과 곱'을 가지고 '제곱의 합(a^2+b^2)'을 쉽게 구할 수 있습니다.

① $x+y=4$, $xy=5$일 때, x^2+y^2의 값은?

$$x^2+y^2 = \underline{(x+y)}^2 - 2\underline{xy} \rightarrow x^2+y^2 = 4^2 - 2\cdot 5 = 6$$

- $(x+y)$ ← $x+y=4$
- xy ← $xy=5$

② $x-y=-2$, $xy=1$일 때, x^2+y^2의 값은?

$x^2+y^2=\underline{(x-y)}^2+2\underline{xy} \rightarrow x^2+y^2=(-2)^2+2\cdot 1=6$

$x-y=-2$ $\quad xy=1$

기타 곱셈공식에 대한 변형식은 다음과 같습니다. (단순히 항을 이항한 것에 불과하므로 곱셈공식을 보면서 천천히 읽어본다)

$$(a+b)^3=a^3+3ab(a+b)+b^3,\ (a-b)^3=a^3-3ab(a-b)-b^3$$
$$\rightarrow a^3+b^3=(a+b)^3-3ab(a+b),$$
$$a^3-b^3=(a-b)^3+3ab(a-b)$$

$$(a+b+c)^2=a^2+b^2+c^2+2(ab+bc+ca)$$
$$\rightarrow a^2+b^2+c^2=(a+b+c)^2-2(ab+bc+ca)$$

곱셈공식과 관련하여 다음 응용문제를 풀어보도록 하겠습니다. (곱셈공식을 보면서 차근차근 풀어본다)

$x+y=2$, $x^2+y^2=6$일 때, 다음 식의 값을 구하여라.

① x^3+y^3 ② x^4+y^4 ③ x^5+y^5

① x^3+y^3 곱셈공식 $a^3+b^3=(a+b)^3-3ab(a+b)$를 적용

$x^3+y^3=\underline{(x+y)}^3-3\underline{xy}\ \underline{(x+y)} \rightarrow x+y$, xy값을 알면 x^3+y^3을 구할 수 있으므로 먼저 xy값을 구해보자.

$x+y=2$, $x^2+y^2=6$을 이용하여 xy값을 구하면 다음과 같다.

$$\underbrace{x^2+y^2}_{6}=(\underbrace{x+y}_{2})^2 \quad 2xy \quad › \quad xy=-1$$

$$x^3+y^3=(x+y)^3-3xy\,(x+y)=2^3-3\cdot(-1)\cdot 2=14$$

② x^4+y^4

$$(x^2+y^2)^2=(x^2)^2+2(x^2y^2)+(y^2)^2$$
$$=x^4+2(xy)^2+y^4$$
$$\rightarrow\ x^4+y^4=(\underbrace{x^2+y^2}_{6})^2-2(\underbrace{xy}_{-1})^2\rightarrow 34$$

③ x^5+y^5

$$(x^2+y^2)(x^3+y^3)=x^5+(x^2y^3)+(x^3y^2)+y^5$$
$$=x^5+(xy)^2(x+y)+y^5$$
$$\rightarrow\ (\underbrace{x^2+y^2}_{6})(\underbrace{x^3+y^3}_{14})=x^5+(\underbrace{xy}_{-1})^2(\underbrace{x+y}_{2})+y^5$$
$$\rightarrow\ x^5+y^5=82$$

다음 문제는 여러분의 미션 과제로 남겨놓으니 어떤 곱셈공식을 써야 할지 잘 고민해 보면서 풀어보길 바란다. (Hint. 분모 5에 집중해 본다. $5=7-2$)

$$(7+2)(7^2+2^2)(7^4+2^4)(7^8+2^8)=???$$

① $\dfrac{7^{10}+2^{10}}{5}$ ② $\dfrac{7^{10}-2^{10}}{5}$ ③ $\dfrac{7^{14}+2^{14}}{5}$ ④ $\dfrac{7^{16}-2^{16}}{5}$

정답 ④

다항식의 나눗셈

과연 다항식끼리 나눗셈이 가능할까요? 먼저 '단항식의 나눗셈'부터 살펴보도록 하겠습니다. (단항식은 '숫자와 문자' 또는 '문자와 문자'의 곱으로만 이루어진 식이다)

단항식의 나눗셈에서는 숫자처럼 나눗셈 기호(÷)를 곱셈 기호(×)로 바꾸어 계산한다.

역수

$$2x \boxed{\div} \frac{y}{3} = 2x \boxed{\times} \frac{3}{y} = \frac{6x}{y}$$

이번에는 다항식을 단항식으로 나누어볼까요?

$$\begin{aligned}(2x^2+3xy-4)\div(2x) &= \frac{2x^2+3xy-4}{2x} \\ &= \frac{2x^2}{2x}+\frac{3xy}{2x}-\frac{4}{2x} = x+\frac{3}{2}y-\frac{2}{x}\end{aligned}$$

간단하죠? 그러나 다항식의 나눗셈은 그리 간단하지 않습니다.

$$(2x+1)\div(x-1) = \frac{2x+1}{x-1} \quad ?$$

왜 이렇게 다항식의 나눗셈이 어려운 것일까요? 그것은 바로 다항식의 나눗셈의 결과가 다항식이 아닌 분수식이 될 수 있기 때문입니다. 참고로 나눗셈에서 나누어지는 수를 '피제수(被除數)', 나누는 수를 '제수(除數)'라고 말합니다. (여기서 피제수의 피는 '당할 피(被)', 제는 '나눌 제(除)' 자를 쓴다)

먼저 정수의 나눗셈을 살펴보도록 하겠습니다. (수식에 대한 설명이 많으므로 하나씩 천천히 이해하면서 읽어 내려간다)

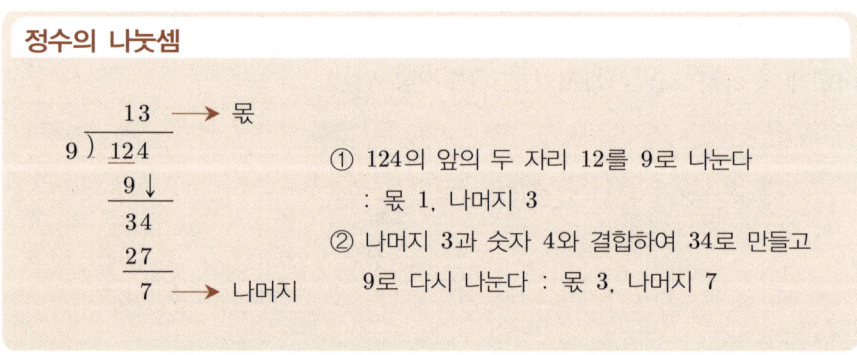

정수의 나눗셈

```
        13  ──→ 몫
    ┌──────
  9 ) 124
       9↓
     ────
       34
       27
     ────
        7  ──→ 나머지
```

① 124의 앞의 두 자리 12를 9로 나눈다
: 몫 1, 나머지 3

② 나머지 3과 숫자 4와 결합하여 34로 만들고
9로 다시 나눈다 : 몫 3, 나머지 7

124를 9로 나누면 몫은 13, 나머지는 7이 됩니다. 이것을 나눗셈식으로 정리해 보면 다음과 같습니다.

$$124 = 9 \times 13 + 7$$

(피제수) = (제수)×(몫) +나머지 → 나눗셈식

이번엔 다항식의 나눗셈을 시도해 보겠습니다. (정수의 나눗셈과 동일한 방식으로 풀어나간다)

다항식의 나눗셈

$$
\begin{array}{r l}
 & x+5 \quad \longrightarrow \text{몫} \\
x-3\,\big) & x^2+2x+4 \\
 & x^2-3x \quad \downarrow \\ \hline
 & \quad 5x+4 \\
 & \quad 5x-15 \\ \hline
 & \qquad 19 \quad \longrightarrow \text{나머지}
\end{array}
$$

① 먼저 x^2+2x를 $x-3$으로 나눈다

: 몫 x, 나머지 $5x$

② 나머지 $5x$와 숫자 4를 결합하여 $5x+4$를 만들고 $x-3$으로 다시 나눈다

: 몫 5, 나머지 19

①에서 구한 몫 x와 ②에서 구한 몫 5의 합 '$x+5$'가 바로 다항식 x^2+2x+4를 $x-3$으로 나눈 몫이 되며, ②에서 구한 19가 바로 나머지가 됩니다. (나눗셈식으로 나타내면 등식이 성립한다는 것을 쉽게 알 수 있다)

$$x^2+2x+4=(x-3)\times(x+5)+19$$

(피제수) = (제수)×(몫) +나머지

다항식과 정수의 나눗셈이 다소 차이가 있을지라도 그 기본 원리는 동일합니다. 그럼 다항식의 나눗셈을 단계별로 정리해 보도록 하겠습니다.

다항식의 나눗셈

$$
\begin{array}{r l}
 & \underline{x}+\underline{5} \\
\underline{x}-3\,\big) & \underline{x^2}+2x+4 \\
 & x^2-3x \\ \hline
 & +\underline{5x}+4 \\
 & +5x-15 \\ \hline
 & \qquad 19
\end{array}
$$

① 피제수의 최고차항과 제수의 최고차항이 같도록 몫의 값(식) 찾기

② 피제수의 최고차항을 소거한 후 남은 식의 최고차항과 제수의 최고차항이 같도록 몫의 값(식) 찾기

③ 제수가 피제수보다 차수가 크면 나눗셈 중지

이번에는 좀 더 복잡한 나눗셈을 계산해 보도록 하겠습니다.

$$(x^3+2x^2+4)\div(x-1)$$

여기서 주의할 것은 피제수 x^3+2x^2+4에서 x항(1차항)이 없기 때문에, 그 자리를 빈칸으로 남기고 나눗셈을 진행해야 한다는 점입니다.

$$\begin{array}{r l}
 & \underline{\;x^2+3x+3\;} \longrightarrow \text{몫} \\
x-1\,) & x^3+2x^2\;__\;+4 \\
 & \underline{x^3-x^2\qquad\quad} \\
 & \quad 3x^2 \\
 & \quad \underline{3x^2-3x\quad} \\
 & \qquad\quad 3x+4 \\
 & \qquad\quad \underline{3x-3} \\
 & \qquad\qquad\; 7 \longrightarrow \text{나머지}
\end{array}$$

x^3+2x^2+4를 $x-1$로 나눈 결과를 나눗셈식으로 나타내면 다음과 같습니다.

$$x^3+2x^2+4 \;=\; (x-1)\times(x^2+3x+3)+7$$

(피제수) = (제수) × (몫) + 나머지

당연한 얘기겠지만 1차식으로 나눈 나머지는 상수가 될 것이며, 2차식으로 나눈 나머지는 1차식$(ax+b)$ 또는 상수가 될 것입니다. (이 사실을 반드시 기억해 두길 바란다)

조립제법

나눗셈을 어려워하는 학생들을 위해 보다 쉬운 나눗셈법을 소개하고자 합니다. 우선 2차식 x^2+2x+4를 1차식 $x-3$으로 나누는 과정을 자세히 관찰해 보겠습니다.

$$\begin{array}{rl} x+5 & \longrightarrow \text{몫} \\ x-3\,\overline{)\,x^2+2x+4} & \\ x^2-3x & \\ \hline +5x+4 & \\ +5x-15 & \\ \hline 19 & \longrightarrow \text{나머지} \end{array}$$

다항식의 나눗셈은 비슷한 식을 여러 번 써야 하는 번거로움이 있으며 식을 빼면서 진행하다 보니 계산 실수가 잦을 수밖에 없습니다. 그래서 고안된 방법이 바로 **조립제법**입니다. (조립제법은 다항식의 계수를 이용한 나눗셈법이다)

$$\begin{array}{r} x+5 \\ x-3\,\overline{)\,x^2+2x+4} \\ x^2-3x \\ \hline +5x+4 \\ +5x-15 \\ \hline 19 \end{array}$$

계수만 이용하여 나눗셈을 하다 ⟶

$$\begin{array}{r} 1+5 \\ 1-3\,\overline{)\,1+2+4} \\ 1-3 \\ \hline +5+4 \\ +5-15 \\ \hline 19 \end{array}$$

다항식의 계수만으로 나눗셈을 한 후 몫과 나머지를 조립한다고 하여 조립제법이라고 이름 붙여졌습니다. (조립제법은 2차 이상의 다항식을 1차식으로 나누는 경우에만 활용되는 나눗셈법이다)

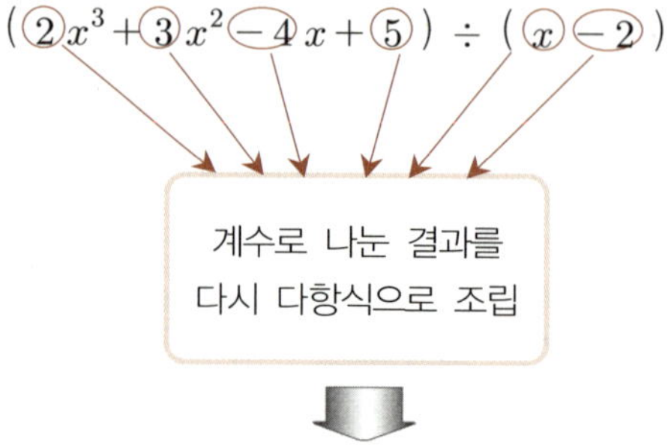

몫 $2x^2+7x+10$ 나머지 25

조립제법은 실제 나눗셈과는 다소 차이가 있습니다.

조립제법과 나눗셈의 차이

① 나눗셈에서는 식을 빼면서 진행하지만, 조립제법은 식을 더하면서 진행한다.

② 나누는 식 $(x-\alpha)$의 계수로 α(즉, $x-\alpha=0$이 되는 x값)를 선택한다.

그럼 조립제법에 대해 자세히 배워보도록 하겠습니다. (내용이 난해할 수 있으니 천천히 읽어 내려간다)

$$(x^2+2x+4) \div (x-3)$$

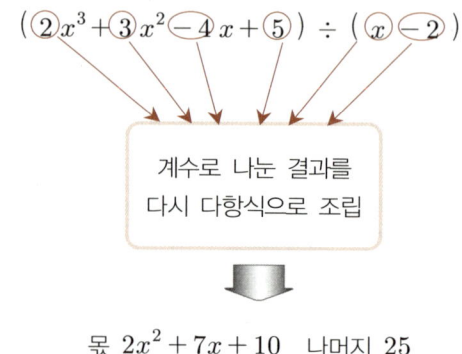

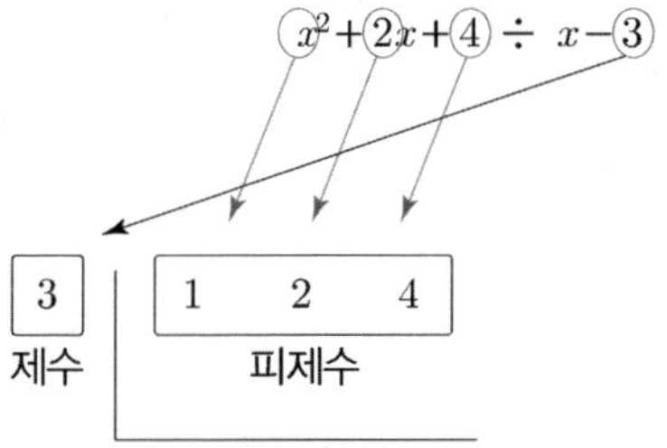

– 기본 구조 : ㄴ자
– 계수 조정
- · 제수 $(x-3)$이 0이 되는 x값, 3을 취하여 ㄴ자 왼쪽에 위치
- · 피제수 x^2+2x+4의 각 항에 대한 계수를 ㄴ자 오른쪽 안쪽에 위치

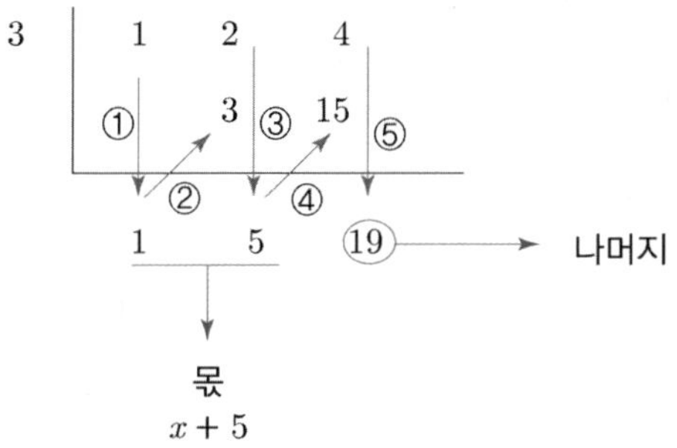

① 피제수의 첫 번째 계수 1을 아래로 바로 내린다.
② 제수 3을 내려진 1과 곱하여 올린다.
③ 피제수 2와 올려진 3을 더한 값 5를 내린다.
④ 제수 3을 내려진 5와 곱하여 올린다.
⑤ 피제수 4와 올려진 15를 더한 값 19를 내린다. → 더 이상 수가 없으므로 나눗셈 중지

마지막 남은 수 19가 바로 다항식 x^2+2x+4를 $x-3$으로 나눈 나머지가 되며, 나머지 앞쪽에 있는 수 '1과 5'는 몫 $ax+b$의 계수가 됩니다. $(a=1, b=5)$

즉, 다항식 x^2+2x+4를 $x-3$으로 나눈 몫은 $x+5$가 되며, 나머지는 19가 됩니다. (2차식을 1차식으로 나누었으므로 몫은 1차식이 되고 나머지는 상수가 된다)

잘 이해가 안 간다고요? 지금은 조립제법을 이해하는 것보다 그 계산법에 익숙해지는 편이 낫습니다. (계산법에 익숙해지면 자연스럽게 조립제법의 풀이 방식을 이해할 수 있을 것이다)

이번에는 3차식을 1차식으로 나누어보도록 하겠습니다.

$$(x^3+2x^2+4)\div(x-1)$$

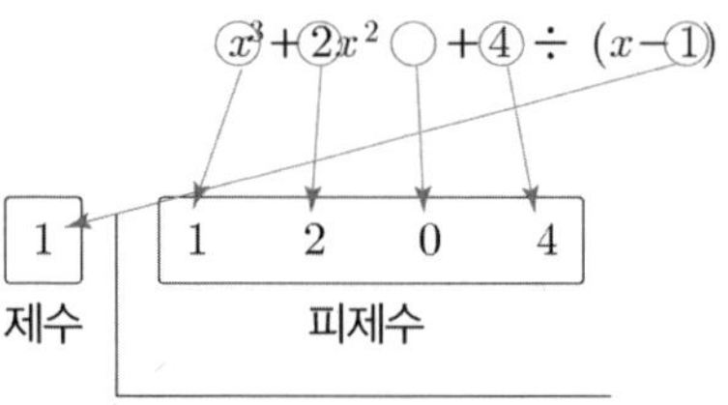

– 기본 구조 : ㄴ자

– 계수 조정

· 제수 $(x-1)$이 0이 되는 x값, 1을 취하여 ㄴ자 왼쪽에 위치

· 피제수 x^3+2x^2+4의 각 항에 대한 계수를 ㄴ자 오른쪽 안쪽에 위치 (여기서 1차항이 없으므로 1차항의 계수는 0으로 한다)

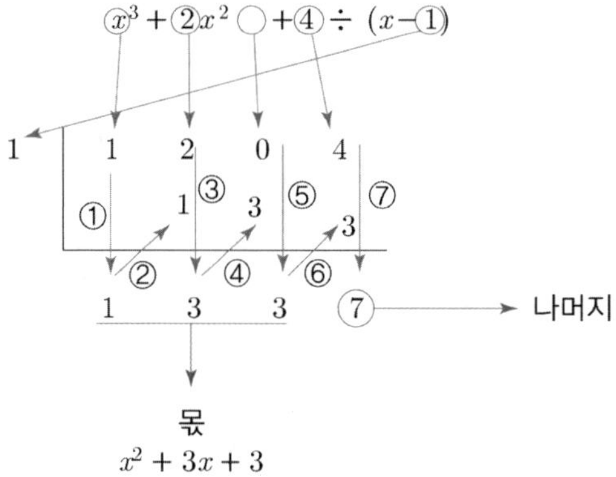

① 피제수의 첫 번째 계수 1은 아래로 바로 내린다.

② 제수 1을 내려진 1과 곱하여 올린다.

③ 피제수 2와 올려진 1을 더한 값 3을 내린다.

④ 제수 1을 내려진 3과 곱하여 올린다.

⑤ 피제수 0과 올려진 3을 더한 값 3을 내린다.

⑥ 제수 1을 내려진 3과 곱하여 올린다.

⑦ 피제수 4와 올려진 3을 더한 값 7을 내린다. → 더 이상 수가 없으므로 나눗셈 중지

마지막 남은 수 7이 바로 다항식 x^3+2x^2+4를 $x-1$로 나눈 나머지가 되며, 나머지 앞쪽에 있는 수 '1, 3, 3'은 몫 ax^2+bx+c의 계수가 됩니다. $(a=1,\ b=3,\ c=3)$

즉, 다항식 x^3+2x^2+4를 $x-1$로 나눈 몫은 x^2+3x+3이 되며 나머지는 7이 됩니다. (3차식을 1차식으로 나누었으므로 몫은 2차식이 되며 나머지는 상수가 된다)

이제 좀 적응이 되었나요? 조립제법은 단순계산 공식이므로 여러 번 연습해야 익숙해질 수 있습니다. 시간을 갖고 천천히 연습해 보길 바랍니다.

그렇다면 나누는 식이 $(x-\alpha)$가 아니라 $(ax+b)$인 경우에는 어떻게 조립제법을 적용할 수 있을까요?

$$(x^2+2x+4)\div(2x-4)$$

나누는 식 $2x-4$를 $a(x-\alpha)$꼴로 바꾼 후, α를 제수로 하여 조립제법에 적용합니다.

$$2x-4 \quad \rightarrow \quad 2(x-\underline{2})$$

제수 2를 조립제법에 적용

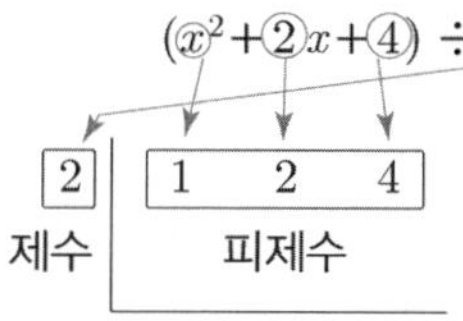

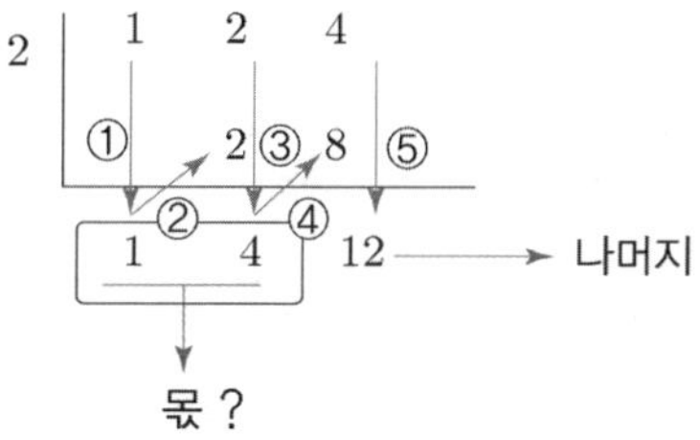

제수 2를 조립제법에 적용한 나눗셈은 다항식 x^2+2x+4를 $x-2$로 나눈 결과이므로 몫을 그대로 도출하면 안 됩니다. 몫의 계수를 각각 2로 나누어주어야 비로소 다항식 x^2+2x+4를 $2x-4$로 나눈 몫을 구할 수 있게 됩니다. (나머지는 상관없다)

몫을 2로 나누는 이유는 $(x-2)$와 $(2x-4)$에 해당하는 나눗셈식을 비교해 보면 쉽게 알 수 있습니다.

나눗셈식 : (피제수) = (제수) × (몫) + 나머지

1) $(x-2)$로 나눌 경우

$$x^2+2x+4=\underbrace{(x-2)}_{\text{제수}}\times\underbrace{(x+4)}_{\text{몫}}+\underbrace{12}_{\text{나머지}}$$

2) $2(x-2)$로 나눌 경우

$$x^2+2x+4=\underbrace{2(x-2)}_{\text{제수}}\times\underbrace{\frac{1}{2}(x+4)}_{\text{몫}}+\underbrace{12}_{\text{나머지}}$$

나머지는 같지만 몫은 $\frac{1}{2}$배 차이가 나므로 조립제법 후 몫의 계수를 2로 나누어준다.

다음은 조립제법을 이용하여 '몫과 나머지'를 구하는 과정입니다. 조립제법의 과정이 맞는지 각자 확인해 보시길 바랍니다. (암산으로 검산해 본다)

$(x^2-3x+1)\div(x-2)$

2	1	−3	1
		2	−2
	1	−1	−1
	몫		나머지

$(x^3+x^2-3x-1)\div(x+1)$

−1	1	1	−3	−1
		−1	0	3
	1	0	−3	2
	몫			나머지

$(x^3-3x+2)\div(x-1)$

1	1	0	−3	2
		1	1	−2
	1	1	−2	0
	몫			나머지

조립제법과 관련하여 다음 문제를 풀어보도록 하겠습니다. (문제가 상당히 난해하므로, 천천히 생각하면서 읽어 내려간다)

x에 대한 다항식 $f(x)=x^3-3x^2+x-1$이 $f(x)=a(x-1)^3+b(x-1)^2+c(x-1)+d$꼴로 변형된다고 할 때, 상수 a, b, c, d의 값을 구하여라.

$f(x)$를 유심히 보니 상수항
d를 제외하고 모두 인수
$x-1$을 포함하고 있네.
$x-1$로 묶어볼까?
묶으면 어떤 식이 나올까?
나눗셈식이 나오려나?

문제해결을 위한 기본설계가 끝나셨나요? 그럼 함께 풀어보도록 하겠습니다. 우선 식 $f(x)=a(x-1)^3+b(x-1)^2+c(x-1)+d$에서 $(x-1)$을 묶어 도출된 식의 형태를 관찰해 보겠습니다.

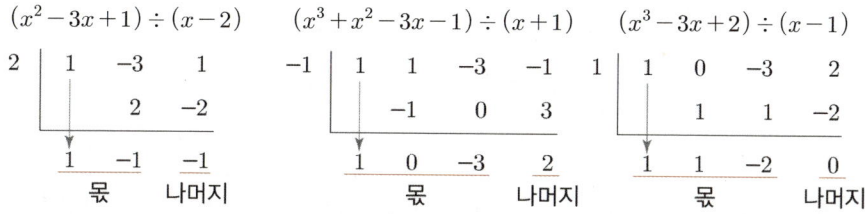

$$\begin{aligned} f(x) &= a(x-1)^3+b(x-1)^2+c(x-1)+d \\ &= \underbrace{(x-1)}_{\text{제수}}\underbrace{\{a(x-1)^2+b(x-1)+c\}}_{\text{몫}}+\underbrace{d}_{\text{나머지}} \end{aligned}$$

식의 형태가 $f(x)$를 1차식 $(x-1)$로 나눈 형태, 즉 나눗셈식이 되었습니다. 그럼 조립제법을 이용하여 주어진 식 $f(x)=x^3-3x^2+x-1$을 $(x-1)$로 직접 나누어보도록 하겠습니다.

$(x^3-3x^2+x-1)\div(x-1)$ →

1	1	−3	1	−1
		1	−2	−1
	1	−2	−1	−2

몫: 1 −2 −1, 나머지: −2

$$f(x)=x^3-3x^2+x-1=(x-1)(x^2-2x-1)-2$$

$f(x)=x^3-3x^2+x-1$을 $(x-1)$로 나누어 도출된 나눗셈식 $f(x)=(x-1)(x^2-2x-1)-2$와 앞에서 도출한 식 $f(x)=(x-1)\{a(x-1)^2+b(x-1)+c\}+d$($f(x)$에서 $(x-1)$을 묶어 도출된 식)를 서로 비교해 보겠습니다. 문제에서 두 식은 동일한 식이라고 했으므로 계수를 비교하면, 미정계수 d값을 구할 수 있습니다.

$$f(x)=x^3-3x^2+x-1=\underline{(x-1)}\ \underline{\{x^2-2x-1\}}\ \underline{-2}$$

$$f(x)=\underbrace{(x-1)}_{\text{제수}}\underbrace{\{a(x-1)^2+b(x-1)+c\}}_{\text{몫}}+\underbrace{d}_{\text{나머지}}$$

$$\rightarrow\quad d=-2$$

또한 $a(x-1)^2+b(x-1)+c$는 몫 x^2-2x-1과 같은 식이므로 $a(x-1)^2+b(x-1)+c$를 다시 $(x-1)$로 묶어주면, 식 x^2-2x-1을 $x-1$로 나눈 나눗셈식과 같게 됩니다.

$$x^2 - 2x - 1$$
$$\parallel$$
$$a(x-1)^2 + b(x-1) + c = \underbrace{(x-1)}_{\text{제수}}\ \underbrace{\{a(x-1)+b\}}_{\text{몫}} + \underbrace{c}_{\text{나머지}}$$

조립제법을 이용하여 x^2-2x-1을 $x-1$로 나누어 두 식을 비교하면 미지수 a, b, c의 값을 모두 구할 수 있습니다.

$$(x^2-2x-1) \div \underline{(x-1)} \rightarrow$$

1	1	−2	−1
		1	−1
	1	−1	−2

$$x^2-2x-1 = (x-1)(x-1)-2$$
$$\underbrace{(x-1)}_{\text{제수}}\ \underbrace{\{a(x-1)+b\}}_{\text{몫}} + \underbrace{c}_{\text{나머지}}$$

$$\begin{cases} a = 1 \\ b = 0 \\ c = -2 \end{cases}$$

따라서 다항식 $f(x)=x^3-3x^2+x-1$이 $f(x)=a(x-1)^3+b(x-1)^2+c(x-1)+d$꼴로 변형이 된다고 할 때, $a=1$, $b=0$, $c=-2$, $d=-2$가 됩니다.

이렇듯 나눗셈과 관련된 문제에서는 '식의 형태에 초점'을 맞추어 문제를 푸는 것이 중요합니다. (주어진 식을 보면서 나눗셈식인지 아니면 나눗셈식으로 변형이 가능한 식인지 잘 확인해 본다)

조립제법은 단순계산 공식에 불과하며, 앞으로 배울 나머지정리 및 인수정리에서 많이 활용되니 그때마다 책을 보면서 천천히 연습하길 바랍니다.

다항식의 연산법칙

다항식의 사칙연산에서도 교환, 결합, 분배법칙이 성립합니다.

다항식의 연산법칙

A, B, C가 다항식일 때, 다음 연산법칙이 성립한다.

① 덧셈에 대한 교환법칙 : $A+B=B+A$

② 덧셈에 대한 결합법칙 : $(A+B)+C=A+(B+C)$

③ 곱셈에 대한 교환법칙 : $AB=BA$

④ 곱셈에 대한 결합법칙 : $(AB)C=A(BC)$

⑤ 덧셈에 대한 곱셈의 분배법칙 : $A(B+C)=AB+AC$

다항식의 세계

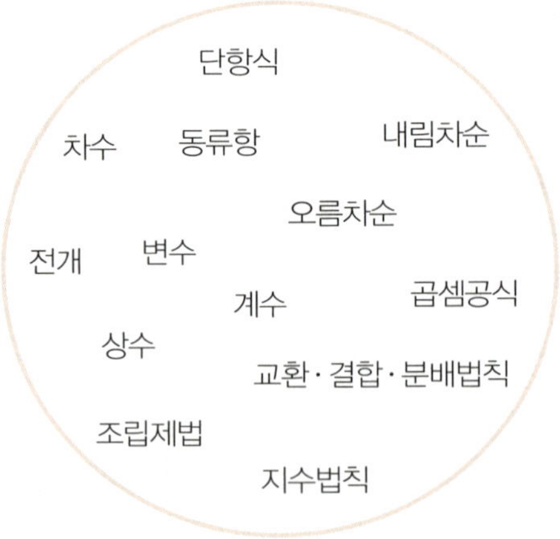

개념 한눈에 보기

1. **단항식** : 숫자와 문자, 문자와 문자가 오직 곱셈으로만 이루어진 식
2. **다항식** : 1개 이상의 단항식이 덧셈 또는 뺄셈으로 이루어져 있는 식
3. **단항식의 차수** : 관심문자의 개수
4. **다항식의 차수** : 단항식의 가장 높은 차수
5. **다항식의 용어**
   - 변수 : 변할 수 있는 수(관심문자)
   - 상수 : 항상 일정한 값을 취하는 수 ※상수항 : 상수로만 이루어진 항
   - 계수 : 숫자와 문자로 이루어진 단항식에서 문자 이외의 부분
   - 동류항 : 문자와 차수가 같은 단항식
6. **다항식의 정리**
   ① 내림차순 : 관심문자에 관하여 차수가 높은 항부터 나열하는 다항식의 정리법
   ② 오름차순 : 관심문자에 관하여 차수가 낮은 항부터 나열하는 다항식의 정리법
7. **다항식의 사칙연산** : 다항식에서는 실수에서 적용되는 모든 연산법칙이 성립한다.
   (교환, 결합, 분배법칙)
8. **간단한 지수법칙**(m, n은 정수)
   ① $a^m \times a^n = a^{m+n}$ ② $(a^m)^n = a^{mn}$ ③ $(ab)^n = a^n b^n$
   ④ $(\frac{b}{a})^n = \frac{b^n}{a^n}$ ⑤ $a^m \div a^n = a^{m-n}$ ⑥ $a^0 = 1$
   ⑦ $a^{-1} = \frac{1}{a}$ ⑧ $a^{-n} = \frac{1}{a^n}$
9. **다항식의 곱셈** : 두 다항식 $(a+b)$와 $(x+y)$의 곱셈은 다음과 같다.
   $$\underline{(a+b)(x+y)} \rightarrow \underline{ax}+\underline{ay}+\underline{bx}+\underline{by}$$
10. **기본적인 곱셈공식**
   ① $m(a+b) = ma+mb$, $m(a-b) = ma-mb$
   ② $(a+b)^2 = a^2+2ab+b^2$, $(a-b)^2 = a^2-2ab+b^2$
   ③ $(a+b)(a-b) = a^2-b^2$
   ④ $(x+a)(x+b) = x^2+(a+b)x+ab$, $(x-a)(x-b) = x^2-(a+b)x+ab$
   ⑤ $(ax+b)(cx+d) = acx^2+(ad+bc)x+bd$
   ※ 곱셈공식 ② 변형 : $a^2+b^2 = (a+b)^2-2ab$, $a^2+b^2 = (a-b)^2+2ab$
11. **조립제법** : 다항식의 계수를 이용한 나눗셈법
   (1차식으로 나눌 때 사용)

도출형 학습방식으로 다음 문제를 풀어보도록 하겠습니다. (개념이 잘 기억나지 않으면 앞의 내용을 찾아보길 바란다)

① x에 관한 다항식 $(x^3-2x^2+4x-1)(-2x^2+5x-k)$를 전개하여 x의 2차항의 계수가 -10일 때, k값을 구하여라.

② 0이 아닌 두 수 a, b에 대하여 $\frac{1}{a^2}+\frac{1}{b^2}=4$, $ab=-1$일 때, $(a-b)^2$의 값을 구하여라.

1단계 개념도출 문제를 풀기 위해서는 어떤 개념을 알아야 할까요?

2단계 개념설명 개념을 알고 있다면 간단히 설명해 보길 바랍니다.

3단계 문제해결 그럼 어떻게 문제를 해결할 수 있을까요?

① x에 관한 다항식 $(x^3-2x^2+4x-1)(-2x^2+5x-k)$를 전개하여 x의 2차항의 계수가 −10일 때, k값을 구하여라.

② 0이 아닌 두 수 a, b에 대하여 $\frac{1}{a^2}+\frac{1}{b^2}=4$, $ab=-1$일 때, $(a-b)^2$의 값을 구하여라.

1단계 문제를 풀기 위해서는 어떤 개념을 알아야 할까요?

다항식의 개념(동류항, 계수 등), 다항식의 곱셈, 곱셈공식(변형공식)을 알아야 한다.

2단계 개념을 알고 있다면 간단히 설명해 보길 바랍니다.

다항식의 개념

- 단항식 : 숫자와 문자, 문자와 문자가 오직 곱셈으로만 이루어진 식
- 다항식 : 단항식들이 덧셈 또는 뺄셈으로 이루어져 있는 식
- 계　수 : 숫자와 문자로 이루어진 단항식에서 문자 이외의 부분
- 동류항 : 문자와 차수가 같은 단항식

다항식의 곱셈 : 두 다항식 $(a+b)$와 $(x+y)$의 곱셈은 다음과 같다.

$$(a+b)(x+y) \rightarrow \underline{ax}+\underline{ay}+\underline{bx}+\underline{by}$$

곱셈공식(자주 사용되는 다항식의 곱셈을 공식화한 것)

- 곱셈공식 ② : $(a+b)^2=a^2+2ab+b^2$
  $(a-b)^2=a^2-2ab+b^2$
- 변형공식 : $a^2+b^2=(a+b)^2-2ab$
  $a^2+b^2=(a-b)^2+2ab$

3단계 그럼 어떻게 문제를 해결할 수 있을까요?

x에 관한 다항식 $(x^3-2x^2+4x-1)(-2x^2+5x-k)$를 모두 전개할 필요는 없다. 2차항($x^2$)이 나오는 항만 전개하여 2차항의 계수가 -10이 되는 k값을 구하면 되기 때문이다.

a, b에 관한 식 $\frac{1}{a^2}+\frac{1}{b^2}=4$를 통분하여 정리한 후

변형공식 $a^2+b^2=(a-b)^2+2ab$를 활용하면 $(a-b)^2$의 값을 쉽게 구할 수 있을 것이다.

정답이 궁금한 학생들은 다음 정답풀이를 참고하시기 바랍니다.

① x에 관한 다항식 $(x^3-2x^2+4x-1)(-2x^2+5x-k)$에서 2차항($x^2$)이 나오는 항만 전개하면,

$$(x^3-2x^2+4x-1)(-2x^2+5x-k)$$

$$\left.\begin{array}{r} -2x^2 \times -k \\ 4x \times 5x \\ -1 \times -2x^2 \end{array}\right)\ 2\text{차항}(x^2):\ (2k+20+2)x^2$$

2차항의 계수가 -10이므로,

$$\underset{}{(2k+22)}x^2 = -10 \rightarrow 2k+22=-10 \rightarrow k=-16$$

② 식 $\frac{1}{a^2}+\frac{1}{b^2}=4$를 통분하여 정리한 후 $ab=-1$을 대입하면, a^2+b^2의 값을 쉽게 구할 수 있다.

$$\frac{1}{a^2}+\frac{1}{b^2}=4 \rightarrow a^2+b^2=4(ab)^2 \rightarrow a^2+b^2=4$$

$$ab=-1$$

여기에 변형공식 $a^2+b^2=(a-b)^2+2ab$를 적용하면 구하고자 하는 식 $(a-b)^2$의 값을 구할 수 있다.

$$\underbrace{a^2+b^2}_{4}=(a-b)^2+2\underbrace{ab}_{-1} \rightarrow (a-b)^2=6$$

정답 ① $k=-16$, ② $(a-b)^2=6$

2 항등식과 나머지정리

항등식의 정의

등식이란 일반적으로 '두 수 또는 두 식의 같음'을 표현한 식을 말합니다. (쉽게 말해, 등호(=)가 있는 식이 바로 등식이 된다)

변수를 포함하는 등식은 크게 방정식과 항등식으로 구분됩니다.

$$\text{등식}\begin{cases}\text{방정식}\\ \text{항등식}\end{cases}$$

방정식은 변수의 값에 따라 참이 되거나 거짓이 되는 식을 말합니다. (즉, 변수에 특정한 값을 대입했을 때만 성립하는 등식을 말한다)

$2x+1=3$: x값이 1일 때만 등식이 성립한다.

항등식은 방정식과는 다르게 변수에 임의의 값을 대입하여도 '**항상 등식이 성립하는 식**'을 말합니다.

쉬운 예를 하나 들어보겠습니다. 당연한 얘기겠지만 '$3x-x=2x$'에 어떤 수를 대입해도 항상 등식이 성립합니다.

$$3x-x=2x\left\{\begin{array}{lll} x=0 & : & 0-0=0 \\ x=1 & : & 3-1=2 \\ x=-1 & : & -3-(-1)=-2 \end{array}\right. \qquad \cdots$$

앞서 배운 곱셈공식 모두 변수에 관계없이 항상 등식이 성립하는 항등식이 됩니다. (곱셈공식은 단순히 식의 형태를 변형한 것에 불과하다)

$$(x+y)^2=x^2+2xy+y^2, \qquad (x+y)(x-y)=x^2-y^2$$

항등식과 미정계수

도대체 항등식을 왜 배우는 것일까요? 과연 항등식을 이용하여 구하고자 하는 것은 무엇일까요?

항등식은 모든 x에 대하여 성립하기 때문에, 등식을 만족하는 변수 x값을 찾을 필요가 없습니다. (참고로 방정식에서는 등식을 만족하는 x값을 찾는 것이 목적이다)

항등식에서 구하고자 하는 것은 바로 **미정계수**입니다. (미정계수는 '아닐 미(未)', '정할 정(定)' 자를 써서, '아직 정해지지 않은 계수'를 뜻하는 한자어이다)

아직 정해지지 않은 계수?
그게 뭐지?
예를 들어, 어떤 다항식이
x에 관한 항등식이라고 할 때,
문자상수인 계수가 바로 미정계수
인 셈이지.

항등식의 성질

항등식이 되기 위해서는 어떤 조건이 필요할까요?

만약 $ax+b=0$이 x에 관한 항등식이라고 한다면, 다음과 같이 생각을 정리해 볼 수 있습니다. (여기서 a, b는 미정계수(상수)이다)

$ax+b=0$은 x에 관한 항등식이다.
➡ $ax+b=0$은 x값에 관계없이 항상 성립한다.
➡ x에 어떤 수를 대입하여도 항상 $ax+b=0$이 성립한다.

그럼 $ax+b=0$이 x에 관한 항등식일 때, 미정계수 a, b의 값을 구해보도록 하겠습니다. (변수 x에 적당한 수를 대입하여 a, b에 관한 연립방정식을 도출해 본다)

$ax+b=0$

ⅰ) $x=1 \quad \rightarrow \quad a+b=0 \quad \cdots①$

ⅱ) $x=-1 \quad \rightarrow \quad -a+b=0 \quad \cdots②$

ⅲ) $x=0 \quad \rightarrow \quad b=0 \quad \cdots③$

ⅳ) $x=\sqrt{2} \quad \rightarrow \quad \sqrt{2}a+b=0 \quad \cdots④$

$\vdots$

①, ②, ③, ④를 모두 만족하는 a, b

$a=b=0$

x에 관한 항등식 $ax+b=0$을 만족하는 미정계수 a, b의 값은 모두 0이 된다. → $a=b=0$

항등식의 일반적인 성질을 정리하면 다음과 같습니다. (2차항등식까지 확장하여 정리해 보자)

x에 관한 항등식의 성질

1차항등식 $\begin{cases} ax+b=0 & \Leftrightarrow \quad a=b=0 \\ ax+b=a'x+b' & \Leftrightarrow \quad a=a',\ b=b' \end{cases}$

2차항등식 $\begin{cases} ax^2+bx+c=0 & \Leftrightarrow \quad a=b=c=0 \\ ax^2+bx+c=a'x^2+b'x+c' & \Leftrightarrow \quad a=a',\ b=b',\ c=c' \end{cases}$

※ 참고로 항등식에서는 x^2과 x를 서로 다른 변수로 취급한다.

이번엔 변수가 2개(x, y)인 항등식을 살펴보도록 하겠습니다. (변수 x, y에 관한 항등식 $ax+by+c=0$의 미정계수 a, b, c의 값을 짐작해 본다)

2개의 변수 x, y에 관한 항등식

$ax+by+c=0$이 x, y에 관한 항등식일 때(즉, x, y에 어떤 수를 대입해도 등식 $ax+by+c=0$이 항상 성립할 때), 미정계수 a, b, c의 값은 $a=b=c=0$이 된다.

$ax+by+c=0$에서 x, y에 적당한 수를 대입

i) $x=0,\ y=1 \rightarrow b+c=0$ ⋯①

ii) $x=1,\ y=0 \rightarrow a+c=0$ ⋯②

iii) $x=0,\ y=0 \rightarrow c=0$ ⋯③

iv) $x=1,\ y=1 \rightarrow a+b+c=0$ ⋯④

①, ②, ③, ④를 만족하는 $a,\ b,\ c$

$a=b=c=0$

항등식의 변수가 아무리 많아도 변수의 계수와 상수항이 각각 0이 된다는 사실만 기억한다면, 쉽게 항등식의 성질을 도출해 낼 수 있습니다.

여러 개의 변수를 가진 항등식

$ax+by+cz+\cdots=0$이 x, y, $z\cdots$에 관한 항등식일 때,
미정계수 $a, b, c, \cdots$는 모두 0이 된다. $(a=b=c=\cdots=0)$

※ 참고로 식 $ax+b=0$에 '$a=0,\ b=0$'를 대입하면 '$0\times x=0$'이 되는데 x에 어떤 수를 대입해도 좌변은 항상 0이 되어 등식이 성립하게 된다.

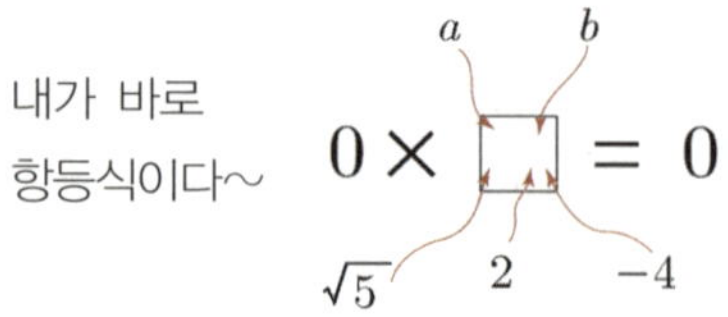

미정계수의 결정

항등식에 관한 문제를 풀어보도록 하겠습니다. (항등식에 관한 문제는 주로 미정계수를 결정하는 문제이다)

x에 관한 항등식 $(p+q)x+p+2q-1=0$에서
실수 p, q의 값을 구하여라.

통상적으로 n개의 미지수를 구하기 위해서는 n개의 연립방정식이 필요합니다. 그러나 항등식의 경우는 조금 다릅니다.

주어진 항등식(1개) : $(p+q)x+p+2q-1=0$
미지수(2개) : p, q

'항등식의 정의'를 이용하면 어렵지 않게 p, q에 관한 연립방정식(2개)을 도출해 낼 수 있습니다.

항등식의 정의

x에 관한 항등식 : 변수 x값에 관계없이 항상 등식이 성립한다.
→ x에 어떤 값을 대입하여도 항상 등식이 성립한다.

그럼 주어진 식 $(p+q)x+p+2q-1=0$에 적당한 x값을 대입해 보겠습니다.

① $x=0$ 대입 : $p+2q-1=0$
② $x=1$ 대입 : $2p+3q-1=0$

도출된 두 식 $p+2q-1=0$과 $2p+3q-1=0$을 연립하면, $p=-1$, $q=1$이라는 사실을 쉽게 알 수 있습니다. (이렇게 변수 x에 적당한 수를 대입하여 항등식의 미정계수를 결정하는 방법을 **수치대입법**이라고 말한다)

이번에는 '항등식의 성질'을 이용하여 미정계수 p, q를 구해보도록 하겠습니다.

항등식의 성질

$ax+b=0$이 x에 관한 항등식일 때 ⇒ $a=b=0$

주어진 식 $(p+q)x+(p+2q-1)=0$이 x에 관한 항등식이므로 변수 x의 계수와 상수항은 모두 0이 됩니다.

$$(p+q)x+(p+2q-1)=0 \qquad p+q=0 \qquad p+2q-1=0$$

두 식 $p+q=0$과 $p+2q-1=0$을 연립하면, $p=-1$, $q=1$이 된다는 것을 쉽게 알 수 있습니다. (이렇게 양변의 계수를 비교하여 항등식의 미정계수를 결정하는 방법을 **계수비교법**이라고 말한다)

그러니까 항등식의 미정계수를 구하는 방법은 수치대입법과 계수비교법 이렇게 2가지가 있군. 이걸 이용하면 항등식의 미정계수가 몇 개든 간에 모조리 구할 수 있겠네.
항등식이라고 해서 무수히 많은 미정계수를 구할 수 있는 건 아니야. 항등식에 따라서 구할 수 있는 미정계수의 개수가 정해져 있어.

항등식이라고 해서 무수히 많은 미정계수를 구할 수 있는 것은 아닙니다. 즉, 어떤 항등식이냐에 따라 '구할 수 있는 미정계수의 수'가 정해져 있습니다.

x, y에 관한 항등식에서 구할 수 있는 미정계수의 수

$a\underline{x}+b=0$	$\Leftrightarrow$	$a=b=0$	→	2개
$a\underline{x}^2+b\underline{x}+c=0$	$\Leftrightarrow$	$a=b=c=0$	→	3개
$a\underline{x}+b\underline{y}+c=0$	$\Leftrightarrow$	$a=b=c=0$	→	3개
$a\underline{x}^2+b\underline{x}+c\underline{y}+d=0$	$\Leftrightarrow$	$a=b=c=d=0$	→	4개

※ 항등식에서는 변수의 개수보다 1개 더 많은 미정계수를 구할 수 있다.

수치대입법의 활용

수치대입법을 활용하여 항등식에 관한 문제를 풀어보겠습니다. 먼저 수치대입법의 흐름을 정리하면 다음과 같습니다.

수치대입법의 흐름

$ax+b=0$이 x에 관한 항등식일 때, 미정계수 a, b값을 구하기 위해서는

① 우선 미정계수 a, b에 관한 2개의 연립방정식이 필요하다.

② x에 적당한 두 수를 대입하여, a, b에 관한 2개의 연립방정식을 만든다.

③ 도출된 연립방정식을 풀면, 미정계수 a, b값을 구할 수 있다.

※ 2차항등식 $ax^2+bx+c=0$도 마찬가지로 변수 x에 적당한 세 수를 대입하여 a, b, c에 관한 연립방정식을 도출할 수 있다.

수치대입법과 관련하여 다음 문제를 풀어보도록 하겠습니다. (어떻게 풀지 잠시 생각해 보는 시간을 가져본다)

다음 식이 x에 관한 항등식일 때 미정계수 a, b, c의 값을 구하여라.

$$a(x-2)^2+bx+c-1=0$$

미지수(a, b, c)가 3개니까 a, b, c에
관한 3개의 연립방정식이 필요한데….
어떻게 만들어볼까?

문제해결을 위한 기본설계가 끝나셨나요? 그럼 함께 풀어보도록 하겠습니다. 우선 x에 적당한 세 수($x=2,\ 0,\ 1$)를 대입하여 a, b, c에 관한 연립방정식을 도출해 보면 다음과 같습니다.

$$a(x-2)^2+bx+c-1=0$$

① $x=2\ :\ a(2-2)^2+b(2)+c-1=0 \rightarrow\ 2b+c=1$

② $x=0\ :\ a(0-2)^2+b(0)+c-1=0 \rightarrow\ 4a+c=1$

③ $x=1\ :\ a(1-2)^2+b(1)+c-1=0 \rightarrow\ a+b+c=1$

a, b, c에 관한 연립방정식을 풀면 $a=0,\ b=0,\ c=1$이 됩니다.

※ 미지수를 구한다는 것은…

수학 문제에서 미지수를 구한다는 것은 주어진 조건을 이용하여 미지수에 관한 방정식(또는 연립방정식)을 찾는 것과 같다. 즉, n개의 미지수를 구하기 위해서는 n개의 연립방정식을 도출하기만 하면 미지수를 구한 것과 다름이 없다.

미지수를 구한다는 것 ⇔ 미지수에 관한 연립방정식을 도출하는 것

※ 방정식은 정해진 해법에 의한 단순계산일 뿐이다.

계수비교법의 활용

이번에는 계수비교법에 대해 살펴보도록 하겠습니다. (계수비교법은 항등식의 성질을 이용하여 미정계수를 결정하는 방법이다)

x에 관한 항등식의 성질

1차항등식 $\begin{cases} ax+b=0 & \Leftrightarrow \quad a=b=0 \\ ax+b=a'x+b' & \Leftrightarrow \quad a=a',\ b=b' \end{cases}$

2차항등식 $\begin{cases} ax^2+bx+c=0 & \Leftrightarrow \quad a=b=c=0 \\ ax^2+bx+c=a'x^2+b'x+c' & \Leftrightarrow \quad a=a',\ b=b',\ c=c' \end{cases}$

※ 참고 $\begin{cases} ax+b=0 & \rightarrow \quad ax+b=0x+0 \\ ax^2+bx+c=0 & \rightarrow \quad ax^2+bx+c=0x^2+0x+0 \end{cases}$

다음 x에 관한 항등식의 미정계수 a, b의 값을 구해보도록 하겠습니다. (양변의 계수를 비교하면 a, b에 관한 연립방정식을 도출할 수 있다)

$$(a-1)x+(a+b-3)=bx+5$$

$$(a-1)x+(a+b-3)=bx+5 \quad \rightarrow \quad \begin{cases} a-1=b \\ a+b-3=5 \end{cases} \quad a=\frac{9}{2},\ b=\frac{7}{2}$$

※ 식을 좌변으로 정리한 후 a, b의 연립방정식을 유도할 수도 있다.

$$\underbrace{(a-1-b)}_{=0}x+\underbrace{(a+b-8)}_{=0}=0 \quad \rightarrow \quad \begin{cases} a-1-b=0 \\ a+b-8=0 \end{cases} \quad a=\frac{9}{2},\ b=\frac{7}{2}$$

2차항등식도 동일한 방법으로 풀 수 있습니다. (x의 2차항의 계수, 1차항의 계수, 상수항을 비교한다)

$$(a+b)x^2+(b-1)x+(c-a)=x^2-3x+2 \quad \rightarrow \begin{cases} a+b=1 \\ b-1=-3 \\ c-a=2 \end{cases} \rightarrow \quad \begin{matrix} a=3 \\ b=-2 \\ c=5 \end{matrix}$$

$$a+b=1,\quad b-1=-3,\quad c-a=2$$

아무리 복잡한 항등식이라 할지라도 양변의 계수를 하나씩 비교해 보면 어렵지 않게 미정계수를 찾아낼 수 있습니다.

항등식의 응용

항등식에서 미정계수를 구하는 방법을 정리하면 다음과 같습니다.

항등식의 미정계수 결정

① 수치대입법 : x에 적당한 수치를 대입하여, 미정계수를 구하는 방법 (필요한 만큼의 연립방정식을 도출한다)

② 계수비교법 : 양변의 계수(변수의 계수와 상수항)를 비교하여, 미정계수를 구하는 방법

이제 항등식에 관한 문제는 쉽게 해결할 수 있겠네.

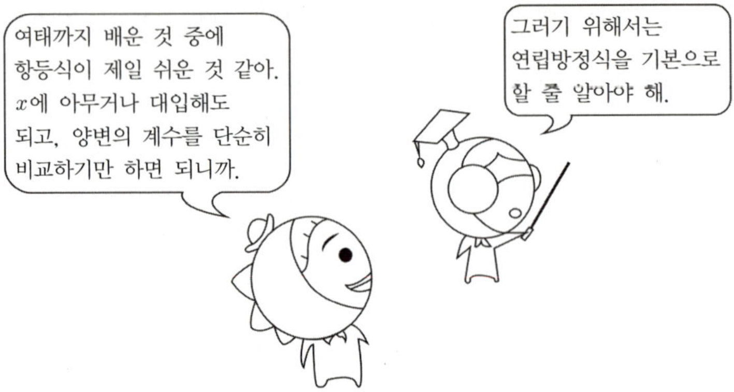
여태까지 배운 것 중에 항등식이 제일 쉬운 것 같아. x에 아무거나 대입해도 되고, 양변의 계수를 단순히 비교하기만 하면 되니까.
그러기 위해서는 연립방정식을 기본으로 할 줄 알아야 해.

다음 항등식에 관한 응용문제를 풀어보도록 하겠습니다. (어떻게 풀지 잠시 생각해 보는 시간을 가져본다)

x, y에 관계없이 식 $\dfrac{ax+(b-1)y-3}{2x-4y-1}$의 값이 항상 일정한 상수가 되도록 하는 실수 a, b를 구하여라.

x, y값에 관계없다고 했으니 항등식이 분명한데….
항상 일정한 상수가 무엇을 의미할까?
식의 값을 상수로 놓을 수 있다는 건가?

문제해결을 위한 기본설계가 끝나셨나요? 그럼 함께 풀어보도록 하겠습니다. 주어진 식 $\frac{ax+(b-1)y-3}{2x-4y-1}$을 상수 c로 놓으면 등식 $\frac{ax+(b-1)y-3}{2x-4y-1}=c$는 x, y에 관한 항등식이 됩니다. 식을 정리하여 양변의 계수를 비교하면 어렵지 않게 미정계수 a, b의 값을 구할 수 있습니다.

$$\frac{ax+(b-1)y-3}{2x-4y-1}=c \rightarrow ax+(b-1)y-3=c(2x-4y-1)$$

$$\underset{2c}{\underset{\parallel}{a}}x+\underset{-4c}{\underset{\parallel}{(b-1)}}y\underset{-c}{\underset{\parallel}{-3}}=2cx-4cy-c \quad \rightarrow \quad \begin{cases} a=2c \\ b-1=-4c \\ -3=-c \end{cases} \rightarrow \quad \begin{matrix} a=6 \\ b=-11 \\ c=3 \end{matrix}$$

다음은 난이도가 상당히 높은 문제입니다. (천천히 생각하면서 읽어 내려간다)

$(x+1)^n$의 전개식에서 x^k $(0 \le k \le n)$의 계수를 a_k라고 할 때, $a_0+a_1+a_2+\cdots+a_n$의 값을 구하여라.

왜 이렇게 문자가 많아?
구하는 값이 왜 이렇게 복잡한 거야?
문제 자체를 이해할 수가 없어.

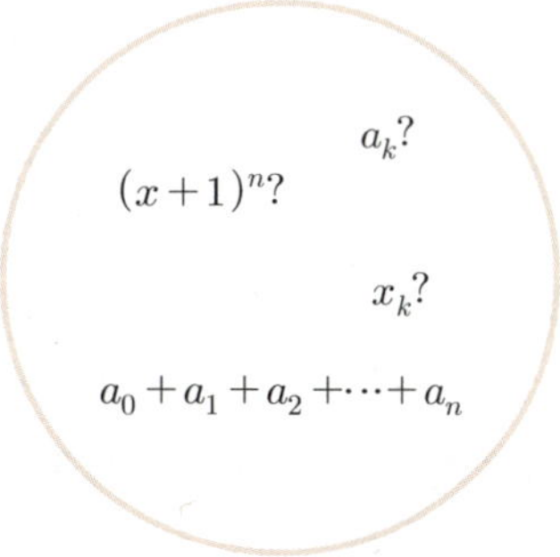

문제를 읽다 보면 '숨이 턱' 막힐 수도 있습니다. 그러나 전혀 두려워할 필요가 없습니다. '문제는 그저 문제일 뿐'이기 때문입니다. 답이 없으면 문제가 아니겠죠?

주어진 식에 숫자를 하나씩 대입하다 보면 어렵지 않게 그 규칙성을 찾을 수 있을 것입니다. (복잡해 보이는 문제일수록 기본 원리에 충실해야 한다)

그럼 문제를 풀어볼까요?

$(x+1)^n$의 전개식에서 x^k $(0 \le k \le n)$의 계수를 a_k라고 할 때, $a_0+a_1+a_2+\cdots+a_n$의 값을 구하여라.

한번 상상해 볼까?
$(x+1)^n$에 $n=0, 1, 2\cdots$를
대입하면 어떻게 전개되지?
머릿속으로 식을 상상해 보자.

문제해결을 위한 기본설계가 끝나셨나요? 그럼 함께 풀어보도록 하겠습니다. 우선 $n=0, 1, 2\cdots$를 대입해 보면서 $a_0+a_1+a_2+\cdots+a_n$의 값을 찾아보면 다음과 같습니다. (x^k의 계수는 a_k이며, 상수항은 x^0의 계수가 될 수 있다)

- $n=0$: $(x+1)^0 = \underset{a_0}{\underline{1}}$ $\rightarrow$ $a_0 = 1$
- $n=1$: $(x+1)^1 = \underset{a_1}{\underline{x^1}} + \underset{a_0}{\underline{1}}$ $\rightarrow$ $a_0 + a_1 = 1+1=2$
- $n=2$: $(x+1)^2 = \underset{a_2}{\underline{x^2}} + \underset{a_1}{\underline{2x^1}} + \underset{a_0}{\underline{1}}$ $\rightarrow$ $a_0 + a_1 + a_2 = 1+2+1=4$
- $n=3$: $(x+1)^3 = \underset{a_3}{\underline{x^3}} + \underset{a_2}{\underline{3x^2}} + \underset{a_1}{\underline{3x^1}} + \underset{a_0}{\underline{1}}$ $\rightarrow$ $a_0 + a_1 + a_2 + a_3 = 1+3+3+1=8$

$(x+1)^n$과 n에 관련된 규칙을 찾으셨나요?

$$
\begin{aligned}
(x+1)^0 &= \underline{1} && \rightarrow \quad a_0 = 1 \\
(x+1)^1 &= \underline{x} + \underline{1} && \rightarrow \quad a_0 + a_1 = 1+1=2 \\
(x+1)^2 &= \underline{x^2} + \underline{2x} + \underline{1} && \rightarrow \quad a_0 + a_1 + a_2 = 1+2+1=4 \\
(x+1)^3 &= \underline{x^3} + \underline{3x^2} + \underline{3x} + \underline{1} && \rightarrow \quad a_0 + a_1 + a_2 + a_3 = 1+3+3+1=8
\end{aligned}
$$

$(x+1)^n$을 전개한 식에 $x=1$을 대입하면 구하고자 하는 식 $a_0 + a_1 + a_2 + \cdots + a_n$을 도출할 수 있습니다. 즉, $a_0 + a_1 + a_2 + \cdots + a_n$은 $(x+1)^n$에 $x=1$을 대입한 값, $(1+1)^n = 2^n$과 같습니다.

이번엔 항등식의 원리를 이용하여, 식 $(x+1)^n$을 분석해 보도록 하겠습니다.

잘 생각해봐. 곱셈공식처럼 식을 전개하는 것은 단순 변형이니까 (x+1)ⁿ을 전개한 식은 항등식이 될 수 있어.
항등식으로 분석한다고? 식 (x+1)ⁿ이 항등식과 무슨 관계가 있는 거지?

$(x+1)^n$을 전개한 식은 'x에 관한 항등식'이 됩니다. (x^k의 계수는 a_k이다)

$$\left.\begin{array}{l} ① \ (x+1)^1 = a_1x + a_0 \\ ② \ (x+1)^2 = a_2x^2 + a_1x^1 + a_0 \\ ③ \ (x+1)^3 = a_3x^3 + a_2x^2 + a_1x^1 + a_0 \\ \qquad\qquad \cdots \\ (x+1)^n = a_0 + a_1x^1 + a_2x^2 + \cdots + a_nx^n \end{array}\right\} x\text{에 관한 항등식}$$

$(x+1)^n$을 전개한 식은 x에 관한 항등식이므로 x에 어떤 값을 대입해도 등식이 성립합니다. (식 $a_0+a_1+a_2+\ldots+a_n$이 도출되도록 적당한 x값을 대입해 본다)

$$(x+1)^n = a_0 + a_1x^1 + a_2x^2 + \cdots + a_nx^n$$

$x=1$을 대입

$$(1+1)^n = a_0 + a_1 + a_2 + \cdots + a_n$$

$$\| \\ 2^n$$

따라서 $(x+1)^n$의 전개식에서 x^k $(0 \le k \le n)$의 계수를 a_k라고 할 때, $a_0+a_1+a_2+\cdots+a_n$의 값은 2^n이 됩니다.

역시 고난도 문제군. 이런 문제는 어려워서 시험에 잘 안 나오겠지?
똑같은 문제는 안 나오겠지만 이렇게 두뇌를 이용해서 규칙성을 찾고, 개념을 도입하는 문제는 나오겠지. 그래서 계산 문제를 푸는 데 시간 낭비하지 말고 이런 머리 쓰는 문제를 많이 풀어봐야 돼. 그래야 사고력도 좋아지고 수학 문제를 푸는 맛을 느낄 수가 있어.

항등식의 원리를 이용하면 다음 변형 문제도 쉽게 해결할 수 있습니다.

$(x+y)^2(2x-y)$의 전개식에서 모든 항의 계수의 합은?

➡ 주어진 식에 $x=1,\ y=1$을 대입하면 모든 항의 계수의 합을 구할 수 있다.

$$(x+y)^2(2x-y) \quad \rightarrow \quad x=1,\ y=1 \ :\ (1+1)^2(2-1)=4$$

잘 이해가 안 간다고요? 그렇다면 천천히 분석해 보도록 하겠습니다.

$(x+y)^2(2x-y)$을 전개하면,

$$\rightarrow\ (x+y)^2(2x-y)=(x^2+2xy+y^2)(2x-y)=2x^3+3x^2y-y^3$$

$2x^3+3x^2y-y^3$의 모든 항의 계수의 합은 $2+3-1=4$가 됩니다. 이는 식 $2x^3+3x^2y-y^3$에 $x=y=1$을 대입한 값과 같습니다. (등식 $(x+y)^2(2x-y)=2x^3+3x^2y-y^3$은 x, y에 관한 항등식이므로 x, y에 어떤 수를 대입해도 등식이 성립한다)

$$\underline{(x+y)^2(2x-y)} \quad = \quad \underline{2x^3+3x^2y-y^3}$$

$$x=y=1 \qquad\qquad x=y=1$$

$$(1+1)^2(2-1)=4 \qquad\qquad 2+3-1=4$$

마지막으로 한 문제 더 풀어보도록 하겠습니다. (어떻게 풀지 잠시 생각해 보는 시간을 가져본다)

$(x+y-2z)^5$의 전개식에서 y를 포함하지 않는 항의 계수의 합은?

계수의 합이니까 변수에 1을
대입하면 되는데….
y가 빠진 항의 계수라고?
y가 빠진다는 게 뭘 의미하지?

문제해결을 위한 기본설계가 끝나셨나요? 그럼 함께 풀어보도록 하겠습니다. 앞서 모든 계수의 합을 구하기 위해서 각 변수에 1을 대입하였습니다. 그러나 이번엔 y를 포함하지 않는 항의 계수의 합을 구하라고 했으므로, y가 포함된 항을 모조리 제외해야 합니다.

$y=0$을 대입하면 y가 포함된 항은 0이 되어 덧셈에서 제외된다.

주어진 식에 $x=1$, $y=0$, $z=1$을 대입하면 y를 포함하지 않는 항의 계수의 합을 쉽게 구할 수 있습니다.

$(x+y-2z)^5$의 전개식에서 y를 포함하지 않는 항의 계수의 합은?
→ $x=1, y=0, z=1$ 대입 : $(x+y-2z)^5=(1+0-2)^5=-1$

간혹 여러 가지 문제 유형을 달달 암기하면서 수학을 공부하는 학생들이 있습니다. 그러나 그렇게 수학을 공부하게 되면 변형된 문제가 나오거나 암기한 것이 생각나지 않을 경우 혼란만 더욱 가중됩니다. (수학에서 나오는 그 많은 문제 유형을 모조리 외울 수도 없는 노릇이다)

어떤 문제가 나오더라도 차근차근 그 규칙성을 찾아보면서 '문제가 요구하는 것이 무엇인지 파악'하는 것이 중요합니다.

항등식과 나눗셈식

다항식의 사칙연산식(덧셈, 뺄셈, 곱셈, 나눗셈)은 모두 x**에 관한 항등식**이 됩니다.

덧 셈 : $(x-1)+(2x+1)=3x$
뺄 셈 : $(x-1)-(2x+1)=-x-2$
곱 셈 : $(x-1)\times(2x+1)=2x^2-x-1$
나눗셈 : $(x^2+1)\div(x-1)=x+1$(몫) $\cdots$ 2(나머지)

사칙연산식 중 **나눗셈식**에 대하여 좀 더 자세히 알아보도록 하겠습니다.
(나눗셈식은 다른 연산식보다 좀 복잡하긴 해도 그 활용도는 상당히 높다)

> x^2+1을 $x-1$로 나누어 몫이 $x+1$, 나머지가 2가 될 때,
> 나눗셈식은 다음과 같다.

$$x^2+1=(x-1)\times(x+1)+2$$

(피제수) = (제수) × (몫) + 나머지

가끔 나눗셈식을 방정식으로 오해하는 학생들이 있습니다. 앞으로 나눗셈식을 볼 때마다, '나눗셈식=항등식'이라는 사실을 되뇌길 바랍니다.

다항식의 나눗셈식을 일반화하여 정리하면 다음과 같습니다.

다항식의 나눗셈식

다항식 $A(x)$를 $B(x)$로 나누었을 때, 몫을 $Q(x)$,
나머지를 $R(x)$라고 하면, 다음 나눗셈식은 x에 관한 항등식이 된다.

$$A(x)=B(x)Q(x)+R(x)$$

(단, 나머지 $R(x)$의 차수 $<$ 제수 $B(x)$의 차수)

※ $A(x)$, $B(x)$, $Q(x)$, $R(x)$는 x로 이루어진 어떤 다항식을 뜻한다.

정수의 나눗셈식과 마찬가지로 다항식의 나눗셈에서도 '나머지 $R(x)$의 제한조건'에 신경을 써야 합니다.

나머지 $R(x)$의 차수 $<$ 제수 $B(x)$의 차수

나누는 식(제수)	나머지
1차식	상수
2차식	1차식 $(ax+b)$ ($a=0$일 때 상수)
3차식	2차식 (ax^2+bx+c) ($a=0$일 때 1차식 $a=b=0$일 때 상수)

나눗셈식은 앞으로 배울 인수분해 및 나머지정리의 핵심키워드가 될 것입니다. 그러니 잘 이해하고 넘어가길 바랍니다.

항등식을 이용한 나눗셈

항등식의 성질을 이용하여 '다항식의 나눗셈'을 계산할 수도 있습니다.

항등식을 이용해 다항식의 나눗셈을 계산한다고? 언뜻 이해가 잘 안 가는데…. 다항식의 나눗셈은 직접 나누거나, 조립제법으로 구하는 거잖아.
나눗셈식이 항등식이니까 나머지와 몫을 미지의 다항식으로 놓고, 항등식의 성질을 이용해서 나머지와 몫을 구하면 돼. 계수비교법이나 수치대입법을 활용하면 미지의 다항식을 구할 수 있거든.

다음 다항식의 나눗셈을 항등식을 이용하여 계산해 보도록 하겠습니다.

$$(x^2+2x-3)\div(x+1)$$

몫을 $Q(x)$, 나머지를 $R(x)$로 놓으면 나눗셈식은 다음과 같습니다. (2차식을 1차식으로 나누었으므로 몫은 1차식이 되고 나머지는 상수가 된다 : $Q(x)=ax+b$, $R(x)=R$)

다항식의 나눗셈식

(피제수) = (제수) × (몫) + 나머지

$$\begin{aligned}(x^2+2x-3)&=(x+1)Q(x)+R(x)\\&=(x+1)(ax+b)+R\end{aligned}$$

$$\begin{cases}Q(x)=ax+b\\R(x)=\text{(상수)}\end{cases}$$

나눗셈식 '$(x^2+2x-3)=(x+1)(ax+b)+R$'은 x에 관한 2차항등식이므로, 항등식의 성질을 이용하면 미정계수 a, b, R을 모두 구할 수 있습니다. (x에 관한 2차항등식은 미정계수를 3개까지 구할 수 있다)

항등식의 성질

$$ax^2+bx+c=a'x^2+b'x+c' \quad \rightarrow \quad a=a',\ b=b',\ c-c'$$

그럼 계수비교법을 이용하여 미정계수 a, b, R을 찾아보도록 하겠습니다. (식을 전개하여 양변의 계수를 비교한다)

$$\underline{x}^2+\underline{2}x\underline{-3}=(x+1)(ax+b)+R$$

$$=\underset{1}{\underline{a}}x^2+\underset{2}{\underline{(a+b)}}x+\underset{-3}{\underline{b+R}}$$

$$\rightarrow a=1,\ b=1,\ R=-4$$

따라서 2차식 x^2+2x-3을 $x+1$로 나누면, 몫은 $x+1$이고 나머지는 -4가 됩니다.

항등식을 이용하면 다항식을 직접 나누지 않고도 몫과 나머지를 구할 수 있습니다. (사실 1차식으로 나눌 때는 조립제법이 더 편하다)

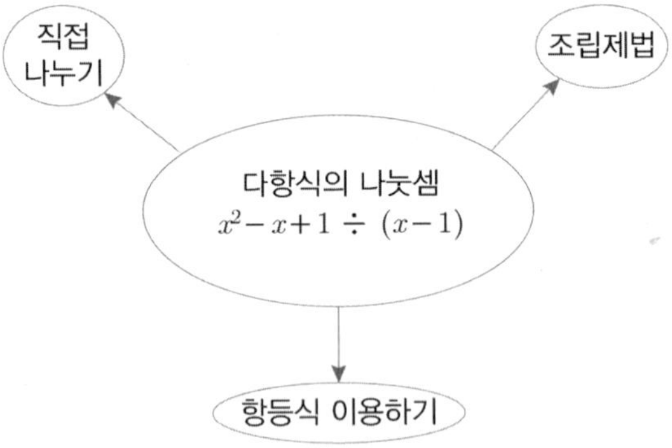

이번엔 제수가 2차식인 다항식의 나눗셈을 계산해 보도록 하겠습니다. (제수가 1차식이 아니므로 조립제법을 사용할 수 없다)

$$(x^3-2x^2+x-3)\div(x^2+1)$$

몫을 $Q(x)$, 나머지를 $R(x)$라고 놓으면 나눗셈식은 다음과 같습니다. (3차식을 2차식으로 나누었으므로 몫과 나머지 모두 1차식이 된다)

$$(\text{피제수}) = (\text{제수}) \times (\text{몫}) + \text{나머지}$$
$$(x^3-2x^2+x-3)=(x^2+1)Q(x)+R(x)$$

$$Q(x)=ax+b,\quad R=cx+d$$
$$\rightarrow (x^3-2x^2+x-3)=(x^2+1)(ax+b)+(cx+d)$$

나눗셈식 $(x^3-2x^2+x-3)=(x^2+1)(ax+b)+(cx+d)$는 x에 관한 3차 항등식이므로 항등식의 성질을 이용하면 미정계수 a, b, c, d를 모두 구할 수 있습니다. (x에 관한 3차항등식은 미정계수를 4개까지 구할 수 있다)

$$\begin{aligned}\underline{x^3}\,\underline{-2x^2}+\underline{x}\,\underline{-3} &= (x^2+1)(ax+b)+(cx+d)\\ &= \underline{a}x^3+\underline{b}x^2+\underline{(a+c)}x+\underline{b+d}\\ &\quad\ 1\qquad -2\qquad\quad 1\qquad\quad -3\end{aligned}$$
$$\rightarrow a=1,\ b=-2,\ c=0,\ d=-1$$
$$\therefore\ Q(x)=ax+b=x-2,\quad R=cx+d=-1$$

따라서 3차식 x^3-2x^2+x-3을 x^2+1로 나누면 몫은 $x-2$가 되고 나머지는 -1이 됩니다.

항등식을 이용한 나눗셈, 그렇게 어렵진 않죠?

계수결정 Tip

나눗셈에 관한 항등식 문제에서 최고차항과 상수항의 계수를 먼저 비교하면 쉽게 미정계수를 찾을 수 있다. 예를 들어 $x^3-2x^2+x-3=(x-3)(ax^2+bx+c)$가 x에 관한 항등식일 때,

① 좌변의 최고차항 x^3은 우변에서 x와 ax^2을 곱한 값과 같다.

② 좌변의 상수항 -3은 우변에서 -3과 c를 곱한 값과 같다.

나머지정리

다항식의 나눗셈에서 나머지만 쉽게 구할 수 있는 방법, 어디 없을까요? 다음 다항식의 **나눗셈식**을 유심히 살펴보도록 하겠습니다.

다항식 x^2+3x-4를 $x-3$으로 나누면,
몫이 $x+6$이고 나머지가 14가 된다.
→ 나눗셈식 : $x^2+3x-4=\underbrace{(x-3)\times(x+6)}_{\text{곱의 꼴}}+\underbrace{14}_{\text{상수항}}$

나눗셈식 우변을 잘 살펴보면 'x에 관한 인수분해식(곱의 꼴)'과 '나머지(상수항)'의 합으로 구성되어 있다는 것을 쉽게 알 수 있습니다. 그렇다면 나눗셈식 양변에 $x=3$을 대입해 보면 어떻게 될까요?

나눗셈식 : $\underline{x^2+3x-4}=\underline{(x-3)\times(x+6)+14}$

좌변에 $x=3$ → $3^2+3\cdot3-4=14$

우변에 $x=3$ → $(3-3)(3+6)+14=14$

x^2+3x-4에 $x=3$을 대입하면 x^2+3x-4를 $x-3$으로 나눈 나머지(14)를 구할 수 있습니다. 이것을 역으로 설명해 보면 다음과 같습니다.

> $f(x)=x^2+3x-4$일 때, $f(x)$를 $(x-3)$으로 나눈 나머지는
> 식 $f(x)$에 $x=3$을 대입한 값과 같다 → 나머지 : $f(3)=14$

즉, 임의의 다항식 $f(x)$를 1차식 $(x-\alpha)$로 나눈 나머지를 알고 싶다면 $f(x)$에 $x=\alpha$를 대입하기만 하면 됩니다. 왜냐하면 $f(\alpha)$값이 바로 나머지가 되기 때문이죠.

몫 → $Q(x)$, 나머지 → R

$f(x)$를 $(x-\alpha)$로 나눈 나눗셈식 : $f(x)=(x-\alpha)Q(x)+R$

$x=\alpha$ 대입 → $f(\alpha)=\underbrace{(x-\alpha)Q(x)}_{=0}+R$ → $\underline{f(\alpha)=R}$

이렇게 나눗셈식을 활용하여 나머지를 구하는 방법을 다항식의 **나머지정리**라고 말합니다. 나머지정리를 일반화하면 다음과 같습니다.

나머지정리

다항식 $f(x)$를 1차식 $x-\alpha$로 나누었을 때, 몫을 $Q(x)$ 나머지를 R이라고 하면 다음 나눗셈식이 성립한다.

$$f(x)=(x-\alpha)Q(x)+R$$

양변에 $x=\alpha$($x-\alpha=0$인 x값)를 대입하면,

$$f(\alpha)=0\cdot Q(\alpha)+R \rightarrow f(\alpha)=R$$

다항식 $f(x)$를 1차식 $x-\alpha$로 나누었을 때의 나머지는 $f(\alpha)$와 같다.

> $-x^9+x^8-x^7+x^6-x^5+x^4-x^3+x^2-x+1$을 $(x-1)$로 나눈 나머지는?

다음 다항식의 나눗셈에서 나머지를 구해보도록 하겠습니다. (나누는 식(제수)이 0이 되는 x값을 찾아 나누어지는 식(피제수 $f(x)$)에 대입한다)

제수$=0 \rightarrow x=1$

① $(x^2-2x+5)\div(x-1)$

: 다항식 $f(x)=x^2-2x+5$라고 하면, 나머지는 $f(1)$

$=1^2-2\cdot1+5 \rightarrow 4$

제수$=0 \rightarrow x=-2$

② $(x^3+x^2-4x-5)\div(x+2)$

: 다항식 $f(x)=x^3+x^2-4x-5$라고 하면, 나머지는 $f(-2)$

$=(-2)^3+(-2)^2-4\cdot(-2)-5 \rightarrow -1$

이번엔 $f(x)$를 1차식 '$ax+b$'로 나눈 나머지에 대해 살펴보도록 하겠습니다. 다항식 $f(x)$를 1차식 $ax+b$로 나눈 몫을 $Q(x)$, 나머지를 R이라고 하면 나눗셈식은 다음과 같습니다.

$f(x)=(ax+b)Q(x)+R$

여기에 $x=-\frac{b}{a}$($ax+b$가 0이 되는 x값)를 대입하면,

$f(-\frac{b}{a})=0\cdot Q(-\frac{b}{a})+R \rightarrow f(-\frac{b}{a})=R$

$f(x)$를 1차식 $ax+b$로 나누었을 때의 나머지

예를 들어, 다항식 x^2-2x+1을 $2x-1$로 나누었을 때 나머지는 $f(\frac{1}{2})$이 됩니다.

$(x^2-2x+1)\div(2x-1)$

: $f(x)=x^2-2x+1$이라고 하면, 나머지는 $f(\frac{1}{2}) \rightarrow \frac{1}{4}$

이제 다항식의 나눗셈에서
나머지만 구하고 싶을 땐
다항식을 직접 나눌 필요가 없겠어.
나머지정리를 이용하면
간단히 나머지를 구할 수 있으니까.
유용한 공식이야! 잘 암기해야겠어.
나눗셈식만 만들 수 있으면
나머지정리를 몰라도
나머지를 쉽게 구할 수 있어.
중요한 건 나머지정리를
외우는 게 아니라 나눗셈식을
만들어서 활용할 수 있느냐
하는 것이지.

'나눗셈식'만 잘 이해하면 나머지정리는 쉽게 기억할 수 있습니다. (나눗셈식에 초점을 맞추어 공부하길 바란다)

나머지정리를 이용한 문제

나머지정리에 관한 문제는 보통 미정계수를 찾는 문제가 많습니다. (나눗셈식이 항등식이기 때문이다)

즉, 미정계수의 개수만큼 연립방정식을 찾아내는 것이 나머지정리에 관한 문제를 해결하는 열쇠가 됩니다. (연립방정식을 푸는 것은 단순한 계산과정에 불과하다)

항등식의 미정계수결정법에는
뭐가 있었더라 …. 수치대입법?
계수비교법?

$f(x)=ax+b$를
$(x-2)$로 나누면?
연습장을 꺼내서
나눗셈식을 써봐야겠군.
연습장을 꺼내기 전에
문제해결 과정을 구상해봐.
미지수가 a, b이니까
a, b에 관한 연립방정식
2개를 찾으면 이미 답을
구한 것과 같아.

많은 학생들이 다항식 $f(x)$에 대한 **식의 값**을 어려워합니다. 문제를 풀기 전에 식의 값에 대한 개념을 잠깐 살펴보고 넘어가도록 하겠습니다.

식의 값

① 미정계수가 없을 때

$f(x)$의 식의 값 → **상수**

ex) $f(x)=x+1$: $f(1)=2$, $f(0)=1$

② 미정계수가 있을 때

$f(x)$의 식의 값 → **미정계수에 관한 연립방정식**

ex) $f(x)=ax+b$에서 $f(1)=2$, $f(-1)=3$

→ $f(1)=a+b=2$, $f(-1)=-a+b=3$

참고로 $f(x)$, $g(x)$ …는 'x에 관한 어떤 식'을 의미합니다. 예를 들어, $f(x)=x+1$, $g(x)=x^2-x+2$와 같습니다. 마찬가지로 $f(x, y)$, $g(x, y)$ …의 경우 'x, y에 관한 어떤 식'을 의미합니다.

다음 나머지정리에 관한 문제를 풀어보도록 하겠습니다. (어떻게 풀지 잠시 생각해 보는 시간을 가져본다)

$f(x)=x^3+ax^2+bx+c$를 $x-1$로 나누면 나머지가 5, $x+1$로 나누면 나머지가 1, 그리고 $x-2$로 나누면 나머지가 -4일 때 a, b, c의 값을 구하여라.

미지수가 a, b, c이므로,
a, b, c에 대한 연립방정식
3개를 찾으면 되는데
나머지정리를 이용하면,
식의 값을 구할 수 있으니까, 음….

문제해결을 위한 기본설계가 끝나셨나요? 그럼 함께 풀어보도록 하겠습니다. 우선 다항식 $f(x)=x^3+ax^2+bx+c$를 $x-1$로 나누면 나머지가 5, $x+1$로 나누면 나머지가 1, 그리고 $x-2$로 나누면 나머지가 -4가 된다고 했으므로 나머지정리에 의해서 식 $f(1), f(-1), f(2)$의 값을 구해보면 다음과 같습니다. ($f(x)$의 식의 값은 a, b, c에 관한 연립방정식이 된다)

$f(x)$를 $x-1$로 나눈 나머지 5 → $f(1)=5$

$f(x)$를 $x+1$로 나눈 나머지 1 → $f(-1)=1$

$f(x)$를 $x-2$로 나눈 나머지 -4 → $f(2)=-4$

※ 나머지정리 : $f(x)$를 $x-\alpha$로 나누었을 때, 나머지는 $f(\alpha)$와 같다.

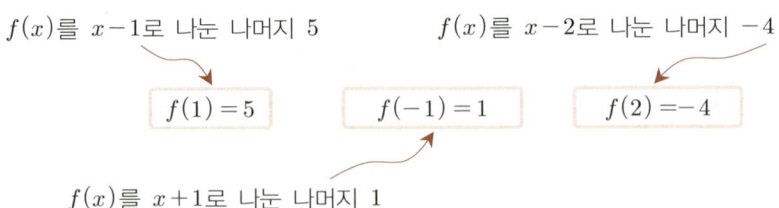

식 $f(1)=5$, $f(-1)=1$, $f(2)=-4$는 모두 a, b, c에 관한 연립방정식이므로 세 식을 연립하면 어렵지 않게 a, b, c의 값을 구할 수 있습니다. (연립방정식에 대해서는 다음 단원에서 자세히 배우므로 지금은 그냥 읽고 넘어가도록 한다)

$$f(x)=x^3+ax^2+bx+c$$

$$\begin{aligned} f(1)=5 \quad &\rightarrow \quad f(1)=1+a+b+c=5 \\ f(-1)=1 \quad &\rightarrow \quad f(-1)=-1+a-b+c=1 \\ f(2)=-4 \quad &\rightarrow \quad f(2)=8+4a+2b+c=-4 \end{aligned}$$

$$\rightarrow a=-\frac{17}{3},\ b=1,\ c=\frac{26}{3}$$

따라서 구하고자 하는 다항식 $f(x)$는 $x^3-\frac{17}{3}x^2+x+\frac{26}{3}$이 됩니다.

나눗셈식만 잘 활용하면 굳이 나머지정리를 이용하지 않아도 나머지에 관한 문제를 쉽게 해결할 수 있습니다. 다음 응용문제를 나머지정리가 아닌 나눗셈식을 이용하여 풀어보도록 하겠습니다.

> **$f(x)=2x^3+ax^2+bx-1$이 x^2-1로 나누어 떨어지도록 a, b의 값을 구하시오.**

우선 몫을 $Q(x)$, 나머지를 $R(x)$라고 놓으면 나눗셈식은 다음과 같습니다.

나눗셈식 : (피제수) = (제수) × (몫) + 나머지

$$\begin{aligned}2x^3+ax^2+bx-1&=(x^2-1)Q(x)+R(x)\\&=(x-1)(x+1)Q(x)+R(x)\end{aligned}$$

문제에서 '나누어 떨어진다'고 했으므로 나머지는 $R(x)=0$이 됩니다.

$$2x^3+ax^2+bx-1=(x-1)(x+1)Q(x)$$

나눗셈식은 항등식이기 때문에 수치대입법($x=1,-1$)을 이용하면 미지수 a, b에 관한 연립방정식을 도출할 수 있습니다.

$$f(x)=2x^3+ax^2+bx-1=(x-1)(x+1)Q(x)$$

$$f(1)=2+a+b-1=0 \qquad f(-1)=-2+a-b-1=0$$

$$a=1,\ b=-2$$

※ 다항식 $f(x)$를 $(x-\alpha)(x-\beta)\cdots$로 나누게 되면, 나머지정리를 이용하든 직접 나누든지 간에 **나누는 인수의 개수**만큼 식 $f(\alpha), f(\beta)\cdots$의 값을 구할 수 있다.

나눗셈식 : $f(x) = \{(x-\alpha)(x-\beta)\cdots\}Q(x) + R(x)$

$x=\alpha$, $x=\beta$을 대입하면, → $\begin{cases} f(\alpha) = R(\alpha) \\ f(\beta) = R(\beta) \end{cases}$

간혹 많은 학생들이 나머지(R)가 항상 상수라고 생각하는 경향이 있는데 그것은 잘못된 생각입니다. 나머지는 나누는 식(제수)보다 1차수 이상 낮은 다항식이므로 나누는 식이 1차이면 나머지는 상수가 되고, 나누는 식이 2차이면 나머지는 1차 또는 상수가 됩니다.

- $f(x)$를 1차식으로 나눈 나머지 → R(상수)
- $f(x)$를 2차식으로 나눈 나머지 → $R(x) = ax+b$
- $f(x)$를 3차식으로 나눈 나머지 → $R(x) = ax^2+bx+c$

만약 어떤 다항식 $f(x)$를 완전제곱식 $(x-\alpha)^n$으로 나누면 어떻게 될까요?

$x=\alpha$

$f(x) = (x-\alpha)^n Q(x) + R$

→ $f(\alpha) = R$

> 어라~
> 식의 값이 1개($f(x)$)밖에 안 나오네….

이와 관련된 다음 문제를 풀어보도록 하겠습니다.

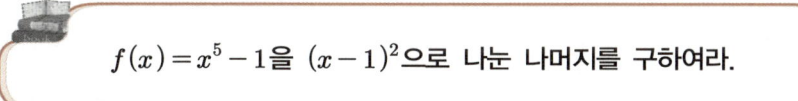

$f(x) = x^5 - 1$을 $(x-1)^2$으로 나눈 나머지를 구하여라.

먼저 나눗셈식을 작성해 보면, 다음과 같습니다. (2차식으로 나누었으므로, 나머지는 1차식 $ax+b$가 된다)

$$x^5 - 1 = (x-1)^2 Q(x) + R(x) = (x-1)^2 Q(x) + ax + b$$

미지수 a, b를 구해야 나머지 $R(x)$를 구할 수 있습니다. 일단 식 $f(1)$의 값을 구해보면,

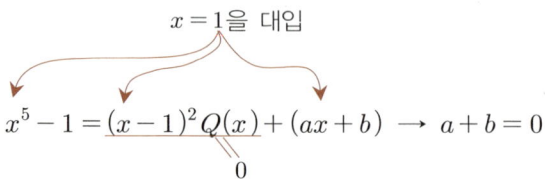

$x=1$을 대입

$$x^5 - 1 = \underline{(x-1)^2 Q(x)} + (ax+b) \rightarrow a+b=0$$

0

$a+b=0$이므로, $b=-a$를 다시 나눗셈식에 대입합니다.

$$\begin{aligned} x^5 - 1 &= (x-1)^2 Q(x) + (ax+b) \\ &= (x-1)^2 Q(x) + ax - a = \underline{(x-1)^2}\, Q(x) + a\underline{(x-1)} \end{aligned}$$

양변을 $(x-1)$로 나누면 또 다른 나눗셈식이 되어, $x=1$을 한 번 더 대입할 수 있게 됩니다. (양변을 $(x-1)$로 나눈다)

$$\underline{x^5 - 1} = \underline{(x-1)^2 Q(x) + a(x-1)}$$

$\underline{x^5 - 1 \div (x-1)}$

조립제법 이용

```
1 | 1 0 0 0 0 -1
  |   1 1 1 1  1
  ---------------
    1 1 1 1 1  0
      몫     나머지
```

$$\{(x-1)^2 Q(x) + a(x-1)\} \div (x-1)$$

$$x^4 + x^3 + x^2 + x + 1 = (x-1)Q(x) + a$$

$x^4 + x^3 + x^2 + x + 1 = (x-1)Q(x) + a$: $x=1$ 대입 $\rightarrow$ $a=5$

앞서 $a+b=0$이므로 $b=-5$가 됩니다. 다항식 $f(x)$을 $(x-\alpha)^n$으로 나눌 경우, 중간 계산과정에서 식을 한 번 더 변형해야 미정계수를 모두 구할 수 있습니다.

인수정리

다항식 $f(x)$를 $x-\alpha$로 나눈 나머지는 '$f(\alpha)$'입니다. 만약 $f(\alpha)$가 0이라면 어떻게 될까요?

$f(\alpha)=0$? → 나머지가 0

→ $f(x)$는 $x-\alpha$로 나누어 떨어진다

$f(\alpha)$가 0이라는 것은 다항식 $f(x)$가 $x-\alpha$로 나누어 떨어진다는 것을 의미합니다. 그럼 '$f(x)$는 $x-\alpha$로 나누어 떨어진다'는 것은 무엇을 의미할까요? (나눗셈식을 통해서 그 의미를 생각해 보자)

$f(x)$가 $(x-\alpha)$로 나누어 떨어진다?

나눗셈식 : $f(x)=(x-\alpha)Q(x)+R$ → $f(x)=(x-\alpha)Q(x)$

$R=0$

곱의 꼴

$f(x)$가 $x-\alpha$로 나누어 떨어진다는 것은 $x-\alpha$가 $f(x)$의 '인수'가 된다는 것을 의미합니다. (즉, $f(\alpha)=0$을 만족하는 α를 찾으면 $f(x)$를 인수분해할 수 있다)

※ $f(1)=0$, $f(-2)=0\cdots$일 경우, $f(x)=(x-1)(x+2)\cdots$로 인수분해된다.

다음 다항식 $f(x)$에서 식의 값 $f(1)$, $f(-1)$, $f(-2)$를 구해보도록 하겠습니다.

$$f(x)=x^3+2x^2-x-2$$

① $f(1)=1+2-1-2=0$: $f(1)=0$
② $f(-1)=-1+2+1-2=0$: $f(-1)=0$
③ $f(-2)=-8+8+2-2=0$: $f(-2)=0$

$f(1)$, $f(-1)$, $f(-2)$는 $f(x)$를 $x-1$, $x+1$, $x+2$로 나누었을 때의 나머지가 되며, '$f(1)=0$, $f(-1)=0$, $f(-2)=0$'이라는 사실은 $f(x)$를 $x-1$, $x+1$, $x+2$로 나누었을 때 나머지가 0이 된다는 것을 뜻합니다. 또한 나머지가 0이 된다는 것은 $x-1$, $x+1$, $x+2$가 $f(x)$의 인수(약수)라는 것을 의미하기도 합니다.

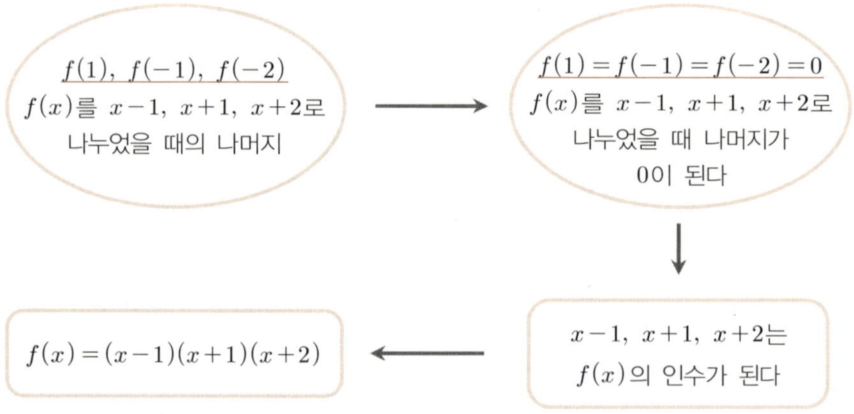

나머지정리를 역으로 이용하니, 3차식 x^3+2x^2-x-2를 인수분해하게 되었네요.

다항식 $f(x)$에서 $f(\alpha)=0$을 만족하는 $x=\alpha$값을 찾으면, $f(x)$는 $(x-\alpha)$로 인수분해할 수 있게 됩니다. 이렇게 $f(x)=0$을 만족하는 x값을 찾아 $f(x)$를 인수분해하는 방법을 **인수정리**라고 말합니다.

인수정리를 이용한 $f(x)$의 인수분해

다항식 $f(x)$에 대하여 $f(\alpha)=0$일 때 $f(x)$는 $(x-\alpha)$로 인수분해된다.
$\Rightarrow f(x)=(x-\alpha)Q(x)$

※ 인수정리를 이용하면 고차식을 인수분해할 수 있다.

인수정리와 관련하여 다음 문제를 풀어보도록 하겠습니다. 인수정리의 뜻만 알면 쉽게 해결할 수 있으므로 각자 풀어보시길 바랍니다.

다음 주어진 조건을 이용하여 $f(x)$와 $g(x)$에 대한 인수분해식을 찾아보아라.

$f(x)\begin{cases} \text{최고차항의 계수가 1인 2차다항식} \\ f(2)=0,\ f(-3)=0 \end{cases}$

$g(x)\begin{cases} \text{최고차항의 계수가 1인 3차다항식} \\ g(-1)=0,\ g(2)=0,\ g(4)=0 \end{cases}$

개념 한눈에 보기

1. x에 관한 항등식의 성질

$$\begin{cases} ax+b=0 & \Leftrightarrow \quad a=b=0 \\ ax+b=a'x+b' & \Leftrightarrow \quad a=a',\ b=b' \end{cases}$$

$$\begin{cases} ax^2+bx+c=0 & \Leftrightarrow \quad a=b=c=0 \\ ax^2+bx+c=a'x^2+b'x+c' & \Leftrightarrow \quad a=a',\ b=b',\ c=c' \end{cases}$$

2. 항등식에서 구할 수 있는 미정계수의 개수

$ax+b=0 \quad \Leftrightarrow \quad a=b=0$ ➡ 2개

$ax^2+bx+c=0 \quad \Leftrightarrow \quad a=b=c=0$ ➡ 3개

$ax+by+c=0 \quad \Leftrightarrow \quad a=b=c=0$ ➡ 3개

$ax^2+bx+cy+d=0 \quad \Leftrightarrow \quad a=b=c=d=0$ ➡ 4개

3. 항등식의 미정계수 결정

① 수치대입법 : x에 적당한 수치를 대입하여 미정계수를 결정하는 방법
(필요한 만큼의 연립방정식을 도출한다)

② 계수비교법 : 양변의 계수(변수의 계수와 상수항)를 비교하여 미정계수를 결정하는 방법

4. 나눗셈식

나눗셈식 : 다항식 $A(x)$를 $B(x)$로 나누었을 때, 몫을 $Q(x)$, 나머지를 $R(x)$라고 하면, 「$A(x)=B(x)Q(x)+R(x)$」를 나눗셈식이라고 한다.
(단, $R(x)$의 차수$<B(x)$의 차수)

※ 나눗셈식 = 항등식

5. 나머지정리

다항식 $f(x)$를 1차식 $(x-\alpha)$로 나누었을 때의 나머지는 $f(\alpha)$와 같으며, $f(x)$를 1차식 $(ax+b)$로 나누었을 때의 나머지는 $f(\frac{b}{a})$와 같다.

6. 인수정리

다항식 $f(x)$에 대하여 $f(\alpha)=0$을 만족하면, $x-\alpha$는 $f(x)$의 인수가 된다.

$\Rightarrow f(x)=(x-\alpha)Q(x)$

※ $f(x)$를 $x-\alpha$로 나눈 나눗셈식 : $f(x)=(x-\alpha)Q(x)+R$
(나누어 떨어질 때 → $R=f(\alpha)=0$)

도출형 학습방식으로 다음 문제를 풀어보도록 하겠습니다. (개념이 잘 기억나지 않으면 앞의 내용을 찾아보길 바란다)

모든 실수 x에 대하여 다음 등식이 성립한다고 하자.

$$x^{50}+2=a_{50}(x+2)^{50}+a_{49}(x+2)^{49}+\cdots+a_1(x+2)+a_0$$

$a_{49}+a_{48}+\cdots+a_2+a_1+a_0$**의 값은?**

1단계 개념도출 문제를 풀기 위해서는 어떤 개념을 알아야 할까요?

2단계 개념설명 개념을 알고 있다면 간단히 설명해 보길 바랍니다.

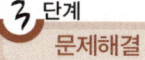

3단계 문제해결 그럼 어떻게 문제를 해결할 수 있을까요?

모든 실수 x에 대하여 다음 등식이 성립한다고 하자.

$$x^{50}+2=a_{50}(x+2)^{50}+a_{49}(x+2)^{49}+\cdots+a_1(x+2)+a_0$$

$a_{49}+a_{48}+\cdots+a_2+a_1+a_0$의 값은?

1단계 문제를 풀기 위해서는 어떤 개념을 알아야 할까요?

항등식의 정의, 항등식의 성질, 미정계수 결정법 등을 알아야 한다.

2단계 개념을 알고 있다면 간단히 설명해 보길 바랍니다.

항등식의 정의

변수에 임의의 값을 대입하여도 항상 등식이 성립하는 식

항등식의 성질

다음 식이 x에 관한 항등식일 때 다음이 성립한다.

$$\begin{cases} ax+b=0 & \Leftrightarrow \quad a=b=0 \\ ax+b=a'x+b' & \Leftrightarrow \quad a=a',\ b=b' \end{cases}$$

$$\begin{cases} ax^2+bx+c=0 & \Leftrightarrow \quad a=b=c=0 \\ ax^2+bx+c=a'x^2+b'x+c' & \Leftrightarrow \quad a=a',\ b=b',\ c=c' \end{cases}$$

미정계수 결정법

① 수치대입법 : x에 적당한 수치를 대입하여 미정계수를 결정하는 방법(필요한 만큼의 연립방정식을 도출한다)

② 계수비교법 : 양변의 계수(변수의 계수와 상수항)를 비교하여 미정계수를 결정하는 방법

3단계 그럼 어떻게 문제를 해결할 수 있을까요?

주어진 식 $x^{50}+2=a_{50}(x+2)^{50}+a_{49}(x+2)^{49}+\cdots+a_1(x+2)+a_0$은 모든 실수 x에 대하여 성립한다고 했으므로 x에 관한 항등식으로 볼 수 있다. 구하고자 하는 식 $a_{49}+a_{48}+\cdots+a_2+a_1+a_0$의 값을 유도하기 위해서 변수 x에 적당한 수를 대입해 보면 어렵지 않게 $a_{49}+a_{48}+\cdots+a_2+a_1+a_0$의 값을 도출해 낼 수 있다.

정답이 궁금한 학생들은 다음 정답풀이를 참고하시기 바랍니다.

주어진 식은 모든 실수 x에 대하여 성립한다고 했으므로 x에 관한 항등식으로 볼 수 있다.

$$x^{50}+2=a_{50}(x+2)^{50}+a_{49}(x+2)^{49}+\cdots+a_1(x+2)+a_0$$

➡ x에 관한 항등식 (변수 x에 임의의 값을 대입하여도 항상 등식이 성립한다)

변수 x에 적당한 수를 대입하여 구하고자 하는 식 $a_{49}+a_{48}+\cdots+a_2+a_1+a_0$의 값을 도출해 보자.

$x=-1$ 대입

$$x^{50}+2=a_{50}(x+2)^{50}+a_{49}(x+2)^{49}+\cdots+a_1(x+2)+a_0$$

$$(-1)^{50}+2=a_{50}(-1+2)^{50}+a_{49}(-1+2)^{49}+\cdots+a_1(-1+2)+a_0$$

$$=a_{50}+a_{49}+\cdots+a_1+a_0$$

$$a_{49}+a_{48}+\cdots+a_2+a_1+a_0=\underline{(-1)^{50}+2}-a_{50}$$

$a_{50}=1$

(a_{50}은 좌변 $x^{50}+2$의 x^{50}의 계수 1과 같다)

$$\therefore\ a_{49}+a_{48}+\cdots+a_2+a_1+a_0=2$$

정답 2

도출형 학습방식으로 다음 문제를 풀어보도록 하겠습니다. (개념이 잘 기억나지 않으면 앞의 내용을 찾아보길 바란다)

다항식 $f(x)$를 x^2-1로 나누면 3이 남고, 다항식 $g(x)$를 x^2+x로 나누면 -1이 남는다. 그럼 다항식 $f(x)+g(x)$를 $x+1$로 나누었을 때의 나머지를 구하여라.

1단계 개념도출 문제를 풀기 위해서는 어떤 개념을 알아야 할까요?

2단계 개념설명 개념을 알고 있다면 간단히 설명해 보길 바랍니다.

3단계 문제해결 그럼 어떻게 문제를 해결할 수 있을까요?

다항식 $f(x)$를 x^2-1로 나누면 3이 남고, 다항식 $g(x)$를 x^2+x로 나누면 -1이 남는다. 그럼 다항식 $f(x)+g(x)$를 $x+1$로 나누었을 때의 나머지를 구하여라.

1단계 문제를 풀기 위해서는 어떤 개념을 알아야 할까요?

다항식의 나눗셈식, 나머지정리에 대해 알아야 한다.

2단계 개념을 알고 있다면 간단히 설명해 보길 바랍니다.

나눗셈식

다항식 $A(x)$를 $B(x)$로 나누었을 때, 몫을 $Q(x)$, 나머지를 $R(x)$라고 하면 나눗셈식은 다음과 같다. (나눗셈식=항등식)

$$A(x)=B(x)Q(x)+R(x)$$

나머지정리

다항식 $f(x)$를 1차식 $x-\alpha$로 나누었을 때 몫을 $Q(x)$, 나머지를 R이라고 하면 나눗셈식은 다음과 같다.

$$f(x)=(x-\alpha)Q(x)+R$$

양변에 $x=\alpha$ ($x-\alpha=0$인 x값)를 대입하면,

$$f(\alpha)=0 \cdot Q(\alpha)+R \rightarrow f(\alpha)=R$$

다항식 $f(x)$를 1차식 $x-\alpha$로 나누었을 때의 나머지는 $f(\alpha)$와 같다.

※ $f(x)$를 1차식 $ax+b$로 나누었을 때의 나머지는 $f(-\frac{b}{a})$와 같다.

3단계 그럼 어떻게 문제를 해결할 수 있을까요?

$f(x)$를 x^2-1로 나누면 3이 남고, $g(x)$를 x^2+x로 나누면 -1이 남는다고 했으므로 $f(x)$, $g(x)$를 나눗셈식으로 표현할 수 있다. 그리고 $f(x)+g(x)=h(x)$라고 놓으면 $h(x)$를 $x+1$로 나누었을 때의 나머지는 $h(-1)$이 된다. $(h(-1)=f(-1)+g(-1))$
앞에서 도출한 $f(x)$, $g(x)$의 나눗셈식을 통해 구한 $f(-1)$, $g(-1)$의 값을 이용하여 $h(x)$를 $x+1$로 나누었을 때의 나머지 $h(-1)=f(-1)+g(-1)$의 값을 구한다.

정답이 궁금한 학생들은 다음 정답풀이를 참고하시기 바랍니다.

다항식 $f(x)$를 x^2-1로 나누면 3이 남고, 다항식 $g(x)$를 x^2+x로 나누면 -1이 남는다고 했으므로, $f(x)$, $g(x)$를 나눗셈식으로 표현하면 다음과 같다.
($f(x)$를 x^2-1로 나눈 몫을 $Q(x)$, $g(x)$를 x^2+x로 나눈 몫을 $Q'(x)$라 하자)

$$f(x)=(x^2-1)Q(x)+3 = \underline{(x-1)(x+1)}\,Q(x)+3$$

$$g(x)=(x^2+x)Q'(x)-1 = \underline{x(x+1)}\,Q'(x)-1$$

위 나눗셈식 $f(x)$에 1, -1을 대입하면 $f(1)=f(-1)=3$이 되며, 마찬가지로 $g(x)$에 0, -1을 대입하면 $g(0)=g(-1)=-1$이 된다.

$$f(x)=(x^2-1)Q(x)+3 = \underline{(x-1)(x+1)}\,Q(x)+3$$

$$g(x)=(x^2+x)Q'(x)-1 = \underline{x(x+1)}\,Q'(x)-1$$

$$\begin{cases} f(1)=3 \\ f(-1)=3 \end{cases} \qquad \begin{cases} g(0)=-1 \\ g(-1)=-1 \end{cases}$$

다항식 $f(x)+g(x)$를 $h(x)$라고 놓으면, $h(x)$를 $x+1$로 나누었을 때의 나머지는 $h(-1)$이 된다. $(h(-1)=f(-1)+g(-1))$

앞에서 구한 $f(-1)$, $g(-1)$을 대입하면 $h(x)=f(x)+g(x)$를 $x+1$로 나누었을 때의 나머지 $h(-1)=f(-1)+g(-1)$의 값을 찾을 수 있다.

$$h(-1)=f(-1)+g(-1)=3-1=2$$

정답 2

3 인수분해

인수분해

다항식을 곱의 꼴($A \times B$)로 변형하는 것을 **인수분해**라고 말합니다. 여기서 A, B를 다항식 $A \times B$의 **인수 또는 약수**라고 합니다. (인수(因數)는 '원인이 되는 수'를 뜻하는 한자어이다)

$$ax + bx = \underbrace{(a+b) \times x}_{\text{곱의 꼴}}$$

$(a+b)$, x는 다항식 $ax+bx$의 인수(약수)이다.

다항식의 인수분해는 다항식의 전개과정(곱셈)을 역으로 수행하는 과정입니다.

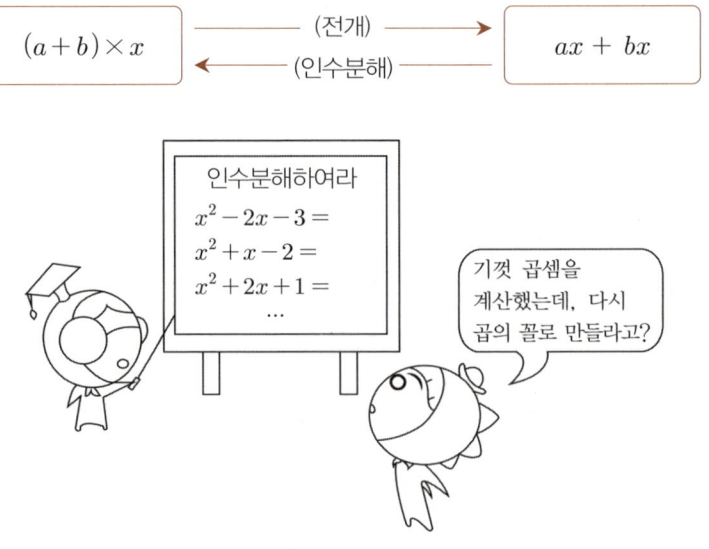

$(a+b) \times x$ —(전개)→ $ax + bx$

$(a+b) \times x$ ←(인수분해)— $ax + bx$

도대체 인수분해는 왜 하는 것일까요?

다항식을 인수분해하게 되면 식에 관한 각종 정보를 쉽게 알 수 있게 됩니다.
(마치 소인수분해를 통해 수에 관한 정보를 쉽게 알 수 있는 것과 같은 원리이다)

소인수분해와 인수분해

$72 = 2^3 \times 3^2$

- 72의 약수 : 1, 2, 3, 4, 6, ⋯, 72
- 약수의 개수 : $(3+1)(2+1) = 12$개
- 약수의 총합 : $(1+2+2^2+2^3)(1+3+3^2)$ $= 15 \times 13 = 195$

$x^2 - 5x + 6 = (x-2)(x-3)$

- $x^2 - 5x + 6$의 약수 : $(x-2)$, $(x-3)$, $(x-2)(x-3)$
- 식 $x^2 - 5x + 6$을 0으로 만드는 x값 : 2, 3
- 방정식 $x^2 - 5x + 6 = 0$의 해 : $x = 2, 3$

맞아! 중학교 때 소인수분해라는 것을 배웠었지? 어쩐지 인수분해란 말이 낯이 익더라⋯.
소인수분해를 통해 수에 관한 정보를 쉽게 알 수 있는 것과 같이 어떤 다항식을 인수분해하게 되면 식에 관한 각종 정보를 쉽게 알 수 있어. 이것 봐. 인수분해를 가지고 벌써 2차방정식의 해를 구했잖아.

인수분해 방법

다항식을 인수분해하기 위해서는 가장 먼저 각 항의 공통인수를 찾아야 합니다. 공통인수가 있을 경우, 분배법칙을 활용하여 다항식을 곱의 꼴로 만들 수 있습니다. (동류항의 계산방식과 같다)

동류항 계산 : $2x+3x$ → $\underbrace{2x+3x}_{\text{덧셈}} = \underbrace{(2+3)\,x}_{\text{곱의 꼴}}$

분배법칙 : $\underline{m}a+\underline{m}b$ → $ma+mb = \underbrace{m\,(a+b)}_{\text{곱의 꼴}}$

공통인수

※ 다항식 $ma+mb$를 인수분해하면 $m(a+b)$가 된다.

이번엔 좀 더 복잡한 다항식을 인수분해해 보도록 하겠습니다. (일단 각 항의 공통인수를 찾아본다)

$$a^2+ab-ac-bc = a(a+b)-c(a+b)$$

두 항의 공통인수 a / 두 항의 공통인수 c / 공통인수 $(a+b)$

두 항 'a와 ab', '$-ac$와 $-bc$'에 대한 공통인수를 찾아 각각 묶어주면, 새로운 공통인수 $(a+b)$를 발견할 수 있을 것입니다. $a(a+b)$와 $-c(a+b)$를 공통인수 $a+b$로 다시 묶어주면, 다항식의 곱의 꼴이 완성됩니다.

$$a(a+b)-c(a+b)=(a-c)(a+b)$$

따라서 $a^2+ab-ac-bc$를 인수분해하면 $(a-c)(a+b)$가 됩니다.

단순히 공통인수로 묶어준다고 해서 인수분해가 되는 것은 아닙니다. 전체적으로 곱의 형태 「(　　)×(　　)×(　　)……」를 띠어야 인수분해를 했다고 말할 수 있습니다.

$$\underbrace{ax+a}_{\text{공통인수로 묶기}}-1 = a(x+1)-1 \ : \ \text{인수분해} \times$$

인수분해공식

자주 사용되는 다항식의 곱셈을 공식화한 것처럼(곱셈공식), 자주 사용되는 인수분해 또한 공식으로 만들 수 있습니다. (인수분해는 곱셈공식의 역의 과정이기 때문에 곱셈공식의 좌변과 우변을 바꾸어주면 인수분해공식이 된다)

곱셈공식 Ⅰ

① $m(a+b)=ma+mb$, $m(a-b)=ma-mb$
② $(a+b)^2=a^2+2ab+b^2$, $(a-b)^2=a^2-2ab+b^2$
③ $(a+b)(a-b)=a^2-b^2$
④ $(x+a)(x+b)=x^2+(a+b)x+ab$,
$(x-a)(x-b)=x^2-(a+b)x+ab$
⑤ $(ax+b)(cx+d)=acx^2+(ad+bc)x+bd$

인수분해공식 Ⅰ

① $ma+mb=m(a+b)$, $ma-mb=m(a-b)$
② $a^2+2ab+b^2=(a+b)^2$, $a^2-2ab+b^2=(a-b)^2$
③ $a^2-b^2=(a+b)(a-b)$
④ $x^2+(a+b)x+ab=(x+a)(x+b)$,
$x^2-(a+b)x+ab=(x-a)(x-b)$
⑤ $acx^2+(ad+bc)x+bd=(ax+b)(cx+d)$

일단 기본적인 인수분해공식 5가지(①~⑤)만 기억하고 넘어가시길 바랍니다.
(다음 공식 ⑥~⑪은 필요할 때마다 책을 찾아보면서 적용해 보길 바란다)

저 많은 공식들을
어떻게 외우지?
일단 5가지만 확실히
외워둬야겠다.

인수분해공식 II

⑥ $x^3+(a+b+c)x^2+(ab+bc+ca)x+abc=(x+a)(x+b)(x+c)$

$x^3-(a+b+c)x^2+(ab+bc+ca)x-abc=(x-a)(x-b)(x-c)$

⑦ $a^3+3ab(a+b)+b^3=(a+b)^3$, $a^3-3ab(a-b)-b^3=(a-b)^3$

⑧ $a^3+b^3=(a+b)(a^2-ab+b^2)$, $a^3-b^3=(a-b)(a^2+ab+b^2)$

⑨ $a^2+b^2+c^2+2(ab+bc+ca)=(a+b+c)^2$

⑩ $a^3+b^3+c^3-3abc=(a+b+c)(a^2+b^2+c^2-ab-bc-ca)$

⑪ $a^4+a^2b^2+b^4=(a^2+ab+b^2)(a^2-ab+b^2)$

※ 인수분해공식은 아니지만 실수제곱의 성질과 관련하여 다음 식도 눈여겨보고 넘어가길 바란다. (우변을 전개하면 등식이 성립한다는 것을 쉽게 알 수 있다)

$$a^2+b^2+c^2-ab-bc-ca=\frac{1}{2}\{(a-b)^2+(b-c)^2+(c-a)^2\}$$

또 공식이야? 수학에서는 도대체 공식이 몇 개나 나오는 거야. 한 100개 정도 나오려나? 공식 외우기 정말 싫다.
처음부터 공식을 달달 외우려 하지 말고 자주 사용하면서 공식을 기억하는 게 좋아. 또 스마트폰을 이용하면 공식을 쉽게 찾을 수도 있어. 대신 공식이 어떻게 사용되는지는 반드시 알아두어야 해.

인수분해공식을 이용하여 다음 다항식을 인수분해해 보겠습니다.

① $2ab+cb- b(2a+c)$

② $x^2-4x+4=(x-2)^2$

③ $x^2-9=(x+3)(x-3)$

④ $x^2+4x+3=(x+1)(x+3)$

⑤ $2x^2-5x-3=(2x+1)(x-3)$

[적용 공식]

$ma+mb=m(a+b)$

$a^2-2ab+b^2=(a-b)^2$

$a^2-b^2=(a+b)(a-b)$

$x^2+(a+b)x+ab=(x+a)(x+b)$

$acx^2+(ad+bc)x+bd=(ax+b)(cx+d)$

다음 식을 인수분해하여라. (시간 날 때 인수분해공식을 보면서 차근차근 풀어보길 바란다)

① $8x^3+6xy(x+y)+y^3$ ② x^3-1

③ $x^2+y^2+1+2x+2y+2xy$

④ $x^3+8y^3+z^3-6xyz$ ⑤ x^4+x^2+1

인수분해와 관련하여 다음 응용문제를 풀어보도록 하겠습니다. (어떻게 풀지 잠시 생각해 보는 시간을 가져본다)

$N=\dfrac{10^{21}-1}{10^7-1}$ 의 일의 자릿수를 구해보아라.

어떤 인수분해공식을 이용해야 될까? 21은 7의 3배니까…. 인수분해공식표를 보면서 적용할 수 있는 게 뭔지 찾아 봐야겠다.

문제해결을 위한 기본설계가 끝나셨나요? 그럼 함께 풀어보도록 하겠습니다. 우선 분모를 인수분해하면 다음과 같습니다. (인수분해공식 $a^3-b^3=(a-b)(a^2+ab+b^2)$을 이용한다)

$$10^{21}-1=(10^7)^3-1^3=(10^7-1)(10^{14}+10^7+1)$$

$N=\dfrac{10^{21}-1}{10^7-1}$에 대입하면 $N=10^{14}+10^7+1$이 되므로 N의 일의 자릿수는 1이 됩니다. 쉽죠?

2차식의 인수분해

가장 많이 사용되는 인수분해공식은 ⑤번 x에 관한 2차식의 인수분해입니다.

$$acx^2+(ad+bc)x+bd=(ax+b)(cx+d)$$

그럼 이 공식을 좀 더 쉽게 적용할 수 있는 방법을 설명하도록 하겠습니다. (내용이 복잡하므로 천천히 읽어보도록 한다)

식 $acx^2+(ad+bc)x+bd$에서 오른쪽 그림과 같이 x^2의 계수 ac의 약수 a와 c를 위아래로 나누어 씁니다. (이때 a, c를 곱해서 x^2의 계수와 같아야 한다)

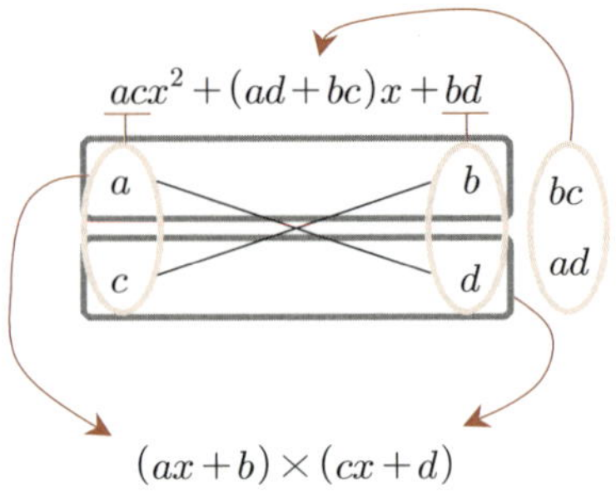

상수항 bd의 약수 b, d 또한 위아래로 나누어 씁니다. (마찬가지로 b, d를 곱해서 상수항과 같아야 한다)

나누어 쓴 a, b, c, d를 대각선 방향으로 곱한 후, 더한 값 $ad+bc$가 1차항의 계수가 되도록 하는 a, b, c, d를 찾습니다. a, b, c, d를 찾았으면 가로 방향으로 인수분해를 합니다. (이때 a, b는 x의 계수이며 c, d는 상수항이 된다)

이해가 잘 안 된다고요? 다음 2차식에 적용해 보면서 천천히 연습해 보도록 하겠습니다.

$$2x^2-5x-3$$

우선 x^2항의 계수 2의 약수를 위아래로 나누어 씁니다. (2의 약수는 $\pm1, \pm2$이다) 이때 나누어 쓴 두 수의 곱이 2가 되어야 합니다.

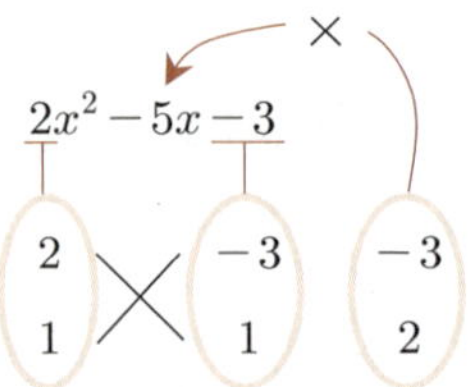

상수항 -3의 약수를 위아래로 나누어 씁니다. (-3의 약수는 $\pm1, \pm3$이다) 이때 나누어 쓴 두 수의 곱이 -3이 되어야 합니다.

대각선 방향으로 곱한 두 수의 합이 1차항의 계수 -5가 나올 수 있는 'x^2, 상수항의 약수'를 찾습니다. 해당되는 약수를 찾았으면 가로 방향으로 인수분해를 합니다. (이때 앞쪽의 항은 x를 포함해야 한다)

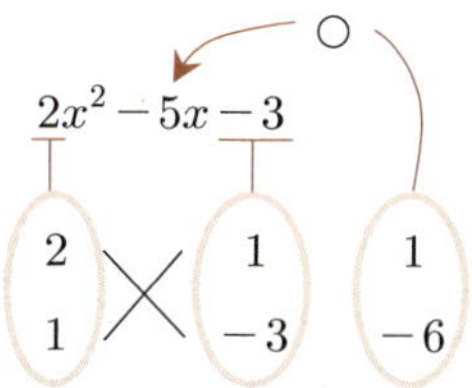

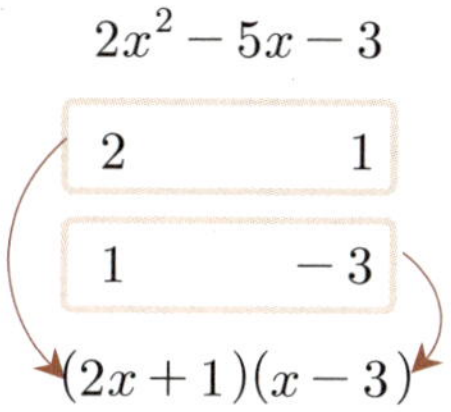

$$2x^2-5x-3=(2x+1)(x-3)$$

※ 몇 번만 연습해 보면 금방 익힐 수 있으니 크게 걱정할 필요는 없다.

다음 2차식의 인수분해를 연습해 보고 넘어가길 바랍니다. (아래 다항식은 암산으로 인수분해할 수 있어야 한다)

$$x^2-3x-4,\quad x^2+2x-3,\quad x^2-5x+6,\quad x^2+6x+8,\quad x^2+3x-10$$

2차식의 인수분해를 여러 번 해보니까 저절로 되는군.
다른 건 몰라도 2차식의 인수분해만큼은 방정식과 부등식을 풀기 위해서 기본으로 할 줄 알아야 해.

※ 참고로 2차방정식을 배우게 되면 모든 2차식을 손쉽게 인수분해할 수 있게 된다.

그 밖의 인수분해

공식이 적용되지 않는 다항식의 경우, 다음 순서에 맞추어 인수분해를 시도해 보시길 바랍니다. (웬만한 다항식은 인수분해할 수 있을 것이다)

① 공통인수로 묶어 인수분해가 되는지 생각한다

$$ab-cd+ac-bd$$

2개의 항 ab, ac와 $-cd, -bd$를 짝지어 공통인수로 묶으면, 다시 새로운 공통인수가 도출됩니다. (새로운 공통인수로 다시 묶어주면 인수분해가 완성된다)

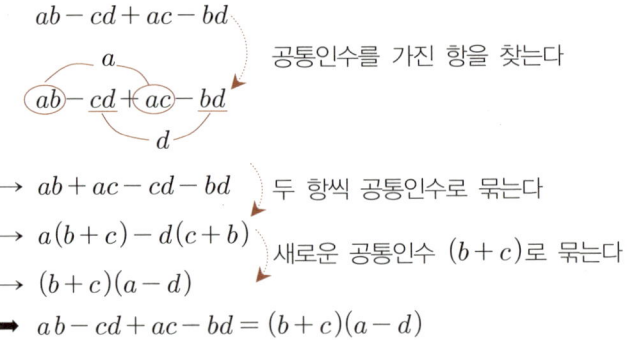

$ab-cd+ac-bd$

공통인수를 가진 항을 찾는다

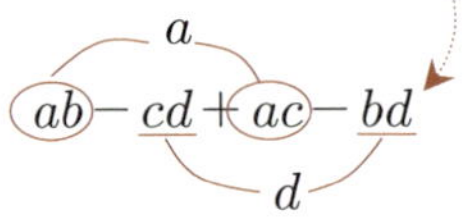

$\rightarrow ab+ac-cd-bd$ 두 항씩 공통인수로 묶는다

$\rightarrow a(b+c)-d(c+b)$ 새로운 공통인수 $(b+c)$로 묶는다

$\rightarrow (b+c)(a-d)$

➡ $ab-cd+ac-bd=(b+c)(a-d)$

② 공통부분이 있을 경우, X로 치환한다

$$(x^2-2x)^2-2x^2+4x-3$$

외형상으로 보이는 공통부분은 없지만 식을 조금만 변형하면 공통부분을 찾을 수 있습니다. (공통부분을 X로 치환하여 X에 관한 2차식을 인수분해한다)

공통부분

$(x^2-2x)^2-2x^2+4x-3$

식을 변형하여 공통부분을 만든다

$=(x^2-2x)^2-2(x^2-2x)-3$

공통부분 $x^2-2x=X$로 치환

$=X^2-2X-3$

2차식을 인수분해한다

$=(X+1)(X-3)$

X에 원래의 식 x^2-2x를 대입한다

$=(x^2-2x+1)(x^2-2x-3)$

각각의 x에 관한 2차식을 인수분해한다

$=(x-1)^2(x+1)(x-3)$

➡ $(x^2-2x)^2-2x^2+4x-3=(x-1)^2(x+1)(x-3)$

③ 복2차식의 경우, x^2을 X로 치환한다

※ 복2차식 : 외형상 4차식이지만 식을 변형하면 2차식이 되는 식

$$x^4-3x^2+2$$

x^4-3x^2+2

$x^2=X$로 치환한다

$=X^2-3X+2$

X에 관한 2차식을 인수분해한다

$=(X-1)(X-2)$

X에 원래의 식 x^2을 대입한다

$=(x^2-1)(x^2-2)$

x의 2차식을 인수분해한다

$=(x+1)(x-1)(x^2-2)$

➡ $x^4-3x^2-2=(x+1)(x-1)(x^2-2)$

※ 2차식 x^2-2를 $(x+\sqrt{2})(x-\sqrt{2})$로 인수분해할 수 있으나 일반적으로 계수와 상수항은 정수로 한정하는 것이 보통이다.

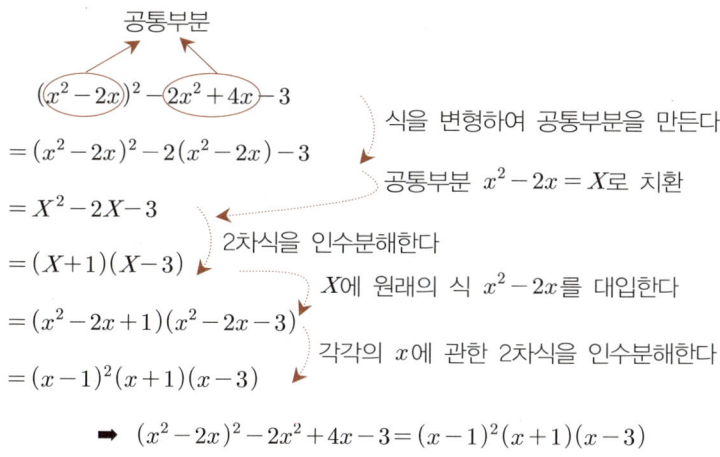

④ 복2차식을 A^2-B^2의 꼴로 변형한다

$$x^4+x^2+1$$

$$x^4+x^2+1$$

A^2-B^2이 될 수 있게 변형한다

$$=x^4+\underline{2x^2}+1\underline{-x^2}$$

인수분해공식 $A^2+2AB+B^2=(A+B)^2$ 적용

$$=(x^2+1)^2-x^2$$

인수분해공식 $A^2-B^2=(A+B)(A-B)$ 적용

$$=(x^2+1+x)(x^2+1-x)$$

$$=(x^2+x+1)(x^2-x+1)$$

➡ $x^4+x^2+1=(x^2+x+1)(x^2-x+1)$

※ x^2+x+1과 x^2-x+1은 더 이상 인수분해되지 않는다.

도대체 어떤 2차식이 인수분해가 되는 식인지 궁금하다고요? 뒤쪽에서 2차 방정식을 배우게 되면, 어떤 2차식이 인수분해가 되는지 안 되는지를 쉽게 구별할 수 있습니다.

⑤ 여러 문자가 포함된 다항식의 경우, 차수가 가장 낮은 문자에 관하여 정리해 본다

$$x^3+3x^2y-2x-6y$$

$$x^3+3x^2y-2x-6y$$

차수가 낮은 문자 y에 관하여 정리해 본다

$$=(3x^2-6)y+x^3-2x$$

공통부분을 찾는다

$$=3(x^2-2)y+x(x^2-2)$$

공통인수로 묶어서 인수분해한다

$$=(x^2-2)(3y+x)$$

➡ $x^3+3x^2y-2x-6y=(x^2-2)(3y+x)$

인수분해공식이 적용되지 않는 다항식의 경우, ①~⑤를 순서대로 적용해 보면 어렵지 않게 인수분해를 할 수 있을 것입니다. (필요할 때마다 책을 찾아보면서 풀도록 한다)

그럼 인수분해와 관련하여 다음 응용문제를 풀어보도록 하겠습니다. (어떻게 풀지 잠시 생각해 보는 시간을 가져본다)

다음 식의 값을 계산하여라. (적당한 숫자를 문자로 치환해 보면 알맞은 인수분해공식이 떠오를 것이다)

① $1001^2-2002\times999+999^2$ ② $\dfrac{2012^3+1}{2011\times2012+1}$

③ $\sqrt{50\times51\times52\times53+1}$

문자 대신 숫자로 식이 주어졌군.
숫자로 보니 훨씬 어렵네.
문자가 편하다는 걸 이제야 알겠어.
숫자를 문자로 바꾸어
봐야겠다. 어떤 숫자를 바꾸면
좋을까?

문제해결을 위한 기본설계가 끝나셨나요? 그럼 ①번부터 차례대로 풀어보도록 하겠습니다.

① $1001^2 - 2002 \times 999 + 999^2$

$1001 = X$, $999 = Y$로 치환하면 $X^2 - 2X \times Y + Y^2$이 되므로

$X^2 - 2X \times Y + Y^2 = (X - Y)^2 = (1001 - 999)^2 = 4$

② $\dfrac{2012^3 + 1}{2011 \times 2012 + 1}$

$2012 = X$로 치환하면 $\dfrac{X^3 + 1}{(X-1)X+1}$이 된다.

또한 분자는 $X^3 + 1 = (X+1)(X^2 - X + 1)$로 인수분해가 된다.

$\dfrac{X^3+1}{(X-1)X+1} = \dfrac{(X+1)(X^2 - X + 1)}{X^2 - X + 1} = X + 1$이므로

$\dfrac{2012^3 + 1}{2011 \times 2012 + 1}$의 값은 $2012 + 1 = 2013$이 된다.

③ $\sqrt{50 \times 51 \times 52 \times 53 + 1}$

$50 = X$로 치환하면 $\sqrt{X \times (X+1) \times (X+2) \times (X+3) + 1}$이 된다.

근호 안을 정리하면

$$\underbrace{X \times \overbrace{(X+1) \times (X+2)}^{(X^2+3X+2)} \times (X+3)}_{(X^2+3X)} + 1 = \overbrace{(X^2+3X)}^{Y\text{로 치환}} \times (X^2+3X+2) + 1$$

$$= Y \times (Y+2) + 1$$

$$= Y^2 + 2Y + 1 = (Y+1)^2$$

$$\sqrt{X \times (X+1) \times (X+2) \times (X+3) + 1} = \sqrt{(Y+1)^2} = |Y+1|$$

$Y = X^2 + 3X = X(X+3) = 50 \times 53 = 2650$이므로

$|Y+1| = 2650 + 1 = 2651$이 된다.

기본적인 인수분해(2차식의 인수분해)만 잘할 수 있으면 앞으로 수학을 공부하는 데 큰 어려움은 없을 것입니다.

고차식의 인수분해

다항식 $f(x)$에서 $f(\alpha)=0$을 만족하는 $x=\alpha$값을 찾으면, $f(x)$는 $(x-\alpha)$로 인수분해할 수 있게 됩니다. 이렇게 $f(x)=0$을 만족하는 x값을 찾아 $f(x)$를 인수분해하는 방법을 **인수정리**라고 말합니다.

인수정리를 이용한 $f(x)$의 인수분해

다항식 $f(x)$에 대하여 $f(\alpha)=0$일 때 $f(x)$는 $(x-\alpha)$로 인수분해된다.

$\Rightarrow f(x)=(x-\alpha)Q(x)$

※ 인수정리를 이용하면 고차식을 인수분해할 수 있다.

3차 이상의 다항식을 인수분해하기 위해서는 $f(\alpha)=0$을 만족하는 α값을 찾는 데에 주력해야 됩니다. 그렇다면 $f(\alpha)=0$을 만족하는 α를 어떻게 찾을 수 있을까요?

$f(\alpha)=0$을 만족하는 α값을 찾으려면 쉬운 숫자 1, −1, 2, −2··· 이렇게 차례대로 대입하여 $f(\alpha)=0$을 만족하는 α를 구하면 되겠지?
그렇게 해서 어느 세월에 찾을래? $f(x)$의 인수분해식을 잘 봐봐. 그럼 α에 대한 단서가 보일 거야.

$f(x)$를 x^2-2x-3이라고 할 경우,
$(x-\alpha)(x-\beta)$로 인수분해된다고 가정해 보자.

$$\begin{aligned} x^2-2x-3 &= (x-\alpha)(x-\beta) \\ &= x^2-(\alpha+\beta)x+\alpha\beta \end{aligned} \quad \Rightarrow \quad \begin{aligned} x^2-2x-3 &= x^2-(\alpha+\beta)x+\alpha\beta \\ \therefore\ -3 &= \alpha\beta \end{aligned}$$

'$-3=\alpha\beta$'이므로 α는 -3의 약수가 됩니다. 즉, α를 찾기 위해서는 $f(x)$의 상수항의 약수가 무엇인지 먼저 확인해야 합니다. ($f(x)$의 상수항 중에서 $f(\alpha)=0$을 만족하는 α를 찾을 수 있다)

$f(x)=x^3-x^2+2x-2$
$f(\alpha)=0$이 되는 α를 어떻게 찾지?
-1, 1, -2, 2 중 하나일걸?
?

인수정리를 적용하여 다음 2차다항식을 인수분해해 보도록 하겠습니다.
(상수항의 약수 중에서 $f(\alpha)=0$을 만족하는 α를 찾아본다)

$$f(x)=x^2-2x-3$$

상수항 -3의 약수 ± 1, ± 3을 $f(x)$에 대입하면,

$$f(-1)=0, \quad f(1)=-4, \quad f(-3)=12, \quad f(3)=0$$

$f(-1)=0, f(3)=0$이므로, $x+1$, $x-3$은 $f(x)$의 인수가 된다는 것을 알 수 있습니다. (인수정리를 이용하여 $f(x)$를 인수분해하면 다음과 같다)

$$f(x)=(x+1)(x-3) \ : \ x^2-2x-3=(x+1)(x-3)$$

이번에는 3차다항식을 인수분해해 보겠습니다.

$$f(x)=x^3+2x^2-x-2$$

→ 상수항 −2의 약수 $\pm 1, \pm 2$를 x에 대입한다

$$f(1)=0,\ f(-1)=0,\ f(-2)=0,\ f(2)=12$$

'$f(1)=0$, $f(-1)=0$, $f(-2)=0$'이므로, $x-1$, $x+1$, $x+2$는 $f(x)$의 인수(약수)가 됩니다. 따라서 $f(x)$는 $(x-1)(x+1)(x+2)$로 인수분해된다는 것을 알 수 있습니다.

$$f(x)=x^3+2x^2-x-2=(x-1)(x+1)(x+2)$$

일반적으로 고차식을 인수분해하기 위해서는 $f(\alpha)=0$을 만족하는 α를 1개만 찾은 다음, 항등식(나눗셈식)의 성질을 이용하여 나머지 인수를 구하는 것이 보통입니다.

고차식을 인수분해하는 방법을 정리해 보면 다음과 같습니다.

고차식 $f(x)$의 인수분해

① 상수항의 약수 중에서 $f(\alpha)=0$을 만족하는 $x=\alpha$값을 찾는다.
② $f(x)=(x-\alpha)Q(x)$로 인수분해한다.
③ 항등식의 성질을 이용하여 미지의 다항식 $Q(x)$를 찾는다.

그럼 다음 고차식을 인수분해해 보겠습니다.

$$x^3+2x^2-x-2$$

$f(x)=x^3+2x^2-x-2$라고 놓고 상수항 2의 약수($\pm 1, \pm 2$)를 식에 대입하여, $f(\alpha)=0$을 만족하는 α값을 찾아봅시다. (먼저 $x=1$을 대입해 본다)

$$x=1 \text{ 대입 : } f(1)=x^3+2x^2-x-2=1^3+2\cdot 1^2-1-2=0$$

$f(1)=0$이므로 $x-1$은 $f(x)$의 인수가 됩니다. (즉, $f(x)$는 $x-1$로 나누어 떨어진다)

$$\text{나눗셈식 : } f(x)=(x-1)Q(x)$$

$f(x)$는 3차식이므로 몫 $Q(x)$는 2차식이 됩니다. ($Q(x)$를 구하기 위해 조립제법을 이용할 수도 있으며, 항등식의 성질을 이용할 수도 있다)

항등식의 성질을 이용하여 몫 $Q(x)$를 구해보도록 하겠습니다. (항등식의 계수를 정할 때는 최고차항의 계수와 상수항부터 먼저 구한다)

몫 $Q(x)$는 2차식이므로 ax^2+bx+c로 놓으면,

$$f(x)=(x-1)(ax^2+bx+c)$$
$$=x^3+2x^2-x-2$$

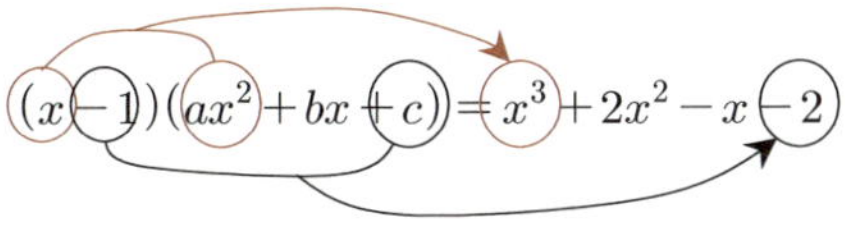

우선 $f(x)$의 최고차항 x^3의 계수가 1이므로 $a=1$이 됩니다. 또한 상수항이 −2이므로 $c=2$가 됩니다.

이번에 b의 값을 구해보겠습니다. 식을 전개하여 구할 수도 있지만 이왕 암산을 시작한 김에 암산으로 마무리해 보도록 하겠습니다. (식을 전개했을 때 1차항이 되는 경우를 생각해 본다)

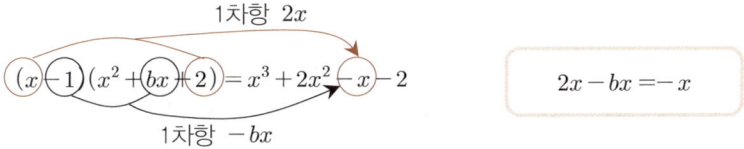

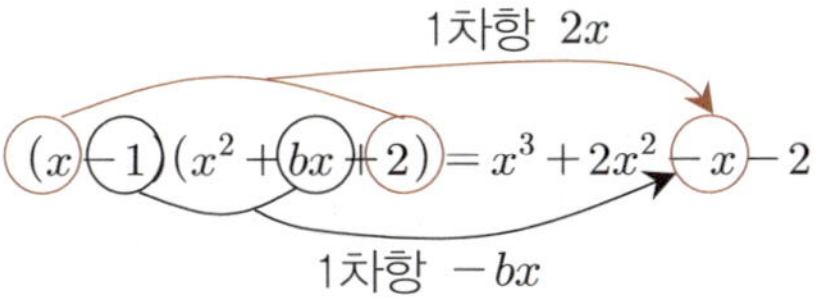

$$2x-bx=-x$$

$(x-1)(x^2+bx+2)$에서 1차항을 기준으로 미정계수 b를 구하면 $b=3$이 됩니다. 따라서 $f(x)$는 다음과 같이 인수분해할 수 있습니다. ($a=1$, $b=3$, $c=2$)

$$f(x)=(x-1)(ax^2+bx+c) \quad\rightarrow\quad (x-1)(x^2+3x+2)$$

x^2+3x+2를 다시 인수분해하면 $(x+1)(x+2)$이므로, 최종적으로 고차식 $f(x)$를 인수분해하면 다음과 같습니다.

$$x^3+2x^2-x-2 \quad\rightarrow\quad (x-1)(x+1)(x+2)$$

참고로 최고차항의 계수가 1이 아닌 다항식 $f(x)=ax^3+bx^2+cx+d$의 경우, $f(x)$가 0이 되는 α값은 상수항 d를 최고차항의 계수 a로 나눈 수인 $\frac{d}{a}$의 약수 중에서 찾습니다. 그럼 다음 $f(x)$를 인수분해해 보겠습니다.

$$f(x)=2x^3+x^2-2x-1$$

최고차항의 계수가 2이므로 $-\frac{1}{2}$의 약수인 $\pm 1, \pm\frac{1}{2}$ 중 하나를 택하여 $f(x)$에 대입하여 $f(\alpha)=0$인 α를 찾으면 다음과 같습니다.

$$x=-\frac{1}{2} \text{ 대입 : } f(-\frac{1}{2})=2\cdot(-\frac{1}{2})^3+(\frac{1}{2})^2-2\cdot(-\frac{1}{2})-1=0$$

$f(-\frac{1}{2})=0$이므로 $(2x+1)$은 $f(x)$의 인수가 됩니다.

$$f(x)=(2x+1)Q(x) \;:\; Q(x)=ax^2+bx+c$$

항등식의 성질을 이용하여 나머지 인수를 모두 찾으면 다음과 같습니다.
(계산과정 생략)

$$f(x)=(2x+1)(x-1)(x+1)$$

우리가 배우는 인수분해는 여기까지입니다. 인수분해는 앞으로 배울 방정식과 부등식의 기본 풀이법이므로 잘 정리하고 넘어가길 바랍니다.

개념 한눈에 보기

1. 인수분해 : 다항식을 곱의 꼴로 변형하는 것

※ 인수분해 결과인 곱의 꼴을 인수(또는 약수)라고 한다.

2. 인수분해공식

① $ma+mb=m(a+b)$, $ma-mb=m(a-b)$

② $a^2+2ab+b^2=(a+b)^2$, $a^2-2ab+b^2=(a-b)^2$

③ $a^2-b^2=(a+b)(a-b)$

④ $x^2+(a+b)x+ab=(x+a)(x+b)$

$x^2-(a+b)x+ab=(x-a)(x-b)$

⑤ $acx^2+(ad+bc)x+bd=(ax+b)(cx+d)$

3. 2차식의 인수분해 : $acx^2+(ad+bc)x+bd=(ax+b)(cx+d)$

4. 그 밖의 인수분해

① 공통인수 찾기

② 공통부분을 치환

③ 복2차식(1) : x^2을 X로 치환

④ 복2차식(2) : A^2-B^2의 꼴로 변형

⑤ 여러 문자를 포함한 식에서는 차수가 낮은 문자에 관하여 정리

5. 고차식의 인수분해

① $f(x)$의 상수항의 약수 중에서 $f(\alpha)=0$을 만족하는 $x=\alpha$값을 찾는다.

② $f(x)=(x-\alpha)Q(x)$로 인수분해한다.

③ 항등식의 성질을 이용하여 미지의 다항식 $Q(x)$를 찾는다.

도출형 학습방식으로 다음 문제를 풀어보도록 하겠습니다. (개념이 잘 기억나지 않으면 앞의 내용을 찾아보길 바란다)

다음 식을 인수분해하여라.

① $x^2-2xy^2+xy+xz+2xy-x+y-z$ ② x^3+5x^2-x-5

1단계 개념도출 문제를 풀기 위해서는 어떤 개념을 알아야 할까요?

2단계 개념설명 개념을 알고 있다면 간단히 설명해 보길 바랍니다.

3단계 문제해결 그럼 어떻게 문제를 해결할 수 있을까요?

다음 식을 인수분해하여라.

① $x^2-2xy^2+xy+xz+2xy-x+y-z$　　② x^3+5x^2-x-5

1단계 문제를 풀기 위해서는 어떤 개념을 알아야 할까요?

다항식의 인수분해하는 방법을 알아야 한다.

2단계 개념을 알고 있다면 간단히 설명해 보길 바랍니다.

2차식의 인수분해 : $acx^2+(ad+bc)x+bd=(ax+b)(cx+d)$

그 밖의 인수분해

① 공통인수 찾기

② 공통부분을 치환

③ 복2차식(1) : x^2을 X로 치환

④ 복2차식(2) : A^2-B^2의 꼴로 변형

⑤ 여러 문자를 포함한 식에서는 차수가 낮은 문자에 관하여 정리

고차식의 인수분해

① $f(x)$의 상수항의 약수 중에서 $f(\alpha)=0$을 만족하는 $x=\alpha$값을 찾는다.

② $f(x)=(x-\alpha)Q(x)$로 인수분해한다.

③ 항등식의 성질을 이용하여 미지의 다항식 $Q(x)$를 찾는다.

3단계 그럼 어떻게 문제를 해결할 수 있을까요?

①식의 경우, 여러 문자를 포함한 식(x, y, z)이므로, 가장 낮은 차수의 문자에 관하여 정리한 후, 인수분해를 시도한다. 여기서 2차식의 인수분해 방법을 적용할 수 있다.

②식의 경우, 고차식이므로 인수정리를 이용하여 인수분해할 수 있다.

정답이 궁금한 학생들은 다음 정답풀이를 참고하시기 바랍니다.

①식의 경우, 여러 문자를 포함한 식(x, y, z)이므로, 가장 낮은 차수의 문자에 관하여 정리한 후, 인수분해를 시도해 보자. 우선 z에 관하여 식을 정리하면 다음과 같다.

$$x^2-2y^2+xy+xz+2zy-x+y-z$$
$$\rightarrow (x+2y-1)z+(x^2-2y^2+xy-x+y)$$

여기서 x, y에 관한 2차식을 먼저 인수분해한다. (x에 관해 정리한 후 2차식의 인수분해 방법을 적용해 보자)

$$x^2-2y^2+xy-x+y \;\rightarrow\; x^2+(y-1)x-y(2y-1) \;\rightarrow\; (x+2y-1)(x-y)$$

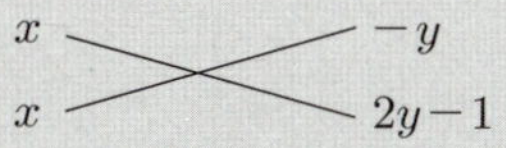

다시 식을 정리한 후, 공통인수($x+2y-1$)로 묶어주면 인수분해가 완성된다.

$$(x+2y-1)z+(x^2-2y^2+xy-x+y)$$
$$\rightarrow (x+2y-1)z+(x+2y-1)(x-y)$$
$$\rightarrow (x+2y-1)(x-y+z)$$

②식의 경우, 고차식이므로 인수정리를 이용하여 인수분해할 수 있다. (식을 $f(x)$라고 놓은 후, x에 상수항의 약수(±1, ±5)를 대입하여 식의 값이 0이 되는 약수를 찾는다)

$$f(x)=x^3+5x^2-x-5$$
$$f(1)=1^3+5-1-5=0 \;\rightarrow\; f(x)=(x-1)Q(x)$$

항등식의 성질을 이용하여 2차식 $Q(x)=ax^2+bx+c$을 구한 다음, 인수분해한다. (계산과정 생략 : $Q(x)=x^2+6x+5$)

$$f(x)=(x-1)(x^2+6x+5)=(x-1)(x+1)(x+5)$$

정답 풀이과정 참조

기특수학(수 I)

2장 방정식과 부등식(1)

1. 복소수
2. 방정식(1, 2차)
3. 2차방정식의 활용
4. 2차함수와 2차방정식

1 복소수

허수단위

임의의 실수 x에 대하여 항상 $x^2 \geq 0$가 성립합니다. 이는 방정식 '$x^2 = -1$'의 해는 실수가 아니라는 것을 의미합니다. 과연 '제곱해서 음수가 되는 수'는 없는 것일까요?

일단 제곱근의 정의에 대해 살펴보도록 하겠습니다.

a의 제곱근

제곱해서 a가 되는 수를 말하며, $\sqrt{a}$, $-\sqrt{a}$라고 쓴다.
→ $x^2 = a\,(a > 0)$의 해 : $\pm\sqrt{a}$

방정식 $x^2 = -1$의 해를 $x = \pm\sqrt{-1}$이라고 정의하면 어떨까요? (물론 $\sqrt{-1}$은 실수가 아니다)

제곱근의 정의를 음수에 적용하면 다음과 같습니다.

$$-1\text{의 제곱근} : \pm\sqrt{-1} \;\Rightarrow\; (\pm\sqrt{-1})^2 = -1$$

-1의 제곱근 $\pm\sqrt{-1}$을 이용하여, 다음 2차방정식을 풀어보도록 하겠습니다. (2차식 x^2+2x+2는 인수분해되지 않으므로 제곱근 풀이법($A^2=a \rightarrow A=\pm\sqrt{a}$)을 이용한다)

$$x^2+2x+2=0$$

먼저 좌변을 완전제곱식으로 변형하면,

$$x^2+2x+2=0$$

$$\rightarrow (x^2+2x+1)+1=0$$

$$\rightarrow (x+1)^2=-1$$

완전제곱식으로 변형

$$\rightarrow (x+1)=\pm\sqrt{-1}$$

제곱근 풀이법 : $A^2=a \rightarrow A=\pm\sqrt{a}$

$$\rightarrow x=-1\pm\sqrt{-1}$$

※ 2차방정식은 뒤에서 자세히 배우므로 지금은 천천히 읽고 넘어간다.

방정식의 해를 실수로 한정하지 않고 -1의 제곱근 $\pm\sqrt{-1}$을 적용하게 되면, 2차방정식 $x^2+2x+2=0$의 해를 구할 수 있게 됩니다.

$$x^2+2x+2=0\text{의 해 : } x=-1\pm\sqrt{-1}$$

이번엔 2차방정식 $x^2+2x+2=0$에 $x=-1\pm\sqrt{-1}$을 대입하여 등식이 성립하는지 확인해 보도록 하겠습니다. 과연 실수가 아닌 $\pm\sqrt{-1}$을 실수식에 적용해도 큰 무리가 없을까요?

① $x=-1+\sqrt{-1}$일 경우,

$x^2+2x+2=0$

→ $(-1+\sqrt{-1})^2+2(-1+\sqrt{-1})+2=0$

→ $(-1)^2-2\sqrt{-1}+(\sqrt{-1})^2-2+2\sqrt{-1}+2=0$

→ $\cancel{1}\cancel{-2\sqrt{-1}}+(\cancel{-1})\cancel{-2}+\cancel{2\sqrt{-1}}\cancel{+2}=0$

→ $0=0$(성립)

② $x=-1-\sqrt{-1}$일 경우,

$x^2+2x+2=0$

→ $(-1-\sqrt{-1})^2+2(-1-\sqrt{-1})+2=0$

→ $(-1)^2+2\sqrt{-1}+(\sqrt{-1})^2-2-2\sqrt{-1}+2=0$

→ $\cancel{1}\cancel{+2\sqrt{-1}}+(\cancel{-1})\cancel{-2}\cancel{-2\sqrt{-1}}\cancel{+2}=0$

→ $0=0$(성립)

$\sqrt{-1}$은 분명히 실수가 아닌데 실수식에 대입하여 계산해도 전혀 이상하지 않네. 마치 무리식을 푸는 것 같아.
무리식과는 조금 다르지만, 거의 흡사해. 만약에 $\sqrt{-1}$을 하나의 문자로 보면 어떨까?

분명히 $\sqrt{-1}$은 실수가 아니지만, 무리수처럼 계산해도 전혀 이상하지가 않습니다. (사실 $\sqrt{-1}$은 완전한 무리수가 아니므로 모든 식에서 무리수처럼 계산할 수는 없다)

$\sqrt{-1}$을 독립된 문자로 변형해 보면 어떨까?

수학자들은 고차방정식을 푸는 과정에서 새로운 개념의 수인 허수단위 i를 고안해 냈습니다. i는 $\sqrt{-1}$을 나타내는 문자로서, '상상의 수'라는 영단어 imaginary number의 첫 글자입니다. (2차방정식에 i를 적용하면, 방정식의 해를 실수로 한정할 필요가 없다)

'$x^2=-1$'을 만족하는 x값 $\pm\sqrt{-1}$에서 $\sqrt{-1}=i$로 정의

$x^2=-1$의 해 ➡ $x=\pm i$

※ i를 **허수단위**라고 말하며, i를 제곱하면 −1이 된다. ($i^2=-1$)

복소수의 정의

허수단위 i를 사용하여 새로운 수를 정의해 보도록 하겠습니다.

복소수

임의의 실수 a, b에 대해서 $a+bi$꼴로 표현되는 수

i) $b=0$일 때, 복소수 $a+bi$ → 실수

ii) $b\neq0$일 때, 복소수 $a+bi$ → 허수

※ 복소수 $a+bi$에서 a를 실수부, bi를 허수부라고 말하며, 특히 $a=0$, $b\neq0$인 복소수 bi를 순허수(순수한 허수)라고 정의한다.

복소수는 '겹칠 복(複)', '본디 소(素)' 자를 써서, '근본(본디)이 겹쳐져 있는 수'를 의미하는 한자어입니다.

근본이 겹쳐져 있는 수?

여기서 말하는 근본이란 실수와 허수를 뜻합니다. 따라서 복소수는 실수와 허수를 모두 포함하는 수라고 볼 수 있습니다.

복소수의 분류($a+bi$)

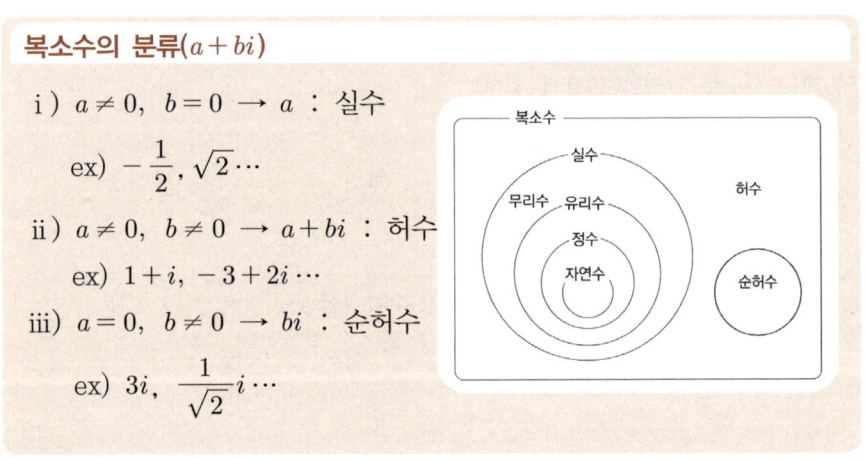

i) $a \neq 0,\ b=0 \rightarrow a$: 실수

ex) $-\frac{1}{2}, \sqrt{2} \cdots$

ii) $a \neq 0,\ b \neq 0 \rightarrow a+bi$: 허수

ex) $1+i, -3+2i \cdots$

iii) $a=0,\ b \neq 0 \rightarrow bi$: 순허수

ex) $3i, \frac{1}{\sqrt{2}}i \cdots$

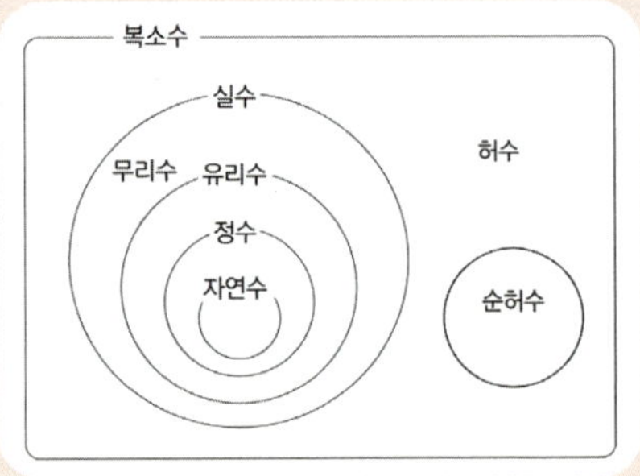

※ $a+bi$: 허수단위 i를 독립된 문자로 취급하기 때문에 실수와 허수는 서로 더하거나 뺄 수 없다. (마치 숫자 3과 문자 a를 더할 수 없는 것과 같다)

참고로 순허수는 허수에 포함됩니다.

새로운 수를 정의하는 것보다
차라리 무리식처럼 계산하는 게
더 편할 거 같아.
수학에서 새로운 것들이 나오면,
겁부터 나. 어려울까 봐.
수학도 일상생활과 마찬가지야.
새로운 제품, 새로운 연예인 등이 나오면
우리가 열광하듯이, 수학의 새로운 개념에
대해서 열광을 해봐.
겁부터 나는 이유는 시험에 대한 압박이
커서 그럴 거야.
시험은 두뇌를 평가하는 것이 아니라
우리의 지식을 평가하는 거니까
점수에 연연하지 말자.

그렇다면 근호 안에 허수가 들어 있는 경우는 없을까요? 이것도 복소수라고 말할 수 있을까요?

$$\sqrt{i}, \qquad \sqrt{2+3i}$$

물론 $\sqrt{i}$, $\sqrt{2+3i}$ 와 같은 수도 상상할 수 있으나 수학적으로 큰 의미가 없기 때문에 다루지 않기로 합니다. (복소수 i는 단순히 재미로 만들어진 수가 아니라 고차방정식을 푸는 과정에서 탄생한 신개념 숫자로서, 수학적으로 큰 의미를 가지고 있다)

일반적인 복소수 $a+bi$의 성질에 대해 알아보도록 하겠습니다. (복소수의 정의만 알고 있어도 쉽게 이해할 수 있는 부분이니 천천히 읽어보도록 한다)

복소수의 성질

① 순허수(bi)의 제곱은 음수이다.

$$(\text{순허수})^2 < 0$$

ex) $(3i)^2 = 9i^2 = 9(\sqrt{-1})^2 = -9$

② 복소수 $a+bi$(a, b는 실수)에서

- $b=0$일 때, 실수 a값을 갖는다.
- $a=0$일 때, 순허수 bi값을 갖는다.
- $a \neq 0$, $b \neq 0$일 때, 허수 $a+bi$값을 갖는다.

다음 복소수를 실수, 허수, 순허수로 각각 분류해 보도록 하겠습니다.

① $i-3$　　② $2-3i^2$　　③ $(1-i)^2$

① $i-3$

실수부와 허수부가 둘 다 존재하므로 허수가 된다.

② $2-3i^2$

i의 정의에 의해서 $i^2=-1$을 대입하면, $2-3i^2 = 2-(-3) = 5$가 되어 실수가 된다.

③ $(1-i)^2$

제곱식을 계산하면, $(1-i)^2 = 1^2 - 2i + i^2 = 1 - 2i - 1 = -2i$ ($i^2=-1$)가 되므로 순허수가 된다.

복소수체계

복소수를 그림으로 표현해 보도록 하겠습니다. (실수를 포함하여 그려본다. 참고로 이런 그림을 집합 이론에서는 벤 다이어그램이라고 말한다)

오른쪽 그림을 보니, 복소수가 얼마나 큰 수인지 감이 오지요?

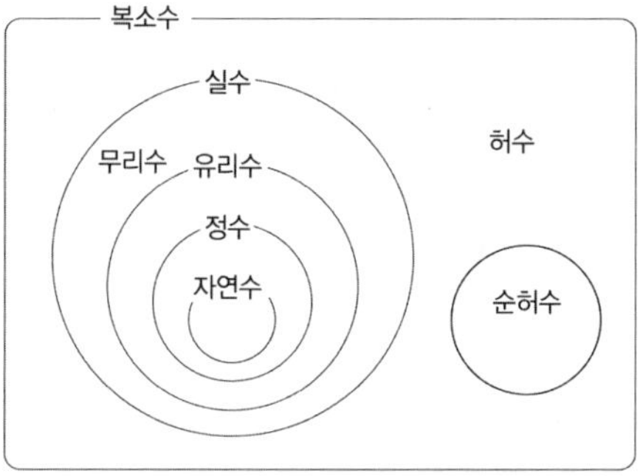

우리가 배우는 수 중에 가장 큰 범위의 수가 바로 복소수라고 말할 수 있습니다. (실수체계를 포함한 복소수체계는 다음과 같다)

- 복소수 $a+bi$
  - 실수 $a(b=0)$
    - 유리수
      - 정수
        - 양의 정수(자연수) : $1,\ 2,\ 3,\ \cdots$
        - 영 : 0
        - 음의 정수 : $-1,\ -2,\ -3,\ \cdots$
      - 정수가 아닌 유리수 (분수)
        - 유한소수 : $\pm\frac{1}{2},\ \pm\frac{2}{3},\ \cdots$ $\pm 0.2,\ \pm 0.25\cdots$
        - 순환소수 : $\pm 0.\dot{3},\ \pm 0.1\dot{6}\cdots$
    - 무리수(비순환소수) : $\sqrt{2}=1.141213\cdots\ \pi=3.1415926\cdots$
  - 허수 $a+bi(b\neq 0)$
    - 순허수 $bi(a=0, b\neq 0)$: $-3i,\ (\sqrt{2}+1)i\cdots$
    - 순허수가 아닌 허수 $a+bi(a\neq 0,\ b\neq 0)$: $2+i,\ -\sqrt{3}+4i\cdots$

그럼 현실에 존재하지도 않는 허수(복소수)를 왜 배우는 것일까요?

복소수는 단순히 재미로 만들어진 수가 아닌, 고차방정식을 푸는 과정에서 탄생한 신개념 숫자로, 수학적으로 큰 의미를 갖고 있습니다. (특히 실수체계에서 풀기 어려운 미분방정식 등을 쉽게 해결해준다)

현대물리학의 기초를 이루는 **양자역학**에 복소수의 개념을 도입하면, 원자나 분자의 움직임을 표현할 수 있는 운동방정식을 도출할 수 있다.

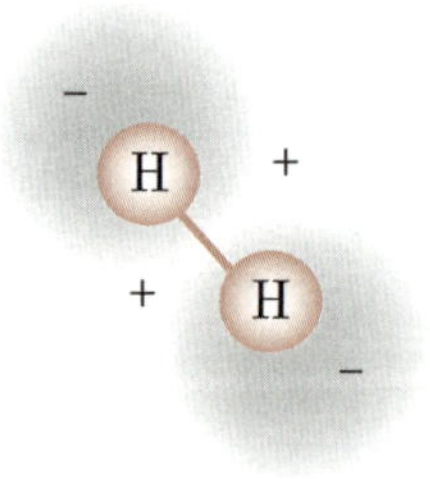

수소모형

$$\left(-\frac{\hbar^2}{2m}\nabla^2 + V(r,t)\right)\Psi(r,t) = i\hbar\frac{\partial}{\partial t}\Psi(r,t)$$

허수단위

슈뢰딩거방정식

양자역학

양자역학은 원자, 분자, 소립자 등에 적용되는 역학으로서, 고전역학에서 설명할 수 없는 여러 가지 미시세계의 현상을 설명하고 있다. 1900년에서 1927년에 걸쳐 플랑크, 보어, 아인슈타인, 하이젠베르크, 드브로이, 슈뢰딩거 등의 여러 물리학자들이 양자역학의 발전에 크게 기여했다.

복소수 상등

두 복소수가 서로 같다는 것은 어떻게 정의될까요?
실수 a, b, c, d에 대하여 두 복소수 $a+bi$와 $c+di$가 서로 같을 조건을 찾아보도록 하겠습니다.

복소수 상등의 원리

$a+bi$와 $c+di$가 서로 같기 위해서는 $a=c,\ \ b=d$가 되어야 한다.

$$a+bi = c+di \Leftrightarrow a=c,\ b=d$$

※ $a+bi=0$일 경우, $a=0, b=0$이다. $(a+bi=0+0i)$

허수단위 i는 하나의 독립된 문자로 취급하기 때문에 실수와 허수를 서로 더하거나 뺄 수는 없습니다. 따라서 두 복소수가 같기 위해서는 실수부와 허수부가 각각 같아야 합니다.

다음 식에서 실수 a, b값을 구해보도록 하겠습니다.

$$(a-b)+2bi=(b-a+1)+(a-1)i$$

a, b를 구하라고? 말도 안 돼.
미지수는 2개인데 식이 1개잖아.
미지수 a, b를 구하기 위해서는
a, b에 관한 2개의 연립방정식이
필요해.
문제가 좀 잘못된 거 같아.
복소수 상등의 원리를
이용하면 1개의 식으로
2개의 미지수를 구할 수 있어.
복소수식에서는 실수부와
허수부가 각각 같아야 하니까
2개의 연립방정식을 도출할 수
있거든.

복소수식에서는 양변의 '실수부'와 '허수부'가 '각각 같아야' 하므로(복소수 상등의 원리), 미지수 a, b에 관한 2개의 연립방정식을 도출할 수 있습니다.

허수부

$$2b=a-1$$

$$(a-b)+2bi=(b-a+1)+(a-1)i$$

실수부

$$a-b=b-a+1$$

a, b에 관한 연립방정식을 풀면,

$$\begin{array}{rl} & 2a-2b-1=0 \\ +\,) & -a+2b+1=0 \\ \hline & a\qquad\quad =0 \end{array} \quad \Rightarrow \quad a=0,\ b=-\frac{1}{2}$$

복소수 상등에 관한 문제는 1개의 복소수식으로 2개의 미지수를 구할 수 있다는 특징을 가지고 있습니다.

복소수의 덧셈과 뺄셈

※ 지금부터는 복소수의 사칙연산(+ −×÷)에 대한 개념을 설명하기 위해 여러 가지 계산 문제를 다루어볼 것이다. 계산식을 읽는 게 조금 지루하고 복잡하더라도 복소수 연산에 대한 기본기를 다진다는 생각으로 천천히 읽어 내려가길 바란다.

복소수의 덧셈과 뺄셈에서는 허수단위 i를 하나의 독립된 문자로 취급합니다. (허수단위 i의 덧셈과 뺄셈은 동류항의 계산방식에 따른다)

$$(2+3x)+(3-2x) \rightarrow (2+3)+(3-2)x=5+x$$

동류항의 계산방식

$$(2+3i)+(3-2i) \rightarrow (2+3)+(3-2)i=5+i$$

i의 계산방식

그럼 복소수의 덧셈과 뺄셈을 정의해 보도록 하겠습니다. (실수부와 허수부를 각각 따로 계산한다는 사실에 초점을 맞춘다)

이번 기회에
복소수 연산의 기본기를
확실히 다져둬야겠다.

복소수의 덧셈과 뺄셈

두 복소수가 $z_1 = a+bi, z_2 = c+di$일 때,

덧셈

$z_1 + z_2 = (a+bi)+(c+di)$일 경우

실수 부분 : $(a+c)$

허수 부분 : $(b+d)i$

➡ $z_1 + z_2 = (a+c)+(b+d)i$

뺄셈

$z_1 - z_2 = (a+bi)-(c+di)$일 경우

실수 부분 : $(a-c)$

허수 부분 : $(b-d)i$

➡ $z_1 - z_2 = (a-c)+(b-d)i$

※ 일반적으로 복소수는 문자 z로 표현한다.

다음 복소수의 덧셈과 뺄셈을 계산해 보겠습니다. (허수 i를 기준으로 실수부는 실수부끼리, 허수부는 허수부끼리 더한다)

$$3 \underline{-2i} + (-1 + \underline{5i}) - (1 \underline{+4i}) = ?$$

$$\rightarrow \underbrace{(3-1-1)}_{\text{실수부}} + \underbrace{(-2+5-4)i}_{\text{허수부}} \rightarrow 1-i$$

복소수의 곱셈

복소수의 곱셈에서도 마찬가지로 허수단위 i를 하나의 독립된 문자로 취급합니다. 단, 계산 결과에서 i^2이 나올 경우, 허수단위 i의 정의(i는 $\sqrt{-1}$로서 제곱하여 -1이 되는 수)에 의해 $i^2 = -1$이 됨을 유의하여야 합니다.

잊고 있었네. i를 완전한 문자로 볼 수 없는 이유는 바로 i^2이 실수 -1이 된다는 사실 말이야.
$i^2=-1$이라는 사실은 실수식에서는 볼 수 없는 복소수식만의 특징이야.

그럼 복소수의 곱셈을 정의해 보도록 하겠습니다.

복소수의 곱셈

곱셈

$$z_1z_2=(a+bi)\times(c+di)=ac+adi+bci+bdi^2$$
$$=ac+adi+bci+bd(-1)=(ac-bd)+(ad+bc)i$$

➡ $z_1z_2=(ac-bd)+(ad+bc)i$

※ 다항식의 곱셈과 동일한 방식으로 계산한다. (중학교 때 배운 다항식의 전개방식과 동일하다. 단, $i^2=-1$이다)

$$(a+b)(x+y) \rightarrow \underline{ax}+\underline{ay}+\underline{bx}+\underline{by}$$

다음 복소수의 곱셈을 계산해 보겠습니다.

$$(2+i)\times(-3+2i)$$
$$=-6+4i-3i+2i^2$$
$$=-6+i+2(-1)$$
$$=-8+i$$

허수단위 $i=\sqrt{-1}\rightarrow\ i^2=-1$

켤레복소수

복소수의 계산이 복잡한 이유는 실수부와 허수부를 따로따로 계산해야 하기 때문입니다. 그럼 두 복소수를 더하거나 곱할 때, 그 결과가 항상 실수가 되는 경우는 없을까요? (이런 수를 찾을 수만 있다면 복소수의 계산이 훨씬 편해지겠네요~)

그럼 임의의 복소수 $z=a+bi$와 더하거나 곱했을 때, 항상 실수가 되는 수 $x+yi$를 찾아보도록 하겠습니다. 먼저 $a+bi$와 $x+yi$의 합이 실수가 되기 위해서는 허수부의 값이 0이 되어야 합니다. (a, b, x, y는 실수)

실수부

$$(a+bi)+(x+yi)=(a+x)+(b+y)i$$

허수부 $=0$ → $y=-b$

복소수 $a+bi$와 더하여 실수가 되는 수는 허수부의 부호가 반대인 $x-bi$가 됩니다. ($x+yi \rightarrow x-bi$: $y=-b$)

이번엔 $a+bi$와 $x-bi$를 곱했을 때, 그 결과가 실수가 되는 x값을 찾아보도록 하겠습니다.

$$(a+bi)\times(x-bi)$$
$$=(ax+b^2)+i(bx-ab)$$

실수부

0 (허수부가 0이 되어야 한다)

$$(bx-ab)=0 \rightarrow bx=ab \quad \begin{cases} b=0: 0\times x=0 \rightarrow x\text{는 모든 실수} \\ b\neq 0: \cancel{b}x=a\cancel{b} \rightarrow x=a \end{cases}$$

문자로 양변을 나눌 때
0인지 아닌지 구분해야 한다

b의 값에 관계없이 허수부 $(bx-ab)$가 0이 되는, 즉 $bx=ab$를 만족하는 x는 a뿐입니다. 따라서 임의의 복소수 $a+bi$와 더하거나 곱했을 때, 그 결과가 반드시 실수가 되는 수는 $a-bi$가 됩니다. ($a+bi$와 $a-bi$는 실수부는 같고, 허수부의 부호가 반대인 수이다)

$a+bi$와 $a-bi$를 더하거나 곱하면, 실수가 된다.

① $(a+bi)+(a-bi)=2a$

② $(a+bi)\times(a-bi)=a^2+b^2$

두 복소수 $a+bi$, $a-bi$를 **켤레복소수**라고 말합니다. (짚신도 짝이 있듯이 복소수에도 짝이 있다)

켤레복소수

복소수의 허수부의 부호가 서로 반대인 복소수를 말하며, $a+bi$의 켤레 복소수는 $a-bi$가 된다. $a+bi$를 z라고 하면 z의 켤레복소수를 $\overline{z}(=\overline{a+bi}=a-bi)$로 표시한다. ($\overline{z}$는 '$z$ bar'라고 읽는다)

※ $a-bi$와 $-a-bi$를 잘 구별하도록 한다.

다음 예시를 통해 켤레복소수의 개념을 정리해 보도록 하겠습니다.

$z=3-2i$의 켤레복소수 → $\overline{z}=3+2i$

$$z+\overline{z}=(3-2i)+(3+2i)=6$$
$$z\overline{z}=(3-2i)\times(3+2i)=9-(2i)^2=9-4i^2=9+4=13\,(i^2=-1)$$

※ 켤레복소수의 곱셈에서 곱셈공식 $(a+b)(a-b)=a^2-b^2$ 적용

사칙연산에 대한 두 복소수 z, w 사이에는 다음과 같은 성질이 성립합니다. (켤레복소수의 정의를 기억하면서 천천히 읽어본다)

켤레복소수의 성질 (1)

① $\overline{z+w}=\overline{z}+\overline{w}$: $\overline{(1+i)+(1-i)}=\overline{1+i}+\overline{1-i}$

② $\overline{z-w}=\overline{z}-\overline{w}$: $\overline{(1+i)-(1-i)}=\overline{1+i}-\overline{1-i}$

③ $\overline{zw}=\overline{z}\cdot\overline{w}$: $\overline{(1+i)(1-i)}=\overline{1+i}\cdot\overline{1-i}$

④ $\overline{\left(\frac{z}{w}\right)}=\frac{\overline{z}}{\overline{w}}\,(w\neq 0)$: $\overline{\left(\frac{1+i}{1-i}\right)}=\frac{\overline{1+i}}{\overline{1-i}}$

※ 연산 전체에 대한 켤레복소수 값은 각각의 켤레복소수를 연산한 것과 같다. (즉, 켤레복소수를 먼저 적용하든지, 나중에 적용하든지 연산의 결과는 동일하다)

두 복소수 $z=1+i$, $w=1-i$일 때, 다음 식의 값을 구해보도록 하겠습니다. (켤레복소수의 성질을 활용한다)

$$(\overline{z}+\overline{w})(\overline{z}-\overline{w})$$

$$(\overline{z}+\overline{w})(\overline{z}-\overline{w})=\overline{(z+w)(z-w)}$$

$$(z+w)(z-w)=(1+i+1-i)(1+i-1+i)$$
$$=4i$$

$(z+w)(z-w)$값을 구한 다음 켤레복소수를 적용

$$\overline{(z+w)(z-w)} \quad \rightarrow \quad \overline{4i}=-4i$$

그 밖에 켤레복소수의 성질은 다음과 같습니다. 복소수를 계산하는 데 유용하게 활용되니 주의 깊게 읽어보시길 바랍니다. (예시를 생각하면서 천천히 읽어본다)

켤레복소수의 성질 (2)

임의의 복소수 $z=a+bi$(a, b는 실수)에 대하여 다음이 성립한다.

① $z=\overline{z} \Leftrightarrow b=0 \Leftrightarrow z$는 실수

② $z+\overline{z}=0 \Leftrightarrow a=0 \Leftrightarrow z$는 순허수

③ $z\overline{z}=a^2+b^2$ (양의 실수)

복소수의 나눗셈

복소수의 나눗셈(분수식)에서도 마찬가지로 허수단위 i를 하나의 독립된 문자로 취급합니다. (단, 계산 결과에서 '$i^2=-1$'을 적용한다)

복소수의 나눗셈

두 복소수를 $z_1=a+bi$, $z_2=c+di$라고 할 때, 복소수의 나눗셈은 다음과 같다.

$$z_1 \div z_2 = \frac{z_1}{z_2} = \frac{a+bi}{c+di}$$

분수식 $\frac{a+bi}{c+di}$를 계산하기 위해서는 분모 $c+di$를 실수로 만드는 것이 중요합니다. (분모의 실수화)

분모 $c+di$에 켤레복소수 $c-di$를 곱하면, 분모를 실수로 만들 수 있습니다. (분수식의 값이 같기 위해서는 분모, 분자에 모두 $c-di$를 곱한다)

$$\frac{a+bi}{c+di} \times \frac{c-di}{c-di} = \frac{(a+bi)(c-di)}{c^2-d^2i^2} = \frac{(a+bi)(c-di)}{c^2+d^2} \quad (i^2=-1)$$

복소수의 나눗셈

$\dfrac{z_1}{z_2} = \dfrac{a+bi}{c+di}$ 일 경우 분모, 분자에 $c-di$를 곱한다.

$$= \frac{a+bi}{c+di} \times \frac{c-di}{c-di} = \frac{(a+bi)(c-di)}{c^2-d^2i^2}$$

$i^2 = -1$

분자, 분모에 같은 수를 곱해도 등식은 변함없다.

$$= \frac{(a+bi)(c-di)}{c^2+d^2} = \frac{ac+bd+(bc-ad)i}{c^2+d^2}$$

$$\Rightarrow \frac{z_1}{z_2} = \frac{ac+bd}{c^2+d^2} + \frac{bc-ad}{c^2+d^2}i$$

나눗셈 정말 어렵다. 초등학교 때부터 날 괴롭히더니.
?
나눗셈이 복잡한 건 맞긴 한데 어차피 단순계산일 뿐이야.

다음 식을 간단히 해보겠습니다. (분모의 켤레복소수를 분자·분모에 곱하여 분모를 실수로 만든다)

$$\frac{1+i}{1-i}$$

$$= \frac{1+i}{1-i} \times \frac{1+i}{1+i} = \frac{(1+i)^2}{1^2-i^2}$$

$i^2 = -1$

$$= \frac{1^2+2i+i^2}{2} = i$$

분모의 실수화

사칙연산 중 학생들이 가장 싫어하는 연산이 바로 나눗셈이라고 합니다. 나눗셈은 단순작업이면서 복잡해서 학생들이 싫어할 수밖에 없겠죠. 하지만 계산이란 것은 두뇌의 창의적 활동이 아닌 정해진 규칙에 의한 단순작업에 불과하므로 전혀 두려워할 이유가 없습니다.

이제부터 '단순계산에 대한 생각'을 전환하여 보도록 하겠습니다.

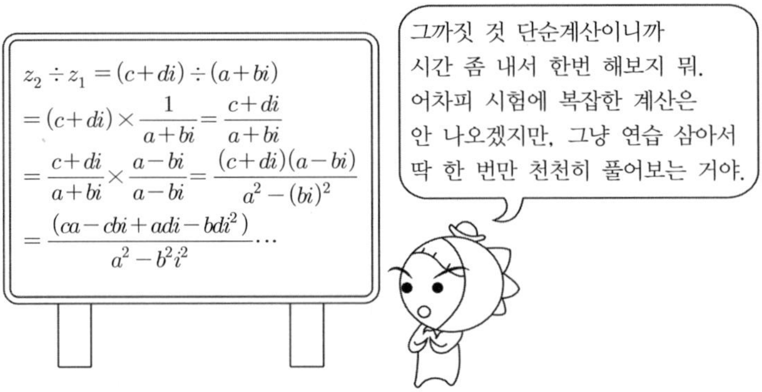

$z_2 \div z_1 = (c+di) \div (a+bi)$
$= (c+di) \times \frac{1}{a+bi} = \frac{c+di}{a+bi}$
$= \frac{c+di}{a+bi} \times \frac{a-bi}{a-bi} = \frac{(c+di)(a-bi)}{a^2-(bi)^2}$
$= \frac{(ca-cbi+adi-bdi^2)}{a^2-b^2i^2} \cdots$
그까짓 것 단순계산이니까
시간 좀 내서 한번 해보지 뭐.
어차피 시험에 복잡한 계산은
안 나오겠지만, 그냥 연습 삼아서
딱 한 번만 천천히 풀어보는 거야.

많은 학생들이 '식의 계산' 부분에서 수학에 흥미를 잃고 포기하는 경향이 있습니다. 거듭 말하지만, 수학이라는 과목은 계산을 위한 학문이 아니라 '두뇌를 이용한 창의적 활동'이라는 사실을 반드시 기억하시길 바랍니다.

다항식의 사칙연산, 방정식, 부등식은 정해진 풀이과정에 의한 단순 작업일 뿐이며, 언제든지 연습만 하면 누구나 쉽게 정복할 수 있습니다. 한꺼번에 하기보다는 여유를 갖고 천천히 익혀나가길 바랍니다.

허수단위 i는 '제곱근'으로 정의되었기 때문에 복소수의 나눗셈(분수식)은 무리식의 분수 계산과 유사합니다. 분모의 무리수를 유리수로 만드는 것처럼(분모의 유리화), 분모의 허수를 실수로 바꾸어 계산하는 것을 **분모의 실수화**라고 말합니다. (분모의 유리화를 기억하면서 다음 분모의 실수화를 계산해 본다)

그럼 $\frac{1}{i}$의 분모 i를 실수로 만들어보도록 하겠습니다. (분모의 제곱($i^2=-1$)을 유도하기 위해서는 분자, 분모에 i를 곱한다)

$$\frac{1}{i}\times\frac{i}{i}=\frac{i}{i^2}=\frac{i}{-1}=-i$$

분모의 실수화

이번에는 $\frac{1}{1+i}$의 분모 $1+i$를 실수로 만들어보겠습니다. 분모의 i의 제곱을 유도하기 위해서는 분자, 분모에 $1-i$($1+i$의 켤레복소수)를 곱합니다. (곱셈공식 $(a+b)(a-b)=a^2-b^2$을 활용한다)

$$\frac{1}{1+i}\times\frac{1-i}{1-i}=\frac{1-i}{1^2-i^2}=\frac{1-i}{2}$$

분모의 실수화

마지막으로 $\frac{-1+i}{3+2i}$의 분모 $3+2i$를 실수로 만들어보겠습니다. 분모의 i 부분의 제곱을 유도하기 위해서는 분자, 분모에 $3-2i$($3+2i$의 켤레복소수)를 곱합니다.

$$\frac{-1+i}{3+2i}\times\frac{3-2i}{3-2i}=\frac{(-1+i)(3-2i)}{3^2-(2i)^2}$$

$$=\frac{(-1+i)(3-2i)}{3^2-(2i)^2}=\frac{-3+2i+3i-2i^2}{9+4}=\frac{-1+5i}{13}$$

분모의 실수화

분모의 실수화를 끝으로 복소수의 계산을 모두 배웠군. 열심히 연습해서 수학을 잘할 수 있도록 노력해야겠다.
이런 계산능력은 문제해결에 필요조건이지 충분조건은 아니야. 즉, 계산능력이 좋다고 수학을 잘하는 것은 절대 아니란 뜻이지. 개념을 이해하고, 수학적 원리와 규칙을 찾는 능력이 있어야 비로소 수학의 달인이라고 할 수 있어. 계산능력은 단순히 연습만 하면 되니까 시간을 가지고 천천히 질리지 않게 하자.

분모의 실수화와 관련하여 다음 문제를 풀어보도록 하겠습니다. 어렵지 않으므로 시간 날 때 각자 풀어보시길 바랍니다.

복소수 $\left(\dfrac{x+yi}{1-i}\right)$와 $3+2i$가 같은 수가 되기 위한 실수 x, y의 값을 구하여라.

정답 $x=5,\ y=-1$

복소수의 연산법칙

실수식과 마찬가지로 복소수의 사칙연산에서도 교환·결합·분배법칙이 성립합니다. (허수단위 i를 문자로 취급했기 때문에 실수식과 동일한 방식으로 계산된다)

그럼 연산법칙을 적용하여 다음 식을 간단히 해보겠습니다. ($i^2 = -1$)

$$\begin{aligned}
&(2-i)\times(1+i) \\
&=(2-i)\times 1+(2-i)\times i && \text{분배법칙} \\
&=2-i+2i-i^2 \\
&=2+(-i+2i)-i^2 && \text{결합법칙} \\
&=2+i-i^2 \\
&=2+i-(-1) && i^2=-1 \\
&=2+i+1 \\
&=2+1+i && \text{교환법칙} \\
&=3+i
\end{aligned}$$

아무 생각 없이 사용했던 교환, 결합, 분배법칙이 이런 효용이 있구나.
수학의 어떤 개념도 그냥 나온 게 아니야. 다 쓸모가 있지.

임의의 복소수 $a+bi$, $c+di$에 사칙연산을 적용하면 그 결과 또한 복소수($A+Bi$꼴 : A, B는 실수)가 됩니다.

- 덧셈 : $(a+bi)+(c+di)=(a+c)+(b+d)i$
- 뺄셈 : $(a+bi)-(c+di)=(a-c)+(b-d)i$
- 곱셈 : $(a+bi)\times(c+di)=(ac-bd)+(ad+bc)i$
- 나눗셈 : $\dfrac{a+bi}{c+di}=\dfrac{ac+bd}{c^2+d^2}+\dfrac{bc-ad}{c^2+d^2}i$

} (실수) + (실수) i

복소수의 사칙연산과 관련하여 다음 문제를 풀어보도록 하겠습니다. (단순 계산 문제에 불과하니 천천히 읽고 넘어가도록 한다)

① 다음 등식을 만족하는 x, y값을 구하여라.

$$\frac{x}{1-i}+\frac{y}{1+i}=\frac{3}{1-2i}$$

좌변 $\frac{x}{1-i}+\frac{y}{1+i}=\frac{(1+i)x+(1-i)y}{(1-i)(1+i)}=\frac{(x+y)+i(x-y)}{1-i^2}=\frac{1}{2}(x+y)+i\frac{1}{2}(x-y)$

통분

$i^2=-1$

우변 $\frac{3}{1-2i}=\frac{3(1+2i)}{(1-2i)(1+2i)}=\frac{3}{5}(1+2i)$

분모의 켤레복소수를 분자·분모에 곱한다

복소수 상등 적용

$x+y=\frac{6}{5}\quad x-y=\frac{12}{5}$

연립방정식을 풀면

$x=\frac{9}{5}\quad y=-\frac{3}{5}$

② $z_1=\frac{\sqrt{3}-i}{2}$, $z_2=\frac{\sqrt{3}+i}{2}$일 때, 다음 식의 값을 구하여라.

$$(z_1z_2)(z_1+z_2)+\overline{2z_1-z_2}$$

- $z_1z_2=(\frac{\sqrt{3}-i}{2})(\frac{\sqrt{3}+i}{2})=\frac{3-i^2}{4}=\frac{3+1}{4}=1$
- $z_1+z_2=(\frac{\sqrt{3}-i}{2})+(\frac{\sqrt{3}+i}{2})=\frac{2\sqrt{3}}{2}=\sqrt{3}$
- $\overline{2z_1-z_2}=2\overline{z_1}-\overline{z_2}=2(\frac{\sqrt{3}+i}{2})-\frac{\sqrt{3}-i}{2}=\frac{\sqrt{3}+3i}{2}$

$$(z_1z_2)(z_1+z_2)+\overline{2z_1-z_2}=1\cdot\sqrt{3}+(\frac{\sqrt{3}+3i}{2})=\frac{3}{2}(\sqrt{3}+i)$$

i의 순환성

허수단위 i는 어떤 특성을 가지고 있을까요? (일단 i를 제곱하면 −1이 된다)

$$i^2 = -1$$

i^n의 값이 어떻게 되는지 알아보도록 하겠습니다.

i^n

$i \qquad i^2 = -1 \qquad i^3 = i^2 \times i = -i \qquad i^4 = i^2 \times i^2 = (-1) \times (-1) = 1$

$i^5 = i \times \underbrace{i^4}_{1} = i \qquad i^6 = i^2 \times \underbrace{i^4}_{1} = i^2 = -1 \qquad \cdots$

➡ $i \qquad i^2 = -1 \qquad i^3 = -i \qquad i^4 = 1$

$i^5 = i \qquad i^6 = -1 \qquad i^7 = -i \qquad i^8 = 1 \qquad \cdots$

여기서 우리는 **i의 순환성**을
발견할 수 있다.

$$i,\ i^2,\ i^3,\ i^4 \ \rightarrow\ i,\ -1, -i,\ 1$$

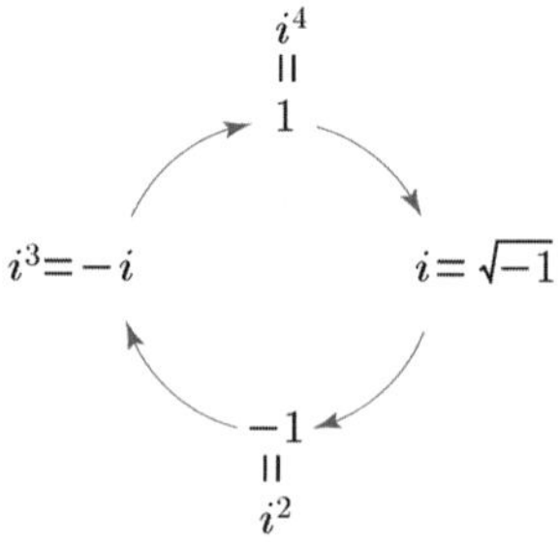

i^n은 4제곱을 주기로 반복되는 성질이 있습니다. 이것을 **i의 순환성**이라고 말합니다.

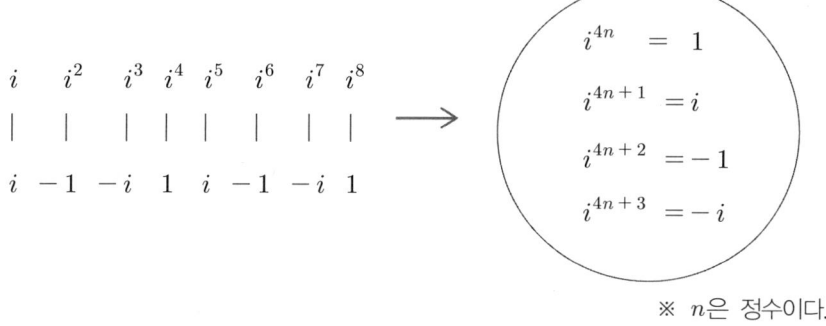

$$i \quad i^2 \quad i^3 \quad i^4 \quad i^5 \quad i^6 \quad i^7 \quad i^8$$

$$i \quad -1 \quad -i \quad 1 \quad i \quad -1 \quad -i \quad 1$$

$\rightarrow$

$$i^{4n} = 1$$
$$i^{4n+1} = i$$
$$i^{4n+2} = -1$$
$$i^{4n+3} = -i$$

※ n은 정수이다.

i의 순환성을 이용하면 다음 식의 값을 쉽게 구할 수 있습니다.

$$i+i^2+i^3+\ldots+i^{20} \rightarrow 0$$

$$\underbrace{i+i^2+i^3+i^4}_{0}+\underbrace{i^5+\cdots}_{0}\ \underbrace{\quad}_{0}\ \underbrace{+i^{20}}_{0}$$

※ $i+i^2+i^3+i^4=i+(-1)+(-i)+1=0$

다음 분수식의 값을 구해보도록 하겠습니다.

$$(\frac{1-i}{1+i})^{2012}$$

헉! 2012제곱?
저런 계산은 밤을 새워도
못할 거야.
허허~
겁먹지 마! 지수법칙과
i의 순환성을 이용해봐!

식 $\frac{1-i}{1+i}$의 2012제곱한다는 것은 사실상 불가능합니다. 그러나 지수법칙을 활용하면 쉽게 $(\frac{1-i}{1+i})^{2012}$의 값을 구할 수 있습니다. (먼저 식 $\frac{1-i}{1+i}$를 제곱하여 본다)

$$(\frac{1-i}{1+i})^2=\frac{1-i}{1+i}\times\frac{1-i}{1+i}=\frac{1^2-2i+i^2}{1^2+2i+i^2}=\frac{-2i}{2i}=-1$$

$(\frac{1-i}{1+i})^2=-1$이므로, 식 $(\frac{1-i}{1+i})^{2012}$의 값은 다음과 같습니다. (지수법칙 $(a^m)^n=a^{mn}$을 활용한다)

$$(\frac{1-i}{1+i})^{2012}=\left[\left(\frac{1-i}{1+i}\right)^2\right]^{1006}=(-1)^{1006}=1$$

복소수의 개념을 정리하는 의미에서 다음 응용 문제를 풀어보도록 하겠습니다. (어떻게 풀지 잠시 생각해 보는 시간을 가져본다)

자연수 n에 대하여 어떤 수 a가 다음과 같이 정의되었다면, a값이 될 수 있는 모든 수의 곱은 얼마인지 구하여라.

$a=3^x$ (단, $x=\left(\frac{-1+\sqrt{3}i}{2}\right)^{3n}+\left(\frac{1+\sqrt{3}i}{2}\right)^{3n}$이다)

$n=1, 2, 3\cdots$을 대입하면
규칙성을 찾을 수
있을 거 같은데….

문제해결을 위한 기본설계가 끝나셨나요? 그럼 함께 풀어보도록 하겠습니다. 우선 숫자 a가 어떤 수인지 알아보면 다음과 같습니다. (n이 자연수라고 했으므로, $n=1, 2, 3, \cdots$을 차례대로 대입해 본다)

i) $n=1$일 때,

$$x=\left(\frac{-1+\sqrt{3}i}{2}\right)^3+\left(\frac{1+\sqrt{3}i}{2}\right)^3$$

$$\left(\frac{-1+\sqrt{3}i}{2}\right)^2\left(\frac{-1+\sqrt{3}i}{2}\right)$$

$$=\left(\frac{1-2\sqrt{3}i+3i^2}{4}\right)\left(\frac{-1+\sqrt{3}i}{2}\right)$$

$$=\left(\frac{-1-\sqrt{3}i}{2}\right)\left(\frac{-1+\sqrt{3}i}{2}\right)$$

$$=1$$

$$\left(\frac{1+\sqrt{3}i}{2}\right)^2\left(\frac{1+\sqrt{3}i}{2}\right)$$

$$=\left(\frac{1+2\sqrt{3}i+3i^2}{4}\right)\left(\frac{1+\sqrt{3}i}{2}\right)$$

$$=\left(\frac{-1+\sqrt{3}i}{2}\right)\left(\frac{1+\sqrt{3}i}{2}\right)$$

$$=-1$$

$\rightarrow$ $x=\left(\frac{-1+\sqrt{3}i}{2}\right)^3+\left(\frac{1+\sqrt{3}i}{2}\right)^3=1-1=0$

➡ 숫자 a : $3^x=3^0=1$

ii) $n=2$일 때,

$$x=\left(\frac{-1+\sqrt{3}i}{2}\right)^6+\left(\frac{1+\sqrt{3}i}{2}\right)^6$$

$$=\left\{\left(\frac{-1+\sqrt{3}i}{2}\right)^3\right\}^2+\left\{\left(\frac{1+\sqrt{3}i}{2}\right)^3\right\}^2=1^2+(-1)^2=2$$

➡ 숫자 a : $3^x=3^2=9$

지수법칙을 이용하여 x에 관한 식을 정리한 다음 n이 홀수일 때와 n이 짝수일 때, 숫자 a를 나타내 보도록 하겠습니다.

$$a=3^x \ : \ x=\left(\frac{-1+\sqrt{3}i}{2}\right)^{3n}+\left(\frac{1+\sqrt{3}i}{2}\right)^{3n}$$

$$=\left[\left(\frac{-1+\sqrt{3}i}{2}\right)^3\right]^n+\left[\left(\frac{1+\sqrt{3}i}{2}\right)^3\right]^n$$

$$=1^n+(-1)^n \quad \text{(단, } n\text{은 자연수)}$$

i) n이 홀수 : $x=0 \rightarrow a=3^0=1$

ii) n이 짝수 : $x=2 \rightarrow a=3^2=9$

$\therefore\ a=1$ or 9 ➡ a가 될 수 있는 모든 수의 곱은 9가 된다.

주어진 조건을 만족하는 a값은 1과 9뿐입니다. 따라서 a가 될 수 있는 모든 수의 곱은 9가 됩니다.

음수의 제곱근

허수단위 i의 특성($i^2=-1$)을 이용하여 **음수의 제곱근**(제곱해서 음수가 나오는 수)을 정의할 수 있습니다.

음수 $-a$의 제곱근($a>0$)

음수 $-a$의 제곱근은 '제곱하여 음수 $-a$가 나오는 수'로서, $x^2=-a$의 두 근 $\pm\sqrt{-a}$로 정의한다. $\pm\sqrt{-a}$는 허수단위 i를 이용하여 $\pm\sqrt{-a}=\pm\sqrt{a}i$로 표현할 수 있다.

ex) -3의 제곱근 : $\pm\sqrt{-3}=\pm\sqrt{3}i$

음수의 제곱근에 대한 계산 규칙은 일반적인 제곱근의 계산 규칙과는 조금 다릅니다. 먼저 일반적인 제곱근의 계산 규칙을 살펴보면 다음과 같습니다.

제곱근의 계산 규칙

$a, b>0$일 때,

① $(\sqrt{a})^2=a$ ② $\sqrt{a}\sqrt{b}=\sqrt{ab}$ ③ $\dfrac{\sqrt{a}}{\sqrt{b}}=\sqrt{\dfrac{a}{b}}$

ex) $(\sqrt{3})^2=3$, $\sqrt{2}\sqrt{3}=\sqrt{6}$, $\dfrac{\sqrt{2}}{\sqrt{3}}=\sqrt{\dfrac{2}{3}}$

제곱근의 계산 규칙을 이용하여 다음 식의 값을 구해보겠습니다. (어렵지 않으므로 각자 풀어본다)

$$(\sqrt{5})^3\times\sqrt{\frac{6}{25}}\times\sqrt{60}$$

이번에는 음수의 제곱근에 대한 계산 규칙을 살펴보도록 하겠습니다. (일반적인 제곱근의 계산 규칙과 무엇이 다른지 비교해 본다)

① $a<0, b>0$일 때, $\sqrt{a}\sqrt{b}=\sqrt{ab}$, $\frac{\sqrt{a}}{\sqrt{b}}=\sqrt{\frac{a}{b}}$

: $\sqrt{-2}\sqrt{3}=\sqrt{-6}$, $\frac{\sqrt{-2}}{\sqrt{3}}=\sqrt{-\frac{2}{3}}$

② $a<0, b<0$일 때, $\sqrt{a}\sqrt{b}=-\sqrt{ab}$, $\frac{\sqrt{a}}{\sqrt{b}}=\sqrt{\frac{a}{b}}$

: $\sqrt{-2}\sqrt{-3}=-\sqrt{6}$, $\frac{\sqrt{-2}}{\sqrt{-3}}=\sqrt{\frac{2}{3}}$

③ $a>0, b<0$일 때, $\sqrt{a}\sqrt{b}=\sqrt{ab}$, $\frac{\sqrt{a}}{\sqrt{b}}=-\sqrt{\frac{a}{b}}$

: $\sqrt{2}\sqrt{-3}=\sqrt{-6}$, $\frac{\sqrt{2}}{\sqrt{-3}}=-\sqrt{-\frac{2}{3}}$

무엇이 다른지 찾으셨나요?

음수의 제곱근 계산 규칙이 실수와 다른 이유는 바로 허수단위 i 때문입니다. 제곱근의 계산식에 i를 적용해 보면 그 이유를 쉽게 알 수 있을 것입니다. $(i^2=-1)$

음수의 제곱근	무리수	음수의 제곱근에 i 적용
1) $a<0$, $b<0$일 때 $\sqrt{a}\sqrt{b}=-\sqrt{ab}$	$\sqrt{a}\sqrt{b}=\sqrt{ab}$	$\sqrt{-2}\sqrt{-3}=\sqrt{2}i\times\sqrt{3}i$ $=\sqrt{6}i^2=-\sqrt{6}$
2) $a>0$, $b<0$일 때 $\dfrac{\sqrt{a}}{\sqrt{b}}=-\sqrt{\dfrac{a}{b}}$	$\dfrac{\sqrt{a}}{\sqrt{b}}=\sqrt{\dfrac{a}{b}}$	$\dfrac{\sqrt{2}}{\sqrt{-3}}=\dfrac{\sqrt{2}}{\sqrt{3}i}=\dfrac{\sqrt{2}}{\sqrt{3}i}\times\dfrac{i}{i}$ $\dfrac{\sqrt{2}i}{\sqrt{3}i^2}=-\sqrt{\dfrac{2}{3}}i=-\sqrt{-\dfrac{2}{3}}$

처음 접해본 계산이라 조금 혼란스러울 수도 있으나 크게 어려워할 필요는 없습니다. 음수의 제곱근에서는 다음 2가지만 기억하시길 바랍니다.

① 음수의 제곱근을 허수단위 i로 변형하여 계산한다. (단, $i^2=-1$)

ex) $\dfrac{\sqrt{-2}}{\sqrt{-3}}\times\sqrt{-4}=\dfrac{\sqrt{2}i}{\sqrt{3}i}\times\sqrt{4}i=\dfrac{\sqrt{8}i}{\sqrt{3}}=2\sqrt{\dfrac{2}{3}}i$

② 음수의 제곱근과 실수의 제곱근과의 계산 규칙의 차이를 확인한다.
(근호 안의 부호를 잘 살펴본다)

1) $a<0$, $b<0$일 때

$\sqrt{a}\sqrt{b}=-\sqrt{ab}$

2) $a>0$, $b<0$일 때

$\dfrac{\sqrt{a}}{\sqrt{b}}=-\sqrt{\dfrac{a}{b}}$

$\sqrt{-3}\rightarrow\sqrt{3}i$
$\sqrt{-1}\rightarrow i$
$\sqrt{-15}\rightarrow\sqrt{15}i$
…
음수의 제곱근을 보면 일단 허수단위로 바꾸어놓은 후 계산해야겠군.
?

다음 음수의 제곱근을 계산해 보도록 하겠습니다.

$$\sqrt{-3}\times\frac{\sqrt{-2}}{\sqrt{3}}\times\frac{1}{\sqrt{-5}}$$

$$\begin{aligned}
&\sqrt{-3}\times\frac{\sqrt{-2}}{\sqrt{3}}\times\frac{1}{\sqrt{-5}} && \text{허수단위 적용}\\
&=\sqrt{\cancel{3}}\,i\times\frac{\sqrt{2}\,\cancel{i}}{\sqrt{\cancel{3}}}\times\frac{1}{\sqrt{5}\,\cancel{i}} && \text{약분}\\
&=\frac{\sqrt{2}\,i}{\sqrt{5}} && \text{분모의 유리화}\\
&=\frac{\sqrt{2}\,i}{\sqrt{5}}\times\frac{\sqrt{5}}{\sqrt{5}}=\frac{\sqrt{10}\,i}{5}
\end{aligned}$$

➡ $\frac{\sqrt{10}\,i}{5}$

그럼 음수의 제곱근과 관련하여 다음 응용문제를 풀어보도록 하겠습니다.

(어떻게 풀지 잠시 생각해 보는 시간을 가져본다)

$\sqrt{x+1}\cdot\sqrt{2x-4}=-\sqrt{(x+1)(2x-4)}$ 와

$\frac{\sqrt{2x+5}}{\sqrt{x-1}}=-\sqrt{\frac{2x+5}{x-1}}$ 를 동시에 만족하는 정수 x를 구하여라.

음수의 제곱근이 무리수와
다른 점이 있었는데….
$\sqrt{a}\sqrt{b}=-\sqrt{ab}$?
$\frac{\sqrt{a}}{\sqrt{b}}=-\sqrt{\frac{a}{b}}$?
a와 b가 양수였더라,
음수였더라….

문제해결을 위한 기본설계가 끝나셨나요? 그럼 함께 풀어보도록 하겠습니다. 우선 제곱근과 음수의 제곱근의 차이는 다음과 같습니다. (기억이 잘 안 나면 앞의 내용을 찾아본다)

① $a<0, b<0$일 때, $\sqrt{a}\sqrt{b}=-\sqrt{ab}$

② $a>0, b<0$일 때, $\frac{\sqrt{a}}{\sqrt{b}}=-\sqrt{\frac{a}{b}}$

위 계산 규칙을 바탕으로 변수 x의 범위를 도출할 수 있습니다.

$$(x+1)<0,\ (2x-4)<0,\ (2x+5)>0,\ (x-1)<0$$

$$\sqrt{\underset{\nwarrow \atop 0}{\underline{x+1}}}\sqrt{\underset{\nwarrow \atop 0}{\underline{2x-4}}}=-\sqrt{(x+1)(2x-4)},\quad \frac{\sqrt{2x+5}}{\sqrt{x-1}}=-\sqrt{\frac{\underline{2x+5}>0}{\underline{x-1}<0}}$$

모든 조건을 만족하는 x의 범위를 찾아보면,

$x+1<0$	$2x-4<0$	$x-1<0$	$2x+5>0$	
↓	↓	↓	↓	$\rightarrow -\dfrac{5}{2}<x<-1$
$x<-1$	$x<2$	$x<1$	$x>-\dfrac{5}{2}$	

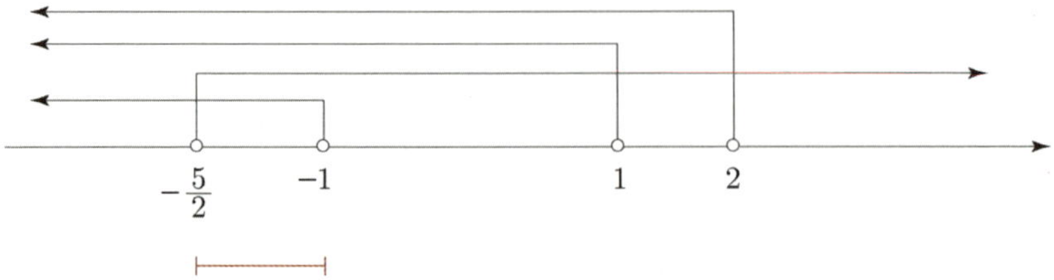

따라서 $\sqrt{x+1}\,\sqrt{2x-4}=-\sqrt{(x+1)(2x-4)}$ 와 $\dfrac{\sqrt{2x+5}}{\sqrt{x-1}}=-\sqrt{\dfrac{2x+5}{x-1}}$ 를 동시에 만족시키는 x의 범위는 $-\dfrac{5}{2}<x<-1$입니다. 문제에서 x가 정수라고 했으므로 $x=-2$가 됩니다.

자주 사용되는 합과 곱에 관한 식

$\underbrace{x^2+y^2}_{\text{제곱의 합}}=\underbrace{(x+y)^2}_{\text{합}}-\underbrace{2xy}_{\text{곱}}$ $\qquad$ $\underbrace{x^2+y^2}_{\text{제곱의 합}}=\underbrace{(x-y)^2}_{\text{차}}-\underbrace{2xy}_{\text{곱}}$

① $(x+y)^2=(x-y)^2+4xy$

② $x^2+\dfrac{1}{x^2}=\left(x+\dfrac{1}{x}\right)^2-2$, $\quad x^2+\dfrac{1}{x^2}=\left(x-\dfrac{1}{x}\right)^2+2$

③ $x^3+y^3=(x+y)^3-3xy(x+y)$, $\quad x^3-y^3=(x-y)^3+3xy(x-y)$

④ $x^3+\dfrac{1}{x^3}=\left(x+\dfrac{1}{x}\right)^3-3\left(x+\dfrac{1}{x}\right)$, $\quad x^3-\dfrac{1}{x^3}=\left(x-\dfrac{1}{x}\right)^3+3\left(x-\dfrac{1}{x}\right)$

⑤ $x^3+y^3=(x+y)(x^2-xy+y^2)$, $\quad x^3-y^3=(x-y)(x^2+xy+y^2)$

⑥ $x^3+1=(x+1)(x^2-x+1)$, $\quad x^3-1=(x-1)(x^2+x+1)$

⑦ $x^2+y^2+z^2=(x+y+z)^2-2(xy+yz+zx)$

개념 한눈에 보기

1. **허수단위** : 제곱해서 -1이 되는 수를 말하며, 문자 i로 표시한다. ($i^2=-1$)

2. **복소수** : 임의의 실수 a, b에 대해서 $a+bi$꼴로 표현되는 수

3. **복소수의 분류** ($a+bi$)
   - $a\neq 0,\ b=0$일 때 → 실수
   - $a\neq 0,\ b\neq 0$일 때 → 허수
   - $a=0,\ b\neq 0$일 때 → 순허수

4. **복소수 상등의 원리** : $a+bi$와 $c+di$가 서로 같을 조건 → $a=c,\ b=d$
   ($a+bi=0$일 경우, $a=0, b=0$이다)

5. **켤레복소수** : 허수부의 부호가 반대인 두 복소수 ($a+bi,\ a-bi$)
   (켤레복소수의 표시 : $z=a+bi,\ \bar{z}=\overline{a+bi}=a-bi$)

6. **켤레복소수의 성질**

   ① $\overline{z+w}=\bar{z}+\bar{w}$ ② $\overline{z-w}=\bar{z}-\bar{w}$ ③ $\overline{zw}=\bar{z}\cdot\bar{w}$ ④ $\overline{\left(\frac{z}{w}\right)}=\frac{\bar{z}}{\bar{w}}$

   ⑤ $z=\bar{z} \Leftrightarrow b=0 \Leftrightarrow z$는 실수 ⑥ $z+\bar{z}=0 \Leftrightarrow a=0 \Leftrightarrow z$는 순허수

   ⑦ $z\bar{z}=a^2+b^2$

7. **복소수의 사칙연산** ($z_1=a+bi,\ z_2=c+di$일 때)
   - 덧셈 : $z_1+z_2=(a+bi)+(c+di)\ =(a+c)+(b+d)i$
   - 뺄셈 : $z_1-z_2=(a+bi)-(c+di)\ =(a-c)+(b-d)i$
   - 곱셈 : $z_1z_2=(a+bi)(c+di)=ac+adi+bci+bdi^2\ =(ac-bd)+(ad+bc)i$
   - 나눗셈 : $\frac{z_1}{z_2}=\frac{a+bi}{c+di}=\frac{(a+bi)(c-di)}{(c+di)(c-di)}=\frac{(ac+bd)+(bc-ad)i}{c^2+d^2}$

8. **i의 순환성** : $i^{4n},\ i^{4n+1},\ i^{4n+2},\ i^{4n+3} \rightarrow 1, i,\ -1, -i$ (n은 정수)

9. **제곱근과 음수의 제곱근의 차이(근호 안의 부호를 확인!)**
   i) $a<0,\ b<0$일 때, $\sqrt{a}\sqrt{b}=-\sqrt{ab}$
   ii) $a>0,\ b<0$일 때, $\frac{\sqrt{a}}{\sqrt{b}}=-\sqrt{\frac{a}{b}}$

도출형 학습방식으로 다음 문제를 풀어보도록 하겠습니다. (개념이 잘 기억나지 않으면 앞의 내용을 찾아보길 바란다)

다음 등식을 만족하도록 하는 실수 a, b에 대하여 ab의 값을 구하여라. (단, $i=\sqrt{-1}$)

$$\frac{a}{2}i(1+i)^2+\overline{\left(\frac{b-i}{i}\right)}-3(2+i)=0$$

1단계 **개념도출** 문제를 풀기 위해서는 어떤 개념을 알아야 할까요?

2단계 **개념설명** 개념을 알고 있다면 간단히 설명해 보길 바랍니다.

3단계 **문제해결** 그럼 어떻게 문제를 해결할 수 있을까요?

다음 등식을 만족하도록 하는 실수 a, b에 대하여 ab의 값을 구하여라. (단, $i=\sqrt{-1}$)

$$\frac{a}{2}i(1+i)^2+\overline{\left(\frac{b-i}{i}\right)}-3(2+i)=0$$

1단계 문제를 풀기 위해서는 어떤 개념을 알아야 할까요?

복소수 $a+bi$, 복소수 상등의 원리, 복소수의 사칙연산, 켤레복소수에 대해 알아야 한다.

2단계 개념을 알고 있다면 간단히 설명해 보길 바랍니다.

복소수

임의의 실수 a, b에 대해서 $a+bi$꼴로 표현되는 수

켤레복소수

- 켤레복소수 : 허수부의 부호가 반대인 두 복소수 $(a+bi,\ a-bi)$
- 켤레복소수의 표시 : $z=a+bi$, $\bar{z}=\overline{a+bi}=a-bi$

복소수 상등의 원리

$a+bi$와 $c+di$가 서로 같을 조건 → $a=c$, $b=d$

$(a+bi=0 \rightarrow a=0, b=0)$

복소수의 사칙연산

- 덧셈 : $z_1+z_2=(a+bi)+(c+di)\ =(a+c)+(b+d)i$
- 뺄셈 : $z_1-z_2=(a+bi)-(c+di)\ =(a-c)+(b-d)i$
- 곱셈 : $z_1z_2=(a+bi)(c+di)=ac+adi+bci+bdi^2$
  $=(ac-bd)+(ad+bc)i$
- 나눗셈 :

$$\frac{z_1}{z_2}=\frac{a+bi}{c+di}=\frac{(a+bi)(c-di)}{(c+di)(c-di)}=\frac{(ac+bd)+(bc-ad)i}{c^2+d^2}$$

3단계 그럼 어떻게 문제를 해결할 수 있을까요?

미지수가 2개(a, b)이므로 a, b에 관한 2개의 연립방정식이 필요하다. 주어진 식을 '$A+Bi=0$꼴'로 만든 후, 복소수 상등의 원리 $(A=0, B=0)$를 적용하면, a, b에 관한 연립방정식을 2개 도출해 낼 수 있다. 그리고 a, b의 값을 각각 구한 후 ab의 값을 구해본다.

정답이 궁금한 학생들은 다음 정답풀이를 참고하시기 바랍니다.

식 $\frac{a}{2}i(1+i)^2+\overline{\left(\frac{b-i}{i}\right)}-3(2+i)=0$에서, 먼저 켤레복소수 $\overline{\left(\frac{b-i}{i}\right)}$를 풀어 보면,

$$\overline{\left(\frac{b-i}{i}\right)}=\overline{\left(\frac{b-i}{i}\right)\times\frac{i}{i}}=\overline{\left(\frac{bi-i^2}{i^2}\right)}=\overline{\left(\frac{1+bi}{-1}\right)}=\overline{-1-bi}=-1+bi$$

(분모의 실수화, 켤레복소수)

※ $\overline{x+yi}=x-yi$ (켤레복소수 : 허수부의 부호가 반대인 두 복소수)

주어진 식을 $A+Bi=0$꼴로 나타내면 다음과 같다.

→ $\frac{a}{2}i(1+i)^2+\overline{\left(\frac{b-i}{i}\right)}-3(2+i)=0$ ($\overline{\left(\frac{b-i}{i}\right)}$ ← $-1+bi$)

→ $\frac{a}{2}i(1+i)^2-1+bi-3(2+i)=0$

→ $\frac{a}{2}i(1+2i+i^2)-1+bi-3(2+i)=0$ $(i^2=-1)$

$(-a-7)+(b-3)i=0$ ← 복소수 상등의 원리 $A+Bi=0 \Leftrightarrow A=0,\ B=0$

$-a-7=0$, $b-3=0$

➡ $a=-7,\ b=3$

따라서 $ab=-21$이 된다.

정답 $ab=-21$

2 방정식(1, 2차)

방정식의 의미

'x에 관한 등식'은 다음과 같이 분류됩니다.

① 모든 x값에 대하여 성립하는 등식 ➡ 항등식(恒等式)

ex) $x^2+x=x(x+1)$

② 특정한 x값에 대하여 성립하는 등식 ➡ 방정식(方程式)

ex) $2x+4=0$

방정식에서 **방정(方程)**이란 중국 고대 산법(算法) 중 하나로 '숫자를 네모 모양으로 늘어놓고 미지수를 계산하는 방법'을 말합니다. (방정의 방은 '네모 방(方)', 정은 '본뜰 정(程)' 자를 쓴다)

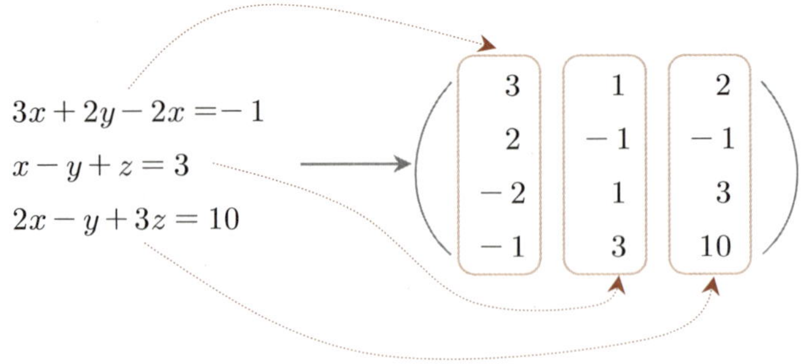

※ 방정(方程) : 같은 열에 있는 모든 숫자에 동일한 수를 곱하여 다른 열을 더하거나 빼는 과정을 반복함으로써 미지수의 값을 찾는 계산법

현대수학으로 말하면 '행렬을 이용한 연립방정식의 계산법'과 흡사합니다.

그럼 방정식을 푸는 목적은 무엇일까요?

방정식은 '등식을 만족시키는 변수 x값을 찾기 위한 식'입니다. 여기서 문자 x를 **미지수**라고 말하며, 미지수(변수)와 대비하여 항상 일정한 값을 갖는 수를 **상수**라고 말합니다. (상수는 숫자상수와 문자상수로 나뉜다)

x에 관한 방정식 $2x+a-1=0$

문자상수 (a)　　숫자상수 (1)

방정식을 만족하는 특정한 변수의 값을 방정식의 **해** 또는 **근**이라고 말합니다. (여기서 해는 '풀 해(解)', 근은 '뿌리 근(根)' 자를 쓴다)

방정식의 해를 찾다 = 방정식을 푼다

다음 방정식에서 미지수(변수)와 해(근)를 찾아보도록 하겠습니다.

$x^2=1$　　해 $x=-1,\ 1$

미지수 x

방정식은 식의 종류에 따라 다음과 같이 분류할 수 있습니다.

다항식(정식)	분수식	무리식
↓	↓	↓
정방정식	분수방정식	무리방정식
$x^2+x+3=0$	$\dfrac{1}{x}+\dfrac{2}{x+1}=0$	$\sqrt{x+1}+2=0$

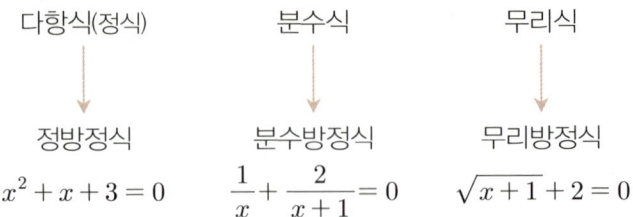

특히 정방정식은 변수의 개수 및 차수에 따라 그 명칭이 달라지는데, 변수의 개수가 n개일 때 **n원방정식**, 변수의 차수가 n차일 때 **n차방정식**이라고 말합니다. 예를 들어 x, y에 관한 방정식 $x+y=3$은 '2원 1차방정식'이 됩니다.

※ 일반적으로 정방정식은 변수와 변수의 차수를 가지고 말한다.
(여기서 변수는 다항식에서 배운 '관심문자'와 같다)

$6x+5=0$ → x에 관한 1차방정식

$xy+y^2+x^2+4=0$ → x, y에 관한 2차방정식

1차방정식의 해법

방정식을 풀 때에는 기본적으로 등식의 성질을 이용합니다. 다 아는 내용이겠지만 등식의 성질에 대해 간단히 살펴보고 넘어가도록 하겠습니다.

등식의 성질

① 양변에 같은 수를 더하거나 뺄 수 있다 : $a=b \rightarrow a\pm c=b\pm c$

② 양변에 같은 수를 곱하거나 0이 아닌 수로 나눌 수 있다.

$$a=b \rightarrow a\times c=b\times c,\ a=b \rightarrow \frac{a}{d}=\frac{b}{d}\ (d\neq 0)$$

그럼 '1차방정식의 해법'에 대해 알아보도록 하겠습니다.

1차방정식의 해법

x에 관한 1차방정식 $ax=b(a\neq 0)$의 해는 다음과 같다.

$$ax=b \Rightarrow x=\frac{b}{a}$$

※ 등식의 성질을 이용하여 방정식을 '$x=($　$)$꼴'로 변형하면, 쉽게 1차방정식의 해를 구할 수 있다.

1차방정식의 해법은 아주 단순하군. 등식의 성질을 이용하여 $x=($　$)$꼴로 만들기만 하면 되잖아.
문제는 어떻게 $x=($　$)$꼴로 만드냐인데 1차방정식의 경우, 등식의 성질을 이용하면 쉽게 $x=($　$)$꼴로 변형이 가능하지만 2차, 3차방정식은 그렇지 않아.

다음 x에 관한 1차방정식을 풀어보도록 하겠습니다. (등식의 성질을 이용하여 '$x=($　$)$꼴'로 만들어본다)

x에 관한 1차방정식 $2x+10=0$

$2x+10=0$

➡ $2x=-10$　　양변에 -10을 더한다

➡ $2x\times\frac{1}{2}=(-10)\times\frac{1}{2}$　　좌변을 x로 만들기 위해 양변에 $\frac{1}{2}$을 곱한다

➡ $x=-5$

※ 양변에 같은 값을 더하거나 빼는 경우, 계산상의 번거로움을 없애기 위해 일반적으로 이항(移項)이라는 개념을 이용한다. (이항 : 항이 등호를 이동할 때, 항의 부호가 바뀌는 것)

$$a+b=c \quad ➡ \quad a=c-b$$

아주 쉽죠? x에 관한 1차방정식 $ax=b$의 경우, a가 0이 아니기 때문에 쉽게 양변을 a로 나눌 수가 있습니다. 그러나 $a \neq 0$라는 조건이 없을 경우, 즉 문제에서 $ax=b$가 1차방정식이라고 언급하지 않았을 경우에는 함부로 양변을 a로 나눌 수 없습니다. (수학에서는 0으로 나누는 것을 허용하지 않는다 → $a \neq 0$, $a=0$으로 분류하여 계산한다)

$$\underline{a}x=b \quad \begin{cases} a \neq 0 & \rightarrow \quad x=\dfrac{b}{a} \\ a=0 & \rightarrow \quad ? \end{cases}$$

그렇다면 $a=0$일 때, 방정식 $ax=b$의 해는 무엇일까요? (양변을 0으로 나눌 수 없기 때문에 방정식 $ax=b$를 '$x=($ $)$꼴'로 변형할 수 없다)

일반적으로 방정식의 해를 찾기 위해서는 '등식을 만족하는 변수 x값이 무엇인지' 고민해 봐야 합니다. 그럼 방정식 $ax=b$에서 $a=0$일 때, 등식을 만족하는 변수 x값이 무엇인지 찾아보도록 하겠습니다.

$$ax=b\text{에서 } a=0\text{일 때} \quad ➡ \quad 0\times x=b$$

방정식 $0\times x=b$를 만족하는 x값은 과연 무엇일까요?

변수 x에 어떤 숫자를 대입하더라도 좌변은 항상 0이 되므로, 방정식의 해는 문자상수 b의 값에 달려 있다는 것을 짐작할 수 있습니다. 그럼 'b가 0일 때와 0이 아닐 때'로 나누어 생각해 보도록 하겠습니다. (먼저 b가 0일 때, 방정식 $0\times x=b$를 만족하는 x값을 찾아본다)

$$0 \times x = b \ (b = 0)$$

방정식 $0 \times x = 0$을 만족하는 x → 모든 실수

방정식 $0 \times x = 0$을 만족하는 특정한(유한개의) x값을 결정할 수 없으므로 방정식 $0 \times x = 0$의 해는 무수히 많습니다. 이때 방정식의 해를 **부정(不定)**이라고 말합니다. (부정은 '아닐 부(不)', '정할 정(定)' 자를 써서, '해를 정할 수 없다'는 것을 의미하는 한자어이다. 바르지 않다는 부정(不正)과 혼동하지 말 것)

이번엔 $b \neq 0$일 때, 방정식 $0 \times x = b$를 만족하는 x값을 찾아보도록 하겠습니다.

방정식 $0 \times x = b \ (b \neq 0)$을 만족하는 x → ?

방정식 $0 \times x = b(b \neq 0)$를 만족하는 x값은 존재하지 않으므로, 방정식의 해는 없습니다. 이때 방정식의 해를 **불능(不能)**이라고 말합니다. (불능은 '아니 불(不)', '가능할 능(能)' 자를 써서, '해를 구하는 것이 가능하지 않다'는 것을 의미하는 한자어이다)

a와 b의 값에 따른 방정식 $ax = b$의 해법을 정리해 보면 다음과 같습니다.

방정식 $ax = b$의 해법

$$ax = b \begin{cases} a \neq 0 \ : \ x = \dfrac{b}{a} \ \text{(1개의 해를 갖는다)} \\ a = 0 \begin{cases} b \neq 0 \ : \ 0 \times x = b \ \text{불능(不能) (해가 없다)} \\ b = 0 \ : \ 0 \times x = 0 \ \text{부정(不定) (해를 정할 수 없다)} \\ \qquad \qquad \to x = \text{(모든 실수)} \end{cases} \end{cases}$$

가끔 학생들이 부정에 대해 오해하는 것이 하나 있습니다.

방정식의 해 '부정' = x는 모든 실수 ?

부정은 해가 무수히 많아 '해를 정할 수 없다는 것'을 의미하지, 항상 모든 실수를 의미하는 것은 아닙니다. 부정에 대해서는 뒤쪽 부정방정식에서 좀 더 자세히 배우도록 하겠습니다.

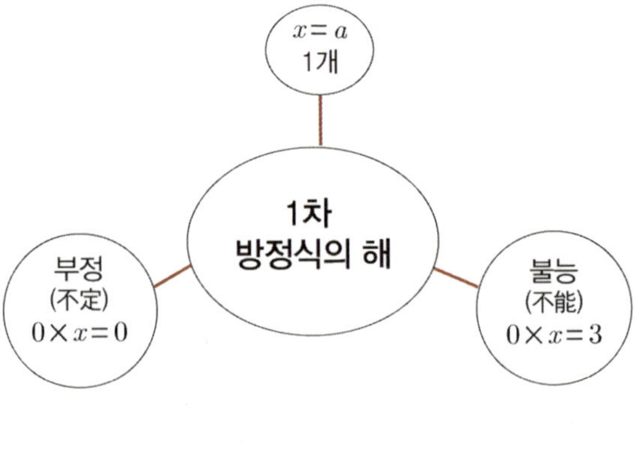

문자의 분류

일반적으로 방정식을 풀기 위해서는 좌변을 x, 우변을 상수로 하여 식을 변형합니다. ➡ $x=(\quad)$꼴

$$2x+5-a=0$$

$$\Rightarrow 2x=a-5$$

$$\Rightarrow x=\frac{a-5}{2} \quad ➡ \quad x=\boxed{}$$

등식을 '$x=(\quad)$꼴'로 변형하는 것을 'x에 관하여 푼다'라고 말합니다.
(방정식을 푸는 과정과 같기 때문에 그렇게 부른다)

$x=(\quad)$꼴로 변형 ➡ x에 관하여 푼다

그럼 방정식 $3x+y-5=0$을 변수 x, y에 관하여 풀어보도록 하겠습니다.

x에 관하여 풀면 ➡ $x=\frac{5-y}{3}$

y에 관하여 풀면 ➡ $y=-3x+5$

x에 관하여 푼다? 자주 쓰는 용어인데, 이제야 그 의미를 알았어.
수학에서 나오는 용어는 하나하나 정확히 알고 있어야 개념을 이해하는 데 혼동이 없어. 특히 용어의 정의는 더욱 그래.

다음 x에 관한 1차방정식을 풀어보도록 하겠습니다. (등식의 성질을 이용하여 '$x=($　　$)$꼴'로 변형해 본다)

$$5-2x=9 \quad ➡ \quad -2x=4 \quad ➡ \quad x=-2$$

x의 계수가 숫자상수인 경우에는 쉽게 1차방정식을 풀 수 있지만, 여러 개의 문자상수가 나오게 되면 많이들 어려워하는 것이 사실입니다. (특히 x의 계수가 문자일 경우 더욱 그러하다)

x에 관한 방정식 $(a-x)+b(x-3)+4=0$을 풀어라.

도대체 뭘 구해야 하는 거지?
a? b? x?
문자가 많이 나오니까 1차방정식이
갑자기 어려워지네.

방정식에서 문자상수가 나왔을 때는 다음 2가지만 기억하십시오.

① 식을 정리하라. (내림차순, 동류항 등)
② 문자를 분류하라. (0인지 아닌지, 양수인지 음수인지)

식을 정리하는 것(①)은 앞서 다항식에서 다루었기 때문에 따로 설명하지 않도록 하겠습니다. (동류항을 계산하고 관심문자를 기준으로 내림차순으로 정리한다)

일반적으로 문자를 분류해야 하는 경우(②)는 크게 3가지 유형이 있습니다.

i) 문자상수로 양변을 나눌 때 : $ax = b$, $ax > b$
ii) 절댓값을 풀 때 : $|a| = b$
iii) 근호를 풀 때 : $\sqrt{a^2} = b$

문자상수로 양변을 나눌 때(i)는 문자상수가 0인지 아닌지를 구분해야 합니다. 왜냐하면 0으로는 어떤 수도 나눌 수 없기 때문입니다. 반면 부등식에서는 나누는 수가 양수인지 음수인지에 따라 부등호의 방향이 바뀌기 때문에 문자상수를 양수, 음수, 0으로 분류합니다.

절댓값과 근호를 풀 때에(ii , iii)는 '절댓값 안의 값' 또는 '근호 안의 값'이 0보다 크거나 같은 경우 그리고 0보다 작은 경우로 분류합니다.

문자의 분류

① 문자로 양변을 나눌 때
　i) 방정식 : $ax = b \rightarrow a = 0,\ a \neq 0$로 분류
　ii) 부등식 : $ax > b \rightarrow a > 0,\ a = 0,\ a < 0$로 분류
② 절댓값을 풀 때
　$|a|$: $a \geq 0$, $a < 0$로 분류
③ 근호를 풀 때
　$\sqrt{a^2}$: $a \geq 0$, $a < 0$로 분류

그럼 문자상수를 포함한 방정식 $ax+2-x-2a=0$을 풀어보도록 하겠습니다. (등식을 정리하고 x에 관하여 푼다 → $x=($ $)$꼴)

동류항 계산

$$ax+2-x-2a=0 \rightarrow (a-1)x+2-2a=0 \rightarrow (a-1)x=2(a-1)$$

x에 관하여 내림차순으로 정리

여기서 잠깐! 등식을 '$x=($ $)$꼴'로 만들기 위해서는 양변을 문자상수 $(a-1)$로 나누어주어야 합니다. 등식의 양변을 문자상수로 나눌 때에는 문자상수가 '0인 경우'와 '0이 아닌 경우'로 분류합니다. (약분이 된다고 해서 바로 약분하면 안 된다)

$$(a-1)x=2(a-1)\begin{cases} \text{i)}\ a-1\neq 0\ (a\neq 1)\rightarrow x=\dfrac{2(a-1)}{a-1}\rightarrow x=2 \\ \text{ii)}\ a-1=0\ (a=1)\rightarrow 0\times x=0 \quad \rightarrow \text{부정} \end{cases}$$

결국 방정식 $ax+2-x-2a=0$의 해는 '$a\neq 1$일 때, $x=2$', '$a=1$일 때, 부정(모든 실수)'이 됩니다. (문자상수에 따라 해도 따로 구분하여 표시한다)

좀 난해하죠? 여러분이 문자의 분류에 익숙하지 않아서 그렇습니다. 그럼 한 문제 더 풀어보도록 하겠습니다.

$ax-a+2x+1=0$의 해는 무엇인가?

등식을 정리하면,

$$(a+2)x-a+1=0 \Rightarrow (a+2)x=a-1$$

문자상수 $a+2$가 0인 경우와 0이 아닌 경우로 나누어 계산해 보겠습니다.

$$(a+2)x=a-1 \quad \begin{cases} \text{i) } a+2\neq 0\ (a\neq -2) \rightarrow x=\dfrac{a-1}{a+2} \\ \text{ii) } a+2=0\ (a=-2) \rightarrow 0\times x=-3 \Rightarrow \text{불능} \end{cases}$$

결국 방정식 $ax-a+2x+1=0$의 해는 '$a\neq -2$일 때 $x=\dfrac{a-1}{a+2}$', '$a=-2$인 경우에는 불능(해가 없다)'이 됩니다.

지금은 문자상수가 어렵게 느껴지겠지만 자주 접하다 보면 단순계산 과정에 불과하다는 것을 금방 알게 될 것입니다. (고등학교 수학에서는 일반적인 해법을 다루는 경우가 많기 때문에 문자를 분류하는 경우가 상당히 많다)

앞으로 문자상수가 포함된 식(방정식, 부등식, 절댓값식, 무리식 등)을 다룰 때에는 '문자'를 어떻게 분류해야 할지 각별히 유념하면서 문제를 풀길 바랍니다.

1차방정식과 관련하여 다음 문제를 풀어보도록 하겠습니다. (어떻게 풀지 잠시 생각해 보는 시간을 가져본다)

방정식 $x-(1+x)a-a^2=0$의 해가 불능일 때, x에 관한 방정식 $x(a-2)=-3x+4a^2$의 해를 구하여라.

방정식의 해가 불능이라고?
불능이 뭐였더라….

문제해결을 위한 기본설계가 끝나셨나요? 그럼 함께 풀어보도록 하겠습니다. 우선 불능에 대해 알아보면,

> $a=0$이고 $b\neq 0$일 때, 방정식 $ax=b$의 해는 불능이 된다.

그럼 불능이 되는 a값이 무엇인지 찾아보도록 하겠습니다.

$$x-(1+x)a-a^2=0 \quad ➡ \quad (1-a)x=a(a+1)$$

$a=1$일 때 방정식이 $0\times x=2$가 되므로 방정식 $x-(1+x)a-a^2=0$의 해는 불능이 됩니다. 그렇다면 $a=1$일 때 우리가 구하고자 하는 방정식 $x(a-2)=-3x+4a^2$의 해를 찾아보면 다음과 같습니다.

$$x(a-2)=-3x+4a^2 \overset{(a=1)}{\Rightarrow} -x=-3x+4 \Rightarrow x=2$$

따라서 방정식 $x-(1+x)a-a^2=0$의 해가 불능일 때, x에 관한 방정식 $x(a-2)=-3x+4a^2$의 해는 $x=2$가 됩니다.

$x=(\quad)$꼴, 부정, 불능의 개념을 정확히 알고 있다면 우리는 x에 관한 모든 1차방정식을 풀 수 있습니다. (이제 아무리 복잡한 1차방정식이 나오더라도 그저 '풀 수 있는 방정식 중 하나일 뿐'이라고 가볍게 생각하길 바란다)

2차방정식의 해법 (1)

변수 x의 차수가 2차인 정방정식을 **x에 관한 2차방정식**이라고 말합니다.

> 일반적인 2차방정식 : $ax^2+bx+c=0(a\neq0)$

2차방정식은 1차방정식과 다르게 등식의 성질만으로는 'x에 관하여' 풀 수 없습니다. (즉, '$x=($ $)$꼴'로 만들기가 상당히 어렵다)

$$x^2+3x-4=0 \quad ➡ \quad x= \ ?$$

만약 2차식을 두 1차식의 곱으로 만들 수만 있다면, 이미 알고 있는 1차방정식의 해법을 적용하여 2차방정식을 풀 수 있을 것입니다.

두 1차식의 곱의 꼴?

어디서 많이 들어본 것 같지 않나요? 그렇습니다. 다항식에서 '곱의 꼴 $(A \times B=0)$'이란 바로 인수분해를 의미합니다. 즉, 인수분해를 활용하면 2차방정식의 해를 찾을 수 있다는 것을 뜻합니다. 그럼 인수분해를 활용하여 다음 2차방정식의 해를 구해보도록 하겠습니다. (먼저 좌변의 2차식을 1차식으로 인수분해해 본다)

$$x^2+3x-4=0 \quad ➡ \quad (x-1)(x+4)=0$$

방정식 $(x-1)(x+4)=0$이 성립하기 위해서는 $(x-1)$이 0이 되거나 $(x+4)$가 0이 되어야 합니다. (**수(식)의 곱의 원리** : 두 수(식) A, B의 곱이 0이면 A, B 중 적어도 하나는 반드시 0이 된다 : $AB=0 \Leftrightarrow A=0$ or $B=0$)

$$(x-1)(x+4)=0 \quad ➡ \quad x-1=0 \text{ 또는 } x+4=0 \ (x=1,\ x=-4)$$

즉, 2차방정식 $x^2+3x-4=0$을 만족하는 x값은 1과 -4가 됩니다. 이렇게 2차식을 1차식의 곱의 꼴로 변형(인수분해)하면, 2차방정식의 해를 찾을 수 있게 됩니다.

인수분해에 의한 2차방정식의 해법을 정리하면 다음과 같습니다. (인수분해만 잘하면 2차방정식을 쉽게 풀 수 있다)

인수분해에 의한 2차방정식의 해법

$px^2+qx+r=0$

↓ 좌변을 인수분해한다

➡ $(ax+b)(cx+d)=0$

↓ 2개의 1차방정식을 도출한다

➡ $(ax+b)=0,\ (cx+d)=0$

↓ 1차방정식을 푼다

해 : $x=-\dfrac{b}{a}(a\neq 0)$ or $x=-\dfrac{d}{c}(c\neq 0)$

인수분해공식
$ma+mb=m(a+b)$
$a^2+2ab+b^2=(a+b)^2$
$x^2+(a+b)x+ab=(x+a)(x+b)$
$acx^2+(ad+bc)x+bd=(ax+b)(cx+d)$

인수분해를 복습해야겠네.
인수분해 기본 공식이
뭐였지?

2차방정식의 해법 (2)

모든 2차방정식이 쉽게 인수분해되는 것은 아닙니다. 그렇다면 인수분해를 하지 않고도 2차방정식을 풀 수 있는 방법, 어디 없을까요? 우선 2차방정식에서 가장 문제가 되는 것이 바로 2차항 x^2입니다.

2차항 x^2 ?

x^2을 유심히 살펴보면 무리수에서 배웠던 '제곱근'이 생각날 것입니다. (제곱근의 정의를 다시 한 번 살펴보지)

제곱근

어떤 수 x를 제곱하여 양수 a가 되었을 때, x를 a의 **제곱근**이라고 하고, 양의 제곱근을 $\sqrt{a}$, 음의 제곱근을 $-\sqrt{a}$로 나타낸다.

ex) $x^2 = 2 \rightarrow x = \pm\sqrt{2}$ ➡ $\pm\sqrt{2}$는 2의 제곱근이다.

제곱근의 정의(제곱근 풀이법)를 잘만 활용하면, 일반적인 2차방정식 $ax^2 + bx + c = 0$의 해법을 도출할 수 있습니다.

제곱근 풀이법 : $X^2 = k$의 근 → $X = \pm\sqrt{k}$

인수분해가 안 되는 방정식은 우리가 못 푸는 방정식이 아닐까?
식을 조금 변형해서 제곱근의 정의를 이용하면 풀 수 있을 것 같은데 ….
( )^2 = k로 만들어보자.

제곱근 풀이법을 이용하여 다음 2차방정식을 풀어보도록 하겠습니다. (등식을 변형하여 '$(x+p)^2 = q$꼴'로 만들어본다)

$$x^2 + 2x - 4 = 0$$

먼저 좌변이 완전제곱식이 되도록 상수항 -4를 조정해 보면,

$$x^2+2x-4=0 \quad ➡ \quad x^2+2x+1=5$$

※ 'x^2+2x'를 완전제곱식으로 만드는 데 필요한 상수항 → 1

$$x^2+2x \quad ➡ \quad x^2+2x+1=(x+1)^2$$

좌변을 완전제곱식으로 바꾸어($(x+p)^2=q$꼴) 제곱근의 풀이법을 적용하면, x에 관한 1차방정식을 도출할 수 있습니다.

제곱근 풀이법 : $(x+p)^2=q$일 때, $(x+p)=\pm\sqrt{q}$

$$x^2+2x+1=5 \quad ➡ \quad (x+1)^2=5 \quad ➡ \quad x+1=\pm\sqrt{5} \quad ➡ \quad x=-1\pm\sqrt{5}$$

$a^2+2ab+b^2=(a+b)^2$
(인수분해공식)

x에 관한
1차방정식

따라서 2차방정식 $x^2+2x+1=5$의 해는 '$-1+\sqrt{5}$, $-1-\sqrt{5}$'가 됩니다.

모든 식이 (··)^2 = k꼴로 변형될까? 만약 그렇게 되면 모든 2차 방정식을 풀 수 있는데 말이지.
당연히 가능하지. (··)^2 = k꼴로 변형하는 것은 단순 식의 변형에 불과하잖아. 몇 개 더 풀어볼까?

한 문제 더 풀어보도록 하겠습니다.

$$x^2 + 6x - 5 = 0$$

먼저 주어진 식을 '$(x+p)^2 = q$꼴'로 변형합니다. (완전제곱식이 되는 상수항을 찾기 위해서 인수분해공식 $a^2+2ab+b^2=(a+b)^2$을 활용한다)

$a = x,\ b = 3$

$$x^2 + 6x - 5 = 0 \;\Rightarrow\; \underline{x^2} + \underline{2} \times (\underline{3x}) - 5 = 0$$

(비교)

$$a^2 + 2ab + b^2 = (a+b)^2$$

$x^2+6x-5=0$을 '$(x+p)^2 = q$꼴'로 만들기 위해서는 좌변에 상수항 3^2이 필요합니다. 등식의 양변에 3^2을 더해주면,

$$x^2 + 6x - 5 = 0 \;\Rightarrow\; x^2 + 6x + \underline{3^2} - 5 = \underline{3^2} \;\Rightarrow\; (x+3)^2 = 14$$

양변에 3^2을 더해준다.

제곱근 풀이법을 이용하여 방정식 $x^2+6x-5=0$의 해를 구하면 다음과 같습니다.

$$(x+3)^2 = 14 \;\Rightarrow\; x+3 = \pm\sqrt{14} \;\Rightarrow\; x = -3 \pm \sqrt{14}$$

어떠세요? 2차방정식이 하나씩 풀리고 있죠?

제곱근 풀이법에 의한 2차방정식의 해법을 정리하면 다음과 같습니다.

제곱근 풀이법에 의한 2차방정식의 해법

2차방정식 $ax^2+bx+c=0$을 '$(x+p)^2=q$꼴'로 만든다.

➡ 2차방정식의 해 : $x=-p\pm\sqrt{q}$

제곱근 풀이법을 이용하면 모든 2차방정식을 풀 수 있을까요? 네, 그렇습니다. 적당한 상수를 더하거나 빼면 어떤 2차방정식도 '$(x+p)^2=q$꼴'로 변형할 수 있기 때문이죠.

근의 공식

일반적인 2차방정식 $ax^2+bx+c=0$에 적당한 상수를 더하거나 빼게 되면 '$(x+p)^2=q$꼴'로 변형할 수 있습니다. 그럼 일반적인 2차방정식 $ax^2+bx+c=0$의 '근의 공식'을 찾아보도록 하겠습니다.

2차방정식 $ax^2+bx+c=0$의 일반해를 구하여라.

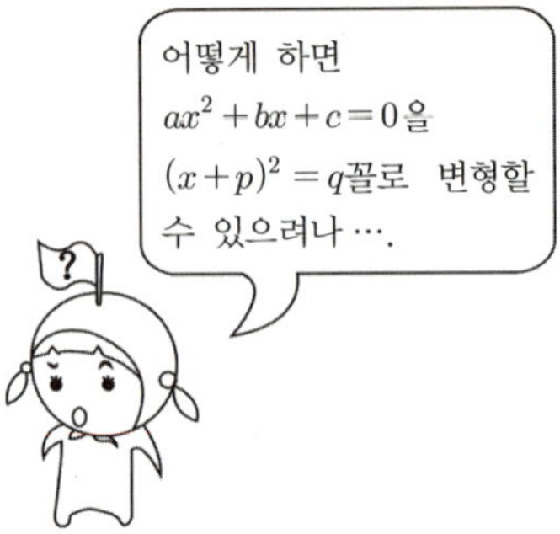

문제해결을 위한 기본설계가 끝나셨나요? 그럼 본격적으로 2차방정식 $ax^2+bx+c=0$의 근의 공식을 유도해 보도록 하겠습니다.

$$ax^2+bx+c=0$$

먼저 ax^2과 bx를 상수 a로 묶어줍니다.

$$ax^2+bx+c=0 \quad ➡ \quad a(x^2+\frac{b}{a}x)+c=0$$

다음으로 괄호 안에 식 $x^2+\frac{b}{a}x$가 완전제곱식이 되기 위한 상수항을 찾아봅니다. (인수분해공식 $A^2+2AB+B^2=(A+B)^2$을 적용해 본다)

$$x^2+\frac{b}{a}x \quad ➡ \quad x^2+2(\frac{b}{2a})x+(\frac{b}{2a})^2$$

$2(\frac{b}{2a})x$ → $A^2+2AB+B^2$

$(\frac{b}{2a})^2$ → 필요한 상수

$x^2+\frac{b}{a}x$가 완전제곱식이 되기 위해서는 상수항 $(\frac{b}{2a})^2$이 필요합니다. (괄호 안에서 $(\frac{b}{2a})^2$을 더하고 빼준다)

$$a(x^2+\frac{b}{a}x)+c=0 \Rightarrow a\left\{x^2+\frac{b}{a}x+(\frac{b}{2a})^2-(\frac{b}{2a})^2\right\}+c=0$$

(두 항의 합은 0)

상수항 $(\frac{b}{2a})^2$을 더하고 빼준다

등식을 정리하면 다음과 같습니다.

$$a\left\{x^2+\frac{b}{a}x+(\frac{b}{2a})^2\right\}-\frac{b^2}{4a}+c=0$$

$$\Rightarrow a(x+\frac{b}{2a})^2=\frac{b^2-4ac}{4a} \Rightarrow (x+\frac{b}{2a})^2=\frac{b^2-4ac}{4a^2}$$

식의 형태가 '$(x+p)^2=q$꼴'로 변형되었으므로 제곱근 풀이법을 적용하여 방정식의 해를 구해보면,

$$(x+\frac{b}{2a})^2=\frac{b^2-4ac}{4a^2}$$

$$\Rightarrow x=-\frac{b}{2a}\pm\sqrt{\frac{b^2-4ac}{4a^2}} \Rightarrow x=\frac{-b\pm\sqrt{b^2-4ac}}{2a}$$

힘겹게 2차방정식 $ax^2+bx+c=0$을 '$x=(\quad)$꼴'로 만들어보았습니다.
(2차방정식 $ax^2+bx+c=0$의 일반해는 다음과 같다)

2차방정식의 근의 공식(일반해)

2차방정식 $ax^2+bx+c=0$일 때, 2차방정식의 근은 다음과 같다.

$$x=\frac{-b\pm\sqrt{b^2-4ac}}{2a}$$

공식이 뭐 이리 복잡해. 공식을 외우느니 그냥 제곱근 풀이법으로 푸는 게 낫겠다.
2차방정식의 근의 공식은 자주 사용되기 때문에 금방 외울 수 있을 거야. 여기서 중요한 것은 모든 2차방정식을 풀 수 있는 근의 공식을 찾았다는 사실이야.

자, 이제 2차방정식 $ax^2+bx+c=0$의 계수 a, b, c의 값을 근의 공식 $x=\frac{-b\pm\sqrt{b^2-4ac}}{2a}$에 대입하기만 하면 쉽게 2차방정식의 해를 구할 수 있게 됩니다.

그럼 근의 공식을 이용하여 다음 2차방정식을 풀어보도록 하겠습니다. (근의 공식을 억지로 외우려 하지 말고 자주 사용하면서 자연스럽게 기억하도록 하자)

$$x^2+3x-4=0 \quad ➡ \quad a=1,\ b=3,\ c=-4$$

$$x=\frac{-b\pm\sqrt{b^2-4ac}}{2a}=\frac{-3\pm\sqrt{3^2-4\cdot1\cdot(-4)}}{2\cdot1}=1,\ -4$$

※ 사실 앞서 살펴본 방정식의 경우, 근의 공식보다 인수분해로 근을 찾는 것이 더 쉽다.

$x^2+3x-4=0$ ➡ $(x-1)(x+4)=0$

이번엔 인수분해가 잘 안 되는 2차방정식의 해를 구해보도록 하겠습니다. (근의 공식에 하나씩 숫자를 대입해 본다)

$$x^2+2x-5=0 \Rightarrow a=1,\ b=2,\ c=-5$$

$$x=\frac{-b\pm\sqrt{b^2-4ac}}{2a}=\frac{-2\pm\sqrt{2^2-4\cdot1\cdot(-5)}}{2\cdot1}$$

➡ $x=-1+\sqrt{6}$ or $-1-\sqrt{6}$

대입만 하면 모든 2차방정식을 풀 수 있네.
그런데 근호 안의 값이 음수가 되면 어떻게 되는 거야?

$x=\frac{-b\pm\sqrt{b^2-4ac}}{2a}$ $<0?$

근호 안이 음수가 되면 근의 범위를 복소수로 확장해야 되겠지?

2차방정식의 허수근

근의 공식에서 근호($\sqrt{\ }$) 안의 값이 음수일 때, 2차방정식의 해는 어떻게 될까요?

$$ax^2+bx+c=0 \quad ➡ \quad x=\frac{-b\pm\sqrt{b^2-4ac}}{2a}$$

$b^2-4ac<0$?

다음 2차방정식의 근을 구해보도록 하겠습니다. (근의 공식 이용)

$x^2+x+1=0$

➡ $a=1,\ b=1,\ c=1 \quad : \ x=\dfrac{-b\pm\sqrt{b^2-4ac}}{2a}=\dfrac{-1\pm\sqrt{-3}}{2}$

근호 안의 값이 음수이므로 2차방정식의 해는 실수가 아닙니다. 만약 변수(해)의 범위를 복소수까지 확장한다면, 허수단위 $i(=\sqrt{-1})$를 사용하여 2차방정식의 해를 구할 수 있습니다. (이러한 근을 **허수근** 또는 **허근**이라고 말한다)

$$x=\frac{-1\pm\sqrt{-3}}{2} \quad ➡ \quad \frac{-1\pm\sqrt{3}\,i}{2}$$

※ 복소수를 활용하면, 어떤 2차방정식도 풀 수 있다.

2차방정식의 근이 실수인지 허수인지는 근호 안의 값 'b^2-4ac'를 통해 쉽게 확인할 수 있습니다. (근호 안의 값 b^2-4ac가 음수이면 허수근이 된다)

$ax^2+bx+c=0$의 근

① $b^2-4ac\geq 0$일 때, 실근을 갖는다.

② $b^2-4ac<0$일 때, 허근을 갖는다.

다음 2차방정식의 근이 실수인지 허수인지 확인해 보도록 하겠습니다.

① $x^2-2x-3=0$

: $a=1,\ b=-2,\ c=-3$

➡ $b^2-4ac=(-2)^2-4\cdot1\cdot(-3)=16$ **(양수)** ➡ **실근**

② $x^2-x+2=0$

: $a=1,\ b=-1,\ c=2$

➡ $b^2-4ac=(-1)^2-4\cdot1\cdot2=-7$ **(음수)** ➡ **허근**

이렇게 2차방정식의 근이 실수인지 허수인지 판별해 주는 근호 안의 식 'b^2-4ac'를 2차방정식의 **판별식**이라고 말합니다. (판별식에 대해서는 뒤쪽에서 자세히 배우도록 하겠다)

이제 우리는 2차방정식의 모든 해법을 배워보았습니다. (2차방정식의 해법을 총정리하면 다음과 같다)

2차방정식 $ax^2+bx+c=0$의 해법

① 인수분해에 의한 해법

$$ax^2+bx+c=0 \ \Rightarrow\ a(x-\alpha)(x-\beta)=0 \ \Rightarrow\ x=\alpha,\ \beta$$

② 제곱근 풀이법에 의한 해법

$$ax^2+bx+c=0 \ \Rightarrow\ (x+p)^2=q \ \Rightarrow\ x=-p\pm\sqrt{q}$$

③ 근의 공식에 의한 해법

$$ax^2+bx+c=0 \ \Rightarrow\ x=\frac{-b\pm\sqrt{b^2-4ac}}{2a}$$

※ 고등학교 수학에서는 인수분해에 의한 해법이 가장 많이 쓰인다.

인수분해를 잘 못해도 그리고 제곱근 풀이법을 몰라도 2차방정식의 근의 공식만 알고 있으면 어떤 2차방정식도(x의 범위가 복소수라고 하더라도) 풀이가 가능합니다. (이제 더 이상 우리가 못 푸는 2차방정식은 없다)

개념 한눈에 보기

1. **방정식** : 특정한 x값에 대해 성립하는 등식

2. **방정식의 해(근)** : 방정식을 만족하는 x값

3. **'방정식을 푼다'는 의미** : 방정식의 해(근)를 찾는 것

4. **방정식의 종류**

① 정방정식 $x^2+x+3=0$

② 분수방정식 $\frac{1}{x}+\frac{2}{x+1}=0$

③ 무리방정식 $\sqrt{x+1}+2=0$

5. **등식의 성질**

① 양변에 같은 수를 더하거나 뺄 수 있다.

② 양변에 같은 수를 곱하거나 0이 아닌 수로 나눌 수 있다.

6. **1차방정식의 해법**

$$ax=b\begin{cases} a\neq 0 \;:\; x=\dfrac{b}{a} & \text{(1개의 해를 갖는다)} \\ a=0\begin{cases} b\neq 0 \;:\; 0\times x=b & \text{불능(不能) (해가 없다)} \\ b=0 \;:\; 0\times x=0 & \text{부정(不定) (해를 정할 수 없다)} \end{cases} \end{cases}$$

→ $x=$(모든 실수)

7. **x에 관하여 푼다** : 방정식을 '$x=($ $\quad)$꼴'로 만드는 것

8. **두 식의 곱의 원리** : $AB=0 \Leftrightarrow A=0$ or $B=0$

9. **2차방정식 $ax^2+bx+c=0$의 해법**

① 인수분해에 의한 해법

$ax^2+bx+c=0 \rightarrow a(x-\alpha)(x-\beta)=0 : x=\alpha, \beta$

② 제곱근 풀이법에 의한 해법

$ax^2+bx+c=0 \rightarrow (x+p)^2=q \rightarrow x=-p\pm\sqrt{q}$

③ 근의 공식에 의한 해법

$ax^2+bx+c=0 \rightarrow x=\dfrac{-b\pm\sqrt{b^2-4ac}}{2a}$

도출형 학습방식으로 다음 문제를 풀어보겠습니다. (개념이 잘 기억나지 않으면 앞의 내용을 찾아보길 바란다)

다음 등식이 k값에 관계없이 항상 성립할 때, x, y의 값을 구하여라.

$$kx^2+(a-1)kx+3-by=0 \text{ (단, } a, b\text{는 상수)}$$

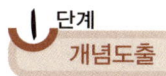

1단계 **개념도출** 문제를 풀기 위해서는 어떤 개념을 알아야 할까요?

2단계 **개념설명** 개념을 알고 있다면 간단히 설명해 보길 바랍니다.

3단계 **문제해결** 그럼 어떻게 문제를 해결할 수 있을까요?

다음 등식이 k값에 관계없이 항상 성립할 때, x, y 의 값을 구하여라.

$$kx^2+(a-1)kx+3-by=0$$ (단, a, b는 상수)

1단계 문제를 풀기 위해서는 어떤 개념을 알아야 할까요?

항등식의 성질, 방정식의 해법(1, 2차)에 대해 알아야 한다.

2단계 개념을 알고 있다면 간단히 설명해 보길 바랍니다.

항등식의 성질(k에 관한 항등식)

1차항등식
$$\begin{cases} ak+b=0 & \Leftrightarrow \quad a=b=0 \\ ak+b=a'k+b' & \Leftrightarrow \quad a=a',\ b=b' \end{cases}$$

1차방정식의 해법

$$ax=b \quad \begin{cases} a\neq 0 : x=\dfrac{b}{a} \ \text{(1개의 해를 갖는다)} \\ a=0 \quad \begin{cases} b\neq 0 : 0\times x=b \ \text{불능(不能) (해가 없다)} \\ b=0 : 0\times x=0 \ \text{부정(不定) (해를 정할 수 없다)} \end{cases} \end{cases}$$

$\rightarrow x=$(모든 실수)

2차방정식의 해법($ax^2+bx+c=0$)

① 인수분해에 의한 해법 : $a(x-\alpha)(x-\beta)=0 \rightarrow x=\alpha,\ \beta$

② 제곱근 풀이법에 의한 해법 : $(x+p)^2=q \rightarrow x=-p\pm\sqrt{q}$

③ 근의 공식에 의한 해법 : $x=\dfrac{-b\pm\sqrt{b^2-4ac}}{2a}$

3단계 그럼 어떻게 문제를 해결할 수 있을까요?

k값에 관계없이 등식이 항상 성립한다고 했으므로 주어진 식은 k에 관한 항등식이 된다. 식을 '$A+kB=0$꼴'로 변형하여 항등식의 성질을 적용하면 x에 관한 2차방정식과 y에 관한 1차방정식이 도출될 것이다. 방정식의 해법을 이용하여 x, y에 관한 방정식을 풀면 x, y의 값을 쉽게 구할 수 있다.

정답이 궁금한 학생들은 다음 정답풀이를 참고하시기 바랍니다.

k값에 관계없이 등식이 항상 성립한다고 했으므로 주어진 식은 k에 관한 항등식이 된다. $A+kB=0$꼴로 변형하여 항등식의 성질을 적용하면,

$$kx^2+(a-1)kx+3-by=0 \text{(단, } a, b\text{는 상수)}$$

$A+kB=0$꼴

$$\underline{(3-by)}+\underline{(x^2+(a-1)x)}k=0$$

$$3-by=0 \qquad x^2+(a-1)x=0$$

x에 관한 2차방정식과 y에 관한 1차방정식이 도출되었으므로 방정식의 해법을 이용하여 x, y의 값을 구하면

$$3-by=0 \Rightarrow by=3 \begin{cases} b\neq 0: y=\dfrac{3}{b} \\ b=0: \text{해가 없다} \end{cases}$$

$$x^2+(a-1)x=0 \Rightarrow x(x+(a-1))=0 \begin{cases} x=0 \\ x=1-a \end{cases}$$

등식 $kx^2+(a-1)kx+3-by=0$이 k값에 관계없이 항상 성립할 때, x, y의 값은 다음과 같다.

$$x=0,\ 1-a \qquad y=\frac{3}{b}(b\neq 0)$$

정답 위 참조

3 2차방정식의 활용

방정식을 활용한 인수분해

2차식을 인수분해하면 2차방정식의 해를 쉽게 구할 수 있습니다. 그렇다면 2차방정식의 해를 역으로 이용하면 2차식을 인수분해할 수 있지 않을까요? (근의 공식을 이용하면 2차방정식의 해를 쉽게 구할 수 있다)

인수분해 방정식 풀이

$$ax^2+bx+c=0 \Rightarrow a(x-\alpha)(x-\beta)=0 \Rightarrow x=\alpha,\ \beta$$

↓↑ 역발상

$$ax^2+bx+c=0 \Rightarrow x=\alpha,\ \beta \Rightarrow a(x-\alpha)(x-\beta)=0$$

방정식 풀이 인수분해

역발상
접착력이 좋은 제품을 만들려다 실패한 3M은 반대로 접착력이 떨어지는 제품을 구상하여 큰 히트를 쳤다. 그 제품이 바로 '포스트 잇'이다.

2차방정식의 해를 이용하여 다음 2차식 $f(x)$를 인수분해해 보도록 하겠습니다.

$$f(x)=x^2+2x-4$$

우선 근의 공식을 이용하여 2차방정식 $f(x)=0$의 근을 구해보면,

$$x^2+2x-4 \quad \Rightarrow \quad x^2+2x-4=0$$

$x^2+2x-4=0$

$a=1,\ b=2,\ c=-4$

$$x=\frac{-b\pm\sqrt{b^2-4ac}}{2a}=\frac{-2\pm\sqrt{2^2-4\cdot1\cdot(-4)}}{2\cdot1}=-1\pm\sqrt{5}$$

$ax^2+bx+c=0$

근의 공식

2차방정식 $x^2+2x-4=0$의 두 근 $-1+\sqrt{5}$와 $-1-\sqrt{5}$를 이용하여 2차식 $f(x)$를 인수분해하면 다음과 같습니다. (방정식 $f(x)=0$의 두 근이 α, β일 때, 2차식 $f(x)$는 $(x-\alpha)(x-\beta)$꼴로 인수분해된다)

$x^2+2x-4=0$

$x=-1+\sqrt{5},\ -1-\sqrt{5}$

$$\Rightarrow \quad \{x-(-1+\sqrt{5})\}\{x-(-1-\sqrt{5})\}=0$$

$$f(x)=x^2+2x-4 \ = \ \{x-(-1+\sqrt{5})\}\{x-(-1-\sqrt{5})\}$$

인수분해

※ 기존에 우리가 알고 있는 방법으로는 절대 x^2+2x-4를 인수분해할 수 없었을 것이다.

우리는 모든 2차방정식 $f(x)=0$의 근을 구할 수 있으므로 모든 2차식 $f(x)$를 인수분해할 수 있습니다. (근의 공식을 이용하면 어떤 2차식도 인수분해가 가능하다)

일반적인 2차식 $f(x)=ax^2+bx+c$를 인수분해하는 방법을 정리하면 다음과 같습니다.

2차식의 인수분해

$f(x)=ax^2+bx+c$일 때 2차방정식 $f(x)=0$의 두 근을 α, β라고 하면 2차식 $f(x)$는 다음과 같이 인수분해된다.

$$ax^2+bx+c=a(x-\alpha)(x-\beta)$$

2차방정식의 판별식

다음 2차방정식 $ax^2+bx+c=0$의 근의 공식을 유심히 살펴보겠습니다.

$$x=\frac{-b\pm\sqrt{b^2-4ac}}{2a}$$

일반적으로 2차방정식의 해는 2개입니다. 그러나 근호 안의 값이 0이 될 경우, 2차방정식의 근의 개수는 1개가 됩니다. (즉, 근호 안에 있는 식 「b^2-4ac」의 값에 따라 2차방정식 $ax^2+bx+c=0$의 '근의 개수'가 결정된다)

2차방정식 근의 개수

2차방정식이 $ax^2+bx+c=0$일 때,

i) $b^2-4ac \neq 0$일 때,

$x=\dfrac{-b+\sqrt{b^2-4ac}}{2a}, \dfrac{-b-\sqrt{b^2-4ac}}{2a}$ ➡ 2개의 근

ii) $b^2-4ac=0$일 때,

$x=-\dfrac{b}{2a}$ ➡ 1개의 근

또한 식 b^2-4ac의 값이 양수인지 음수인지에 따라 2차방정식 $ax^2+bx+c=0$의 근이 '실근인지 허근인지'도 판별할 수 있습니다.

2차방정식 실근과 허근

2차방정식이 $ax^2+bx+c=0$일 때,

i) $b^2-4ac \geq 0$일 때,
2차방정식의 근은 실수의 근(실근)이 된다.

ii) $b^2-4ac<0$일 때,
2차방정식의 근은 허수의 근(허근)이 된다.

'근의 개수와 실근 여부'를 판별할 수 있는 식 b^2-4ac를 **2차방정식의 판별식**이라고 말합니다. 판별식 b^2-4ac를 이용하면 2차방정식 $ax^2+bx+c=0$의 '실근의 개수'를 쉽게 확인할 수 있습니다. (판별식은 영단어 'Distinguish(판별하다)'의 첫 글자 D를 사용한다)

2차방정식의 판별식

2차방정식 $ax^2+bx+c=0$ (a, b, c는 실수)에서 판별식 $D=b^2-4ac$라고 하면,

① $D>0$이면 서로 다른 두 실근

② $D=0$이면 하나의 실근(중근)

③ $D<0$이면 서로 다른 두 허근(실근은 없다)

※ 2차방정식의 두 근이 서로 같은 경우, 중복된 근이라 하여 '중근'이라고 말한다.

다음 2차방정식의 실근의 개수를 구해보도록 하겠습니다. (판별식의 값이 양수, 0, 음수인지 확인해 본다)

① $x^2-3x+2=0$ ② $x^2+4x+4=0$ ③ x^2+x+1

① $x^2-3x+2=0$

➡ $D=b^2-4ac$: $(-3)^2-4\cdot1\cdot2=1>0$ ➡ 2개의 실근

② $x^2+4x+4=0$

➡ $D=b^2-4ac$: $4^2-4\cdot1\cdot4=0$ ➡ 중근(하나의 실근)

③ x^2+x+1

➡ $D=b^2-4ac$: $1^2-4\cdot1\cdot1=-3<0$ ➡ 2개의 허근(실근이 없다)

판별식 $D=0$의 의미

판별식 D가 0일 때, 2차방정식은 중근(하나의 실근)을 갖게 됩니다. 2차방정식이 '중근을 갖는다'는 것은 과연 무엇을 의미할까요?

$$x^2+2x+1=0$$

$a=1,\ b=2,\ c=1$ ➡ $D=b^2-4ac=2^2-4\cdot 1\cdot 1=0$

$D=0$ ➡ 하나의 실근?

그럼 2차방정식 $x^2+2x+1=0$을 인수분해하여 그 근을 구해보도록 하겠습니다.

$x^2+2x+1=0$ ➡ $\underline{(x+1)^2}=0$: 근 $x=-1$

(완전제곱식)

'중근을 갖는다는 것($D=0$)'은 주어진 2차방정식이 완전제곱식으로 인수분해된다는 것을 의미합니다. 그렇다면 판별식 $D=0$일 때, 일반적인 2차방정식 $ax^2+bx+c=0$의 중근을 구해보도록 하겠습니다.

$D=b^2-4ac=0$

$$x=\frac{-b+\sqrt{b^2-4ac}}{2a} \Rightarrow -\frac{b}{2a}$$

2차방정식의 근 : $x=-\dfrac{b}{2a}$

※ 참고로 2차방정식 $ax^2+bx+c=0$이 중근을 가질 때

$(x+\frac{b}{2a})^2=0$으로 인수분해된다.

$D=0$이면 2차방정식 $ax^2+bx+c=0$의 근이 $x=-\frac{b}{2a}$가 되는구나.
또 2차방정식이 완전제곱식으로 인수분해되어서 식이 한결 간단해지지. 2차함수의 꼭짓점을 구할 때에도 완전제곱식이 이용된다니까 $x=-\frac{b}{2a}$는 반드시 기억하도록 하자.

2차방정식의 중근과 관련하여 다음 문제를 풀어보도록 하겠습니다. (어떻게 풀지 잠시 생각해 보는 시간을 가져본다)

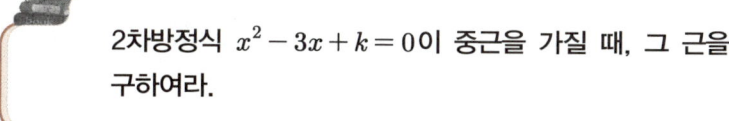

2차방정식 $x^2-3x+k=0$이 중근을 가질 때, 그 근을 구하여라.

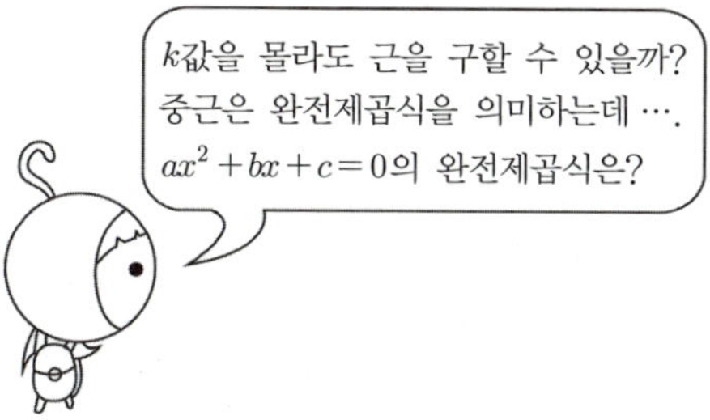

k값을 몰라도 근을 구할 수 있을까? 중근은 완전제곱식을 의미하는데 …. $ax^2+bx+c=0$의 완전제곱식은?

문제해결을 위한 기본설계가 끝나셨나요? 그럼 함께 풀어보도록 하겠습니다.

우선 2차방정식 $ax^2+bx+c=0$이 중근($D=0$)을 가질 때, 2차방정식의 근은 다음과 같습니다.

$$b^2-4ac=0$$

$$ax^2+bx+c=0 \quad ➡ \quad x=\frac{-b\pm\sqrt{b^2-4ac}}{2a}=-\frac{b}{2a}$$

$ax^2+bx+c=0$의 중근은 $-\dfrac{b}{2a}$이므로 주어진 2차방정식 $x^2-3x+k=0$의 중근은 $\dfrac{3}{2}$이 됩니다. (k값을 몰라도 중근을 구할 수 있죠?)

내친김에 k값도 구해보도록 하겠습니다. ($\dfrac{3}{2}$을 중근으로 하는 2차방정식 $(x-\dfrac{3}{2})^2=0$과 주어진 식 $x^2-3x+k=0$을 비교해 보면 쉽게 k값을 구할 수 있다)

$$(x-\frac{3}{2})^2=0 \xrightarrow{(전개)} x^2-3x+\frac{9}{4}=0$$

k

※ 참고로 판별식 $D=0$을 이용해도 k값을 쉽게 구할 수 있다.

$x^2-3x+k=0$ ➡ $D=0$(중근) : $D=(-3)^2-4\cdot1\cdot k=0$

$\therefore\ k=\dfrac{9}{4}$

이번에는 완전제곱식과 관련된 문제를 풀어보도록 하겠습니다. (어떻게 풀지 잠시 생각해 보는 시간을 가져본다)

2차식 kx^2+3x+k가 x에 관한 완전제곱식이 될 때, k값 무엇인가?

2차식 kx^2+3x+k가 완전제곱식일 경우, 2차방정식 $kx^2+3x+k=0$의 어떤 근을 가질까?
또 판별식의 값은 어떻게 되지 ….

문제해결을 위한 기본설계가 끝나셨나요? 그럼 함께 풀어보도록 하겠습니다. 일단 2차식 $f(x)$가 완전제곱식이 된다는 것은 $f(x)=0$의 판별식 $D=0$이 된다는 것을 의미합니다. 그럼 주어진 2차식을 방정식으로 변형하여 판별식 $D=0$이 되는 k값을 구해보도록 하겠습니다.

$$kx^2+3x+k=0\text{의 판별식의 } D$$
$$D=3^2-4k\cdot k=0$$

※ $ax^2+bx+c=0$의 판별식 $D=b^2-4ac=0$

$$-4k^2+9=0 \quad ➡ \quad k^2=\frac{9}{4} \quad ➡ \quad k=\pm\frac{3}{2}$$

2차식 kx^2+3x+k가 완전제곱식이 되기 위해서는 $k=\pm\dfrac{3}{2}$이 되어야 합니다. 그럼 $k=\pm\dfrac{3}{2}$을 대입하여 2차식 kx^2+3x+k가 완전제곱식으로 인수분해되는지 직접 확인해 보도록 하겠습니다.

$$kx^2+3x+k\begin{cases} k=\dfrac{3}{2}\text{일 때} & \dfrac{3}{2}x^2+3x+\dfrac{3}{2}=\dfrac{3}{2}(x^2+2x+1)=\dfrac{3}{2}(x+1)^2 \\ k=-\dfrac{3}{2}\text{일 때} & -\dfrac{3}{2}x^2+3x-\dfrac{3}{2}=-\dfrac{3}{2}(x^2-2x+1)=-\dfrac{3}{2}(x-1)^2 \end{cases}$$

참고로 2차식 $f(x)=ax^2+bx+c$의 판별식을 $D=b^2-4ac$로 정의하기도 합니다. (엄밀히 말하면 2차식은 방정식이 아니므로 판별식의 개념이 성립하지는 않는다. 그러나 2차식의 판별식을 $D=b^2-4ac$로 정의하게 되면 2차부등식 및 2차함수, 도형의 방정식 등에서 유용하게 활용할 수 있다)

2차식 $f(x)=ax^2+bx+c$의 판별식

2차식 $f(x)=ax^2+bx+c$의 판별식을 $D=b^2-4ac$라고 할 때, $f(x)$는 다음과 같이 인수분해된다. (단, α, β는 방정식 $f(x)=0$의 근이다)

① $D\neq 0$일 때, $ax^2+bx+c=a(x-\alpha)(x-\beta)$

② $D=0$일 때, $ax^2+bx+c=a(x-\alpha)^2$

판별식과 관련하여 몇 문제 더 풀어보도록 하겠습니다. (어떻게 풀지 잠시 생각해 보는 시간을 가져본다)

① x에 관한 2차방정식 $x^2-(2+ai)x-3+bi=0$이 중근을 가질 때, 실수 a, b의 값을 구하여라.

어라? 미지수가 2개(a, b)네.
중근은 판별식 $D=0$를 의미하는데 ….
하나의 식으로 어떻게 2개의 미지수를 구하지?
가만 보자.
복소수가 있군. a, b는 실수이고 ….

② x에 관한 2차방정식 $x^2-(2-a)x+t(3a-b)=0$이 t값에 관계없이 중근을 가질 때, a, b의 값을 구하여라.

이번엔 a, b 그리고 t까지?
중근은 $D=0$를 의미하고 t값에 관계없다고 했으니까….

문제해결을 위한 기본설계가 끝나셨나요? ①번 문제에서 판별식 $D=0$에 '복소수 상등의 원리'를 적용하면 미지수 a, b의 값을 구할 수 있습니다. 그리고 ②번 문제에서는 판별식 $D=0$에 't에 관한 항등식의 성질'을 적용하면 미정계수 a, b의 값을 결정할 수가 있습니다. 시간 날 때 각자 풀어보길 바랍니다.

※ 참고로 정답은 다음과 같다 : ① $a=b=\pm 4$ ② $a=2$, $b=6$

근과 계수와의 관계

2차방정식 $ax^2+bx+c=0$ $(a \neq 0)$의 두 근을 α, β라고 할 때, 두 근 α, β와 계수 a, b, c 사이에는 남다른 관계가 있습니다. 어떤 관계인지 자세히 알아보도록 하겠습니다. (두 근 α, β를 이용하여 2차방정식 $ax^2+bx+c=0$ $(a \neq 0)$을 인수분해하면 다음과 같다)

$$ax^2+bx+c=0 \quad \Leftrightarrow \quad a(x-\alpha)(x-\beta)=0$$

두 식을 전개하여 계수를 비교하면, 두 근 α, β와 계수 a, b, c 사이의 관계식을 도출할 수 있습니다. (두 식은 형태만 다를 뿐 '동일한 식'이다)

$$a(x-\alpha)(x-\beta)=0 \Rightarrow ax^2-a(\alpha+\beta)x+a\alpha\beta=0$$

$$ax^2+bx+c=0$$

비교

$$\alpha+\beta=-\frac{b}{a}, \quad \alpha\beta=\frac{c}{a}$$

2차방정식의 두 근 α, β와 계수 a, b, c 사이의 관계 '$\alpha+\beta=-\frac{b}{a}$, $\alpha\beta=\frac{c}{a}$'를 2차방정식의 **근과 계수와의 관계**라고 말합니다. 근과 계수와의 관계를 이용하면 '두 근의 합$(\alpha+\beta)$과 곱$(\alpha\beta)$'을 쉽게 알 수 있습니다.

근과 계수와의 관계

2차방정식 $ax^2+bx+c=0$의 두 근이 α, β일 때, 계수 a, b, c와 근 α, β 사이의 관계는 다음과 같다.

$$\alpha+\beta=-\frac{b}{a} \qquad \alpha\beta=\frac{c}{a}$$

다음 2차방정식에서 '두 근의 합과 곱'을 구해보도록 하겠습니다. (근과 계수와의 관계 $\alpha+\beta=-\frac{b}{a}$, $\alpha\beta=\frac{c}{a}$를 이용해 본다)

$$2x^2+5x-7=0$$

$$\begin{cases} \text{두 근의 합}(\alpha+\beta)\ :\ \alpha+\beta=-\frac{b}{a} \ \Rightarrow\ -\frac{5}{2} \\ \text{두 근의 곱}(\alpha\beta)\ :\ \alpha\beta=\frac{c}{a} \ \Rightarrow\ -\frac{7}{2} \end{cases}$$

일반적으로는 2차항의 계수가 1인 2차방정식을 많이 다루기 때문에 두 근을 α, β로 하는 2차방정식을 흔히 $x^2-(\alpha+\beta)x+\alpha\beta=0$으로 표현합니다. (2차항의 계수가 1이고 두 근이 α, β인 2차방정식 $(x-\alpha)(x-\beta)=0$을 전개하면, $x^2-(\alpha+\beta)x+\alpha\beta=0$이 된다)

근과 계수와의 관계를 이용하여 다음 응용문제를 풀어보도록 하겠습니다. (어떻게 풀지 잠시 생각해 보는 시간을 가져본다)

2차방정식 $x^2-2x+3=0$에서 두 근을 α, β라고 할 때, 식 $\frac{1}{\alpha}+\frac{1}{\beta}$의 값을 구하시오.

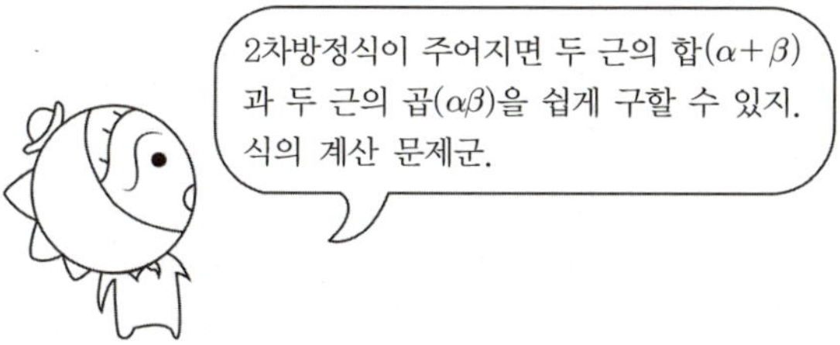

2차방정식이 주어지면 두 근의 합($\alpha+\beta$)
과 두 근의 곱($\alpha\beta$)을 쉽게 구할 수 있지.
식의 계산 문제군.

문제해결을 위한 기본설계가 끝나셨나요? 그럼 함께 풀어보도록 하겠습니다. 우선 2차방정식 $x^2-2x+3=0$의 두 근이 α, β이므로 두 근의 합과 곱은 다음과 같습니다.

$$\text{두 근의 합} : \alpha+\beta=2 \qquad \text{두 근의 곱} : \alpha\beta=3$$

식 $\frac{1}{\alpha}+\frac{1}{\beta}$을 통분하면 쉽게 답을 구할 수 있습니다.

$$\frac{1}{\alpha}+\frac{1}{\beta} = \frac{\alpha+\beta}{\alpha\beta} = \frac{2}{3}$$

쉽죠? 그럼 한 문제 더 풀어보도록 하겠습니다.

어떤 2차방정식 $x^2-mx+12=0$의 두 근의 비가 2:3일 때, 양수 m의 값을 구하여라.

두 근의 비가 2 : 3이니까 두 근을 2α, 3α라고 하면 α와 미지수 m에 관한 연립방정식을 도출할 수 있겠군.

우선 2차방정식 $x^2-mx+12=0$의 두 근의 비가 2 : 3이라고 했으므로, 한 근을 2α로 놓으면 다른 한 근은 3α가 될 것입니다. 또한 근과 계수와

의 관계에 의해 두 근의 합은 m, 두 근의 곱은 12가 됩니다. (두 근의 곱에서 α값을 쉽게 구할 수 있다)

두 근의 합 : $2\alpha + 3\alpha = m$　　두 근의 곱 : $(2\alpha) \cdot (3\alpha) = 12$

$5\alpha = m$

$6\alpha^2 = 12$ ➡ $\alpha = \pm\sqrt{2}$

m이 양수라고 했으므로 $m = 5\sqrt{2}$가 됩니다.

2차방정식의 두 근의 합은 '2차항과 1차항의 계수'만 알면 구할 수 있으며, 두 근의 곱은 '2차항의 계수와 상수항'만 알면 쉽게 구할 수 있다.

다음 값을 암산으로 구해보아라.

① $(x-1)^2 - 6(x+a) + b = 0$의 두 근의 합

② $(x+1)^2 - (k^2-1)x + 3 = 0$의 두 근의 곱

2차방정식의 켤레근

일반적으로 2차방정식은 2개의 근을 갖습니다. (근의 공식을 유심히 살펴보면 근호 앞에 '±'를 확인할 수 있을 것이다)

$$ax^2 + bx + c = 0 \quad ➡ \quad x = \frac{-b \pm \sqrt{b^2-4ac}}{2a}$$

$$\left(x = \frac{-b+\sqrt{b^2-4ac}}{2a},\ \frac{-b-\sqrt{b^2-4ac}}{2a}\right)$$

a, b, c가 유리수일 때, 2차방정식 $ax^2+bx+c=0$의 두 근에 대해 생각해 보겠습니다.

$$x=\frac{-b\pm\sqrt{b^2-4ac}}{2a} \quad = \quad -\frac{b}{2a}\pm\frac{\sqrt{b^2-4ac}}{2a}$$

만약 판별식 $D>0$이고 $\sqrt{b^2-4ac}$가 무리수라면, 2차방정식 $ax^2+bx+c=0$의 근의 구조는 '유리수 ± 무리수'가 될 것입니다. (참고로 $\sqrt{b^2-4ac}$가 무리수가 되기 위해서는 b^2-4ac가 제곱수 1, 4, 9, 16 …이 되어서는 안 된다)

$$-\frac{b}{2a} \quad \pm \quad \frac{\sqrt{b^2-4ac}}{2a}$$

(유리수) (무리수)

※ 유리수와 무리수는 서로 덧셈이 불가능하다.

여기서 유리수 부분을 p, 무리수 부분을 $q\sqrt{m}$ (p, q는 유리수, $\sqrt{m}$은 무리수)라고 할 때, 2차방정식의 두 근은 $p\pm q\sqrt{m}$이 될 것입니다. (근호를 기준으로 무리수의 부호가 서로 다른 2개의 근이 된다)

> 계수가 유리수인 2차방정식 $ax^2+bx+c=0$의 한 근이 $p+q\sqrt{m}$이라면 다른 한 근은 $p-q\sqrt{m}$이 된다.

이번에는 2차방정식의 근을 복소수까지 확장해 보도록 하겠습니다. 2차방정식 $ax^2+bx+c=0$(a, b, c는 실수)의 판별식 $D<0$라면 두 근의 구조는 '실수 ± 허수'가 됩니다.

$$-\frac{b}{2a} \pm \frac{\sqrt{b^2-4ac}}{2a}$$

(실수)　　　　(허수)

※ 실수와 허수는 서로 덧셈이 불가능하다.

여기서 실수 부분을 p, 허수 부분을 qi(p, q는 실수)라고 할 때, 2차방정식의 두 근은 $p \pm qi$가 될 것입니다. (허수의 부호가 서로 다른 2개의 근이 된다)

> 계수가 실수인 2차방정식 $ax^2+bx+c=0$의 한 근이 $p+qi$라면 다른 한 근은 $p-qi$가 된다.

유리계수 2차방정식의 두 근 $p+q\sqrt{m}$, $p-q\sqrt{m}$(무리수의 부호가 반대인 근)과 실계수 2차방정식의 두 근 $p+qi$, $p-qi$(허수부의 부호가 반대인 근)를 **2차방정식의 켤레근**이라고 말합니다. (앞서 복소수 $a+bi$와 $a-bi$를 '켤레복소수'라고 정의한 적이 있다)

켤레근의 정리

- 유리계수 2차방정식의 한 근이 $p+q\sqrt{m}$(p, q는 유리수, $\sqrt{m}$은 무리수)일 때, 나머지 한 근은 $p-q\sqrt{m}$이 된다.
- 실계수 2차방정식의 한 근이 $p+qi$(p, q는 실수)일 때, 나머지 한 근은 $p-qi$가 된다.

다음 켤레근에 관한 문제를 풀어보도록 하겠습니다. (어떻게 풀지 잠시 생각해 보는 시간을 가져본다)

$x^2+2x-3+m=0$의 한 근 $-1-\sqrt{5}$일 때, 또 다른 한 근과 유리수 m의 값을 구하시오.

유리계수 2차방정식에서 한 근이 $-1-\sqrt{5}$이면 다른 한 근은 무엇일까?
두 근을 알면 2차방정식을 만들 수 있는데 ….

문제해결을 위한 기본설계가 끝나셨나요? 그럼 함께 풀어보도록 하겠습니다. 우선 2차방정식 $x^2+2x-3+m=0$의 한 근이 $-1-\sqrt{5}$일 때 켤레근의 정리에 의해 나머지 한 근이 $-1+\sqrt{5}$가 된다는 것을 쉽게 알 수 있습니다. (계수는 모두 유리수이다)

또한 2차방정식 $x^2+2x-3+m=0$의 근과 계수와의 관계에 의해 두 근의 곱이 $-3+m$이므로 m의 값을 구하면 다음과 같습니다.

두 근의 곱 : $(-1+\sqrt{5})\times(-1-\sqrt{5})=-3+m$ ➡ $-4=-3+m$

$\therefore\ m=-1$

※ $ax^2+bx+c=0$의 두 근 α, β일 때, $\alpha+\beta=-\frac{b}{a}$, $\alpha\beta=\frac{c}{a}$이다.

이번에는 변수 x의 범위를 복소수까지 확장하여 보도록 하겠습니다.

$x^2-2(n-1)x+10=0$의 한 근 $1+3i$일 때, 또 다른 한 근과 실수 n의 값을 구하시오.

실계수 2차방정식의 한 근이 $1+3i$이므로 나머지 한 근은 켤레복소수 $1-3i$가 됩니다. 또한 2차방정식 $x^2-2(n-1)x+10=0$에서 두 근의 합이 $2(n-1)$이므로, n의 값을 구하면 다음과 같습니다.

두 근의 합 : $(1+3i)+(1-3i)=2(n-1)$ ➡ $2=2(n-1)$

$\therefore\ n=2$

2차방정식 만들기

근과 계수와의 관계를 역으로 이용하면, 2차방정식을 쉽게 만들어낼 수 있습니다. (두 근의 합($\alpha+\beta$)과 곱($\alpha\beta$)을 계수로 하여 2차방정식을 만든다)

2차방정식 만들기

두 근이 α, β인 2차방정식은 다음과 같다.

$$x^2-\underbrace{(\alpha+\beta)}_{\text{두 근의 합}}x+\underbrace{\alpha\beta}_{\text{두 근의 곱}}=0$$

※ 편의상 2차항의 계수를 1로 한다.

즉, 2차방정식의 근을 몰라도 두 근의 합$(\alpha+\beta)$과 곱$(\alpha\beta)$을 알면 쉽게 2차방정식을 만들 수 있습니다. (예를 들어, 2차방정식의 두 근의 합이 5, 누 근의 곱이 3일 경우, 2차방정식은 $x^2-5x+3=0$이 된다)

다음 주어진 조건을 이용하여 x에 관한 2차방정식을 만들어보도록 하겠습니다.

① 계수가 유리수이고 한 근이 $1-\sqrt{3}$인 2차방정식

유리계수 2차방정식에서 한 근이 $1-\sqrt{3}$이므로 다른 한 근은 $1+\sqrt{3}$이 됩니다. (켤레근의 정리) 즉, 두 근의 합$(\alpha+\beta)$은 2, 두 근의 곱$(\alpha\beta)$은 -2가 되므로 x에 관한 2차방정식은 다음과 같습니다.

$$x^2-(\alpha+\beta)x+\alpha\beta=0 \quad ➡ \quad x^2-2x-2=0$$

② 계수가 실수이고 한 근이 $1+i$인 2차방정식

실계수 2차방정식에서 한 근이 $1+i$이므로 나머지 한 근은 $1-i$가 됩니다. (켤레근의 정리) 즉, 두 근의 합$(\alpha+\beta)$과 곱$(\alpha\beta)$은 모두 2가 되므로 x에 관한 2차방정식은 다음과 같습니다.

$$x^2-(\alpha+\beta)x+\alpha\beta=0 \quad ➡ \quad x^2-2x+2=0$$

2차방정식에 대한 개념이 너무 많이 쏟아져 나오니까 정신이 없군.
근과 계수와의 관계 때문에 그럴 거야. 두 근이 α, β일 때 2차방정식이 $(x-\alpha)(x-\beta)=0$과 $x^2-(\alpha+\beta)+\alpha\beta=0$이라는 사실만 기억하면 그렇게 어렵진 않을 거야.

2차방정식과 관련하여 다음 응용문제를 풀어보도록 하겠습니다. (어떻게 풀지 잠시 생각해 보는 시간을 가져본다)

2차방정식 $x^2+3x-1=0$의 두 근을 α, β라고 할 때, $\frac{\beta}{\alpha}$, $\frac{\alpha}{\beta}$를 두 근으로 하는 2차방정식을 만들어보아라.

두 근의 합과 곱을 알면, 2차방정식을 만들 수 있는데…. $\frac{\beta}{\alpha}$와 $\frac{\alpha}{\beta}$의 합과 곱을 구하기 위해서는 일단 α, β에 관한 관계식을 도출해야 할 텐데 ….

문제해결을 위한 기본설계가 끝나셨나요? 그럼 함께 풀어보도록 하겠습니다. 우선 $x^2+3x-1=0$의 근과 계수와의 관계를 통해 두 근 α, β에 관한 식을 도출해 보면 다음과 같습니다.

$$x^2+3x-1=0 \quad ➡ \quad \alpha+\beta=-3, \quad \alpha\beta=-1$$

$\alpha+\beta=-3$, $\alpha\beta=-1$의 값을 이용하여 두 근 $\frac{\beta}{\alpha}$, $\frac{\alpha}{\beta}$의 합과 곱을 구해보겠습니다. (곱셈공식 $a^2+b^2=(a+b)^2-2ab$를 이용한다)

$$\frac{\beta}{\alpha}+\frac{\alpha}{\beta}=\frac{\alpha^2+\beta^2}{\alpha\beta}=\frac{11}{-1}=-11, \qquad \frac{\beta}{\alpha}\times\frac{\alpha}{\beta}=1$$

$$\alpha^2+\beta^2=(\underbrace{\alpha+\beta}_{-3})^2-2\underbrace{\alpha\beta}_{-1}=11$$

두 근 $\frac{\beta}{\alpha}$, $\frac{\alpha}{\beta}$의 합($\frac{\beta}{\alpha}+\frac{\alpha}{\beta}=-11$)과 곱($\frac{\beta}{\alpha}\times\frac{\alpha}{\beta}=1$)을 가지고 2차방정식을 만들면 다음과 같습니다.

$$x^2+11x+1=0$$

따라서 2차방정식 $x^2+3x-1=0$의 두 근을 α, β라고 할 때, $\frac{\beta}{\alpha}$, $\frac{\alpha}{\beta}$를 두 근으로 하는 2차방정식은 $x^2+11x+1=0$이 됩니다.

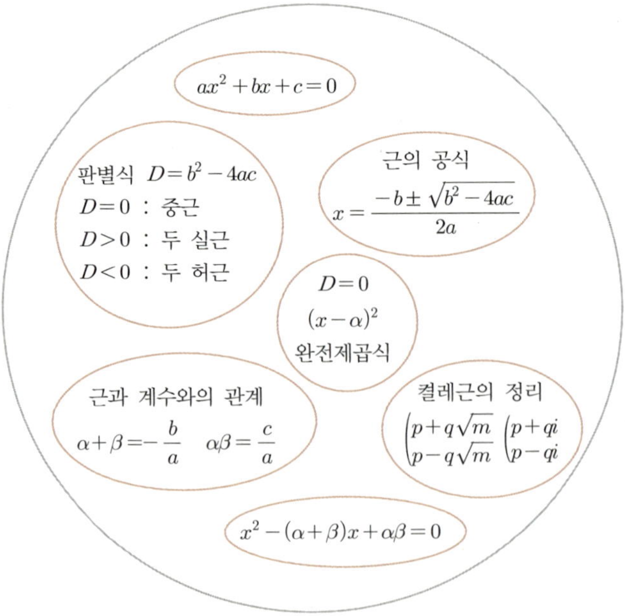

개념 한눈에 보기

1. 2차식의 인수분해 : $f(x)=ax^2+bx+c$일 때, 2차방정식 $f(x)=0$의 두 근을 α, β라고 하면, $f(x)$는 다음과 같이 인수분해된다.

$f(x)=ax^2+bx+c=a(x-\alpha)(x-\beta)$

2. 2차방정식 근의 개수 : 2차방정식 $ax^2+bx+c=0$에 대한 2차방정식의 근

i) $b^2-4ac \neq 0$: $x=\dfrac{-b+\sqrt{b^2-4ac}}{2a}$, $\dfrac{-b-\sqrt{b^2-4ac}}{2a}$ ➡ 2개의 근

ii) $b^2-4ac=0$: $x=-\dfrac{b}{2a}$ ➡ 1개의 근

3. 2차방정식 실근과 허근 : 2차방정식 $ax^2+bx+c=0$에 대한 실근과 허근

i) $b^2-4ac \geq 0$ ➡ 실수근(실근)

ii) $b^2-4ac<0$ ➡ 허수근(허근)

4. 2차방정식의 판별식 : 2차방정식 $ax^2+bx+c=0$(a, b, c는 실수)에서 b^2-4ac를 2차방정식의 판별식이라고 한다. ($D=b^2-4ac$)

① $D>0$이면 서로 다른 두 실근

② $D=0$이면 하나의 실근(중근 : $-\dfrac{b}{2a}$) ➡ 완전제곱식$(x+\dfrac{b}{2a})^2=0$

③ $D<0$이면 서로 다른 두 허근 (실근은 없다)

5. 켤레근의 정리

유리계수 2차방정식의 한 근이 $p+q\sqrt{m}$ (p, q는 유리수, $\sqrt{m}$는 무리수)일 때, 나머지 한 근은 $p-q\sqrt{m}$이 되며, 실계수 2차방정식의 한 근이 $p+qi$(p, q는 실수, $q\neq 0$)일 때, 나머지 한 근은 $p-qi$가 된다.

6. 근과 계수와의 관계 : 2차방정식 $ax^2+bx+c=0$의 두 근이 α, β일 때, 계수 a, b, c와 근 α, β 사이의 관계는 다음과 같다.

$$\alpha+\beta=-\frac{b}{a} \qquad \alpha\beta=\frac{c}{a}$$

도출형 학습방식으로 다음 문제를 풀어보겠습니다. (개념이 잘 기억나지 않으면 앞의 내용을 찾아보길 바란다)

다음 2차식이 x, y에 관한 1차식으로 인수분해되기 위한 k의 값은 얼마인가?

$$x^2 - y^2 - kx + 3y - 3 + k \quad ➡ \quad (1차식)\times(1차식)$$

1단계 개념도출 문제를 풀기 위해서는 어떤 개념을 알아야 할까요?

2단계 개념설명 개념을 알고 있다면 간단히 설명해 보길 바랍니다.

3단계 문제해결 그럼 어떻게 문제를 해결할 수 있을까요?

다음 2차식이 x, y에 관한 1차식으로 인수분해되기 위한 k의 값은 얼마인가?

$$x^2 - y^2 - kx + 3y - 3 + k \quad \Rightarrow \quad (\text{1차식}) \times (\text{1차식})$$

1단계 문제를 풀기 위해서는 어떤 개념을 알아야 할까요?

2차방정식의 판별식, 근호의 성질에 대해 알아야 한다.

2단계 개념을 알고 있다면 간단히 설명해 보길 바랍니다.

2차방정식의 판별식

2차방정식 $ax^2+bx+c=0$에서 b^2-4ac를 2차방정식의 판별식이라고 한다. $(D=b^2-4ac)$

① $D>0$이면 서로 다른 두 실근

② $D=0$이면 하나의 실근(중근 : $-\frac{b}{2a}$)

③ $D<0$이면 서로 다른 두 허근 (실근은 없다)

근호의 성질

$$\sqrt{a^2} \begin{cases} a \geq 0\text{일 때, } \sqrt{a^2}=a \\ a<0\text{일 때, } \sqrt{a^2}=-a \end{cases}$$

3단계 그럼 어떻게 문제를 해결할 수 있을까요?

주어진 2차식 $x^2-y^2-kx+3y-3+k$를 x에 관한 2차방정식으로 생각하고 근을 구해보면 근은 k, y에 관한 무리식으로 표현된다.

$$x^2-kx+(-y^2+3y-3+k)=0$$의 근

$$\Rightarrow \quad x=\frac{k\pm\sqrt{(-k)^2-4(-y^2+3y-3+k)}}{2}$$

주어진 식이 x, y에 관한 1차식으로 인수분해된다고 했으므로 근호 안의 식은 완전제곱식이 되어야 한다. (즉, 근호가 없어져야 한다) 또한 근호 안의 y에 관한 2차식이 완전제곱식이 되기 위해서는 판별식 D_y가 0이어야 한다. ($D_y=0$을 풀면 k값을 구할 수 있다)

정답이 궁금한 학생들은 다음 정답풀이를 참고하시기 바랍니다.

주어진 2차식 $x^2-y^2-kx+3y-3+k$를 x에 관한 2차방정식으로 생각하고 근을 구해보면 다음과 같다. (근은 k, y에 관한 무리식으로 표현된다)

$$x^2-kx+(-y^2+3y-3+k)=0 : x=\frac{k\pm\sqrt{(-k)^2-4(-y^2+3y-3+k)}}{2}$$

주어진 식이 x, y에 관한 1차식으로 인수분해된다고 했으므로, 근호 안의 식은 완전제곱식이 되어야 한다. (즉, 근호가 없어져야 한다) 또한 근호 안의 y에 관한 2차식이 완전제곱식이 되기 위해서는 판별식 D_y가 0이어야 한다.

$$x=\frac{k\pm\sqrt{(-k)^2-4(-y^2+3y-3+k)}}{2}$$ 완전제곱식 → 판별식

$(-k)^2-4(-y^2+3y-3+k)$ (y에 관한 2차식) $\Rightarrow$ $D_y=0$

$$D_y=(-12)^2-4(4)(k^2-4k+12)=0$$

$$D=b^2-4ac$$

판별식 $D_y=0$은 k에 관한 2차방정식이므로, 방정식을 풀면 k값을 구할 수 있다.

$$D_y=0 \quad \Rightarrow \quad k^2-4k+3=0 \quad \Rightarrow \quad (k-1)(k-3)=0$$

따라서 2차식 $(x^2-y^2-kx+3y-3+k)$가 x, y의 1차식으로 인수분해되기 위한 k의 값은 1, 3이 된다.

정답 $k=1,\ 3$

4 2차함수와 2차방정식

2차함수는 2차방정식 및 2차부등식과 밀접한 관련이 있으므로, 기본형부터 자세히 복습하고 넘어가도록 하겠습니다. 중학교 때 배운 내용을 기억하면서 차근차근 읽어 내려가시길 바랍니다.

2차함수의 기본형

1차함수는 여러분이 이미 알고 있는 것처럼 **직선**으로 그려집니다.

$y = ax + b$

기울기 : a

y절편 : b

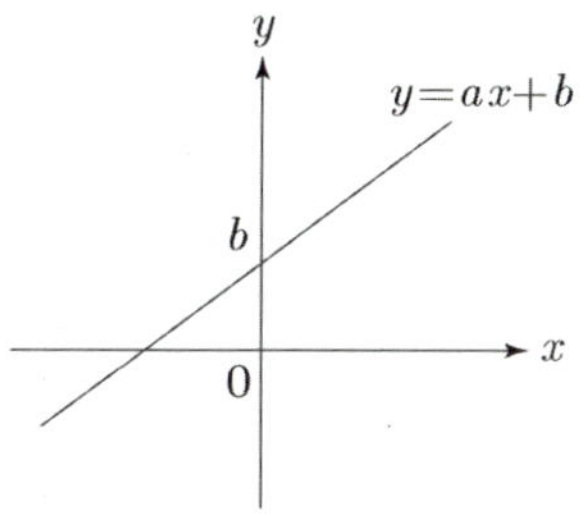

그러면 2차함수의 그래프는 어떻게 그려질까요?

1차함수가 직선이라면, 2차함수는 곡선으로 그려지지 않을까? 일단 가장 간단한 2차함수인 $y = ax^2$의 그래프부터 그려봐야겠다….

가장 간단한 2차함수 $y = ax^2$의 그래프를 그려봄으로써 2차함수의 특성을 파악해 보도록 하겠습니다. 먼저 a값을 양수와 음수로 분류하여 함수식을 만들어보겠습니다.

① $y = x^2$ ② $y = -x^2$

일단 함수식을 만족하는 몇 개의 점 (x, y)를 찾아 자연스럽게 이어보면 2차 함수의 그래프의 개형을 확인할 수 있습니다.

① $y = x^2$: $(0, 0), (1, 1), (-1, 1), (2, 4), (-2, 4) \cdots$

② $y = -x^2$: $(0, 0), (1, -1), (-1, -1), (2, -4), (-2, -4) \cdots$

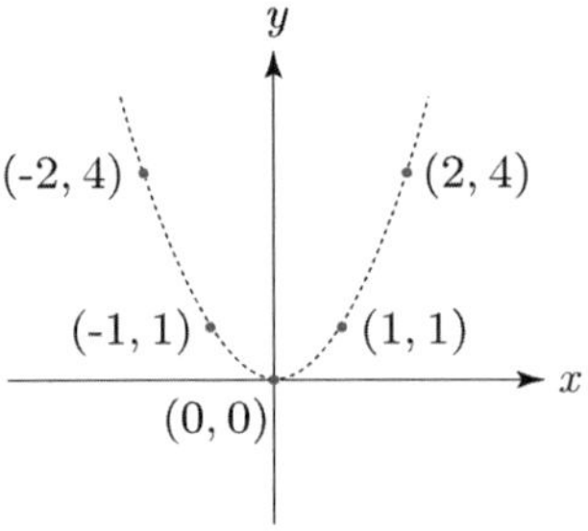

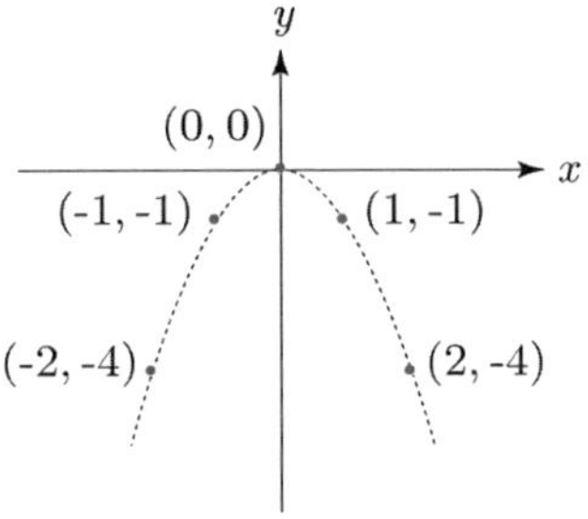

그림에서 보는 바와 같이 2차함수 $y = ax^2$의 그래프는 a값에 따라 아래로 $(a > 0)$ 또는 위로$(a < 0)$ 볼록한 곡선으로 그려집니다. 이번에는 a의 크기를 변화시키면서 $y = ax^2$의 그래프의 특징을 찾아보도록 하겠습니다.

$y = 2x^2$
: $(0, 0), (1, 2),$
$(-1, 2), (2, 8), (-2, 8)$

$y = 3x^2$
: $(0, 0), (1, 3),$
$(-1, 3), (2, 12), (-2, 12)$

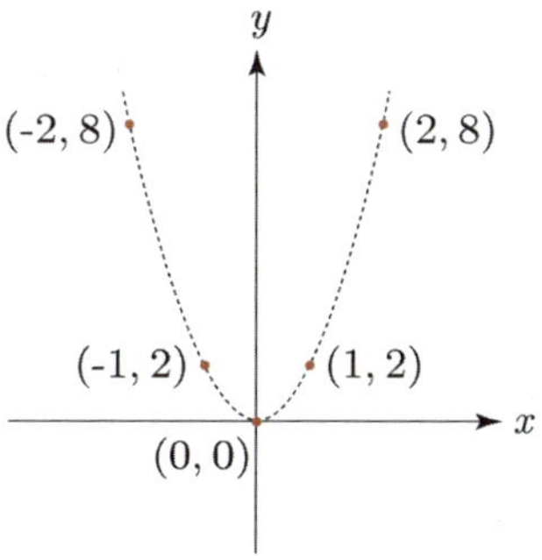

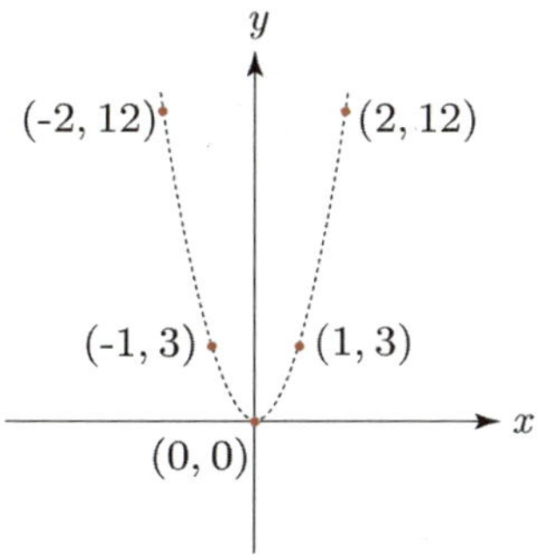

그림에서 보는 바와 같이 $y = ax^2$의 그래프는 $|a|$값이 클수록 y축 가까운 곡선(가파른 곡선)으로 그려진다는 것을 알 수 있습니다. 여기서 2차함수 $y = ax^2$의 그래프의 특징을 정리하면 다음과 같습니다.

$y = ax^2$의 그래프

① y축($x = 0$)에 대칭인 곡선
(대칭축을 '2차함수의 축'이라 한다)

② $a > 0$일 때, 아래로 볼록한 곡선
(∪ 모양)

③ $a < 0$일 때, 위로 볼록한 곡선
(∩ 모양)

④ 꼭짓점 (0, 0) : 볼록한 부분의 점

⑤ $|a|$값이 클수록 그래프 모양이 y축에 근접한다.

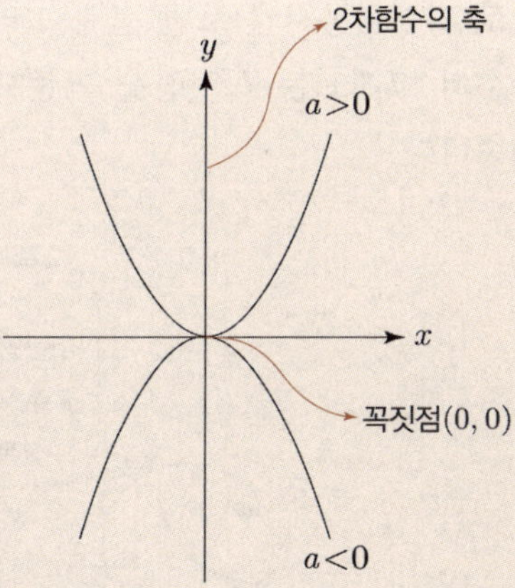

2차함수의 표준형

2차함수 $y=ax^2$을 x축으로 m만큼, y축으로 n만큼 평행이동시켜 보겠습니다. 여기서 함수식 $y=f(x)$에 x 대신 $(x-m)$을, y 대신 $(y-n)$을 대입합니다. 참고로 평행이동에 대해서는 4장(도형의 방정식)에서 자세히 배울 예정이니, 지금은 중학교 때 배운 기억을 바탕으로 2차함수식을 이해하도록 하겠습니다.

$$y=ax^2 \;\rightarrow\; (y-n)=a(x-m)^2 \;\rightarrow y=a(x-m)^2+n$$

2차함수 $y=ax^2$을 x축으로 m만큼, y축으로 n만큼 평행이동시킨 함수 $y=a(x-m)^2+n$의 그래프를 그려보면 다음과 같습니다. 꼭짓점을 기준으로 평행이동시켜 보면 쉽게 그래프를 그릴 수 있을 것입니다. 참고로 2차함수의 그래프는 꼭짓점을 기준으로 좌우 대칭이라는 사실을 잊지 말아야겠습니다.

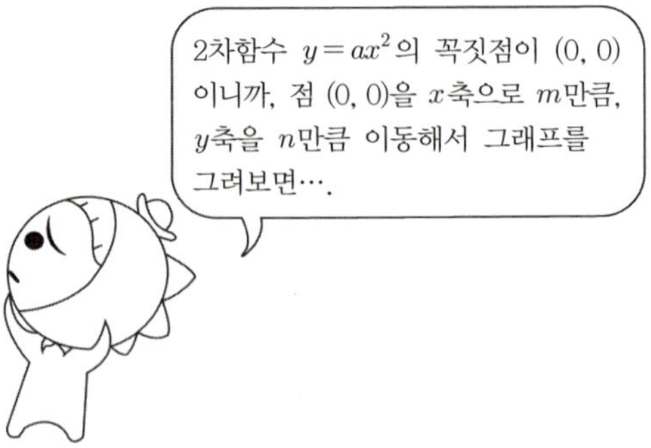
2차함수 $y=ax^2$의 꼭짓점이 (0, 0)
이니까, 점 (0, 0)을 x축으로 m만큼,
y축을 n만큼 이동해서 그래프를
그려보면….

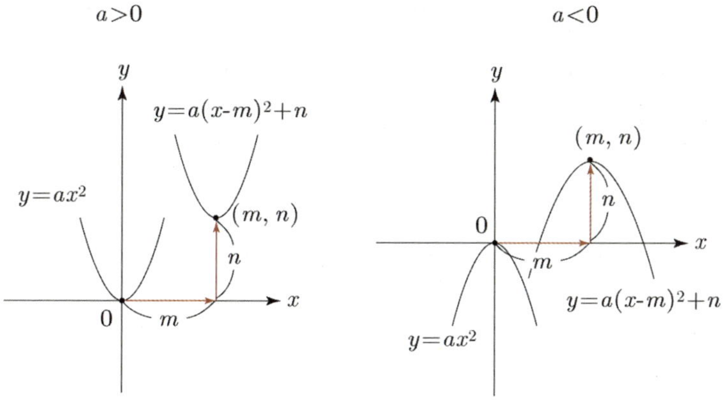

보는 바와 같이 2차함수 $y=a(x-m)^2+n$의 꼭짓점의 좌표는 $(m,\ n)$이 됨을 알 수 있습니다. 그러면 2차함수 $y=a(x-m)^2+n$의 그래프의 특징을 간략히 정리해 보도록 하겠습니다.

$y=a(x-m)^2+n$의 그래프

① 2차함수의 꼭짓점 : $(m,\ n)$

② 2차함수의 축 : $x=m$

(m: 꼭짓점의 x좌표)

③ $a>0$일 때, 아래로 볼록한 곡선

(∪모양)

④ $a<0$일 때, 위로 볼록한 곡선

(∩모양)

⑤ $|a|$값이 클수록 모양이 축 $x=m$에 근접한다.

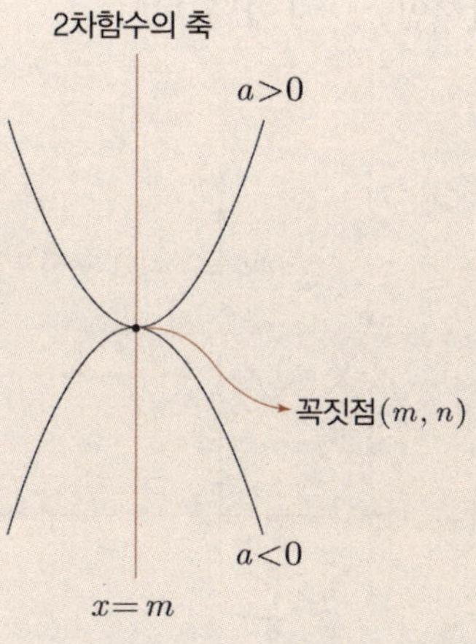

함수식 $y=a(x-m)^2+n$은 2차함수 그래프의 표준이 되기 때문에, 2차함수의 **표준형**이라고 말합니다. 표준형 $y=a(x-m)^2+n$에서는 꼭짓점의

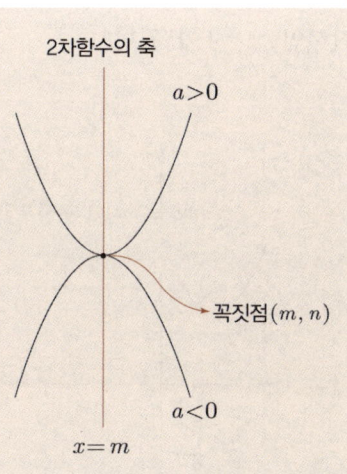

좌표와 축의 방정식을 쉽게 찾을 수 있습니다. 다음 2차함수의 그래프를 그리고 꼭짓점과 함수의 축을 찾아보도록 하겠습니다. 여기서 2차함수 $y=a(x-m)^2+n$의 꼭짓점은 $(m,\ n)$이고, 축은 $x=m$이 된다는 사실을 기억해 봅니다.

① $y=(x+3)^2+4$　　② $y=-(x-1)^2-2$

① $y=(x+3)^2+4$

x^2의 계수가 양수이므로 아래로 볼록한 모양(∪)의 함수이며 꼭짓점의 좌표는 $(-3,\ 4)$가 됩니다. 또한 함수의 축은 꼭짓점을 지나면서 y축에 평행한 직선인 $x=-3$이 됩니다. 즉, 함수의 축은 꼭짓점의 x좌표와 같습니다.

② $y=-(x-1)^2-2$

x^2의 계수가 음수이므로 위로 볼록한 모양(∩)의 함수이며 꼭짓점의 좌표는 $(1,\ -2)$가 됩니다. 또한 함수의 축은 꼭짓점을 지나면서 y축에 평행한 직선인 $x=1$이 됩니다.

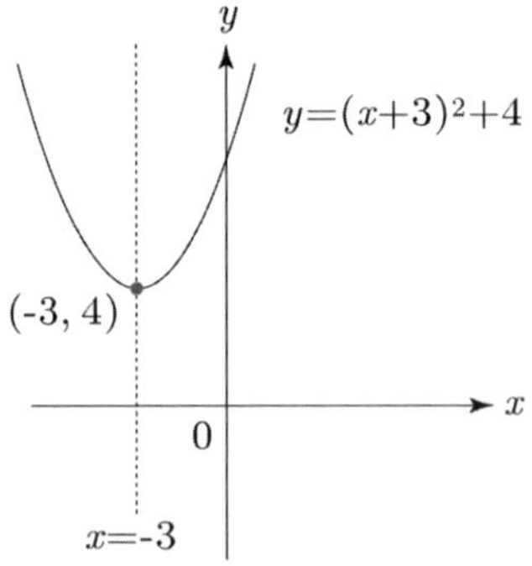

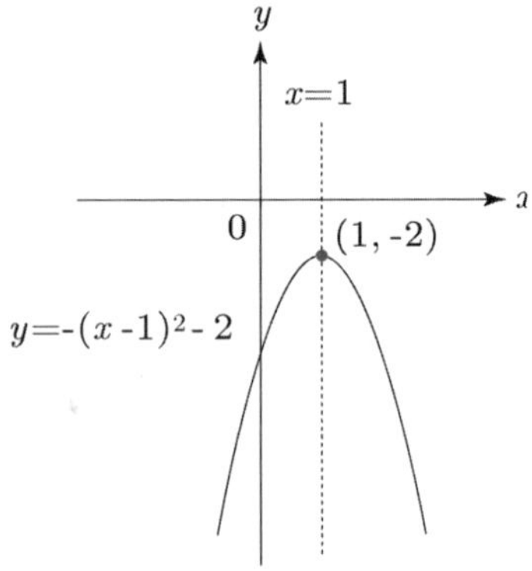

2차함수의 일반형

x에 관하여 내림차순으로 정리된 2차함수식 $f(x)=ax^2+bx+c$를 2차함수의 **일반형**이라고 말합니다. 그러면 2차함수의 일반형의 그래프는 어떻게 그릴 수 있을까요?

2차함수의 일반형 $y=ax^2+bx+c$를 표준형 $y=a(x-m)^2+n$으로 변형하기만 하면 쉽게 함수의 그래프를 그릴 수 있습니다. 그렇다면 다음 2차함수(일반형)의 그래프를 그려보도록 하겠습니다. 참고로 일반형에서는 y절편($x=0$인 y좌표)을 쉽게 찾을 수 있습니다. ($y=ax^2+bx+c$의 y절편 : c)

① $y=x^2+2x+5$　　② $y=-x^2+4x-9$

①의 경우, 일반형 $y=x^2+2x+5$를 표준형 $y=a(x-m)^2+n$으로 변형하기 위해서는 먼저 완전제곱식이 되기 위한 상수항을 찾아야 합니다.

$y=\underline{x^2+2x}+5$

$\rightarrow\ y=(x^2+2x+\textcircled{1})+4$

$\rightarrow\ y=(x+1)^2+4$

표준형 $y=(x+1)^2+4$
꼭짓점 $(-1,\ 4)$
함수의 축 : $x=-1$
(아래로 볼록한 그래프)

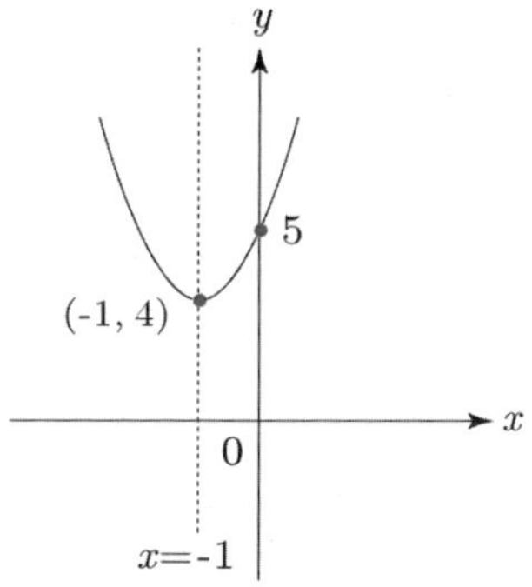

그림에서 보는 바와 같이 일반형 $y=x^2+2x+5$의 그래프는 꼭짓점의 좌

표가 $(-1, 4)$이고, 함수의 축이 $x=-1$인 아래로 볼록한 곡선(포물선)이 됩니다. 마찬가지 방법으로 ②의 경우, 일반형 $y=-x^2+4x-9$를 표준형으로 변형한 다음 그래프를 그려보도록 하겠습니다.

$$y=-x^2+4x-9$$
$$\rightarrow y=-(x^2-4x+4)-5$$
$$\rightarrow y=-(x-2)^2-5$$

표준형 $y=-(x-2)^2-5$
꼭짓점 $(2, -5)$
함수의 축 : $x=2$
(위로 볼록한 그래프)

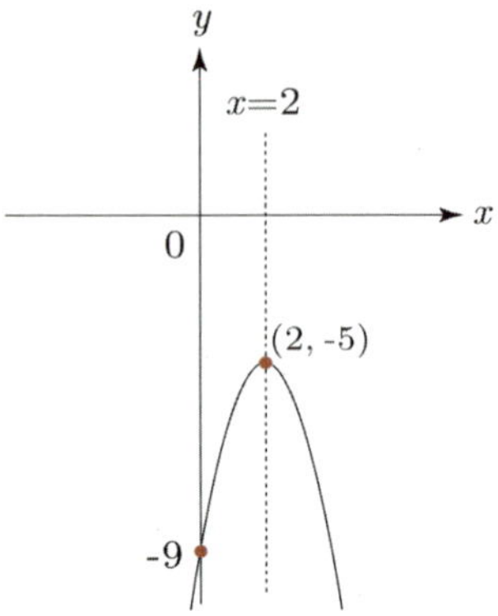

일반형 $y=-x^2+4x-9$의 그래프는 꼭짓점의 좌표가 $(2, -5)$이고, 함수의 축이 $x=2$인 위로 볼록한 곡선(포물선)이 됩니다. 2차함수의 일반형 $y=ax^2+bx+c$를 표준형으로 바꾼 후 꼭짓점의 좌표와 함수의 축을 찾아보면 다음과 같습니다. 표준형 $y=a(x-m)^2+n$에서 꼭짓점은 (m, n), 축 $x=m$이라는 사실을 잊지 마시길 바랍니다.

$y=ax^2+bx+c$의 꼭짓점과 축 찾기

① x^2, x항의 계수를 기준으로 완전제곱식을 만들어 표준형으로 변형한다.

$$y=ax^2+bx+c$$
$$\rightarrow y=a(x^2+\frac{b}{a}x+(\frac{b}{2a})^2-(\frac{b}{2a})^2)+c$$
$$\rightarrow y=a(x+\frac{b}{2a})^2-\frac{b^2-4ac}{4a}$$

② 2차함수의 꼭짓점과 축을 찾는다.

$$y = a(x+\frac{b}{2a})^2 - \frac{b^2-4ac}{4a}$$

: 꼭짓점 $(-\frac{b}{2a}, -\frac{b^2-4ac}{4a})$, 축 $x = -\frac{b}{2a}$

꼭짓점의 공식을 구했으니
이제 쉽게 그래프를 그릴 수 있겠군.
그런데 꼭짓점 y좌표공식은
상당히 복잡해 보여.
맞아! x좌표공식만 기억하고
y좌표는 직접 대입해서 구하면 돼.
특히 2차함수는
꼭짓점을 기준으로 좌우로 대칭이니까
꼭짓점만으로도 쉽게 그래프의 개형을
파악할 수 있게 되지.

일반적으로 2차함수 $y=ax^2+bx+c$의 꼭짓점을 찾을 때에는 꼭짓점 공식을 이용하기보다는 직접 표준형으로 변형하는 것이 편합니다. 하지만 꼭짓점의 x좌표가 $-\frac{b}{2a}$라는 사실은 2차함수의 최대, 최소 문제에서 유용하게 사용되니 기억해 두면 아주 좋습니다. 그러면 2차함수의 일반형 $y=ax^2+bx+c$와 관련하여 다음 문제를 풀어보도록 하겠습니다. 어떻게 풀지 잠시 생각해 보는 시간을 가져봅시다.

2차함수 $y=ax^2+bx+c$가 오른쪽 그래프와 같을 때 다음 식의 부호를 결정하여라.

① a　② b

③ c　④ $9a+3b+c$

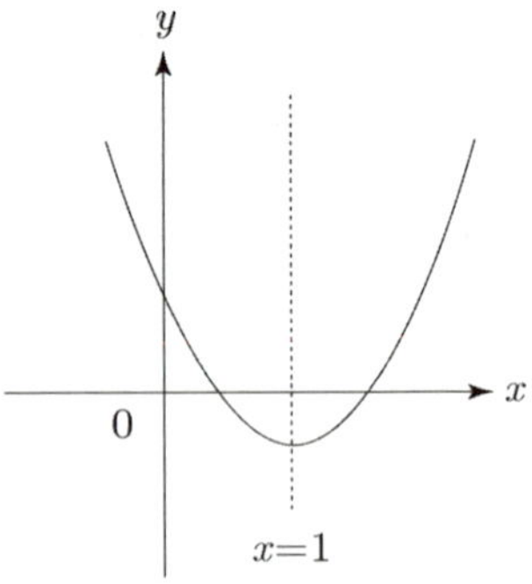

문제해결을 위한 기본설계가 끝나셨나요? 그러면 함께 풀어보도록 하겠습니다. 우선 함수의 기본적인 정보(꼭짓점, 축, y절편)를 이용하면 ①~③번까지 쉽게 해결됩니다.

① 아래로 볼록한 형태이다. $\rightarrow a>0$

② 꼭짓점의 x좌표는 $-\dfrac{b}{2a}=1$이다. $\rightarrow -\dfrac{b}{2a}>0$, $a>0$이므로 $b<0$

③ y절편은 양수이다. $\rightarrow c>0$

그러면 ④의 경우, $9a+3b+c$의 부호는 어떻게 결정할 수 있을까요? 함수식 $y=ax^2+bx+c$에 $x=3$을 대입하면 식 $9a+3b+c$의 값이 도출됩니다. 즉, $9a+3b+c$의 값은 $x=3$에 대응되는 y좌표가 되지요. 그러면 그래프에서 $x=3$에 대응하는 y좌표를 찾아보도록 하겠습니다. 참고로 2차함수의 그래프는 축을 기준으로 좌우가 대칭인 곡선이 됩니다.

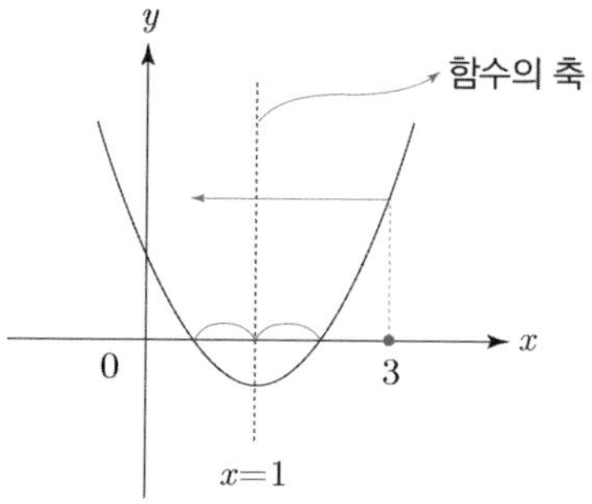

보는 바와 같이 식 $9a+3b+c$의 값은 양수가 됩니다.

2차함수식 찾기

함수식을 찾는다는 것은 표준형 $y=a(x-m)^2+n$ 또는 일반형 $y=ax^2+bx+c$의 미정계수(a, m, n 또는 a, b, c)를 구하는 것과 같습니다. 즉, 미정계수값을 바로 찾거나 미정계수에 대한 연립방정식을 도출하기만 하면 됩니다. 그러면 다음 상황에 맞는 2차함수식을 찾아보도록 하겠습니다.

① 꼭짓점과 또 다른 한 점이 주어졌을 경우

표준형 $y=a(x-m)^2+n$을 이용하여 2차함수식을 찾습니다. 여기서 꼭짓점의 좌표는 (m, n)이므로 m, n값을 쉽게 구할 수 있습니다. 또한 2차함수식에 또 다른 한 점의 좌표를 대입하면 미정계수 a값을 결정할 수 있습니다.

② 세 점이 주어졌을 경우

일반형 $y=ax^2+bx+c$를 이용하여 2차함수식을 찾습니다. 여기서 세 점의 좌표를 함수식에 대입하면 a, b, c에 관한 3개의 연립방정식이 도출됩니다. 이를 연립하면 미정계수 a, b, c의 값을 결정할 수 있겠죠?

③ x절편이 주어지고 또 다른 한 점이 주어졌을 경우

인수분해식 $f(x)=a(x-\alpha)(x-\beta)$를 이용하여 2차함수식을 찾습니다. 여기서 α, β는 x절편이므로 α, β값을 쉽게 구할 수 있습니다. 또한 2차함수식에 또 다른 한 점의 좌표를 대입하면 미정계수 a값을 결정할 수 있습니다. (뒤에서 자세히 배우겠지만 x절편은 2차함수식 $f(x)$를 0으로 만드는 값이다)

그러면 다음 조건에 맞는 2차함수식을 찾아보겠습니다. 앞의 내용을 보면서 각자 천천히 풀어보시길 바랍니다.

① 꼭짓점 (1, 2)이고, (3, 9)를 지나는 2차함수
② 세 점 (0, 0), (−1, −1), (5, −7)을 지나는 2차함수
③ x절편이 −1, 2이고 (4, 9)를 지나는 2차함수

2차함수의 x절편

2차함수에서 x절편은 무엇을 의미할까요?

다음 2차함수의 그래프를 그린 후 x절편을 찾아보도록 하겠습니다. 우선 일반형 $y = ax^2 + bx + c$를 표준형 $y = a(x - m)^2 + n$으로 변형하여 그래프를 그려봅시다. 여기서 c는 y절편이고 점 (m, n)은 꼭짓점이 된다는 사실을 기억하시길 바랍니다.

$$y = x^2 - 2x - 3$$

일반형을 표준형으로 변형하려면
2차항과 1차항을 기준으로
완전제곱식을 만들어야 되는데
'$x^2 - 2x$'가 완전제곱식이 되려면
상수항 1이 필요하겠군….

$$\underbrace{y = x^2 - 2x - 3}_{\text{일반형}} \rightarrow y = (x^2 - 2x + 1) - 4 = \underbrace{(x - 1)^2 - 4}_{\text{표준형}}$$

y절편 -3

꼭짓점 $(1, -4)$

$y = (x-1)^2 - 4$
- 꼭짓점 : $(1, -4)$
- 함수의 축 : $x = 1$
- y절편($x = 0$) : -3
- 모양 : 아래로 볼록

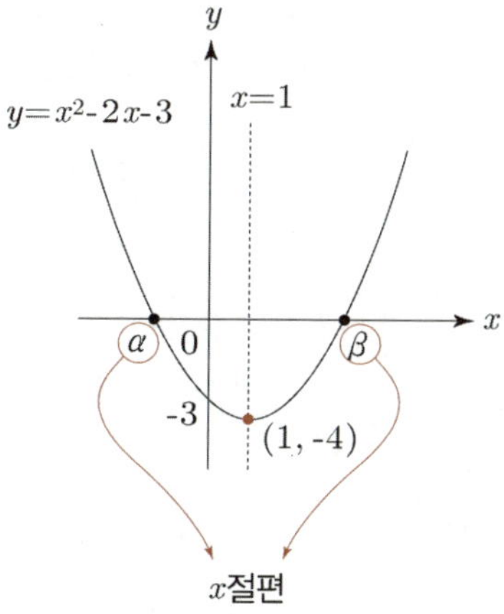

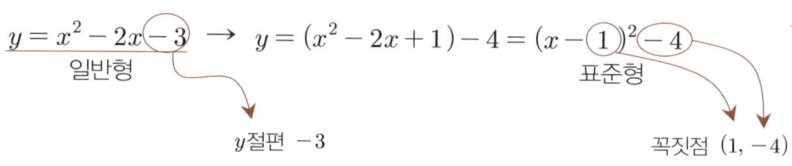

그래프에서 보는 바와 같이 2차함수 $y=x^2-2x-3$의 x절편은 '2차함수의 x축과의 교점의 x좌표(α, β)'이므로 $y=0$에 대응되는 x값을 말합니다. 다음 x절편을 구하는 과정을 유심히 관찰해 보겠습니다.

$$y=x^2-2x-3 \rightarrow 0=x^2-2x-3 \rightarrow (x+1)(x-3)=0$$
$$\therefore\ x=-1, 3\ :\ x\text{절편 } -1, 3$$

2차함수 $y=x^2-2x-3$의 x절편을 구하는 과정은 '2차방정식 $x^2-2x-3=0$의 해'를 구하는 과정과 같습니다. 즉, 2차방정식 $x^2-2x-3=0$의 해는 2차함수 $y=x^2-2x-3$의 x절편과 같게 되죠.

2차함수의 x절편

2차함수 $y=ax^2+bx+c(y=f(x))$의 x절편(x축과의 교점의 x좌표)은 2차방정식 $ax^2+bx+c=0(f(x)=0)$의 해가 된다.

x축을 하나의 직선으로 생각해 보면 2차함수 $y=ax^2+bx+c$와 x축$(y=0)$과의 교점 (x, y)는 두 함수식을 동시에 만족하는 점으로서 두 연립방정식 $y=ax^2+bx+c$와 $y=0$의 해와 같습니다.

함수 $y=ax^2+bx+c$, $y=0$의 교점 (x, y)는
두 함수식을 모두 만족시킨다

↓

$\begin{cases} y=ax^2+bx+c \\ y=0 \end{cases}$ 연립방정식의 해 x, y → 교점의 좌표 (x, y)

다시 말해, 두 식을 연립한(y를 소거) 2차방정식 $ax^2+bx+c=0$의 근을

구하면 2차함수 $y=ax^2+bx+c$와 x축과의 교점의 x좌표(x절편)를 구할 수 있습니다.

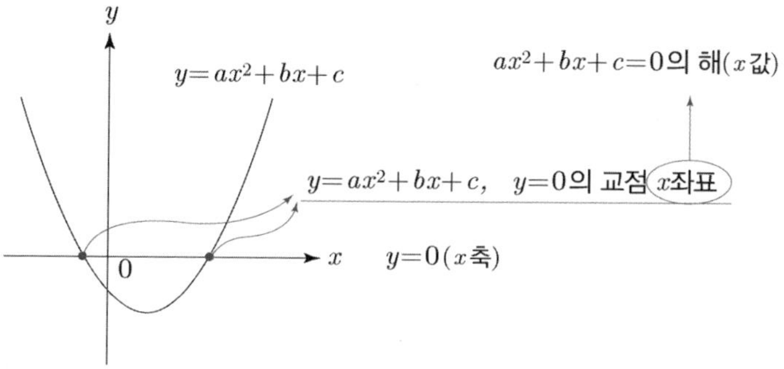

2차함수와 x축과의 교점은 2차방정식과 2차부등식을 푸는 중요한 열쇠가 되기 때문에 잘 이해하고 넘어가길 바랍니다.

2차방정식의 근의 개수

2차함수 $y=f(x)$의 x절편(x축과 교점의 x좌표)이 2차방정식 $f(x)=0$의 근과 같다는 말은 2차함수 $y=f(x)$와 x축과의 교점의 개수는 2차방정식 $f(x)=0$의 근의 개수가 같다는 것을 의미합니다.

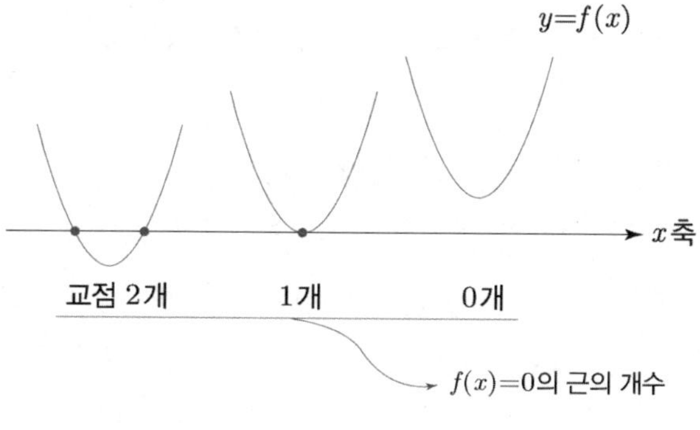

다음 2차함수 $y=f(x)$의 그래프를 이용하여 2차방정식 $f(x)=0$의 근의 개수를 확인해 보도록 하겠습니다. 먼저 표준형으로 바꾼 후 그래프를 그려보겠습니다.

① $y=x^2-2x-8$ ② $y=x+2x+1$ ③ $y=x^2+2x+3$

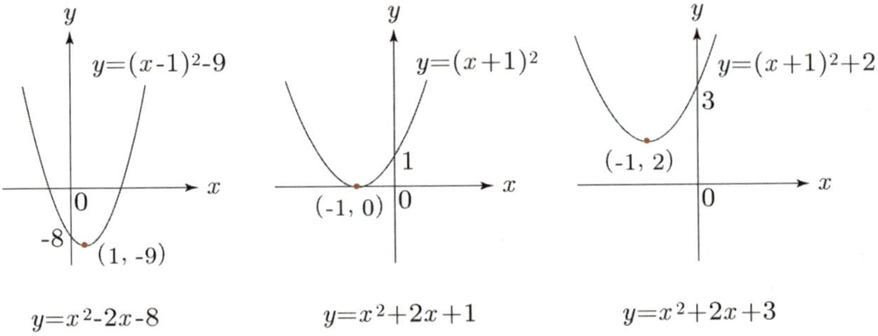

① $x^2-2x-8=0$ 의 근의 개수 : 2개
② $x^2+2x+1=0$의 근의 개수 : 1개
③ $x^2+2x+3=0$의 근의 개수 : 0개

2차방정식 $f(x)=0$의 근의 개수를 함수의 그래프와 연관 지어 정리하면 다음과 같습니다. 여기서 근의 개수는 판별식과 밀접한 관련이 있으므로 판별식도 함께 정리해 보도록 하겠습니다.

2차방정식 $f(x)=0$의 근의 개수

2차함수 $y=f(x)$와 x축과 교점의 개수는 2차방정식 $f(x)=0$의 실근의 개수와 같다.

① $y=f(x)$와 x축은 두 점에서 만난다.
→ $f(x)=0$은 두 실근을 갖는다. (판별식 $D>0$)

② $y=f(x)$와 x축은 한 점에서 만난다. (접한다)
→ $f(x)=0$은 중근(하나의 실근)을 갖는다. (판별식 $D=0$)

③ $y=f(x)$와 x축과 만나지 않는다.
→ $f(x)=0$은 실근이 없다. (판별식 $D<0$: 두 허근)

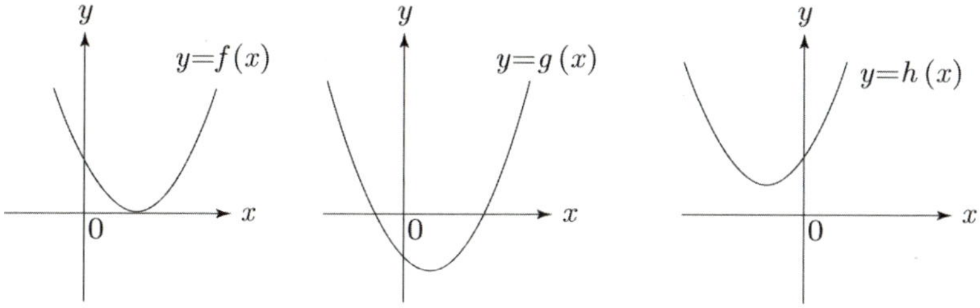

y
y=f(x)
x
0
y
y=g(x)
x
0
y
y=h(x)
x
0

방정식 $f(x)=0$, $g(x)=0$, $h(x)=0$의 근의 개수는 몇 개일까?

방정식 f(x)=0의 근은 1개
방정식 g(x)=0의 근은 2개
방정식 h(x)=0의 근은 없다.
맞지???
맞아!
2차함수 y=f(x)와
2차방정식 f(x)=0의
판별식 D도 큰 연관이 있지.

2차함수와 판별식

2차함수 $y=f(x)$와 x축과의 교점의 개수는 2차방정식 $f(x)=0$의 근의 개수와 같으므로 2차방정식 $f(x)=0$의 판별식 D를 이용하면 2차함수와

x축과의 교점의 개수를 확인할 수 있습니다. 즉, 2차함수와 x축과의 교점의 개수를 알면 그래프의 개형 또한 쉽게 파악할 수 있다는 얘기죠.

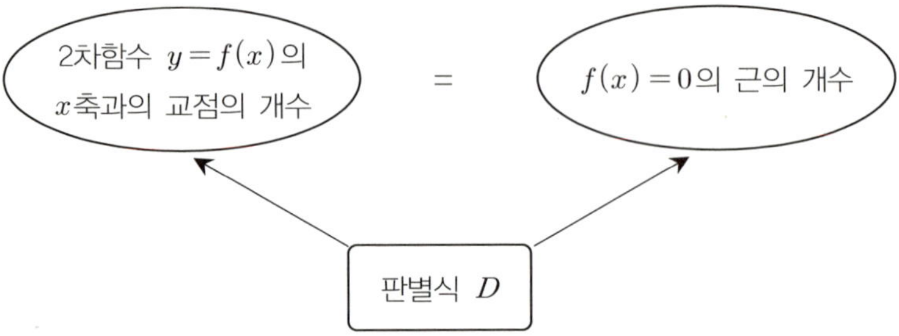

2차함수의 그래프의 개형

2차방정식 $ax^2+bx+c=0$의 판별식을 D라고 할 때,
2차함수 $y=ax^2+bx+c$의 그래프의 개형은 판별식 D값에 따라서 다음과 같이 그려진다.

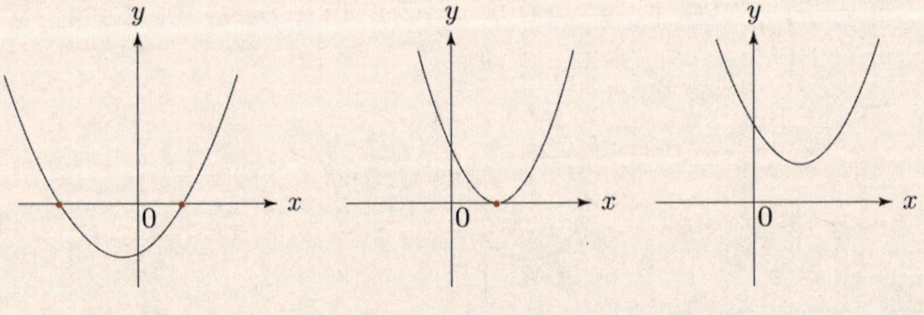

$D>0$ $D=0$ $D<0$

① $D>0$: 2개의 실근 → $y=f(x)$는 x축과 두 점에서 만난다.
② $D=0$: 1개의 실근 → $y=f(x)$는 x축과 한 점에서 접한다.
③ $D<0$: 실근이 없다. → $y=f(x)$는 x축과 만나지 않는다.

다음 2차함수와 x축과의 교점의 개수를 구해보도록 하겠습니다. 여기서 2차식의 판별식을 이용하여 교점의 개수를 확인해 봅시다.

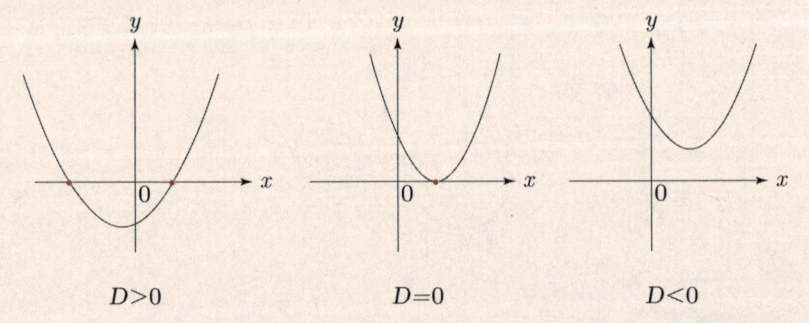

① $y=x^2+4x-5$: $D=4^2-4\cdot1\cdot(-5)=36>0$ → 교점 2개
② $y=x^2-6x+9$: $D=(-6)^2-4\cdot1\cdot9=0$ → 교점 1개
③ $y=x^2-x+1$: $D=(-1)^2-4\cdot1\cdot1=-3<0$ → 교점 없음

그러면 2차함수와 판별식과 관련하여 다음 문제를 풀어보도록 하겠습니다. 어떻게 풀지 잠시 생각해 보는 시간을 가져봅시다.

2차함수 $y=x^2-2ax-3a$와 x축과의 교점이 1개일 때 a값은 얼마인가?

문제해결을 위한 기본설계가 끝나셨나요? 그러면 함께 풀어보도록 하겠습니다. 우선 주어진 문제에서 2차함수 $y=x^2-2ax-3a$와 x축과의 교점이 1개라고 했으므로 2차방정식 $x^2-2ax-3a=0$의 판별식은 $D=0$이 됩니다. 여기서 $D=0$은 a에 관한 방정식으로 볼 수 있습니다.

$$D=0 \rightarrow D=(-2a)^2-4\cdot1\cdot(-3a)=0 \rightarrow a=0,\ -3$$

($ax^2+bx+c=0$의 판별식은 $D=b^2-4ac$이다)

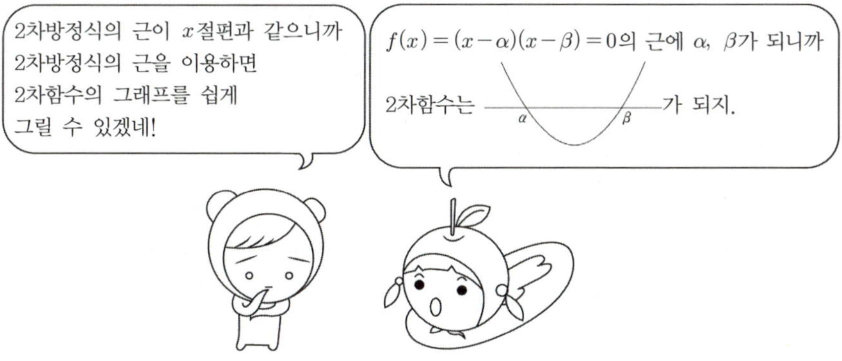

2차방정식의 근이 x절편과 같으니까 2차방정식의 근을 이용하면 2차함수의 그래프를 쉽게 그릴 수 있겠네!
f(x)=(x−α)(x−β)=0의 근에 α, β가 되니까
2차함수는 가 되지.
α
β

2차방정식의 근과 2차함수의 그래프

2차함수 $y=f(x)$의 x절편(x축과 교점의 x좌표)은 2차방정식 $f(x)=0$의 근과 같으므로 만약 2차방정식 $f(x)=0$의 두 근을 α, β라고 하면 α, β는 2차함수 $y=f(x)$의 x절편이 됩니다. 즉, x절편을 잘만 이용하면 2차함수의 그래프를 쉽게 그릴 수 있다는 말이죠.

$$y=ax^2+bx+c$$

2차방정식 $ax^2+bx+c=0$의 두 근이 α, β일 때 2차함수의 x절편은 α, β가 된다.

$ax^2+bx+c=a(x-\alpha)(x-\beta)=0$
$\rightarrow x=\alpha,\ \beta$

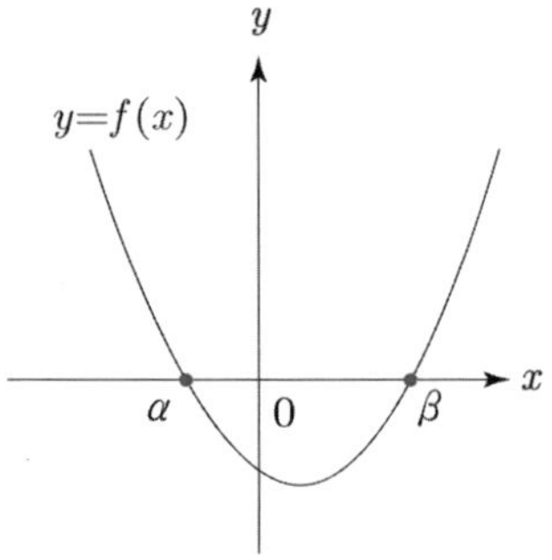

다음 2차함수의 그래프를 그려보도록 하겠습니다. 일단 함수식을 $f(x)=(x-\alpha)(x-\beta)$꼴로 인수분해하여 x절편을 기준으로 그래프를 그려보겠습니다. 더불어 y절편도 표시해 보시길 바랍니다.

① $y=x^2+4x-5$　　　② $y=x^2-6x+9$

① $y=x^2+4x-5$
$\rightarrow (x+5)(x-1)=0$
$\rightarrow x=-5, 1$

② $y=x^2-6x+9$
$\rightarrow (x-3)^2=0$
$\rightarrow x=3$

어라? x절편이 1개가 나오는 경우도 있네. 함수의 그래프가 x축에 접한다는 것을 의미했던가?

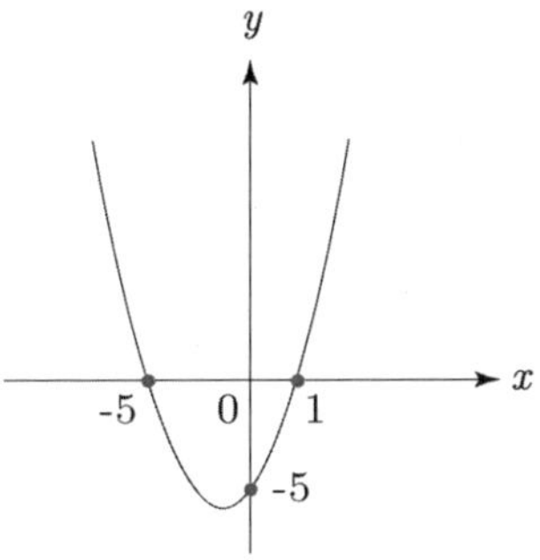

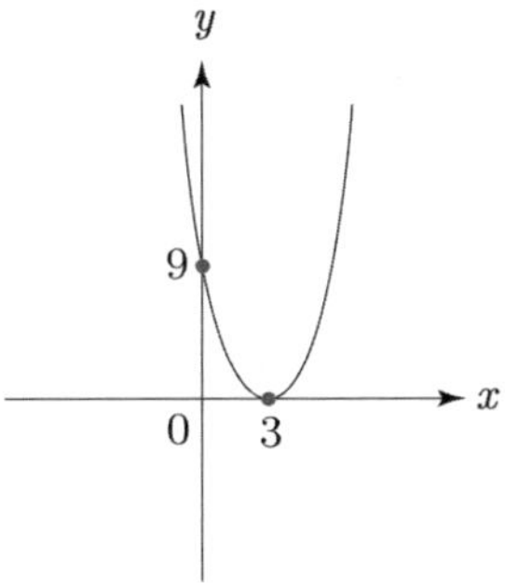

2차함수와 직선 $y=mx+n$과의 교점

2차함수 $y=ax^2+bx+c$와 x축(직선 $y=0$)과의 교점의 좌표는 연립방정식 $y=ax^2+bx+c$와 $y=0$의 해와 같습니다.

$$\left.\begin{array}{l} y=ax^2+bx+c \\ y=0 \end{array}\right\} \longrightarrow \left.\begin{array}{l} x=\square \\ y=\square \end{array}\right\} \longrightarrow (x,\ y)$$

두 함수 두 연립방정식	연립방정식의 해	교점의 좌표

또한 두 식을 연립한(y를 소거) 2차방정식 $ax^2+bx+c=0$의 실근의 개수는 두 함수의 교점의 개수와도 같습니다. 여기서 실근의 개수(교점의 개수)는 판별식 D를 통해 쉽게 구할 수 있겠죠? ($D>0$ → 2개, $D=0$ → 1개, $D<0$ → 0개)

마찬가지로 2차함수 $y=f(x)$와 직선 $y=mx+n$과의 교점의 좌표는 연립방정식 $y=ax^2+bx+c$와 $y=mx+n$의 해와 같기 때문에 두 식을 연립한(y를 소거) 2차방정식 $ax^2+bx+c=mx+n$의 실근의 개수 또한 두 함수의 교점의 개수와 같게 됩니다. 따라서 판별식 D의 값을 이용하면 두 함수의 교점의 개수를 쉽게 파악할 수 있습니다.

$$\left.\begin{array}{l} y=ax^2+bx+c \\ y=mx+n \end{array}\right\} \longrightarrow ax^2+bx+c=mx+n \longrightarrow ax^2+(b-m)x+(c-n)=0$$

$ax^2+(b-m)x+(c-n)=0$ 판별식
$D=(b-m)^2-4a(c-n)$

참고로 $D=(b-m)^2-4a(c-n)$은 공식이 아니므로 외우려고 하지 마십시오.

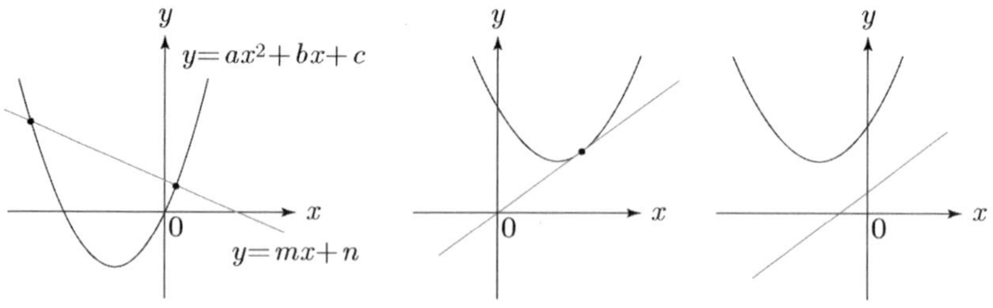

$D>0$ 2개 | $D=0$ 1개 | $D<0$ 0개

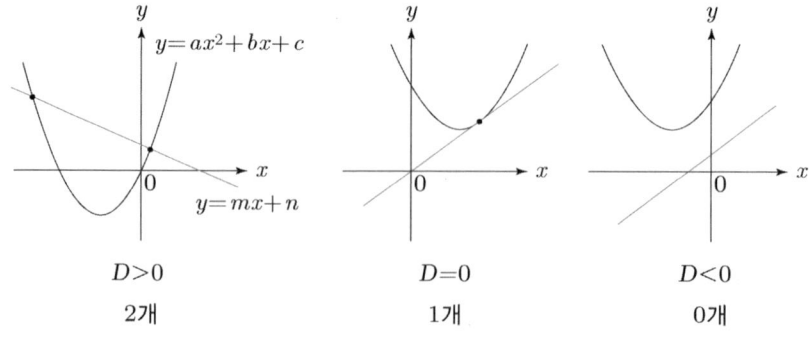

뒤에서 배울 4장 도형의 방정식에서도 원과 직선의 교점의 개수를 구할 때 2차방정식의 판별식을 이용합니다. 미리 말하지만 원의 방정식은 2차식이고 직선의 방정식은 1차식이 되기 때문이죠.

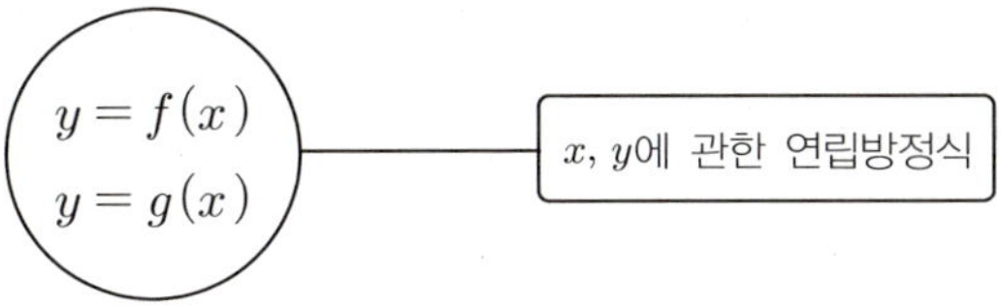

다음 2차함수와 직선과의 위치관계를 말하고, 교점의 좌표를 구해보도록 하겠습니다.

① $y=x^2+x-1$, $y=-x+2$

: $x^2+x-1=-x+2$ → $x^2+2x-3=0$ → $(x-1)(x+3)=0$: $x=-3, 1$

→ $D=b^2-4ac=2^2-4\cdot1(-3)=16$

→ $D=0$: 2차함수와 직선과의 교점은 2개

직선의 방정식에 대입하여 y값을 구한다

$y=5, 1$

↓

교점 $(-3, 5)$ $(1, 1)$

② $y=x^2-6x-2$, $y=-2x-6$

: $x^2-6x-2=-2x-6$ → $x^2-4x+4=0$ → $(x-2)^2=0$: $x=2$

→ $D=b^2-4ac=(-4)^2-4\cdot1\cdot4=0$

→ $D=0$: 2차함수와 직선과의 교점은 1개(접한다)

직선의 방정식에 대입하여 y값을 구한다

$y=-10$

↓

교점 $(2, -10)$

③ $y=x^2+2x+3$, $y=x+1$

: $x^2+2x+3=x+1$ → $x^2+x+2=0$

→ $D=b^2-4ac=1^2-4\cdot1\cdot2=-7$

→ $D<0$: 2차함수와 직선과의 교점은 0개

그러면 두 함수의 교점과 관련하여 다음 응용문제를 풀어보도록 하겠습니다. 어떻게 풀지 잠시 생각해 보는 시간을 가져봅시다.

> **$y=x^2-a$와 직선 $y=x-1$이 두 점에서 만날 때 a값의 범위는 무엇인가?**

문제해결을 위한 기본설계가 끝나셨나요? 그러면 함께 풀어보도록 하겠습니다. 우선 두 함수 $y=x^2-a$와 $y=x-1$을 연립(y를 소거)하여 x에 관한 2차방정식을 도출하면 다음과 같습니다.

$$\left.\begin{array}{l} y=x^2-a \\ y=x-1 \end{array}\right\} \rightarrow \ x^2-a=x-1 \ \rightarrow \ x^2-x+(1-a)=0$$

두 함수의 교점이 2개라고 했으므로 2차방정식 $x^2-x+(1-a)=0$의 판별식 $D>0$가 됩니다. 여기서 $D>0$는 a에 관한 부등식이므로 부등식을 풀면 a값의 범위를 쉽게 구할 수 있습니다.

$$D=(-1)^2-4\cdot 1\cdot(1-a)>0$$
$$\rightarrow \quad 1-4(1-a)>0 \quad \rightarrow \quad 4a>3$$
$$\therefore \ a>\frac{3}{4}$$

한 문제 더 풀어볼까요?

> **직선 $y=2x-9$와 평행인 직선 중 2차함수 $y=x^2+2x-3$에 접하는 직선의 방정식과 그 접점의 좌표를 구하여라.**

문제해결을 위한 기본설계가 끝나셨나요? 우선 구하고자 하는 직선의 방정식을 $y=mx+n$이라고 하겠습니다. 직선 $y=mx+n$와 $y=2x-9$는 서로 평행이라고 했으므로 직선 $y=mx+n$의 기울기는 $y=2x-9$의 기울기 2와 같습니다. $(m=2)$

또한 직선 $y=mx+n$이 2차함수 $y=x^2+2x-3$에 접한다고 했으므로 $y=x^2+2x-3$과 $y=mx+n(m=2)$에서 y를 소거한 식(x에 관한 2차방정식)의 판별식은 $D=0$이 됩니다.

$$y=\underbrace{\overset{\overset{2}{\parallel}}{m}x+n}\quad\searrow$$

$$y=x^2+2x-3 \rightarrow x^2-3-n=0$$

$$D=0^2-4\cdot1\cdot(-3-n)=0 \rightarrow n=-3$$

따라서 직선 $y=2x-9$와 평행하고 2차함수 $y=x^2+2x-3$에 접하는 직선의 방정식은 $y=2x-3$이 됩니다. 이번에는 2차함수 $y=x^2+2x-3$과 직선 $y=2x-3$의 교점(접점)의 좌표를 구해보도록 하겠습니다. 연립방정식의 해가 교점의 좌표가 된다는 사실을 잊지 마시길 바랍니다.

$$\left.\begin{array}{l} y=x^2+2x-3 \\ y=2x-3 \end{array}\right\} \quad x=0,\ y=-3 \rightarrow \text{교점 } (0,-3)$$

방정식 $f(x)=g(x)$의 실근은 두 함수 $y=f(x)$와 $y=g(x)$의 교점의 x좌표와 같다. 예를 들어 방정식 $|x|=x^2$의 실근의 개수는 $y=|x|$와 $y=x^2$의 그래프를 그린 후 교점의 개수를 확인해 보면 쉽게 알 수 있다.

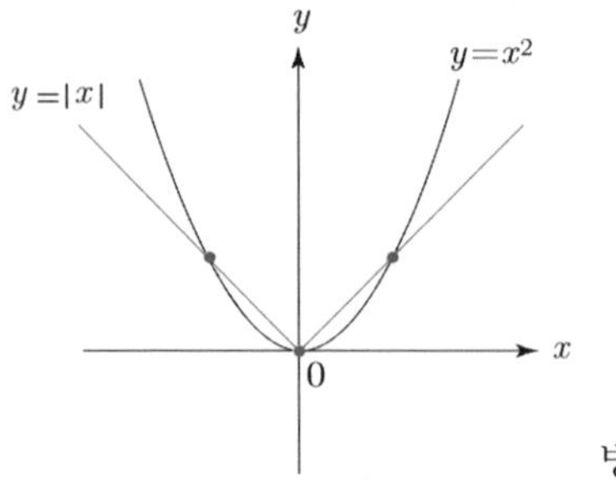

방정식 $|x|=x^2$의 실근의 개수 : 3개

2차함수의 최댓값과 최솟값

2차함수 $y=ax^2+bx+c$의 그래프를 잘 살펴보면 a값에 따라 2차함수의 최대, 최소가 결정된다는 것을 쉽게 확인할 수 있을 것입니다. 즉, $a>0$일 때 최솟값, $a<0$일 때 최댓값을 갖습니다. 참고로 함수의 최댓값과 최솟값은 함숫값 $f(x)$를 의미하며 그래프상에서는 y좌표를 말합니다.

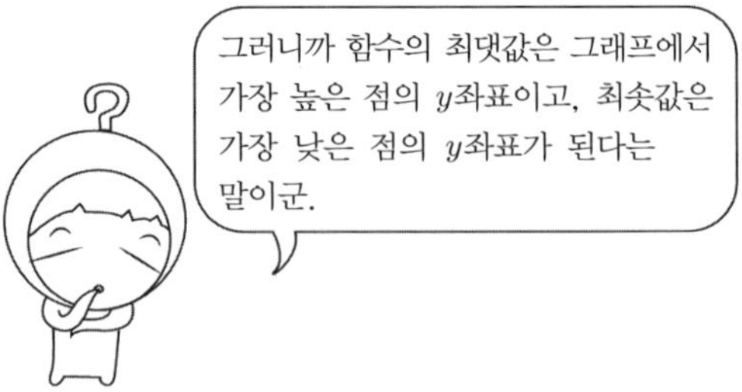
그러니까 함수의 최댓값은 그래프에서 가장 높은 점의 y좌표이고, 최솟값은 가장 낮은 점의 y좌표가 된다는 말이군.

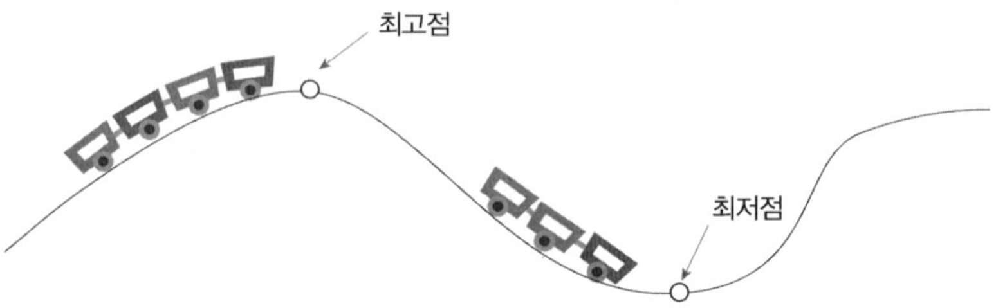
최고점
최저점

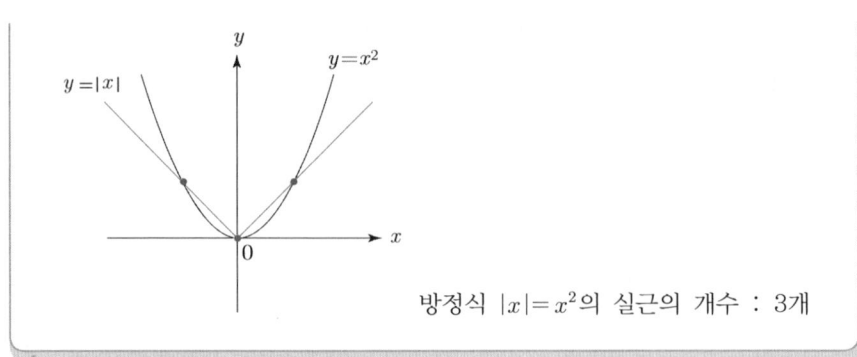

$y=ax^2+bx+c$ 그래프의 최대, 최소

i) $a>0$일 때

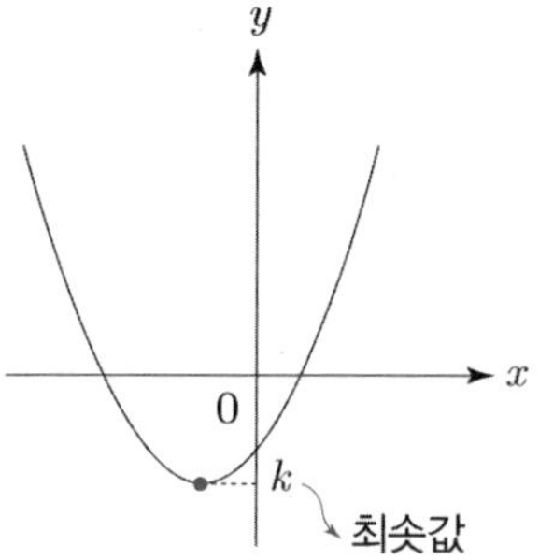

ii) $a<0$일 때

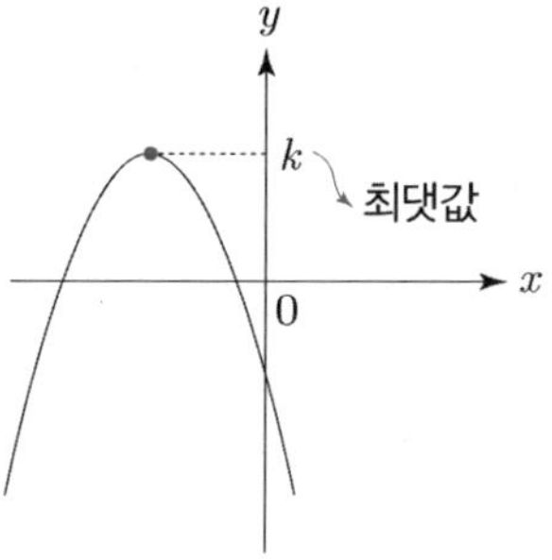

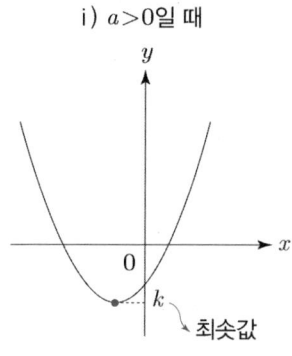

다음 함수의 그래프를 그린 후 최댓값과 최솟값을 찾아보도록 하겠습니다.

① $y=x^2-2x+3$

- 표준형 : $y=(x-1)^2+2$
- 꼭짓점 : $(1,\ 2)$
- 형 태 : 아래로 볼록
- y절편 : 3 ($x=0$ 대입)

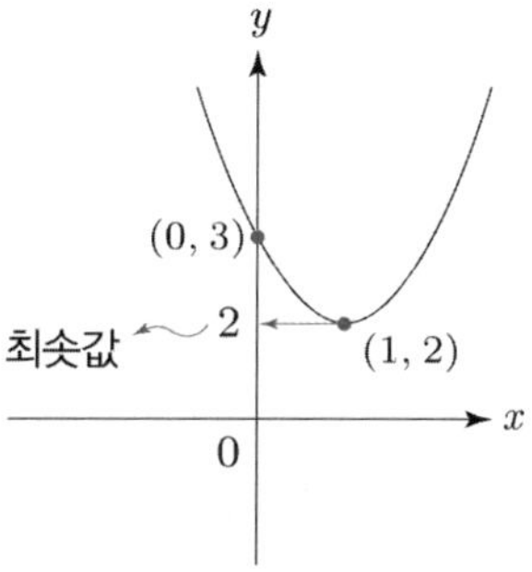

그림에서 보는 바와 같이 2차함수 $y=x^2-2x+3$의 최댓값은 없으며, 최솟값은 꼭짓점의 y좌표인 2가 됩니다.

② $y=-x^2-2x-4$

- 표준형 : $y=-(x+1)^2-3$
- 꼭짓점 : $(-1,\ -3)$
- 형 태 : 위로 볼록
- y절편 : -4 ($x=0$ 대입)

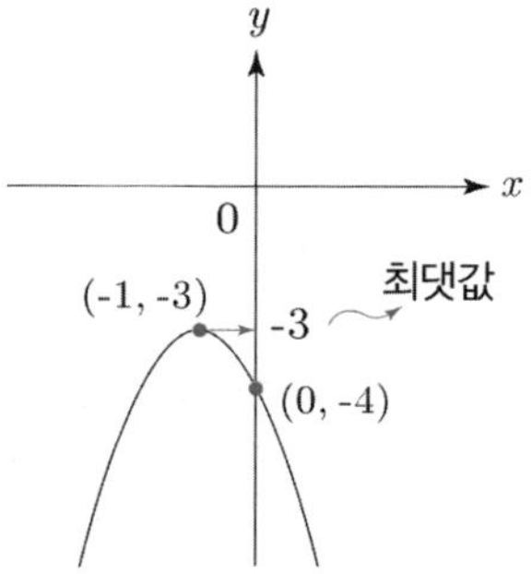

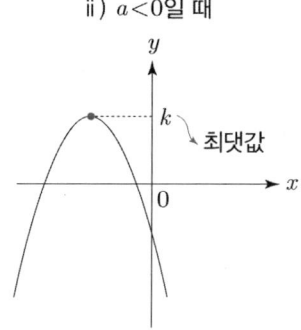

2차함수 $y=-x^2-2x-4$의 최솟값은 없으며 최댓값은 꼭짓점의 y좌표인 -3이 됩니다. 그런데 2차함수의 최댓값과 최솟값을 구할 때마다 매번 그래프를 그릴 필요는 없습니다. 그래프의 특성을 이해하면 쉽게 최댓값과 최솟값을 찾을 수 있기 때문이죠.

2차함수의 최대, 최소

2차함수 $y=ax^2+bx+c$의 최댓값과 최솟값은 다음과 같다.

① $a>0$일 때, 꼭짓점의 y좌표가 최솟값이 된다. (그래프의 개형 : ∪)

② $a<0$일 때, 꼭짓점의 y좌표가 최댓값이 된다. (그래프의 개형 : ∩)

다음 2차함수의 최댓값 또는 최솟값을 구해보도록 하겠습니다. 이번에는 그래프를 그리지 않고 함수의 특성을 이용하여 최댓값과 최솟값을 찾아보겠습니다.

① $y=x^2+2x+5$ ② $y=-x^2+4x-9$

①의 경우, x^2의 계수가 양수이므로(아래로 볼록한 그래프 ∪), 2차함수 $y=x^2+2x+5$는 꼭짓점의 y좌표에서 최솟값을 갖습니다. 그러면 일반형 $y=x^2+2x+5$를 표준형 $y=a(x-m)^2+n$으로 변형해 보면 다음과 같습니다.

표준형으로 만들면 쉽게
그래프를 그릴 수 있으니까
2차함수의 최대, 최소를
쉽게 알 수 있겠네.
?

$$y = \underline{x^2 + 2x} + 5$$
$$\rightarrow y = (\underline{x^2 + 2x + \textcircled{1}}) + 4$$
$$\rightarrow y = (x+1)^2 + 4$$

완전제곱식에
필요한 상수항을 찾는다

표준형 $y = (x+1)^2 + 4$ → 꼭짓점의 좌표 : $(-1, 4)$

2차함수 $y = x^2 + 2x + 5$의 최솟값은 4(꼭짓점의 y좌표)가 된다는 사실을 쉽게 알 수 있습니다.

②의 경우, x^2의 계수가 음수이므로(위로 볼록한 그래프 ∩), 2차함수 $y = -x^2 + 4x - 9$는 꼭짓점의 y좌표에서 최댓값을 갖습니다. 마찬가지로 일반형 $y = -x^2 + 4x - 9$를 표준형 $y = a(x-m)^2 + n$으로 변형해 보면 다음과 같습니다.

$$y = \underline{-x^2 + 4x} - 9$$
$$\rightarrow y = \underline{\textcircled{-}(x^2 - 4x + \textcircled{4})} - 5$$
$$\rightarrow y = -(x-2)^2 - 5$$

완전제곱식에 필요한 상수항
찾아 식을 변형

표준형 $y = -(x-2)^2 - 5$ → 꼭짓점의 좌표 : $(2, -5)$

2차함수 $y = -x^2 + 4x - 9$의 최댓값 -5(꼭짓점의 y좌표)가 된다는 것을 쉽게 알 수 있습니다.

제한변역이 있는 2차함수의 최대, 최소 (1)

제한변역(정의역 : x의 범위)이 있을 때 2차함수의 최댓값과 최솟값은 어떻게 구할 수 있을까요?

다음 함수의 최댓값 또는 최솟값을 구해보도록 하겠습니다. 먼저 제한변역(정의역 : x의 범위)에 해당되는 그래프가 무엇인지 찾아봅시다.

$$① \ y = x^2 + 2x + 5 \ \ (-2 \leq x \leq 3)$$

일단 일반형 $y = x^2 + 2x + 5$을 표준형으로 변형하여 그래프를 그려보면 다음과 같습니다.

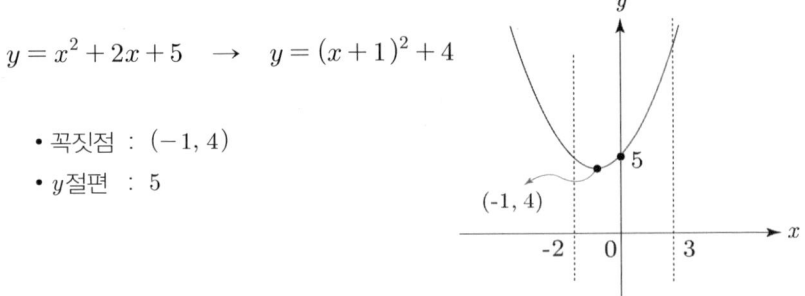

$$y = x^2 + 2x + 5 \quad \rightarrow \quad y = (x+1)^2 + 4$$

- 꼭짓점 : $(-1, 4)$
- y절편 : 5

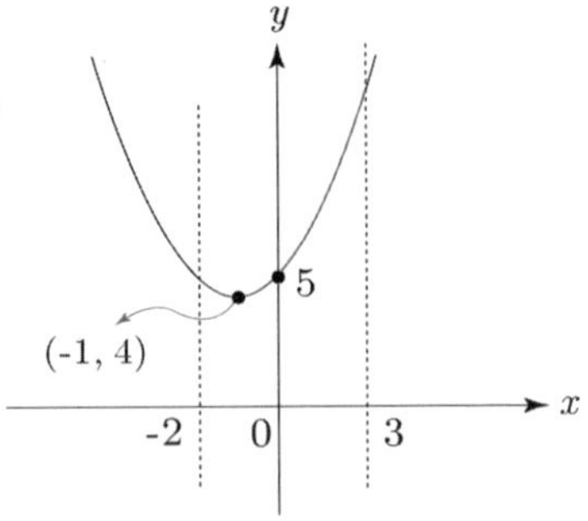

그림에서 보는 바와 같이 2차함수 $y = x^2 + 2x + 5(-2 \leq x \leq 3)$의 그래프는 색칠한 부분에 해당됩니다. 해당되는 그래프를 자세히 살펴보면 2차함수 $y = x^2 + 2x + 5(-2 \leq x \leq 3)$의 최댓값은 정의역의 우측 끝점($x = 3$)의 y좌표이며, 최솟값은 꼭짓점의 y좌표가 된다는 것을 쉽게 알 수 있습니다.

• 최댓값 : $x=3$일 때, 20 (정의역의 우측 끝점)
• 최솟값 : $x=-1$일 때, 4 (꼭짓점)

② $y=-x^2+4x-1 \ (0 \le x \le 3)$
$\rightarrow y=-(x-2)^2+3$

• 꼭짓점 : $(2, 3)$
• y절편 : -1

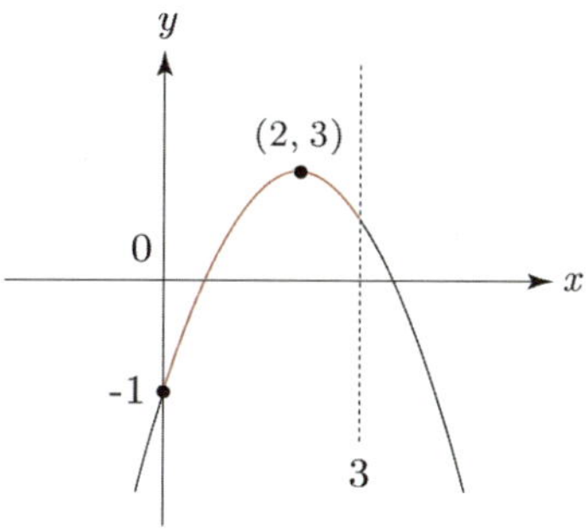

그림에서 보는 바와 같이 2차함수 $y=-x^2+4x-1 \ (0 \le x \le 3)$의 그래프는 색칠한 부분에 해당됩니다. 해당되는 그래프를 자세히 살펴보면 2차함수 $y=-x^2+4x-1(0 \le x \le 3)$의 최댓값은 꼭짓점의 y좌표이며, 최솟값은 정의역의 좌측 끝점$(x=0)$의 y좌표가 된다는 것을 쉽게 알 수 있습니다.

• 최댓값 : $x=2$일 때, 3 (꼭짓점)
• 최솟값 : $x=0$일 때, -1 (정의역의 좌측 끝점)

제한변역이 있는 2차함수라도 꼭짓점에서 최대 또는 최소가 되는구나.
그건 제한변역이 꼭짓점의 x좌표를 포함해서 그런 거야. 제한변역이 꼭짓점의 x좌표를 포함하지 않을 경우 제한변역의 양 끝점이 최대, 최소가 되지.

③ $y = x^2 + 2x + 5 \ (0 \le x \le 3)$

→ $y = (x + 1)^2 + 4$

- 꼭짓점 : $(-1, 4)$
- y절편 : 5

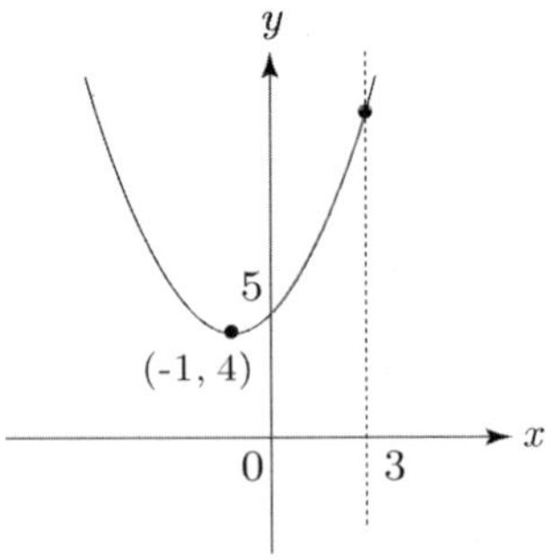

그림에서 보는 바와 같이 2차함수 $y = x^2 + 2x + 5 \ (0 \le x \le 3)$의 그래프는 색칠한 부분에 해당됩니다. 해당되는 그래프를 자세히 살펴보면 2차함수 $y = x^2 + 2x + 5 \ (0 \le x \le 3)$의 최댓값, 최솟값은 꼭짓점이 아닌 정의역의 양 끝점의 y좌표라는 사실을 알 수 있습니다.

- 최댓값 : $x = 3$일 때, 20 (정의역의 우측 끝점)
- 최솟값 : $x = 0$일 때, 5 (정의역의 좌측 끝점)

①과 ②의 경우에는 제한변역이 꼭짓점을 포함하고 있기 때문에 2차함수의 최댓값 또는 최솟값이 꼭짓점의 y좌표가 되었지만 ③의 경우처럼 제한변역이 꼭짓점을 포함하지 않는 경우에는 제한변역(x의 범위)의 양 끝점에서 2차함수의 최댓값 또는 최솟값이 나오게 됩니다. 참고로 2차함수는 꼭짓점을 기준으로 양쪽으로 증가하거나($a > 0$) 또는 감소하는($a < 0$) 함수라는 사실을 반드시 기억하시길 바랍니다.

그러면 제한변역($\alpha \le x \le \beta$)이 있는 2차함수의 최대, 최소를 정리해 보면 다음과 같습니다. (그래프의 개형을 머릿속으로 생각하면서 읽어보길 바란다)

제한변역이 있는 2차함수의 최대, 최소

2차함수 $y=ax^2+bx+c(\alpha \leq x \leq \beta)$의 최대·최솟값은 다음과 같다.

① 꼭짓점의 x좌표$(-\dfrac{b}{2a})$가 제한변역에 포함될 때,

i) $a>0$일 때, 꼭짓점의 y좌표가 최솟값이 되고 제한변역의 양 끝점 중 큰 값이 최댓값이 된다.

ii) $a<0$일 때, 꼭짓점의 y좌표가 최댓값이 되고 제한변역의 양 끝점 중 작은 값이 최솟값이 된다.

② 꼭짓점의 x좌표$(-\dfrac{b}{2a})$가 제한변역에 포함되지 않을 때 양 끝점 중 큰 값이 최댓값, 작은 값이 최솟값이 된다.

제한변역의 최대, 최소 문제에서는 꼭짓점의 포함 여부를 확인하는 것이 가장 중요합니다. 그러면 2차함수의 일반형 $y=ax^2+bx+c$의 꼭짓점을 구하는 과정, 즉 일반형을 표준형으로 변형하는 과정을 다시 한 번 짚고 넘어가도록 하겠습니다. 여기서 표준형 $y=a(x-m)^2+n$의 꼭짓점의 좌표는 (m, n)임을 기억하십시오.

$$y=ax^2+bx+c$$

$$\to y=a(x^2+\frac{b}{a}x+(\frac{b}{2a})^2-(\frac{b}{2a})^2)+c$$

$$\to y=a(x+\frac{b}{2a})^2-\frac{b^2-4ac}{4a}$$

꼭짓점 : $(-\dfrac{b}{2a}, -\dfrac{b^2-4ac}{4a})$

꼭짓점의 x좌표를 구한 후 x값을 함수식에 대입하면 y좌표를 쉽게 구할 수 있으므로 y좌표공식을 굳이 외울 필요는 없다.

꼭짓점의 x좌표 $-\dfrac{b}{2a}$가 제한변역에 포함되는지부터 확인한다면 좀 더 쉽

게 2차함수 $y = ax^2 + bx + c$의 최댓값과 최솟값을 구할 수 있습니다. 참고로 제한변역에서 등호가 포함되어 있지 않은 경우에는 최댓값 또는 최솟값이 없을 수도 있다는 사실을 반드시 기억하길 바랍니다. 다음 2차함수의 최댓값 또는 최솟값을 구해보도록 하겠습니다.

$$y = x^2 + 3x + 5 \, (-2 \le x < 0)$$

먼저 꼭짓점의 x좌표$(-\dfrac{b}{2a})$가 제한변역에 포함되는지부터 살펴보면,

$$y = ax^2 + bx + c\text{의 꼭짓점 } x\text{좌표} : -\frac{b}{2a} \rightarrow -\frac{3}{2} \ (\text{제한변역 } -2 \le x < 0\text{에 포함})$$

$$\uparrow$$

$$y = x^2 + 3x + 5$$

꼭짓점의 x좌표가 제한변역에 포함되므로 꼭짓점의 y좌표가 바로 2차함수의 최솟값이 됩니다. 즉, x^2항의 계수가 양수이므로 그래프의 개형은 아래로 볼록(∪)한 형태를 갖게 되기 때문이죠.

$$y = x^2 + 3x + 5\text{에 } x = -\frac{3}{2} \text{ 대입} \rightarrow y = \frac{11}{4} \ (\text{꼭짓점의 } y\text{좌표}) : \text{최솟값}$$

이번에는 제한변역의 양 끝점을 대입하여 함수 $y = x^2 + 3x + 5 \, (-2 \le x < 0)$의 최댓값을 찾아보도록 하겠습니다.

$$\begin{matrix} \text{제한변역 } -2 \le x < 0 \\ \text{양 끝점의 } y\text{좌표} \end{matrix} \quad \rightarrow \quad \begin{cases} x = -2\text{일 때 } y = 3 \\ x = 0\text{일 때 } y = 5 \end{cases}$$

여기서 2차함수의 최댓값이 5가 된다고 생각하면 큰 오산입니다. 왜냐하면 제한변역 $-2 \le x < 0$에서 '$x \ne 0$'이기 때문입니다. (등호 불포함) 따라서

2차함수 $y=x^2+3x+5\ (-2\le x<0)$의 최솟값은 $\frac{11}{4}$이고, 최댓값은 없습니다.

제한변역이 있는 2차함수의 최대, 최소 (2)

다음과 같이 제한변역이 2개 영역으로 주어졌을 때에는 반드시 그래프의 개형을 확인한 다음 최댓값과 최솟값을 구해야 합니다. 이때 꼭짓점의 좌표 $-\frac{b}{2a}$를 이용하여 그래프의 개형을 파악해야 합니다.

① $x<\alpha,\ \ x>\beta$ ② $x\le\alpha,\ \ x\ge\beta$
③ $x<\alpha,\ \ x\ge\beta$ ④ $x\le\alpha,\ \ x>\beta$

그러면 다음 2차함수의 최댓값 또는 최솟값을 구해보도록 하겠습니다.

$$y=x^2+3x+5\ (x<-1,\ x\ge 3)$$

꼭짓점의 x좌표가 $-\frac{3}{2}\left(=-\frac{b}{2a}\right)$이므로 제한변역 $x<-1,\ x\ge 3$에 포함된다는 사실을 쉽게 알 수 있습니다. 꼭짓점의 좌표를 기준으로 그래프를 그려보면 다음과 같습니다. 일단 $x=-\frac{3}{2}$을 함수식 $y=x^2+3x+5$에 대입하면 꼭짓점의 y좌표를 쉽게 구할 수 있습니다.

꼭짓점 : $(-\frac{3}{2}, \frac{11}{4})$

꼭짓점을 기준으로 양쪽이
대칭되도록 그래프를 그린다.

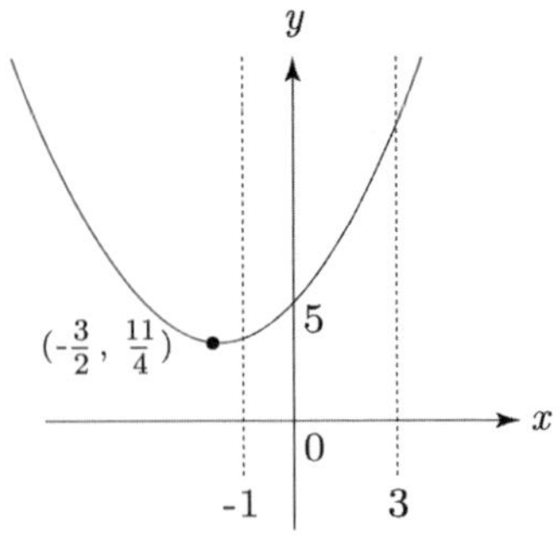

따라서 2차함수 $y = x^2 + 3x + 5\ (x < -1,\ x \geq 3)$의 최댓값은 없으며, 최솟값은 꼭짓점의 y좌표가 됩니다.

- 최댓값 : 없음
- 최솟값 : $x = -\frac{3}{2}$일 때 $\frac{11}{4}$

우리가 배우는 2차함수의 최대, 최소는 여기까지입니다. 2차함수의 그래프를 이용하면 어떤 2차식이 나오더라도 최댓값과 최솟값은 쉽게 찾을 수 있다는 사실을 반드시 명심하시길 바랍니다. 즉, 2차식의 최대, 최소 문제 또한 단순 계산과정에 불과합니다.

> 2차식의 최대, 최소 문제에서는 주어진 조건을 이용하여 2차식 $f(x)$를 도출하기만 하면 문제가 해결된다. 2차함수 $y = f(x)$를 이용하면 $f(x)$의 최댓값과 최솟값을 쉽게 구할 수 있기 때문이다.

2차함수의 최대, 최소와 관련하여 다음 문제를 풀어보도록 하겠습니다. 어떻게 풀지 잠시 생각해 보는 시간을 가져봅시다.

2차함수 $y=x^2+4kx+5-8k$의 최솟값을 a라고 할 때 a의 최댓값은 얼마인가? (단, a, k는 실수이다)

문제해결을 위한 기본설계가 끝나셨나요? 그러면 함께 풀어보도록 하겠습니다. 우선 2차함수 $y=x^2+4kx+5-8k$의 최솟값 a를 구하면 다음과 같습니다. 아래로 볼록한 함수이므로 꼭짓점에서 최솟값을 갖게 되겠죠?

주어진 2차함수의 그래프는 아래로 볼록한 곡선이 되니까 꼭짓점에서 최솟값을 갖겠군.
그럼 꼭짓점의 y좌표가 k에 관한 2차식이 되는군! 문제에서 최솟값이 a라고 했으니, $a=$(k의 2차식)꼴로 식이 도출되겠네. 아휴~ 복잡해. 정신 바짝 차려야겠다.

$$y=x^2+4kx+5-8k$$

$$\to y=x^2+4kx+(4k^2-4k^2)+5-8k$$

완전제곱식 유도

$$\to y=(x^2+4kx+4k^2)-4k^2+5-8k$$

$$\to y=(x+2k)^2\underline{-4k^2+5-8k}$$

꼭짓점의 y좌표 → 최솟값 a

2차함수 $y=x^2+4kx+5-8k$의 최솟값 a는 다시 k에 관한 2차함수식으로 볼 수 있습니다. 여기서 독립변수를 k로 종속변수를 a로 하는 새로운 2차 함수식을 만들어보면 다음과 같습니다.

$$a=-4k^2-8k+5$$

k를 x, a를 y라고 생각하면($y=f(x)$) 2차함수 $a=-4k^2-8k+5$의 최댓값을 쉽게 구할 수 있을 것입니다. 2차함수 $a=-4k^2-8k+5$의 그래프는 아래로 볼록한 곡선이므로 꼭짓점에서 최댓값을 갖게 되겠죠? 먼저 2차 함수식 $a=-4k^2-8k+5$를 표준형으로 변형해 보겠습니다.

$$a=-4k^2-8k+5 \quad \rightarrow \quad a=-4(k+1)^2+9$$

따라서 2차함수 $y=x^2+4kx+5-8k$의 최솟값을 a라고 할 때 a의 최댓값은 9가 됩니다.

판별식을 이용한 최대, 최소

2차식에 관한 최대, 최소 문제에서는 구하고자 하는 값을 2차식 $f(x)$로 만드는 작업이 중요합니다. 그러나 아무리 변형을 해도 2차식으로 도출되지 않을 때에는 판별식 D를 이용하여 변수의 부등식을 유도할 수도 있습니다. 왜냐하면 부등식을 유도하면 변수의 최대·최솟값을 구할 수 있기 때문이죠.

2차방정식 $ax^2+bx+c=0$의 판별식
① 실근을 가질 때 $D\geq 0$ ② 허근을 가질 때 $D<0$

다음 문제를 판별식을 이용하여 풀어보겠습니다. 어떻게 풀지 잠시 생각해 보는 시간을 가져봅시다.

두 실수 a, b에 대하여 $a^2+2b^2=4$일 때 $a+b$의 최댓값은?

우선 $a+b$를 k로 놓고$(a+b=k)$, $a^2+2b^2=4$에 대입해 보면 다음과 같습니다.

$$a^2+2b^2=4 \rightarrow a^2+2(k-a)^2=4 \rightarrow 3a^2-4ka+(2k^2-4)=0$$

$$a+b=k \rightarrow b=k-a$$

여기서 $3a^2-4ka+(2k^2-4)=0$는 a에 관한 2차방정식으로 볼 수 있습니다. 문제에서 a가 실수라고 했으므로 판별식 $D \geq 0$를 적용하게 되면 k에 관한 부등식을 도출할 수 있게 됩니다.

$$3a^2-4ka+(2k^2-4)=0 \quad \rightarrow (-4k)^2-4 \cdot 3 \cdot (2k^2-4) \geq 0$$

k에 관한 부등식을 풀면 $a+b(=k)$의 최댓값 또는 최솟값을 구할 수 있습니다. (2차부등식의 계산은 뒤쪽에서 자세히 배울 테니 지금은 그냥 읽고 넘어가도록 한다)

$$-\sqrt{6} \leq k \leq \sqrt{6}$$

정답 최댓값 $\sqrt{6}$, 최솟값 $-\sqrt{6}$

개념 한눈에 보기

1. 2차함수의 표준형 $y=a(x-m)^2+n$ 그래프

① 2차함수의 꼭짓점 : (m, n)

② 2차함수의 축 : $x=m$

③ $a>0$일 때, 아래로 볼록한 곡선 (∪모양)

④ $a<0$일 때, 위로 볼록한 곡선 (∩모양)

2. 2차함수의 일반형 $y=ax^2+bx+c$ 그래프

① 2차함수의 축 : $x=-\dfrac{b}{2a}$

② 2차함수의 꼭짓점 : $\left(-\dfrac{b}{2a}, -\dfrac{b^2-4ac}{4a}\right)$

3. 2차함수와 2차방정식과의 관계

2차함수 $y=ax^2+bx+c$와 x축과의 교점의 x좌표는 2차방정식 $ax^2+bx+c=0$의 해와 같다.

① 2차함수 $y=f(x)$와 x축과의 교점의 개수 2개

⇔ 2차방정식 $f(x)=0$의 실근의 개수 2개 ⇔ 판별식 $D>0$

② 2차함수 $y=f(x)$와 x축과의 교점의 개수 1개

⇔ 2차방정식 $f(x)=0$의 실근의 개수 1개 ⇔ 판별식 $D=0$

③ 2차함수 $y=f(x)$와 x축과의 교점의 개수 0개

⇔ 2차방정식 $f(x)=0$의 실근의 개수 0개 ⇔ 판별식 $D<0$

4. 2차함수 $y=ax^2+bx+c(a>0)$, 직선 $y=mx+n$의 위치관계

두 식을 연립하여(y를 소거) 도출된 x에 관한 2차방정식의 판별식을 D라고 할 때,

i) $D>0$: 함수의 그래프와 직선은 두 점에서 만난다.

ii) $D=0$: 함수의 그래프와 직선은 한 점에서 만난다.

iii) $D<0$: 함수의 그래프와 직선은 서로 만나지 않는다.

5. 2차함수의 최대, 최소

2차함수식 $f(x)=ax^2+bx+c$가 최대 또는 최소가 되는 $f(x)$값 (y좌표)

i) $a>0$일 때 최솟값 : 꼭짓점의 y좌표 (최댓값 없음)

ii) $a<0$일 때 최댓값 : 꼭짓점의 y좌표 (최솟값 없음)

도출형 학습방식으로 다음 문제를 풀어보도록 하겠습니다. (개념이 잘 기억나지 않으면 앞의 내용을 찾아보길 바란다)

길이가 20인 철사를 가지고 가로 a, 세로 b인 직사각형을 만들려고 한다. 넓이가 최대가 되려면 가로세로의 길이가 각각 몇이 되어야 하는가?

1단계 **개념도출** 문제를 풀기 위해서는 어떤 개념을 알아야 할까요?

2단계 **개념설명** 개념을 알고 있다면 간단히 설명해 보길 바랍니다.

3단계 **문제해결** 그러면 어떻게 문제를 해결할 수 있을까요?

길이가 20인 철사를 가지고 가로 a, 세로 b인 직사각형을 만들려고 한다. 넓이가 최대가 되려면 가로세로의 길이가 각각 몇이 되어야 하는가?

1단계 문제를 풀기 위해서는 어떤 개념을 알아야 할까요?

함수의 정의, 2차함수식, 2차함수의 최대, 최소에 대해 알아야 한다.

2단계 개념을 알고 있다면 간단히 설명해 보길 바랍니다.

함수의 정의

변수 x값이 정해지면 그에 따라 변수 y값이 결정될 때 y를 x의 함수라고 말한다. 여기서는 변의 길이(가로세로)가 정해지면 직사각형의 넓이가 결정되기 때문에 직사각형의 넓이는 변의 길이(가로세로)의 함수로 볼 수 있다.

2차함수식

2차함수의 표준형 : $y=a(x-m)^2+n$

→ 꼭짓점의 좌표 : (m, n)

2차함수의 일반형 : $y=ax^2+bx+c$

→ 꼭짓점의 x좌표 : $-\frac{b}{2a}$, y절편 : c

2차함수의 최대, 최소

2차함수식 $f(x)=ax^2+bx+c$가 최대 또는 최소가 되는 $f(x)$값 ($y=f(x)$의 그래프의 y좌표)

i) $a>0$일 때 최솟값 : 꼭짓점의 y좌표 (최댓값 없음)

ii) $a<0$일 때 최댓값 : 꼭짓점의 y좌표 (최솟값 없음)

3단계

그러면 어떻게 문제를 해결할 수 있을까요?

길이 a, b에 관한 관계식을 도출하여 넓이 ab(가로×세로)에 대입하면 a 또는 b에 관한 2차식을 유도할 수 있다. 2차식 $f(x)$의 최대, 최소는 2차함수 $y=f(x)$를 이용하면 쉽게 구할 수 있다. 여기서 2차함수를 이용하여 2차식의 최대, 최소를 구할 때에는 반드시 변수에 대한 제한변역을 확인해야 한다.

정답이 궁금한 학생들은 다음 정답풀이를 참고하시기 바랍니다.

우선 철사의 길이가 20이므로 가로 a와 세로 b에 관한 관계식 다음과 같다.

$$2(a+b)=20 \quad \rightarrow \quad a+b=10$$

a, b의 관계식 $a+b=10$을 넓이 ab(가로×세로)에 대입하여 a에 관한 2차식을 유도해 보자. (2차식을 유도하면 함수를 이용하여 최대, 최소를 쉽게 구할 수 있다)

$$ab \rightarrow a(10-a)$$

$$a+b=10 \rightarrow b=10-a$$

2차식 $a(10-a)$에서 a를 독립변수 x로 놓으면 y에 관한 함수식 $y=x(10-x)$로 볼 수 있다. (철사의 총 길이는 20이므로 x의 제한변역은 $0<x<10$이 될 것이다)

그러면 제한변역이 $0<x<10$일 때 2차함수 $y=x(10-x)$의 최댓값과 그때의 x값을 구하면 다음과 같다. (함수의 그래프 이용)

$y=x(10-x)$

$\rightarrow \quad y=-x^2+10x$

$\rightarrow \quad y=-(x^2-10x+5^2)+5^2$

$\rightarrow \quad y=-(x-5)^2+25$

꼭짓점 : (5, 25)

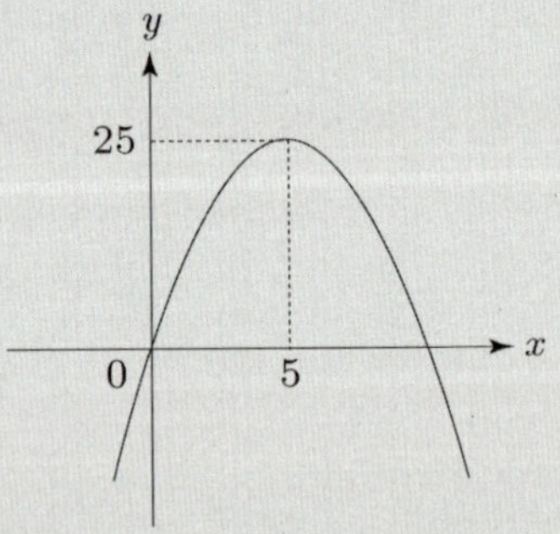

즉, $x=5$일 때 $y=x(10-5)$의 최댓값은 25가 된다. $x=a$라고 했으므로 가로 a가 5일 때 넓이 ab의 최댓값은 25가 된다. 그리고 $a+b=10$이므로 세로 b 또한 5가 된다.

정답 $a=b=5$

3장 방정식과 부등식(2)

1. 고차방정식
2. 그 밖의 방정식
3. 부등식(1, 2차)
4. 2차함수와 2차부등식
5. 그 밖의 부등식

1 고차방정식

고차방정식의 인수분해

3차 이상의 정방정식을 **고차방정식**이라고 말합니다. 그럼 고차방정식을 풀 수 있는 근의 공식도 존재할까요?

고차방정식의 일반적인 해법으로는 카르다노의 해법(3차방정식), 페라리의 해법(4차방정식)이 잘 알려져 있지만, 사용하기가 굉장히 까다로워 고등학교 수준에서는 다루지 않기로 하겠습니다. (5차방정식의 경우 '일반적인 해법이 없다는 것'이 증명된 바 있다)

고차방정식의 일반적인 해법을 모르더라도 '수식의 곱의 원리'를 이용하면, 고차방정식의 해를 구할 수 있습니다.

고차방정식의 해법 원리

세 수(식) A, B, C에 대하여 다음 곱의 원리가 성립한다.

$$ABC=0 \quad \Leftrightarrow \quad A=0 \text{ or } B=0 \text{ or } C=0$$

※ 곱의 원리를 적용하면, 고차방정식의 해를 구할 수 있다.

$(x-1)(x+2)(x-4)=0$ ➡ 해 : $x=1,\ -2,\ 4$

즉, 고차식을 인수분해할 수 있으면 고차방정식의 해를 구할 수 있습니다.

인수정리에 대해 다시 한 번 정리해 보도록 하겠습니다.

인수정리

다항식 $f(x)$에 대하여 $f(\alpha)=0$일 때, $(x-\alpha)$는 $f(x)$의 인수가 된다.

➡ $f(x)=(x-\alpha)Q(x)$

※ $f(\alpha)=0$을 만족하는 α는 보통 상수항의 약수가 된다.

인수분해를 이용한 고차방정식의 해법은 다음과 같습니다.

고차방정식의 해법(인수분해)

고차방정식 $f(x)=0$이 $(x-\alpha)(x-\beta)(x-\gamma)\cdots=0$일 때,
방정식의 해는 $x=\alpha,\ \beta,\ \gamma\cdots$가 된다.

다음 고차방정식을 풀어보도록 하겠습니다. (고차식을 인수분해할 때는 인수정리를 이용한다)

$$x^3 - 2x^2 - x + 2 = 0$$

우선 $f(x) = x^3 - 2x^2 - x + 2$라고 놓고, 상수항 2의 약수 $\pm 1, \pm 2$를 x에 대입해 봅니다. (먼저 x에 1을 대입해 본다)

$$f(1) : x^3 - 2x^2 - x + 2 = 1^3 - 2 \cdot 1^2 - 1 + 2 = 0$$

$f(\alpha) = 0$를 만족하는 α가 1이므로 $(x-1)$은 $f(x)$의 인수가 됩니다. ($f(x)$는 $(x-1)$로 나누어 떨어진다)

$$f(x) = (x-1)Q(x) \quad (\text{몫 } Q(x)\text{: 2차식})$$

항등식의 성질을 이용하여 $Q(x)$를 구해보도록 하겠습니다. (항등식의 미정계수를 결정할 때에는 $Q(x)$의 최고차항의 계수와 상수항부터 찾아본다)

우선 $Q(x)$를 $ax^2 + bx + c$라고 놓으면,

$$\begin{aligned} f(x) &= x^3 - 2x^2 - x + 2 \\ &= (x-1)(ax^2 + bx + c) \end{aligned}$$

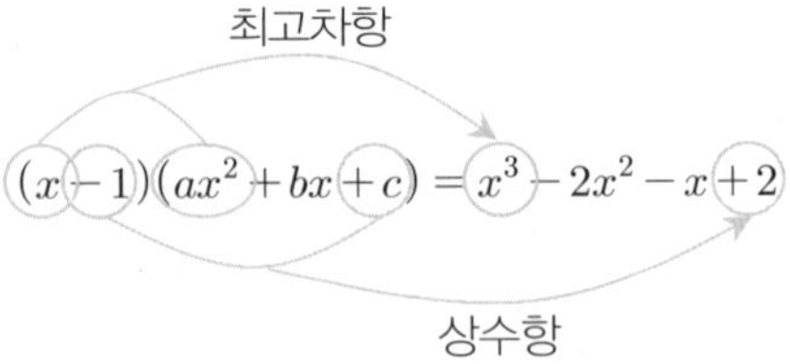

최고차항
(x − 1)(ax² + bx + c) = x³ − 2x² − x + 2
상수항

$f(x)$에서 x^3의 계수가 1이므로 $a = 1$이 됩니다. 또한 상수항이 2이므로 $c = -2$가 됩니다. 이번에는 b의 값을 구해보겠습니다. (양변의 1차항을 기준으로 b의 값을 암산으로 구해본다)

$$(x-1)(x^2+bx-2)$$
$$=x^3-2x^2-x+2$$

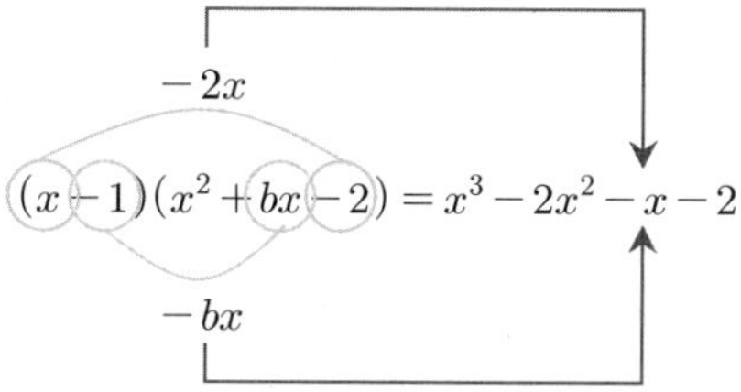

좌변을 전개하여 두 식을 비교하면 어렵지 않게 $b=-1$이 된다는 것을 알 수 있습니다.

$$a=1,\ b=-1,\ c=-2 \quad ➡ \quad Q(x)=x^2-x-2$$

$Q(x)=x^2-x-2$를 다시 인수분해하면 $(x+1)(x-2)$가 되므로, 최종적으로 3차식 $f(x)$는 다음과 같이 인수분해됩니다.

$$f(x)=x^3-2x^2-x+2 \quad ➡ \quad (x-1)(x-2)(x+1)$$

3차방정식 $x^3-2x^2-x+2=(x-1)(x-2)(x+1)=0$의 해 : $x=1,\ 2,\ -1$

인수분해만 잘하면 고차방정식도 할 만하군. 그런데 $Q(x)$를 구할 때, 조립제법이 더 편하지 않을까?
항등식의 미정계수를 결정할 때, 암산하는 게 좀 힘들면 조립제법을 이용하면 돼. 어차피 나눗셈이니까. 특히 4차 이상의 고차방정식을 인수분해할 때는 더더욱 그렇지.

이번에는 조립제법을 이용하여 다음 고차방정식을 풀어보도록 하겠습니다.
(4차 이상의 고차식을 인수분해할 때에는 조립제법을 이용하는 것이 더 좋나)

$$x^4+x^3-7x^2-x+6=0$$

우선 $f(x)=x^4+x^3-7x^2-x+6$이라고 놓고 상수항 6의 약수 ± 1, ± 2, $\cdots$를 x에 대입해 봅니다. (먼저 x에 1을 대입해 본다)

$$f(1): 1^4+1^3-7\times 1^2-1+6=0$$

$f(\alpha)=0$을 만족하는 α가 1이므로 $(x-1)$은 $f(x)$의 인수가 됩니다. ($f(x)$는 $(x-1)$로 나누어 떨어진다)

$$f(x)=(x-1)Q(x) \quad (\text{몫 } Q(x)\text{: 3차식})$$

조립제법을 이용하여 몫 $Q(x)$를 구해보도록 하겠습니다.

조립제법
$\{x^4+x^3-7x^2-x+6\}\div(x-1)$

1	1	1	−7	−1	6
		1	2	−5	−6
	1	2	−5	−6	0

x^3+2x^2-5x-6

$$Q(x)=x^3+2x^2-5x-6$$

$Q(x)=x^3+2x^2-5x-6$을 다시 인수분해하면 $(x+1)(x-2)(x+3)$이 되므로 $f(x)$는 최종적으로 다음과 같이 인수분해가 됩니다. (계산과정 생략)

$$f(x)=x^4+x^3-7x^2-x+6=(x-1)(x+1)(x-2)(x+3)$$

4차방정식 $x^4+x^3-7x^2-x+6=(x-1)(x+1)(x-2)(x+3)=0$의 해 :
$x=1,\ -1,\ 2,\ -3$

좀 복잡하긴 해도 그렇게 어려운 것은 아니죠? 이제 고차방정식의 풀이도 단순계산에 불과합니다.

$x^3=1$의 허근

가장 많이 활용되는 3차방정식은 바로 $x^3=1$입니다. 그럼 $x^3=1$의 해가 무엇인지 그리고 어떤 특징을 갖고 있는지 자세히 알아보도록 하겠습니다.

3차방정식 $x^3=1$을 풀기 위해서는 먼저 3차식 (x^3-1)을 인수분해해야 합니다. (인수정리를 이용할 수도 있으나 이미 알고 있는 인수분해공식을 적용해 본다)

$$x^3-1=(x-1)(x^2+x+1)$$

인수분해공식 : $a^3-b^3=(a-b)(a^2+ab+b^2)$

방정식 $x^3=1(x^3-1=0)$의 근은 '1과 $x^2+x+1=0$의 두 허근'이 됩니다. 근의 공식을 이용하여 $x^2+x+1=0$의 두 허근을 구해보면 다음과 같습니다.

$$ax^2+bx+c=0 \qquad x=\frac{-b\pm\sqrt{b^2-4ac}}{2a}$$

$$x^2+x+1=0$$

$$x=\frac{-1\pm\sqrt{1^2-4\cdot1\cdot1}}{2\cdot1}$$

$$=\frac{-1\pm\sqrt{3}\,i}{2} \qquad \sqrt{-1}=i$$

여기서 $x^2+x+1=0$의 한 허근 $\frac{-1+\sqrt{3}\,i}{2}$를 ω라고 하면, 또 다른 허근은 ω의 켤레복소수 $\overline{\omega}$가 됩니다. ($\overline{\omega}=\frac{-1-\sqrt{3}\,i}{2}$)

※ ω는 omega라고 읽고, $\overline{\omega}$는 omega bar라고 읽는다.

ω(omega)?
단순히 허근이잖아.
허근이지만 좀 특별하지.
ω만의 특별한 성질이 있거든.
?

3차방정식 $x^3=1$의 허근 ω는 어떤 성질을 가지고 있을까요? ω와 관련된 식을 하나씩 정리해 보도록 하겠습니다. (식의 변형 과정을 이해하면서 읽어 내려간다)

우선 ω는 $x^3-1=0$과 $x^2+x+1=0$의 근이므로, x에 ω를 대입하면 다음 등식이 성립합니다.

① $\omega^3=1$ ② $\omega^2+\omega+1=0$

② $\omega^2+\omega+1=0$의 양변을 ω로 나누어보겠습니다.

$$\omega^2+\omega+1=0 \quad \rightarrow \quad \omega+1+\frac{1}{\omega}=0 \quad ➡ \quad ③\ \omega+\frac{1}{\omega}=-1$$

$\frac{1}{\omega}$의 값을 구해보면, ω의 또 다른 성질을 유도할 수 있습니다. (분모의 실수화)

$$\frac{1}{\omega}=\frac{2}{-1+\sqrt{3}i}=\frac{2(-1-\sqrt{3}i)}{(-1+\sqrt{3}i)(-1-\sqrt{3}i)}=\frac{-1-\sqrt{3}i}{2}=\overline{\omega}$$

$$➡ \quad ④\ \frac{1}{\omega}=\overline{\omega}$$

※ $\frac{1}{\omega}$의 값은 ω의 켤레복소수인 $\overline{\omega}$와 같다. 또한 식 $\frac{1}{\omega}=\overline{\omega}$를 정리하면, $\omega\overline{\omega}=1$이 된다.

④ $\frac{1}{\omega}=\overline{\omega}$를 ③ $\omega+\frac{1}{\omega}=-1$에 대입해 보면,

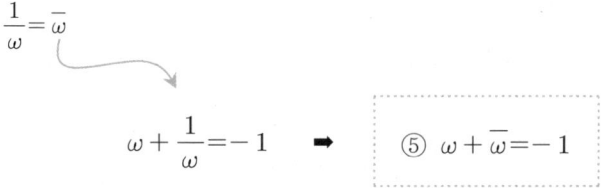

$$\frac{1}{\omega}=\overline{\omega}$$

$$\omega+\frac{1}{\omega}=-1 \quad ➡ \quad ⑤\ \omega+\overline{\omega}=-1$$

⑤ $\omega+\overline{\omega}=-1$을 ② $\omega^2+\omega+1=0$에 대입할 수도 있습니다.

$$\omega+\overline{\omega}=-1 \quad \rightarrow \quad \omega+1=-\overline{\omega}$$

$$\omega^2+\underline{\omega+1}=0 \quad ➡ \quad ⑥\ \omega^2=\overline{\omega}$$

⑥식을 통해 방정식 $x^3-1=0$의 세 근이 1, ω, ω^2이라는 사실을 알 수 있습니다.

$$⑦\ x^3-1=0 \ \Rightarrow \ \text{근} : 1,\ \omega,\ \omega^2(=\overline{\omega})$$

이상으로 3차방정식 $x^3=1$의 근 ω와 관련된 식들을 모두 살펴보았습니다. (ω와 관련된 식을 정리해 보면 다음과 같다)

① $\omega^3=1$ ② $\omega^2+\omega+1=0$ ③ $\omega+\dfrac{1}{\omega}=-1$

④ $\overline{\omega}=\dfrac{1}{\omega}\ (\rightarrow \omega\overline{\omega}=1)$ ⑤ $\overline{\omega}+\omega=-1$ ⑥ $\omega^2=\overline{\omega}$

⑦ $x^3=1$의 근 : 1, ω, $\omega^2(=\overline{\omega})$

$x^3=1$과 관련된 식이 왜 이렇게 많은 거야? 7가지나 되네. 이거 다 외워야 되나?
그럴 필요 없어. 식의 변형 과정을 두세 번 읽어보면 쉽게 유도할 수 있을 거야. 복소수란 게 참 신기하지?

참고로 $x^3=a^3$의 근에 대해 정리하면 다음과 같다.

$$x^3=a^3 \ \Rightarrow \ x^3-a^3=0 \ \Rightarrow \ (x-a)(x^2+ax+a^2)$$

$$x^3=a^3\text{의 근} : a,\ a\omega,\ a\overline{\omega}(=a\omega^2)$$

※ $x^n=1$의 근 ω_n을 '드 무아브르의 수'라고 일컫는다.
(드 무아브르라는 수학자에 의해 ω_n의 특이한 주기성이 발견되었다)

$x^3=1$과 관련하여 다음 문제를 풀어보도록 하겠습니다.

$x^3=1$의 한 허근을 ω라 할 때, 식 $\omega^{100}+\dfrac{1}{\omega^{100}}$의 값은?

$\omega=\dfrac{-1+\sqrt{3}i}{2}$을 100번 곱하라고? 아무리 단순계산이라도 이건 너무 심하다.
설마 100번 곱하는 문제일까? ω의 성질을 잘 이용하면 쉽게 구할 수 있지 않을까?
?

ω는 $x^3=1$의 근이므로 $\omega^3=1$이 됩니다. 지수법칙을 이용하면 ω^{100}의 값을 쉽게 구할 수 있습니다.

$$\omega^{100}=(\underbrace{\omega^3}_{=1})^{33}\times\omega=\omega \quad \Rightarrow \quad \omega^{100}+\frac{1}{\omega^{100}}=\omega+\frac{1}{\omega}$$

ω의 성질 중 ③ $\omega+\dfrac{1}{\omega}=-1$을 이용하면, 식 $\omega^{100}+\dfrac{1}{\omega^{100}}$의 값이 -1이 된다는 것을 쉽게 알 수 있습니다.

※ ③ $\omega+\dfrac{1}{\omega}=-1$이 기억나지 않을 경우, ω는 $x^2+x+1=0$의 허근이므로 x에 ω를 대입한 식 $\omega^2+\omega+1=0$의 양변을 ω로 나누면 $\omega+\dfrac{1}{\omega}=-1$ 이라는 사실을 쉽게 알 수 있다.

한 문제 더 풀어보도록 하겠습니다. (어떻게 풀지 잠시 생각해 보는 시간을 가져본다)

$x^3=1$의 한 허근 ω에 대하여 $a=\dfrac{2\omega+1}{3\omega+1}$일 때, $a\bar{a}$의 값을 구하여라.

허근 ω에 대한 성질은 하나씩 유도해 보면 되는 것이고, 그런데 켤레복소수의 성질이 생각이 잘 안 나네.
그 성질을 이용하면 식이 한결 간단해질 것 같은데.

문제해결을 위한 기본설계가 끝나셨나요? 그럼 함께 풀어보도록 하겠습니다. 우선 켤레복소수의 성질에 의해 $a\bar{a}$를 간단히 해보면 다음과 같습니다.

$$a=\frac{2\omega+1}{3\omega+1} \quad ➡ \quad a\bar{a}=\left(\frac{2\omega+1}{3\omega+1}\right)\overline{\left(\frac{2\omega+1}{3\omega+1}\right)}=\left(\frac{2\omega+1}{3\omega+1}\right)\left(\frac{2\bar{\omega}+1}{3\bar{\omega}+1}\right)$$

$x^3=1$의 한 허근 ω의 성질 ④ $\bar{\omega}=\dfrac{1}{\omega}\,(\omega\bar{\omega}=1)$, ⑤ $\omega+\bar{\omega}=-1$ 을 대입하면 어렵지 않게 $a\bar{a}$의 값을 구할 수 있습니다.

$$\left(\frac{2\omega+1}{3\omega+1}\right)\left(\frac{2\bar{\omega}+1}{3\bar{\omega}+1}\right)=\frac{4\omega\bar{\omega}+2(\omega+\bar{\omega})+1}{9\omega\bar{\omega}+3(\omega+\bar{\omega})+1}=\frac{4-2+1}{9-3+1}=\frac{3}{7}$$

여러 가지 고차방정식의 풀이

이번에 소개할 것은 유형별 고차방정식의 풀이법입니다. (유형별 고차방정식의 풀이법을 따로 암기할 필요는 없다. 가끔씩 필요할 때마다 책을 찾아보면서 적용하는 것으로 충분하다)

복(複)2차방정식

$x^4+2x^2-3=0$과 같이 x의 짝수차수의 항으로만 이루어진 방정식을 **복(複)2차방정식**이라고 말한다. (여기서 복은 '겹칠 복(複)' 자를 쓰며, 2차식이 겹쳐진 방정식을 의미한다)

복2차방정식에서 x^2을 X로 치환하면 쉽게 X를 구할 수 있습니다.

$$x^4+2x^2-3=0$$

$$\Rightarrow X^2+2X-3=0$$

($x^2=X$ 치환)

X에 관한 2차방정식이 도출되었으므로 인수분해 또는 근의 공식을 이용하여 X의 값을 구한 다음 x값을 찾아보면 다음과 같습니다.

$$X^2+2X-3=0 \Rightarrow (X-1)(X+3)=0 \Rightarrow X=1,\ -3$$

($X=x^2$)

$$x=\pm1,\ \pm\sqrt{3}i \leftarrow x^2=1,\ x^2=-3$$

중복(複)치환방정식

$(x^2+7x+4)(x^2+7x+6)-24=0$과 같이 괄호 안에 x^2+7x가 공통으로 들어 있는 고차방정식을 **중복치환방정식**이라고 말한다. (치환 가능한 식이 2개 이상 들어 있는 방정식을 말한다)

그럼 $(x^2+7x+4)(x^2+7x+6)-24=0$의 해를 구해보도록 하겠습니다. 우선 x^2+7x를 X로 치환하면, 쉽게 X의 값을 구할 수 있습니다.

$$(x^2+7x+4)(x^2+7x+6)-24=0 \quad ➡ \quad (X+4)(X+6)-24=0$$

※ $X=x^2+7x$로 치환

$$(X+4)(X+6)-24=0 \quad ➡ \quad X^2+10X=0 : X=0,\ -10$$

$X=\ x^2+7x$이므로 x에 관한 2차방정식을 풀어보면,

$$X=0,\ -10 : x^2+7x=0,\ x^2+7x=-10 \quad ➡ \quad x=0,\ -7,\ -2,\ -5$$

$$x^2+7x=0 \ /\!/\ x(x+7)=0, \qquad x^2+7x=-10 \ /\!/\ (x+2)(x+5)=0$$

상반(相伴)방정식

고차방정식 $x^4+4x^3+x^2+4x+1=0$과 같이 가운데 항 x^2을 기준으로 계수가 좌우대칭형을 이루고 있는 방정식을 **상반(相伴)방정식**이라고 말한다. (상반방정식은 '서로 상(相)', '짝 반(伴)' 자를 써서 '서로 짝(대칭)을 이루는 방정식'을 뜻하는 한자어이다)

$x^5+4x^4+x^3+x^2+4x+1=0$ 또한 중심을 기준으로 계수가 좌우대칭형을 이루기 때문에 상반방정식이라고 말할 수 있습니다. (상반방정식은 항의 개수가 홀수개인 '홀수형 상반방정식'과 항의 개수가 짝수개인 '짝수형 상반방정식'으로 구분할 수 있다)

$$x^4+4x^3+x^2+4x+1=0$$

홀수형 상반방정식

$$x^5+4x^4+x^3+x^2+4x+1=0$$

짝수형 상반방정식

우선 홀수형 상반방정식의 풀이법부터 소개하도록 하겠습니다. (짝수형 상반방정식은 홀수형 상반방정식의 풀이법을 적용하여 해결할 수 있다)

> ① **홀수형 상반방정식의 풀이법(항의 개수 : 홀수)**
> 가운데 항으로 양변을 나누어준 다음 완전제곱 변형공식
> '$a^2+b^2=(a+b)^2-2ab$'를 이용하여 인수분해한다.

다음 홀수형 상반방정식을 풀어보도록 하겠습니다.

$$x^4+4x^3+2x^2+4x+1=0$$ (항의 개수 : 5개)

먼저 양변을 가운데 항 x^2으로 나누어봅니다. (단, $x \neq 0$이다)

$$x^4+4x^3+2x^2+4x+1=0$$

x^2으로 양변을 나눈다

$$\rightarrow x^2+4x+2+\frac{4}{x}+\frac{1}{x^2}=0$$

x, $\frac{1}{x}$을 기준으로 식을 정리

$$\rightarrow x^2+\frac{1}{x^2}+4\left(x+\frac{1}{x}\right)+2=0$$

정리된 식에서 '$x^2+\frac{1}{x^2}$과 $x+\frac{1}{x}$'이 눈에 들어올 것입니다. '$x^2+\frac{1}{x^2}$과 $x+\frac{1}{x}$'에 완전제곱 변형공식 $a^2+b^2=(a+b)^2-2ab$를 적용해 보면 다음과 같습니다. (식이 복잡하므로 가능한 한 천천히 살펴본다)

$$a=x,\ b=\frac{1}{x}\ :\ a^2+b^2=(a+b)^2-2ab \Rightarrow x^2+\frac{1}{x^2}=\left(x+\frac{1}{x}\right)^2-2$$

앞서 x^2으로 나눈 식 $x^2+\frac{1}{x^2}+4(x+\frac{1}{x})+2=0$에 변형공식 $x^2+\frac{1}{x^2}=(x+\frac{1}{x})^2-2$를 대입해 보면,

변형공식 : $x^2+\frac{1}{x^2}=(x+\frac{1}{x})^2-2$

x^2으로 나눈 식 : $x^2+\frac{1}{x^2}+4(x+\frac{1}{x})+2=(x+\frac{1}{x})^2-2+4(x+\frac{1}{x})+2=0$

$$\Rightarrow \left(x+\frac{1}{x}\right)^2+4\left(x+\frac{1}{x}\right)=0$$

도출된 식을 보니 $x+\frac{1}{x}=X$로 치환하고 싶죠? (치환하면 X에 관한 2차방정식이 나온다)

$$X^2+4X=0 \Rightarrow X^2+4X=X(X+4) \Rightarrow X=0,\ X=-4$$

$X=x+\frac{1}{x}$을 $X=0,\ X=-4$에 대입하면 미지수 x를 구할 수 있습니다. (양변에 x를 곱하여 x에 관한 2차방정식을 도출한다)

$$x+\frac{1}{x}=0,\ x+\frac{1}{x}=-4 \quad \Rightarrow \quad x^2+1=0,\ x^2+1=-4x$$

$$x=\pm i,\ -2\pm\sqrt{3}$$

이번에는 짝수형 상반방정식의 풀이법을 소개하도록 하겠습니다.

② 짝수형 상반방정식의 풀이법(항의 개수 : 짝수)

계수가 좌우대칭이므로 $f(-1)=0$이 성립한다. (즉, $f(x)$는 $(x+1)Q(x)$로 인수분해된다) 여기서 $Q(x)=0$은 홀수형 상반방정식이 된다.

➡ 홀수형 상반방정식 $Q(x)=0$을 풀면 $f(x)=0$의 해를 구할 수 있다.

$f(x)=0$의 해 : -1, $Q(x)=0$의 해

다음 짝수형 상반방정식을 풀어보도록 하겠습니다.

$$x^5+4x^4+x^3+x^2+4x+1=0 \text{ (항의 개수 : 6개)}$$

일반적인 고차방정식의 인수분해와 마찬가지로 좌변을 $f(x)$라고 놓고 $f(\alpha)=0$을 만족하는 α값을 찾습니다. (계수가 좌우대칭이므로 $\alpha=-1$이라는 사실을 쉽게 알 수 있다)

x에 -1을 대입하면 $f(-1)=0$

$f(x)=x^5+4x^4+x^3+x^2+4x+1$

➡ $f(-1)=-1+4-1+1-4+1=0$

$f(\alpha)=0$을 만족하는 α가 -1이므로, $(x+1)$은 다항식 $f(x)=x^5+4x^4+x^3+x^2+4x+1$의 인수가 됩니다.

$$f(x)=x^5+4x^4+x^3+x^2+4x+1 \quad ➡ \quad f(x)=(x+1)Q(x)$$

조립제법을 이용하여 $Q(x)$를 구해보면,

$$\begin{array}{r|rrrrrr} -1 & 1 & 4 & 1 & 1 & 4 & 1 \\ & & -1 & -3 & 2 & -3 & -1 \\ \hline & 1 & 3 & -2 & 3 & 1 & 0 \end{array} \quad ➡ \quad f(x)=(x+1)(x^4+3x^3-2x^2+3x+1)$$

$Q(x)=x^4+3x^3-2x^2+3x+1$

여기서 몫 $Q(x)$는 홀수형 상반방정식이 되므로, 그 해법에 따라 $Q(x)=0$를 만족하는 미지수 x값을 구할 수 있습니다. 즉, 고차방정식 $f(x)=0$의 해는 -1과 $Q(x)=0$의 해가 됩니다. (계산과정 생략)

3차방정식의 근과 계수와의 관계

3차방정식 $ax^3+bx^2+cx+d=0$의 세 근을 α, β, γ 라고 하면 $ax^3+bx^2+cx+d=0$은 다음과 같이 인수분해될 것입니다.

$$a(x-\alpha)(x-\beta)(x-\gamma)=0$$

위 식을 전개하여 $ax^3+bx^2+cx+d=0$과 비교하면 3차방정식의 근 α, β, γ와 계수 a, b, c, d와의 관계를 도출해 낼 수 있습니다.

$$a(x-\alpha)(x-\beta)(x-\gamma)=0$$

$$\Rightarrow\ ax^3\underline{-a(\alpha+\beta+\gamma)x^2}+\underline{a(\alpha\beta+\beta\gamma+\gamma\alpha)x}-\underline{a(\alpha\beta\gamma)}=0$$

$$ax^3+bx^2+cx+d=0$$

$$\alpha+\beta+\gamma=-\frac{b}{a},\quad \alpha\beta+\beta\gamma+\gamma\alpha=\frac{c}{a},\quad \alpha\beta\gamma=-\frac{d}{a}$$

조금 복잡해 보이죠?
근과 계수와의 관계식을 잘 살펴보면 '세 근의 합($\alpha+\beta+\gamma$)', '두 근끼리 곱의 합($\alpha\beta+\beta\gamma+\gamma\alpha$)', '세 근의 곱($\alpha\beta\gamma$)'의 관계라는 것을 쉽게 알 수 있습니다.

두 근끼리의 곱의 합

$$\alpha+\beta+\gamma=-\frac{b}{a},\quad \alpha\beta+\beta\gamma+\gamma\alpha=\frac{c}{a},\quad \alpha\beta\gamma=-\frac{d}{a}$$

세 근의 합　　　　　　　　　　　　　세 근의 곱

다음 고차방정식에서 '세 근의 합'과 '두 근끼리 곱의 합', '세 근의 곱'을 구해보도록 하겠습니다.

$$2x^3+x^2-4x+5=0$$

- 세 근의 합 : $\alpha+\beta+\gamma=-\dfrac{b}{a}$ ➡ $-\dfrac{1}{2}$
- 두 근끼리의 곱의 합 : $\alpha\beta+\beta\gamma+\gamma\alpha=\dfrac{c}{a}$ ➡ $\dfrac{-4}{2}=-2$
- 세 근의 곱 : $\alpha\beta\gamma=-\dfrac{d}{a}$ ➡ $-\dfrac{5}{2}$

2차방정식과 3차방정식 근과 계수와의 관계 비교

방정식	근의 합	두 근의 곱	세 근의 곱
2차방정식 $ax^2+bx+c=0$	$\alpha+\beta$	$\alpha\beta$	없음
3차방정식 $ax^3+bx^2+cx+d=0$	$\alpha+\beta+\gamma$	$\alpha\beta+\beta\gamma+\gamma\alpha$	$\alpha\beta\gamma$
근과 계수와의 관계	$-\dfrac{b}{a}$	$\dfrac{c}{a}$	$-\dfrac{d}{a}$

참고로 최고차항의 계수가 1이고 α, β, γ를 세 근으로 하는 3차방정식을 만들어보면 다음과 같습니다. $(a=1)$

$$x^3+bx^2+cx+d=0$$

$$\Rightarrow \quad x^3-(\alpha+\beta+\gamma)x^2+(\alpha\beta+\beta\gamma+\gamma\alpha)x-\alpha\beta\gamma=0$$

※ 세 근을 알면 쉽게 3차방정식을 만들어 낼 수 있다. (세 근 : 1, −1, 2)

$$x^3-(\alpha+\beta+\gamma)x^2+(\alpha\beta+\beta\gamma+\gamma\alpha)x-\alpha\beta\gamma=0$$

$$\Rightarrow x^3-(1-1+2)x^2+(-1-2+2)x-(-2)=0$$

$$\Rightarrow x^3-2x^2-x+2=0$$

3차방정식의 근과 계수와의 관계를 이용하여 다음 응용문제를 풀어보도록 하겠습니다. (어떻게 풀지 잠시 생각해 보는 시간을 가져본다)

$x^3-x^2+2x+1=0$의 세 근을 α, β, γ라고 할 때, 다음 식의 값을 구하여라.

① $\alpha^2+\beta^2+\gamma^2$ ② $\dfrac{1}{\alpha}+\dfrac{1}{\beta}+\dfrac{1}{\gamma}$

3차방정식의 근과 계수와의 관계가 뭐였더라…. 관계식을 변형하면 쉽게 구할 수 있을 거 같은데. 식의 값과 관련된 인수분해공식도 가물가물하네.

문제해결을 위한 기본설계가 끝나셨나요? 그럼 ①번부터 함께 풀어보도록 하겠습니다. (먼저 근과 계수와의 관계를 확인해 보자)

$x^3-x^2+2x+1=0$의 세 근을 α, β, γ라고 할 때,
$\alpha+\beta+\gamma=1$, $\alpha\beta+\beta\gamma+\gamma\alpha=2$, $\alpha\beta\gamma=-1$이 성립한다.

① $\alpha^2+\beta^2+\gamma^2$의 값을 구하기 위해
곱셈공식 $(\alpha+\beta+\gamma)^2=\alpha^2+\beta^2+\gamma^2+2(\alpha\beta+\beta\gamma+\gamma\alpha)$을 활용할 수 있다.

$$(\alpha+\beta+\gamma)^2=\alpha^2+\beta^2+\gamma^2+2(\alpha\beta+\beta\gamma+\gamma\alpha)$$

1 ? 2

$$\rightarrow \alpha^2+\beta^2+\gamma^2=-3$$

② $\dfrac{1}{\alpha}+\dfrac{1}{\beta}+\dfrac{1}{\gamma}$을 통분하면 쉽게 답을 구할 수 있다.

$$\frac{1}{\alpha}+\frac{1}{\beta}+\frac{1}{\gamma}=\frac{\alpha\beta+\beta\gamma+\gamma\alpha}{\alpha\beta\gamma}=\frac{2}{-1}=-2$$

켤레근의 정리

2차방정식의 '켤레근에 관한 정리'를 고차방정식에도 그대로 적용할 수 있습니다. (먼저 2차방정식의 켤레근의 정리를 정리하면 다음과 같다)

켤레근의 정리

- 유리계수 2차방정식 $ax^2+bx+c=0$의 한 근이 $p+q\sqrt{m}$ (p, q는 유리수, $\sqrt{m}$은 무리수)일 때, 나머지 한 근은 $p-q\sqrt{m}$이 된다.
- 실계수 2차방정식 $ax^2+bx+c=0$에서 한 근이 $p+qi$ (p, q는 실수)일 때, 나머지 한 근은 $p-qi$가 된다.

고차방정식은 2차방정식을 포함하고 있기 때문에, '켤레근의 정리'를 그대로 적용하면 다음과 같습니다.

3차방정식 : $x^3+3x^2-2=0$ ➡ $(x+1)\underline{(x^2+2x-2)}=0$

3차방정식의 근 : -1, $-1\pm\sqrt{3}$ (켤레근)

고차방정식의 켤레근의 정리

- 유리계수 고차방정식 $a_nx^n+a_{n-1}x^{n-1}+\dots+a_0=0$의 한 근이 $p+q\sqrt{m}$ (p, q는 유리수, $\sqrt{m}$은 무리수)일 때, 또 다른 한 근은 $p-q\sqrt{m}$이 된다.
- 실계수 고차방정식 $a_nx^n+a_{n-1}x^{n-1}+\dots+a_0=0$에서 한 근이 $p+qi$ (p, q는 실수)일 때 또 다른 한 근은 $p-qi$가 된다.

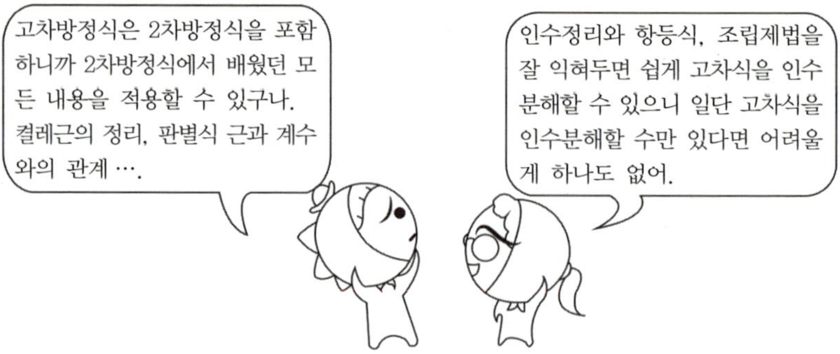
고차방정식은 2차방정식을 포함하니까 2차방정식에서 배웠던 모든 내용을 적용할 수 있구나. 켤레근의 정리, 판별식 근과 계수와의 관계 ….
인수정리와 항등식, 조립제법을 잘 익혀두면 쉽게 고차식을 인수분해할 수 있으니 일단 고차식을 인수분해할 수만 있다면 어려울 게 하나도 없어.

다음 켤레근에 관한 문제를 풀어보도록 하겠습니다. (어떻게 풀지 잠시 생각해 보는 시간을 가져본다)

실계수 3차방정식 $x^3+ax^2+3x+b=0$의 한 근이 $1+i$일 때, 실수 a, b의 값을 구하여라.

a, b에 대한 연립방정식 2개를 만들어야겠군.
한 근이 $1+i$이니까 다른 한 근은 ….

문제해결을 위한 기본설계가 끝나셨나요? 그럼 함께 풀어보도록 하겠습니다. 우선 세 근 중 한 근이 $1+i$이므로 다른 한 근은 $1-i$가 됩니다. 그럼 나머지 한 근을 α로 놓고 3차방정식 $x^3+ax^2+3x+b=0$의 근과 계수와의 관계를 살펴보면,

- 세 근의 합 : $(1+i)+(1-i)+\alpha=-a$ ➡ $2+\alpha=-a$
- 두 근의 곱의 합 : $(1+i)(1-i)+\alpha(1+i)+\alpha(1-i)=3$ ➡ $2+2\alpha=3$

• 세 근의 곱 : $(1+i)(1-i)\alpha=-b$ ➡ $2\alpha=-b$

위 식을 연립하면 a, b, α를 구할 수 있습니다. (계산과정 생략)

$$a=-\frac{5}{2},\ b=-1,\ \alpha=\frac{1}{2}$$

정방정식의 변형

정방정식 $f(x)=0$의 근이 α, β일 때, $f(x-k)=0$의 근은 무엇일까요?
(먼저 $f(x-k)$에 대해 간략히 살펴보자)

$f(x-k)$

$f(x-k)$는 다항식 $f(x)$에서 x 대신 $x-k$를 대입한 식과 같다.
예를 들어 $f(x)=x^2+1$이라면,

$$f(x)=x^2+1 \xrightarrow{(x \text{ 대신 } x-k\text{를 대입})} f(x-k)=(x-k)^2+1$$

2차방정식 $f(x)=0$의 근이 α, β일 때, $f(x-k)=0$의 근이 무엇인지 찾아보도록 하겠습니다. ($f(x)=0$의 근이 α, β이면, 다항식 $f(x)$는 $(x-\alpha)(x-\beta)$가 된다)

$f(x-k)$는 $f(x)$에 x 대신에 $(x-k)$를 대입한 식이므로, $f(x-k)$의 근은 다음과 같습니다.

$$f(x)=(x-\alpha)(x-\beta) \ ➡ \ f(x-k)=(x-k-\alpha)(x-k-\beta)$$

$f(x-k)=0$의 근

$(x-k-\alpha)(x-k-\beta)=0 \quad ➡ \quad x=\alpha+k,\ \beta+k$

2차방정식 $f(x)=0$의 근이 α, β일 때, $f(x-k)=0$의 근은 $\alpha+k$, $\beta+k$가 됩니다. 마찬가지로 고차방정식 $f(x)=0$의 근이 α, β, γ, $\cdots$라고 한다면 $f(x-k)=0$의 근은 $\alpha+k$, $\beta+k$, $\gamma+k\cdots$가 될 것입니다.

그렇다면 $f(kx)=0$의 근은 어떻게 될까요? 동일한 방식으로 계산하게 되면 $f(kx)=0$의 근이 $\frac{\alpha}{k}$, $\frac{\beta}{k}$, $\frac{\gamma}{k}\cdots$가 된다는 사실을 쉽게 확인할 수 있습니다. (참고로 $f(\frac{1}{x})$의 근은 $\frac{1}{\alpha}$, $\frac{1}{\beta}$, $\frac{1}{\gamma}\cdots$이 된다)

정방정식 $f(x-k)=0$, $f(kx)=0$, $f(\frac{1}{x})=0$의 근

$f(x)=0$의 근이 α, β, $\gamma\cdots$일 때,

① $f(x-k)=0$의 근 : $\alpha+k$, $\beta+k$, $\gamma+k\cdots$

($f(x)=0$의 근에 k를 더한다)

② $f(kx)=0$의 근 : $\frac{\alpha}{k}$, $\frac{\beta}{k}$, $\frac{\gamma}{k}\cdots$ ($f(x)=0$의 근을 k로 나눈다)

③ $f(\frac{1}{x})=0$의 근 : $\frac{1}{\alpha}$, $\frac{1}{\beta}$, $\frac{1}{\gamma}\cdots$ ($f(x)=0$의 근의 역수를 취한다)

와~ 신기하다. f(x)의 근만 알면 그 변형식의 근을 쉽게 알 수 있네. 이거 다 외우면 쉽게 풀 수 있겠다.
외울 필요 없어. f(x), f(x−k), f(kx) …를 이해하고 X로 치환하기만 하면 쉽게 풀 수 있어.

다음 $f(x)$에 대하여 방정식 $f(x-2)=0$, $f(3x)=0$, $f(\frac{1}{x})=0$의 근을 구해보도록 하겠습니다.

$$f(x)=x^2-8x+12$$

우선 $f(x)=0$의 근을 구해보면,

$$x^2-8x+12=(x-2)(x-6)=0 \quad ➡ \quad x=2,\ 6$$

① $f(x-2)=0$의 근 : 2, 6에 2를 더한 값 ➡ $x=4,\ 8$

② $f(3x)=0$의 근 : 2, 6을 3으로 나눈 값 ➡ $x=\frac{2}{3},\ 2$

③ $f(\frac{1}{x})=0$의 근 : 2, 6의 역수 ➡ $x=\frac{1}{2},\ \frac{1}{6}$

$f(x-k)=0$, $f(kx)$, $f(\frac{1}{x})$의 근에 대한 공식을 굳이 외울 필요는 없습니다. $f(x\cdots)$의 괄호 안을 X로 치환하여 풀면 쉽게 해결되기 때문입니다. 참고로 치환의 방법을 통해 위 문제를 다시 한 번 풀어보도록 하겠습니다. (천천히 읽고 넘어간다)

$$f(x)=x^2-8x+12$$

① $f(x-2)=0$의 근

$f(x-2)=0$ ➡ $f(x-2)=(x-2)^2-8(x-2)+12$

$x-2=X$로 치환

$X^2-8X+12$ ➡ $X=2,\ 6$: $x-2=2$, $x-2=6$ ➡ $x=4,\ 8$

② $f(3x)=0$의 근

$f(3x)=0$ ➡ $f(3x)=(3x)^2-8(3x)+12$

$3x=X$로 치환

$X^2-8X+12$ ➡ $X=2,\ 6$: $3x=2,\ 3x=6$ ➡ $x=\frac{2}{3},\ 2$

③ $f(\frac{1}{x})=0$의 근

$f(\frac{1}{x})=0$ ➡ $f(\frac{1}{x})=(\frac{1}{x})^2-8(\frac{1}{x})+12$

$\frac{1}{x}=X$로 치환

$X^2-8X+12$ ➡ $X=2,\ 6$: $\frac{1}{x}=2,\ \frac{1}{x}=6$ ➡ $x=\frac{1}{2},\ \frac{1}{6}$

개념 한눈에 보기

1. **고차방정식의 해법 원리** : $ABC=0 \Leftrightarrow A=0$ or $B=0$ or $C=0$
2. **인수정리** : 다항식 $f(x)$에 대하여 $f(\alpha)=0$일 때, $(x-\alpha)$는 $f(x)$의 인수가 된다.
   $\rightarrow f(x)=(x-\alpha)Q(x)$
3. **$x^3=1$의 한 허근 ω**

   ① $\omega^3=1$ ② $\omega^2+\omega+1=0$ ③ $\omega+\dfrac{1}{\omega}=-1$

   ④ $\omega=\dfrac{1}{\omega}$ $(\rightarrow \omega\overline{\omega}=1)$ ⑤ $\overline{\omega}+\omega=-1$ ⑥ $\omega^2=\overline{\omega}$

   ⑦ $x^3=1$의 근 : $1, \omega, \omega^2(=\overline{\omega})$
4. **복(複)2차방정식** : x의 짝수 차수의 항으로만 이루어진 방정식
5. **중복치환방정식** : 2개 이상의 치환 가능한 식이 들어 있는 고차방정식
6. **상반방정식**
   - 홀수형 상반방정식 : 가운데 항을 중심으로 계수가 좌우대칭꼴의 고차방정식
   - 짝수형 상반방정식 : 중심을 기준으로 계수가 좌우대칭꼴의 고차방정식
7. **3차방정식의 근과 계수와의 관계** : $ax^3+bx^2+cx+d=0$의 세 근을 α, β, γ라고 할 때, 근과 계수와의 관계는 $\alpha+\beta+\gamma=-\dfrac{b}{a}$, $\alpha\beta+\beta\gamma+\gamma\alpha=\dfrac{c}{a}$, $\alpha\beta\gamma=-\dfrac{d}{a}$이다.
8. **켤레근의 정리**
   - 유리계수의 고차방정식의 한 근이 $p+q\sqrt{m}$ (p, q는 유리수, $\sqrt{m}$은 무리수)일 때, 또 다른 한 근은 $p-q\sqrt{m}$이 된다.
   - 실계수의 고차방정식의 한 근이 $p+qi$(p, q는 실수)일 때, 또 다른 한 근은 $p-qi$가 된다.
9. **정방정식의 변형**

   $f(x)=0$의 근이 $\alpha, \beta, \gamma, \cdots$일 때,
   - $f(x-k)=0$의 근 : $\alpha+k, \beta+k, \gamma+k\cdots$
   - $f(kx)=0$의 근 : $\dfrac{\alpha}{k}, \dfrac{\beta}{k}, \dfrac{\gamma}{k}\cdots$
   - $f(\dfrac{1}{x})$의 근 : $\dfrac{1}{\alpha}, \dfrac{1}{\beta}, \dfrac{1}{\gamma}\cdots$

도출형 학습방식으로 다음 문제를 풀어보겠습니다. (개념이 잘 기억나지 않으면 앞의 내용을 찾아보길 바란다)

> **다음 3차방정식 $f(x)=x^3-ax^2+5x-b=0$의 한 근이 $1-\sqrt{2}$일 때, $f(\frac{1}{x})=0$의 근을 구하여라.** (a, b는 유리수)

1 단계 **개념도출** 문제를 풀기 위해서는 어떤 개념을 알아야 할까요?

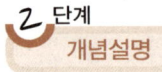

2 단계 **개념설명** 개념을 알고 있다면 간단히 설명해 보길 바랍니다.

3 단계 **문제해결** 그럼 어떻게 문제를 해결할 수 있을까요?

다음 3차방정식 $f(x)=x^3-ax^2+5x-b=0$의 한 근이 $1-\sqrt{2}$일 때, $f(\frac{1}{x})=0$의 근을 구하여라. (a, b는 유리수)

1단계 문제를 풀기 위해서는 어떤 개념을 알아야 할까요?

켤레근의 정리, 3차방정식의 근과 계수와의 관계, $f(\frac{1}{x})=0$의 근에 대해 알아야 한다.

2단계 개념을 알고 있다면 간단히 설명해 보길 바랍니다.

켤레근의 정리

- 유리계수의 고차방정식의 한 근이 $p+q\sqrt{m}$ (p, q는 유리수, $\sqrt{m}$은 무리수)일 때 또 다른 한 근은 $p-q\sqrt{m}$이 된다.
- 실계수의 고차방정식의 한 근이 $p+qi$(p, q는 실수)일 때 또 다른 한 근은 $p-qi$가 된다.

3차방정식의 근과 계수와의 관계

3차방정식 $ax^3+bx^2+cx+d=0$의 세 근이 α, β, γ라고 할 때, 다음이 성립한다.

$$\alpha+\beta+\gamma=-\frac{b}{a},\ \alpha\beta+\beta\gamma+\gamma\alpha=\frac{c}{a},\ \alpha\beta\gamma=-\frac{d}{a}$$

$f(\frac{1}{x})=0$의 근

$f(x)=0$의 근이 α, β, $\cdots$일 때, $f(\frac{1}{x})=0$의 근은 $\frac{1}{\alpha}$, $\frac{1}{\beta}$, $\cdots$이 된다.

3단계 그럼 어떻게 문제를 해결할 수 있을까요?

주어진 3차방정식 $x^3-ax^2+5x-b=0$의 근이 $1-\sqrt{2}$ 이고 방정식의 계수가 모두 유리수이므로, 켤레근의 정리에 의해 또 다른 한 근은 $1+\sqrt{2}$ 가 된다. 나머지 한 근을 α라고 한 후 근과 계수와의 관계를 이용하면, α, a, b의 값을 모두 구할 수 있다. ($f(x)=0$의 세 근 $1-\sqrt{2}$, $1+\sqrt{2}$, α가 된다)

우리가 구하고자 하는 $f(\frac{1}{x})=0$의 근은 $f(x)=0$의 근의 역수이므로 $\frac{1}{1-\sqrt{2}}$, $\frac{1}{1+\sqrt{2}}$, $\frac{1}{\alpha}$이 된다.

정답이 궁금한 학생들은 다음 정답풀이를 참고하시기 바랍니다.

주어진 3차방정식 $x^3-ax^2+5x-b=0$의 근이 $1-\sqrt{2}$이고, 방정식의 계수가 모두 유리수이므로 켤레근의 정리에 의해 또 다른 한 근은 $1+\sqrt{2}$가 된다. 나머지 한 근을 α라고 하면, 3차방정식 $x^3-ax^2+5x-b=0$에 근과 계수와의 관계는 다음과 같다.

$$x^3-\underline{a}x^2\underline{+5}x-\underline{b}=0$$

$$\alpha+\beta+\gamma \qquad \alpha\beta+\beta\gamma+\gamma\alpha \qquad \alpha\beta\gamma$$

$$\begin{cases} a=(1-\sqrt{2})+(1+\sqrt{2})+\alpha \\ 5=(1-\sqrt{2})(1+\sqrt{2})+\alpha(1-\sqrt{2})+\alpha(1+\sqrt{2}) \\ b=\alpha(1-\sqrt{2})(1+\sqrt{2}) \end{cases}$$

$$\alpha=3 \qquad a=5 \qquad b=-3$$

➡ $f(x)=0$의 근 : $1-\sqrt{2}$, $1+\sqrt{2}$, 3

구하고자 하는 $f(\frac{1}{x})=0$의 근은 $f(x)=0$의 근 $1-\sqrt{2}$, $1+\sqrt{2}$, 3에 역수를 취한 값이므로,

$$f(\frac{1}{x})=0\text{의 근} : \frac{1}{1-\sqrt{2}}, \frac{1}{1+\sqrt{2}}, \frac{1}{3}$$

정답 $\frac{1}{1-\sqrt{2}}, \frac{1}{1+\sqrt{2}}, \frac{1}{3}$

2 그 밖의 방정식

연립방정식과 그 풀이법

2개 이상의 미지수를 공유하는 방정식을 **연립방정식**이라고 말합니다. 일반적인 연립방정식의 조건은 다음과 같습니다.

연립방정식의 조건

① 2개 이상의 미지수를 공유하며,
② 미지수의 개수만큼 방정식이 존재하고,
③ 주어진 방정식을 모두 만족하는 미지수의 값을 요구할 때

방정식 $x+y=5$, $2x-y=6$을 모두 만족하는 x, y값을 구하여라.

→ 연립방정식

연립방정식의 풀이 원리는 의외로 단순합니다.

연립방정식의 풀이 원리

1개의 미지수(문자)로 된 방정식(1원방정식)을 도출한 후, 미지수를 하나씩 구해나간다.

※ 일반적으로 n개의 미지수를 구하기 위해서는 n개의 연립방정식이 필요하다.

연립방정식의 풀이법에는 기본적으로 **가감법**, **대입법**, **등치법**이 있는데, 이는 모두 1원방정식을 도출하는 방법입니다.

연립방정식의 풀이법

- **가감법** : 각각의 방정식에 적절한 상수를 곱하거나 나눈 다음 그 식들을 서로 더하거나 빼 1원방정식을 도출한다.
- **대입법** : 어떤 식을 1개의 문자에 관하여 풀고 난 후 또 다른 식에 대입하여 1원방정식을 도출한다.
- **등치법** : 모든 식을 1개의 문자에 관하여 풀고 난 후 등식이 서로 같다는 것을 이용하여 1원방정식을 도출한다.

다음 연립방정식을 가감법, 대입법, 등치법을 이용하여 풀어보도록 하겠습니다.

① $3x-4y=2$　　② $x+y=3$

1) 가감법

적절한 상수를 곱하여 식을 서로 더하거나 빼 미지수 1개를 소거합니다.

(②식 $x+y=3$에 숫자 3을 곱한 후, ①식 $3x-4y=2$를 빼면 미지수 x가 소거된다)

$$\begin{array}{r} \cancel{3x}+3y=9 \\ -\;)\;\underline{\cancel{3x}-4y=2} \\ 7y=7 \quad \cdots\cdots\cdots ③ \end{array}$$

③식 $7y=7$은 미지수가 1개인 1원방정식(y에 관한 1차방정식)이므로, 쉽게 y값을 구할 수 있습니다.

$$7y=7 \quad ➡ \quad y=1$$

$y=1$을 ①식과 ②식 중 하나에 대입하면 x값을 찾을 수 있습니다. (좀 더 계산이 쉬운 ②식에 대입한다)

$$② \; x+y=3 \quad ➡ \quad x+1=3 \quad ➡ \quad x=2$$

따라서 연립방정식의 해는 다음과 같습니다.

① $3x-4y=2$
② $x+y=3$ 연립방정식의 해 $\begin{cases} x=2 \\ y=1 \end{cases}$

2) 대입법

어느 하나의 식을 1개의 문자에 관하여 풀고 다른 식에 대입합니다. (여기서 1개의 문자(x)에 관하여 푼다는 것은 '$x=($　　$)$꼴'로 만드는 것을 의미한다)

②식 $x+y=3$을 x에 관하여 풀어보면,

$$x + y = 3 \quad ➡ \quad x = 3 - y$$

식 $x = 3 - y$를 ①식 $3x - 4y = 2$에 대입하여 변수 x를 소거합니다. (y에 관한 1차방정식이 도출된다)

$$3x - 4y = 2 \quad ➡ \quad 3(3 - y) - 4y = 2 \quad ➡ \quad -7y = -7 \quad ➡ \quad y = 1$$

$x = 3 - y$

$y = 1$을 ①식과 ②식 중 하나에 대입하면 x값을 찾을 수 있습니다.

$$② \; x + y = 3 \quad ➡ \quad x + 1 = 3 \quad ➡ \quad x = 2$$

따라서 연립방정식의 해는 다음과 같습니다.

$$\begin{matrix} ① \; 3x - 4y = 2 \\ ② \; x + y = 3 \end{matrix} \qquad \text{연립방정식의 해} \quad \begin{cases} x = 2 \\ y = 1 \end{cases}$$

3) 등치법

두 식을 동일한 문자에 관하여 풀고 서로 같게 놓습니다. (①, ②식을 x에 관하여 푼다)

y에 관한 1차방정식

$$\left.\begin{matrix} 3x - 4y = 2 \quad ➡ \quad x = \dfrac{2 + 4y}{3} \\ x + y = 3 \quad ➡ \quad x = 3 - y \end{matrix}\right) \quad \frac{2 + 4y}{3} = 3 - y$$

y에 관한 1차방정식을 풀면,

$$\frac{2+4y}{3}=3-y \quad ➡ \quad 2+4y=9-3y \quad ➡ \quad y=1$$

$y=1$을 ①식과 ②식 중 하나에 대입하면 x값을 찾을 수 있습니다.

$$② \ x+y=3 \quad ➡ \quad x+1=3 \quad ➡ \quad x=2$$

따라서 연립방정식의 해는 다음과 같습니다.

① $3x-4y=2$
② $x+y=3$

연립방정식의 해 $\begin{cases} x=2 \\ y=1 \end{cases}$

※ 가감법, 대입법, 등치법 중에서 가감법을 가장 많이 사용하지만, 주어진 식의 형태에 따라서 다양한 방법이 활용될 수 있다.

연립방정식을 풀다 보면 가끔씩 다음과 같은 형태의 식을 볼 수 있습니다.

① $x+2y=5$ ② $2x+4y=10$

얼핏 보면 미지수 2개(x, y)에 연립방정식이 2개가 있다고 생각할 수도 있지만, 자세히 살펴보면 두 식이 서로 동일한 식이라는 사실을 금방 확인할 수 있을 것입니다 (①식에 숫자 2를 곱하면 ②식이 도출된다)

$$(x+2y=5) \times 2 \quad ➡ \quad 2x+4y=10$$

이렇게 등식의 성질을 이용하여 변형이 가능한 식들은 모두 하나의 식으로 간주합니다. 따라서 두 식 $x+2y=5$와 $2x+4y=10$을 가지고는 미지수 (x, y) 2개를 모두 구할 수 없습니다. (이런 방정식을 **부정방정식**이라고 말하는데, 부정방정식에 대해서는 뒤에서 자세히 다루도록 하겠다)

연립정부(연합정부)

의원내각제 국가에서 다수당이 과반수 의석을 확보하지 못했을 때 다른 정당과 협력하여(과반수를 넘겨) 구성된 정부, 연립정권 또는 연정이라고도 한다. 우리나라는 대통령제를 채택한 국가이고, 영국은 의원내각제를 채택한 대표적인 국가이다.

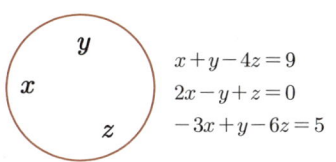

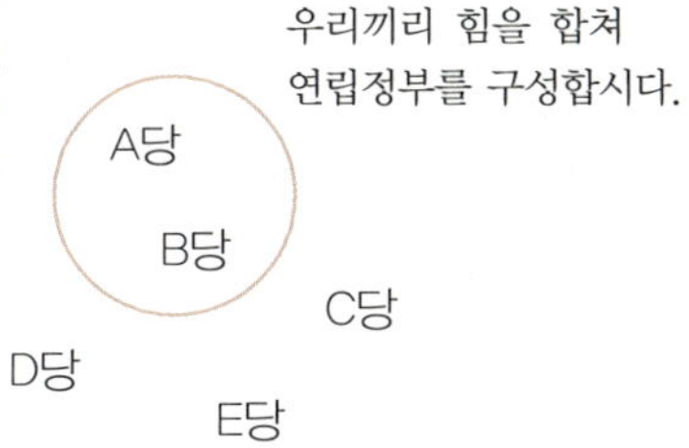

연립방정식

우리끼리 연립하여
우리가 누구인지 밝혀보자.

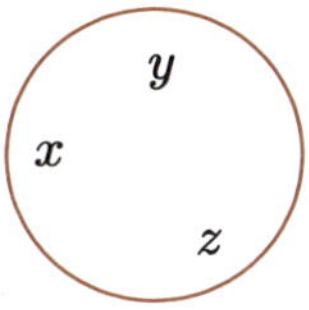

$$x+y-4z=9$$
$$2x-y+z=0$$
$$-3x+y-6z=5$$

연립방정식의 풀이

다음 미지수가 3개인 연립방정식을 풀어보도록 하겠습니다. (어떻게 풀지 잠시 생각해 보는 시간을 가져본다)

다음 연립방정식을 풀어라.

① $x+y+z=4$ ② $x-y+2z=4$ ③ $x+2y-z=1$

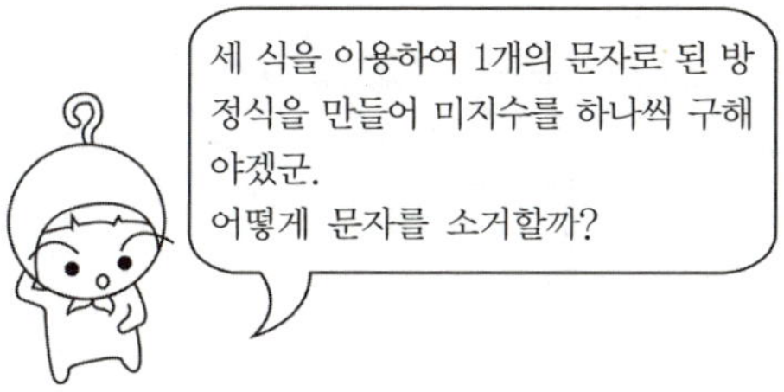

세 식을 이용하여 1개의 문자로 된 방정식을 만들어 미지수를 하나씩 구해야겠군.
어떻게 문자를 소거할까?

문제해결을 위한 기본설계가 끝나셨나요? 그럼 함께 풀어보도록 하겠습니다. 우선 식을 적당히 가감하여 변수 x, y를 소기해 보겠습니다.

①식 $x+y+z=4$와 ②식 $x-y+2z=4$를 더하면 y가 소거된다.

$$\begin{array}{rr} & x+y+z=4 \\ +\,) & x-y+2z=4 \\ \hline & 2x+3z=8 \end{array}$$

$2x+3z=8$ ➡ x에 관해 풀면 $x=4-\frac{3}{2}z$ ………④

※ ④식은 y가 소거된 식으로 x, z의 관계식이다.

④식 $x=4-\frac{3}{2}z$를 ①식 $x+y+z=4$에 대입하면 x를 소거할 수 있습니다.

$$x=4-\frac{3}{2}z$$

$x+y+z=4$ ➡ $y=\frac{1}{2}z$ ………⑤

※ ⑤식은 x가 소거된 식으로 y, z의 관계식이다.

④식 $x=4-\frac{3}{2}z$와 ⑤식 $y=\frac{1}{2}z$를 ③식 $x+2y-z=1$에 대입하면 z에 관한 1차방정식이 도출됩니다.

$x=4-\frac{3}{2}z$ (④식)

③ $x+2y-z=1$ ➡ $4-\frac{3}{2}z+2(\frac{1}{2}z)-z=1$

$y=\frac{1}{2}z$ (⑤식)

도출된 방정식(z에 관한 1차방정식)을 풀면 $z=2$가 되며 이를 ④, ⑤식에 대입하면 x, y의 값도 구할 수 있습니다.

연립방정식의 해 : $x=1$, $y=1$, $z=2$

좀 복잡한가요?
연립방정식은 단순계산에 불과합니다. 천천히 연습하면서 익히시길 바랍니다. (중요한 것은 n개의 연립방정식을 도출하면 n개의 미지수를 모두 구할 수 있다는 사실이다)

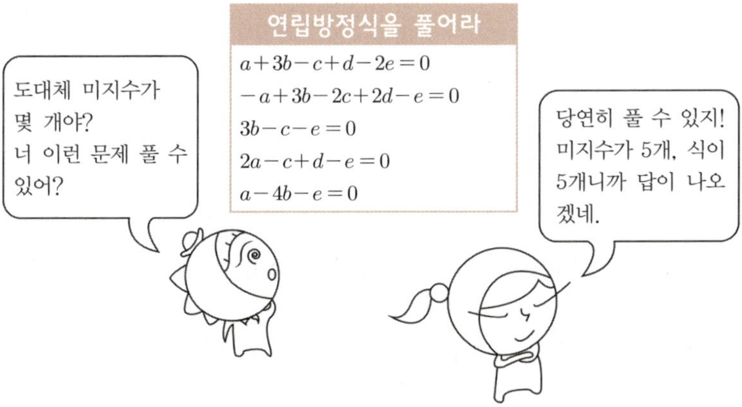

연립방정식을 풀어라
$a+3b-c+d-2e=0$
$-a+3b-2c+2d-e=0$
$3b-c-e=0$
$2a-c+d-e=0$
$a-4b-e=0$
도대체 미지수가 몇 개야? 너 이런 문제 풀 수 있어?
당연히 풀 수 있지! 미지수가 5개, 식이 5개니까 답이 나오겠네.

다음 연립방정식을 풀어보도록 하겠습니다. (이번에는 좀 더 색다른 방법으로 연립방정식을 풀어보자)

① $x+y=4$　　② $y+z=2$　　③ $z+x=8$

먼저 세 식을 동시에 더하면,

$$
\begin{array}{rl}
 & ① \ x+y=4 \\
 & ② \ y+z=2 \\
+) & ③ \ z+x=8 \\
\hline
 & 2(x+y+z)=14 \Rightarrow x+y+z=7 \cdots\cdots\cdots ④
\end{array}
$$

①, ②, ③식을 ④식에 바로 대입할 수 있습니다. (①식을 ④식에 대입해 보자)

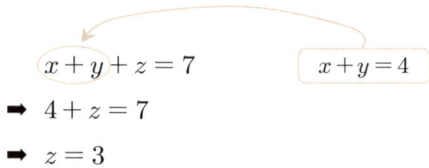

$x+y+z=7$ $x+y=4$

$\Rightarrow 4+z=7$

$\Rightarrow z=3$

이런 식으로 ①, ②, ③식을 ④식에 대입하면 쉽게 연립방정식의 해를 구할 수 있습니다. ($x=5$, $y=-1$, $z=3$)

다음 연립방정식은 도대체 몇 개의 식일까요?

$$\underset{①}{\frac{x+y}{2}} = \underset{②}{\frac{y+3}{4}} = \underset{③}{\frac{z+x}{-2}}$$

2개? 3개?

아래와 같이 등식을 만들어보면 3개의 연립방정식을 도출할 수 있습니다.

$$\frac{x+y}{2}=\frac{y+3}{4}, \quad \frac{y+3}{4}=\frac{z+x}{-2}, \quad \frac{z+x}{-2}=\frac{x+y}{2}$$

① = ②   ② = ③   ③ = ①

그러나 식을 연립하는 과정에서 동일한 식이 도출되어 더 이상 미지수를 구할 수 없게 되는 상황이 발생합니다.

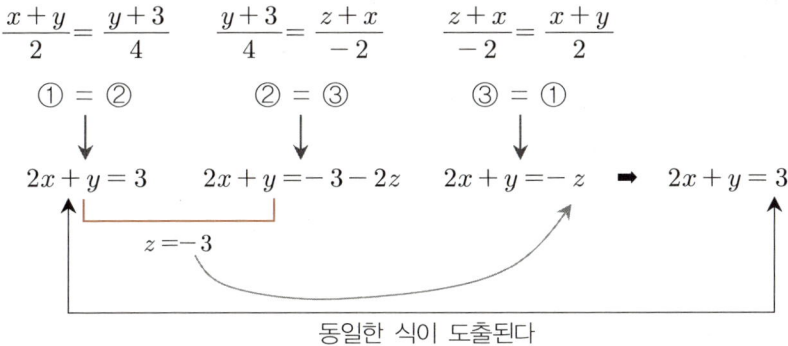

$$\frac{x+y}{2}=\frac{y+3}{4} \qquad \frac{y+3}{4}=\frac{z+x}{-2} \qquad \frac{z+x}{-2}=\frac{x+y}{2}$$

① = ② ② = ③ ③ = ①

↓ ↓ ↓

$2x+y=3 \qquad 2x+y=-3-2z \qquad 2x+y=-z \quad ➡ \quad 2x+y=3$

$z=-3$

동일한 식이 도출된다

2개의 등호로 연결된 식은 2개의 연립방정식을 만든다는 사실을 반드시 기억하시길 바랍니다.

연립방정식의 부정과 불능

우리는 1차방정식의 해법에서 부정과 불능에 대해 배운 적이 있습니다. **부정**은 식을 만족하는 미지수의 값이 무수히 많은 경우를 말하며, **불능**은 식을 만족하는 미지수의 값이 없는 경우를 말합니다.

$ax=b$의 부정과 불능

$ax=b$
- $a\neq 0$: $x=\frac{b}{a}$ (1개의 해를 갖는다)
- $a=0$
  - $b\neq 0$: $0\times x=b$ 불능(不能) (해가 없다)
  - $b=0$: $0\times x=0$ 부정(不定) (해를 정할 수 없다) → $x=$(모든 실수)

연립방정식에서도 부정과 불능이 존재합니다. (식을 연립하여 $0\times x=0$, $0\times x=b$ $(b\neq 0)$의 형태가 나오면 부정 또는 불능이 된다)

다음 연립방정식을 풀어보도록 하겠습니다.

$$① \ x+2y=1 \qquad ② \ 2x+4y=2$$

①식 $x+2y=1$을 x에 관해 풀고($x=1-2y$), ②식 $2x+4y=2$에 대입하면,

$$x=1-2y$$

$$2x+4y=2 \ \Rightarrow \ 2-4y+4y=2 \ \Rightarrow \ 0\times y=0$$

식 $0\times y=0$을 만족하는 y값은 모든 실수가 됩니다. 또한 각각의 y값에 대응되는 x값도 모든 실수가 될 것입니다. (연립방정식을 만족하는 x, y값은 무수히 많다)

이렇게 연립방정식의 해가 무수히 많은 경우를 **부정**이라고 말합니다. 부정인 연립방정식의 형태를 보면 뭔가 특이한 점을 발견할 수 있을 것입니다.

$$① \ x+2y=1 \qquad ② \ 2x+4y=2$$

발견하셨나요?
①식 $x+2y=1$에 2를 곱하면 ②식 $2x+4y=2$가 됩니다. 즉, 두 식은 등식의 성질에 의해 변형이 가능한 동일한 식입니다. (미지수가 2개이지만 식이 1개인 연립방정식이 된다)

$x+2y=1$

$2x+4y=2$

$-x-2y=-1$

$3x+6y=3$

모두 동일한 식이다

이렇게 미지수의 개수보다 식의 개수가 적은 연립방정식을 **부정방정식**이라고 말합니다.

연립방정식의 개수보다 미지수의 개수가 많을 경우, 해가 무수히 많으면 부정이 된다고? 이해가 잘 안 되는데 ⋯.
쉬운 예로 $x+y=1$을 x, y의 연립방정식이라고 하면 미지수는 x, y로 2개인데 식은 1개잖아. 따라서 식 $x+y=1$을 만족하는 x, y는 무수히 많게 되는 거야.
$x=1$, $y=0$
$x=0.5$, $y=0.5$
$x=0$, $y=1$
$x=-1$, $y=2$ ⋯

다음 연립방정식은 어떨까요?

① $x+2y=1$　　　② $2x+4y=3$

①식 $x+2y=1$을 x에 관해 풀고($x=1-2y$), ②식 $2x+4y=3$에 대입하면,

$x=1-2y$

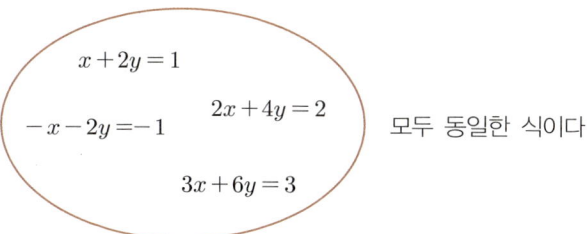

$2x+4y=3$ ➡ $2-4y+4y=3$ ➡ $0\times y=1$

식 $0 \times y = 1$을 만족하는 y값은 없습니다. y값이 없기 때문에 당연히 x값도 존재하지 않겠죠? 이렇게 연립방정식의 해가 없는 경우를 **불능**이라고 말합니다. 불능인 연립방정식의 형태를 관찰해 보면 부정 연립방정식에서와 같이 뭔가 특이한 점을 발견할 수 있을 것입니다.

$$x + 2y = 1,\ 2x + 4y = 3$$

이번에는 찾으셨죠?

두 식 $x + 2y = 1$과 $2x + 4y = 3$에서 좌변(변수항)의 배수관계와 우변(상수항)의 배수관계는 서로 다르다는 것을 알 수 있습니다. (이렇게 변수항과 상수항의 배수관계가 다른 두 식을 연립하게 되면 불능이 된다)

$$\begin{aligned} \underline{x + 2y} &= \underline{1} \\ \underline{2x + 4y} &= \underline{3} \end{aligned}$$

2배수 3배수

미지수가 2개인 1차 연립방정식의 부정과 불능을 정리하면 다음과 같습니다.

연립방정식의 부정과 불능

연립방정식 $ax + by + c = 0,\ a'x + b'y + c' = 0$

① $\frac{a}{a'} = \frac{b}{b'} = \frac{c}{c'}$ (변수항과 상수항의 배수관계가 같을 때)일 때

연립방정식의 해는 무수히 많다 ➡ **부정**

② $\frac{a}{a'} = \frac{b}{b'} \neq \frac{c}{c'}$ (변수항과 상수항의 배수관계가 다를 때)일 때

연립방정식의 해는 없다 ➡ **불능**

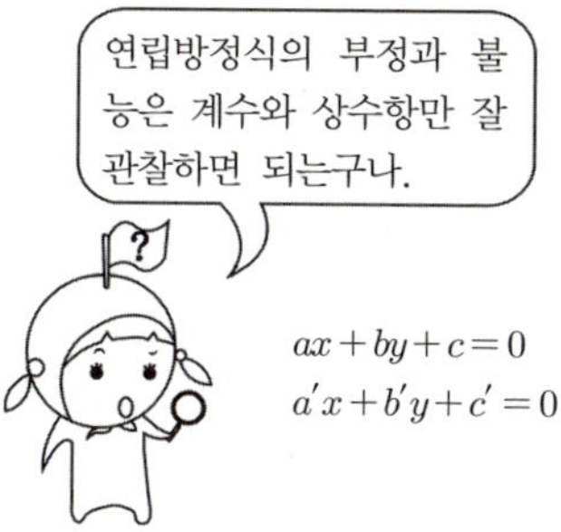

연립방정식의 부정과 불능은 계수와 상수항만 잘 관찰하면 되는구나.
?

$ax + by + c = 0$

$a'x + b'y + c' = 0$

부정과 불능 문제

다음 연립방정식의 부정과 불능을 판별해 보도록 하겠습니다. (변수항과 상수항의 배수관계만 잘 확인하면 된다)

① $x - 2y = 8$, $2x - 4y = 16$: $\dfrac{a}{a'} = \dfrac{b}{b'} = \dfrac{c}{c'}$ ➡ $\dfrac{1}{2} = \dfrac{-2}{-4} = \dfrac{8}{16}$

(변수항과 상수항의 배수관계가 같으므로 연립방정식의 해는 부정이다)

② $3x - 2y = -5$, $18x - 12y = 20$:

$\dfrac{a}{a'} = \dfrac{b}{b'} \neq \dfrac{c}{c'}$ ➡ $\dfrac{3}{18} = \dfrac{-2}{-12} \neq \dfrac{-5}{20}$

(변수항과 상수항의 배수관계가 다르므로 연립방정식의 해는 불능이다)

연립방정식의 부정, 불능과 관련하여 다음 문제를 풀어보도록 하겠습니다.

다음 연립방정식이 부정일 때와 불능일 때의 a값을 구하여라.

$$(a-1)x - 2y + 2 = 0,\ 2x - (a-4)y + 1 = 0$$

연립방정식의 해가 부정이거나 불능 일 때는 두 식의 변수항과 상수항의 배수관계를 잘 파악하면 되는데 ⋯. 뭐였지?

1) 부정일 때 a값 구하기

두 식을 비교했을 때 '변수항'과 '상수항'의 배수관계가 같아야 합니다.

$$(a-1)x-2y+2=0,\ 2x-(a-4)\,y+1=0$$

$$\underset{①}{\frac{a-1}{2}}=\underset{②}{\frac{-2}{-(a-4)}}=\underset{③}{\frac{2}{1}}\ (\text{단, } a\neq 1,\ 4)$$

등식 '①=③, ②=③'을 연립하여 a값을 구해보겠습니다. (2개의 등호는 2개의 연립방정식을 만든다)

$$①=③ : \frac{a-1}{2}=\frac{2}{1},\ ②=③ : \frac{-2}{-(a-4)}=\frac{2}{1} \Rightarrow a=5$$

$a=5$일 때, 연립방정식 $(a-1)x-2y+2=0$과 $2x-(a-4)y+1=0$의 해는 부정이 됩니다.

$$a=5 \Rightarrow 4x-2y+2=0 \xrightarrow{\frac{1}{2}\text{ 배수}} 2x-y+1=0$$

2) 불능일 때 a값 찾기

두 식의 비교했을 때 '변수항'과 '상수항'의 배수관계가 달라야 합니다.

$$(a-1)x-2y+2=0,\ 2x-(a-4)\ y+1=0$$

$$\underset{①}{\frac{a-1}{2}}=\underset{②}{\frac{-2}{-(a-4)}}\neq\underset{③}{\frac{2}{1}}\ (\text{단},\ a\neq 1,\ 4)$$

등식 '①=②'를 풀어 a값을 구해보도록 하겠습니다.

$$①=②:\ \frac{a-1}{2}=\frac{-2}{-(a-4)}\ (a\neq 1,\ 4)\ ➡\ -4=-(a-1)(a-4)$$

$$➡\ a=0,\ 5$$

$a=0$일 때, 연립방정식 $(a-1)x-2y+2=0$과 $2x-(a-4)y+1=0$의 해는 불능이 됩니다. (a가 5일 경우는 부정의 경우가 된다)

$a=0$ ➡

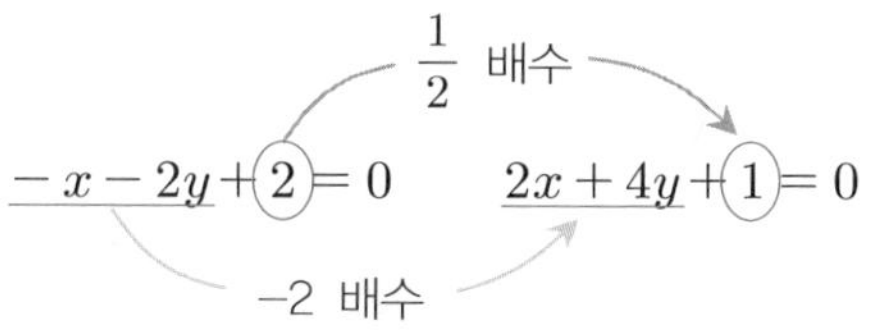

여기서 끝이 아닙니다. 항을 비교하는 과정에서 우리는 분자, 분모가 0이 되는 a값, 즉 1, 4를 계산하지 않고 넘어갔습니다. ($a=1$, 4일 때, 연립방정식의 부정과 불능에 대해 확인하는 과정이 필요하다)

i) $a=1$일 때, $-2y+2=0$, $2x+3y+1=0$ ➡ $x=-2$, $y=1$

ii) $a=4$일 때, $3x-2y+2=0$, $2x+1=0$ ➡ $x=-\frac{1}{2}$, $y=\frac{1}{4}$

※ $a=1$, 4일 때는 x, y가 1개의 근을 갖는다.

부정과 불능과 관련하여 한 문제 더 풀어보도록 하겠습니다. (어떻게 풀지 잠시 생각해 보는 시간을 가져본다)

연립방정식 $\begin{cases} 3x+y=kx \\ -x+y=ky \end{cases}$가 $x=y=0$ 이외의 해를 가질 때, 상수 k값을 구하여라.

어라?
$x=0$, $y=0$을 대입하면 연립방정식이 바로
풀리네. 그럼 해는 $x=y=0$인데 ….
$x=y=0$ 이외의 해를 갖는다는 게 무슨
뜻이지?
해가 2개 이상이란 뜻인가?

문제해결을 위한 기본설계가 끝나셨나요? 그럼 함께 풀어보도록 하겠습니다. 우선 일반적인 1차 연립방정식의 해의 개수는 1개입니다. 그러나 주어진 문제의 연립방정식 $\begin{cases} 3x+y=kx \\ -x+y=ky \end{cases}$는 $x=y=0$ 이외의 해를 갖는다고 했으므로 2개 이상의 해, 즉 부정을 의미하는 것과 다름이 없습니다. 그럼 연립

방정식의 부정조건을 따져 k값을 구해보도록 하겠습니다. (두 식의 상수항이 0이므로 변수항의 대한 배수관계만 확인하면 된다)

$$\begin{cases} 3x+y=kx \\ -x+y=ky \end{cases} \Rightarrow \begin{cases} (3-k)x+y=0 \\ -x+(1-k)y=0 \end{cases} \xrightarrow{\text{부정}} \frac{3-k}{-1}=\frac{1}{(1-k)}$$

$$\Rightarrow k^2-4k+4=0 \quad \therefore\ k=2$$

1차 – 2차, 2차 – 2차 연립방정식

1차방정식과 2차방정식은 어떻게 연립할 수 있을까요?
방법은 간단합니다. 1차방정식을 어떤 한 문자(x)에 관하여 풀고 난 후 ($x=(\ \ )$꼴), 2차방정식에 대입하면 '1개의 문자로 된 2차방정식(1원방정식)'을 도출할 수 있습니다.

$px+qy+r=0$ $\quad$ $ax^2+by^2+c=0$ $\Rightarrow$ x에 관한 2차방정식

$y=(\ \ )x+(\ \ )$

※ x에 관한 2차방정식을 풀면 2개의 근이 나온다. 각각의 근의 짝$(x,\ y)$을 찾으면 연립방정식의 해를 구할 수 있다.

다음 1차–2차 연립방정식을 풀어보도록 하겠습니다.

① $x+y=1$ $\quad$ ② $x^2+y^2-13=0$

①식 $x+y=1$을 x에 관해서 푼 다음 ②식 $x^2+y^2-13=0$에 대입합니다.

① $x+y=1$ ➡ $x=\underline{1-y}$

② $x^2+y^2-13=0$ ➡ $(1-y)^2+y^2-13=0$ ➡ $y=3,\ -2$

$y=3,-2$를 ①식에 각각 대입하면 미지수 x, y에 대한 근의 짝을 구할 수 있습니다.

$$\begin{cases} x=-2 \\ y=3 \end{cases} \qquad \begin{cases} x=3 \\ y=-2 \end{cases}$$

그럼 2차-2차 연립방정식은 어떻게 풀 수 있을까요?

마찬가지로 한 문자에 대해서 풀고 다른 식에 대입하면 되는 거 아니야? 별로 어렵지 않을 거 같은데.
2차식을 한 문자에 관해서 푼다고? 그거 무지하게 어려운 거야. 불가능한 경우도 많고. 예를 들어 $x^2-2xy-8y^2=0$을 $x=(\quad)$꼴로 나타낼 수 있을까?

미지수가 2개인 2차방정식은 한 문자에 관하여 풀기가 상당히 어렵습니다.

$$x^2-2xy-8y^2=0 \quad ➡ \quad x=(\qquad)\text{꼴?}$$

하지만 두 식을 가감하거나 어떤 한 식을 인수분해하게 되면 1차방정식을 도출할 수 있습니다.

그럼 2차-2차 연립방정식에 대한 풀이법 3가지를 소개하도록 하겠습니다.

(2차−2차 연립방정식을 풀기 위해서는 식을 변형하여 1차식을 도출하는 것이 관건이다)

2차 – 2차 연립방정식 풀이법 (1)

i) 2차식을 더하거나 빼어 1차식을 도출한다.
ii) 도출된 1차식을 2차식에 대입하여 연립방정식의 해를 구한다.

$$① \ x^2 - 2x + y^2 + 5 = 0 \qquad ② \ x^2 + y^2 - y = 0$$

①식에서 ②식을 빼면 2차항이 소거됩니다.

$$\begin{array}{rr} & \cancel{x^2} - 2x + \cancel{y^2} + 5 = 0 \\ -\,) & \cancel{x^2} + \cancel{y^2} - y = 0 \\ \hline & -2x + y + 5 = 0 \end{array}$$

도출된 1차식 $-2x + y + 5 = 0$을 ①식 또는 ②식에 대입하면, 연립방정식의 해를 구할 수 있습니다. (계산과정 생략)

2차 – 2차 연립방정식 풀이법 (2)

i) 2차식을 인수분해하여 2개의 1차식을 도출한다.
ii) 도출된 두 1차식을 2차식에 대입하여 연립방정식의 해를 구한다.

$$① \ x^2 - 6xy + 8y^2 = 0 \qquad ② \ x^2 + y^2 - 17 = 0$$

①식은 인수분해가 가능합니다. (상수항이 없는 2차식의 경우, 인수분해가 가능하다)

$$x^2-6xy+8y^2=0 \quad ➡ \quad (x-4y)(x-2y)=0$$

※ 곱의 원리 '$AB=0 \Leftrightarrow A=0$ or $B=0$'을 적용하면, 식 $(x-4y)(x-2y)=0$에서 2개의 1차식을 도출해 낼 수 있다.

$$(x-4y)(x-2y)=0 \quad ➡ \quad x-4y=0 \text{ or } x-2y=0$$

1차식 $x-4y=0$, $x-2y=0$을 각각 ②식 $x^2+y^2-17=0$에 대입하면, 연립방정식의 해를 구할 수 있습니다. (계산과정 생략)

2차 - 2차 연립방정식 풀이법 (3)

i) 상수항을 소거한 후 인수분해가 가능한 2차식을 유도한다.
ii) 2차식을 인수분해하여 2개의 1차식을 도출한다.
iii) 도출된 1차식을 2차식에 각각 대입하여 연립방정식의 해를 구한다.

※ 2차식을 더하거나 빼도 2차항이 소거되지 않을 경우, 그리고 상수항이 있어 x, y에 관한 1차식으로 인수분해가 안 될 경우에 사용한다.

$$① \ -2x^2+y^2=10 \qquad ② \ x^2-2xy+y^2=5$$

두 식 모두 상수항이 있어 인수분해가 어렵습니다. 식을 변형하여 상수항을 소거해 보도록 하겠습니다. (②식 $x^2-2xy+y^2=5$에 2를 곱한 후 ①식 $-2x^2+y^2=10$을 뺀다)

$$\begin{array}{rl} & 2x^2-4xy+2y^2=\cancel{10} \quad \xleftarrow{\;2\times\;} \quad x^2-2xy+y^2=5 \\ -\,) & -2x^2+y^2 \qquad\;\; =\cancel{10} \\ \hline & 4x^2-4xy+y^2=0 \end{array}$$

2차방정식 $4x^2-4xy+y^2=0$은 인수분해가 가능하므로, 다음과 같이 1차 방정식을 도출할 수 있습니다.

$$4x^2-4xy+y^2=0 \quad ➡ \quad (2x-y)^2=0 \quad ➡ \quad 2x=y$$

1차식 $2x=y$를 ①식 $-2x^2+y^2=10$에 대입하면, 연립방정식의 해를 구할 수 있습니다. (계산과정 생략)

참고로 합$(x+y)$과 곱(xy)의 형태를 띤 연립방정식의 경우, 2차방정식의 근과 계수와의 관계를 이용하면 쉽게 연립방정식을 풀 수 있습니다.

① $x+y=3$ ② $xy=-4$

먼저 x, y를 두 근으로 하는 2차방정식(변수 X)을 만들어봅시다.

$$(X-x)(X-y)=0 \quad ➡ \quad X^2-(x+y)X+xy=0 : X=x,\ y$$

※ 참고로 α, β를 두 근으로 하는 2차방정식은 $x^2-(\alpha+\beta)x+\alpha\beta=0$이다.

①식 $x+y=3$과 ②식 $xy=-4$를 2차방정식 $X^2-(x+y)X+xy=0$에 대입하여 X에 관한 2차방정식을 풀어보면,

$$X^2-(x+y)X+xy=0 \quad \rightarrow \quad X^2-3X-4=0$$

$$➡ \quad (X+1)(X-4)=0 \quad : \quad X=-1, 4$$

2차방정식 $X^2-3X-4=0$의 근을 x, y라고 했으므로($X=x$, y) 연립방정식의 해는 다음과 같습니다.

$$X=-1,\ 4 \quad ➡ \quad \begin{cases} x=-1 \\ y=4 \end{cases} \quad \begin{cases} x=4 \\ y=-1 \end{cases}$$

부정방정식(정수조건)

일반적으로 n개의 미지수를 구할 때에는 n개의 연립방정식이 필요합니다. 그렇다면 연립방정식의 개수가 미지수의 개수보다 적을 경우, 연립방정식의 해는 어떻게 될까요?

다음 연립방정식을 만족하는 미지수 x, y, z의 값을 찾아보도록 하겠습니다. (식 2개, 미지수 3개)

$$x+2y=1,\ x+y+z=0 \ : \ \text{미지수 } x,\ y,\ z$$

$$\begin{cases} x=1 \\ y=0 \\ z=-1 \end{cases} \quad \begin{cases} x=2 \\ y=-\dfrac{1}{2} \\ z=-\dfrac{3}{2} \end{cases} \quad \begin{cases} x=3 \\ y=-1 \\ z=-2 \end{cases} \quad \cdots$$

연립방정식의 개수가 미지수의 개수보다 적을 경우, 연립방정식의 해는 무수히 많게 됩니다. 이러한 연립방정식을 **부정방정식**이라고 말합니다.
여기서는 미지수가 2개이고(x, y) 식이 1개인 부정방정식을 다루도록 하겠습니다.

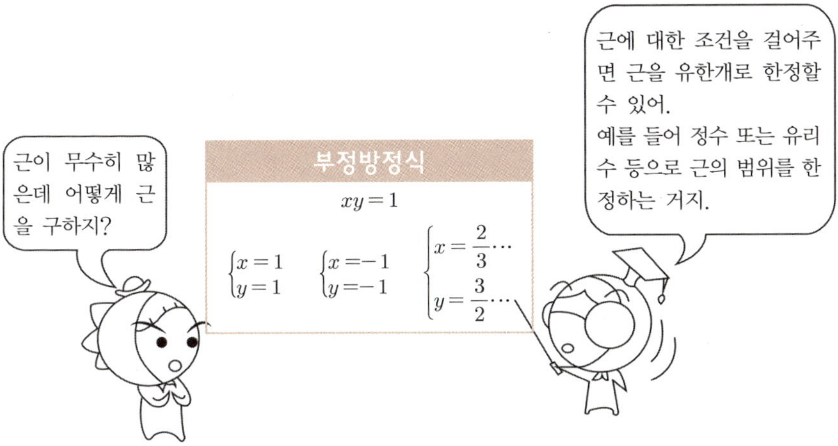

부정방정식의 해는 무수히 많기 때문에 변수(미지수)에 대한 제한조건이 있어야 방정식의 해를 유한개로 한정할 수가 있습니다. 우선 정수조건이 주어진 부정방정식부터 살펴보도록 하겠습니다.

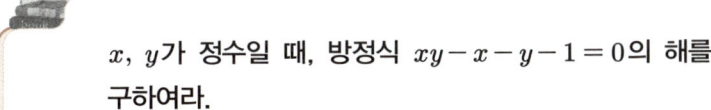

x, y가 정수일 때, 방정식 $xy-x-y-1=0$의 해를 구하여라.

정수조건이 주어진 부정방정식은 어떻게 풀어야 할까요?
문제의 키워드는 바로 x, y가 정수라는 사실입니다. 먼저 정수의 특징에 대해 생각해 보도록 하겠습니다.

정수의 특징으로 정수끼리 더하거나 곱하면 정수가 된다는 것을 생각해 냈다면 부정방정식을 풀 수 있는 실마리를 찾았다고 할 수 있습니다. 우선 부정방정식 $xy-x-y-1=0$의 좌변을 곱의 꼴(인수분해)로, 그리고 우변을 정수로 만들어보겠습니다.

$$(x \sim \;)\times(y \sim \;) = (\text{ 정 수 })$$

$$xy-x-y-1=0 \;\Rightarrow\; x(y-1)-(y-1)-2=0 \;\Rightarrow\; (x-1)(y-1)=2$$

두 정수의 곱 = 정수

$(x-1)(y-1)=2$를 만족하는 '두 정수의 곱'을 찾아 연립방정식의 해$(x,\ y)$를 구해보면 다음과 같습니다.

$$(x-1)(y-1)=2$$

$$(x-1)(y-1)=2$$

1×2

2×1

$(-1)\times(-2)$

$(-2)\times(-1)$

※ 4가지밖에 없다

$$\begin{cases} x-1=1: x=2 \\ y-1=2: y=3 \end{cases} \qquad \begin{cases} x-1=2: x=3 \\ y-1=1: y=2 \end{cases}$$

$$\begin{cases} x-1=-1: x=0 \\ y-1=-2: y=-1 \end{cases} \qquad \begin{cases} x-1=-2: x=-1 \\ y-1=-1: y=0 \end{cases}$$

이렇듯 부정방정식이라 할지라도 미지수에 대한 제한조건이 주어진다면 방정식의 해를 유한개로 한정할 수 있습니다.

부정방정식(유리수, 실수조건)

이번에는 유리수 조건이 주어진 부정방정식을 살펴보도록 하겠습니다. x, y가 유리수일 때 다음 식을 만족하는 x, y값은 무엇일까요?

$$x+y-(2x-y+3)\sqrt{2}=0$$

무리수 상등의 원리를 적용하면 유리수 x, y에 관한 2개의 연립방정식을 도출할 수 있습니다. (무리수 상등의 원리 : a, b가 유리수일 때, $a+b\sqrt{m}=0$ ($\sqrt{m}$은 무리수)이면 $a=b=0$이 된다)

$$\underbrace{x+y}_{=0}-\underbrace{(2x-y+3)}_{=0}\sqrt{2}=0 \quad \Rightarrow \quad \begin{cases} x=-1 \\ y=1 \end{cases}$$

$\rightarrow \quad x+y=0,\ 2x-y+3=0$

이번엔 실수조건이 주어진 부정방정식을 살펴보도록 하겠습니다.

정수나 유리수의 조건은 그나마 이해가 되는데 실수조건은 범위가 한정된 것이라고 볼 수 있을까?
보통 실수의 범위에서 문제를 풀잖아.

너 복소수를 잊고 있었구나.
실수보다 더 큰 수로 복소수가 있잖아. 그러니까 실수도 부정방정식의 조건으로 말할 수 있는 거야.

실수조건 부정방정식을 풀 때에는, 다음 3가지만 기억하시길 바랍니다.

① $x + yi = 0$ ➡ $x = 0,\ y = 0$ (복소수 상등의 원리)
② $x^2 + y^2 = 0$ ➡ $x = 0,\ y = 0$ (실수제곱의 원리)
③ $ax^2 + bx + c = 0$ ➡ $D \geq 0$ (2차방정식의 판별식)

① 복소수 상등의 원리

x, y가 실수일 때, $(1-i)x + yi - 2 - 3i = 0$의 해는?

복소수 상등의 원리를 이용하면 실수 x, y에 대한 2개의 연립방정식을 도출할 수 있습니다.

$$(1-i)x + yi - 2 - 3i = 0 \Rightarrow \underbrace{x-2}_{0} - \underbrace{(x-y+3)}_{0}i = 0$$

$$\begin{cases} x - 2 = 0 \\ x - y + 3 = 0 \end{cases} \Rightarrow x = 2,\ y = 5$$

② 실수의 제곱의 원리

> **x, y가 실수일 때, $x^2+7y^2-4xy-6y+3=0$의 해는?**

우선 방정식 $x^2+7y^2-4xy-6y+3=0$이 '$A^2+B^2=0$의 형태'로 변형이 가능한지 살펴보도록 하겠습니다.

$$x^2+7y^2-4xy-6y+3=0$$

x^2-4xy으로
완전제곱식을 만들려면 $4y^2$이 필요

x에 관한 항 'x^2-4xy'로 완전제곱식을 만들려면 $4y^2$이 필요합니다. 따라서 $7y^2$을 $4y^2+3y^2$으로 분리하여 방정식을 변형하면 '$A^2+B^2=0$꼴'로 변형이 가능합니다.

$$x^2+7y^2-4xy-6y+3=0 \;\Rightarrow\; x^2-4xy+4y^2+3y^2-6y+3=0$$

$$\underline{x^2-4xy+4y^2}+\underline{3y^2-6y+3}=0$$

$(x-2y)^2$ $3(y-1)^2$

$$(x-2y)^2+3(y-1)^2=0$$

'$A^2+B^2=0$이면 $A=0$, $B=0$'이므로, 식 $(x-2y)^2+3(y-1)^2=0$에서 x, y에 대한 2개의 연립방정식을 도출할 수 있습니다.

$$(x-2y)^2+3(y-1)^2=0 \quad ➡ \quad x=2y,\ y=1$$

따라서 연립방정식의 해는 $x=2$, $y=1$이 됩니다.

③ **2차방정식의 판별식**(동일한 문제를 이번엔 판별식을 이용하여 풀어보자)

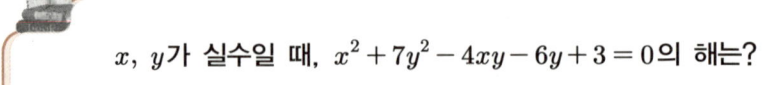

x, y가 실수일 때, $x^2+7y^2-4xy-6y+3=0$의 해는?

식 $x^2+7y^2-4xy-6y+3=0$을 x에 대한 2차방정식으로 생각하고, x에 관하여 내림차순으로 정리해 보도록 하겠습니다. (y는 상수 취급)

x에 관하여 내림차순 정리

$$x^2+7y^2-4xy-6y+3=0 \quad ➡ \quad \underline{x^2-(4y)x+(7y^2-6y+3)=0}$$

x에 관한 2차방정식

x에 관한 2차방정식 $x^2-(4y)x+(7y^2-6y+3)=0$의 판별식 D를 구해 보면, (x가 실수이므로 판별식 $D \geq 0$이다)

$D=b^2-4ac=(-4y)^2-4(7y^2-6y+3)$

$D \geq 0$

$(-4y)^2-4(7y^2-6y+3) \geq 0$

➡ $4y^2-7y^2+6y-3 \geq 0$

➡ $-3y^2+6y-3 \geq 0$

➡ $y^2-2y+1 \leq 0$

완전제곱식

➡ $(y-1)^2 \leq 0$

$\underline{(y-1)^2 \leq 0?}$

뭔가 좀 이상하죠? 실수의 제곱은 $(\quad)^2 \geq 0$인데 말이죠. 그러나 이상할 게 하나도 없습니다. $(y-1)^2 \leq 0$를 만족하는 $(y-1)^2$의 값은 0뿐이므로 $y=1$이 됩니다. ($(y-1)^2=0 \rightarrow y=1$: 식 $x^2+7y^2-4xy-6y+3=0$에 $y=1$을 대입하면 $x=2$가 된다)

연립방정식 $x^2+7y^2-4xy-6y+3=0$**의 해** : $x=2,\ y=1$

여러 가지 조건의 부정방정식을 배웠더니 머리가 어지럽네.
물 흐르듯 자연스럽게 생각해봐. 정수는 곱해도 정수가 되니까 곱의 꼴로 만들면 되고, '유리수는 무리수', '실수와 허수'는 덧셈이 안 되니까 무리수 또는 복소수 상등을 이용하면 되고, $A^2+B^2=0$을 만족하는 실수는 $A=0,\ B=0$뿐이고, 2차방정식의 근이 실수가 되려면 판별식을 이용하면 되지!

부정방정식은 주어진 조건(정수, 유리수, 실수)에 따라 여러 가지 방법으로 풀이가 가능합니다. 그럼 부정방정식의 풀이법을 한꺼번에 정리해 보도록 하겠습니다.

부정방정식 풀이법

1) 정수조건 : 식을 '$(\quad)\times(\quad)=$정수'꼴로 변형하여 변형식을 만족하는 정수해를 찾는다.

2) 유리수조건 : 무리수가 있을 경우 무리수 상등의 원리를 이용한다.

$a+b\sqrt{m}=0 \Leftrightarrow a=0,\ b=0$ (a, b는 유리수, $\sqrt{m}$은 무리수)

3) 실수조건

ⅰ) 복소수가 있을 경우 복소수 상등의 원리를 이용한다.

$$a+bi=0 \iff a=0, b=0 \ (a, b\text{는 실수})$$

ⅱ) 2차식일 경우

- 주어진 식을 $A^2+B^2=0$으로 변형하여 $A=0$, $B=0$을 이용한다.
- 한 문자(x)에 관하여 식을 정리한 후, 판별식 D의 값$(D \geq 0)$을 만족하는 변수의 근을 찾아본다.

※ 위 풀이법만 잘 활용할 수 있다면, 고등학교 수준에서 다루는 대부분의 부정방정식을 풀 수 있을 것이다.

절댓값 방정식

절댓값기호 안에 미지수가 포함된 방정식을 **절댓값 방정식**이라고 말합니다. (절댓값 방정식을 풀기 위해서는 절댓값의 정의를 정확히 알아야 한다)

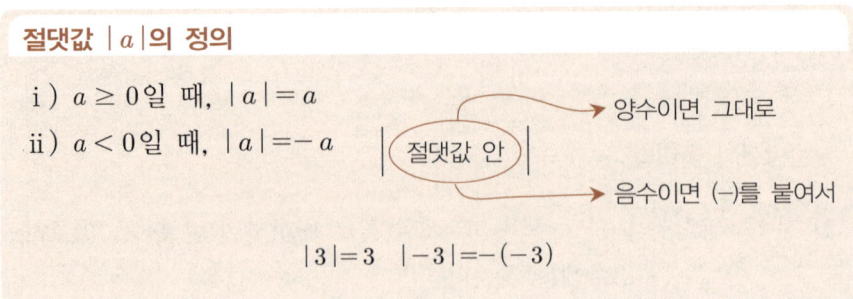

절댓값 $|a|$의 정의

ⅰ) $a \geq 0$일 때, $|a|=a$

ⅱ) $a<0$일 때, $|a|=-a$

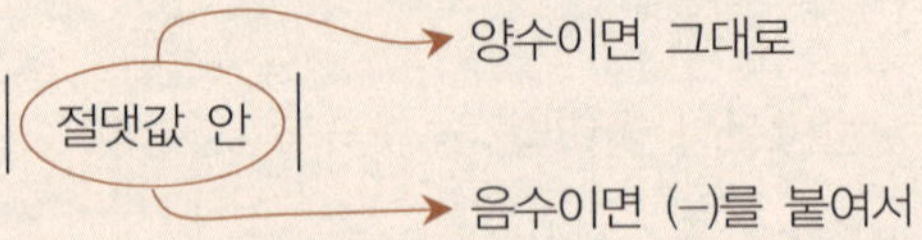

$|3|=3 \quad |-3|=-(-3)$

다음 절댓값 방정식을 풀어보도록 하겠습니다. (절댓값 안의 값 $(x-3)$이 0보다

큰지 작은지를 분류한다)

$$|x-3|=2$$

$$|x-3|\begin{cases} x \geq 3,\ |x-3|=x-3=2 & \Rightarrow x=5 \\ x<3,\ |x-3|=-(x-3)=2 & \Rightarrow x=1 \end{cases}$$

$\therefore$ $|x-3|=2$의 근 : $x=1,\ 5$

※ 절댓값 방정식을 풀 때 계산 결과가 절댓값의 분류범위에 포함되는지 반드시 확인한다.

$$|x-3|\begin{cases} x \geq 3,\ |x-3|=x-3=2 & \Rightarrow x=5 \\ x<3,\ |x-3|=-(x-3)=2 & \Rightarrow x=1 \end{cases}$$

한 문제 더 풀어보도록 하겠습니다. (계산 결과가 절댓값의 분류범위에 속하는지 반드시 확인한다)

$$|x-3|=-2$$

$$|x-3|\begin{cases} x \geq 3,\ |x-3|=x-3=-2 \\ \quad \Rightarrow x=1(\text{분류범위 } x \geq 3\text{에 속하지 않아 근이 될 수 없다}) \\ x<3,\ |x-3|=-(x-3)=-2 \\ \quad \Rightarrow x=5(\text{분류범위 } x<3\text{에 속하지 않아 근이 될 수 없다}) \end{cases}$$

따라서 절댓값 방정식 $|x-3|=-2$의 근은 없습니다.

절댓값이 2개가 있을 경우 변수의 범위는 어떻게 정해야 할까요?

$$|x-1|+|x+2|=4$$

우선 각각의 절댓값에 해당하는 분류범위를 찾아보도록 하겠습니다.

$$|x-1|\begin{cases} x \geq 1 \\ x < 1 \end{cases} \qquad |x+2|\begin{cases} x \geq -2 \\ x < -2 \end{cases}$$

위 4가지 범위를 수직선 위에 나타내면 아래와 같이 중복된 부분이 생깁니다.

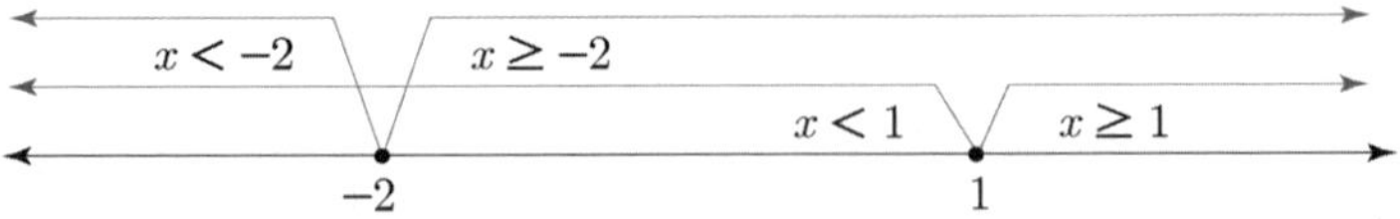

중복된 부분을 조정하여 변수의 범위를 다시 설정해 주면 다음과 같이 3가지로 분류할 수 있습니다.

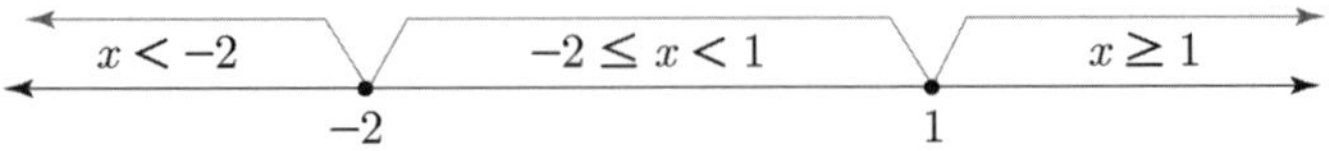

① $x < -2$일 때, 절댓값 방정식 $|x-1|+|x+2|=4$를 풀어보자.

i) $x < -2$

$(x-1)<0$: $|x-1|=-(x-1)$

$(x+2)<0$: $|x+2|=-(x+2)$

$|x-1|+|x+2|=4 \rightarrow -(x-1)-(x+2)=4$ ➡ $x=-\dfrac{5}{2}$

$x=-\dfrac{5}{2}$는 처음 분류했던 변수의 범위 '$x < -2$'를 만족하므로 근이 될 수 있습니다. (처음 분류했던 x의 범위에 속하는지 반드시 확인한다)

② $-2 \le x < 1$일 때, 절댓값 방정식 $|x-1|+|x+2|=4$를 풀어보자.

ii) $-2 \le x < 1$

$(x-1)<0$: $|x-1|=-(x-1)$

$(x+2)\ge 0$: $|x+2|=(x+2)$

$|x-1|+|x+2|=4 \rightarrow -(x-1)+(x+2)=4$ ➡ $0 \cdot x = 1$

방정식 $0 \cdot x = 1$을 만족하는 x값이 존재하지 않습니다. (불능)

③ $x \ge 1$일 때, 절댓값 방정식 $|x-1|+|x+2|=4$를 풀어보자.

iii) $x \ge 1$

$(x-1)\ge 0$: $|x-1|=x-1$

$(x+2)>0$: $|x+2|=x+2$

$|x-1|+|x+2|=4 \rightarrow (x-1)+(x+2)=4$ ➡ $x=\dfrac{3}{2}$

$x=\dfrac{3}{2}$은 처음 분류했던 변수의 범위 '$x \ge 1$'를 만족하므로 근이 될 수 있습니다. ①, ②, ③을 종합하면 절댓값 방정식 $|x-1|+|x+2|=4$의 해가 $x=-\dfrac{5}{2}, \dfrac{3}{2}$이 된다는 것을 알 수 있습니다.

일반적으로 절댓값이 2개 이상일 경우, 절댓값 안의 값이 0이 되는 x값을 수직선에 그려 변수의 분류 기준으로 삼습니다.

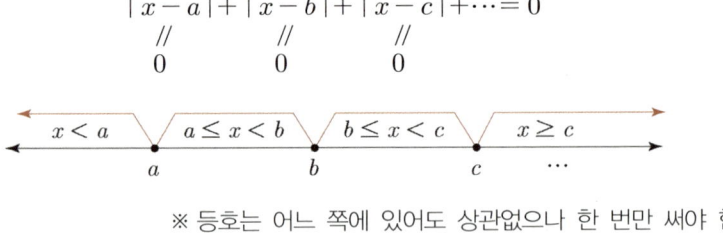

$$\underbrace{|x-a|}_{=0}+\underbrace{|x-b|}_{=0}+\underbrace{|x-c|}_{=0}+\cdots=0$$

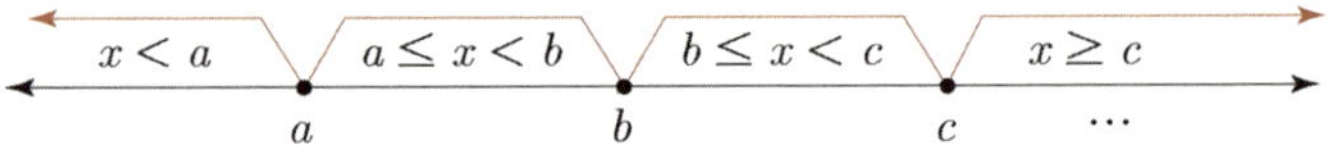

※ 등호는 어느 쪽에 있어도 상관없으나 한 번만 써야 한다.

$x\le a,\ a\le x<b,\ \cdots$ (×)

절댓값 방정식과 관련하여 다음 문제를 풀어보도록 하겠습니다. (어떻게 풀지 잠시 생각해 보는 시간을 가져본다)

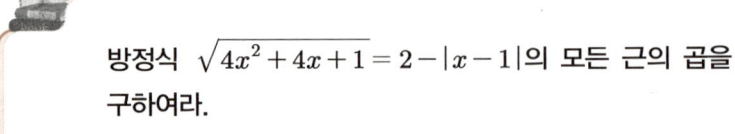

방정식 $\sqrt{4x^2+4x+1}=2-|x-1|$의 모든 근의 곱을 구하여라.

근호 안을 잘 살펴보니 완전제곱식이네.
근호 안의 제곱은 절댓값과 같다고 볼 수 있던데 ….

문제해결을 위한 기본설계가 끝나셨나요? 그럼 함께 풀어보도록 하겠습니다. 우선 근호부터 풀어보면 다음과 같습니다.

$$\sqrt{4x^2+4x+1} \quad \Rightarrow \quad \sqrt{(2x+1)^2}=|2x+1|$$

$\sqrt{a^2}$ 는 $|a|$와 같다.

$$\sqrt{a^2}\begin{cases} \text{i) } a \ge 0 : \sqrt{a^2}=a \\ \text{ii) } a<0 : \sqrt{a^2}=-a \end{cases} \qquad |a|\begin{cases} \text{i) } a \ge 0 : |a|=a \\ \text{ii) } a<0 : |a|=-a \end{cases}$$

주어진 절댓값 방정식을 다시 써보면,

$$\sqrt{4x^2+4x+1}=2-|x-1| \Rightarrow |2x+1|=2-|x-1|$$
$$\Rightarrow |2x+1|+|x-1|=2$$

변수 x의 범위를 i) $x<-\frac{1}{2}$, ii) $-\frac{1}{2} \le x < 1$, iii) $1 \le x$로 나누어 풀면 위 방정식의 해를 구할 수 있습니다. 단순계산이므로 시간 날 때 직접 해보시길 바랍니다.

정답 $x=-\frac{2}{3}, 0$

공통근

방정식 $f(x)=0$, $g(x)=0$을 동시에 만족하는 x값을 두 방정식의 **공통근**이라고 말합니다. (즉, 두 방정식의 해 중 공통인수가 바로 공통근이 된다)

$$f(x)=0 \text{의 해 : } a,\ \alpha$$
$$g(x)=0 \text{의 해 : } b,\ \alpha$$
$$f(x)=0 \text{과 } g(x)=0 \text{의 공통근 : } \alpha$$

공통근에 관한 문제는 다음과 같이 2가지 유형이 있습니다.

① 미정계수가 없는 두 방정식의 공통근을 구하는 문제
➡ 방정식의 해 중에서 공통된 원소를 찾는다.
② 미정계수가 있는 두 방정식의 공통근을 구하는 문제
➡ 공통근을 α로 놓고 미정계수와 공통근을 동시에 찾는다.

다음 두 방정식의 공통근을 찾아보도록 하겠습니다.

$$x^2+x-2=0,\ x^3+2x^2-x-2=0$$

$$x^2+x-2=0 \ \Rightarrow \ (x-1)(x+2)=0\ :\ x=\underline{1},\ \underline{-2}$$

$$x^3+2x^2-x-2=0 \ \Rightarrow \ (x-1)(x+2)(x+1)=0\ :\ x=\underline{1},\ \underline{-2},\ -1$$

공통근 : $x=1,\ -2$

이번에는 미정계수가 포함된 공통근 문제를 풀어보도록 하겠습니다. (어떻게 풀지 잠시 생각해 보는 시간을 가져본다)

두 방정식 $x^2+(a-1)x+2a=0$과 $x^2-(a-2)x-2a=0$의 공통근이 1개일 때, 공통근과 a값을 구하여라.

공통근을 α라고 놓고 두 방정식에 대입하면….
어라?
α와 a의 연립방정식이 되네.

문제해결을 위한 기본설계가 끝나셨나요? 그럼 함께 풀어보도록 하겠습니다. 일단 공통근을 α라고 놓고, α를 방정식에 대입하면 다음과 같습니다. (α와 a의 연립방정식이 도출된다)

① $\alpha^2+(a-1)\alpha+2a=0$ ② $\alpha^2-(a-2)\alpha-2a=0$

2차－2차 연립방정식이므로 가감법을 이용하여 1원방정식을 유도해 봅니다.

$$\begin{array}{rl} & \alpha^2+(a-1)\alpha+2a=0 \\ +\,) & \underline{\alpha^2-(a-2)\alpha-2a=0} \\ & 2\alpha^2+\alpha \qquad\qquad\quad =0 \end{array}$$

도출된 방정식 $2\alpha^2+\alpha=0$을 풀면,

$$2\alpha^2+\alpha=0 \quad ➡ \quad \alpha(2\alpha+1)=0 \ : \ \alpha=0,\ -\frac{1}{2}$$

따라서 두 방정식의 공통근 'α가 0일 때, $a=0$'이며, 공통근 'α가 $-\frac{1}{2}$일 때, $a=-\frac{1}{2}$'이 됩니다.

정수근

2차방정식의 근이 정수일 때, 그 근을 **정수근**이라고 말합니다. 다음 정수근에 관한 문제를 풀어보도록 하겠습니다.

방정식 $x^2+(a+1)x+2=0$의 근이 정수일 때, 두 근과 정수 a값을 구하여라.

미지수가 뭐지? 부정방정식?
x? a?
식은 1개인데 구해야 하는 값은 2개라….

미지수는 2개(x, a), 식은 1개이므로 부정방정식이 됩니다. (x, a가 모두 정수이므로 정수조건 부정방정식의 풀이법을 적용한다)

정수조건 부정방정식 풀이법

방정식을 '(　　)×(　　)=정수'로 만들어 식을 만족하는 미지수의 값을 구한다.

'2차방정식의 근'과 '계수 a'를 구하는 문제이므로 근과 계수와의 관계를 적용할 수 있습니다. (2차방정식의 두 근을 α, β라고 하고, 근과 계수와의 관계를 적용해 본다)

$$x^2+(a+1)x+2=0$$

$$① \ \alpha+\beta=-a-1 \qquad ② \ \alpha\beta=2$$

α, β가 정수근이라고 했으므로 ② $\alpha\beta=2$를 만족하는 α, β의 순서쌍은 다음과 같습니다. (각각의 경우에 해당하는 a값을 구하면 답을 찾을 수 있다)

$$\begin{cases}\alpha=1\\ \beta=2\end{cases}\quad \begin{cases}\alpha=2\\ \beta=1\end{cases}\qquad\qquad \begin{cases}\alpha=-1\\ \beta=-2\end{cases}\quad \begin{cases}\alpha=-2\\ \beta=-1\end{cases}$$

$$a=-4 \qquad\qquad\qquad\qquad a=2$$

따라서 방정식 $x^2+(a+1)x+2=0$의 근이 정수일 때, $a=-4$, 2가 됩니다. ($a=-4$일 때 두 근은 1, 2가 되며 $a=2$일 때 두 근은 −1, −2가 된다)

개념 한눈에 보기

1. **연립방정식** : 2개 이상의 미지수를 공유하는 방정식
2. **연립방정식 풀이 원리** : 식을 변형하여 한 문자로 된 방정식(1원방정식)을 도출한다. (가감법, 대입법, 등치법)
3. **연립방정식 $ax+by+c=0$, $a'x+b'y+c'=0$의 부정과 불능**
   (단, a, b, c, a', b', $c'\neq0$)
   ① 부정 : $\dfrac{a}{a'}=\dfrac{b}{b'}=\dfrac{c}{c'}$(변수항과 상수항의 배수관계가 같다)
   ② 불능 : $\dfrac{a}{a'}=\dfrac{b}{b'}\neq\dfrac{c}{c'}$(변수항과 상수항의 배수관계가 다르다)
4. **2차 - 2차 연립방정식의 풀이 유형**
   ① 2차식을 인수분해 ➡ 1차식을 유도 ➡ 2차식에 대입
   ② 가감법을 이용하여 2차항 소거 ➡ 1차식을 유도 ➡ 2차식에 대입
   ③ 상수항을 소거 ➡ 2차식을 인수분해 ➡ 1차식 유도 ➡ 2차식에 대입
5. **부정방정식 풀이법**
   ① 정수조건 : 방정식을 '(　　)×(　　)=정수'꼴로 변형하여 정수해를 찾는다.
   ② 유리수조건 : 무리수가 있을 경우, 무리수 상등의 원리를 이용한다.
   $a+b\sqrt{m}=0 \Leftrightarrow a=0,\ b=0$ (a, b는 유리수, $\sqrt{m}$은 무리수)
   ③ 실수조건
   ⅰ) 계수가 복소수일 때, 복소수 상등의 원리를 이용한다.
   $a+bi=0 \Leftrightarrow a=0,\ b=0$ (a, b는 실수)
   ⅱ) 계수가 복소수가 아닌 2차부정방정식일 경우
   - 식을 $A^2+B^2=0$으로 변형하여, $A=0$, $B=0$을 이용한다.
   - 한 문자(x)에 관한 2차방정식으로 정리한 후, 판별식 $D\geq0$을 만족하는 변수의 근을 찾아본다.
6. **절댓값 방정식의 해법**
   $|x|=a$
   ⅰ) $x\geq0$일 때, $x=a$
   ⅱ) $x<0$일 때, $x=-a$

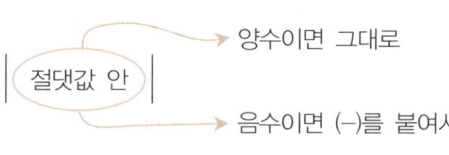

| 절댓값 안 | → 양수이면 그대로
| 절댓값 안 | → 음수이면 (−)를 붙여서

※ 참고로 $\sqrt{x^2}$은 $|x|$와 같다.

도출형 학습방식으로 다음 문제를 풀어보도록 하겠습니다. (개념이 잘 기억나지 않으면 앞의 내용을 찾아보길 바란다)

다음 x, y에 관한 방정식을 풀어라. (단, x, y는 정수이다)

$$|x-1|\times|y+3|=5$$

1 단계 **개념도출** 문제를 풀기 위해서는 어떤 개념을 알아야 할까요?

2 단계 **개념설명** 개념을 알고 있다면 간단히 설명해 보길 바랍니다.

3 단계 **문제해결** 그럼 어떻게 문제를 해결할 수 있을까요?

다음 x, y에 관한 방정식을 풀어라. (단, x, y는 정수이다)

$$|x-1|\times|y+3|=5$$

1단계 문제를 풀기 위해서는 어떤 개념을 알아야 할까요?

절댓값 방정식의 풀이법, 부정방정식을 알아야 한다.

2단계 개념을 알고 있다면 간단히 설명해 보길 바랍니다.

절댓값 방정식($|x|=a$)의 풀이법

i) $x \geq 0$일 때, $x=a$

ii) $x<0$일 때, $x=-a$

부정방정식 풀이법

① 정수조건 : 방정식을 '(　)×(　)=정수'꼴로 변형하여 정수해를 찾는다.

② 유리수조건 : 무리수가 있을 경우, 무리수 상등의 원리를 이용한다.

$a+b\sqrt{m}=0 \Leftrightarrow a=0,\ b=0$ (a, b는 유리수, $\sqrt{m}$은 무리수)

③ 실수조건

i) 계수가 복소수일 때, 복소수 상등의 원리를 이용한다.

$$a+bi=0 \Leftrightarrow a=0,\ b=0 \quad (a,\ b\text{는 실수})$$

ii) 계수가 복소수가 아닌 2차부정방정식일 경우

- 방정식을 $A^2+B^2=0$으로 변형하여 $A=0$, $B=0$을 이용한다.
- 한 문자(x)에 관한 2차방정식으로 정리한 후, 판별식 $D \geq 0$을 만족하는 변수의 근을 찾아본다.

3단계 그럼 어떻게 문제를 해결할 수 있을까요?

절댓값의 조건에 맞추어 x, y의 범위를 나눈 후, 분류 조건에 맞는 정수 x, y값을 찾아본다. ($|x-1|$, $|y+3|$)

x, y의 분류 : $x \geq 1$일 때 $\begin{cases} y \geq -3 \\ y < -3 \end{cases}$, $x < 1$일 때 $\begin{cases} y \geq -3 \\ y < -3 \end{cases}$

정답이 궁금한 학생들은 다음 정답풀이를 참고하시기 바랍니다.

절댓값의 조건에 맞추어 변수 x, y의 범위를 분류해 본다.

$$x, y\text{의 분류 : } x \geq 1\text{일 때 } \begin{cases} y \geq -3 \\ y < -3 \end{cases}, \quad x < 1\text{일 때 } \begin{cases} y \geq -3 \\ y < -3 \end{cases}$$

i) $x \geq 1,\ y \geq -3$: $|x-1| = x-1,\ |y+3| = y+3$

➡ $|x-1| \times |y+3| = 5 \rightarrow (x-1)(y+3) = 5$

ii) $x \geq 1,\ y < -3$: $|x-1| = x-1,\ |y+3| = -(y+3)$

➡ $|x-1| \times |y+3| = 5 \rightarrow (x-1)(y+3) = -5$

iii) $x < 1,\ y \geq -3$: $|x-1| = -(x-1),\ |y+3| = y+3$

➡ $|x-1| \times |y+3| = 5 \rightarrow (x-1)(y+3) = -5$

iv) $x < 1,\ y < -3$: $|x-1| = -(x-1),\ |y+3| = -(y+3)$

➡ $|x-1| \times |y+3| = 5 \rightarrow (x-1)(y+3) = 5$

먼저 i)의 방정식을 만족하는 x, y의 해를 구해보자.
여기서 x, y가 정수라는 사실과 x, y의 분류범위에 맞는 해를 찾아야 한다.

i) $\begin{cases} x \geq 1 \\ y \geq 1 \end{cases}$

$(x-1)$	·	$(y+3)$	$= 5$	
1	×	5	$\rightarrow x = 2,\ y = 2$	(○)
5	×	1	$\rightarrow x = 6,\ y = -2$	(○)
−1	×	5	$\rightarrow x = 0,\ y = -8$	(×)
−5	×	−1	$\rightarrow x = -4,\ y = -4$	(×)

마찬가지로 나머지 ii), iii), iv)에 해당하는 x, y의 근의 쌍을 찾아 최종적으로 방정식 $|x-1| \times |y+3| = 5$의 해를 구해본다. (계산과정 생략)

$\begin{cases} x = 2 \\ y = 2 \end{cases}$ $\begin{cases} x = 6 \\ y = -2 \end{cases}$ $\begin{cases} x = 0 \\ y = 2 \end{cases}$ $\begin{cases} x = 2 \\ y = -8 \end{cases}$ $\begin{cases} x = -4 \\ y = -2 \end{cases}$ $\begin{cases} x = 6 \\ y = -4 \end{cases}$

정답 위 참조

3 부등식(1, 2차)

부등식의 분류

수식의 대소관계를 나타낸 식을 **부등식**이라고 말합니다. (쉽게 말해서 부등호 '>, <, ≥, ≤'가 들어 있는 식을 부등식이라고 한다)

'x에 관한 부등식'은 다음과 같이 분류됩니다.

부등식의 분류

① 모든 실수 x에 대하여 성립하는 부등식 → **절대부등식**

ex) $x^2+1>0$ ➡ x에 어떤 실수를 대입해도 부등식이 성립한다.

② 특정한 x값에 대하여 성립하는 부등식 → **조건부등식**

ex) $2x>4$ ➡ x에 2보다 큰 수를 대입해야 부등식이 성립한다.

참고로 등식과 비교하여 이해해 보길 바랍니다.

등식의 분류

① 모든 실수 x에 대하여 성립하는 등식 → **항등식**

② 특정한 x에 대하여 성립하는 등식 → **방정식**

부등식의 성질

부등식의 기본적인 성질에 대해 알아보도록 하겠습니다. (이미 알고 있는 내용이므로 간단히 읽고 넘어간다)

부등식의 성질

세 식(수) A, B, C에 대해서 다음 명제가 성립한다.

① $A > B$이고 $B > C$이면, $A > C$이다.

② $A > B$이면, $A \pm C > B \pm C$이다.

③ $A > B$이고 $C > 0$이면, $CA > CA$이다.

④ $A > B$이고 $C < 0$이면, $CA < CB$이다.

부등식과 등식의 가장 큰 차이점은 바로 ④ '$A > B$이고 $C < 0$이면, $CA < CB$'입니다. 따라서 부등식을 다룰 때에는 양변에 음수를 곱하거나 나눌 때 부등호의 방향에 주의를 기울여야 합니다.

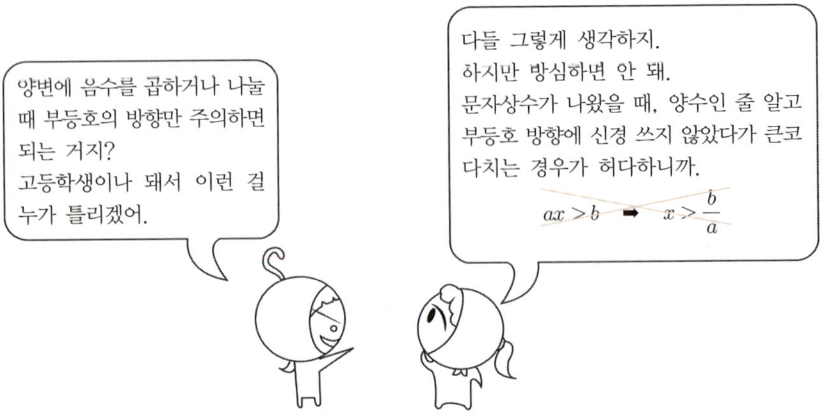
양변에 음수를 곱하거나 나눌 때 부등호의 방향만 주의하면 되는 거지? 고등학생이나 돼서 이런 걸 누가 틀리겠어.
다들 그렇게 생각하지. 하지만 방심하면 안 돼. 문자상수가 나왔을 때, 양수인 줄 알고 부등호 방향에 신경 쓰지 않았다가 큰코 다치는 경우가 허다하니까.
ax > b ➡ x > b/a

부등식은 두 식(수)의 대소관계를 나타내는 식으로 볼 수 있습니다. 이미 알고 있는 내용이지만 두 식의 대소관계에 대해 살펴보고 넘어가도록 하겠습니다. (천천히 읽고 넘어간다)

두 식의 대소관계

두 식 A, B에 대해서, 다음 명제가 성립한다.

① $A-B \ge 0 \quad \Leftrightarrow \quad A \ge B$

ex) $A = x^2+2x$, $B=2x$: $A-B=x^2 \ge 0 \quad \therefore \ A \ge B$

② $\dfrac{A}{B} \ge 1 \quad \Leftrightarrow \quad A \ge B$ (단, $A>0$, $B>0$)

ex) $A=(x-1)(x^2+1)$, $B=(x-1)$

$$\frac{A}{B}=\frac{(x-1)(x^2+1)}{(x-1)}=x^2+1$$

$(x^2+1) \ge 1$ ➡ $\dfrac{A}{B} \ge 1 \quad \therefore \ A \ge B$

③ $A^2-B^2 \ge 0 \quad \Leftrightarrow \quad A \ge B$ (단, $A \ge 0, B \ge 0$)

ex) $A=\sqrt{x^2+x}$, $B=\sqrt{x}$: $A^2-B^2=(x^2+x)-x=x^2$

$x^2 \ge 0$이므로 ➡ $A^2-B^2 \ge 0 \quad \therefore \ A \ge B$

일상생활에서 쓰이는 부등식에는 무엇이 있을까요?

비만도 측정

$$비만도(\%)=\frac{신체체중(kg)}{표준체중(kg)}\times 100$$

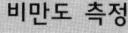

$$B=\frac{W}{W_c}\times 100$$

표준체중 W_c 계산공식

- 남자 : (키$-100)\times 0.9= W_c$
- 여자 : (키$-105)\times 0.9= W_c$

비만 측정 부등식

$B\le 90$	$90<B\le 110$
저체중	표준체중
$110<B\le 120$	$120<B$
과체중	비만판정

사칙연산의 범위

'$-1\le x\le 2$'와 '$3\le y\le 6$'을 만족하는 두 수 x, y에 대하여 $(x+y)$의 최댓값과 최솟값은 얼마일까요?

$$\begin{array}{rl} & -1\le x\le 2 \\ +) & \underline{\ \ 3\le y\le 6\ \ } \\ & 2\le x+y\le 8 \end{array}$$

- $x+y$의 최댓값 : x, y의 최댓값의 합
- $x+y$의 최솟값 : x, y의 최솟값의 합

x, y의 범위의 각 경계에 있는 숫자끼리 더한 값이 $x+y$의 최댓값 또는 최솟값이 됩니다. 그럼 $x-y$의 최댓값과 최솟값은 얼마일까요? (동일한 방법으로 구해보자)

$$\begin{array}{rl} & -1 \le x \le 2 \\ -\,) & \underline{\;\;\;3 \le y \le 6\;\;\;} \\ & -4 \le x-y \le -4 \end{array} \qquad ?$$

얼핏 보면 맞는 것처럼 보입니다. 하지만 절대 이런 방식으로 부등식을 계산하면 안 됩니다. (식 $(x-y)$의 값이 최대 또는 최소가 되기 위해서는 일단 x, y가 어떤 값을 가져야 할지 고민해 봐야 한다)

$(x-y)$의 최대, 최소

x, y의 범위가 $a \le x \le b$와 $c \le y \le d$일 때,
$(x-y)$의 값이 최대가 되기 위해서는 'x는 가장 큰 수'가 되어야 하며, 'y는 가장 작은 수'가 되어야 한다.

$$x=b,\ y=c \Rightarrow x-y\text{의 최댓값 : } b-c$$

$(x-y)$의 값이 최소가 되기 위해서는 'x는 가장 작은 수'가 되어야 하며, 'y는 가장 큰 수'가 되어야 한다.

$$x=a,\ y=d \Rightarrow x-y\text{의 최솟값 : } a-d$$

즉, $-1 \le x \le 2$와 $3 \le y \le 6$일 때 $x-y$의 최댓값과 최솟값은 다음과 같이 계산할 수 있습니다.

$$\begin{array}{rl} & -1 \le x \le 2 \\ -\,) & \underline{\;\;\;3 \le y \le 6\;\;\;} \\ & -1 \ge x-y \ge -7 \end{array}$$

최댓값 최솟값

y에 -1을 곱했기 때문에 연산 결과에 대한 부등호의 방향은 반대가 된다

$(x+y)$와 $(x-y)$의 최대, 최소에 관한 문제뿐만 아니라 부등식의 모든 문제를 풀 때에는 부등식을 만족하는 변수의 값이 무엇인지 고민하면서 푸는 것이 중요합니다. (특히, 부등호에 등호가 있는지 없는지도 잘 확인해야 한다)

1차부등식의 해법

부등식의 해는 방정식과 어떻게 다를까요?

일반적으로 방정식의 해는 '원소(숫자)'로 표시되지만, 부등식의 해는 'x에 관한 부등식'으로 표시됩니다.

방정식 $x^2-x-2=0$: 해 -1, 2
부등식 $2x>4$: 해 $x>2$

그럼 일반적인 1차부등식 $ax>b$(또는 $ax \geq b$)를 만족하는 변수 x값을 찾아보도록 하겠습니다.

$$ax>b \ (ax \geq b) \ \Rightarrow \ x>\frac{b}{a} \ (x \geq \frac{b}{a}) \ ?$$

먼저 양변을 문자상수 a로 나누기 전에 a가 양수, 음수, 0인지 구분해야 합니다. (0으로는 양변을 나눌 수 없으며, 음수로 양변을 나눌 경우 부등호의 방향이 바뀐다는 것을 기억한다)

특히 $a=0$일 때, 부등식을 만족하는 x값이 무엇인지 잘 생각해 봅니다.

부등식 $ax > b$의 해

① $a>0$일 때, $x>\frac{b}{a}$ (부등호 방향은 그대로)

② $a<0$일 때, $x<\frac{b}{a}$ (부등호 방향은 반대로)

③ $a=0$일 때, $0\cdot x>b$

i) $b\geq 0$이면 해는 없다. ex) $0\cdot x>3$, $0\cdot x>0$

ii) $b<0$이면 x는 모든 실수 ex) $0\cdot x>-2$ → **절대부등식**

부등식 $ax \geq b$의 해

① $a>0$일 때, $x\geq\frac{b}{a}$ (부등호 방향은 그대로)

② $a<0$일 때, $x\leq\frac{b}{a}$ (부등호 방향은 반대로)

③ $a=0$일 때, $0\cdot x\geq b$

i) $b>0$이면 해는 없다. ex) $0\cdot x\geq 3$

ii) $b\leq 0$이면 x는 모든 실수 ex) $0\cdot x\geq -3$, $0\cdot x\geq 0$

→ **절대부등식**

※ 수직선에 부등식의 해를 표시할 때, 점(좌표) 안에 색을 칠하면 좌표값을 포함하게 되고, 색을 칠하지 않으면 좌표값을 포함하지 않는 것으로 본다.

다음 부등식을 풀어보도록 하겠습니다. (어떻게 풀지 잠시 생각해 보는 시간을 가져본다)

$$mx - x - n - 1 > 0 \ (m,\ n\text{은 실수})$$

문제해결을 위한 기본설계가 끝나셨나요? 그럼 함께 풀어보도록 하겠습니다. 먼저 부등식 $mx - x - n - 1 > 0$를 기본형 $ax > b$로 바꾸어보면 다음과 같습니다. (문자가 많다고 걱정할 필요는 없다. m, n은 단지 상수일 뿐이다)

$$mx - x - n - 1 > 0 \Rightarrow (m-1)x > n+1$$

① $m-1>0\,(m>1)$일 때, $x>\dfrac{n+1}{m-1}$ (부등호 방향은 그대로)

② $m-1<0\,(m<1)$일 때, $x<\dfrac{n+1}{m-1}$ (부등호 방향은 반대로)

③ $m-1=0\,(m=1)$일 때, $0\cdot x>n+1$

　i) $n+1\geq 0\,(n\geq -1)$이면 해는 없다.

　ii) $n+1<0\,(n<-1)$이면 x는 모든 실수

2차부등식의 풀이 원리

변수 x의 차수가 2차인 부등식을 x에 관한 **2차부등식**이라고 말합니다. 그럼 2차부등식의 해는 어떻게 구할 수 있을까요? 방정식과 마찬가지로 '두 식의 곱의 원리'를 이용하면, 2차부등식의 해를 구할 수 있습니다. (곱의 원리를 이용하기 위해서는 2차식을 인수분해해야 한다)

$$AB>0,\ AB<0\ \ (A,\ B:\text{1차식})$$

두 1차식 A, B의 곱이 0보다 크기($AB>0$) 위해서는 '$A>0$, $B>0$' 또는 '$A<0$, $B<0$'가 되어야 합니다. (여기서 쉼표(,)는 and를 의미한다)

$$AB>0 \quad ➡ \quad A>0,\ B>0\ \text{또는}\ A<0,\ B<0$$

(쉼표 → and)

마찬가지로 A, B의 곱이 0보다 작기($AB<0$) 위해서는 '$A>0$, $B<0$' 또는 '$A>0$, $B<0$'가 되어야 합니다.

$$AB < 0 \quad \Rightarrow \quad A > 0, B < 0 \text{ 또는 } A < 0, B > 0$$

즉, 2차부등식 $f(x) > 0$ (또는 $f(x) < 0$)를 풀기 위해서는 2차식 $f(x)$를 인수분해하는 것이 중요합니다. (참고로 2차방정식의 해를 이용하면 모든 2차식을 인수분해할 수 있다)

2차식의 인수분해

2차식 $f(x) = ax^2 + bx + c$일 때, $f(x) = 0$의 근이 α, β일 때, $f(x)$는 다음과 같이 인수분해된다.

$$f(x) = a(x-\alpha)(x-\beta)$$

2차부등식의 해법

다음 2차부등식을 풀어보도록 하겠습니다.

$$x^2 - 3x + 2 > 0$$

먼저 좌변을 인수분해하면 다음과 같습니다.

$$x^2 - 3x + 2 > 0 \quad ➡ \quad (x-2)(x-1) > 0$$

두 인수의 곱 $(x-2)(x-1)$이 0보다 크기 위해서는 다음 i) 또는 ii)의 경우를 만족해야 합니다.

$$(x-2)(x-1) > 0$$

i) 두 인수가 모두 양수
$(x-2) > 0$ and $(x-1) > 0$ ➡ $x > 2$ and $x > 1$

ii) 두 인수가 모두 음수
$(x-2) < 0$ and $(x-1) < 0$ ➡ $x < 2$ and $x < 1$

그럼 i) 또는 ii)를 만족하는 변수 x값을 찾아보도록 하겠습니다.

i) $x > 2$ and $x > 1$
두 범위를 모두 만족해야 하므로 ➡ $x > 2$

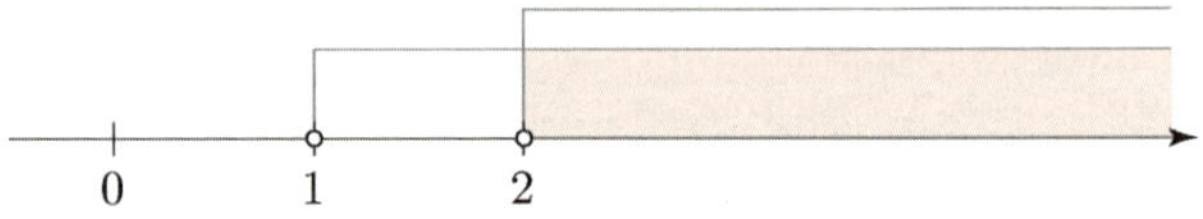

ii) $x < 2$ and $x < 1$
두 범위를 모두 만족해야 하므로 ➡ $x < 1$

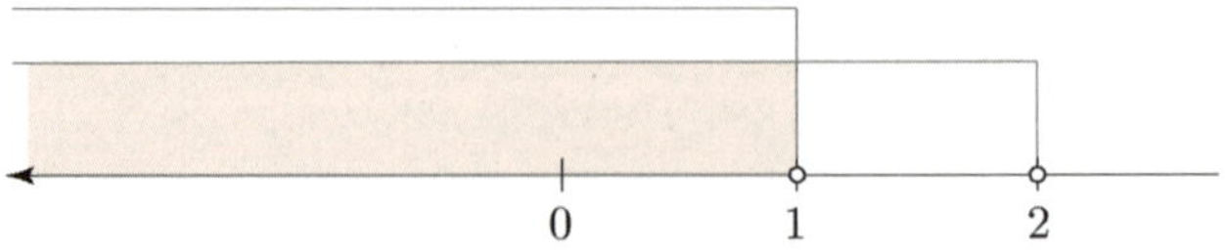

2차부등식 $x^2 - 3x + 2 > 0$를 만족하는 변수 x의 범위는 'i) 또는 ii)'가 되므로, 2차부등식의 해는 다음과 같습니다.

$$x^2-3x+2>0 \;\Rightarrow\; x>2 \text{ or } x<1$$

이번에는 부등호 방향이 반대인 경우를 풀어보도록 하겠습니다.

$$x^2-3x+2<0 \;\Rightarrow\; (x-2)(x-1)<0$$

두 인수의 곱 $(x-2)(x-1)$이 0보다 작기 위해서는 다음 ⅰ) 또는 ⅱ)의 경우를 만족해야 합니다.

$$(x-2)(x-1)<0$$

ⅰ) 인수 $(x-2)$가 양, $(x-1)$이 음
$(x-2)>0$ and $(x-1)<0$ ➡ $x>2$ and $x<1$

ⅱ) 인수 $(x-2)$가 음, $(x-1)$이 양
$(x-2)<0$ and $(x-1)>0$ ➡ $x<2$ and $x>1$

ⅰ)과 ⅱ)를 만족하는 변수 x값을 찾아보면,

ⅰ) $x>2$, $x<1$
두 범위를 모두 만족하는 x는 없다.

$$x>2,\; x<1$$

두 부등식을 만족하는 x는 없음

ii) $x < 2$, $x > 1$

두 범위를 모두 만족해야 하므로 ➡ $1 < x < 2$

2차부등식 $x^2 - 3x + 2 < 0$를 만족하는 변수 x의 범위는 'i) 또는 ii)'가 되므로, 2차부등식의 해는 다음과 같습니다.

$$x^2 - 3x + 2 < 0 \quad ➡ \quad 1 < x < 2$$

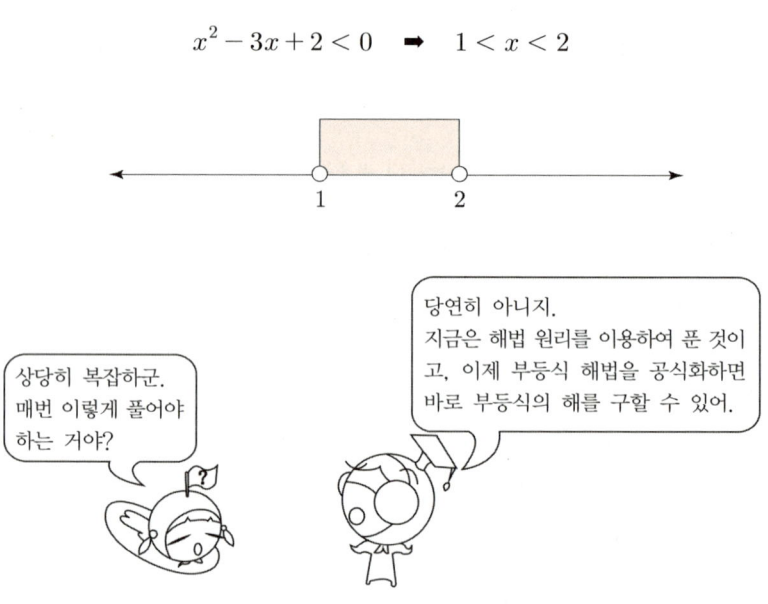

두 2차부등식 $x^2 - 3x + 2 > 0$와 $x^2 - 3x + 2 < 0$의 해를 정리해 보면 다음과 같습니다.

① $x^2-3x+2>0$의 해 : $x>2$, $x<1$

➡ 식을 인수분해했을 때 $(x-1)(x-2)>0$, 각 인수를 0으로 만드는 수 $x=1$, $x=2$를 기준으로 부등식을 만족하는 x의 범위는 **큰 수보다 크고, 작은 수보다 작은 값**이 된다.

② $x^2-3x+2<0$의 해 : $1<x<2$

➡ 식을 인수분해했을 때 $(x-1)(x-2)<0$, 각 인수를 0으로 만드는 수 $x=1$, $x=2$를 기준으로 부등식을 만족하는 x의 범위는 **큰 수와 작은 수의 사잇값**이 된다.

일반적인 2차부등식의 해법은 다음과 같습니다. (등호를 포함하는 부등호 $\geq$, $\leq$의 경우도 $>$, $<$와 마찬가지이다)

2차부등식의 해법

2차식 $f(x)=(x-\alpha)(x-\beta)$에 대하여($\alpha<\beta$)

① $f(x)>0$의 해 ➡ $x<\alpha$, $x>\beta$

(x는 큰 수(β)보다 크고, 작은 수(α)보다 작다)

② $f(x)<0$의 해 ➡ $\alpha<x<\beta$

(x는 큰 수(β)와 작은 수(α)의 사잇값이 된다)

2차부등식도 방정식과 마찬가지로 정해진 해법에 의한 단순계산일 뿐입니다. 그럼 2차부등식의 해법을 적용하여 다음 부등식의 해를 구해보도록 하겠습니다.

$$2x^2-3x-2\leq 0$$

$$x=-\frac{1}{2} \qquad x=2$$

$$2x^2-3x-2\le 0 \;\Rightarrow\; \underset{\text{인수분해}}{}\;(2x+1)(x-2)\le 0 \;\Rightarrow\; -\frac{1}{2}\le x\le 2$$

인수분해

큰 수와 작은 수의 사잇값

2차부등식의 해법과 관련하여 다음 응용문제를 풀어보도록 하겠습니다.
(어떻게 풀지 잠시 생각해 보는 시간을 가져본다)

다음 부등식의 해를 구하여라.

① $ax^2-2ax+a\ge 0$ ② $x^2-(a+3)x+3a<0$

어라?
부등식에도 문자상수가 있네.
조심해야겠다.
일단 인수분해를 해야겠지?

문제해결을 위한 기본설계가 끝나셨나요? 그럼 ①번부터 풀어보도록 하겠습니다. ① $ax^2-2ax+a\ge 0$의 좌변을 인수분해하면 다음과 같습니다.

$$ax^2-2ax+a\ge 0 \;\rightarrow\; a(x-1)^2\ge 0$$

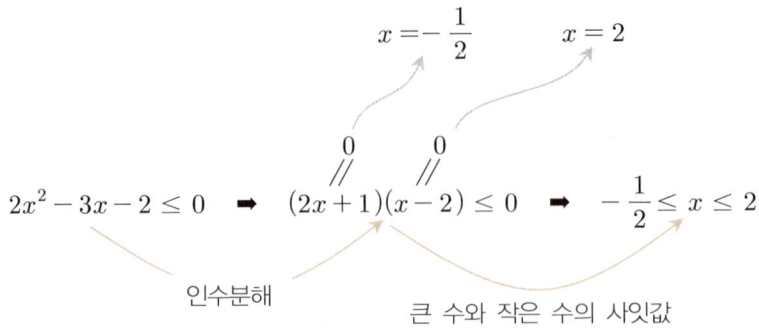

양변을 문자상수 a로 나누기 전에 $a>0$, $a=0$, $a<0$로 구분합니다.

ⅰ) $a>0$일 때, $a(x-1)^2 \geq 0$ ➡ $(x-1)^2 \geq 0$: x는 모든 실수
ⅱ) $a<0$일 때, $a(x-1)^2 \geq 0$ ➡ $(x-1)^2 \leq 0$: $x=1$
ⅲ) $a=0$일 때, $a(x-1)^2 \geq 0$ ➡ $0\times(x-1)^2 \geq 0$: x는 모든 실수

※ 문자상수가 포함된 부등식의 경우, 문자상수의 값에 따라 부등식을 만족하는 x값이 무엇인지 잘 생각해 봐야 한다.

② $x^2-(a+3)x+3a<0$를 풀어보도록 하겠습니다. 일단 좌변을 인수분해하면 다음과 같습니다.

$$x^2-(a+3)x+3a<0 \;\rightarrow\; (x-3)(x-a)<0$$

부등식 $f(x)=(x-\alpha)(x-\beta)<0$의 해는 $\alpha<x<\beta$ (큰 수(β)와 작은 수(α)의 사잇값)이므로, a가 3보다 큰지 작은지 구분해야 합니다.

ⅰ) $a>3$일 때, $(x-3)(x-a)<0$ ➡ $3<x<a$
ⅱ) $a<3$일 때, $(x-3)(x-a)<0$ ➡ $a<x<3$
ⅲ) $a=3$일 때, $(x-3)(x-a)=(x-3)^2<0$ ➡ 해가 없다

문자상수를 잘 분류하면 2차부등식도 그렇게 어렵진 않죠?

2차부등식과 허근

다음 2차부등식을 풀어보도록 하겠습니다.

$$x^2+2x+3>0$$

일단 2차식 x^2+2x+3(좌변)을 인수분해해 보겠습니다. (바로 인수분해가 되지 않으므로 근의 공식을 이용해 본다)

$$x^2+2x+3>0 \quad ➡ \quad x^2+2x+3=0$$

※ 근의 공식 : $ax^2+bx+c=0 \rightarrow x=\dfrac{-b\pm\sqrt{b^2-4ac}}{2a}$

$$➡ \; x=\frac{-2\pm\sqrt{4-12}}{2}=-1\pm\sqrt{-2}=-1\pm\sqrt{2}\,i$$

$$➡ \; x^2+2x+3=(x+1-\sqrt{2}\,i)(x+1+\sqrt{2}\,i)>0?$$

허수로 인수분해되는 2차부등식의 해는 과연 무엇일까요?

허수는 실수가 아니므로 그 대소관계를 알 수 없습니다. 이는 부등식에 허수를 함부로 적용할 수 없다는 것을 의미합니다. (부등식 = 대소관계를 나타낸 식)

그렇다면 허수로 인수분해되는 2차부등식의 '해는 없다(불능)'고 말할 수 있을까요? 부등식의 해가 없다는 것은 식을 만족하는 변수 x값이 없다는 것을 의미합니다. 과연 부등식 $x^2+2x+3>0$를 만족하는 x값은 존재하는지 그렇지 않은지 확인해 보도록 하겠습니다. (x에 여러 가지 수를 대입하여 부등식을 만족하는 x값이 있는지 찾아본다)

$$x^2+2x+3>0\text{를 만족하는 } x\text{값} ➡ \{0,\ 1,\ -1,\ 2,\ -2,\ -3,\ 3\ \cdots\}$$

부등식 $x^2+2x+3>0$를 만족하는 x는 무수히 많습니다.

2차부등식 $x^2+2x+3>0$의 해

$$x^2+2x+3>0$$

$$➡ (x^2+2x+1)+2>0$$

$$➡ (x+1)^2+2>0$$

$x^2+2x+1=(x+1)^2$을 적용

$(x+1)^2 \geq 0$이므로, 부등식 $(x+1)^2+2>0$는 x에 관계없이 항상 성립한다. 즉, 부등식 $x^2+2x+3>0$의 해는 모든 실수가 된다.

→ **절대부등식**

즉, 변수 x에 어떤 수를 대입해도 부등식 $x^2+2x+3>0$를 만족합니다. (부등식의 해 : 모든 실수)

이번에는 부등호의 방향이 반대인 경우를 생각해 보겠습니다.

$$x^2+2x+3<0$$

2차식 x^2+2x+3의 최솟값이 2이므로($x^2+2x+3=(x+1)^2+2$), 어떤 실수 x도 부등식 $x^2+2x+3<0$를 만족할 수는 없습니다. (부등식의 해는 '불능'이 된다)

부등식 $f(x)>0$, $f(x)<0$에서 방정식 $f(x)=0$이 허근을 가질 때, 부등식 $f(x)>0$, $f(x)<0$의 해는 '모든 실수' 또는 '불능', 둘 중 하나가 됩니다.

허수로 인수분해되는 2차부등식의 해를 정리해 보면 다음과 같습니다.
(참고로 $f(x)=0$의 근이 허수이면 판별식 $D<0$이다)

허수로 인수분해되는 2차부등식

$f(x)=ax^2+bx+c\,(a>0)$일 때, 2차방정식 $f(x)=0$이 허근을 가질 때(판별식 $D<0$일 때), 부등식 $f(x)>0$, $f(x)<0$의 해는 다음과 같다.

① $f(x)>0$의 해 : 모든 실수

② $f(x)<0$의 해 : 불능

※ 등호가 포함된 부등식의 해도 위와 동일하다.

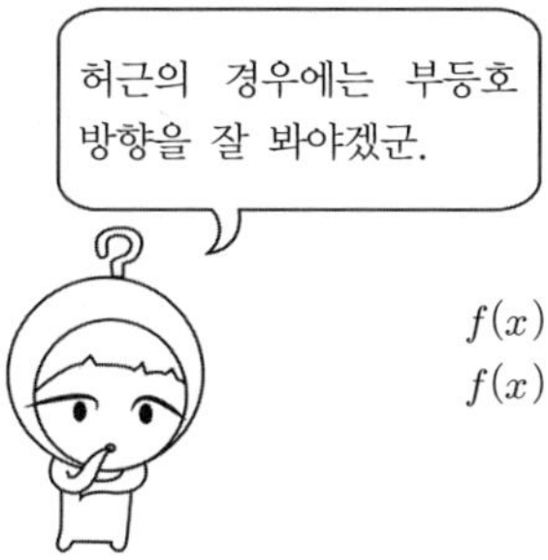

허근의 경우에는 부등호 방향을 잘 봐야겠군.

$f(x)>0$ ➡ 모든 실수
$f(x)<0$ ➡ 불능

다음 2차부등식의 해를 구해보도록 하겠습니다. (2차식의 인수분해가 안 되면 판별식으로 실근 여부를 확인해 본다)

① $x^2+x+1>0$ ➡ $D=-3<0$: x는 **모든 실수**
② $x^2+2x+2<0$ ➡ $D=-4<0$: **불능**

$f(x)=0$이 중근을 가지는 경우도 마찬가지입니다.

$$f(x)=x^2+2x+1$$

2차식 $f(x)$가 완전제곱식 $(x+1)^2$으로 인수분해되기 때문에 부등식 $f(x)>0$, $f(x)<0$를 만족하는 해는 다음과 같습니다. (부등식을 만족하는 x가 무엇인지 잘 생각해 본다)

$(x+1)^2>0$ ➡ $x\neq-1$인 모든 실수
$(x+1)^2<0$ ➡ 해가 없다

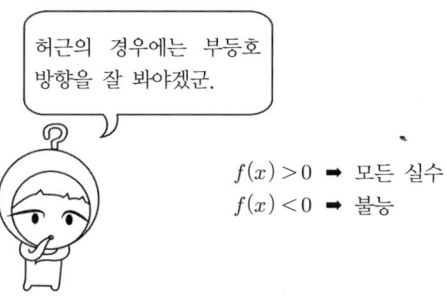

※ 참고로 $f(x)\geq0$, $f(x)\leq0$일 때, 부등식의 해는 다음과 같다.
$(x+1)^2\geq0$ ➡ 모든 실수
$(x+1)^2\leq0$ ➡ $x=-1$

2차부등식이 완전제곱식으로 인수분해될 때, 등호 부분만 조금 신경 쓰면 어렵지 않게 2차부등식을 풀 수 있습니다. (2차식 $f(x)$가 완전제곱식으로 인수분해되는 경우, 판별식 $D=0$이 된다)

다음 2차부등식의 해를 구해보도록 하겠습니다.

① $x^2-2x+1 \geq 0$ ➡ $(x-1)^2 \geq 0$: x는 모든 실수

② $x^2+4x+4<0$ ➡ $(x+2)^2<0$: 불능

※ 2차식 $f(x)$의 판별식 $D=0$ 또는 $D<0$일 경우에는 부등식을 만족하는 x값이 무엇인지 고민하면서 풀어야 한다.

2차부등식의 해법

2차부등식의 해법을 하나씩 정리해 보면 다음과 같습니다. (복잡해 보이지만 판별식 D에 신경 쓰면서 천천히 이해하도록 한다)

2차부등식의 해법

$f(x)=ax^2+bx+c$ $(a>0)$일 때, $f(x)=0$의 근의 종류에 따라 2차부등식의 해법을 정리하면 다음과 같다. ($f(x)=0$의 판별식을 D라고 한다)

① 두 실근 α, $\beta(\alpha<\beta)$을 가질 경우 $(D>0)$

$$f(x)=a(x-\alpha)(x-\beta)$$

i) $f(x)>0$의 해 ➡ $x<\alpha, x>\beta$

$f(x) \geq 0$의 해 ➡ $x \leq \alpha, x \geq \beta$

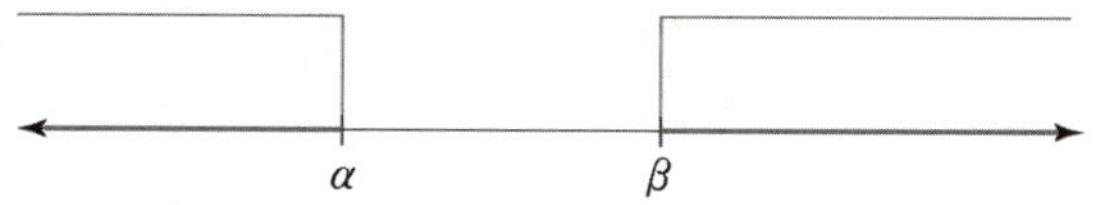

ii) $f(x) < 0$의 해 ➡ $\alpha < x < \beta$

$f(x) \leq 0$의 해 ➡ $\alpha \leq x \leq \beta$

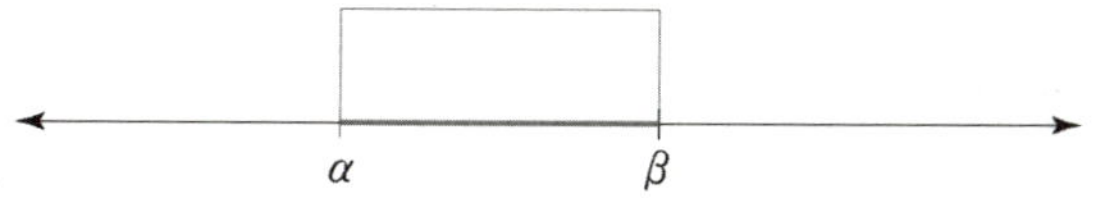

② 중근 α를 가질 경우 $(D=0)$

$$f(x)=a(x-\alpha)^2 \quad (a>0)$$

i) $f(x) > 0$의 해 ➡ $x \neq \alpha$인 모든 실수

$f(x) \geq 0$의 해 ➡ x는 모든 실수

ii) $f(x) < 0$의 해 ➡ 해가 없음

$f(x) \leq 0$의 해 ➡ $x=\alpha$

③ 허근을 가질 경우 $(D<0)$

i) $f(x) > 0$ $(f(x) \geq 0)$의 해 ➡ x는 모든 실수

ii) $f(x) < 0$ $(f(x) \leq 0)$의 해 ➡ 해가 없음

2차부등식의 해법이 이렇게 복잡할 줄은 꿈에도 몰랐어. 그냥 방정식처럼 공식으로 해결될 줄 알았는데.
중근이랑 허근에 조금만 신경 쓰면 그렇게 어렵진 않을 거야. 중근, 허근의 경우 해법에 의존하지 말고 부등식을 만족하는 x가 무엇인지 생각해봐. 금방 답이 나올 거야.

2차부등식을 풀 때는 2차식(좌변)이 인수분해가 되는지 파악하는 것이 가장 중요합니다. 만약 인수분해가 잘 안 된다면 즉시 판별식을 이용하여 실근 여부를 확인해야 합니다.

※ 이제 우리는 모든 2차부등식을 풀 수 있게 되었다.

2차부등식의 풀이

2차부등식의 해법을 이용하여 다음 부등식을 풀어보도록 하겠습니다. (어떻게 풀지 잠시 생각해 보는 시간을 가져본다)

다음 2차부등식의 해를 구하여라.

① $x^2 - x - 2 > 0$

② $x^2 + 4x + 4 \leq 0$

③ $x^2 + x + 1 > 0$

일단 인수분해가 되는지 확인해 봐야겠지?
인수분해가 잘 안 되면 판별식의 값을 찾아보고, 2차부등식이 아직 익숙하지 않으니 해법대로 천천히 해야겠다.

문제해결을 위한 기본설계가 끝나셨나요? 그럼 함께 풀어보도록 하겠습니다. 우선 2차식 ① x^2-x-2가 인수분해가 되는지 확인해 보면,

$$x^2-x-2 \quad ➡ \quad (x-2)(x+1)$$

각 인수를 0으로 만드는 수 −1, 2를 기준으로 부등식의 해법을 적용하면 해를 쉽게 찾을 수 있습니다. (부등식 $(x-\alpha)(x-\beta)>0(\alpha<\beta)$를 만족하는 x는 큰 수(β)보다 크고 작은 수(α)보다 작은 수이다)

$$① \ x^2-x-2>0 \quad ➡ \quad x<-1, \ x>2$$

부등식 ② $x^2+4x+4\leq 0$를 풀어보도록 하겠습니다. (먼저 2차식 x^2+4x+4가 인수분해되는지 확인해 본다)

$$x^2+4x+4 = (x+2)^2$$

2차식 x^2+4x+4가 완전제곱식으로 인수분해되므로 등호에 주의하면서 해를 찾아보면,

$(x+2)^2 \leq 0$를 만족하는 x값은 −2뿐이다.

$x^2+4x+4\leq 0$의 해 : $x=-2$

부등식 ③ $x^2+x+1>0$는 쉽게 인수분해가 되지 않습니다. 따라서 2차식 $f(x)=x^2+x+1$의 판별식 D의 값을 확인해 보도록 하겠습니다.

$$f(x)=x^2+x+1 \ : \ D=b^2-4ac=-3<0$$

$D<0$이므로 부등식 $x^2+x+1>0$를 만족하는 해는 모든 실수가 된다는 사실을 쉽게 알 수 있습니다. ($D<0$일 때 부등식의 해법 : $f(x)>0$의 해는 모든 실수가 되며 $f(x)<0$의 해는 불능이 된다)

참고로 $D<0$일 경우, 2차부등식의 해는 '모든 실수' 또는 '불능' 둘 중 하나가 되므로 적당한 x를 부등식에 대입하여 그 성립 여부를 확인하면 쉽게 부등식의 해를 구할 수 있습니다.

부등식의 흑백논리

$D<0$일 경우, 2차부등식의 해는 '불능' 아니면 '모든 실수' 둘 중 하나이므로 x에 어떤 수 하나만 대입하여 부등식이 성립하면 모든 실수, 성립하지 않으면 불능이다. 보통은 $x=0$을 많이 대입한다.

※ $x^2+x+1>0$: $D<0$이므로, '모든 실수' 또는 '불능' 둘 중 하나이다.

$x=0$ 대입 ➡ $0^2+0+1>0$ (성립) ➡ 모든 실수

2차부등식의 일반적인 해법을 이용하면 모든 2차부등식을 풀 수 있게 됩니다. 또한 2차함수의 그래프를 이용하면 좀 더 쉽게 부등식을 풀 수 있으니 부등식 문제에 자신감을 가져보길 바랍니다.

2차방정식의 실근의 부호

2차방정식에서 '근과 계수와의 관계'와 '판별식'에 대해 배워본 적이 있습니다. 2차부등식에서도 그 원리를 아주 유용하게 활용할 수 있습니다. (2차방정식의 근과 계수와의 관계를 다시 한 번 정리해 보자)

근과 계수와의 관계, 판별식

$ax^2+bx+c=0\,(a\neq 0)$에서 두 근을 α, β라 할 때

- 근과 계수와의 관계식 : $\alpha+\beta=-\dfrac{b}{a}$ $\alpha\beta=\dfrac{c}{a}$
- 판별식 : $D=b^2-4ac$

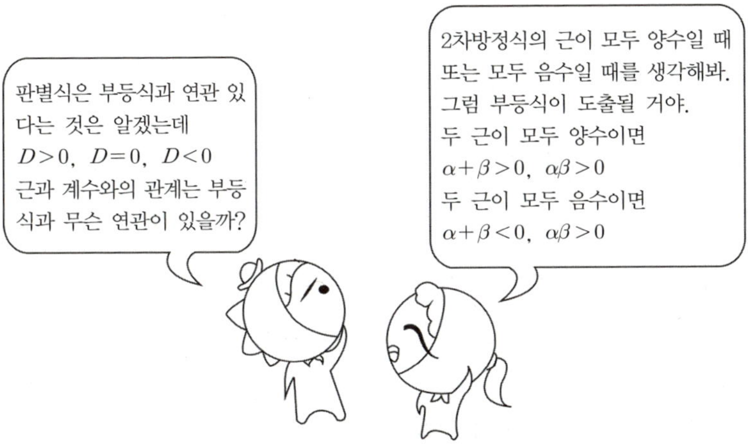
판별식은 부등식과 연관 있다는 것은 알겠는데
D>0, D=0, D<0
근과 계수와의 관계는 부등식과 무슨 연관이 있을까?
2차방정식의 근이 모두 양수일 때 또는 모두 음수일 때를 생각해봐. 그럼 부등식이 도출될 거야.
두 근이 모두 양수이면
α+β>0, αβ>0
두 근이 모두 음수이면
α+β<0, αβ>0

2차방정식 $ax^2+bx+c=0$의 두 실근을 α, β라고 할 때, 두 근의 부호에 따라 다음 조건(부등식)이 성립한다는 것을 쉽게 알 수 있습니다.

2차방정식의 실근의 부호

① 두 실근이 모두 양 ➡ $D>0,\ \alpha+\beta>0,\ \alpha\beta>0$

② 두 실근이 모두 음 ➡ $D>0,\ \alpha+\beta<0,\ \alpha\beta>0$

③ 두 실근이 다른 부호 ➡ $D>0,\ \alpha\beta<0$

그럼 판별식과 근의 조건(부등식)을 이용하여 다음 문제를 풀어보도록 하겠습니다. (어떻게 풀지 잠시 생각해 보는 시간을 가져본다)

2차방정식 $x^2+(2m-1)x-m=0$의 서로 다른 두 근 α, β가 모두 양수일 때, m의 범위를 정하여라.

우선 두 실근이 존재하니까 일단 판별식 $D>0$인데 ⋯.
두 근 α, β가 모두 양수라고 했으니까 근과 계수와의 관계를 적용해야 하나?
?

문제해결을 위한 기본설계가 끝나셨나요? 그럼 함께 풀어보도록 하겠습니다. 먼저 서로 다른 두 실근이 존재하므로 판별식 $D>0$가 성립합니다.

$x^2+(2m-1)x-m=0$의 판별식

① $D=b^2-4ac=(2m-1)^2-4\cdot1\cdot(-m)>0$

➡ $4m^2+1>0$ → m은 모든 실수

두 근이 모두 양수이므로 두 근의 합과 곱은 양수($\alpha+\beta>0$, $\alpha\beta>0$)가 될 것입니다. (근과 계수와의 관계를 이용하면 $\alpha+\beta>0$, $\alpha\beta>0$를 m에 관한 부등식을 만들 수 있다)

$x^2+(2m-1)x-m=0$의 근과 계수와의 관계

② $\alpha+\beta>0$: $\alpha+\beta=-(2m-1)>0$ ➡ $m<\frac{1}{2}$

③ $\alpha\beta>0$: $\alpha\beta=-m$ ➡ $-m>0$ ➡ $m<0$

2차방정식 $x^2+(2m-1)x-m=0$의 두 근 α, β가 모두 양수일 때, 앞에서 구한 조건 ①, ②, ③을 모두 만족해야 합니다.

① m은 모든 실수　　② $m<\frac{1}{2}$　　③ $m<0$

세 조건의 공통부분은 $m<0$이므로, 2차방정식 $x^2+(2m-1)x-m=0$의 두 근이 모두 양수일 때 m의 범위는 $m<0$가 됩니다.

[2차식의 핵심요소]

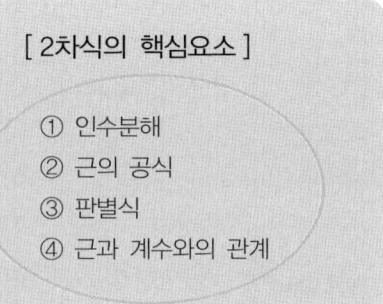

① 인수분해
② 근의 공식
③ 판별식
④ 근과 계수와의 관계

개념 한눈에 보기

1. 부등식의 분류

- 절대부등식 : x에 어떤 실수를 대입해도 성립하는 부등식 $(x^2+1>0)$
- 조건부등식 : x에 특정한 수를 대입해야 성립하는 부등식 $(2x>4)$

2. 부등식의 성질

① $A>B$이고 $B>C$이면 $A>C$이다.

② $A>B$이면 $A\pm C>B\pm C$이다.

③ $A>B$이고 $C>0$이면 $CA>CA$이다.

④ $A>B$이고 $C<0$이면 $CA<CB$이다.

3. 두 식의 대소관계

① $A-B\geq 0 \Leftrightarrow A\geq B$

② $\dfrac{A}{B}\geq 1 \Leftrightarrow A\geq B$ (단, $A>0, B>0$)

③ $A^2-B^2\geq 0 \Leftrightarrow A\geq B$ (단, $A\geq 0, B\geq 0$)

4. 1차부등식($ax>b$)의 해법

① $a>0$일 때, $x>\dfrac{b}{a}$

② $a<0$일 때, $x<\dfrac{b}{a}$

③ $a=0$일 때, $b\geq 0$이면 해는 없으며, $b<0$이면 x는 모든 실수

5. 2차부등식 ($f(x)>0$, $f(x)<0$)의 해법 ($\alpha<\beta$)

① $f(x)=(x-\alpha)(x-\beta)$: $f(x)=0$이 두 실근을 가질 경우 $(D>0)$

i) $f(x)>0$의 해 ➡ $x<\alpha, x>\beta$ $\quad f(x)\geq 0$의 해 ➡ $x\leq\alpha, x\geq\beta$

ii) $f(x)<0$의 해 ➡ $\alpha<x<\beta$ $\quad f(x)\leq 0$의 해 ➡ $\alpha\leq x\leq\beta$

② $f(x)=(x-\alpha)^2$: $f(x)=0$이 중근을 가질 경우 $(D=0)$

i) $f(x)>0$의 해 ➡ $x\neq\alpha$인 모든 실수 $f(x)\geq 0$의 해 ➡ x는 모든 실수

ii) $f(x)<0$의 해 ➡ 해가 없음 $\quad f(x)\leq 0$의 해 ➡ $x=\alpha$

③ $f(x)=ax^2+bx+c\ (a>0)$이 허근을 가질 경우 $(D<0)$

i) $f(x)>0$ $(f(x)\geq 0)$의 해 ➡ x는 모든 실수

ii) $f(x)<0$ $(f(x)\leq 0)$의 해 ➡ 해가 없음

도출형 학습방식으로 다음 문제를 풀어보겠습니다. (개념이 잘 기억나지 않으면 앞의 내용을 찾아보길 바란다)

부등식 $x^2-10x+21<0$의 해가 부등식 $x^2-(\alpha+9)x+9\alpha<0$의 해의 범위에 포함될 때, 실수 α의 최댓값을 구하여라. (단, $\alpha<9$)

1단계 개념도출 문제를 풀기 위해서는 어떤 개념을 알아야 할까요?

2단계 개념설명 개념을 알고 있다면 간단히 설명해 보길 바랍니다.

3단계 문제해결 그럼 어떻게 문제를 해결할 수 있을까요?

부등식 $x^2-10x+21<0$의 해가 부등식 $x^2-(\alpha+9)x+9\alpha<0$의 해의 범위에 포함될 때, 실수 α의 최댓값을 구하여라. (단, $\alpha<9$)

1단계 문제를 풀기 위해서는 어떤 개념을 알아야 할까요?

2차부등식의 해법을 알아야 한다.

2단계 개념을 알고 있다면 간단히 설명해 보길 바랍니다.

2차부등식($f(x)>0$, $f(x)<0$)의 해법($\alpha<\beta$)

① $f(x)=(x-\alpha)(x-\beta)$: $f(x)=0$이 두 실근을 가질 경우 ($D>0$)

i) $f(x)>0$의 해 ➡ $x<\alpha$, $x>\beta$

$f(x)\geq 0$의 해 ➡ $x\leq\alpha$, $x\geq\beta$

ii) $f(x)<0$의 해 ➡ $\alpha<x<\beta$

$f(x)\leq 0$의 해 ➡ $\alpha\leq x\leq\beta$

② $f(x)=(x-\alpha)^2$: $f(x)=0$이 중근을 가질 경우 ($D=0$)

i) $f(x)>0$의 해 ➡ $x\neq\alpha$인 모든 실수

$f(x)\geq 0$의 해 ➡ x는 모든 실수

ii) $f(x)<0$의 해 ➡ 해가 없음

$f(x)\leq 0$의 해 ➡ $x=\alpha$

③ $f(x)=0$이 허근을 가질 경우 ($D<0$)

i) $f(x)>0$ ($f(x)\geq 0$)의 해 ➡ x는 모든 실수

ii) $f(x)<0$ ($f(x)\leq 0$)의 해 ➡ 해가 없음

3단계 그럼 어떻게 문제를 해결할 수 있을까요?

일단 주어진 두 부등식 $x^2-10x+21<0$과 $x^2-(\alpha+9)x+9\alpha<0$를 만족시키는 해의 범위를 구하여 수직선에 표시한 다음, 부등식 $x^2-10x+21<0$의 해가 부등식 $x^2-(\alpha+9)x+9\alpha<0$의 해의 범위에 포함될 수 있도록 α값을 찾아본다. 그리고 최대가 될 수 있는 α값이 무엇인지 생각해 보면 어렵지 않게 답을 찾아낼 수 있을 것이다.

정답이 궁금한 학생들은 다음 정답풀이를 참고하시기 바랍니다.

일단 주어진 두 부등식 $x^2-10x+21<0$과 $x^2-(\alpha+9)x+9\alpha<0$를 만족시키는 해의 범위를 구해보자. 여기서 α값을 몰라도 부등식의 좌변이 인수분해가 되므로 해를 찾아낼 수 있을 것이다. (단, $\alpha<9$이다)

$$x^2-10x+21<0 \quad \rightarrow \quad (x-3)(x-7)<0 \quad \rightarrow \quad 3<x<7$$
$$x^2-(\alpha+9)x+9\alpha<0 \quad \rightarrow \quad (x-\alpha)(x-9)<0 \quad \rightarrow \quad \alpha<x<9$$

이제 주어진 조건에 맞춰 각각의 부등식의 해를 수직선에 표시해 보자.
($\alpha<x<9$의 범위가 $3<x<7$를 포함하도록 그린다)

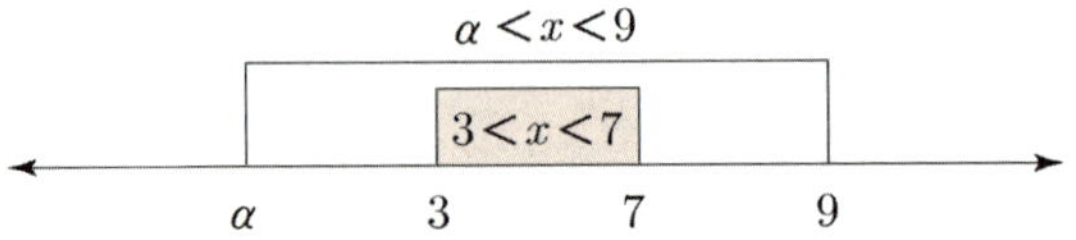

보는 바와 같이 α는 숫자 3보다 작아야 한다. 같아도 $\alpha<x<9$의 범위가 $3<x<7$를 포함하는 데 상관이 없다.

$$\alpha \leq 3$$

따라서 α의 최댓값은 3이 된다.

정답 $\alpha=3$

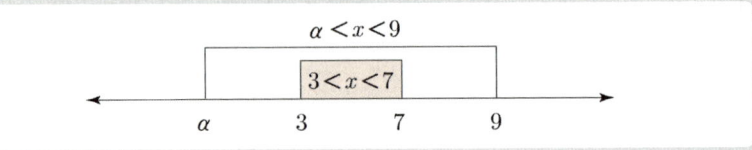

4 2차함수와 2차부등식

2차함수와 2차부등식

2차함수와 2차부등식과는 어떤 관계가 있을까요? 2차함수 $y=x^2-4$와 2차부등식 $x^2-4>0$를 생각해 봅시다. 먼저 2차함수 $y=x^2-4$의 그래프에서 $x^2-4>0$에 해당되는 그래프가 어느 부분인지 찾아보면 다음과 같습니다. 참고로 함수식을 인수분해하면 그래프를 쉽게 그릴 수 있습니다.

$y=x^2-4$

$\rightarrow\ y=(x-2)(x+2)$

(x절편 2, -2)

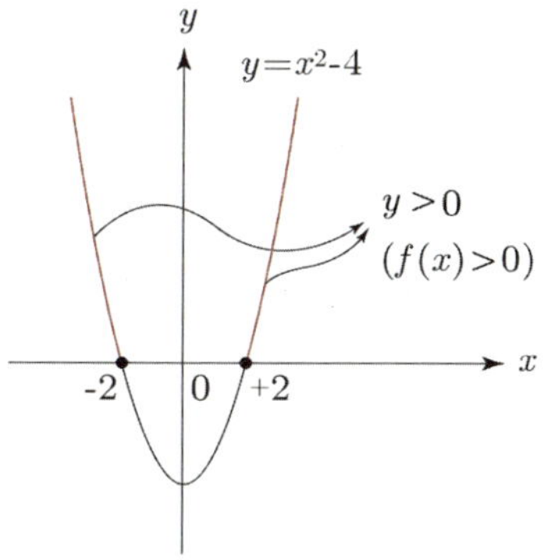

부등식 $x^2-4>0$의 해는 2차함수 $y=x^2-4$의 함숫값 y가 양수가 되는 x값, 즉 2차함수 $y=f(x)$의 그래프에서 $y>0$인 영역(색칠한 부분)의 x좌표와 같습니다. (2차함수 $y=x^2-4$ → $y>0$ → 부등식 $x^2-4>0$)

따라서 2차함수 $y=x^2-4$에서 $y>0$인 영역에 해당되는 x의 범위 '$x<-2$, $x>2$'가 바로 부등식 $x^2-4>0$의 해가 됩니다.

2차함수 $y=x^2-4$에서 $y>0$인 영역의 x좌표

$\Leftrightarrow$ 부등식 $x^2-4>0$의 해

마찬가지로 부등식 $x^2-4<0$의 해 또한 2차함수 $y=x^2-4$의 그래프를 이용하여 찾아볼 수 있습니다.

부등식 $x^2-4<0$의 해는 2차함수 $y=x^2-4$의 함숫값 y가 음수가 되는 x값이므로 $y=f(x)$의 그래프에서 $y<0$인 영역(색칠한 부분)의 x좌표와 같습니다.

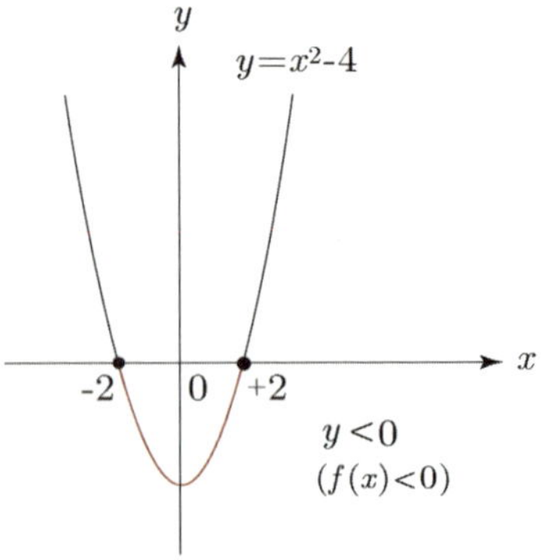

따라서 2차함수 $y=x^2-4$에서 $y<0$인 영역에 해당되는 x의 범위 '$-2<x<2$'가 바로 부등식 $x^2-4<0$의 해가 됩니다.

2차부등식 $f(x)>0$, $f(x)<0$의 해

함수식 $f(x)=(x-\alpha)(x-\beta)$일 때, 2차부등식 $f(x)>0$($f(x)<0$)의 해는 2차함수 $y=f(x)$의 $y>0$($y<0$)의 영역에 해당하는 그래프의 x좌표와 같다.

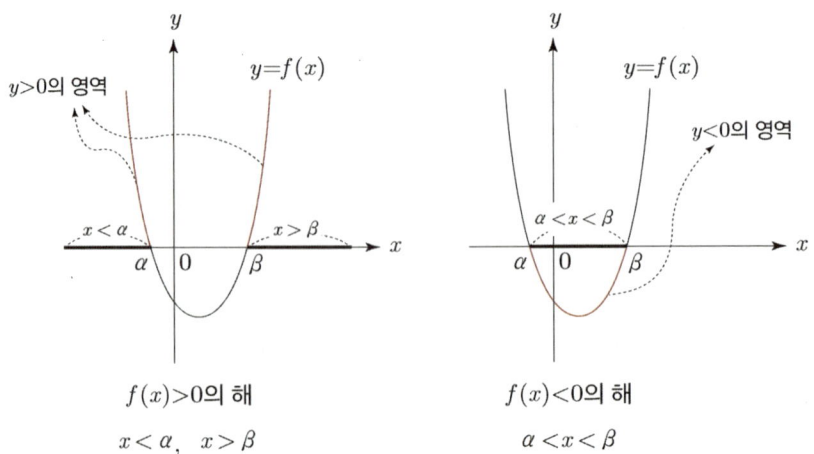

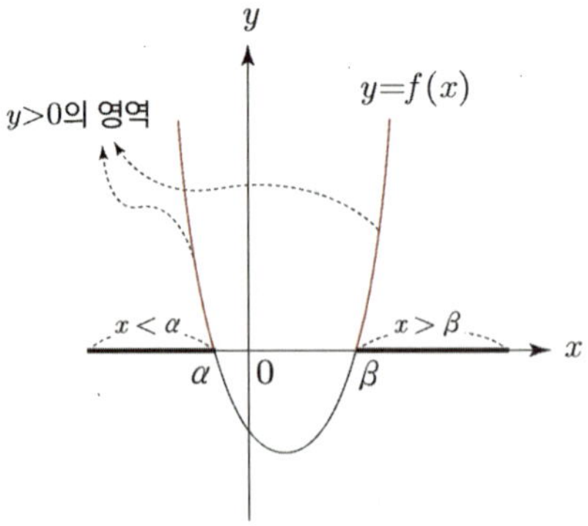

$f(x)>0$의 해

$x<\alpha,\quad x>\beta$

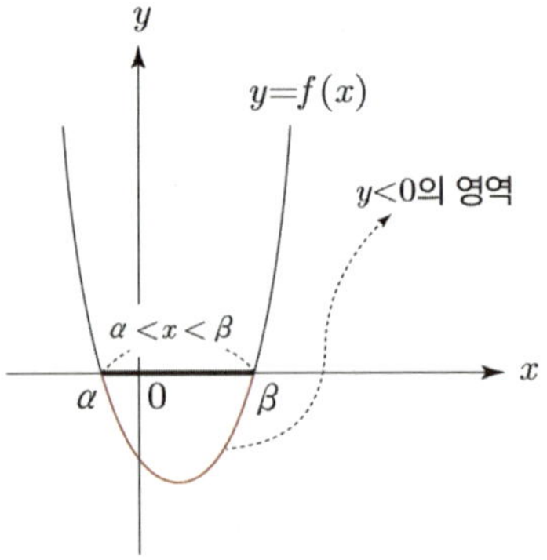

$f(x)<0$의 해

$\alpha<x<\beta$

함수 $f(x)$의 그래프만 정확하게 그릴 수 있으면 부등식 $f(x)>0$ 또는 $f(x)<0$의 해를 쉽게 구할 수 있습니다. 사실 함수의 그래프를 이용하지 않고도 앞에서 배운 부등식의 해법으로 2차부등식을 풀 수도 있습니다.

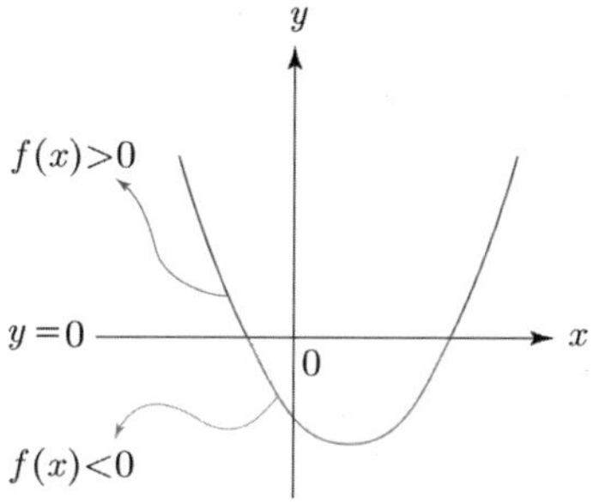

함수를 이용하게 되면 부등식의 범위를 눈으로 직접 확인하면서 해를 구할 수 있기 때문에 계산상의 실수를 크게 줄일 수 있습니다. 이번에는 2차함수 $y=f(x)$와 x축과의 교점이 1개일 때, 2차부등식 $f(x)>0, f(x)<0$의 해를 구해보도록 하겠습니다.

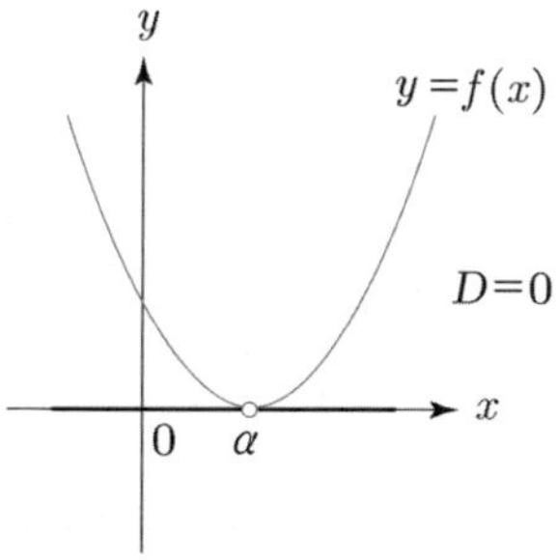

왼쪽 $y=f(x)$의 그래프에서 보는 바와 같이 부등식 $f(x)>0$의 해는 $y>0$에 해당하는 부분(색칠한 부분)에 대한 x좌표가 됩니다.

$f(x)>0$의 해 : $x \neq \alpha$인 모든 실수

마찬가지로 다음 $y=f(x)$의 그래프를 잘 살펴보면 $y<0$를 만족하는 그래프의 영역이 존재하지 않는다는 것을 확인할 수 있습니다. 따라서 부등식 $f(x)<0$의 해는 없습니다.

$f(x)<0$의 해 : 없다

참고로 등호를 포함하는 2차부등식의 해는 다음과 같습니다. 등호에 유의하면서 부등식의 해를 생각해 보시길 바랍니다.

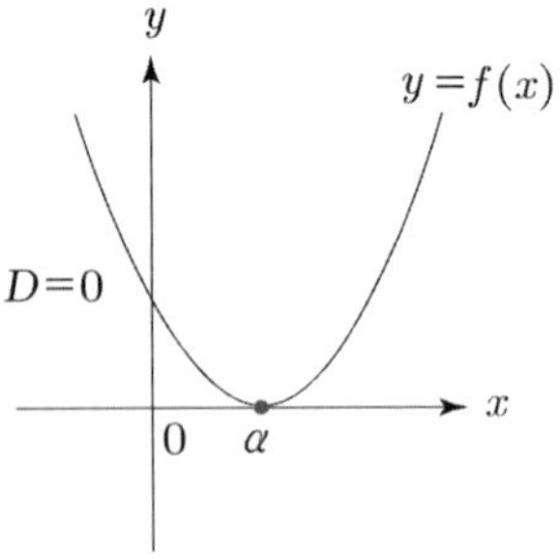

$f(x) \geq 0$의 해 : 모든 실수
$f(x) \leq 0$의 해 : $x = \alpha$

마지막으로 2차함수와 x축과의 교점이 없을 때, 2차부등식 $f(x) > 0$, $f(x) < 0$의 해를 찾아보도록 하겠습니다.

오른쪽 $y = f(x)$의 그래프에서 보는 바와 같이 $y > 0$에 해당하는 부분(색칠한 부분)에 대한 x좌표가 바로 부등식 $f(x) > 0$의 해가 됩니다.

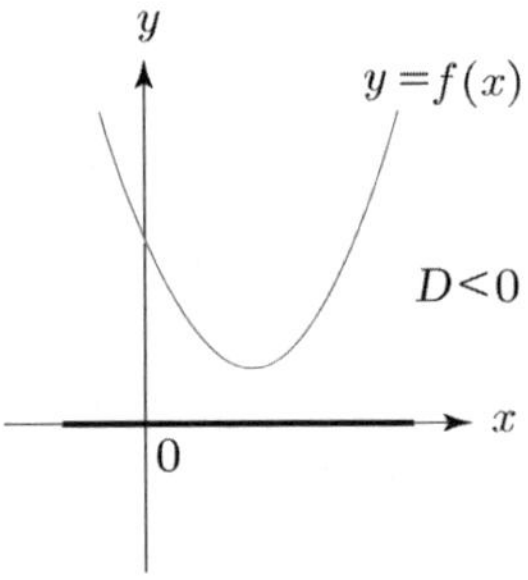

$f(x) > 0$의 해 : 모든 실수

마찬가지로 오른쪽 $y = f(x)$의 그래프를 잘 살펴보면 $y < 0$을 만족하는 그래프의 영역이 존재하지 않는다는 것을 확인할 수 있습니다. 따라서 부등식 $f(x) < 0$의 해는 없습니다.

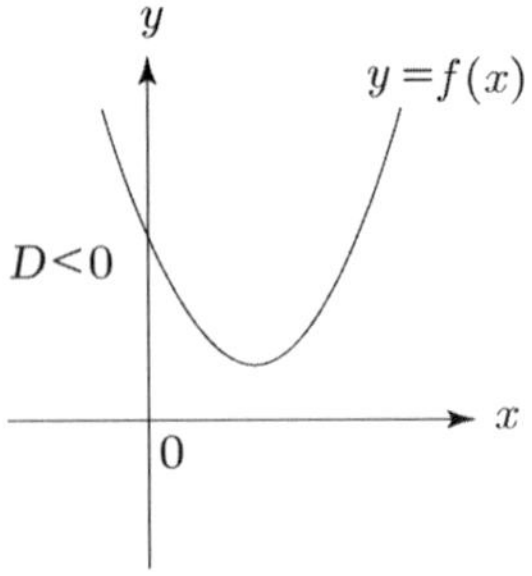

$f(x) < 0$의 해 : 해가 없다

참고로 등호를 포함하는 2차부등식($D<0$)의 해는 다음과 같습니다. 등호에 유의하면서 부등식의 해를 생각해 보시길 바랍니다.

$f(x) \geq 0$의 해 : 모든 실수, $f(x) \leq 0$의 해 : 해가 없다

2차함수를 이용한 부등식 풀이

2차함수를 이용하여 다음 2차부등식을 풀어보도록 하겠습니다. 여기서 $y=f(x)$로 놓고 함수식을 인수분해한 다음 그래프를 그려봅시다.

① $x^2-x-6 \leq 0$ ② $3x^2-x-4>0$ ③ $-x^2+8x-16 \geq 0$

①의 경우, 2차식 x^2-x-6을 $y=f(x)$로 놓고 인수분해한 후 그래프를 그리면 오른쪽과 같습니다.

$$y=x^2-x-6 \quad \rightarrow \quad y=(x-3)(x+2)$$

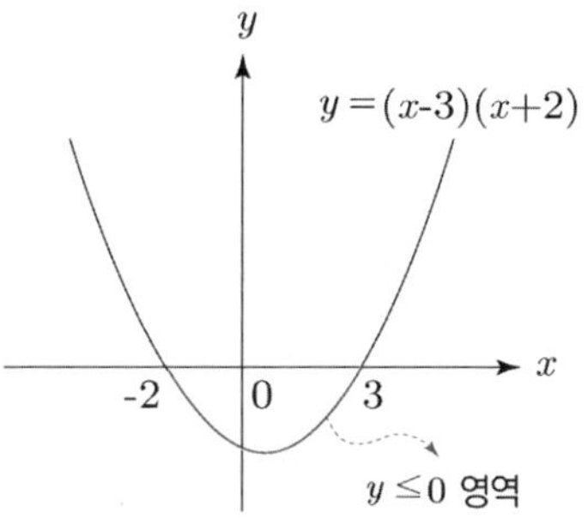

2차함수의 $y \leq 0$영역의 x좌표는 $-2 \leq x \leq 3$이므로 2차부등식 $x^2-x-6 \leq 0$의 해는 '$-2 \leq x \leq 3$'가 됩니다.

마찬가지로 ②의 경우 2차식 $3x^2-x-4$를 $y=f(x)$로 놓고 인수분해한 후 그래프를 그리면 오른쪽과 같습니다.

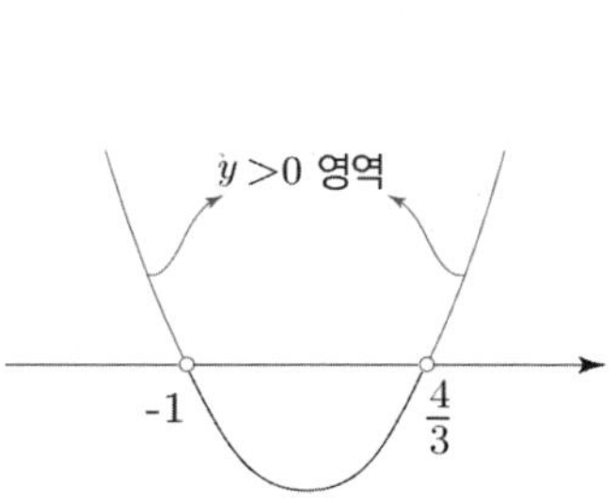

$$y=3x^2-x-4 \quad \rightarrow \quad y=(3x-4)(x+1)$$

2차함수의 $y > 0$ 영역의 x좌표는 $x < -1,\ x > \frac{4}{3}$이므로 2차부등식 $3x^2 - x - 4 > 0$의 해는 '$x < -1,\ x > \frac{4}{3}$'가 됩니다.

③의 경우, 부등식 $-x^2 + 8x - 16 \ge 0$에서 x^2항의 계수가 음수이므로 먼저 양변에 −1을 곱한 후 식을 정리해 보겠습니다. 여기서 x^2항의 계수가 양수이면 그래프를 좀 더 쉽게 그릴 수 있습니다.

$$-x^2 + 8x - 16 \ge 0 \quad \rightarrow \quad x^2 - 8x + 16 \le 0$$

2차식 $x^2 - 8x + 16$을 $y = f(x)$로 놓고 인수분해한 후 그래프를 그리면 오른쪽과 같습니다.

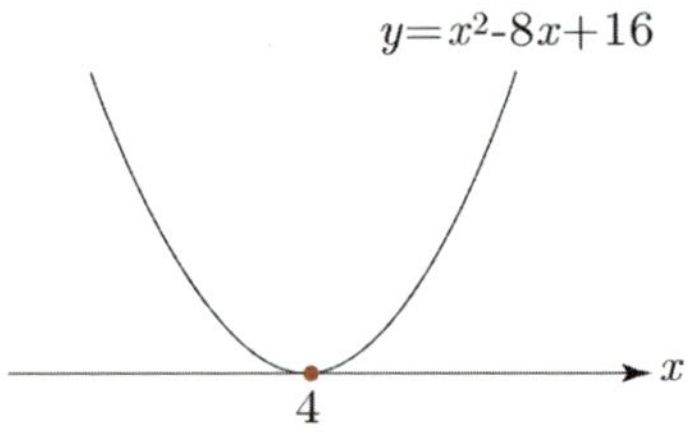

$$y = x^2 - 8x + 16 \quad \rightarrow \quad y = (x-4)^2$$

2차함수 $y \le 0$ 영역의 x좌표는 $x = 4$뿐이므로 처음 구하고자 했던 2차부등식 $-x^2 + 8x - 16 \ge 0$의 해는 $x = 4$가 됩니다.

2차함수와 절대부등식

2차부등식 $x^2 - 2x + 2 > 0$의 해는 무엇일까요? 앞에서 구했던 것처럼 부등식 $x^2 - 2x + 2 > 0$를 2차함수 $y = f(x)$로 놓고 인수분해한 다음 그래프를 그려보도록 하겠습니다. 인수분해가 잘 안 될 때는 근의 공식을 이용하여 인수분해할 수 있습니다.

$$f(x) = x^2 - 2x + 2$$

$$x^2 - 2x + 2 = 0 \quad \rightarrow \quad x = \frac{2 \pm \sqrt{-4}}{2} = 1 \pm i \ : \text{허수?}$$

허수로는 인수분해가 되지 않으므로 표준형 $y = (x-m)^2 + n$꼴로 변형한 다음 2차함수의 그래프를 그려보겠습니다. (2차식 $x^2 - 2x + 2 \rightarrow y = x^2 - 2x + 2$)

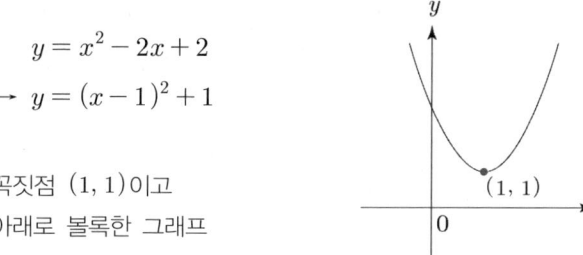

$y = x^2 - 2x + 2$
$\rightarrow y = (x-1)^2 + 1$

꼭짓점 $(1, 1)$이고
아래로 볼록한 그래프

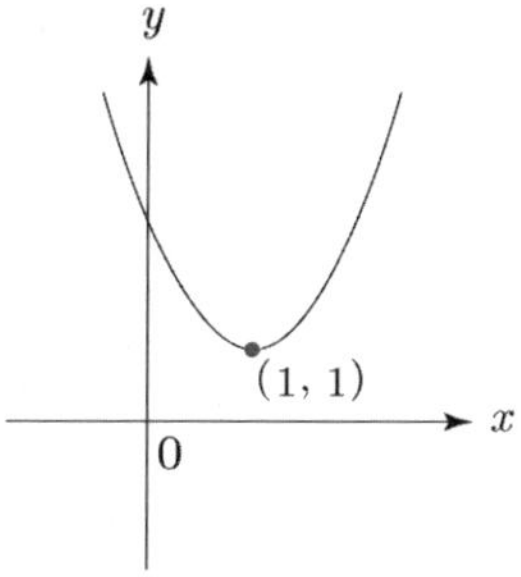

그림에서 보는 바와 같이 2차함수 $y = x^2 - 2x + 2$에서 $y > 0$인 영역에 해당하는 x좌표(x축의 모든 좌표)가 바로 2차부등식 $x^2 - 2x + 2 > 0$의 해가 되므로 부등식 $x^2 - 2x + 2 > 0$의 해는 모든 실수가 됩니다. 즉, 모든 x에 대하여 부등식 $x^2 - 2x + 2 > 0$를 만족하므로, 부등식 $x^2 - 2x + 2 > 0$는 절대부등식이 되겠죠? 마찬가지로 같은 방법으로 2차부등식 $-x^2 + 2x - 3 < 0$의 해를 찾아보도록 하겠습니다. 여기서도 인수분해가 되지 않으므로 표준형으로 변형하여 그래프를 그려봅니다.

$y = -x^2 + 2x - 3$
$\rightarrow y = -(x-1)^2 - 2$

꼭짓점 $(1, -2)$이고
위로 볼록한 그래프

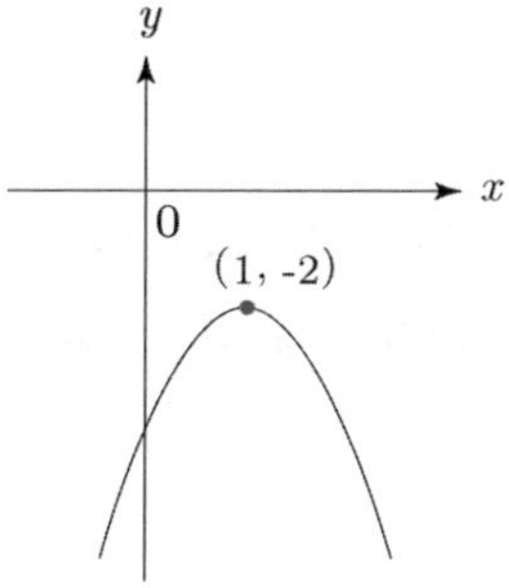

그림에서처럼 2차함수 $y = -x^2 + 2x - 3$에서 $y < 0$인 영역에 해당하는 x 좌표(x축의 모든 좌표)가 바로 2차부등식 $-x^2 + 2x - 3 < 0$의 해가 되므로 부등식 $-x^2 + 2x - 3 < 0$의 해는 모든 실수가 됩니다. 즉, 모든 x에 대하여 부등식 $-x^2 + 2x - 3 < 0$를 만족하므로 부등식 $-x^2 + 2x - 3 < 0$는 절대부등식이 됩니다. 이처럼 2차함수의 그래프가 x축과의 교점이 없을 때($D<0$)에는 부등호의 방향에 따라 2차부등식이 절대부등식이 될 수 있다는 사실을 반드시 명심하시길 바랍니다. 다음 2차함수에 해당하는 부등식들은 모두 절대부등식입니다. 등호관계에 유의하면서 잘 살펴보시길 바랍니다.

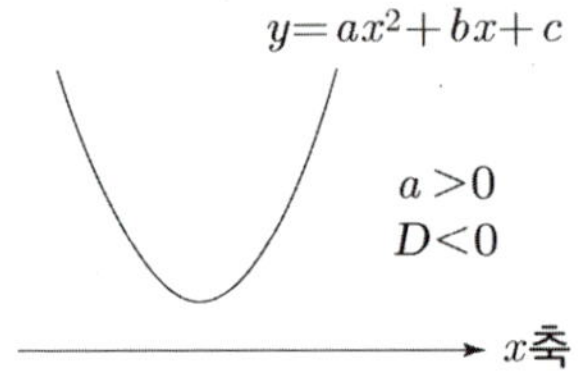

절대부등식 $f(x)>0$

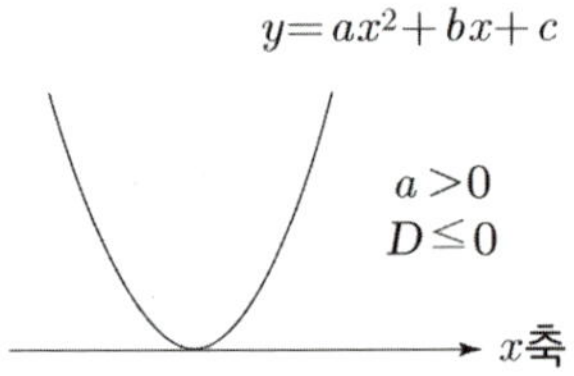

절대부등식 $f(x)\geq 0$

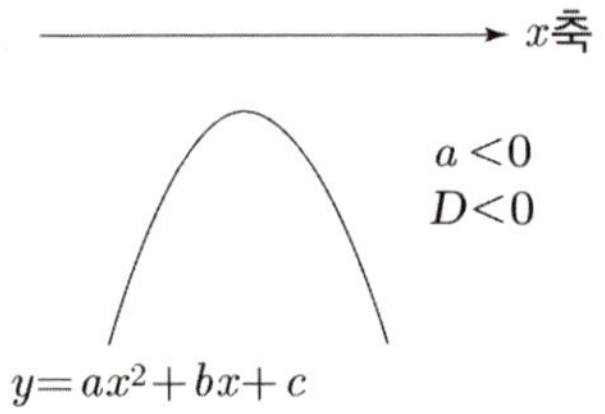

절대부등식 $f(x)<0$

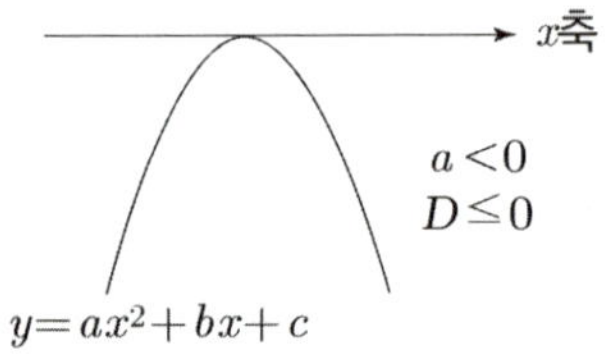

절대부등식 $f(x)\leq 0$

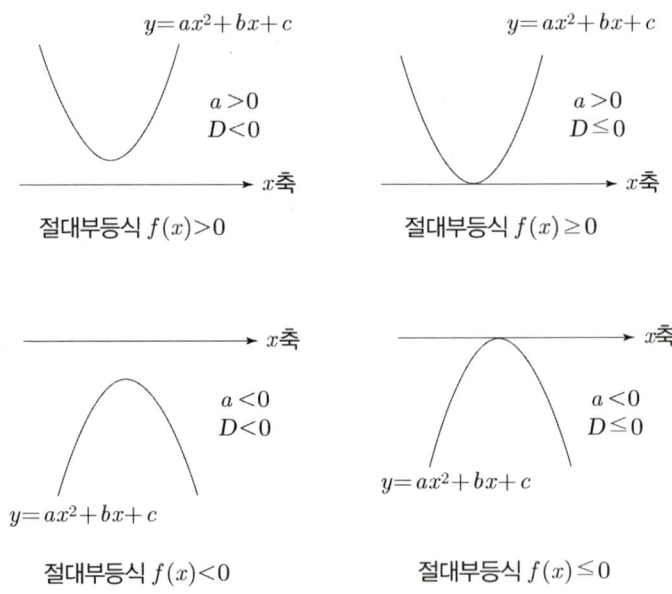

모든 실수 x에 대하여 부등식 $x^2 + 2mx + (m+2) > 0$가 성립하도록 실수 m의 범위를 정하여라.

문제해결을 위한 기본설계가 끝나셨나요? 그러면 함께 풀어보도록 하겠습니다. 편의상 $f(x)=x^2+2mx+(m+2)$라고 하면 모든 실수 x에 대하여 2차부등식 $f(x)>0$를 만족하기 위해서는 2차함수 $y=f(x)$의 그래프가 x축 위쪽에 있어야 합니다. 즉, 판별식 $D<0$이 되어야 하겠죠?

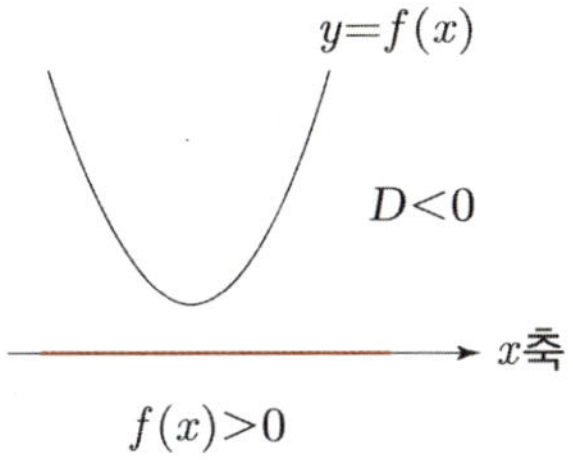

$$D<0$$
$$\rightarrow D=b^2-4ac=(2m)^2-4(1)(m+2)<0$$
$$\rightarrow 4m^2-4m-8<0$$
$$\rightarrow m^2-m-2<0$$
$$\rightarrow (m-2)(m+1)<0$$
$$\rightarrow -1<m<2$$

2차부등식의 해법 참조

따라서 모든 실수 x에 대하여 2차부등식 $x^2+2mx+(3+m)>0$가 성립하는 실수 m의 범위는 $-1<m<2$가 됩니다. 어렵지 않죠? 이러한 부등식의 미정계수와 관련된 문제는 함수의 그래프를 이용하면 쉽게 해결할 수 있다는 사실을 반드시 기억하시길 바랍니다.

2차방정식의 근의 위치

이번에는 2차함수의 그래프를 이용하여 2차방정식의 근의 위치에 관한 문제를 풀어보도록 하겠습니다. 어떻게 풀지 잠시 생각해 보는 시간을 가져 봅시다.

2차방정식 $x^2+2mx+2-m=0$의 두 근을 α, β라고 할 때, $\alpha<1<\beta$를 만족하는 m의 값의 범위는?

미지수가 1개(m)이고,
미지수의 범위를 구하는 문제니까
m에 관한 부등식을 만들면 되겠군.

문제해결을 위한 기본설계가 끝나셨나요? 그러면 함께 풀어보도록 하겠습니다. 우선 2차방정식 $x^2+2mx+2-m=0$의 두 근을 α, β라고 했으므로, 2차함수 $y=x^2+2mx+2-m$의 x절편 또한 α, β가 됩니다. 2차방정식 $x^2+2mx+2-m=0$의 두 근 α, β가 $\alpha<1<\beta$을 만족하기 위해서는 2차함수 $y=x^2+2mx+2-m$의 그래프는 다음과 같아야 합니다. 여기서 α, β는 $y=f(x)$의 x절편이 되겠죠?

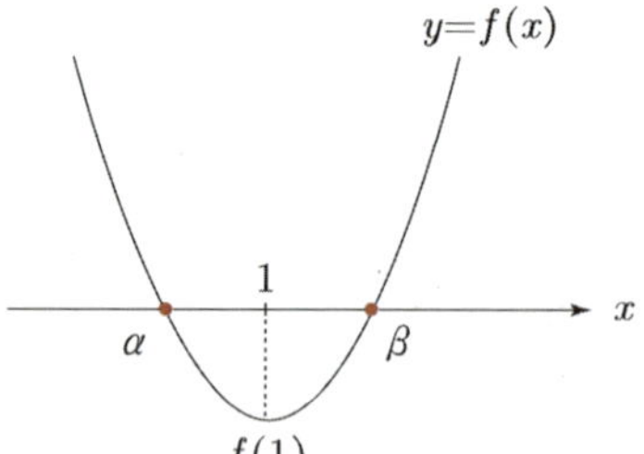

2차함수 $y=x^2+2mx+2-m$의 그래프가 오른쪽 그래프가 되기 위해서는 어떤 조건이 필요할까요? 우선 2차함수의 그래프가 x축과 두 점에서 만나므로 2차방정식 $x^2+2mx+2-m=0$의 판별식은 $D>0$가 됩니다.

또한 2차함수 $y=x^2+2mx+2-m$의 함숫값 $f(1)$은 $f(1)<0$(x축 아래쪽에 위치)이 되어야 합니다. 여기서 조건 ①, ②는 m에 관한 연립부등식이 될 것입니다.

$$① \ D>0 \qquad ② \ f(1)<0$$

그러면 각각의 부등식을 풀어보도록 하겠습니다.

① $D>0$

: 2차방정식 $x^2+2mx+2-m=0$의 판별식

→ $D=(2m)^2-4(2-m)>0$

→ $D=(m-1)(m+2)>0$: $m<-2$, $m>1$

② $f(1)<0$

: 1에 대한 2차함수 $f(x)=x^2+2mx+2-m$의 함숫값

→ $f(1)=1^2+2m+2-m<0$

→ $m+3<0$: $m<-3$

①, ②의 연립부등식을 풀면 다음과 같습니다. 수직선에서 공통부분을 찾아봅시다.

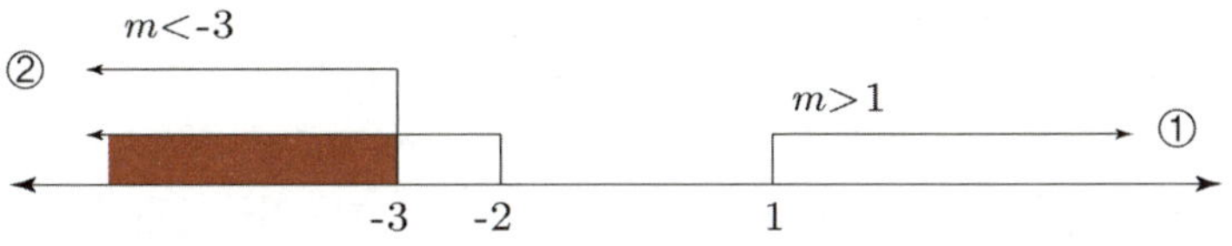

따라서 2차방정식 $x^2+2mx+2-m=0$의 두 근 α, β가 $\alpha<1<\beta$를 만족하는 m의 범위는 $m<-3$가 됩니다. 사실 이 문제는 조건 ②만 가지고도 그래프를 한정할 수 있습니다.

어떠세요? 할 만한가요? 그러면 한 문제 더 풀어보도록 하겠습니다.

$x^2+2mx+2-m=0$의 두 근 모두 −3보다 크기 위한 m의 값의 범위를 구하여라.

2차방정식 $x^2+2mx+2-m=0$의 두 근을 α, β라고 하면 2차함수 $y=x^2+2mx+2-m$의 x절편은 α, β가 됩니다. 2차방정식 $x^2+2mx+2-m=0$의 두 근 α, β가 -3보다 크기 위해서는 2차함수 $y=x^2+2mx+2-m$의 x절편 (α, β)이 다음 그래프와 같이 -3보다 커야 합니다. 그러면 함수 $y=f(x)$의 그래프를 보면서 m에 관한 부등식을 하나씩 찾아보도록 하겠습니다.

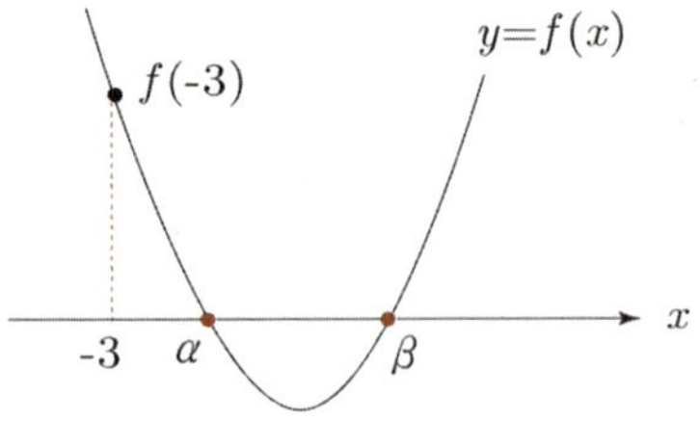

① 2차함수가 x축과 두 점에서 만나므로 2차방정식 $x^2+2mx+2-m=0$의 판별식 $D>0$가 된다.

② 두 근 α, β가 -3보다 크기 위해서는 함숫값 $f(-3)$의 값이 $f(-3)>0$ (x축 위쪽에 위치)이어야 한다.

과연 이것이 전부일까요? 판별식 $D>0$와 함숫값 $f(-3)>0$, 이 두 조건만 생각한다면 다음과 같은 그래프도 나올 수 있습니다. 즉, 두 근이 모두 −3보다 작은 경우도 가능하죠.

① $D>0$

② $f(-3)>0$

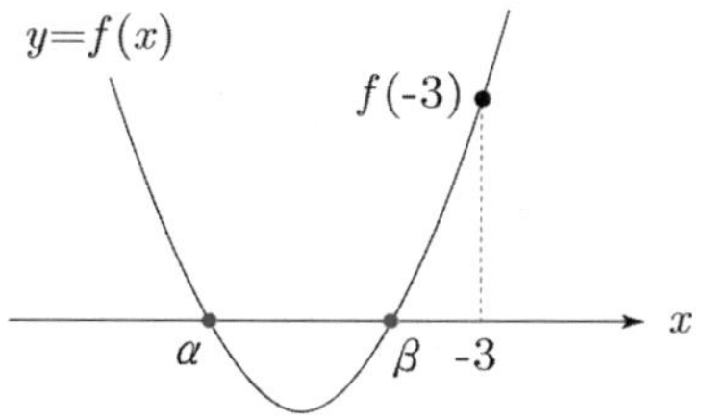

따라서 축의 위치(꼭짓점의 x좌표)에 관한 조건도 결정해 주어야 2차방정식 $x^2+2mx+2-m=0$의 두 근이 -3보다 크게 되도록 2차함수 $y=x^2+2mx+2-m$의 그래프를 주어진 조건에 맞게 한정할 수 있게 됩니다.

③ 축의 위치(꼭짓점의 x좌표)가 -3보다 커야 한다.

($y=ax^2+bx+c$에서 꼭짓점의 x좌표는 $-\dfrac{b}{2a}$이다)

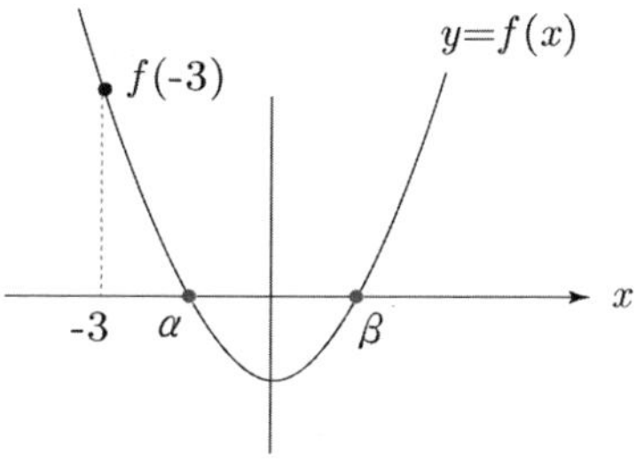

축의 위치

그러면 위 세 조건을 만족하는 m의 값을 찾아보도록 하겠습니다. 일단 m에 관한 연립부등식을 풀어보겠습니다.

① $D>0$

: 2차방정식 $x^2+2mx+2-m=0$의 판별식

→ $D=(2m)^2-4(2-m)>0$

→ $(m+2)(m-1)>0$: $m<-2,\ m>1$

② $f(-3)>0$

: -3에 대한 2차함수 $f(x)=x^2+2mx+2-m$의 함숫값

→ $f(-3)=(-3)^2-6m+2-m>0$

→ $-7m+11>0$: $m<\dfrac{11}{7}$

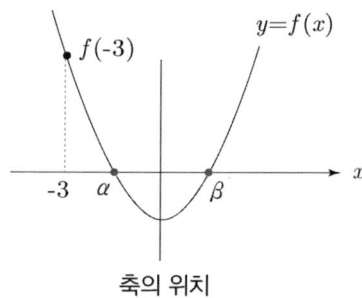

③ 축의 위치(꼭짓점의 x좌표)

: 2차함수 $f(x)=x^2+2mx+2-m$의 꼭짓점의 x좌표

→ $-\frac{2m}{2}>-3$: $m<3$

(참고로 $f(x)=ax^2+bx+c$의 꼭짓점의 x좌표는 $-\frac{b}{2a}$이다)

①, ②, ③의 연립부등식을 풀면 다음과 같습니다. 수직선에서 공통부분을 찾아봅시다.

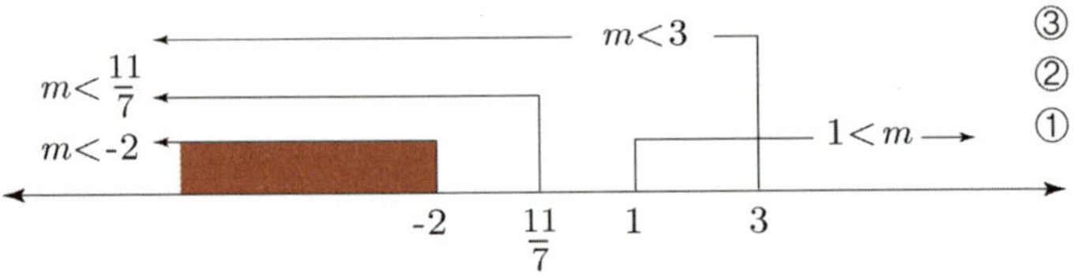

따라서 2차방정식 $x^2+2mx+2-m=0$의 두 근이 모두 -3보다 크게 되도록 하는 m의 범위는 $m<-2$가 됩니다. 2차방정식의 근의 위치에 관한 문제는 주어진 조건에 따라서 3가지 요소 ① 판별식, ② 함숫값, ③ 축의 위치를 모두 만족해야 되는 경우도 있으며, 2가지 또는 1가지만 만족해도 되는 경우도 있을 것입니다. 이는 그래프를 보고 본인 스스로가 잘 판단해야 되는 부분입니다. 일반적으로 2차함수의 그래프를 이용하여 '2차방정식의 근의 위치'에 관한 문제를 풀 때에는 다음 3가지 조건(부등식)을 찾아 연립합니다.

① 2차방정식의 판별식 D의 부호
② 주어진 조건에 해당하는 함숫값 $f(x)$의 부호
③ 2차함수의 축의 위치(꼭짓점의 x좌표)의 위치

여기서 연립부등식을 통한 계산과정이 복잡할 수는 있지만 단순 계산과정에 불과하다는 사실을 반드시 기억하시길 바랍니다.

개념 한눈에 보기

1. 2차부등식 $f(x)>0$, $f(x)<0$의 해

① $f(x)>0$의 해 : x축 위쪽 영역에 있는 $y=f(x)$ 그래프의 x좌표의 범위

② $f(x)<0$의 해 : x축 아래쪽 영역에 있는 $y=f(x)$ 그래프의 x좌표의 범위

2. $f(x)=ax^2+bx+c$에 대한 절대부등식과 함수의 그래프

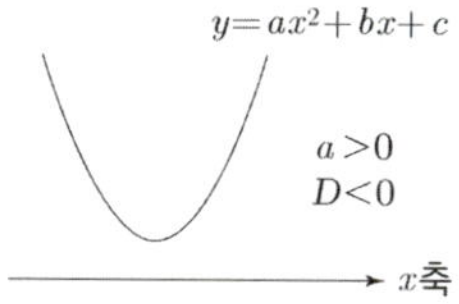

절대부등식 $f(x)>0$

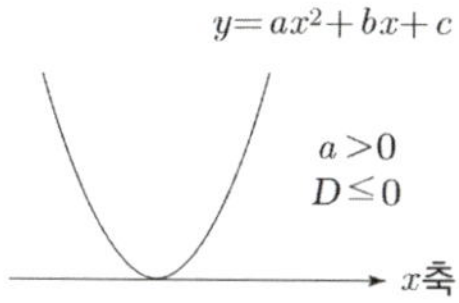

절대부등식 $f(x)\geq 0$

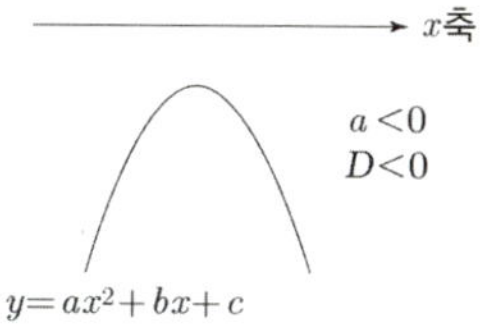

절대부등식 $f(x)<0$

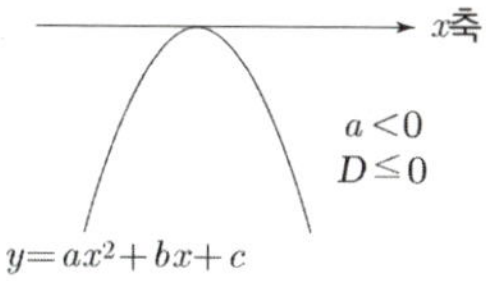

절대부등식 $f(x)\leq 0$

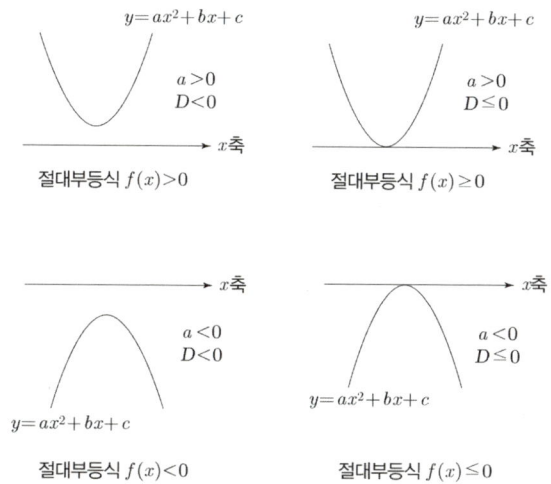

3. 2차방정식의 근의 위치문제

→ 다음 3가지 조건(부등식)을 찾아 연립한다.

① 2차방정식의 판별식 D의 부호

② 주어진 조건에 해당하는 함숫값 $f(x)$의 부호

③ 2차함수의 축의 위치(꼭짓점의 x좌표)

도출형 학습방식으로 다음 문제를 풀어보도록 하겠습니다. (개념이 잘 기억나지 않으면 앞의 내용을 찾아보길 바란다)

다음 부등식 $(a+2)x^2-(a-1)x+1>0$이 절대부등식이 되기 위한 모든 a값의 합을 구하여라. (단, a는 정수)

1단계 개념도출 문제를 풀기 위해서는 어떤 개념을 알아야 할까요?

2단계 개념설명 개념을 알고 있다면 간단히 설명해 보길 바랍니다.

3단계 문제해결 그러면 어떻게 문제를 해결할 수 있을까요?

다음 부등식 $(a+2)x^2-(a-1)x+1>0$이 절대부등식이 되기 위한 모든 a값의 합을 구하여라. (단, a는 정수)

1단계 문제를 풀기 위해서는 어떤 개념을 알아야 할까요?

부등식과 2차함수와의 관계, 절대부등식, 2차부등식의 해법을 알아야 한다.

2단계 개념을 알고 있다면 간단히 설명해 보길 바랍니다.

부등식과 2차함수와의 관계

① $f(x)>0$의 해

: x축 위쪽 영역에 있는 $y=f(x)$ 그래프의 x좌표의 범위

② $f(x)<0$의 해

: x축 아래쪽 영역에 있는 $y=f(x)$ 그래프의 x좌표의 범위

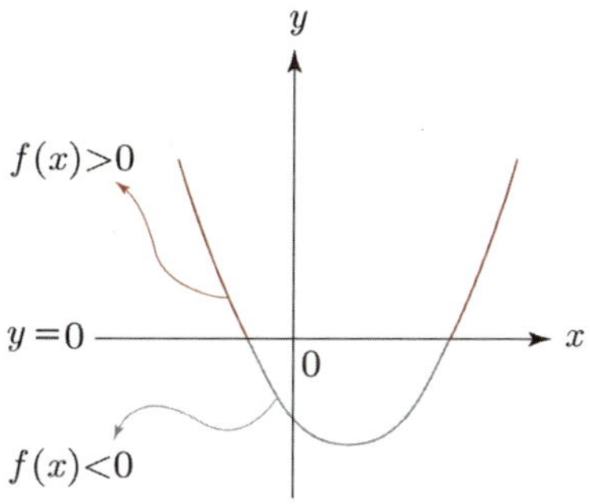

절대부등식

모든 x에 대하여 성립하는 부등식으로 2차부등식 $f(x)>0$가 절대부등식이 되기 위해서는 $D<0$이어야 한다.

2차부등식의 해법

2차식 $f(x)$가 $(x-\alpha)(x-\beta)$로 인수분해될 때($\alpha<\beta$),

① $(x-\alpha)(x-\beta)>0$의 해 → $x<\alpha, x>\beta$

② $(x-\alpha)(x-\beta)<0$의 해 → $\alpha<x<\beta$

3단계 그러면 어떻게 문제를 해결할 수 있을까요?

부등식 $(a+2)x^2-(a-1)x+1>0$에서 $f(x)=(a+2)x^2-(a-1)x+1$이라고 할 때, 부등식 $f(x)>0$의 해는 2차함수 $y=f(x)$의 그래프가 x축 위쪽 영역에 있는 그래프에 해당하는 x좌표의 범위와 같다. 따라서 $f(x)>0$가 절대부등식이 되기 위해서 함수 $y=f(x)$의 그래프는 x축 위쪽에 있어야 하므로 우리는 다음 두 조건을 만족해야 하는 a를 찾아야 한다.

① $D<0$

② x^2항의 계수가 양수

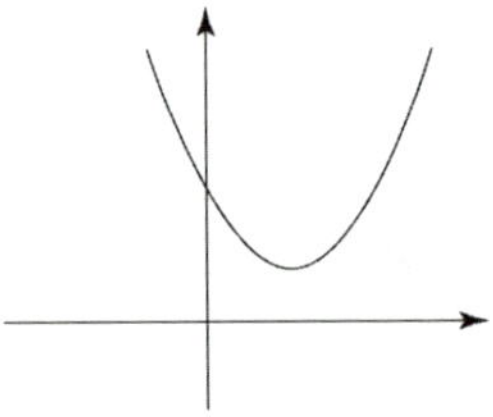

정답이 궁금한 학생들은 다음 정답풀이를 참고하시기 바랍니다.

부등식 $(a+2)x^2-(a-1)x+1>0$에서 $f(x)=(a+2)x^2-(a-1)x+1$이라고 할 때, $f(x)>0$의 해는 x축 위쪽 영역에 있는 $y=f(x)$의 그래프에 해당하는 x좌표의 범위와 같다. 따라서 $f(x)>0$가 절대부등식이 되기 위해서 함수 $y=f(x)$의 그래프는 x축 위쪽에 있어야 한다. 그래프가 x축 위쪽에 있으려면 다음 두 조건을 만족해야 한다.

① $D<0$

② x^2항의 계수가 양수

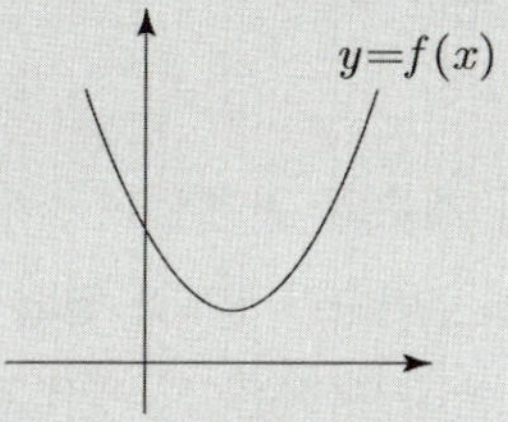

위 두 조건을 만족하는 a값을 찾으면 다음과 같다. $D<0$을 풀기 위해서는 2차 방정식의 해법을 이용한다. 참고로 2차부등식 $(x-\alpha)(x-\beta)<0$ $(\alpha<\beta)$의 해는 $\alpha<x<\beta$이다.

$$f(x)=(a+2)x^2-(a-1)x+1$$

i) $D<0$: $\{-(a-1)\}^2-4(a+2)=a^2-6a-7=(a-7)(a+1)<0$

$\rightarrow -1<a<7$

ii) x^2항의 계수가 양수 : $(a+2)>0 \rightarrow a>-2$

i)과 ii)를 모두 만족하는 a는 $-1<a<7$이며 a는 정수라고 했으므로 0, 1, 2, 3, 4, 5, 6이 된다. 따라서 모든 a값의 합은 21이 된다.

정답 21

5 그 밖의 부등식

연립부등식

변수의 개수와 관계없이 2개 이상의 부등식을 **연립부등식**이라고 말합니다. 여기서는 변수가 1개인 연립부등식에 대해서만 배우도록 하겠습니다. (변수가 2개인 연립부등식은 4장에서 배우게 된다)

다음 연립부등식의 해를 구하여라.

① $2x+1>0$

② $x^2-x-2<0$

연립부등식은 주어진 모든 식을 만족하는 x의 범위를 구하는 것이 목적입니다. (즉, 부등식 ①, ②의 해를 구한 다음, 수직선에서 공통부분을 찾으면 된다)

먼저 부등식 ①, ②의 해를 각각 찾아보도록 하겠습니다.

① $2x+1>0$ ➡ $x>-\dfrac{1}{2}$

② $x^2-x-2<0$ ➡ $(x-2)(x+1)<0$ ➡ $-1<x<2$

$x>-\dfrac{1}{2}$와 $-1<x<2$의 공통부분을 수직선으로 나타내면 다음과 같습니다.

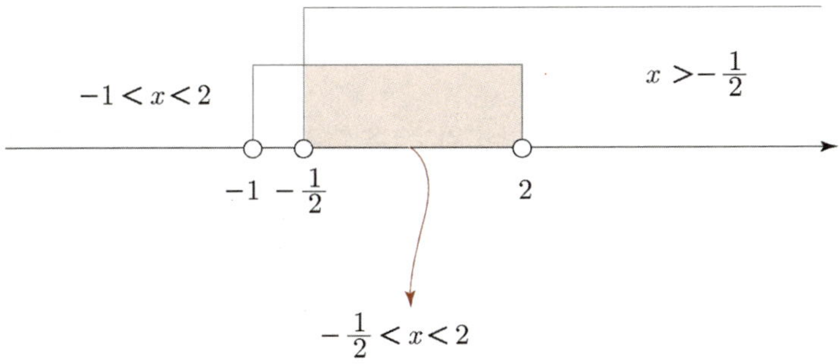

따라서 연립부등식 $2x+1>0$, $x^2-x-2<0$의 해는 $-\frac{1}{2}<x<2$가 됩니다. (참고로 여러 부등식의 해를 동시에 수직선에 표시할 때는 부등식별로 층을 나누어 구별한다)

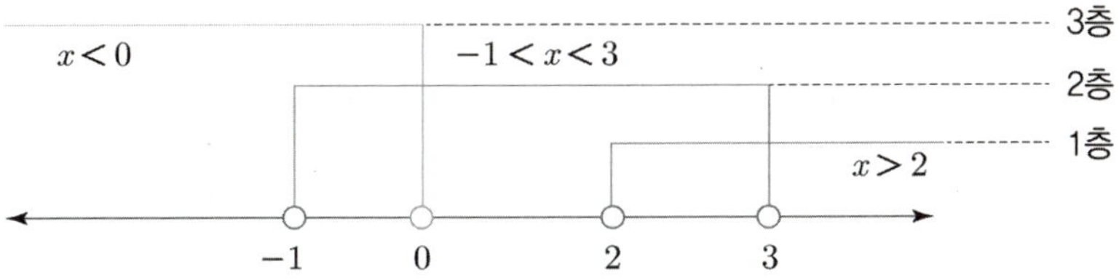

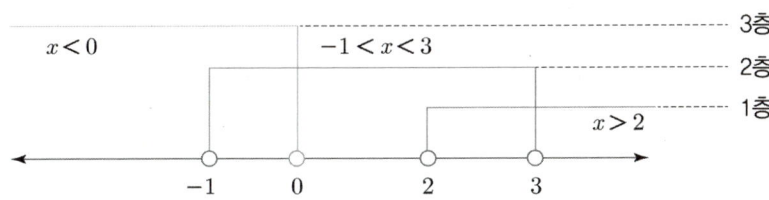

이번엔 좀 더 복잡한 연립부등식(2차연립부등식)을 풀어보도록 하겠습니다.

① $x^2-2x-8>0$　　② $x^2+4x+3<0$

우선 두 2차부등식의 해를 구해보면 다음과 같습니다.

$x^2-2x-8>0$ ➡ $(x-4)(x+2)>0$

→ x는 4보다 크고 −2보다 작은 범위이므로 ➡ $x<-2$, $x>4$

$x^2+4x+3<0$ ➡ $(x+1)(x+3)<0$

→ x는 −1과 −3의 사잇값이므로 ➡ $-3<x<-1$

두 부등식의 해 '$x<-2$, $x>4$'와 '$-3<x<-1$'를 수직선에 나타내어 공통부분을 찾아보면,

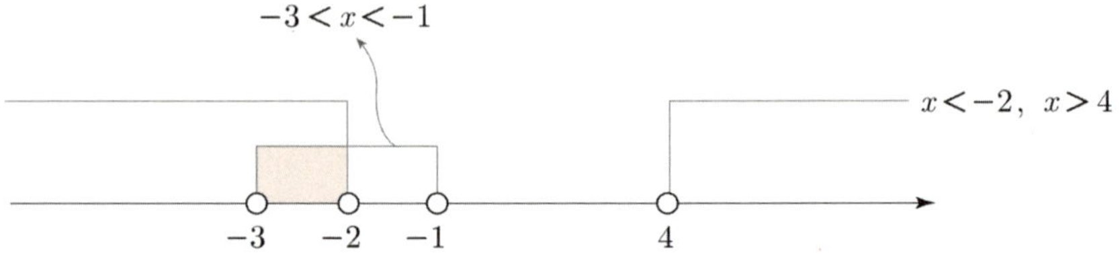

따라서 2차연립부등식 $x^2-2x-8>0$, $x^2+4x+3<0$의 해는 $-3<x<-2$가 됩니다.

좀 복잡하죠? 그래도 2차부등식의 해법을 적용하여 차근차근 연립부등식을 풀다 보면, 결국 연립부등식도 단순계산에 불과하다는 사실을 알게 될 것입니다.

연립부등식과 관련하여 다음 문제를 풀어보도록 하겠습니다. (어떻게 풀지 잠시 생각해 보는 시간을 가져본다)

다음 부등식 p, q, r에 대하여 두 연립부등식 p와 q의 해가 부등식 r의 해의 범위에 포함되도록 음의 정수 a의 최댓값을 구하여라.

$$p : x^2-2x-3<0,$$
$$q : x^2+x-2<0,$$
$$r : x^2-3ax+2a^2>0$$

일단 두 연립부등식 p, q의
해를 찾아 연립한 후
수직선에서 공통부분을 찾으면
되겠군.

문제해결을 위한 기본설계가 끝나셨나요? 그럼 함께 풀어보도록 하겠습니다. 우선 두 연립부등식 p와 q를 연립한 후 그 해를 수직선에 표시해 보면 다음과 같습니다.

$p: x^2-2x-3<0$	$q: x^2+x-2<0$
$\rightarrow (x+1)(x-3)<0$	$\rightarrow (x+2)(x-1)<0$
$\rightarrow -1<x<3$	$\rightarrow -2<x<1$

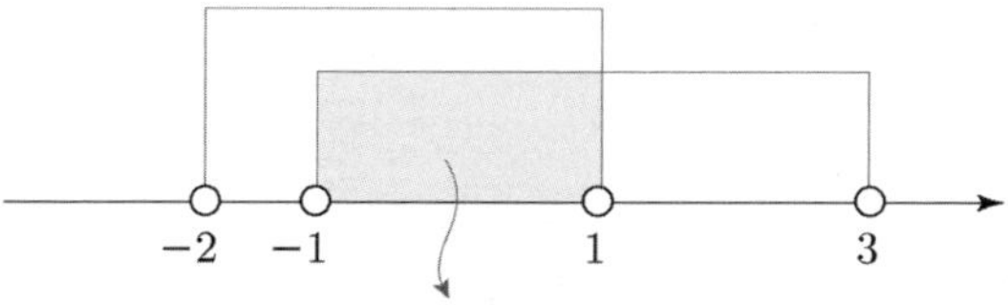

연립부등식 p, q의 해 : $-1<x<1$

이번에는 부등식 r의 해를 구하면,

$$r: x^2-3ax+2a^2>0 \;\rightarrow\; (x-2a)(x-a)>0$$

➡ $x<2a,\ x>a$ (a는 음의 정수이므로 $a>2a$)

연립부등식 p와 q의 해가 부등식 r의 해의 범위에 포함된다고 했으므로 r을 만족하는 변수 x의 범위는 $-1<x<1$을 포함하는 범위가 됩니다.

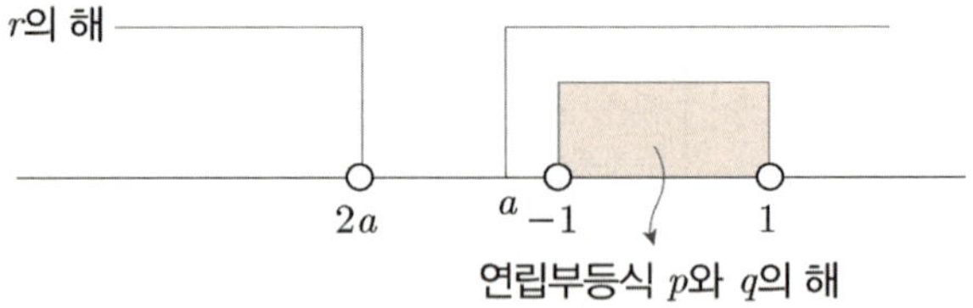

※ a는 음의 정수라는 것을 생각하면서 $-1 < x < 1$를 포함하는 범위를 찾는다.

$-1 < x < 1$을 포함하는 조건 $r(x < 2a,\ \ x > a)$에 대하여 음의 정수 a의 최댓값은 -1이 됩니다.

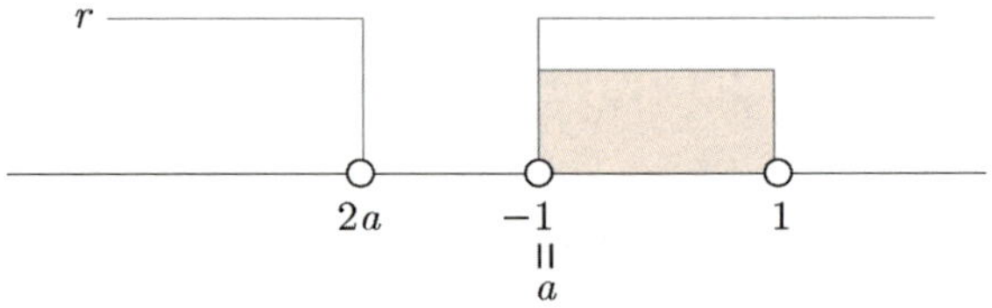

연립부등식의 해법

공통부분 찾기

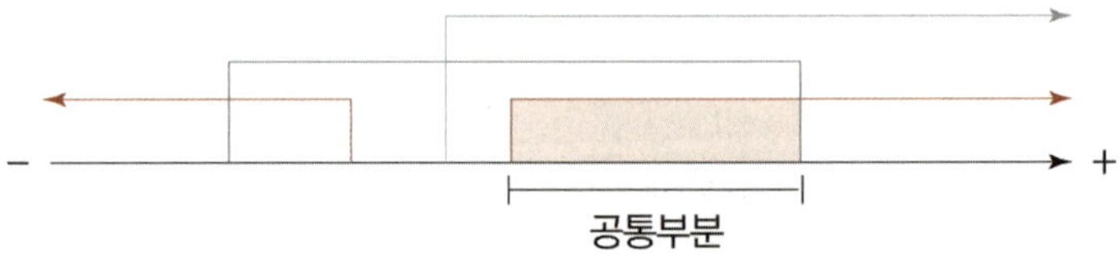

작업의 정석

그녀, 그 남자의 공통분모를 찾아라

고향이 어디세요?
운동 좋아하세요?
취미가 뭐예요?
전공은 뭐예요?

절댓값 부등식

절댓값이 있는 부등식은 어떻게 풀어야 할까요?
방정식과 마찬가지로 우선 절댓값의 정의에 의해 변수를 분류한 다음, 부등식의 해법을 적용하면 쉽게 해결됩니다. (절댓값의 정의를 다시 한 번 확인해 보자)

$$|A| \begin{cases} A \geq 0, \ |A| = A \\ A < 0, \ |A| = -A \end{cases}$$

다음 절댓값 부등식을 풀어보도록 하겠습니다.

$$|x-1| > 3$$

우선 절댓값 안의 식 $x-1$을 양수와 음수로 나누어봅니다. (0인 경우는 양수인 경우에 포함하여 분류한다)

1) $x-1 \geq 0$ $(x \geq 1)$일 때,
   $|x-1| = x-1$이므로 $x-1 > 3$ ➡ $x > 4$

'$x > 4$'가 곧바로 부등식의 해가 되는 것이 아니라 변수의 분류범위 '$x \geq 1$'에 맞는지 확인해야 합니다. (즉, $x > 4$와 $x \geq 1$의 공통부분을 찾는다)

$x \geq 1$과 $x > 4$의 공통부분 → $x > 4$

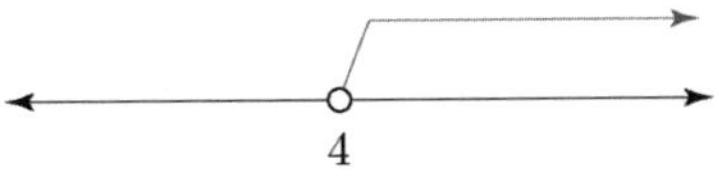

이번에는 $x-1$이 음수인 경우에 대해 살펴보도록 하겠습니다.

2) $x-1<0$ $(x<1)$일 때,
$|x-1|=-(x-1)$이므로 $-(x-1)>3$ ➡ $x<-2$

마찬가지로 $x<-2$와 변수의 분류범위 $x<1$의 공통부분을 찾습니다.

$$x<1\text{과 } x<-2\text{의 공통부분} \rightarrow x<-2$$

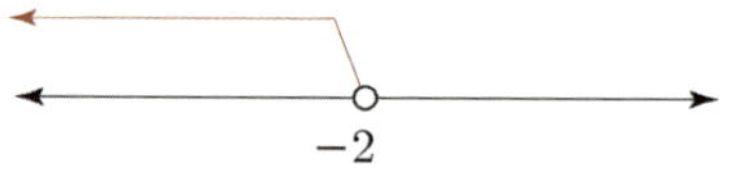

결국 절댓값 부등식 $|x-1|>3$의 해는 '1) 또는 2)'를 만족하는 x값이므로, 1)과 2)의 범위를 모두 써보면,

$$x>4,\ x<-2$$

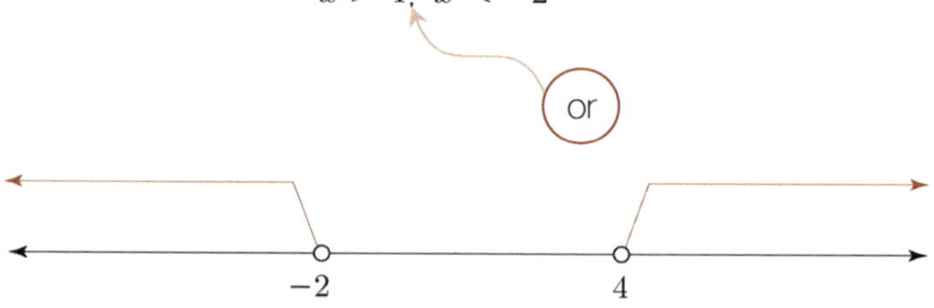

자주 사용되는 절댓값 부등식

자주 사용되는 절댓값 부등식을 공식으로 정리해 보도록 하겠습니다. (필요할 때마다 책을 보면서 적용해 본다)

① $|x| < a \ (a > 0)$ ➡ $-a < x < a$

ex) $|x| < 3$: $-3 < x < 3$

- $x = -2$일 때 $|x| = 2 < 3$ (성립)
- $x = 1.5$일 때 $|x| = 1.5 < 3$ (성립)

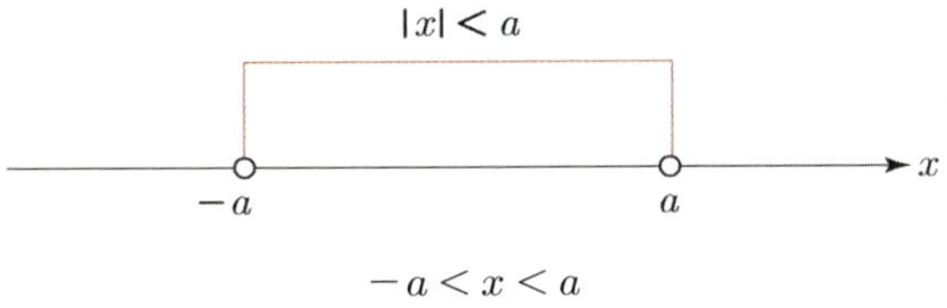

② $|x-k| < a \ (a > 0)$ ➡ $-a < x-k < a$ ➡ $-a+k < x < a+k$

ex) $|x-1| < 3$: $-2 < x < 4$

- $x = -1$일 때 $|x-1| = |-1-1| = 2 < 3$ (성립)
- $x = 2.5$일 때 $|x-1| = |2.5-1| = 1.5 < 3$ (성립)

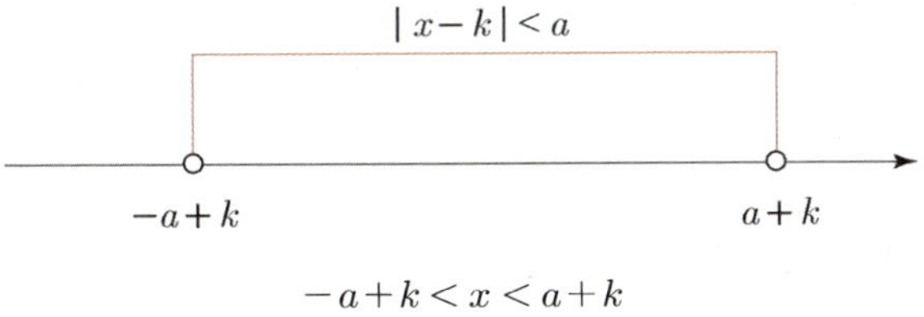

③ $|x| > a \ (a > 0)$ ➡ $x < -a$ 또는 $x > a$

ex) $|x| > 2$: $x < -2$ 또는 $x > 2$

- $x = -3$일 때 $|x| = 3 > 2$ (성립)
- $x = 4$일 때 $|x| = 4 > 2$ (성립)

$|x| > a$

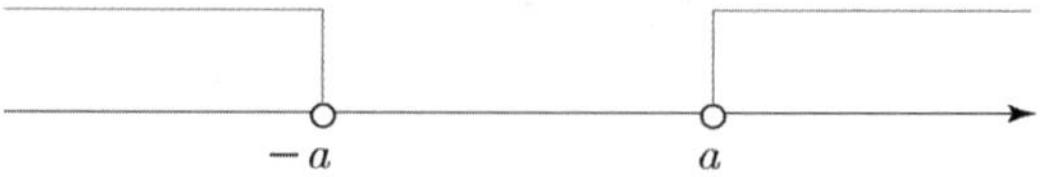

$x < -a$ 또는 $x > a$

④ $|x-k| > a\ (a > 0)$ ➡ $x-k < -a$ 또는 $x-k > a$

➡ $x < -a+k$ 또는 $x > a+k$

ex) $|x-1| > 2$: $x < -1$ 또는 $x > 3$

- $x = -2$일 때 $|x-1| = |-2-1| = 3 > 2$ (성립)
- $x = 5$일 때 $|x-1| = |5-1| = 4 > 2$ (성립)

$|x-k| > a$

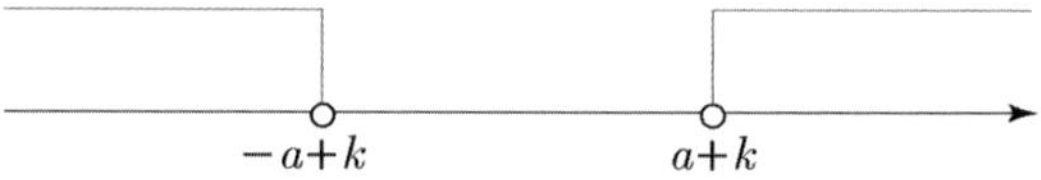

$x < -a+k$ 또는 $x > a+k$

⑤ $a < |x| < b\ (0 < a < b)$ ➡ $a < x < b$ 또는 $-b < x < -a$

ex) $1 < |x| < 4$: $1 < x < 4$ 또는 $-4 < x < -1$

- $x = 3$일 때 $|x| = 3,\ 1 < 3 < 4$ (성립)
- $x = -2$일 때 $|x| = 2,\ 1 < 2 < 4$ (성립)

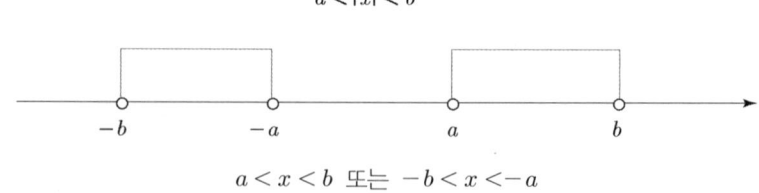

$a < |x| < b$

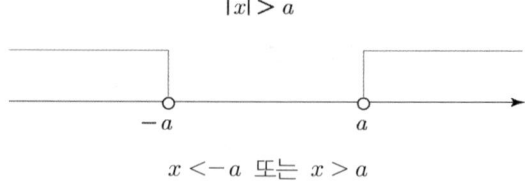

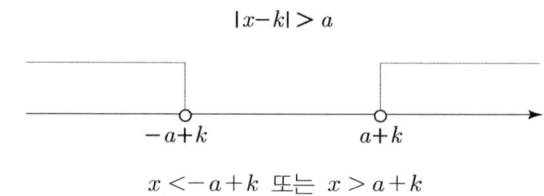

$a < x < b$ 또는 $-b < x < -a$

절댓값 부등식과 관련하여 다음 문제를 풀어보도록 하겠습니다. (어떻게 풀지 잠시 생각해 보는 시간을 가져본다)

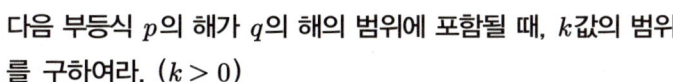

다음 부등식 p의 해가 q의 해의 범위에 포함될 때, k값의 범위를 구하여라. $(k>0)$

$$p : x(x-5)<0 \qquad q : |x-2|<k$$

부등식 p와 q의 해를 수직선에
그려보면 되겠군….
절댓값 부등식의 풀이가
어떻게 되었더라?

문제해결을 위한 기본설계가 끝나셨나요? 그럼 함께 풀어보도록 하겠습니다. 우선 부등식 p와 q의 해를 찾아보면 다음과 같습니다.

$p : x(x-5)<0$ ➡ $0<x<5$

$q : |x-2|<k$ ➡ $-k+2<x<k+2$

부등식 p의 해가 q의 해의 범위에 포함된다고 했으므로, 부등식 p와 q를 만족하는 각각의 변수 x의 범위를 수직선에 표시해 보면,

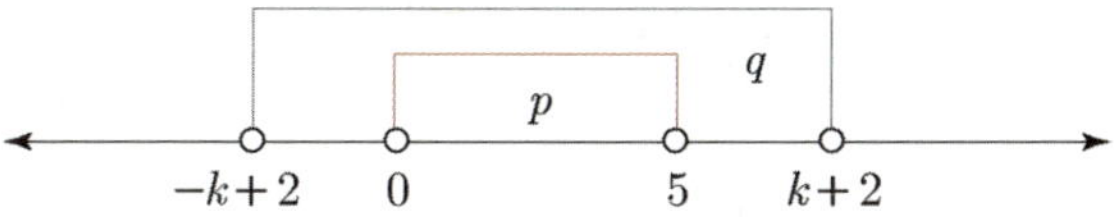
q
p
−k+2
0
5
k+2

앞의 수직선을 만족하는 k값을 찾으면 다음과 같습니다.

$$-k+2 \le 0 \text{이고 } k+2 \ge 5 \text{를 만족하는 } k \;\; ➡ \;\; k \ge 3$$

※ 수직선에 그려진 절댓값 부등식의 해를 유심히 살펴보면 절댓값 안(절댓값 안=0)을 기준으로 '좌우대칭' 구조라는 사실을 알 수 있다.

$$|x|<a \;\; ➡ \;\; -a<x<a$$

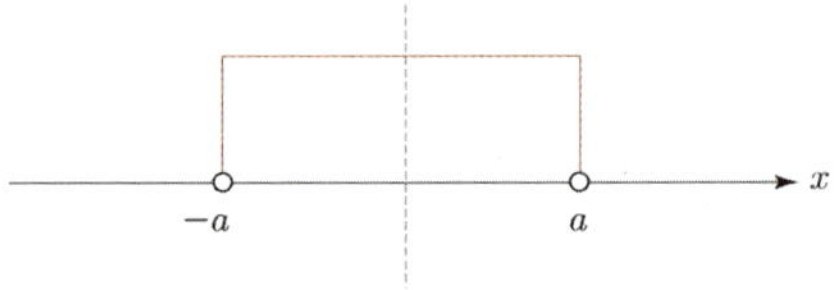

$$|x|>a \;\; ➡ \;\; x<-a \text{ 또는 } x>a$$

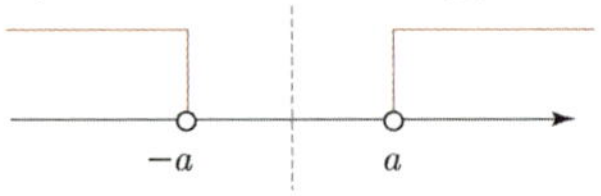

$$a<|x|<b \;\; ➡ \;\; a<x<b \text{ 또는 } -b<x<-a$$

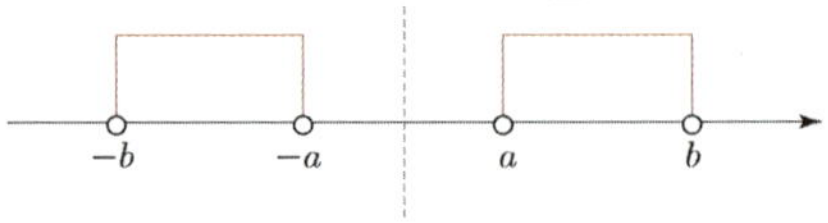

그 밖의 절댓값 부등식

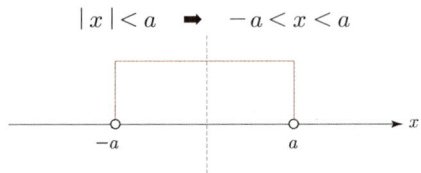

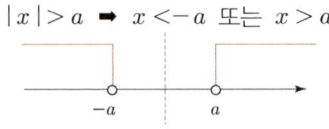

이번에는 절댓값이 두 번 나오는 부등식을 풀어보도록 하겠습니다.

$$|x-1|+|x+3|<7$$

방정식에서와 같이 절댓값 안의 값이 0이 되는 수를 기준으로 다음과 같이 변수를 분류합니다. 기억나시죠?

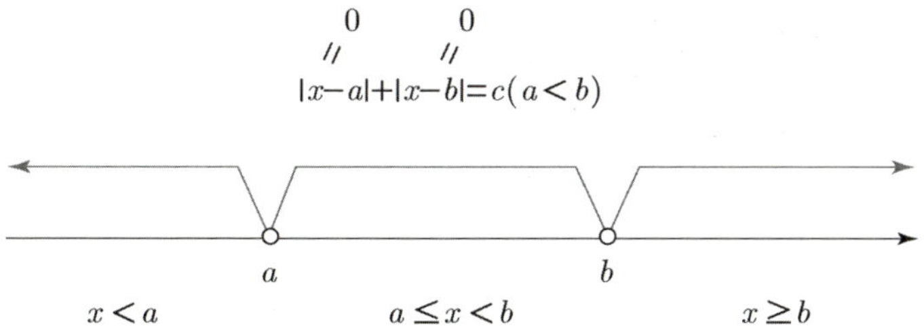

부등식 $|x-1|+|x+3|<7$의 변수 x를 다음과 같이 분류해 보도록 하겠습니다.

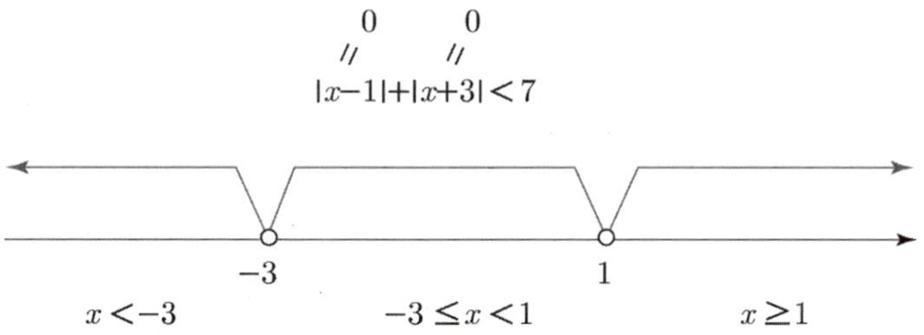

① $x<-3$일 때,

$|x-1|+|x+3|<7$

➡ $-(x-1)-(x+3)<7$　　$|x-1|=-(x-1)$, $|x+3|=-(x+3)$

➡ $x>-\dfrac{9}{2}$

변수의 분류범위 $x<-3$와 계산 결과 $x>-\dfrac{9}{2}$와의 공통부분이 바로 부등식의 해가 됩니다.

①에 대한 해 : $-\frac{9}{2} < x < -3$

② $-3 \le x < 1$일 때,

$|x-1| + |x+3| < 7$

➡ $-(x-1) + (x+3) < 7$　　$|x-1| = -(x-1)$, $|x+3| = (x+3)$

➡ $0 \cdot x < 3$: x는 모든 실수

※ 부등식 $0 \cdot x < 3$에서 x에 대한 어떤 수를 대입하여도 부등식이 성립한다.

이번에도 마찬가지로 변수 분류범위 $-3 \le x < 1$와 계산 결과의 공통부분을 찾습니다. (계산 결과가 모든 실수이므로 부등식의 해는 분류범위인 $-3 \le x < 1$가 된다)

②에 대한 해 : $-3 \le x < 1$

③ $x \ge 1$일 때,

$|x-1| + |x+3| < 7$

➡ $(x-1) + (x+3) < 7$　　$|x-1| = (x-1)$, $|x+3| = (x+3)$

➡ $x < \frac{5}{2}$

③에 대한 해 : $1 \le x < \frac{5}{2}$

따라서 부등식 $|x-1| + |x+3| < 7$의 해는 ①, ②, ③의 해를 합한 것과 같습니다. (변수를 분류한 범위는 or의 개념이다)

$$\left(-\frac{9}{2} < x < -3\right) \text{ or } (-3 \le x < 1) \text{ or } \left(1 \le x < \frac{5}{2}\right)$$

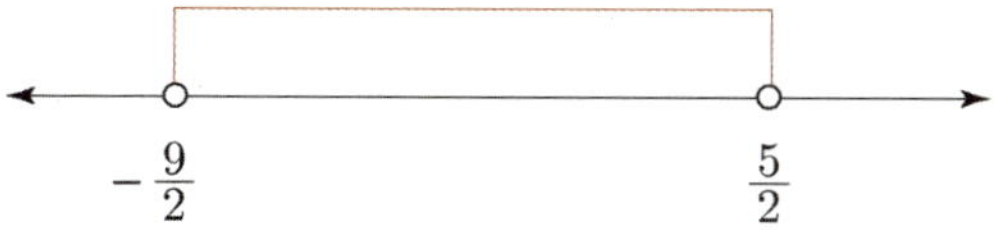

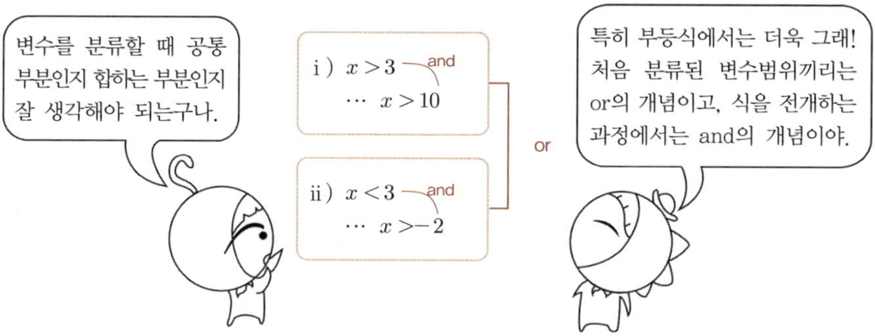

변수를 분류할 때 공통 부분인지 합하는 부분인지 잘 생각해야 되는구나.
i) $x > 3$ and ⋯ $x > 10$
ii) $x < 3$ and ⋯ $x > -2$
or
특히 부등식에서는 더욱 그래! 처음 분류된 변수범위끼리는 or의 개념이고, 식을 전개하는 과정에서는 and의 개념이야.

부등식과 최대, 최소

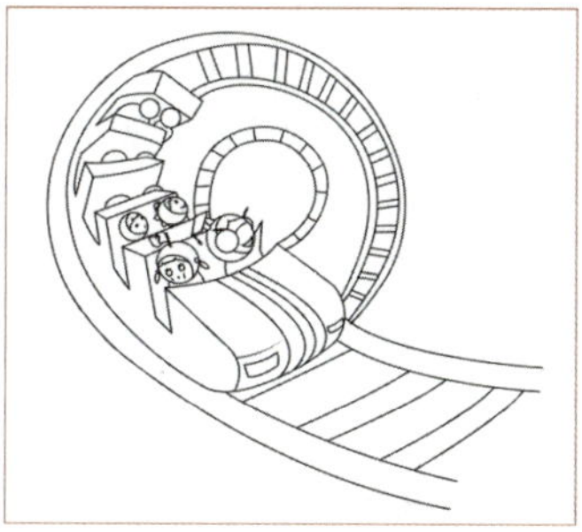

롤러코스터 탑승 제한
최소 키 120cm 이상

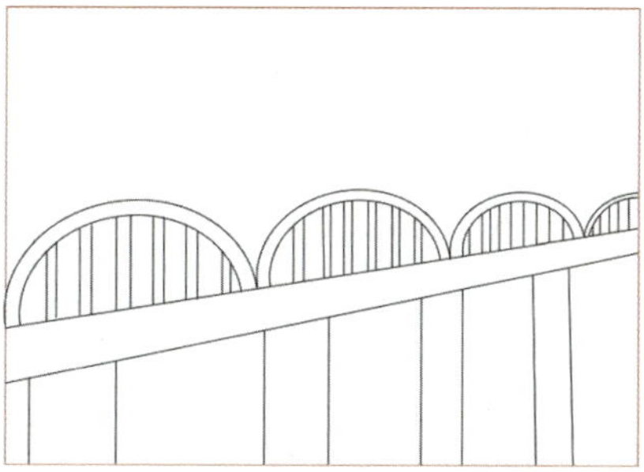

○○대교 과적 제한
화물차 최대 20ton까지

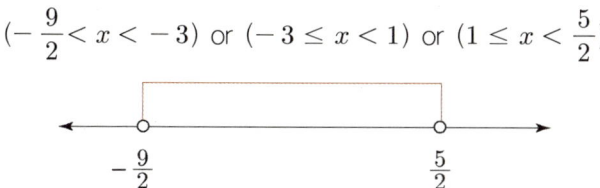

어떤 식을 만족하는 x값 중에서 '최솟값 또는 최댓값'만을 구하고 싶을 경우 일반적으로 부등식을 활용합니다.

$-5 \leq x \leq 3$: 최댓값 3, 최솟값 −5

부등식 $-5 \leq x \leq 3$에서는 x의 최댓값은 3, 최솟값은 −5가 되지만 모든 부등식이 변수의 최댓값과 최솟값을 결정해 주지는 않습니다.

$5 \leq x$: 최솟값 5, 최댓값 없음

부등식 $5 \leq x$를 만족하는 x의 최솟값은 5이지만 최댓값을 찾을 수는 없습니다. 또한 $x \leq -4$인 경우, 최댓값이 −4가 되지만 최솟값을 찾을 수는 없습니다. 그럼 다음의 경우는 어떨까요?

$$-5 < x < 3$$

등호를 포함하지 않는 부등식의 경우, 최댓값과 최솟값을 구할 수는 없습니다.

일단 최댓값과 최솟값을 구하기 위해서는 부등식을 이용한다는 사실만 이해하고 넘어가도록 하겠습니다. (최대, 최소문제는 앞서 2차함수에서 자세히 다뤄본 바 있다)

기본적인 절대부등식

절대부등식이란 x값에 관계없이 항상 성립하는 부등식을 말합니다.

x값에 관계없이 항상 성립한다고?

어디선가 많이 들어본 말이죠? '모든 x에 대하여, x값에 관계없이…'라는 말은 바로 항등식에서 사용하는 용어입니다. (항등식 : x에 관계없이 항상 성립하는 등식)

만약 부등식을 등식에 비유한다면 절대부등식을 항등식에 비유할 수 있습니다.

기본적인 항등식	
동류항 계산식 $2x+3x=5x$	곱셈공식 $(x+1)(x-1)=x^2-1$
인수분해공식 $x^2+2x+1=(x+1)^2$	나눗셈식 $(x^2+1)=(x-1)(x+1)+2$

기본적인 절대부등식으로는 앞서 다루었던 '실수의 성질에 관한 부등식'이 있습니다.

실수의 성질

① $a-b>0$이면 $a>b$ (역도 성립)

② $a^2 \geq 0$, $a^2+b^2 \geq 0$

③ $|a| \geq 0$, $|a| \geq a$

④ $a \geq 0$, $b \geq 0$일 때, $a^2-b^2>0$이면 $a>b$ (역도 성립)

⑤ $a>0$, $b>0$일 때, $\frac{a}{b}>1$이면 $a>b$ (역도 성립)

다음은 거듭제곱과 제곱근에 관한 절대부등식(대소관계)을 정리해 본 것입니다. (쉬운 내용이므로 가볍게 읽어본다)

거듭제곱과 제곱근에 관한 대소관계

① $a>0, b>0$일 때, $a>b \Leftrightarrow a^2>b^2$

② a, b의 양, 0, 음에 관계없이 $a>b \Leftrightarrow a^3>b^3$

③ $a>0, b>0$일 때, $a>b \Leftrightarrow \sqrt{a}>\sqrt{b}$

④ a, b의 양, 0, 음에 관계없이 $a>b \Leftrightarrow \sqrt[3]{a}>\sqrt[3]{b}$

①의 경우, 제곱($a^2>b^2$)뿐만 아니라 짝수 제곱에 대해서 모두 성립합니다. (n이 짝수일 때 $a>b \Leftrightarrow a^n>b^n$이 성립한다. 단 $a, b>0$)

②의 경우도 세제곱($a^3>b^3$)뿐만 아니라 홀수 제곱에 대해서는 모두 부등식이 성립합니다. (n이 홀수일 때 $a>b \Leftrightarrow a^n>b^n$)

③, ④의 경우도 ①과 ②의 경우와 마찬가지입니다.

부등식에서 잊지 말아야 할 것

부등식은 일반적인 해법을 적용하여 기계적으로 해를 구하는 것보다 상식적으로 접근하는 것이 중요하다. 즉, 부등식을 만족하는 값이 무엇인지, 어떤 수들이 부등식을 만족할 수 있게 만드는지를 생각하면서 부등식을 다루어야 한다.

이번에는 제곱에 관한 절대부등식을 살펴보겠습니다.

제곱에 관한 절대부등식

a, b, c가 실수일 때, 다음 부등식이 성립한다.

① $a^2 \pm 2ab+b^2 \geq 0$

i) $a^2+2ab+b^2=(a+b)^2 \geq 0$ (단, 등호는 $a=-b$일 때 성립)

ii) $a^2-2ab+b^2=(a-b)^2 \geq 0$ (단, 등호는 $a=b$일 때 성립)

② $a^2+b^2+c^2-ab-bc-ca \geq 0$ (단, 등호는 $a=b=c$일 때 성립)

①의 경우, 식 $a^2 \pm 2ab+b^2$은 완전제곱식 $(a \pm b)^2$으로 인수분해되므로, a, b가 실수일 때 부등식 $a^2 \pm 2ab+b^2 \geq 0$는 항상 참이 됩니다.

②의 경우, 식 $a^2+b^2+c^2-ab-bc-ca$가 완전제곱식의 합 $\frac{1}{2}\{(a-b)^2+(b-c)^2+(c-a)^2\}$으로 정리되므로, a, b가 실수일 때 부등식 $a^2+b^2+c^2-ab-bc-ca \geq 0$는 항상 참이 됩니다. (식 $\frac{1}{2}\{(a-b)^2+(b-c)^2+(c-a)^2\}$을 전개해 보면, $a^2+b^2+c^2-ab-bc-ca$와 같다는 것을 쉽게 알 수 있을 것이다)

모든 실수에 성립하는 부등식을 절대부등식이라고 하면 절대부등식의 해는 모든 실수가 되겠네.
앞서 허근을 갖는 2차부등식에서도 해가 모든 실수가 되는 경우를 살펴본 적이 있잖아.
2차부등식도 때에 따라서는 절대부등식이 될 수 있지.
?
?

2차부등식과 절대부등식

앞서 2차부등식의 해가 모든 실수가 되는 경우를 다루어본 적이 있습니다.

2차식 $f(x)=ax^2+bx+c\ (a>0)$에 대하여

ⅰ) $D=0$: 중근(α)을 가질 경우

$f(x)=a(x-\alpha)^2$

$f(x)\ge 0$의 해 ➡ 모든 실수

ⅱ) $D<0$: 허근을 가질 경우

$f(x)>0\ (f(x)\ge 0)$의 해

➡ 모든 실수

일반적인 x에 관한 2차부등식 $ax^2+bx+c>0$도 조건에 따라서 절대부등식이 될 수도 있구나.
절대부등식이란 게 따로 정해진 것이 아니야. 변수에 관계없이 항상 성립하는 부등식이 바로 절대부등식이거든.

x에 관한 2차부등식의 해가 '모든 실수'라는 것은 x에 관한 절대부등식이 된다는 것을 의미합니다. 판별식 D와 연관 지어 2차부등식이 절대부등식이 될 수 있는 조건을 정리해 보면 다음과 같습니다.

2차부등식이 절대부등식이 될 수 있는 조건

① $f(x)=ax^2+bx+c>0$에서 $a>0$이고 $f(x)=0$이 허근을 가질 때 $(D<0)$ $ax^2+bx+c>0$는 절대부등식이 된다.

② $ax^2+bx+c\ge 0$에서 $a>0$이고 $f(x)=0$이 중근 또는 허근을 가질 때 $(D\le 0)$ $ax^2+bx+c\ge 0$는 절대부등식이 된다.

※ 이해가 잘 안 될 경우, 앞의 부등식의 해법을 참고하길 바란다.

절대부등식과 관련하여 다음 문제를 풀어보도록 하겠습니다. (어떻게 풀지 잠시 생각해 보는 시간을 가져본다)

다음 부등식이 절대부등식이 되기 위한 m의 범위를 구하여라.

$$(m+\frac{3}{2})x^2+2mx+2>0$$

$ax^2+bx+c>0$가 절대부등식이
되는 조건이 뭐였더라?
$a>0$? $a<0$?
판별식도 연관이 었었는데 ….

문제해결을 위한 기본설계가 끝나셨나요? 그럼 함께 풀어보도록 하겠습니다. 우선 2차부등식 $(m+\frac{3}{2})x^2+2mx+2>0$가 절대부등식이 되기 위해서는 다음 조건을 모두 만족해야 합니다.

첫째, x^2항의 계수 $m+\frac{3}{2}>0$이어야 한다. ➡ $m>-\frac{3}{2}$

둘째, 판별식 $D<0$이어야 한다.

➡ $D=b^2-4ac=(2m)^2-4(m+\frac{3}{2})\cdot 2<0$

➡ $4m^2-8m-12<0$ ➡ $(m+1)(m-3)<0$ ➡ $-1<m<3$

첫째 조건 $m > -\frac{3}{2}$와 둘째 조건 $-1 < m < 3$의 공통부분은 $-1 < m < 3$ 이므로,

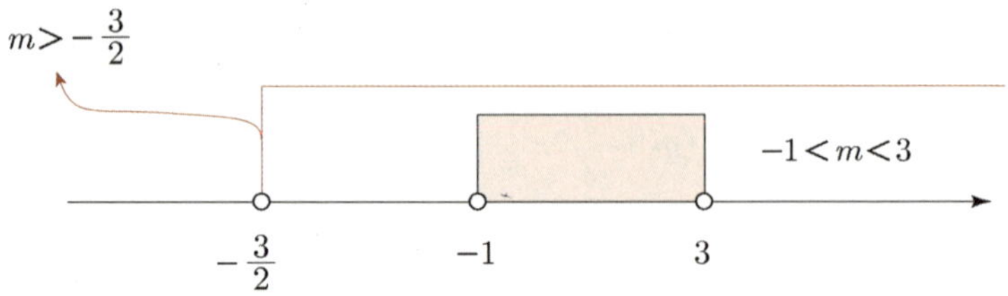

2차부등식 $(m+\frac{3}{2})x^2+2mx+2>0$가 절대부등식이 되기 위한 m의 범위는 $-1 < m < 3$가 됩니다.

한 문제 더 풀어볼까요?

모든 x, y에 대하여 부등식 $x^2+y^2+2xy-2x+ay+b > 0$가 성립하기 위한 a, b의 값(또는 범위)을 구하여라.

어라? 변수가 2개네.
일단 x에 관한 2차부등식으로 보고 y를 상수 취급해 보면 어떨까?

문제해결을 위한 기본설계가 끝나셨나요? 그럼 함께 풀어보도록 하겠습니다. 일단 주어진 부등식을 x에 관한 2차부등식으로 정리해 보면 다음과 같습니다. (y는 상수로 취급한다)

$$x^2+y^2+2xy-2x+ay+b>0 \quad ➡ \quad x^2+2(y-1)x+(y^2+ay+b)>0$$

2차부등식 $x^2+2(y-1)x+(y^2+ay+b)>0$가 절대부등식이 되기 위해서는 판별식 $D<0$가 되면 됩니다.

$x^2+2(y-1)x+(y^2+ay+b)>0$

$D=\{2(y-1)\}^2-4\cdot 1\cdot (y^2+ay+b)<0$ → y에 관한 1차부등식

➡ $-(a+2)y+(1-b)<0$

➡ $(a+2)y>(1-b)$

y에 관한 부등식 $(a+2)y>(1-b)$가 y값에 관계없이 부등식이 항상 성립하기 위해서는, 즉 y에 관한 1차부등식 $(a+2)y>(1-b)$가 절대부등식이 되기 위해서는 $a=-2$가 되고, $1-b<0$가 되면 됩니다. ($0\times y>$(음수))

➡ $a=-2,\ b>1$

따라서 모든 x, y에 대하여 부등식 $x^2+y^2+2xy-2x+ay+b>0$가 성립하기 위한 a, b의 값(또는 범위)은 $a=-2,\ b>1$가 됩니다.

함수의 그래프를 이용하면 2차부등식에 대한 개념을 새롭게 정립할 수 있습니다. 참고로 2차부등식과 관련하여 함수의 그래프에 대해 간단히 살펴보고 넘어가도록 하겠습니다.

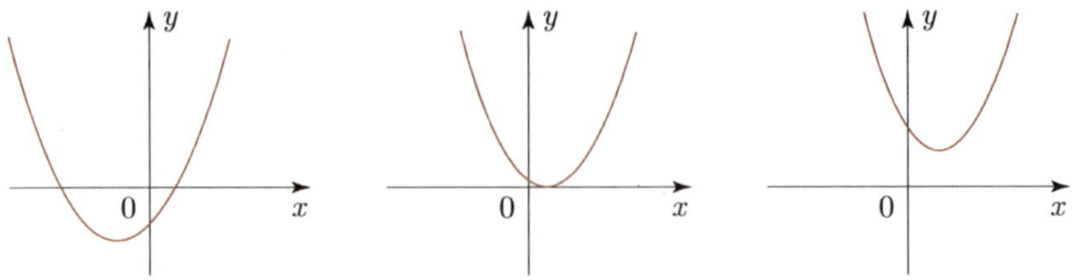

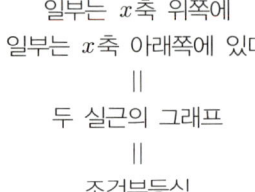

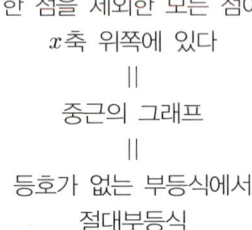

일부는 x축 위쪽에
일부는 x축 아래쪽에 있다
||
두 실근의 그래프
||
조건부등식

한 점을 제외한 모든 점이
x축 위쪽에 있다
||
중근의 그래프
||
등호가 없는 부등식에서
절대부등식

그래프의 모든 점이
x축 위쪽에 있다
||
허근의 그래프
||
절대부등식

평균의 종류

학교에서 중간고사를 보고 나면 친구들끼리 모여 서로 점수를 확인합니다. 특히 여태까지 본 과목에 대한 평균점수를 내보곤 하지요.

평균에는 여러 가지 종류가 있습니다. 그중에 우리가 가장 많이 다루는 산술평균부터 차근차근 배워보도록 하겠습니다. (내용이 난해하므로 천천히 읽어보도록 한다)

산술평균

수리통계학의 평균계산법으로, n개의 변수들의 총합을 변수의 개수인 n으로 나눈 값을 **산술평균**이라고 말한다.

※ 국어 85점, 영어 79점, 수학 92점일 때, 세 과목의 산술 평균점수는?

산술평균값 : $\dfrac{85+79+92}{3}=\dfrac{256}{3}=85.333\cdots$

산술평균을 수식으로 정리하면 다음과 같습니다.

> 두 양수 a, b의 산술평균 : $\frac{a+b}{2}$
>
> 세 양수 a, b, c의 산술평균 : $\frac{a+b+c}{3}$

가로세로의 길이가 각각 4cm, 10cm인 직사각형과 같은 넓이(40cm^2)를 갖는 직사각형들은 무수히 많습니다.

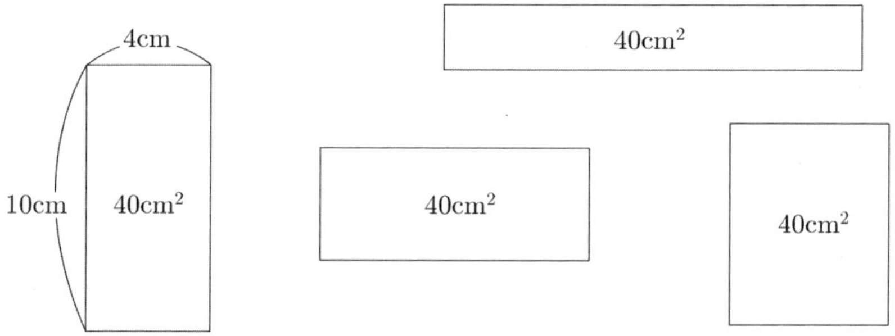

그럼 넓이가 40cm^2인 직사각형들의 '평균이 되는 도형'은 무엇일까요? 평균이 되는 도형? 아마 정사각형이 떠오를 것입니다. 맞습니다. 평균이 되는 도형은 바로 넓이가 40cm^2인 정사각형입니다. 그럼 이 정사각형의 한 변의 길이는 얼마가 될까요?

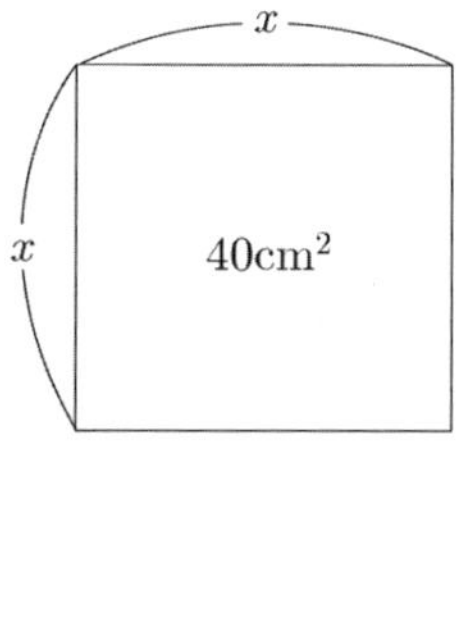

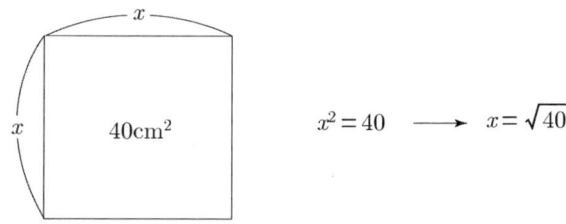

$$x^2=40 \longrightarrow x=\sqrt{40}$$

그림에서와 같이 넓이가 40cm^2인 정사각형의 한 변의 길이는 바로 $\sqrt{40}\,\text{cm}^2$이 됩니다.

기하평균

가로·세로 길이가 a, b인 직사각형과 같은 넓이를 갖는 정사각형의 한 변의 길이를 a, b의 **기하평균**이라고 말합니다.

※ 기하는 '얼마 기(幾)', '얼마 하(何)' 자를 써서 길이, 넓이, 부피 등이 얼마인지에 대한 값을 나타내는 한자어이다. 일반적으로 기하는 도형을 의미한다고 보면 쉽다.

기하평균이라는 용어가 좀 생소하고 어렵게 느껴지죠? 머릿속으로 도형을 그려보면서 기하평균을 생각해 보면 이해하는 데 도움이 될 것입니다.

기하평균을 수식으로 정리해 보면 다음과 같습니다.

두 양수 a, b의 기하평균 : $\sqrt{ab}$

세 양수 a, b, c의 기하평균 : $\sqrt[3]{abc}$

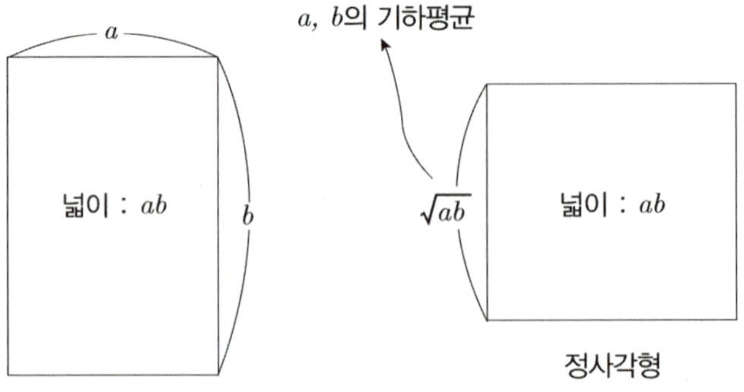

어떤 자동차가 두 지점 A, B를 갈 때는 10km/h의 속력으로, 올 때는 20km/h의 속력으로 왕복했다면 자동차의 평균속력은 얼마일까요?

언뜻 생각하면 15km/h라고 생각할 수도 있습니다. 정말 15km/h가 자동차의 평균속력일까요? (여기서 생각한 15km/h라는 값은 두 속력의 산술평균 $(\frac{a+b}{2})$ 값이다)

다시 한 번 생각해 보겠습니다.

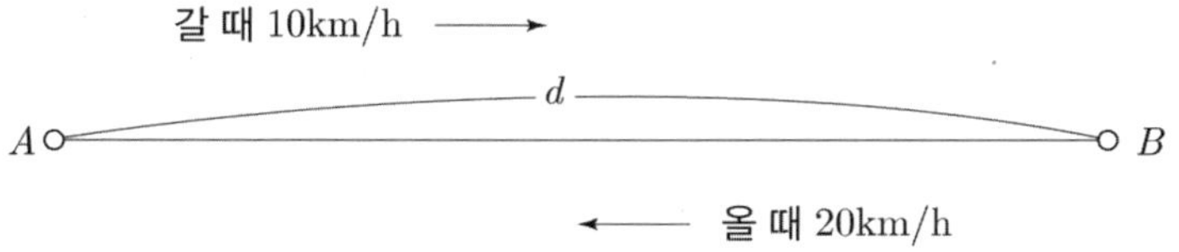

평균속력이란 물체의 총 이동거리를 걸린 시간으로 나눈 값을 말합니다. 그럼 자동차가 이동한 총 거리가 얼마인지 그리고 걸린 시간이 얼마인지 계산해 보도록 하겠습니다.

A와 B의 거리를 d라고 놓고 속력의 정의를 통해 걸린 시간을 구해보면 다음과 같습니다. (거리 d는 단순한 상수일 뿐이다)

$$\text{속력} = \frac{\text{이동거리}}{\text{걸린 시간}} \quad \rightarrow \quad \text{걸린 시간} = \frac{\text{이동거리}}{\text{속력}}$$

$$t_{\text{갈 때시간}} = \frac{d}{10}, \quad t_{\text{올 때시간}} = \frac{d}{20}$$

총 거리는 $2d$가 되고, 총 걸린 시간은 $\frac{d}{10} + \frac{d}{20}$가 됩니다. 그럼 평균속력을 계산해 보면,

$$\text{평균속력}=\frac{\text{총 이동거리}}{\text{전체시간}} \Rightarrow \bar{v}=\frac{2d}{\frac{d}{10}+\frac{d}{20}}=\frac{2d}{\frac{3d}{20}}=\frac{40}{3}=13.333\cdots$$

즉, 자동차의 평균속력은 13.333⋯km/h가 됩니다. 여기서 거리 d가 약분되기 때문에 d값을 몰라도 평균속력을 구할 수 있게 되죠. 그렇다면 d를 약분한 계산식을 유심히 살펴보도록 하겠습니다.

$$\bar{v}=\frac{2d}{\frac{d}{10}+\frac{d}{20}}=\frac{2}{\frac{1}{10}+\frac{1}{20}}$$

평균속력 $\bar{v}$의 역수는 $\dfrac{\frac{1}{10}+\frac{1}{20}}{2}$ 이며, 올 때와 갈 때의 속력 10km/h, 20km/h의 역수 $\frac{1}{10}$, $\frac{1}{20}$을 산술평균한 값과 같습니다. 즉, 왕복속력에 대한 평균은 '각 속력값의 역수를 산술평균한 후, 그 값을 다시 역수로 만든 값'이 됩니다.

좀 어렵죠? (이해가 안 가는 학생은 다시 한 번 천천히 읽어본다)

조화평균

두 양수 a, b의 역수를 산술평가한 값에 다시 역수를 취한 평균을 조화평균이라고 말한다.

※ 조화평균은 '어울릴 조(調)', '화목할 화(和)' 자를 써서 '일반수와 역수의 조화'를 의미하는 한자어이다.

과학에서 쓰이는 물리량 중에 산술평균이 아닌 조화평균을 이용해야 정확한 평균값이 구해지는 것들이 종종 있습니다. 조화평균을 수식으로 정리해 보면 다음과 같습니다.

두 양수 a, b의 조화평균 : $\dfrac{2ab}{a+b}$

세 양수 a, b, c의 조화평균 : $\dfrac{3abc}{ab+bc+ca}$

너 이번 중간고사 평균이 몇 점이야?
무슨 평균?
산술, 기하, 조화?
$\frac{a+b}{2}$ $\sqrt{ab}$ $\frac{2ab}{a+b}$

평균의 대소관계

평균에 대한 계산법이 이렇게 많은지는 미처 몰랐을 것입니다. 특이하게도 산술·기하·조화평균식 사이에는 다음과 같은 대소관계가 성립합니다. (숫자 a, b에 관계없이 성립하는 절대부등식이 된다)

산술·기하·조화평균의 관계

두 양수 a, b에 대하여 산술·기하·조화평균 사이의 대소관계는 다음과 같다.

$$\frac{a+b}{2} \geq \sqrt{ab} \geq \frac{2ab}{a+b} \quad \text{(단, 등호는 } a=b\text{일 때 성립)}$$

※ 산술·기하·조화평균의 절대부등식은 양변을 제곱하여 식을 전개한 후, 완전제곱식 $(a-b)^2 = a^2+b^2-2ab \geq 0$을 유도하면 쉽게 증명이 가능하다.

산술·기하·조화평균식을 유심히 관찰해 보면 '합과 곱'의 형태로 이루어져 있다는 사실을 쉽게 알 수 있습니다.

$$\frac{a+b}{2} \geq \sqrt{ab} \geq \frac{2ab}{a+b}$$ ➡ 산술·기하·조화평균 절대부등식은 변수가 2개인 식의 최대·최소문제에서 유용하게 활용된다.

산술·기하평균식을 이용하여 다음 최대·최소문제를 풀어보도록 하겠습니다. (어떻게 풀지 잠시 생각해 보는 시간을 가져본다)

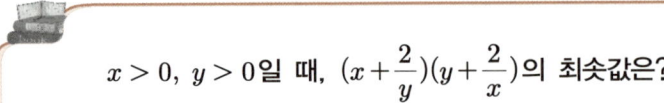

$x>0$, $y>0$일 때, $(x+\frac{2}{y})(y+\frac{2}{x})$의 최솟값은?

변수가 2개인 식의 최대·최소문제군. 이럴 땐 절대부등식을 이용하면 쉽게 풀 수 있다고 했는데, 식의 형태를 보아하니 합과 곱의 형태를 띠고 있군.

문제해결을 위한 기본설계가 끝나셨나요? 그럼 함께 풀어보도록 하겠습니다. 우선 식 $(x+\frac{2}{y})(y+\frac{2}{x})$를 전개해 보면 다음과 같습니다.

$$(x+\frac{2}{y})(y+\frac{2}{x}) = xy+2+2+\frac{4}{xy} \quad ➡ \quad xy+\frac{4}{xy}+4$$

결국 '$xy+\frac{4}{xy}+4$'의 최솟값을 구하는 문제이므로, $xy+\frac{4}{xy}$의 최솟값을 알면 쉽게 해결될 것입니다. (숫자 4는 상수이므로 신경 쓸 필요가 없다)

식 '$xy+\frac{4}{xy}$'는 xy와 $\frac{1}{xy}$의 합의 형태로 되어 있으면서 두 항은 서로 역수관계입니다. 즉, 두 항의 곱은 상수가 된다는 것을 의미하죠. 이렇게 합과 곱에 관한 특징이 있는 식의 최대·최소를 구하기 위해서는 주로 산술·기하평균식 $\frac{a+b}{2}\geq\sqrt{ab}$을 활용합니다.

$xy+\frac{4}{xy}$에서 $a=xy$, $b=\frac{4}{xy}$로 생각하고,

산술·기하평균식 $\frac{a+b}{2}\geq\sqrt{ab}$에 대입해 보면,

$$\frac{xy+\frac{4}{xy}}{2}\geq\sqrt{(xy)(\frac{4}{xy})} \;\Rightarrow\; xy+\frac{4}{xy}\geq 2\sqrt{4} \;\Rightarrow\; xy+\frac{4}{xy}\geq 4$$

※ 산술·기하평균식을 이용할 때는 변수가 반드시 양수인지 확인해야 한다. ($x>0$, $y>0$이므로 $xy>0$이다)

$xy+\frac{4}{xy}$의 최솟값은 4가 되므로 $xy+\frac{4}{xy}+4$의 최솟값은 8이 됩니다. 따라서 주어진 식 $(x+\frac{2}{y})(y+\frac{2}{x})$의 최솟값은 8입니다.

일반적으로 변수가 2개 이상인 식의 최대·최소문제는 절대부등식(산술·기하평균 등)을 활용하면 쉽게 해결할 수 있습니다. 참고로 또 다른 유명한 절대부등식 하나를 더 소개하도록 하겠습니다.

코시-슈바르츠의 부등식

a, b, c, x, y, z가 모두 실수일 때, 다음 부등식은 절대부등식이 된다.

① $(a^2+b^2)(x^2+y^2) \geq (ax+by)^2$

(단, 등호는 $bx=ay$ 즉 $a:b=x:y$일 때 성립한다)

② $(a^2+b^2+c^2)(x^2+y^2+z^2) \geq (ax+by+cz)^2$

(단, 등호는 $a:b:c=x:y:z$일 때 성립한다)

※ 위 부등식의 증명은 각자 해보길 바란다. (양변을 전개하여 완전제곱식을 유도하면 쉽게 증명할 수 있을 것이다)

코시-슈바르츠의 부등식을 이용하여 다음 최대·최소문제를 풀어보도록 하겠습니다. (어떻게 풀지 잠시 생각해 보는 시간을 가져본다)

$x^2+y^2=2$일 때, $2x+y$의 최대, 최솟값을 구하여라.
(x, y는 실수)

변수가 2개인 최대·최소문제니까 절대부등식을 이용하면 되겠군.
산술·기하평균식은 변수가 양수일 때 사용하는 부등식이니까 이건 아니고 ….
코시-슈바르츠의 부등식을 적용해 볼까?

문제해결을 위한 기본설계가 끝나셨나요? 그럼 함께 풀어보도록 하겠습니다. 우선 변수 x, y에 대한 코시-슈바르츠의 부등식을 써보면 다음과 같습니다.

$$(a^2+b^2)(x^2+y^2) \geq (ax+by)^2$$

문제에서 $2x+y$의 최대, 최솟값을 구하라고 했으므로, 위 코시-슈바르츠 부등식에 $a=2,\ b=1$을 대입하면,

$$(2^2+1^2)(x^2+y^2) \geq (2x+y)^2 \quad \Rightarrow \quad 5 \cdot 2 \geq (2x+y)^2$$
$$(x^2+y^2=2)$$

우리가 구하고자 하는 것은 $2x+y$의 최댓값과 최솟값이므로, $2x+y$에 X를 치환하면 어렵지 않게 $2x+y$의 최대, 최솟값을 구할 수 있습니다.

$$(2x+y)^2 \leq 10 \quad \Rightarrow \quad X^2-10 \leq 0 \quad \Rightarrow \quad -\sqrt{10} \leq X \leq \sqrt{10}$$

따라서 $x^2+y^2=2$일 때, $2x+y$의 최댓값은 $\sqrt{10}$, 최솟값은 $-\sqrt{10}$이 됩니다.

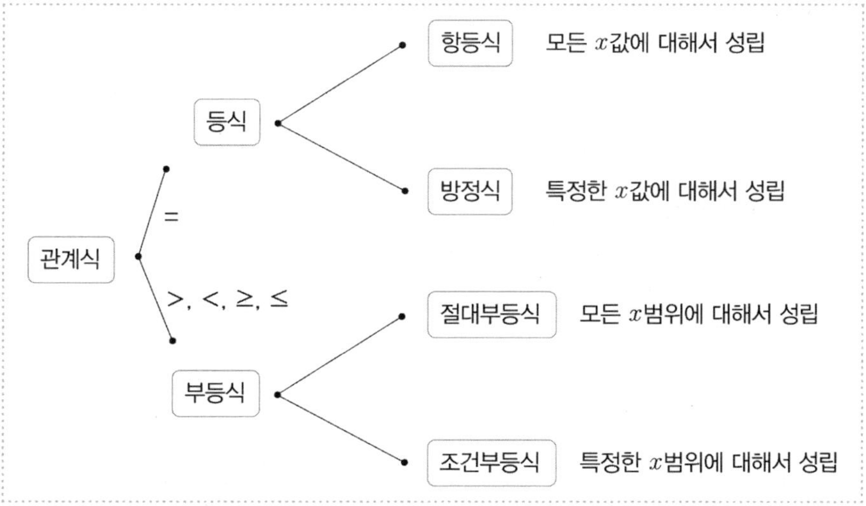

개념 한눈에 보기

1. **연립부등식** : 변수를 공유하는 2개 이상의 부등식을 말한다.
(연립부등식의 해 : 연립부등식을 모두 만족하는 x의 범위(공통부분))

2. **절댓값 부등식**
절댓값 기호 안에 변수가 들어 있는 부등식으로, 절댓값의 정의를 이용하여 풀 수 있다.
$$|A|\begin{cases} A \geq 0, \ |A| = A \\ A < 0, \ |A| = -A \end{cases}$$

3. **자주 사용되는 절댓값 부등식 (단, $0 < a < b$이다)**
① $|x| < a$ ➡ $-a < x < a$
② $|x-k| < a$ ➡ $-a+k < x < a+k$
③ $|x| > a$ ➡ $x < -a$ 또는 $x > a$
④ $|x-k| > a$ ➡ $x < -a+k$ 또는 $x > a+k$
⑤ $a < |x| < b$ ➡ $a < x < b$ 또는 $-b < x < -a$

4. **절댓값기호가 2개 이상일 때, 변수의 분류방법**
$|x-a|+|x-b|+|x-c|+\cdots > 0$ $(a < b < c\cdots)$

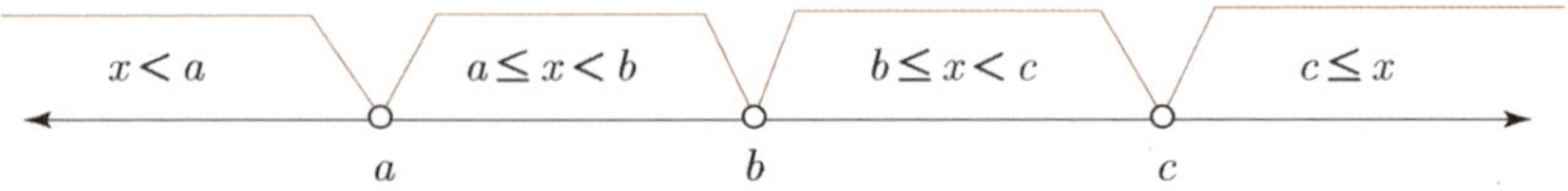

5. **2차식의 절대부등식**
$f(x) = ax^2 + bx + c = 0$ $(a > 0)$일 때,
① 중근 α를 가질 경우 $(D=0)$: $f(x) \geq 0$는 절대부등식이 된다.
② 허근을 가질 경우 $(D<0)$: $f(x) > 0$ $(f(x) \geq 0)$는 절대부등식이 된다.

6. **산술 · 기하 · 조화평균의 관계**
두 양수 a, b의 산술평균 $\dfrac{a+b}{2}$, 기하평균 $\sqrt{ab}$, 조화평균 $\dfrac{2ab}{a+b}$의 관계
➡ $\dfrac{a+b}{2} \geq \sqrt{ab} \geq \dfrac{2ab}{a+b}$ (단, 등호는 $a=b$일 때 성립)

도출형 학습방식으로 다음 문제를 풀어보겠습니다. (개념이 잘 기억나지 않으면 앞의 내용을 찾아보길 바란다)

연립부등식 $4x-x^2>-5$, $(x+1)^2-8(x-1)-9<0$를 만족하는 모든 정수 x의 합을 구하여라.

1단계 **개념도출** 문제를 풀기 위해서는 어떤 개념을 알아야 할까요?

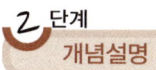

2단계 **개념설명** 개념을 알고 있다면 간단히 설명해 보길 바랍니다.

3단계 **문제해결** 그럼 어떻게 문제를 해결할 수 있을까요?

연립부등식 $4x-x^2>-5$, $(x+1)^2-8(x-1)-9<0$를 만족하는 모든 정수 x의 합을 구하여라.

1단계 문제를 풀기 위해서는 어떤 개념을 알아야 할까요?

2차부등식, 연립부등식의 해법을 알아야 한다.

2단계 개념을 알고 있다면 간단히 설명해 보길 바랍니다.

2차부등식($f(x)>0$, $f(x)<0$)의 해법 ($\alpha<\beta$)

① $f(x)=(x-\alpha)(x-\beta)$: $f(x)=0$이 두 실근을 가질 경우 ($D>0$)

i) $f(x)>0$의 해 ➡ $x<\alpha$, $x>\beta$

$f(x)\geq 0$의 해 ➡ $x\leq\alpha$, $x\geq\beta$

ii) $f(x)<0$의 해 ➡ $\alpha<x<\beta$

$f(x)\leq 0$의 해 ➡ $\alpha\leq x\leq\beta$

② $f(x)=0$이 중근, 허근을 가질 경우 (앞 단원 참조)

연립부등식의 해법

수직선에서 부등식을 만족하는 x의 범위를 그린 후, 공통부분을 찾는다.

3단계 그럼 어떻게 문제를 해결할 수 있을까요?

두 2차부등식을 풀어 x에 관한 범위(연립부등식의 해)를 찾는다. (2차부등식의 해법을 이용하면 쉽게 x에 관한 범위를 찾을 수 있다)

정답이 궁금한 학생들은 다음 정답풀이를 참고하시기 바랍니다.

우선 2차부등식 $4x-x^2>-5$와 $(x+1)^2-8(x-1)-9<0$를 만족하는 x의 범위를 구해보자.

① $4x-x^2>-5$ ➡ $x^2-4x-5<0$ ➡ $(x-5)(x+1)<0$ ➡ $-1<x<5$
→ x는 정수이므로 $x=0, 1, 2, 3, 4$

② $(x+1)^2-8(x-1)-9<0$
부등식을 정리하여 해를 찾으면 다음과 같다.
➡ $x^2-6x<0$ ➡ $x(x-6)<0$ ➡ $0<x<6$

여기서 x는 정수이므로 $x=1, 2, 3, 4, 5$이다.

연립부등식 $4x-x^2>-5$와 $(x+1)^2-8(x-1)-9<0$를 모두 만족하는 정수 x의 합은 '1+2+3+4=10'이 된다.

정답 10

기특수학(수Ⅰ)

4장 도형의 방정식

1. 점과 좌표
2. 직선
3. 원
4. 도형의 이동
5. 부등식의 영역

1 점과 좌표

좌표계와 좌표

유명 관광지를 돌아다녀 보면 구도를 잡고 있는 화가의 모습을 종종 볼 수 있습니다. 여기서 '구도'란 그림에서 모양, 색깔, 위치 따위의 짜임새를 말합니다. 그렇다면 그림을 그릴 때 구도를 잡는 이유는 무엇일까요?

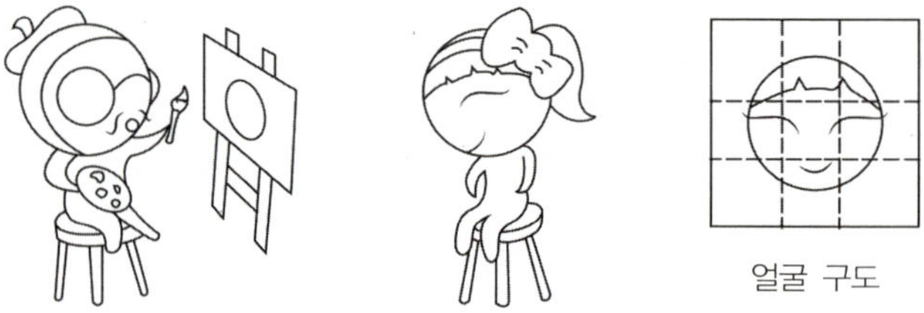

얼굴 구도

구도를 잡는 이유는 눈·코·입의 위치를 좀 더 정확히 결정하기 위해서입니다. 그래야 실제 얼굴과 비슷하게 초상화를 그릴 수 있기 때문이죠. **기하학(幾何學)**에서는 점의 위치를 정확히 표현하기 위해 일정한 간격으로 나뉜 눈금이나 격자를 사용합니다. 이러한 눈금이나 격자를 **좌표계**라고 정의하는데, 좌표계 안에서 점의 위치를 나타내는 숫자를 **좌표**라고 말합니다. 참고로 기하학은 '얼마 기(幾)', '얼마 하(何)' 자를 써서 도형 및 공간의 길이·넓이·부피 등이 '얼마인지' 연구하는 수학의 한 분야를 말합니다. 일반적으로 좌표계는 **직선좌표계, 평면좌표계, 공간좌표계**로 분류합니다.

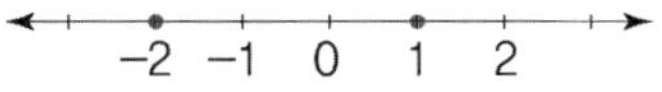

직선좌표계

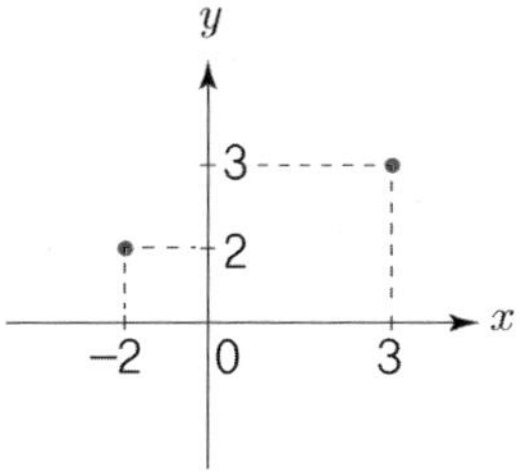

평면좌표계

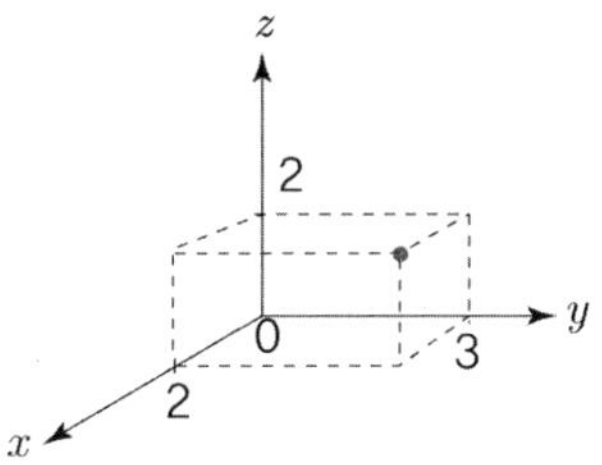

공간좌표계

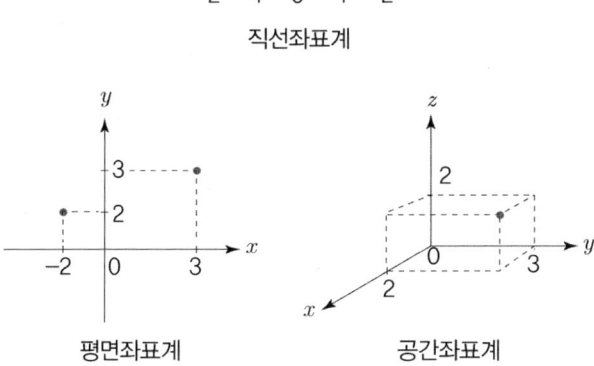

초상화의 얼굴 구도는 평면좌표계를 사용한 것이라고 할 수 있습니다.

직선 위의 점

우리는 흔히 엉뚱한 사람을 가리켜 '4차원'이라고 표현합니다. 여기서 **차원**이란 수학적으로 무엇을 의미할까요? 수학에서 말하는 **차원**이란 좌표계 안에서 어떤 특정한 점의 위치를 결정하는 데 필요한 '숫자(좌표)의 개수'를 의미합니다.

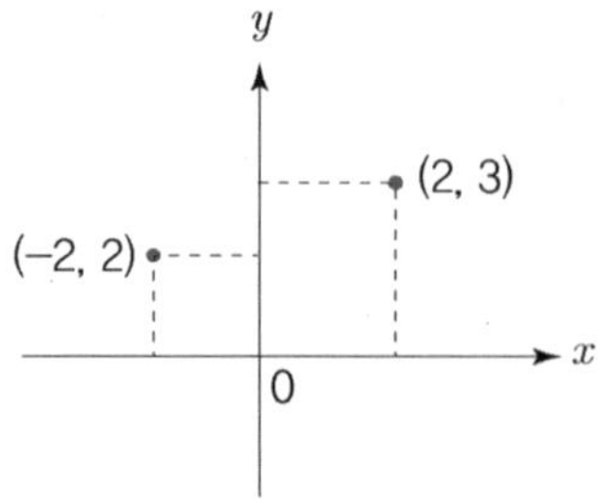

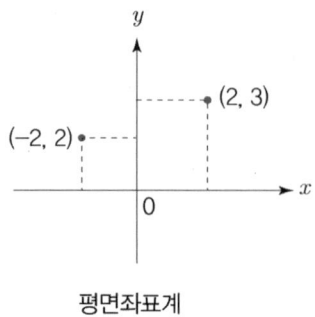

평면 위의 점은
순서쌍 (x, y)로 표시한다.
즉, 2개의 숫자 x, y로
점의 위치를 결정할 수 있다.
→ 2차원

평면좌표계

1차원 좌표계는 1개의 숫자로 점의 위치를 결정할 수 있으며 마찬가지로 2차원은 2개, 3차원은 3개의 숫자로 점의 위치를 결정합니다. 그러면 직선·평면·공간좌표계는 각각 몇 차원에 속하며, 어떻게 점의 위치를 결정하는지 자세히 알아보도록 하겠습니다. 먼저 직선좌표계는 다음 그림과 같이 직선 위의 점 A, O, B에 각각 1개의 숫자를 대응시켜 주면 점의 위치를 정확히 결정할 수 있습니다.

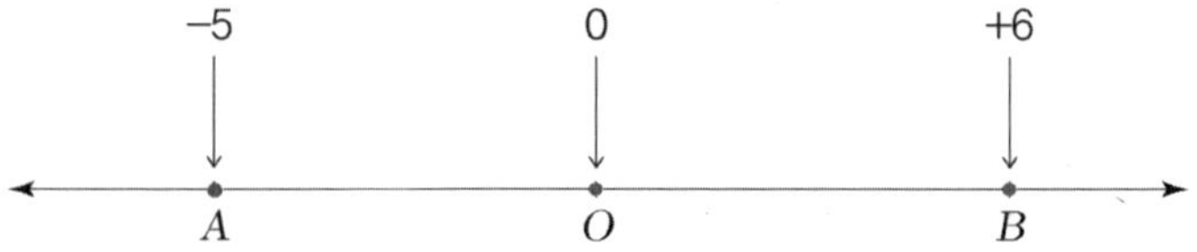

일반적으로 수직선의 중앙을 기준점(0)으로 정하고
오른쪽을 양수(+), 왼쪽을 음수(−)로 대응시킨다.

참고로 점의 좌표를 결정하기 위해서는 '기준점, 단위길이, 숫자의 방향'을 설정해야 합니다. 일반적으로 기준점의 좌표는 0으로, 단위길이는 1로, 그리고 숫자의 방향은 우측을 (+)방향, 좌측을 (−)방향으로 설정하는 것이 일반적입니다.

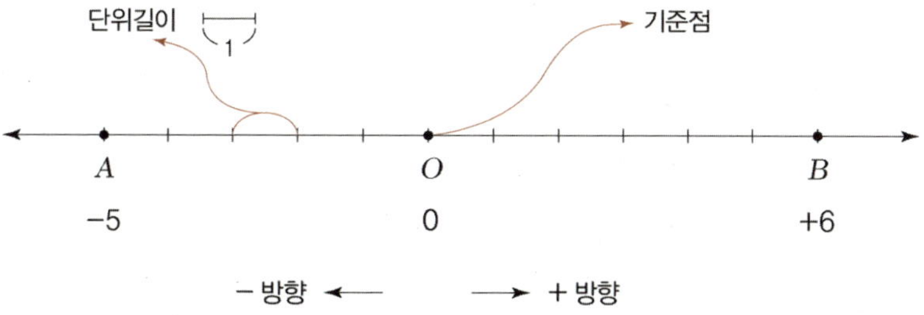

점 A는 원점 O로부터 왼쪽(−)으로 길이 5만큼, 점 B는 원점 O로부터 오른쪽(+)으로 길이 6만큼 떨어져 있는 점으로서, 점 A, B의 좌표는 다음과 같습니다. (일반적으로 점은 알파벳 대문자로 나타내며, 점의 좌표는 괄호 안의 숫자로 표시한다)

$$A(-5),\ B(+6)$$

직선 위의 모든 점들은 1개의 숫자(실수)로 그 위치가 결정됩니다. 즉, 직선은 1차원이 된다는 뜻이지요. 여기서 일정한 간격으로 눈금을 표시하여 직선 위의 모든 점에 숫자(실수)를 대응시킨 직선을 **수직선(數直線)**이라고 말합니다. 여기서 수직선은 직각을 의미하는 수직(垂直)의 선이 아니라 수(數)를 표현한 직선(直線)을 의미합니다. 수직선에서 점의 좌표를 표시하는 방법은 다음과 같습니다.

수직선의 좌표 표시법

① 숫자 0은 수직선의 가운뎃점의 좌표이다.
② 양수는 0을 기준으로 오른쪽(양의 방향)으로 떨어진 점의 좌표이다.
③ 음수는 0을 기준으로 왼쪽(음의 방향)으로 떨어진 점의 좌표이다.

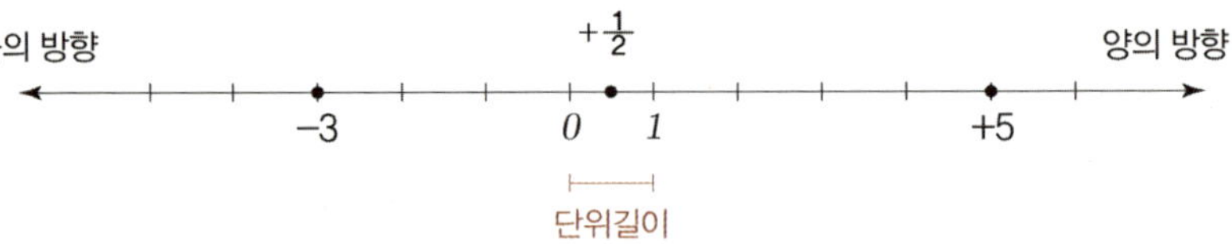

음의 방향
$+\frac{1}{2}$
양의 방향
−3
0
1
+5
단위길이

$+5$: 0에서 오른쪽(+방향)으로 5만큼 떨어진 점의 좌표

-3 : 0에서 왼쪽(−방향)으로 3만큼 떨어진 점의 좌표

$+\frac{1}{2}$: 0에서 오른쪽(+방향)으로 $\frac{1}{2}$만큼 떨어진 점의 좌표

쉽게 말해서 **좌표**란 점의 위치를 결정해 주는 일종의 '주소(住所)'라고 할 수 있습니다. 즉, 점의 좌표를 알면 점의 위치를 쉽게 알 수 있게 되는 셈이지요.

평면 위의 점

평면 위의 점의 좌표는 어떻게 표시할 수 있을까요? 우선 평면 위에 2개의 수직선(數直線)을 가로세로 직각이 되도록 그려봅시다. 편의상 가로 방향의 수직선을 x축, 세로 방향의 수직선을 y축이라 정하고, 각 축의 좌표를 x, y로 놓습니다.

맞아. 두 직선이
정해지면 하나의 평면이
결정되니까 평면좌표를
만들어낼 수 있겠군.

평면 위의 점

A의 좌표 : $A(x, y)$

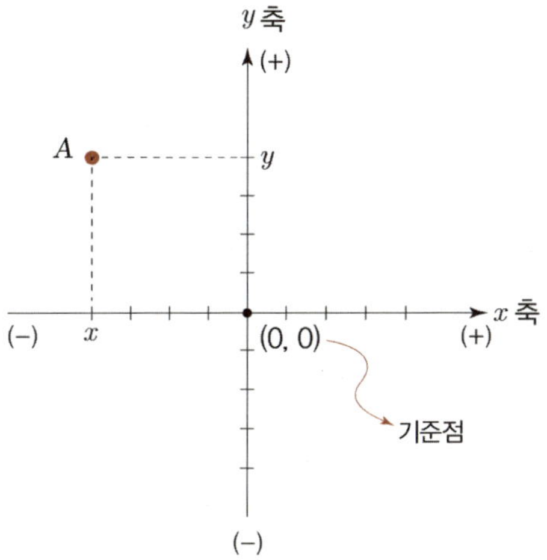

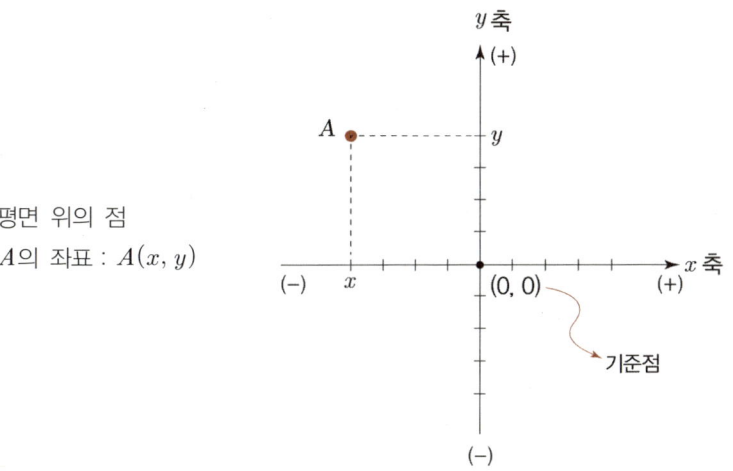

여기서 수직선의 '오른쪽과 위쪽'을 '양수'로, '왼쪽과 아래쪽'을 '음수'로 대응시키고, 두 수직선(x축, y축)의 교점을 평면좌표계의 기준점 $(0, 0)$으로 정합니다. 또한 각 축의 좌표값 x, y의 순서쌍 (x, y)를 평면 위의 모든 점들과 $1:1$로 대응시키게 되면 평면 위의 모든 점의 위치를 정확히 결정할 수 있게 됩니다. (단, x, y는 실수이다)

이렇게 만들어진 순서쌍 (x, y)를 **평면좌표**라고 말합니다. 그러면 다음 평면에서 점 A, B의 평면좌표를 찾아보도록 하겠습니다.

말 그대로 순서쌍이니까 x, y의 좌표를 순서대로 찾아 괄호 안에 써 넣는 것이 중요하겠지?

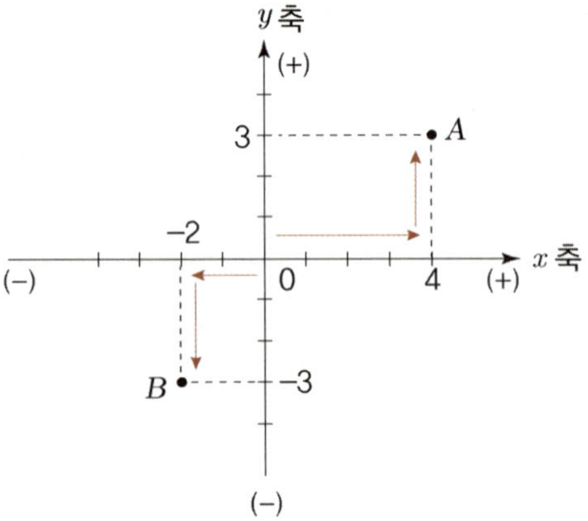

- 점 A : 원점에서 오른쪽(+방향)으로 4만큼, 위쪽(+방향)으로 3만큼 떨어진 점 → $A(4, 3)$
- 점 B : 원점에서 왼쪽(−방향)으로 2만큼, 아래쪽(−방향)으로 3만큼 떨어진 점 → $B(-2, -3)$

평면 위의 모든 점은 2개의 숫자로 그 위치가 결정됩니다. 즉, 평면은 2차원이 되는 셈이지요. 2개의 수직선이 직각으로 만나는 평면좌표계를 특히 **직교좌표계**라고 말합니다. 여기서 직교좌표계의 모든 점은 두 실수 x, y의 순서쌍 (x, y)와 $1:1$로 대응됩니다.

평면(직교)좌표의 표시법

① 가로축 수직선을 x축, 세로축 수직선을 y축으로 한다.
② 두 축(수직선)의 교점의 좌표를 기준점 $(0, 0)$으로 정한다.
③ 평면 위의 임의의 점 P의 x축의 좌표를 x로, y축의 좌표를 y로 놓고, 점 P의 평면좌표를 순서쌍 (x, y)로 정한다. (단, x, y는 실수)

가로축과 세로축을 기준으로 평면 위의 모든 점의 위치를 순서쌍 (x, y)로 나타낼 수 있는 평면을 **좌표평면**이라고 합니다. 좌표평면 위의 평면좌표는 두 수의 '순서쌍'으로 정의되었기 때문에 x, y의 순서가 바뀌면 전혀 다른 좌표가 된다는 사실에 주의해야 합니다.

$$A(1, 2) \neq B(2, 1)$$

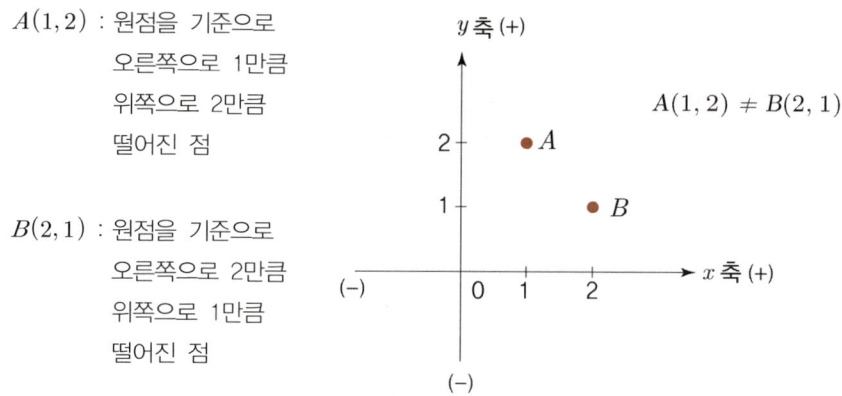

$A(1,2)$: 원점을 기준으로
오른쪽으로 1만큼
위쪽으로 2만큼
떨어진 점

$B(2,1)$: 원점을 기준으로
오른쪽으로 2만큼
위쪽으로 1만큼
떨어진 점

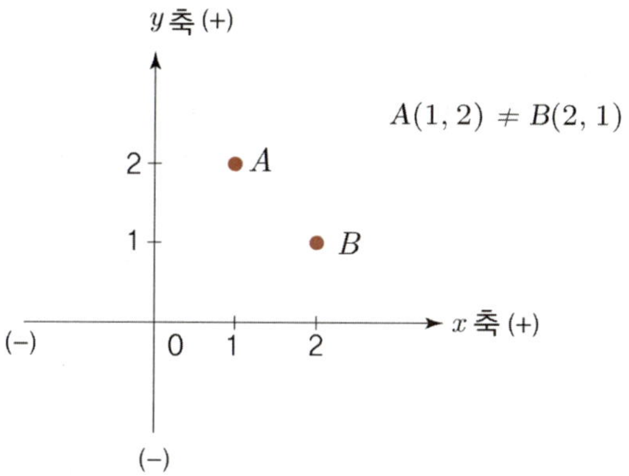

좌표평면은 두 수직선에 의해 4개의 영역(면)으로 나뉘는데, 오른쪽 위부터 반시계 방향으로 **1사분면, 2사분면, 3사분면, 4사분면**이라고 일컫습니다. 여기서 각 사분면에 대한 x, y좌표의 부호는 다음과 같습니다.

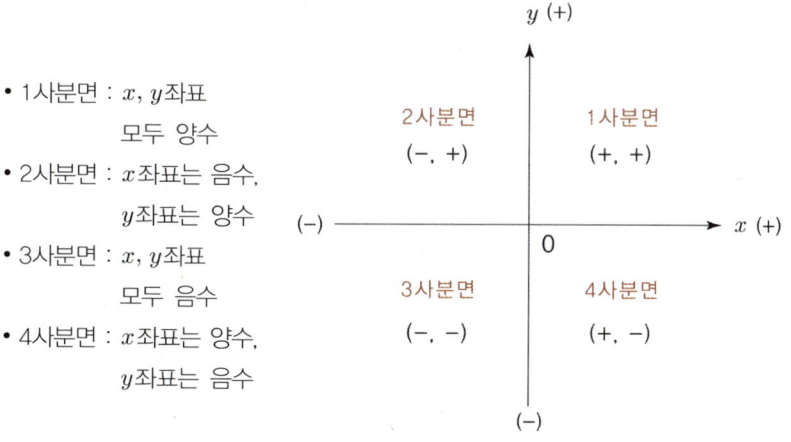

- 1사분면 : x, y좌표 모두 양수
- 2사분면 : x좌표는 음수, y좌표는 양수
- 3사분면 : x, y좌표 모두 음수
- 4사분면 : x좌표는 양수, y좌표는 음수

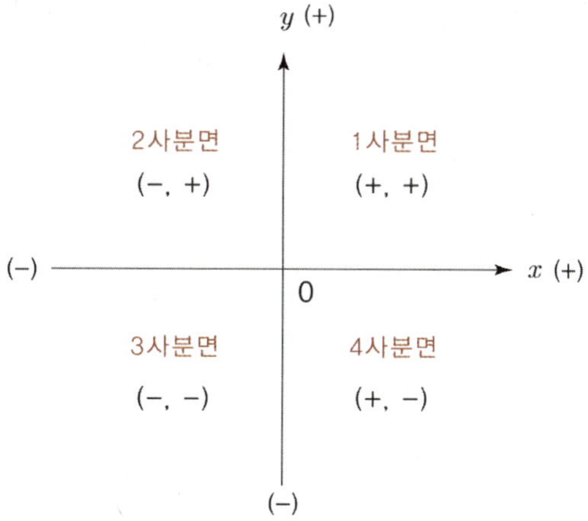

좌표평면의 중심 (0, 0)을 기준으로 오른쪽과 위쪽 방향을 (+), 왼쪽과 아래쪽 방향을 (−)로 정했다는 사실을 기억한다면 쉽게 각 사분면에 대한 좌표의 부호를 이해할 수 있을 것입니다.

공간에서의 점

하늘을 나는 비행기의 위치는 어떻게 결정할 수 있을까요? 먼저 지면을 'x, y 평면좌표계'라고 가정해 봅시다.

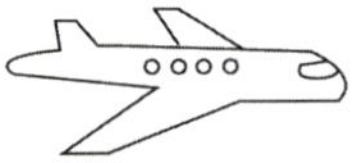

공중에 떠 있는 물체의 위치를 결정하기 위해서는 수직 방향의 새로운 좌표가 하나 더 필요합니다. 그렇다면 수직 방향의 좌표축을 z축(높이축)으로 하여 평면좌표 x, y축과 함께 3차원 공간좌표를 만들어보도록 하겠습니다. 여기서 세 축(x, y, z축)은 직교하도록 그립니다.

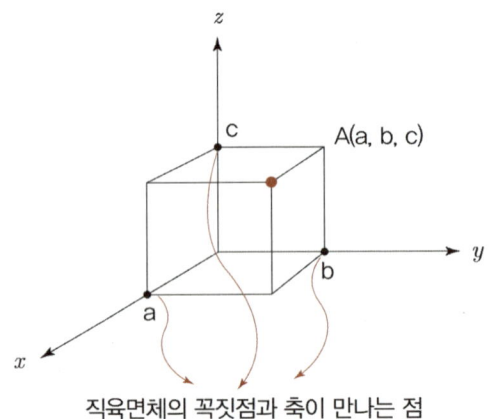

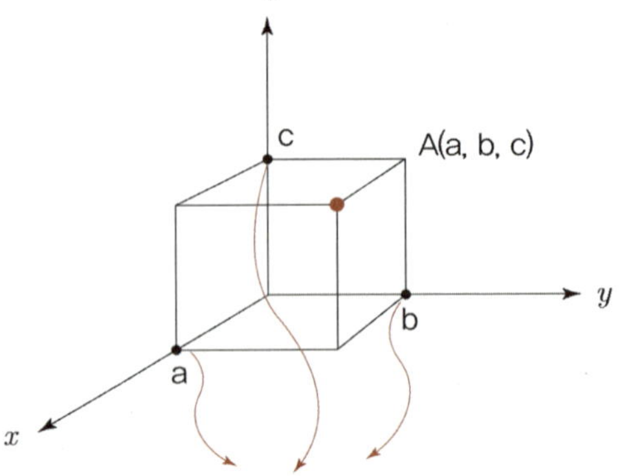

공간좌표

공간의 임의의 한 점 A를 꼭짓점으로 하여 앞의 그림과 같이 직육면체를 만들고, 직육면체의 꼭짓점과 세 축이 만나는 점의 좌표를 순서쌍 (a, b, c)로 정하여 '공간좌표'로 정의한다.

공간에 있는 모든 점들은 세 수직선(x, y, z축)의 좌표, 순서쌍 (x, y, z)로 그 위치가 결정됩니다. 즉, 공간좌표는 3차원이 되는 셈이지요. 다음 3차원 지도와 공간좌표계를 서로 비교해 보면 좀 더 이해가 빠를 것입니다.

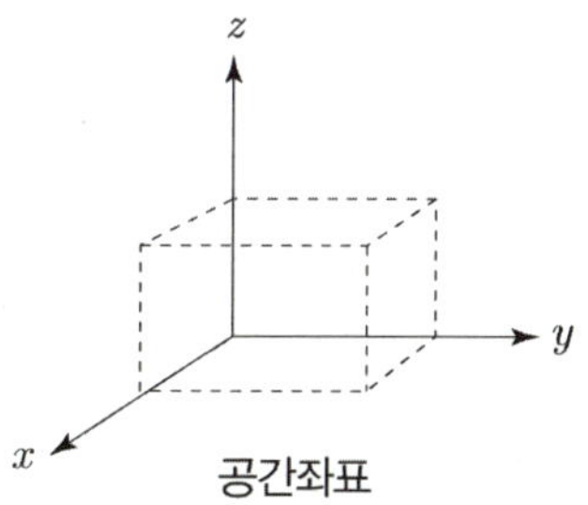

공간좌표

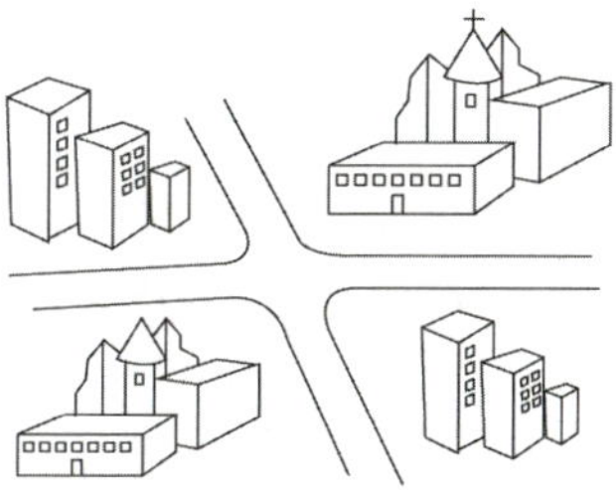
3차원 지도

일상생활에서 다양한 용도로 사용되는 눈금자가 바로 수직선(1차원 좌표계)을 활용한 도구에 해당됩니다. 또한 건축설계도(2D)나 앞서 살펴본 3차원 지도(3D) 또한 평면좌표계(2차원)와 공간좌표계(3차원)를 활용한 예시에 해당됩니다. 여기서 D는 Dimension(차원)의 첫 글자입니다.

지구 곳곳의 위치를 결정해 주는 '위도와 경도' 또한 지구좌표계로 볼 수 있습니다. 참고로 지구좌표계는 구면좌표계를 사용하는데, 여기서 **구면좌표계**란 구의 면을 가로세로 일정한 눈금으로 나눈 좌표계를 말합니다. 구면좌표계에 대해서는 지구과학 시간에 자세히 배우게 될 것입니다.

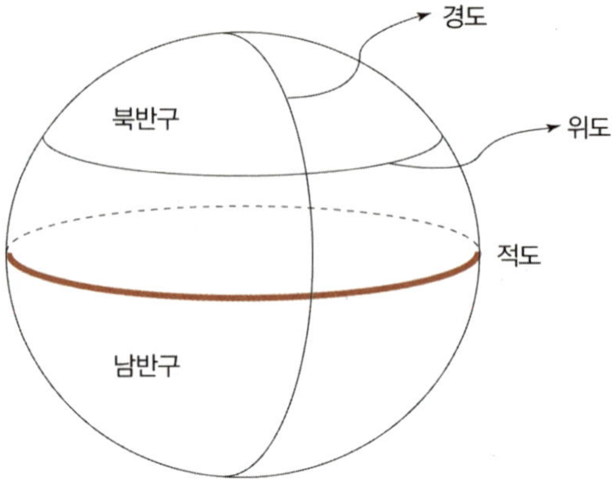

지구좌표계

두 점 사이의 거리

우리는 약속 장소를 찾아갈 때 인터넷 지도를 자주 활용합니다. 검색란에 출발점과 도착점을 입력하면 두 지점 사이의 거리는 물론 가는 방법까지 손쉽게 확인할 수 있습니다. 여기서 **거리**는 일반적으로 두 점을 연결한 선분(또는 곡선)의 길이를 말합니다.

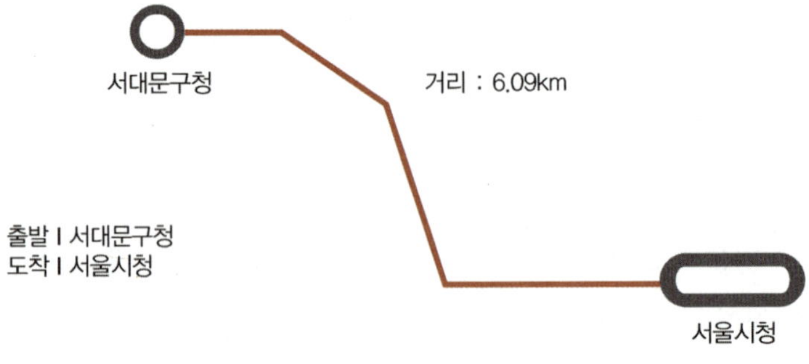

그러면 좌표계에서 **두 점 사이의 거리**는 어떻게 계산될까요? 먼저 수직선(1차원)에서 두 점 사이의 거리를 계산해 보도록 하겠습니다.

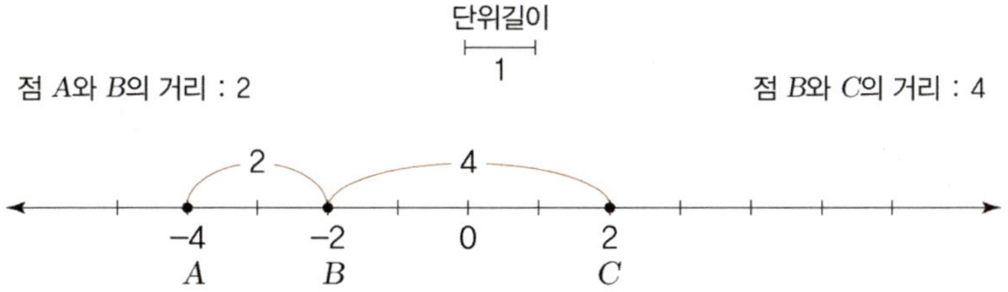

수직선에서 두 점 사이의 거리는 '좌표의 차(큰 수에서 작은 수를 뺀 값)'를 이용하면 쉽게 구할 수 있습니다. 거리가 양수로 정의되기 때문에 절댓값기호를 활용하면 대소에 상관없이 두 점 사이의 거리를 계산할 수 있게 됩니다.

- $A(-4)$, $B(-2)$의 거리 : $|(-4)-(-2)|=|(-2)-(-4)| \rightarrow 2$
- $B(-2)$, $C(2)$의 거리 : $|(-2)-(2)|=|2-(-2)| \rightarrow 4$

수직선에서 두 점 사이의 거리

두 점 $A(x_1)$, $B(x_2)$ 사이의 거리는 $\overline{AB}=|x_2-x_1|$이다. (x_1, x_2는 상수)

다음 점 A, B, C 사이의 거리를 구해보도록 하겠습니다.

$A(3)$, $B(2)$, $C(-4)$

- 점 A, B 사이의 거리 : $\overline{AB}=|2-3|=1$
- 점 B, C 사이의 거리 : $\overline{BC}=|(-4)-2|=6$
- 점 C, A 사이의 거리 : $\overline{CA}=|3-(-4)|=7$

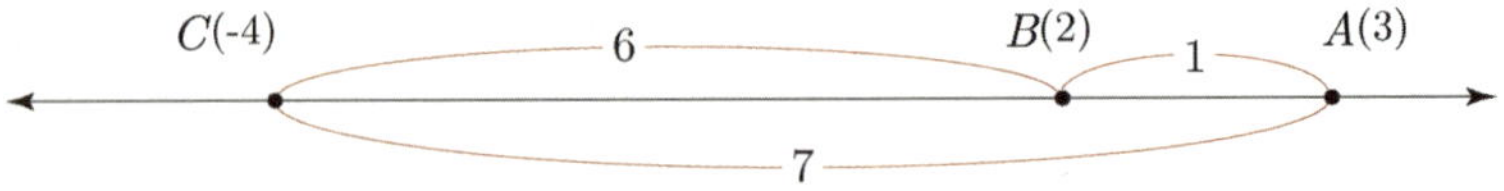

두 점 사이의 거리(평면)

이번에는 좌표평면 위에 있는 두 점 사이의 거리(직선거리)에 대해 알아보도록 하겠습니다. 다음 평면 위의 두 점 $A(1, 2)$, $B(4, 3)$ 사이의 거리는 얼마나 될까요?

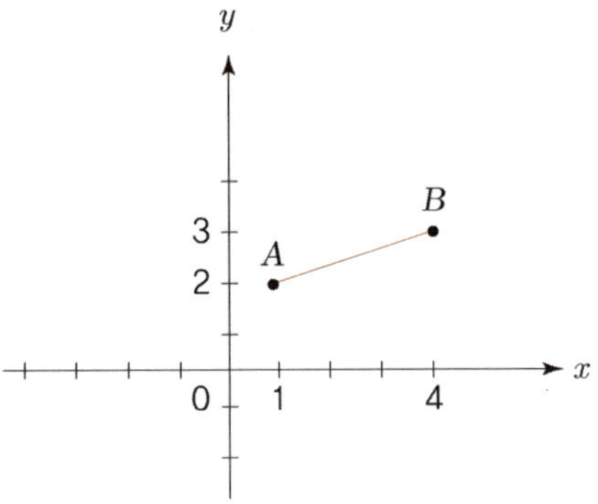

먼저 선분 $\overline{AB}$를 빗변으로 하는 직각삼각형을 생각해 보겠습니다.

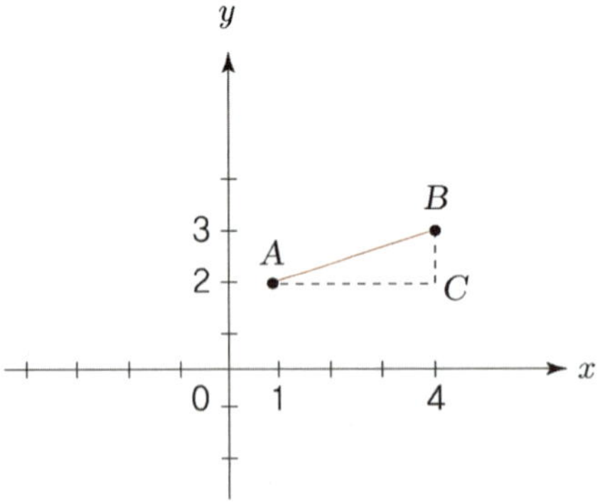

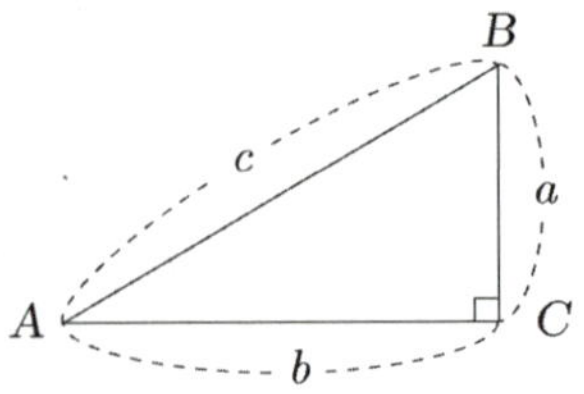

피타고라스의 정리를 이용하면 두 점 $A(1, 2)$, $B(4, 3)$ 사이의 거리를 쉽게 계산할 수 있습니다. 피타고라스의 정리, 기억나시죠?

피타고라스의 정리

직각삼각형에서 직각을 낀 두 변의 제곱의 합은 빗변의 제곱의 합과 같다.

$$\overline{AB}^2 = \overline{BC}^2 + \overline{AC}^2 \rightarrow c^2 = a^2 + b^2$$

직각삼각형 ABC에 피타고라스의 정리를 적용해 보면 다음과 같습니다.
(앞의 그림에서 보는 것과 같이 $a = 1, b = 3$이 된다)

$$\overline{AB}^2 = \overline{BC}^2 + \overline{AC}^2$$

$$\rightarrow \ c^2 = a^2 + b^2 \rightarrow c^2 = 1^2 + 3^2 = 10 \quad \therefore c = \sqrt{10} \ (c > 0)$$

따라서 두 점 $A(1, 2)$, $B(4, 3)$ 사이의 거리는 $\sqrt{10}$이 됩니다. 동일한 방식으로 좌표평면의 임의의 두 점 $A(x_1, y_1)$, $B(x_2, y_2)$ 사이의 거리를 구해볼 수 있습니다. 여기서 x_1, y_1, x_2, y_2는 어떤 상수에 불과하므로 식이 복잡하다고 해서 너무 겁먹지 마시길 바랍니다. 마찬가지로 두 점 A, B의 거리를 빗변으로 하는 삼각형을 그려보면 다음과 같습니다.

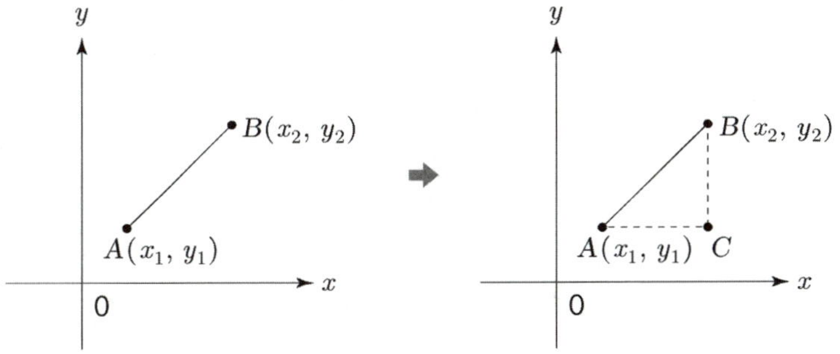

피타고라스의 정리를 이용하여 선분 $\overline{AB}$에 대한 등식을 만들어보면,

$$\text{피타고라스의 정리} \rightarrow \overline{AB}^2 = \overline{AC}^2 + \overline{BC}^2$$

수직선(1차원)의 두 점 x_1, x_2에 대한 거리공식 $|x_2 - x_1|$을 x축과 y축에 각각 적용하여 선분 $\overline{AC}$와 $\overline{BC}$의 길이를 좌표값으로 표현하면 다음과 같습니다.

$$\overline{AC} = |x_2 - x_1|$$
$$\overline{BC} = |y_2 - y_1|$$

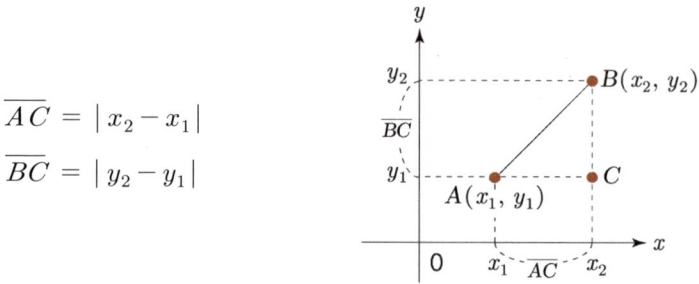

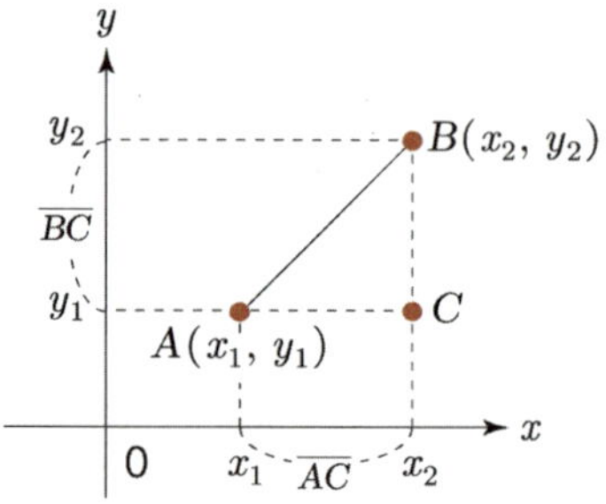

$\overline{AC}$와 $\overline{BC}$의 길이 $|x_2 - x_1|$과 $|y_2 - y_1|$을 피타고라스의 정리에 대입하게 되면 선분 $\overline{AB}$의 길이를 구할 수 있습니다. 참고로 길이는 양수로 정의됩니다.

$$\overline{AB}^2 = \overline{AC}^2 + \overline{BC}^2$$
$$\overline{AB}^2 = |x_2 - x_1|^2 + |y_2 - y_1|^2 \quad \rightarrow \quad \overline{AB} = \sqrt{|x_2 - x_1|^2 + |y_2 - y_1|^2}$$

절댓값의 성질($|a|^2 = a^2$)에 의해 두 점 $A(x_1, y_1)$, $B(x_2, y_2)$ 사이의 거리 $\overline{AB}$는 다음과 같이 표현할 수 있습니다.

$$\overline{AB} = \sqrt{|x_2 - x_1|^2 + |y_2 - y_1|^2} \quad \rightarrow \quad \overline{AB} = \sqrt{(x_2 - x_1)^2 + (y_2 - y_1)^2}$$
$$\because \ |x_2 - x_1|^2 = (x_2 - x_1)^2, \ |y_2 - y_1|^2 = (y_2 - y_1)^2$$

좌표평면에서 두 점 사이의 거리

두 점 $A(x_1, y_1)$, $B(x_2, y_2)$ 사이의 거리는 다음과 같다.

$$\overline{AB} = \sqrt{(x_2 - x_1)^2 + (y_2 - y_1)^2}$$

여기서 $(x_2 - x_1)^2 = (x_1 - x_2)^2$, $(y_2 - y_1)^2 = (y_1 - y_2)^2$이므로 점 A, B의 좌표 순서와는 상관없다는 사실을 쉽게 알 수 있습니다. 즉, 두 점의 'x, y 좌표의 차'를 알면 쉽게 두 점 사이의 거리를 구할 수 있게 되는 셈이지요. 그러면 공식을 이용하여 두 점 $(1, 1), (-4, 6)$의 거리를 구해보도록 하겠습니다. 여기서 우리는 좌표평면을 그리지 않고도 두 점의 좌표만 알면 두 점 사이의 거리를 쉽게 구할 수 있습니다.

$$\sqrt{(x_2 - x_1)^2 + (y_2 - y_1)^2} = \sqrt{(-4-1)^2 + (6-1)^2} = 5\sqrt{2}$$

이번에는 두 점 사이의 거리공식과 관련하여 다음 응용문제를 풀어보도록 하겠습니다. 어떻게 풀지 잠시 생각해 보는 시간을 가져봅시다.

두 점 $A(1, 0)$, $B(0, 2)$와 정삼각형을 이룰 수 있는 제3의 점(C)의 좌표를 구하여라.

문제해결을 위한 기본설계가 끝나셨나요? 그러면 함께 풀어보도록 하겠습니다. 우선 두 점 $A(1, 0)$, $B(0, 2)$와 정삼각형을 이루는 제3의 점 $C(x, y)$를 좌표평면에 그려보면 다음과 같습니다. 여기서 우리는 다음 그림과 같이 2개의 점 $C(x, y)$를 찾을 수 있습니다.

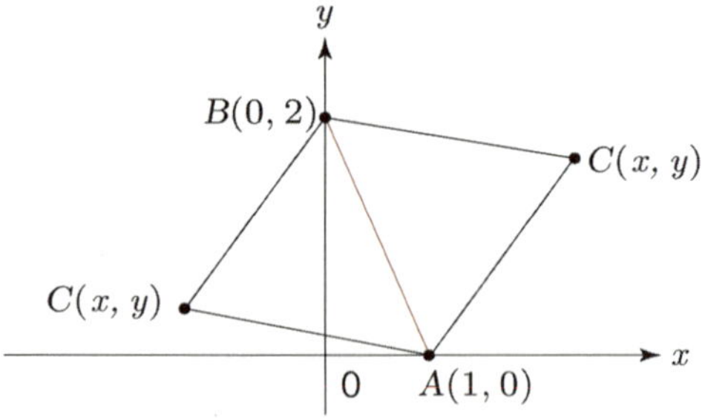

여기에 두 점 사이의 거리공식을 적용하여 $\overline{AB}$, $\overline{AC}$, $\overline{BC}$의 거리를 각각 구해보도록 하겠습니다. 참고로 두 점 (x_1, y_1), (x_2, y_2) 사이의 거리공식은 $\sqrt{(x_2-x_1)^2+(y_2-y_1)^2}$ 임을 기억해 봅니다.

$$\overline{AB} = \sqrt{(0-1)^2+(2-0)^2} = \sqrt{5}$$
$$\overline{AC} = \sqrt{(x-1)^2+(y-0)^2}$$
$$\overline{BC} = \sqrt{(x-0)^2+(y-2)^2}$$

정삼각형의 세 변의 길이가 같다는 사실을 이용하면 x, y에 관한 2개의 연립방정식(무리식)을 도출할 수 있습니다. 여기서 우리는 x, y에 관한 2개의 연립방정식만 있으면 어렵지 않게 x, y의 값을 구할 수 있다는 사실을 잊지 말아야겠습니다.

$$\overline{AB} = \overline{AC} \qquad \overline{AB} = \overline{BC}$$

$$\sqrt{5} = \sqrt{(x-1)^2+y^2} \qquad \sqrt{5} = \sqrt{x^2+(y-2)^2}$$

양변을 제곱하여 연립방정식을 풀면 다음과 같습니다. (계산과정 생략)

$$(x-1)^2+y^2=5, \quad x^2+(y-2)^2=5$$

$$\begin{cases} x=\frac{1}{2}+\sqrt{3} \\ y=1+\frac{\sqrt{3}}{2} \end{cases} \qquad \begin{cases} x=\frac{1}{2}-\sqrt{3} \\ y=1-\frac{\sqrt{3}}{2} \end{cases}$$

따라서 두 점 (1, 0), (0, 2)와 정삼각형을 이룰 수 있는 제3의 점의 좌표는 $(\frac{1}{2}+\sqrt{3}, 1+\frac{\sqrt{3}}{2})$과 $(\frac{1}{2}-\sqrt{3}, 1-\frac{\sqrt{3}}{2})$이 됩니다. 삼각형과 관련하여 몇 문제 더 풀어보도록 하겠습니다. 개념을 잘 생각하면서 각자 풀어보도록 하겠습니다.

세 점 $A(-3, 2)$, $B(3, 4)$, $C(1, -2)$를 꼭짓점으로 하는 삼각형 ABC는 어떤 삼각형일까?

정답 $\overline{AB}=\overline{BC}$인 이등변삼각형

한 문제 더 풀어볼까요?

삼각형 ABC의 꼭짓점의 좌표가 $A(-4, 1)$, $B(-2, 5)$, $C(-3, 8)$일 때 삼각형의 외심의 좌표 O를 구하여라.

삼각형의 외심이
뭐였더라?
중학교 때 배운 거 같은데….
맞다! 외접원의 중심이었지.
세 변에 대한
수직이등분선의 교점이기도 하고.

다음 힌트를 보면서 각자 문제를 풀어보도록 하겠습니다.

원의 중심을 (x, y)라고 놓고
꼭짓점 A, B, C와 거리를 같게 하면
연립방정식이 3개 도출될 것이다.
$\overline{OA} = \overline{OB}$, $\overline{OB} = \overline{OC}$, $\overline{OC} = \overline{OA}$

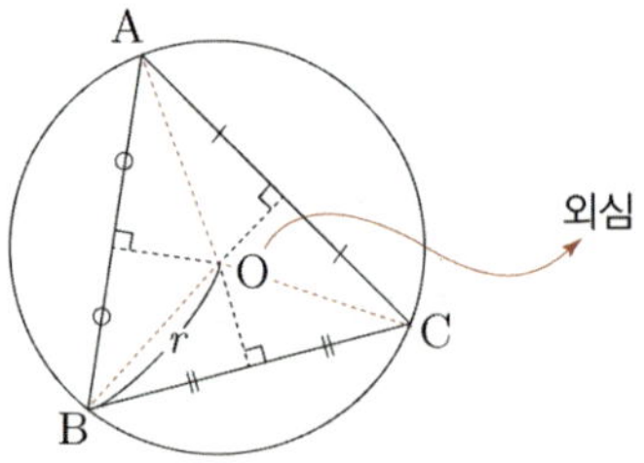

정답 $O(-7, 5)$

좌표계를 이용하면 도형에 관한 복잡한 공식을 쉽게 증명할 수도 있습니다. 다음 **파푸스의 중선정리**를 좌표평면을 이용하여 증명해 보도록 하겠습니다.

파푸스의 중선정리

삼각형 ABC에서 변 $\overline{BC}$의 중점을 M이라고 할 때 다음 관계식이 성립한다.

$$\overline{AB}^2 + \overline{AC}^2 = 2(\overline{AM}^2 + \overline{BM}^2)$$

여기서 점 M을 원점 $(0, 0)$으로, 점 B와 C를 $(-a, 0)$과 $(a, 0)$ 그리고 점 A를 (b, c)로 놓은 다음, 두 점 사이의 거리공식을 이용하면 쉽게 파푸스의 중선정리를 증명할 수 있을 것입니다. 각자 확인해 보시길 바랍니다.

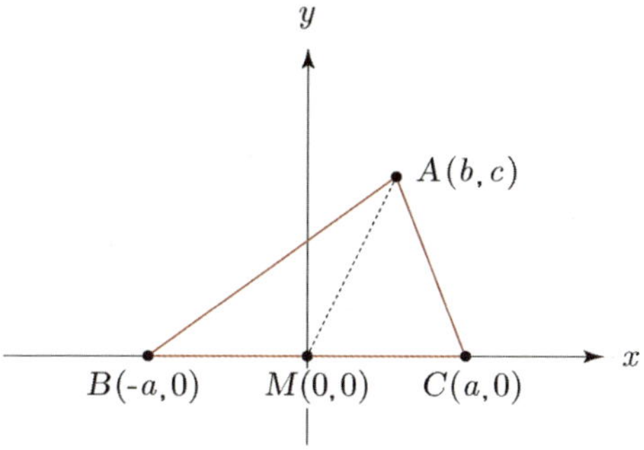

수직선의 내분점

축구시합을 할 때 감독이 선수들의 능력에 맞는 위치(포지션)를 잘 결정해 준다면 어렵지 않게 시합을 승리로 이끌 수 있습니다. 축구를 하고 있는 여러 학생들의 대화를 유심히 들어보도록 하겠습니다.

규민아! 너는 '세정이와 은설이 중간 지점'에서 공격해!
나는 '골키퍼와 세정이의 $\frac{1}{3}$인 지점'에서 수비할게!

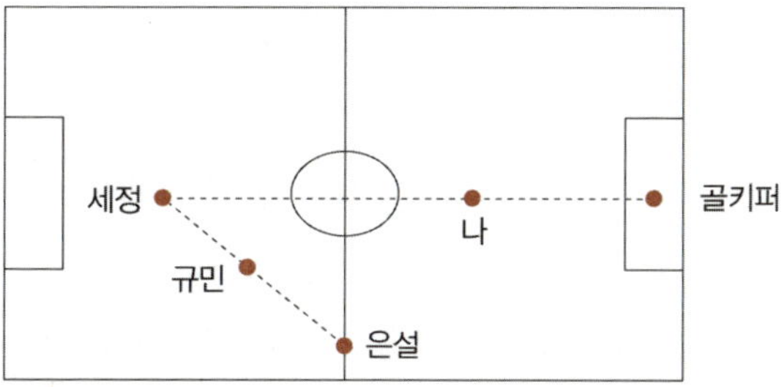

축구장을 하나의 좌표평면으로 생각해 보면 '규민이의 위치(세정이와 은설이의 중간 지점)'와 '나의 위치(골키퍼와 세정이의 $\frac{1}{3}$인 지점)'는 어떤 좌표로 나타낼 수 있을까요?

선분 $\overline{AB}$를 일정한 비율로 나누는 점을 점 A, B의 **내분점**이라고 말합니다. 그러면 두 점 A, B의 중간 지점($\overline{AB}$를 $1:1$로 내분하는 점)과 $\frac{1}{3}$ 지점($\overline{AB}$를 $1:2$으로 내분하는 점)의 좌표를 수직선상에 나타내 보도록 하겠습니다.

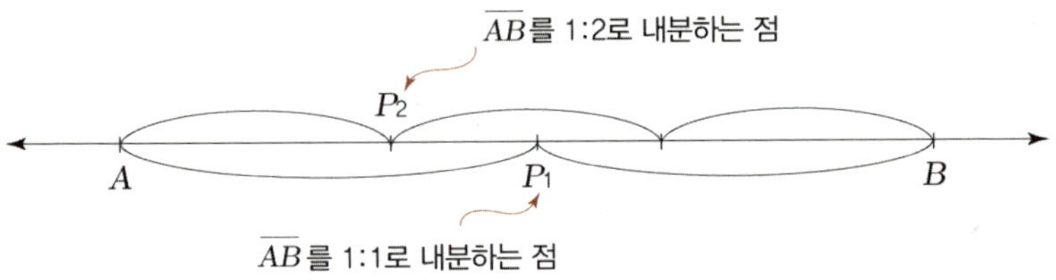

여기서 선분 $\overline{AB}$를 일정한 비율($m:n$)로 내분한다는 것은 과연 무엇을 의미할까요?

내분점의 조건

선분 $\overline{AB}$를 $m:n$으로 내분하는 점을 P라고 하면 다음이 성립한다.

① 점 P는 선분 $\overline{AB}$의 내부에 있다.

② $\overline{AP}$와 $\overline{PB}$의 거리의 비는 $m:n$이다.

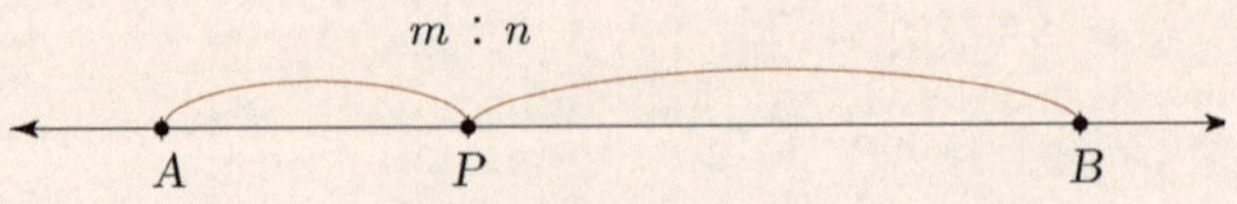

다음 수직선의 두 점 $A(-2)$, $B(4)$를 $1:2$로 내분하는 점 P의 좌표를 직접 찾아보도록 하겠습니다.

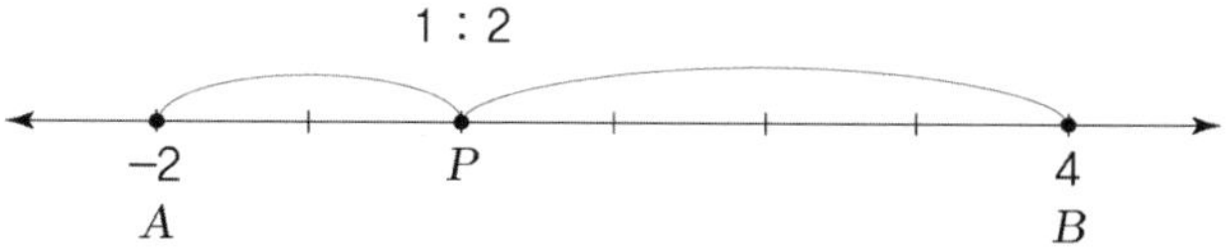

두 점 $A(-2)$, $B(4)$를 $1:2$로 내분하는 점 P는 바로 원점 0이 된다는 사실을 쉽게 알 수 있을 것입니다.

$$\overline{AP} : \overline{PB} = 2:4 = 1:2 \ (\overline{AP}=2,\ \overline{PB}=4)$$

이번에는 수직선의 임의의 두 점 $A(x_1)$, $B(x_2)$에 대하여 선분 $\overline{AB}$를 $m:n$으로 내분하는 점 $P(x)$의 좌표를 구해보도록 하겠습니다. 편의상 $x_2 > x_1$라고 하겠습니다.

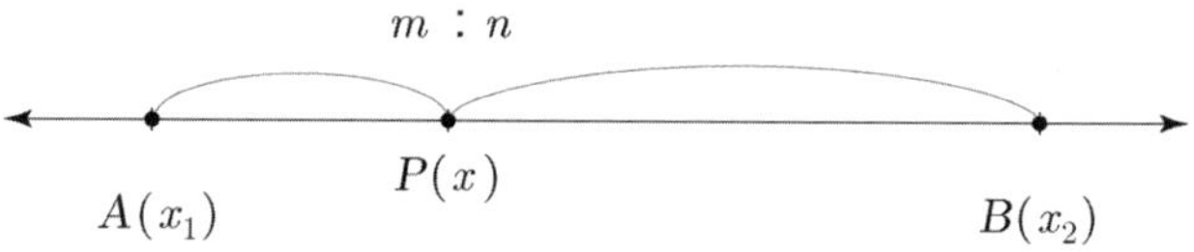

- 점 $P(x)$와 $A(x_1)$과의 거리 : $x - x_1$ $(x > x_1)$
- 점 $P(x)$와 $B(x_2)$와의 거리 : $x_2 - x$ $(x_2 > x)$

점 $P(x)$는 선분 $\overline{AB}$를 $m:n$으로 내분하는 점이므로 비례식 $\overline{AP} : \overline{PB} = m:n$이 성립합니다. 또한 비례식 $\overline{AP} : \overline{PB} = m:n$은 x에 관한 방정식으로 볼 수 있으므로 비례식을 풀면 내분점 $P(x)$의 좌표를 쉽게 구할 수 있습니다. 여기서 x_1, x_2, m, n은 단순히 어떤 상수라는 사실을 잊지 말아야겠습니다.

$$\overline{AP} : \overline{PB} = m : n$$

$$(x - x_1) : (x_2 - x) = m : n$$

$$\rightarrow n(x - x_1) = m(x_2 - x)$$

$$\rightarrow x = \frac{mx_2 + nx_1}{m+n}$$

$\therefore$ 내분점 : $P(\frac{mx_2 + nx_1}{m+n})$

$x_2 < x_1$일 경우에도 내분점은 $P(\frac{mx_2 + nx_1}{m+n})$이 된다.

내분점 $P\left(\frac{mx_2 + nx_1}{m+n}\right)$에서는 상수 x_1, x_2와 m, n의 곱의 순서가 아주 중요합니다. 두 점 $A(x_1)$, $B(x_2)$를 $m : n$으로 내분할 때 내분점의 분자는 'x_2와 m', 'x_1과 n'의 곱, 즉 '반대 짝의 곱의 합'이라는 사실에 유의해야 합니다. 선분 $\overline{AB}$의 **중점**은 점 A, B를 $1 : 1$로 내분하는 점이라고 말할 수 있습니다. 선분 $\overline{AB}$의 중점을 M이라고 할 때 M의 좌표는 다음과 같습니다.

내분점 $\left(\frac{mx_2 + nx_1}{m+n}\right)$: $m = 1, n = 1 \rightarrow M(\frac{x_2 + x_1}{2})$

수직선상에서 내분점

두 점 $A(x_1)$, $B(x_2)$를 $m : n$으로 내분하는 점을 P, 중점($1 : 1$로 내분하는 점)을 M이라고 하면, 점 P, M의 좌표는 다음과 같다.

- 내분점 : $P\left(\frac{mx_2 + nx_1}{m+n}\right)$
- 중점 : $M(\frac{x_2 + x_1}{2})$

그러면 두 점 $A(-1)$, $B(7)$을 $3 : 2$로 내분하는 점 P를 구해보도록 하겠습니다. 이는 단순히 공식에 숫자를 대입하는 것에 불과합니다.

$$P\left(\frac{3 \cdot 7+2 \cdot (-1)}{3+2}\right) = P\left(\frac{19}{5}\right) \quad (x_1 = -1,\ x_2 = 7,\ m = 3, n = 2)$$

수직선에서의 외분점

선분 $\overline{AB}$를 일정한 비율$(m : n)$로 외분하는 점을 점 A, B의 **외분점**이라고 합니다. 선분 $\overline{AB}$를 외분한다는 것은 과연 무엇을 의미할까요?

외분점의 조건

선분 $\overline{AB}$를 $m : n$으로 외분하는 점을 Q라고 하면 다음이 성립한다.

① 점 Q는 선분 $\overline{AB}$의 외부(연장선상)에 있다.

② $\overline{AQ}$와 $\overline{BQ}$의 거리의 비는 $m : n$이다.

i) $m > n$

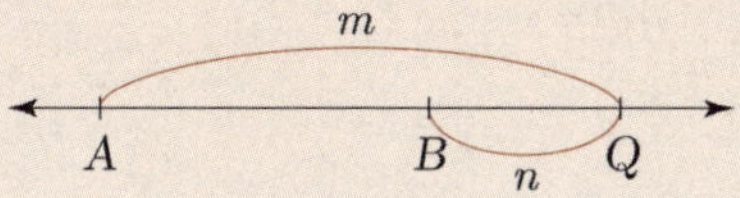

ii) $m < n$

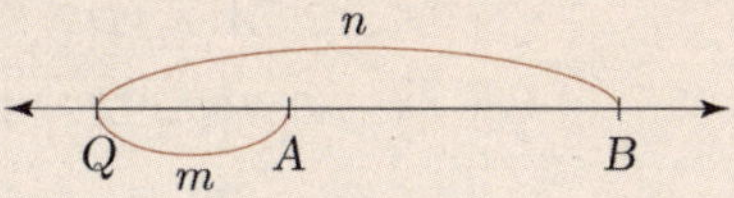

외분점이 선분 $\overline{AB}$의 외부(우측 또는 좌측 연장선)에 있다 보니 내분점보다 복잡한 것이 사실입니다. 그러면 두 점 $A(-2)$, $B(4)$를 $2 : 1$로 외분하는 점 Q를 다음 수직선에서 직접 찾아보도록 하겠습니다.

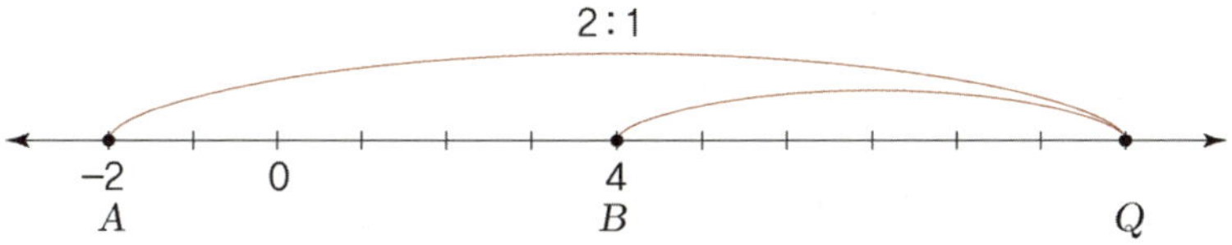

수직선에서 보는 바와 같이 두 점 $A(-2)$, $B(4)$를 $2:1$로 외분하는 점 Q의 좌표는 10이 된다는 것을 쉽게 짐작할 수 있습니다.

$$\overline{AQ} : \overline{BQ} = 12:6 = 2:1 \quad (\overline{AQ} = 12,\ \overline{BQ} = 6)$$

이번에는 수직선상의 임의의 두 점 $A(x_1)$, $B(x_2)$를 $m:n$으로 외분하는 점 $Q(x)$의 좌표를 구해보도록 하겠습니다. 여기서 m과 n의 대소에 따라 외분점의 위치가 달라지므로 각각 구분해서 외분점의 좌표를 찾아야 합니다. 마찬가지로 편의상 $x_2 > x_1$라고 하겠습니다.

① $m > n$

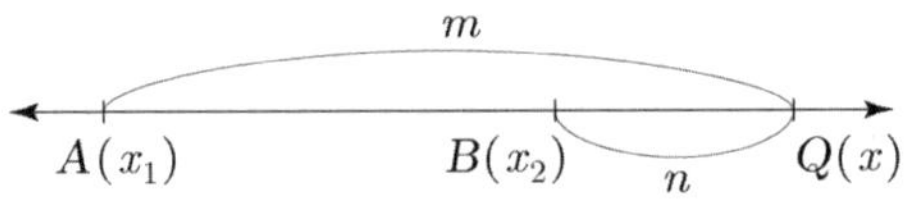

① $m > n$일 때, 외분점 Q는 선분 $\overline{AB}$의 우측에 위치합니다.

- 점 $Q(x)$와 $A(x_1)$과의 거리 : $\overline{AQ} = x - x_1$ $(x > x_1)$
- 점 $Q(x)$와 $B(x_2)$와의 거리 : $\overline{BQ} = x - x_2$ $(x > x_2)$

점 $Q(x)$는 두 점 A, B를 $m:n$으로 외분하는 점이므로 비례식 $\overline{AQ} : \overline{BQ} = m:n$이 성립합니다. 비례식 $\overline{AQ} : \overline{BQ} = m:n$은 x에 관한 방정식으로 볼 수 있으므로 비례식을 풀면 외분점 $Q(x)$의 좌표를 쉽게 구할 수 있습니다. 여기서 x_1, x_2, m, n은 단순히 어떤 상수에 불과합니다.

$$\overline{AQ} : \overline{BQ} = m:n \Leftrightarrow (x - x_1):(x - x_2) = m:n$$

$$\rightarrow \quad n(x - x_1) = m(x - x_2) \rightarrow x = \frac{mx_2 - nx_1}{m - n}$$

$$\therefore \text{ 외분점 : } Q(\frac{mx_2 - nx_1}{m - n})$$

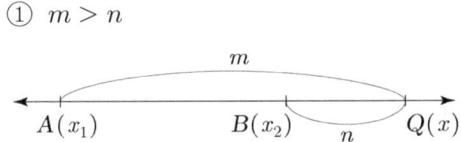

이번에는 $m < n$일 때의 외분점의 좌표를 구해보도록 하겠습니다. 과연 동일한 공식이 도출될까요?

② $m < n$

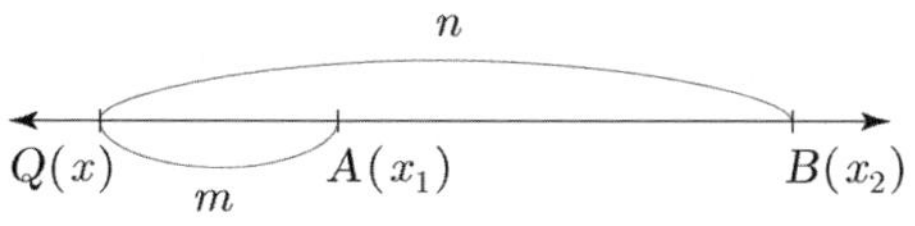

② $m < n$일 때 외분점 Q는 선분 $\overline{AB}$의 좌측에 위치합니다.

- 점 $Q(x)$와 $A(x_1)$과의 거리 : $\overline{QA} = x_1 - x \ (x_1 > x)$
- 점 $Q(x)$와 $B(x_2)$와의 거리 : $\overline{QB} = x_2 - x \ (x_2 > x)$

점 $Q(x)$는 두 점 A, B를 $m : n$으로 외분하는 점이므로 비례식 $\overline{QA} : \overline{QB} = m : n$이 성립합니다.

$$\overline{QA} : \overline{QB} = m : n \quad \Leftrightarrow \quad (x_1 - x) : (x_2 - x) = m : n$$

$$\rightarrow \quad n(x_1 - x) = m(x_2 - x) \ \rightarrow \ x = \frac{mx_2 - nx_1}{m - n}$$

$$\therefore \text{ 외분점 : } Q\left(\frac{mx_2 - nx_1}{m - n}\right)$$

두 점 $A(x_1)$, $B(x_2)$를 $m : n$으로 외분하는 점 $Q(x)$는 '$m > n$이든 $m < n$이든' 관계없이 $Q(\frac{mx_2 - nx_1}{m - n})$이 된다는 것을 쉽게 알 수 있습니다. 마찬가지로 '$x_2 > x_1$이든 $x_2 < x_1$이든' 상관없습니다. 외분점은 내분점의 분수식(분자·분모)에서 덧셈이 뺄셈으로 바뀐 것 말고는 동일한 식의 형태를 갖습니다.

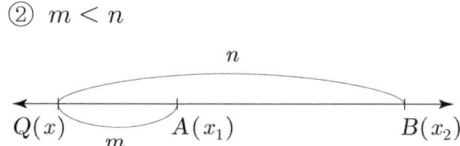

내분점과 외분점

두 점 $A(x_1)$, $B(x_2)$를 $m:n$으로 내분하는 점을 P, 외분하는 점을 Q라 하면 내분점과 외분점의 좌표는 다음과 같다.

$$\bullet \text{ 내분점 : } P\left(\frac{mx_2+nx_1}{m+n}\right) \qquad \bullet \text{ 외분점 : } Q\left(\frac{mx_2-nx_1}{m-n}\right)$$

내분점과 외분점에서는 'x_2와 m, x_1과 n', 즉 '반대 짝의 곱의 합'이 된다는 사실에 유의해야 합니다. 참고로 점 A, B를 '$1:1$로 외분'하는 점은 없습니다. 이는 다음 그림을 잘 살펴보면 쉽게 알 수 있을 것입니다.

i) $m > n$ ii) $m < n$

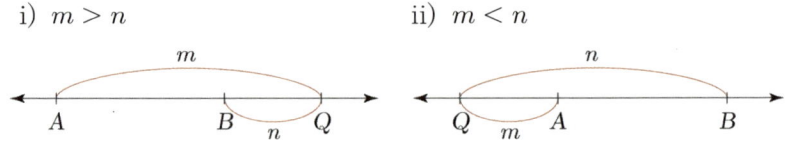

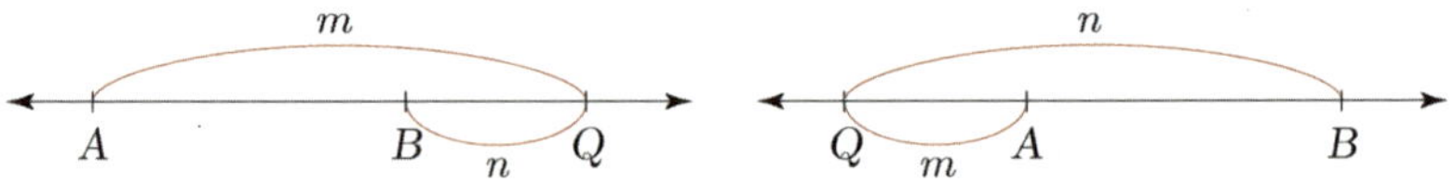

그러면 외분점공식을 이용하여 두 점 $A(-3)$, $B(7)$을 $2:3$으로 외분하는 점을 구해보도록 하겠습니다. 이는 단순히 공식에 숫자를 대입하는 것에 불과합니다. $(x_1=-3, x_2=7, m=2, n=3)$

$$\text{외분점 : } Q\left(\frac{mx_2-nx_1}{m-n}\right) \rightarrow \frac{2\cdot 7-3\cdot(-3)}{2-3}=-23$$

평면좌표의 내분점과 외분점

이번에는 2차원 좌표인 평면좌표의 내분점과 외분점의 좌표를 찾아보도록 하겠습니다. 평면좌표는 x축, y축의 좌표인 x, y의 순서쌍 (x, y)로 표시됩니다. 두 축은 별개의 수직선이므로 1차원 수직선에서의 내분점과 외분점공식을 각각 따로 적용할 수 있습니다.

두 축에 대한 내분점과 외분점

① x축(수직선)의 두 점 x_1, x_2를 $m:n$으로 내·외분하는 점

• 내분점 $\left(\frac{mx_2+nx_1}{m+n}\right)$ • 외분점 $\left(\frac{mx_2-nx_1}{m-n}\right)$

① y축(수직선)의 두 점 y_1, y_2를 $m:n$으로 내·외분하는 점

• 내분점 $\left(\frac{my_2+ny_1}{m+n}\right)$ • 외분점 $\left(\frac{my_2-ny_1}{m-n}\right)$

x, y축에 대한 내분점과 외분점의 좌표를 각각 따로 구한 다음 순서쌍을 만들면 평면 위의 두 점 $A(x_1, y_1)$, $B(x_2, y_2)$에 대한 내분점과 외분점의 좌표를 만들어낼 수 있습니다. 다음 그림을 통해 내분점과 외분점에 대한 평면좌표를 확인해 보도록 하겠습니다.

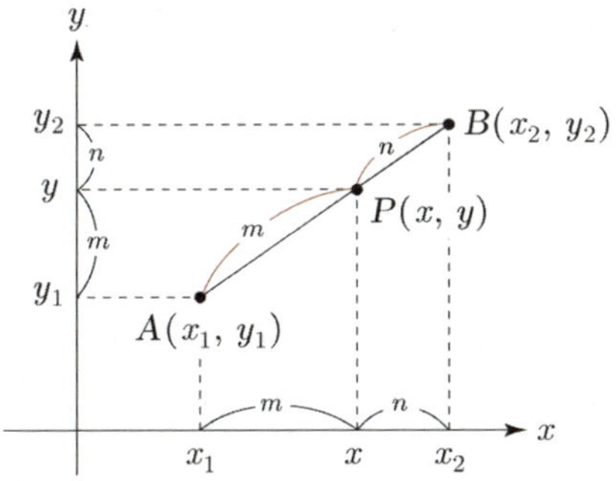

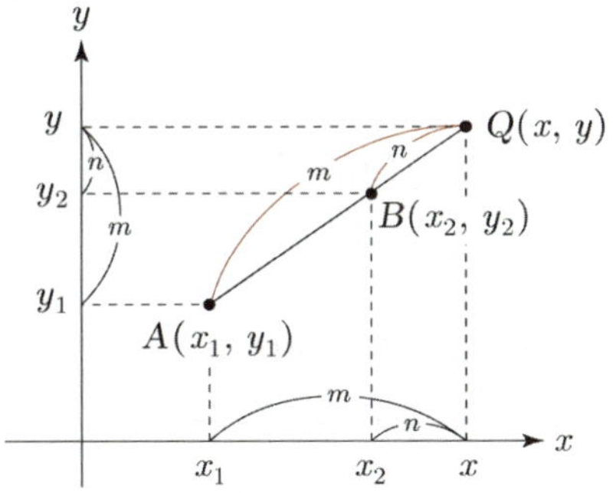

좌표평면의 임의의 두 점 $A(x_1, y_1)$, $B(x_2, y_2)$를 $m:n$으로 내분하는 점을 P, 외분하는 점을 Q, 그리고 중점을 M이라고 하면 P, Q, M의 좌표는 다음과 같습니다.

- 내분점 : $P\left(\frac{mx_2+nx_1}{m+n}, \frac{my_2+ny_1}{m+n}\right)$
- 외분점 : $Q\left(\frac{mx_2-nx_1}{m-n}, \frac{my_2-ny_1}{m-n}\right)$
- 중　점 : $M\left(\frac{x_2+x_1}{2}, \frac{y_2+y_1}{2}\right)$

이제 우리는 1차원(수직선), 2차원(좌표평면)에 대한 내·외분점공식을 알고 있으므로 임의의 두 점의 좌표만 알면 언제든지 내·외분점의 좌표를 쉽게 구할 수 있습니다. 즉, 단순한 숫자 대입에 불과한 것입니다. 거듭 말하지만 m, n, x_1, x_2, y_1, y_2는 어떤 상수에 불과하므로 공식이 복잡하다고 해서 너무 겁먹지 않길 바랍니다. 그러면 두 점 $(2, 3)$, $(-1, 5)$를 $2:3$으로 내분하는 점과 외분하는 점을 구해볼까요?

- 내분점 : $P\left(\frac{2 \cdot (-1)+3 \cdot 2}{2+3}, \frac{2 \cdot 5+3 \cdot 3}{2+3}\right) = \left(\frac{4}{5}, \frac{19}{5}\right)$
- 외분점 : $Q\left(\frac{2 \cdot (-1)-3 \cdot 2}{2-3}, \frac{2 \cdot 5-3 \cdot 3}{2-3}\right) = (8, -1)$

내·외분점에 관한 문제

내·외분점과 관련하여 다음 문제를 풀어보도록 하겠습니다. 어떻게 풀지 머릿속으로 생각해 보면서 각자 풀어보시길 바랍니다. 참고로 내분점과 외분점의 공식이 기억나지 않으면 앞의 내용을 보면서 천천히 대입해 보시길 바랍니다. 공식은 '암기하는 것'이 중요한 게 아니라 '사용하는 것'이 중요하다는 사실을 잊지 마세요.

두 점 $A(2, -1)$, $B(-3, 4)$에 대하여 선분 $\overline{AB}$를 2:1로 내분하는 점을 P, 3:1로 외분하는 점을 Q라고 할 때, 선분 $\overline{PQ}$의 중점의 좌표는 무엇인가?

정답 $\left(-\dfrac{41}{12}, \dfrac{53}{12}\right)$

한 문제 더 풀어볼까요?

네 점 $A(0, 0)$, $B(2, 1)$, $C(0, 4)$, $D(x, y)$가 이루는 도형 $ABCD$가 평행사변형일 때, 점 $D(x, y)$의 좌표를 구하여라. (단, D는 2사분면의 점이다)

문제해결을 위한 기본설계가 끝나셨나요? 그러면 함께 풀어보도록 하겠습니다. 우선 평행사변형의 성질을 간단히 정리해 보면 다음과 같습니다.

평행사변형이란 두 쌍의 대변이 평행한 사각형으로 다음과 같은 특징을 갖는다.

① 마주하는 변의 길이는 같다.

② 두 대각선은 서로를 이등분한다.

③ 두 쌍의 대각의 크기는 같다.

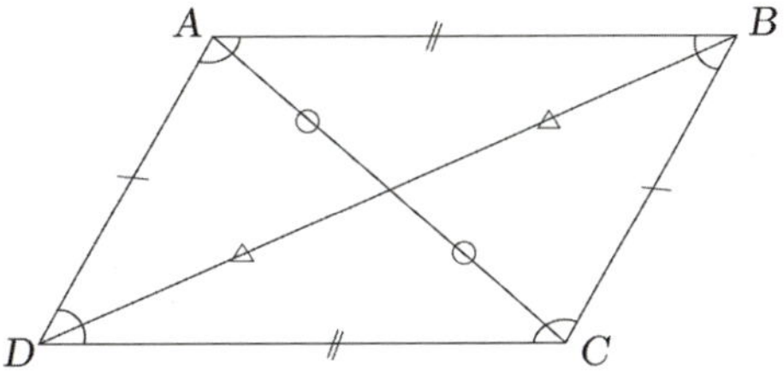

점 $D(x, y)$를 구하기 위해서는 '마주하는 변의 길이가 같다(성질 ①)'는 성질을 이용하여 x, y에 관한 연립방정식을 도출한 후 문제를 풀 수도 있습니다. 그러나 이 방법보다는 '두 대각선이 서로를 이등분한다(성질 ②)'는 성질을 이용하면 훨씬 더 쉬운 연립방정식을 도출할 수 있게 됩니다. 왜냐하면 두 점의 거리공식은 무리식인 데 반해 이등분선, 즉 중점에 관한 공식은 다항식이 되기 때문이죠. 일단 좌표평면에 평행사변형 $ABCD$를 그려보면 다음과 같습니다. (일반적으로 다각형의 꼭짓점을 말할 때에는 시계 또는 반시계 방향으로 순서대로 언급하기 때문에 평행사변형 $ABCD$라는 것은 점 D가 2사분면의 점이 된다는 것을 짐작할 수 있을 것이다)

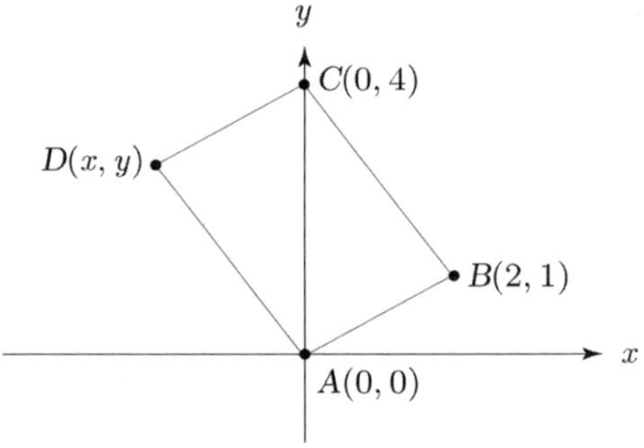

그러면 평행사변형의 성질 ②를 이용하여 x, y값을 구해보도록 하겠습니다. 여기서 점 A, C의 중점의 좌표는 점 B, D의 중점의 좌표와 같습니다.

점 A, C의 중점의 좌표		점 B, D의 중점의 좌표
$\left(\frac{0+0}{2}, \frac{0+4}{2}\right)$	$=$	$\left(\frac{2+x}{2}, \frac{1+y}{2}\right)$

$$\rightarrow (0, 2)=\left(\frac{2+x}{2}, \frac{1+y}{2}\right) \rightarrow x=-2, \quad y=3$$

따라서 네 점 $A(0, 0)$, $B(2, 1)$, $C(0,4)$, $D(x, y)$가 이루는 도형이 평행사변형일 때, 점 $D(x, y)$의 좌표는 $(-2, 3)$이 됩니다. 그렇게 어렵지 않죠? 그러면 다음 문제를 어떻게 풀 수 있을까요?

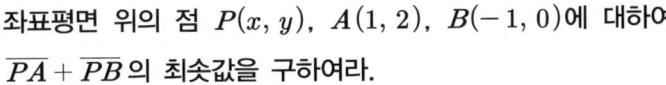

좌표평면 위의 점 $P(x, y)$, $A(1, 2)$, $B(-1, 0)$에 대하여 $\overline{PA}+\overline{PB}$의 최솟값을 구하여라.

문제해결을 위한 기본설계가 끝나셨나요? 그러면 함께 풀어보도록 하겠습니다. 우선 $\overline{PA}+\overline{PB}$를 수식으로 나타내면 다음과 같습니다.

$$\underbrace{\sqrt{(x-1)^2+(y-2)^2}}_{\overline{PA}}+\underbrace{\sqrt{(x+1)^2+(y-0)^2}}_{\overline{PB}} \rightarrow \text{최솟값???}$$

무리식 $\sqrt{(x-1)^2+(y-2)^2}+\sqrt{(x+1)^2+(y-0)^2}$의 최솟값을 구하는 것은 상당히 어려워 보입니다. 그러면 어떻게 $\overline{PA}+\overline{PB}$의 최솟값을 구할 수 있을까요? 우선 좌표평면 위에 점 A와 B를 찍은 후 $\overline{PA}+\overline{PB}$의 값이 최소가 되는 점 P의 위치를 찾아보도록 하겠습니다. 과연 $\overline{PA}+\overline{PB}$의 값이 최소가 되는 점 P는 어디에 있어야 할까요?

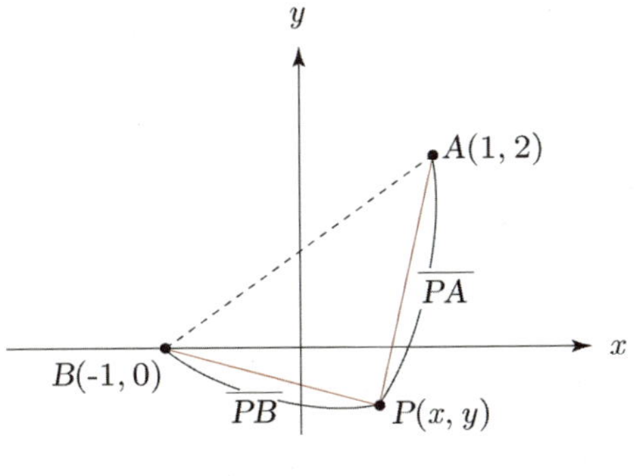

$\overline{PA}+\overline{PB}$의 값이 최소가 되기 위해서는 점 P가 선분 $\overline{AB}$ 위에 있어야 한다는 것을 쉽게 짐작할 수 있을 것입니다. 이 경우 $\overline{PA}+\overline{PB}$의 값은 선

분 $\overline{AB}$의 길이와 같게 될 것입니다. 즉, 점 P의 좌표를 구하지 않아도 우리는 $\overline{PA}+\overline{PB}$의 최솟값을 구할 수 있게 되는 셈이지요.

$$\overline{PA}+\overline{PB}\text{의 최솟값} = \overline{AB}\text{의 길이}$$
$$\rightarrow \overline{AB}=\sqrt{(-1-1)^2+(0-2)^2}=2\sqrt{2}$$

사실 이 문제는 다음과 같이 출제할 수도 있습니다.

> x, y가 실수일 때, $\sqrt{(x-1)^2+(y-2)^2}+\sqrt{(x+1)^2+y^2}$의 최솟값을 구하여라.

위 문제에서 주어진 식의 형태(무리식)를 보고 '두 점 사이의 거리공식'을 떠올리지 않고서는 주어진 식의 최솟값을 구하는 것은 상당히 어려운 일입니다. 그만큼 좌표계를 이용하면 일반적인 수식 문제 또한 쉽게 해결할 수 있다는 것을 의미하기도 합니다. 앞으로 우리는 문제에서 주어진 수식의 형태를 유심히 관찰하면서 본인이 알고 있는 기하학적 개념을 도출해 내기 위해 노력해야 할 것입니다.

삼각형의 무게중심

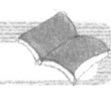

$\triangle ABC$의 '세 꼭짓점'과 '마주보는 대변의 중점'을 잇는 세 직선은 한 점에서 만나게 됩니다. 이 점을 삼각형의 **무게중심**이라고 말합니다. 삼각형의 무게중심은 꼭짓점과 마주보는 대변의 중점을 $2:1$로 내분하는 점이기도 합니다. 어떤 물체의 무게중심이 어딘지 알면 송곳 하나로도 물체의 균형을 잡을 수 있겠죠? 삼각형의 무게중심은 꼭짓점과 마주보는 대변의 중점

을 2 : 1로 내분하는 점이므로 내분점공식을 이용하게 되면 무게중심의 좌표를 쉽게 구할 수 있습니다.

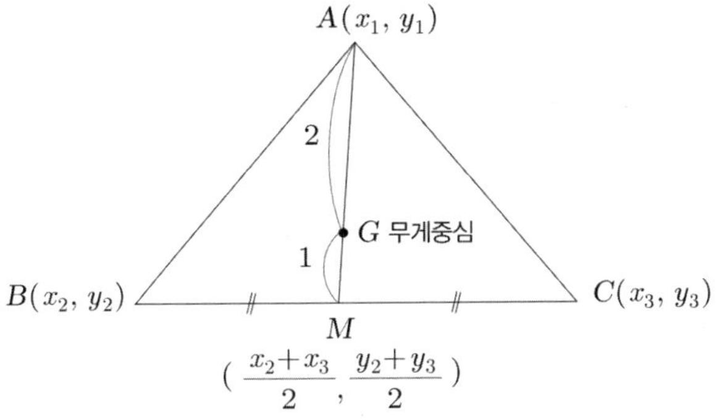

$A(x_1, y_1)$, $B(x_2, y_2)$, $C(x_3, y_3)$일 때, 삼각형 ABC의 무게중심 G의 좌표는 점 A와 선분 $\overline{BC}$의 중점 M을 2:1로 내분하는 점의 좌표와 같습니다. 즉, 두 점 (x_1, y_1), (x_2, y_2)를 $m : n$으로 내분하는 점의 좌표는 $(\frac{mx_2+nx_1}{m+n}, \frac{my_2+ny_1}{m+n})$이므로 두 점 A와 M을 2 : 1로 내분하는 점(무게중심) G의 좌표를 구해보면 다음과 같습니다.

점 $A(x_1, y_1)$과 $M(\frac{x_2+x_3}{2}, \frac{y_2+y_3}{2})$을 2 : 1로 내분하는 점

$$\rightarrow G(\frac{2(\frac{x_2+x_3}{2})+x_1}{2+1}, \frac{2(\frac{y_2+y_3}{2})+y_1}{2+1}) = (\frac{x_1+x_2+x_3}{3}, \frac{y_1+y_2+y_3}{3})$$

즉, 꼭짓점의 좌표가 $A(x_1, y_1)$, $B(x_2, y_2)$, $C(x_3, y_3)$인 삼각형 ABC의 무게중심의 좌표는 다음과 같습니다.

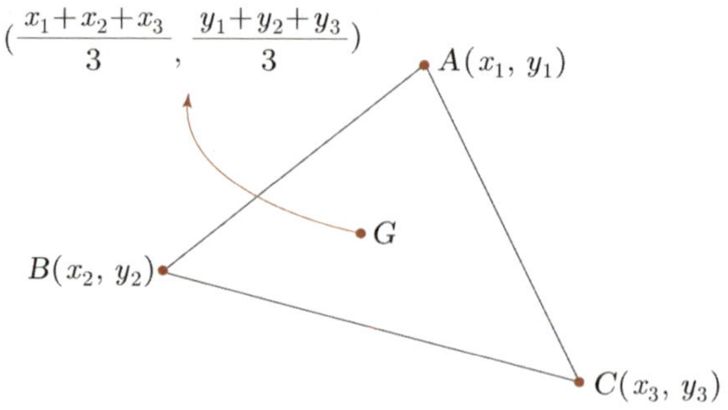

다음 주어진 삼각형의 무게중심의 좌표를 암산으로 구해보도록 하겠습니다.

삼각형의 꼭짓점 $(-4, 0)$, $(0, 3)$, $(2, 0)$의 무게중심의 좌표

→ $(-\frac{2}{3}, 1)$

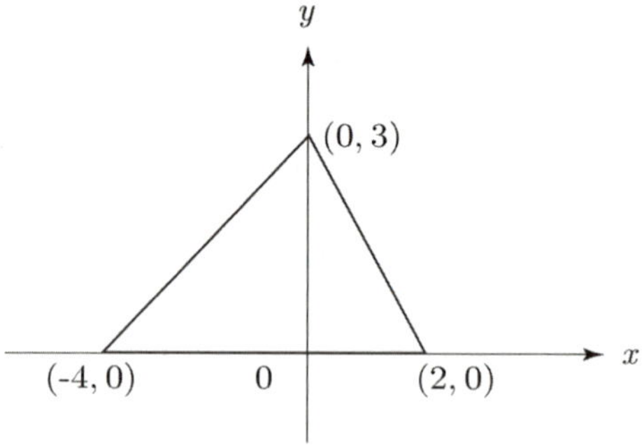

$f(x, y)=0$의 그래프

x, y가 실수일 때 순서쌍 (x, y)는 좌표평면에서 '한 점'으로 표시됩니다.

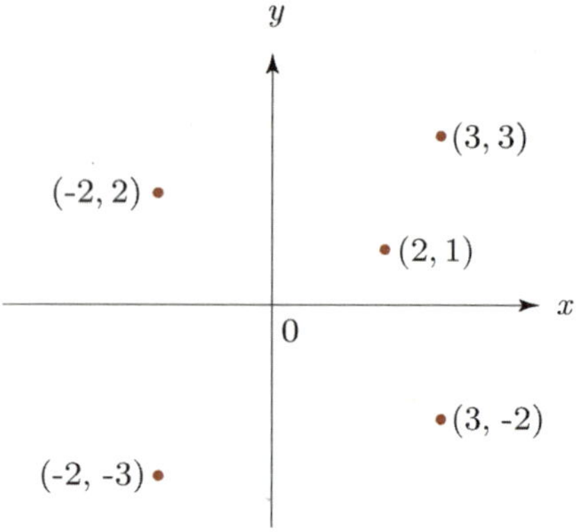

그러면 방정식 $x+y-1=0$을 좌표평면에 표시해 보면 어떻게 될까요? 먼저 $x+y-1=0$을 만족하는 x, y의 순서쌍을 찾아보도록 하겠습니다.

$$x+y-1=0 \qquad \begin{matrix} \cdots(-2,3),\ (-1,2),\ (0,1)\cdots \\ \cdots(1,0),\ (2,-1),\ (3,-2)\cdots \end{matrix}$$

방정식 $x+y-1=0$을 만족하는 점 (x, y)를 좌표평면에 하나씩 찍게 되면 다음 그림과 같이 하나의 직선으로 그려진다는 사실을 쉽게 확인할 수 있습니다.

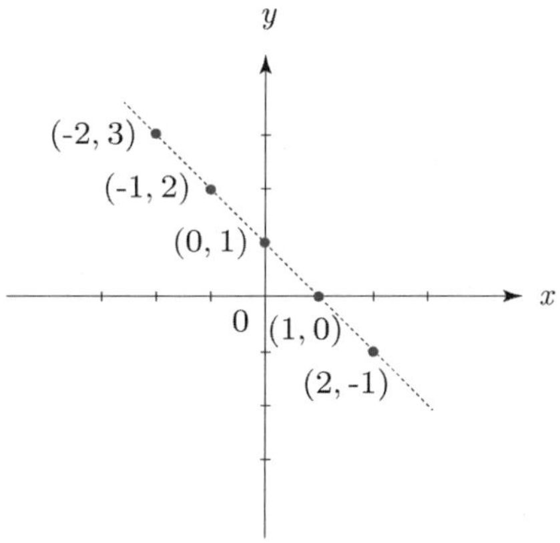

또 다른 방정식 $x^2+y^2-1=0$을 좌표평면에서 그려보도록 하겠습니다. 역시 동일한 방법으로 방정식 $x^2+y^2-1=0$을 만족하는 실수 x, y의 순서쌍을 찾아 좌표평면에 찍어보겠습니다.

$$x^2 + y^2 - 1 = 0$$

$$\cdots (1,\ 0),\ (-1,\ 0),\ (0,\ 1),\ (0,\ -1) \cdots$$

$$\cdots (\frac{1}{\sqrt{2}},\ \frac{1}{\sqrt{2}}),\ (-\frac{1}{\sqrt{2}},\ \frac{1}{\sqrt{2}}) \cdots$$

$$\cdots (\frac{1}{\sqrt{2}},\ -\frac{1}{\sqrt{2}}),\ (-\frac{1}{\sqrt{2}},\ -\frac{1}{\sqrt{2}}) \cdots$$

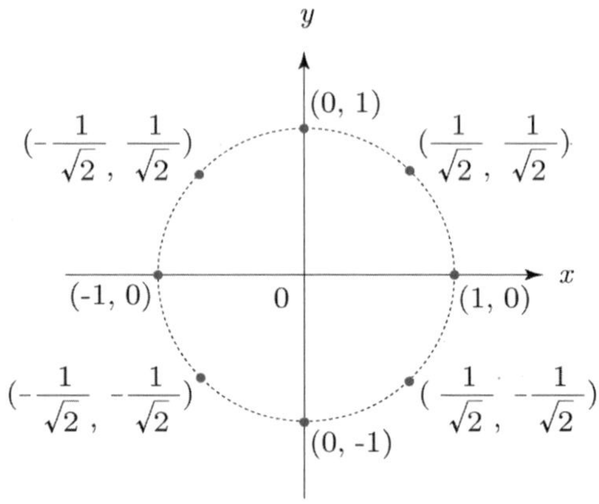

그림에서 보는 바와 같이 $x^2 + y^2 - 1 = 0$을 만족하는 점 $(x,\ y)$를 좌표평면에 하나씩 찍어보면 반지름이 1이고, 원점 $(0,\ 0)$을 중심으로 하는 원이 된다는 사실을 쉽게 알 수 있습니다. 이와 같이 방정식 $f(x,\ y) = 0$을 만족하는 순서쌍 $(x,\ y)$를 좌표평면에 표시하게 되면 하나의 도형으로 그려집니다. 이렇게 그려진 도형을 $f(x,\ y) = 0$의 **그래프** 또는 $f(x,\ y) = 0$의 **도형**이라고 말합니다. 또한 방정식 $f(x,\ y) = 0$을 **도형의 방정식**이라고 하는데, 여기서 $f(x)$가 변수 x로 이루어진 어떤 식인 것과 마찬가지로 $f(x,\ y)$ 또한 변수 $x,\ y$로 이루어진 식을 뜻합니다. 다음은 여러 가지 방정식 $f(x,\ y) = 0$에 관한 그래프입니다. 각각의 도형에 대해서는 뒤쪽에서 자세히 배울 테니 여기서는 '방정식 $f(x,\ y) = 0$이 도형으로 그려진다'는 사실만 기억하고 넘어가도록 하겠습니다.

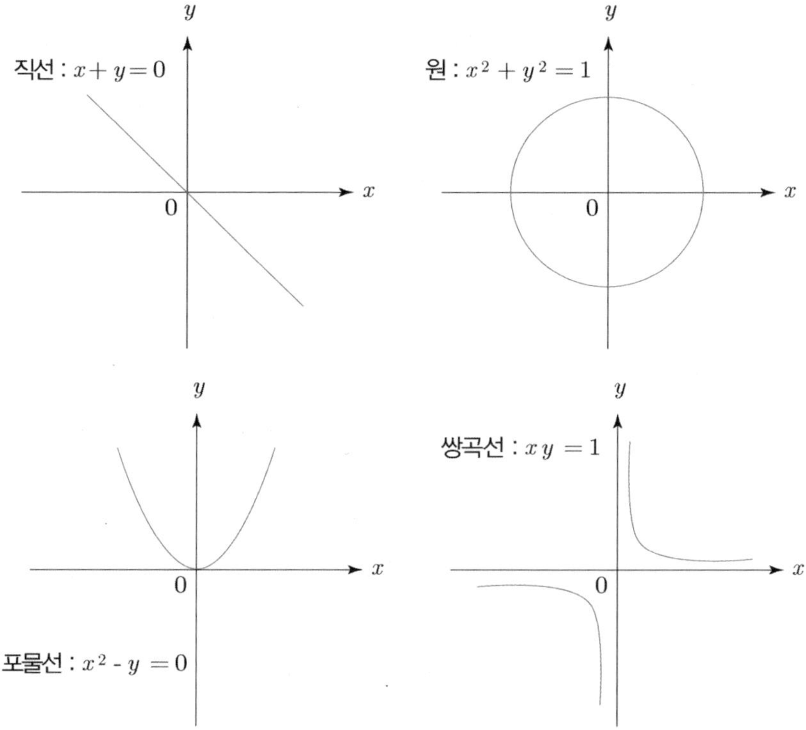

그래프의 개형

방정식 $f(x, y)=0$이 어떤 도형인지 알고 싶다면 방정식을 만족하는 몇 개의 점을 찍어 자연스럽게 연결해 보면 됩니다. 이렇게 파악된 도형을 **그래프의 개형**이라고 말합니다. 여기서 개형은 '대략 개(槪)', '모양 형(形)' 자를 써서 '대략적인 모양'을 의미하는 한자어입니다.

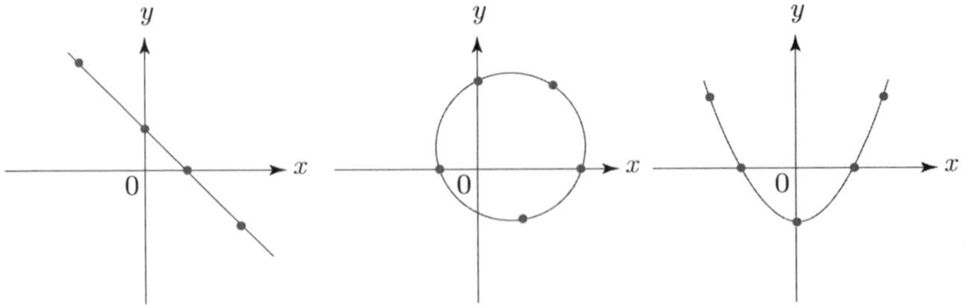

그래프의 개형을 쉽게 그리기 위해서는 먼저 $f(x, y)=0$의 그래프와 좌표축(x, y축)과 만나는 점을 구합니다. 여기서 $f(x, y)=0$의 그래프와 x축이 만나는 점의 x좌표를 ***x*절편**이라고 정의합니다. 절편이란 '끊을 절(截)', '조각 편(片)' 자를 써서 '그래프가 좌표축을 끊는 부분'을 뜻하는 한자어입니다. 즉, x축 위의 모든 점의 y좌표는 0이 되므로 도형의 방정식 $f(x, y)=0$에 $y=0$을 대입하여 얻은 x값이 바로 x절편이 되는 셈이지요. 마찬가지로 $f(x, y)=0$의 그래프와 y축이 만나는 점의 y좌표를 ***y*절편**라고 말합니다. 이 또한 방정식 $f(x, y)=0$에 $x=0$을 대입하여 얻은 y값이 바로 y절편이 됩니다.

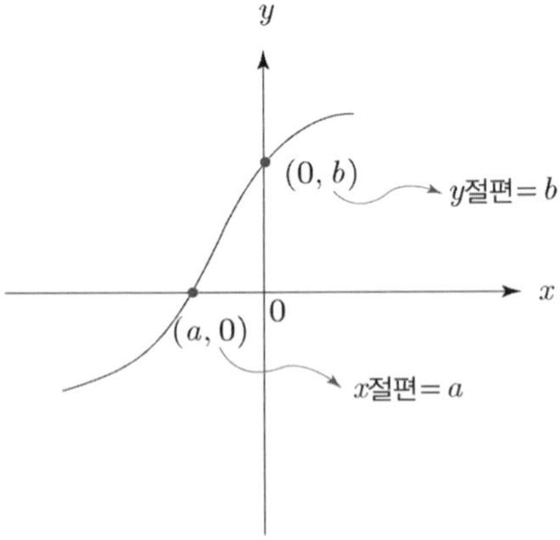

다음으로 방정식 $f(x, y)=0$의 변수 x에 1, -1과 같이 계산하기 편한 숫자를 대입하여 식을 만족하는 순서쌍 (x, y)를 찾습니다.

$f(x, y) = x^2 - y = 0$

- $x=1$일 때, $y=1$ → $(1, 1)$
- $x=-1$일 때, $y=1$ → $(-1, 1)$
- $x=2$일 때, $y=4$ → $(2, 4)$
- $x=-2$일 때, $y=4$ → $(-2, 4)$

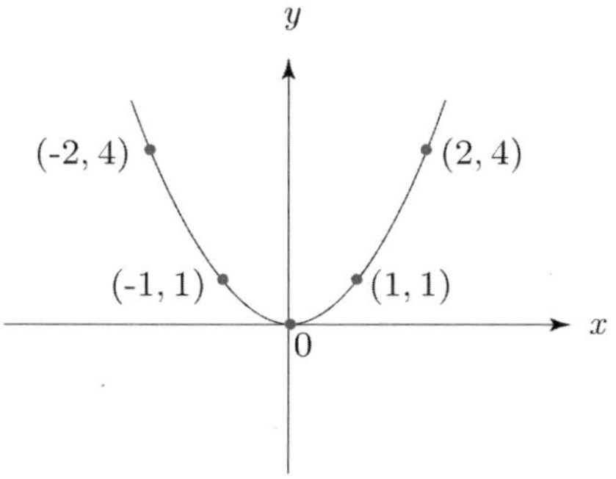

$f(x, y) = 0$의 그래프는 방정식을 만족하는 점들의 궤적(자취)이므로 x, y 절편과 방정식을 만족하는 몇몇 점을 찾아 자연스럽게 연결하면 쉽게 $f(x, y) = 0$의 그래프의 개형을 확인할 수 있습니다. 그렇다면 방정식 $x + 2y = 3$의 그래프의 개형을 그려보도록 하겠습니다. 먼저 x, y절편을 찾아봅시다.

- x절편
  : 방정식 $x+2y=3$에서
  $y=0$일 때 x값이므로
  $x+2 \cdot 0=3$ → $x=3$

- y절편
  : 방정식 $x+2y=3$에서
  $x=0$일 때 y값이므로
  $0+2y=3$ → $y=\frac{3}{2}$

이번에는 x에 1, -1을 대입하여 방정식 $x + 2y = 3$을 만족하는 순서쌍 (x, y)를 찾아보겠습니다.

- $x=1$일 때, $y=1$ → $(1, 1)$
- $x=-1$일 때, $y=2$ → $(-1, 2)$

'절편($x = 3$, $y = \frac{3}{2}$)'과 '두 점 $(1, 1)$, $(-1, 2)$'를 가지고 방정식 $x + 2y = 3$의 그래프의 개형을 그려보면 다음과 같습니다.

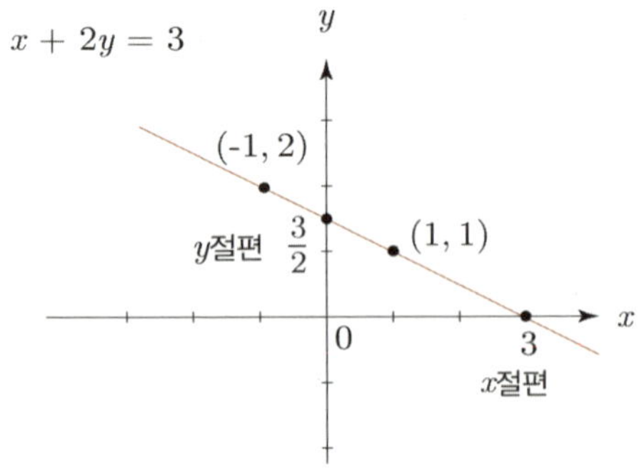

자취의 방정식

눈 위에 발자국이 남는 것처럼 좌표평면 위에는 점의 궤적(자취)이 남습니다.

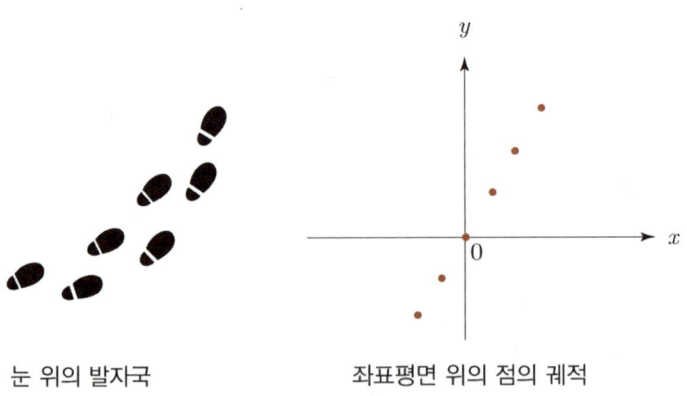

눈 위의 발자국

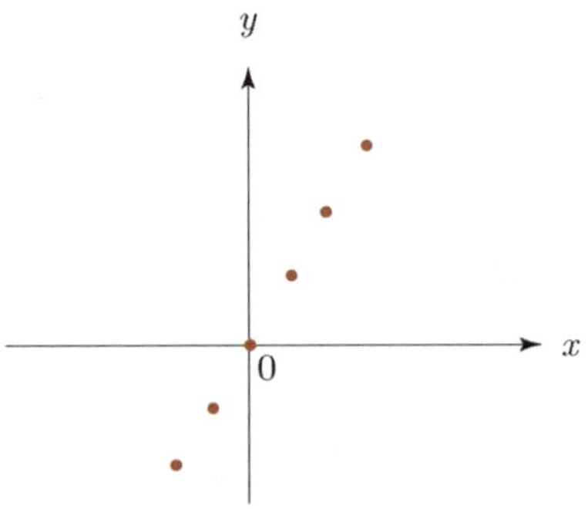

좌표평면 위의 점의 궤적

특정 조건을 만족하는 점의 집합을 **자취**라고 말하며, 자취를 수식으로 표현한 방정식 $f(x, y)=0$을 **자취의 방정식**이라고 합니다. 즉, 자취의 방정식 $f(x, y)=0$은 좌표평면에서 도형으로 나타나기 때문에 도형의 방정식이 되는 셈이지요.

도형의 방정식 → x, y의 관계식

다음 조건을 만족하는 점에 대한 자취의 방정식을 구해보도록 하겠습니다. 우선 주어진 조건을 만족하는 점을 (x, y)라고 놓고, x, y의 관계식 $(f(x, y)=0)$을 만들어보면 다음과 같습니다.

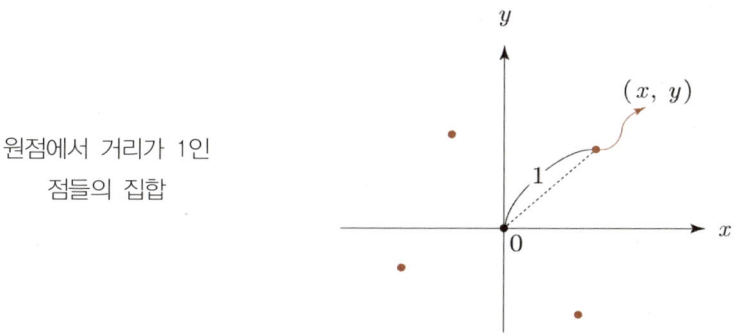

원점에서 거리가 1인
점들의 집합

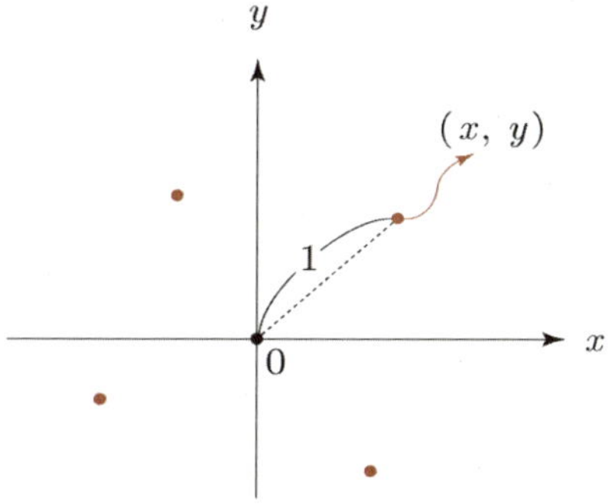

점 (x, y)와 원점 $(0, 0)$의 거리는 1이기 때문에 두 점 사이의 거리공식을 적용하면 쉽게 x, y의 관계식을 유도할 수 있습니다.

$$(\text{점 } (x, y)\text{와 } (0, 0)\text{의 거리}) = 1 \rightarrow \sqrt{(x-0)^2+(y-0)^2}=1$$

양변을 제곱하여 정리하면 다음과 같습니다.

$$\sqrt{(x-0)^2+(y-0)^2}=1 \quad \rightarrow \quad x^2+y^2=1$$

즉, 원점 $(0, 0)$에서 거리가 1인 점들의 집합을 나타내는 자취의 방정식은 $x^2+y^2=1$(x, y의 관계식)이 됩니다. 즉, 점의 자취는 원점을 중심으로 하고, 반지름이 1인 원이 되는 셈이지요. 잘 이해가 안 간다고요? 그러면 한 문제 더 풀어보도록 하겠습니다. 어떻게 풀지 잠시 생각해 보는 시간을 가져봅시다.

두 점 $A(1, 1)$, $B(3, 0)$로부터 같은 거리만큼 떨어진 점들에 대한 자취의 방정식을 구하고, 어떤 도형인지 말하여라.

일단 조건을 만족하는 점을 (x, y)라고 놓고 x, y의 관계식 $f(x, y)=0$을 도출하기만 하면 되는데….

문제해결을 위한 기본설계가 끝나셨나요? 그러면 함께 풀어보도록 하겠습니다. 먼저 조건에 맞는 점을 (x, y)라고 놓으면, 점 (x, y)와 $A(1, 1)$ 사이의 거리는 점 (x, y)와 $B(3, 0)$ 사이의 거리와 같습니다.

$$(\text{점 } (x, y)\text{와 } A(1, 1)\text{의 거리}) = (\text{점 } (x, y)\text{와 } B(3, 0)\text{의 거리})$$
$$\sqrt{(x-1)^2+(y-1)^2} = \sqrt{(x-3)^2+(y-0)^2}$$

양변을 제곱하여 정리하면 다음과 같습니다.

$$(x-1)^2+(y-1)^2=(x-3)^2+(y-0)^2 \rightarrow 4x-2y-7=0$$

두 점 $A(1, 1)$, $B(3, 0)$로부터 같은 거리만큼 떨어진 점들에 대한 자취의 방정식은 $4x-2y-7=0$이 된다는 것을 쉽게 알 수 있습니다. 이 점의 자취는 다름 아닌 두 점 A, B의 중점을 지나는 직선이 됩니다. 즉, 두 점의 수직이등분선이 되는 셈이지요.

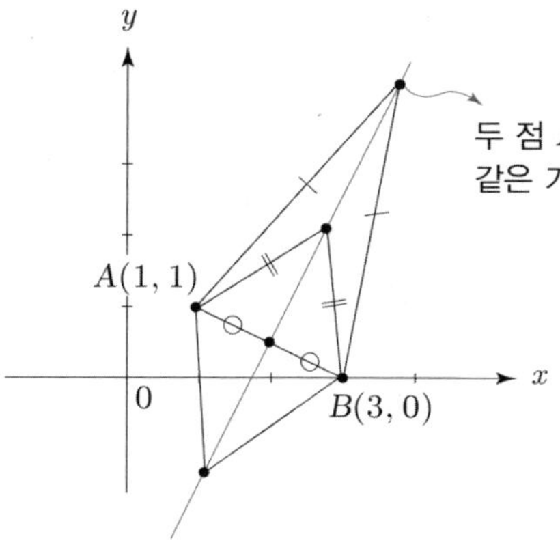

자취의 방정식을 찾기 위해서는 주어진 조건에 해당하는 점을 (x, y)로 놓고 x, y의 관계식을 도출하면 됩니다. 단, x, y의 제한범위가 있을 경우에는 그 범위까지 확인해야겠죠?

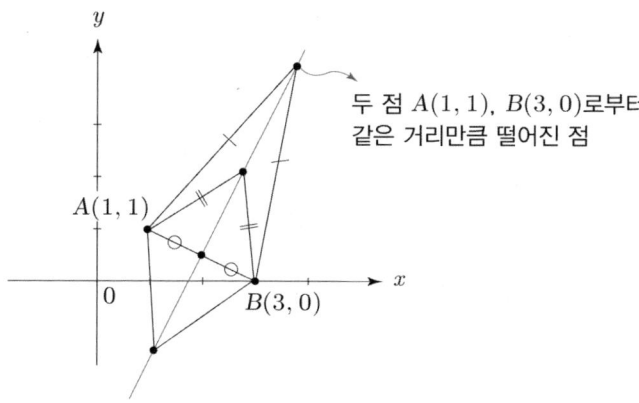

개념 한눈에 보기

1. **차원** : 어떤 점의 위치를 결정할 때 필요한 숫자의 개수
   ① 1차원(1개) : 수직선 $P(x)$　② 2차원(2개) : 평면좌표 $P(x, y)$
   ③ 3차원(3개) : 공간좌표 $P(x, y, z)$

2. **수직선(數直線)** : 직선 위의 모든 점을 실수와 1 : 1로 대응시킨 직선

3. **좌표평면** : 평면 위의 모든 점을 순서쌍 (x, y)와 1 : 1로 대응시킨 평면
   • 1사분면 : x, y좌표 모두 양수　• 2사분면 : x좌표는 음수, y좌표는 양수
   • 3사분면 : x, y좌표 모두 음수　• 4사분면 : x좌표는 양수, y좌표는 음수

4. **두 점 사이의 거리**
   ① 수직선 위의 두 점 $A(x_1)$, $B(x_2)$ 사이의 거리 : $\overline{AB}=|x_2-x_1|$
   ② 좌표평면 위의 두 점 $A(x_1, y_1)$, $B(x_2, y_2)$ 사이의 거리 :
   $\overline{AB}=\sqrt{(x_2-x_1)^2+(y_2-y_1)^2}$

5. **내분점과 외분점**
   ① 수직선 위의 두 점 $A(x_1)$, $B(x_2)$를 $m:n$으로 내분하거나 외분할 때,
   • 내분점 : $P(\frac{mx_2+nx_1}{m+n})$　• 외분점 : $Q(\frac{mx_2-nx_1}{m-n})$
   ② 좌표평면 위의 두 점 $A(x_1, y_1)$, $B(x_2, y_2)$를 $m:n$으로 내분하거나 외분할 때,
   • 내분점 : $P(\frac{mx_2+nx_1}{m+n}, \frac{my_2+ny_1}{m+n})$
   • 외분점 : $Q(\frac{mx_2-nx_1}{m-n}, \frac{my_2-ny_1}{m-n})$

6. **삼각형 ABC의 무게중심**
   꼭짓점의 좌표 $A(x_1, y_1)$, $B(x_2, y_2)$, $C(x_3, y_3)$일 때, 삼각형 ABC의 무게중심
   • 무게중심의 좌표 : $(\frac{x_1+x_2+x_3}{3}, \frac{y_1+y_2+y_3}{3})$

7. **$f(x, y)=0$의 그래프** : 방정식을 만족하는 x, y의 순서쌍을 좌표평면에 표시한 것

8. **그래프의 개형** : $f(x, y)=0$의 그래프 위의 몇 개의 점(x, y절편 등)을 좌표평면에 표시하여 자연스럽게 연결한 도형

9. **점의 자취** : 어떤 조건을 만족하는 점의 집합 또는 그 점이 그리는 도형

10. **자취의 방정식** : 점의 자취를 표현하는 방정식 $f(x, y)=0$ (x, y의 관계식)

도출형 학습방식으로 다음 문제를 풀어보도록 하겠습니다. 개념이 잘 기억나지 않으면 앞의 내용을 찾아보길 바랍니다.

다음 수직선의 네 점 O, A, B, P에 대하여 $2\overline{OB}-\overline{AB}=7$, $3\overline{OP}-\overline{AB}=6$일 때 $\overline{OA}$의 길이를 구하여라. (단, 점 P는 A, B를 $1:2$로 내분하는 점이며, 점 O는 원점이다)

1단계 **개념도출** 문제를 풀기 위해서는 어떤 개념을 알아야 할까요?

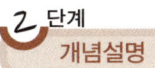

2단계 **개념설명** 개념을 알고 있다면 간단히 설명해 보길 바랍니다.

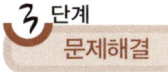

3단계 **문제해결** 그러면 어떻게 문제를 해결할 수 있을까요?

다음 수직선의 네 점 O, A, B, P에 대하여 $2\overline{OB}-\overline{AB}=7$, $3\overline{OP}-\overline{AB}=6$일 때 $\overline{OA}$의 길이를 구하여라. (단, 점 P는 A, B를 $1:2$로 내분하는 점이며, 점 O는 원점이다)

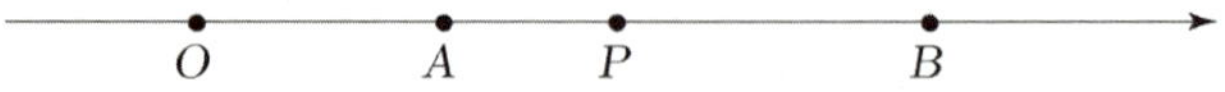

1단계 문제를 풀기 위해서는 어떤 개념을 알아야 할까요?

수직선의 개념, 내분점의 좌표, 수직선에서 두 점 사이의 거리에 대해 알아야 한다.

2단계 개념을 알고 있다면 간단히 설명해 보길 바랍니다.

수직선(數直線)

직선 위의 모든 점을 실수와 1:1로 대응시킨 직선 (수직선의 중앙은 0, 0의 우측은 양수, 0의 좌측은 음수로 표시)

→ 수직선의 좌표 : $P(x)$

내분점의 좌표

수직선 위의 두 점 $A(x_1)$, $B(x_2)$를 $m:n$으로 내분하는 점

→ $P(\frac{mx_2+nx_1}{m+n})$

수직선 위의 두 점 사이의 거리

두 점 $A(x_1)$, $B(x_2)$ 사이의 거리 : $\overline{AB}=|x_2-x_1|$

3단계 그러면 어떻게 문제를 해결할 수 있을까요?

수직선 위의 네 점 O, A, B, P의 좌표는 1개의 숫자로 나타낼 수 있다. 점 O, A, B의 좌표를 각각 0, x, y라고 하면 ($y>x$, $x>0$, $y>0$) 점 A와 B를 1:2로 내분하는 점 P의 좌표는 다음과 같다.

$$P=\frac{y+2x}{1+2}=\frac{y+2x}{3} \quad (\text{내분점공식} : \frac{mx_2+nx_1}{m+n})$$

수직선의 좌표를 이용하여 주어진 조건 $2\overline{OB}-\overline{AB}=7$, $3\overline{OP}-\overline{AB}=6$을 x, y에 관한 식으로 나타내면, 2개의 연립방정식이 도출되므로 x, y값을 쉽게 구할 수 있을 것이다.

정답이 궁금한 학생들은 다음 정답풀이를 참고하시기 바랍니다.

수직선 위의 네 점 O, A, B, P의 좌표는 1개의 숫자로 나타낼 수 있다. 점 O, A, B의 좌표를 각각 0, x, y라고 하면 ($y > x$, $x > 0$ $y > 0$) 점 A와 B를 1:2로 내분하는 점 P의 좌표는 다음과 같다.

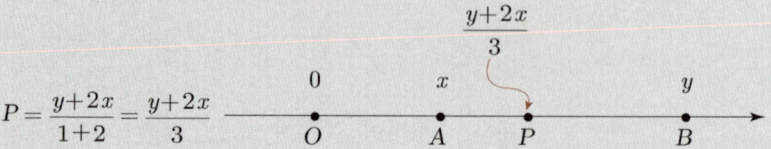

$$P = \frac{y+2x}{1+2} = \frac{y+2x}{3}$$

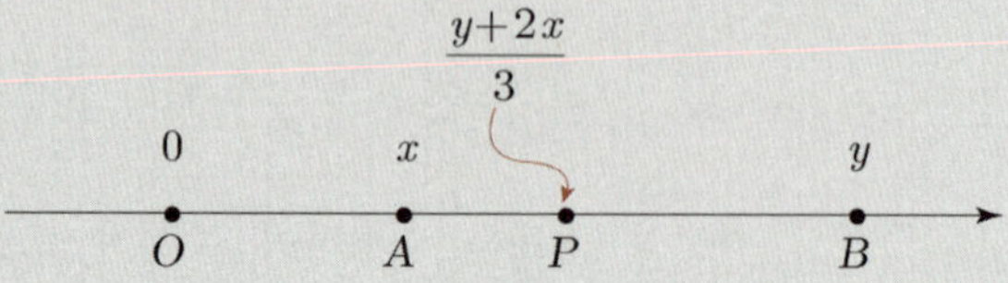

수직선의 좌표를 이용하여 주어진 조건 $2\overline{OB} - \overline{AB} = 7$, $3\overline{OP} - \overline{AB} = 6$을 x, y에 관한 식으로 나타내면 x, y에 관한 2개의 연립방정식을 도출할 수 있다.

$$\overline{OB} = |y-0| = y,\ \overline{AB} = |y-x| = y-x\ (y > x),$$

$$\overline{OP} = \left|\frac{y+2x}{3} - 0\right| = \frac{y+2x}{3}$$

$$2\overline{OB} - \overline{AB} = 7,\ 3\overline{OP} - \overline{AB} = 6$$

$$\rightarrow\ 2y - (y-x) = 7,\ 3\left(\frac{y+2x}{3}\right) - (y-x) = 6$$

$$\rightarrow\ x + y = 7,\ 3x = 6 \quad \therefore\ x = 2,\ y = 5$$

$\overline{OA} = x$이므로 $\overline{OA}$의 길이는 2가 된다.

정답 2

2 직선

직선의 결정조건

가장 기본이 되는 도형인 **직선**부터 살펴보도록 하겠습니다. 직선이란 과연 어떤 도형일까요?

우리가 흔히 알고 있는 것처럼 '꺾이지 않고 한 방향으로 쭉~ 연결된 곧은 선'을 직선이라고 말합니다.

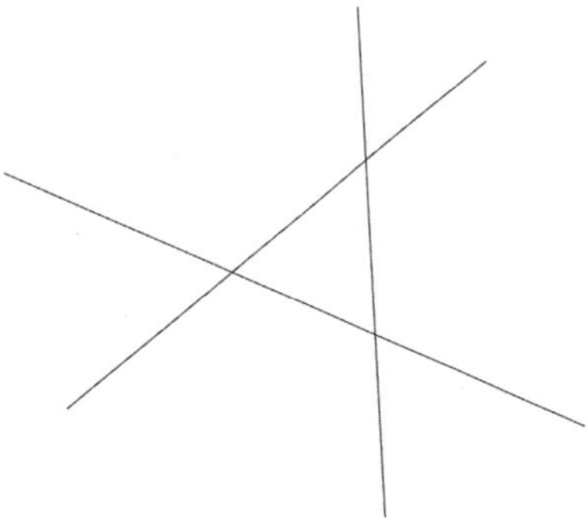

그러면 하나의 직선이 결정되기 위해서는 무엇이 필요할까요?

먼저 평면 위에 한 점을 생각해 보겠습니다. 오른쪽 그림과 같이 한 점을 지나는 직선은 무수히 많습니다. 이는 한 점을 가지고서는 직선을 결정할 수 없다는 것을 의미합니다.

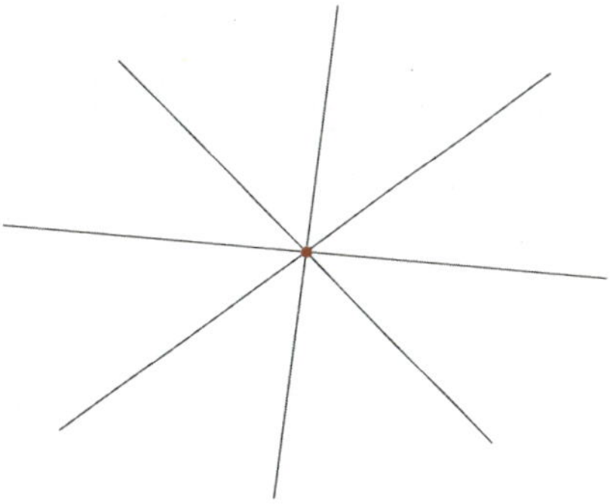

이번에는 두 점을 생각해 보겠습니다. 두 점을 지나는 직선도 무수히 많을까요? 오른쪽 그림과 같이 두 점을 지나는 직선은 단 하나밖에 없습니다. 즉, 두 점이 주어지면 하나의 직선이 결정된다는 사실을 알 수 있습니다.

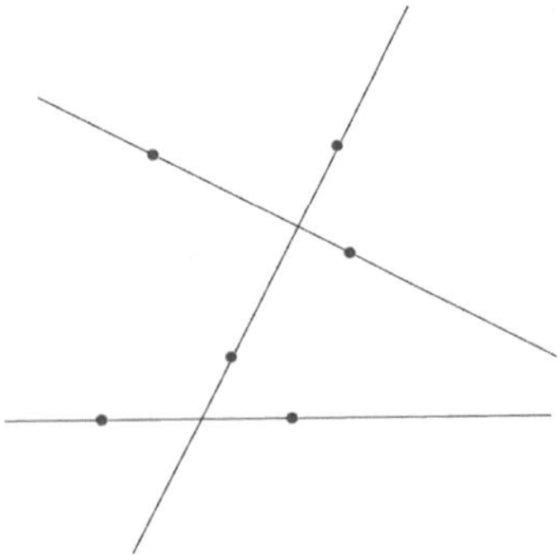

직선을 결정하는 첫 번째 조건은 바로 '두 점'입니다. 이는 두 점의 좌표를 알면 직선의 방정식을 구할 수 있다는 것을 의미합니다.

직선의 결정조건 ① : 두 점

그러면 직선을 결정하는 또 다른 조건이 있는지 찾아보도록 하겠습니다. 다시 한 번 평면 위의 한 점을 생각해 봅시다.

한 점을 지나는 무수히 많은 직선들은 제각각 기울어진 정도가 다릅니다. 가로축을 기준으로 반시계 방향으로 기울어진 정도를 측정해 보면 오른쪽 그림과 같이 각각의 직선들에 대한 기울기를 확인할 수 있습니다.

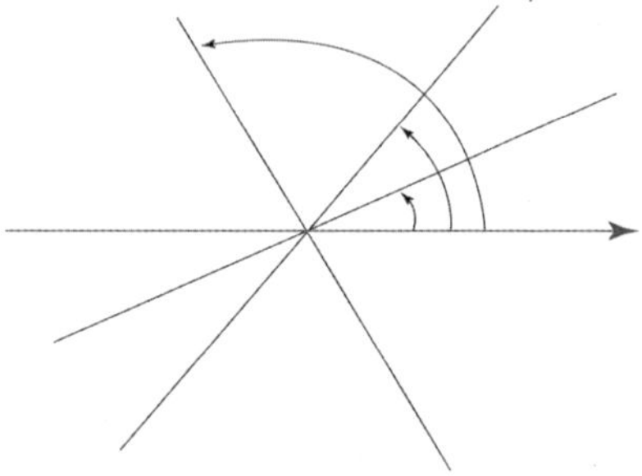

그렇다면 한 점과 기울어진 정도(각도)가 정해지면 하나의 직선을 결정할 수 있지 않을까요?

점 A를 지나고 가로축으로부터 $45°$(반시계 방향) 기울어진 직선은 단 하나뿐이다.

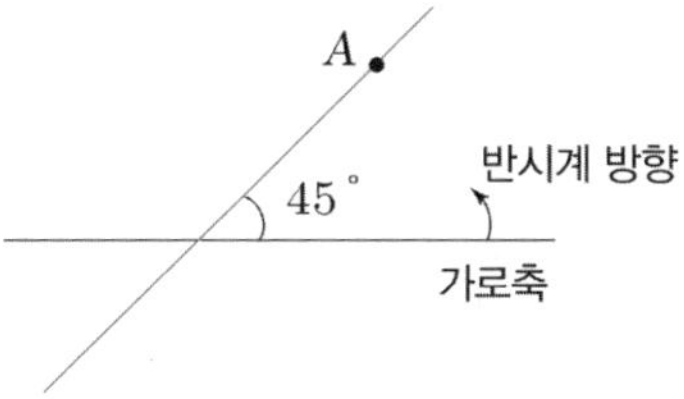

여기서 우리는 직선을 결정하는 두 번째 조건을 도출할 수 있습니다.

직선의 결정조건 ② : 한 점과 직선의 기울어진 정도(기울기)

직선의 기울기에 대해서는 바로 뒷부분에서 자세히 배우도록 하겠습니다. 여하튼 ① 두 점이 주어지거나 ② 한 점과 직선의 기울기가 정해지면 단 하나의 직선이 결정된다는 사실을 반드시 기억하고 넘어가길 바랍니다. 이는 직선의 방정식을 찾을 때 아주 중요한 포인트가 될 것입니다.

기울기의 정의

직선을 표현하는 데 가장 기본이 되는 것이 바로 **점과 기울기**입니다. 여기서 점과 기울기는 직선을 결정하는 요소이기도 합니다. 그런데 점은 좌표 (x, y)로 간단히 표현할 수 있지만 기울기는 과연 어떻게 정의될까요? 일단 **직선의 기울기**에 대한 수학적 정의에 대해 알아보도록 하겠습니다.

직선의 기울기는 직선과 가로축이 이루는 각(반시계 방향)을 의미한다.

(직선의 기울기) $= \theta°$

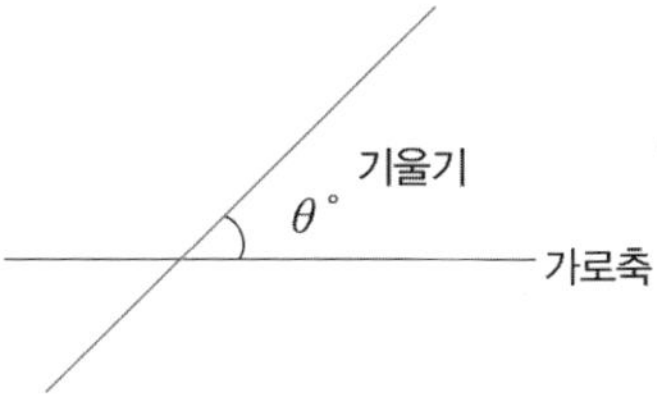

그림에서 보는 바와 같이 직선과 가로축이 이루는 각 $\theta°$를 직선의 기울기로 정한다면 손쉽게 기울기를 정의할 수 있을 것입니다. 하지만 각(°)은 일반적인 실수가 아니므로 도형의 방정식 $f(x, y)=0$에 적용하기에는 상당히 불편합니다.

$\theta°$는 일반적인 실수가 아니다?

각(°)은 일정한 범위(0° ~ 360°)가 정해져 있는 숫자이기 때문에 모든 실수에 대응되는 좌표평면과 함께 사용하기에는 많은 제약이 따릅니다. 그렇다면 점의 좌표 x, y와 관련된 값으로 기울기를 정의할 수는 없을까요?

오른쪽 그림과 같이 좌표평면 위에 평행한 두 직선을 그린 후 직선 위의 임의의 두 점을 선택해 보겠습니다. 여기서 평행한 두 직선은 가로축과 이루는 각이 서로 같으므로 두 직선은 기울기가 같은 직선이 됩니다.

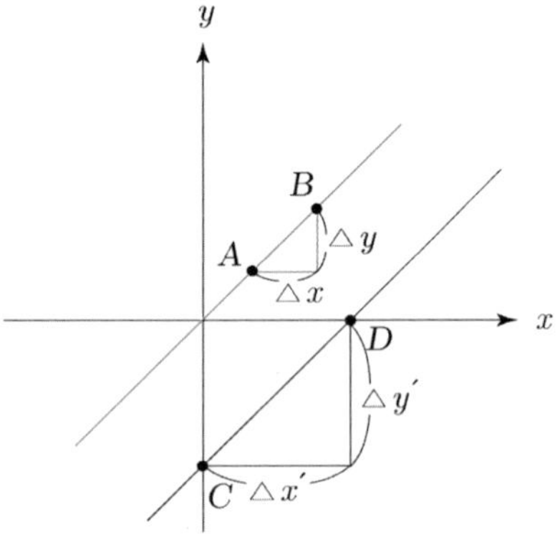

$$A(x_1, y_1),\ B(x_2, y_2),\ C(x_3, y_3),\ D(x_4, y_4)$$

여기서 우리는 선분 $\overline{AB}$와 $\overline{CD}$를 빗변으로 하는 직각삼각형에 주목합니다. 참고로 계산의 편의성을 위해 삼각형의 밑변과 높이는 다음과 같이 치환하도록 하겠습니다.

- $\overline{AB}$를 빗변으로 하는 삼각형
  → 밑변 $x_2-x_1=\Delta x$, 높이 $y_2-y_1=\Delta y$
- $\overline{CD}$를 빗변으로 하는 삼각형
  → 밑변 $x_4-x_3=\Delta x'$, 높이 $y_4-y_3=\Delta y'$

좌표평면에서 떼어낸 두 삼각형은 서로 닮음꼴이므로 삼각형의 각 변에 대한 '길이의 비'는 같게 될 것입니다.

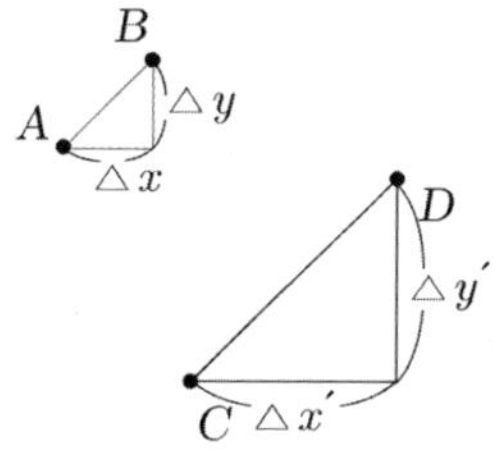

$\Delta y : \Delta x = \Delta y' : \Delta x'$

분수로 표현 → $\dfrac{\Delta y}{\Delta x} = \dfrac{\Delta y'}{\Delta x'}$

평행인 두 직선(기울기가 같은 두 직선)에서 분수식 $\dfrac{\Delta y}{\Delta x}$와 $\dfrac{\Delta y'}{\Delta x'}$는 서로 같은 값을 갖는데 $\dfrac{\Delta y}{\Delta x}$와 $\dfrac{\Delta y'}{\Delta x'}$는 직선에서 무엇을 의미할까요? $\dfrac{\Delta y}{\Delta x}$는 직선 위의 점 A가 점 B로 이동했을 때 'x의 변화량에 대한 y의 변화량의 비율'을 의미합니다. 마찬가지로 $\dfrac{\Delta y'}{\Delta x'}$는 직선 위의 점 C가 점 D로 이동했을 때 'x의 변화량에 대한 y의 변화량의 비율'을 의미하죠. 여기서 변화량이란 '어떤 두 값의 차'를 의미한다고 볼 수 있는데 x의 변화량은 $x_2 - x_1 = \Delta x$가 되고, y의 변화량은 $y_2 - y_1 = \Delta y$가 됩니다.

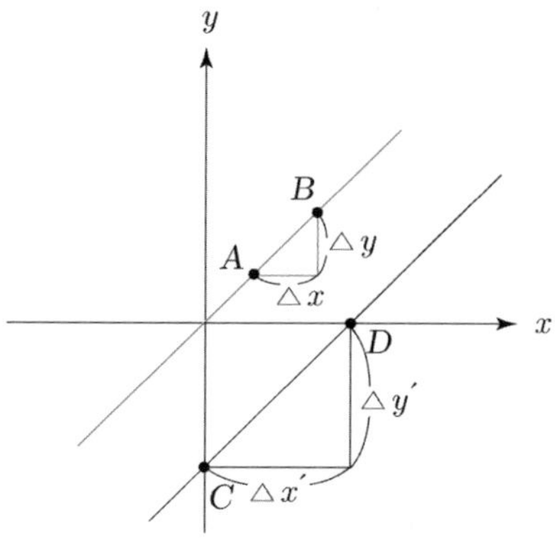

평행한 두 직선에서 x의 변화량(Δx)에 대한 y의 변화량(Δy)의 비율은 같다. $\rightarrow \dfrac{\Delta y}{\Delta x}=\dfrac{\Delta y'}{\Delta x'}$

직선의 이와 같은 성질을 활용하여 직선의 기울기를 정의해 보도록 하겠습니다.

직선의 기울기

두 점 (x_1, y_1), (x_2, y_2)를 지나는 직선의 기울기는 다음과 같다.

$$(\text{기울기}) = \frac{\Delta y}{\Delta x} = \frac{y_2 - y_1}{x_2 - x_1}$$

이렇게 직선 위의 두 점의 좌표를 가지고 기울기를 정의하게 되면 기울기의 값을 좌표에 관한 식으로 표현할 수 있게 됩니다.

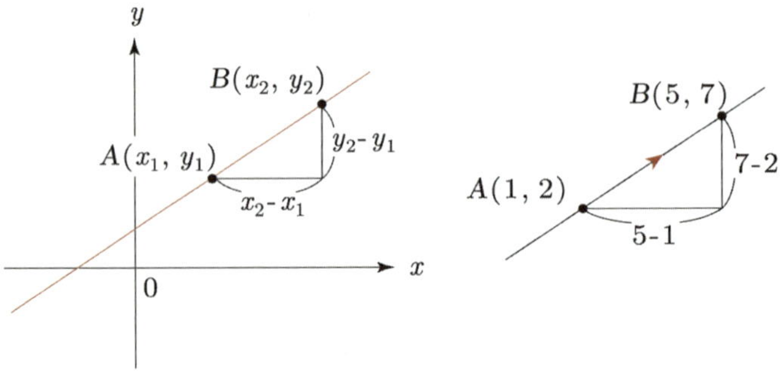

기울기의 정의를 이용하여 두 점 $(0, -1)$, $(2, 1)$을 지나는 직선의 기울기를 구해보면 다음과 같습니다.

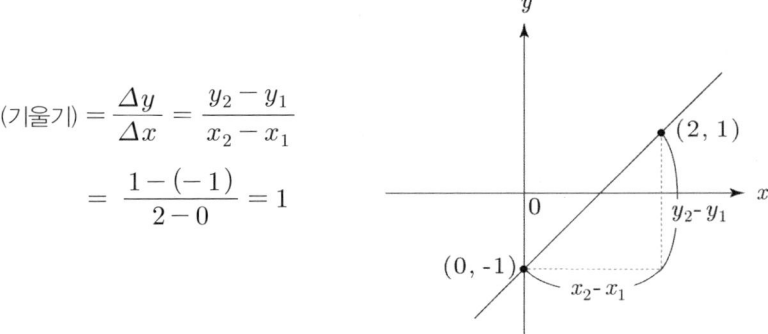

$$(\text{기울기}) = \frac{\Delta y}{\Delta x} = \frac{y_2 - y_1}{x_2 - x_1}$$
$$= \frac{1-(-1)}{2-0} = 1$$

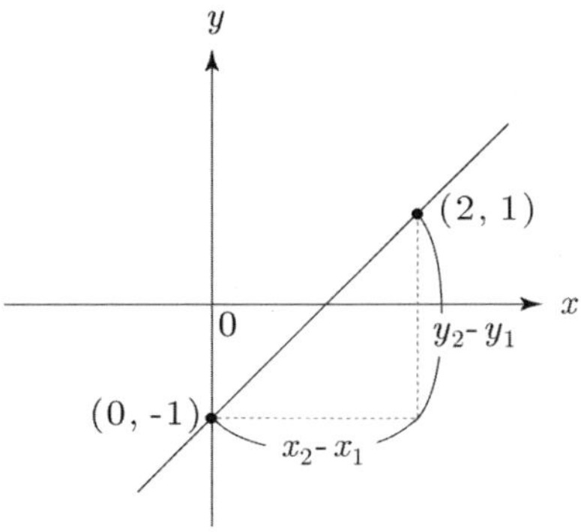

따라서 두 점 $(2, 1)$, $(0, -1)$을 지나는 직선의 기울기는 1이 됩니다.

피사의 사탑

이탈리아 토스카나 주(州) 피사 시(市)의 피사대성당에 있는 기울어진 종탑. 흰 대리석으로 만들어져 있으며, 건축가 피사노에 의해 착공되었다. 294개의 계단이 있고, 탑의 높이는 북쪽과 남쪽이 서로 약간의 차이가 있으며, 현재도 조금씩 기울고 있다. 그러면 피사의 사탑의 기울기는 얼마일까?

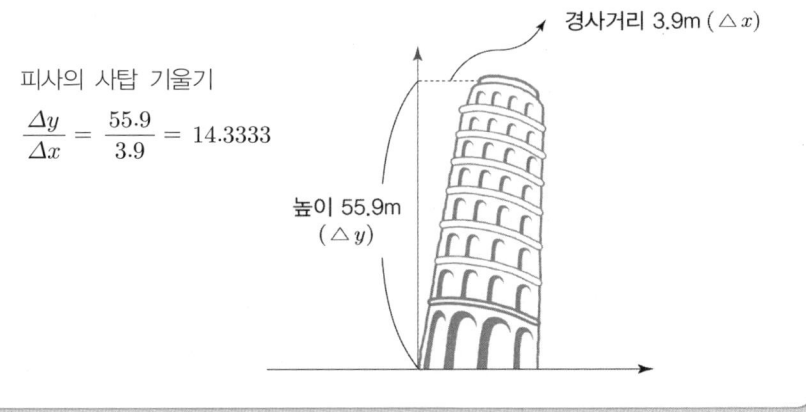

피사의 사탑 기울기

$$\frac{\Delta y}{\Delta x} = \frac{55.9}{3.9} = 14.3333$$

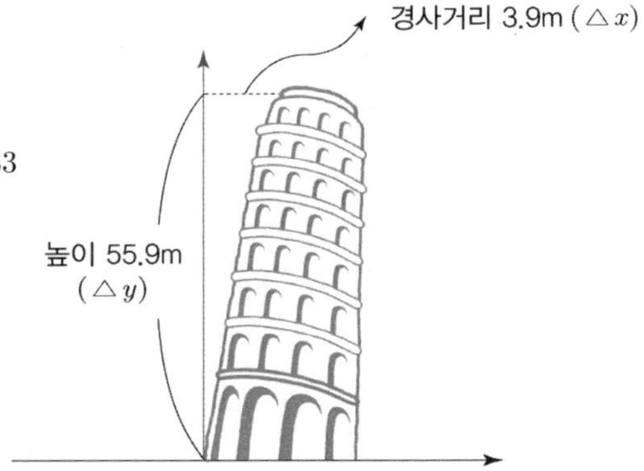

기울기와 직선의 형태

직선은 기울어진 상태에 따라서 '증가하거나 감소하는' 직선 그리고 '완만하거나 가파른' 직선으로 나뉩니다.

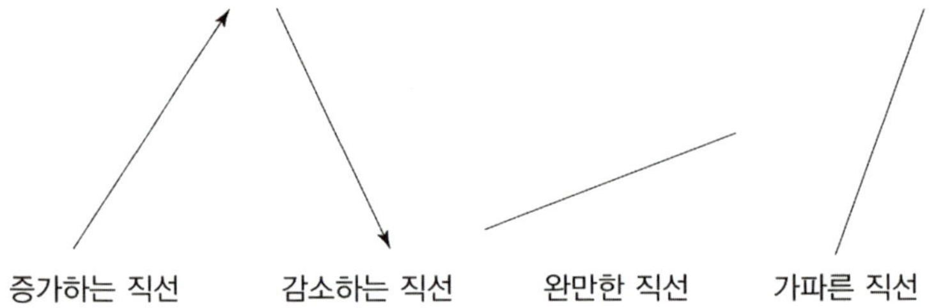

다음 네 직선의 기울기 $\dfrac{\Delta y}{\Delta x}$를 서로 비교함으로써 '증가하거나 감소하는' 직선 그리고 '완만하거나 가파른' 직선의 차이를 직접 확인해 보도록 하겠습니다.

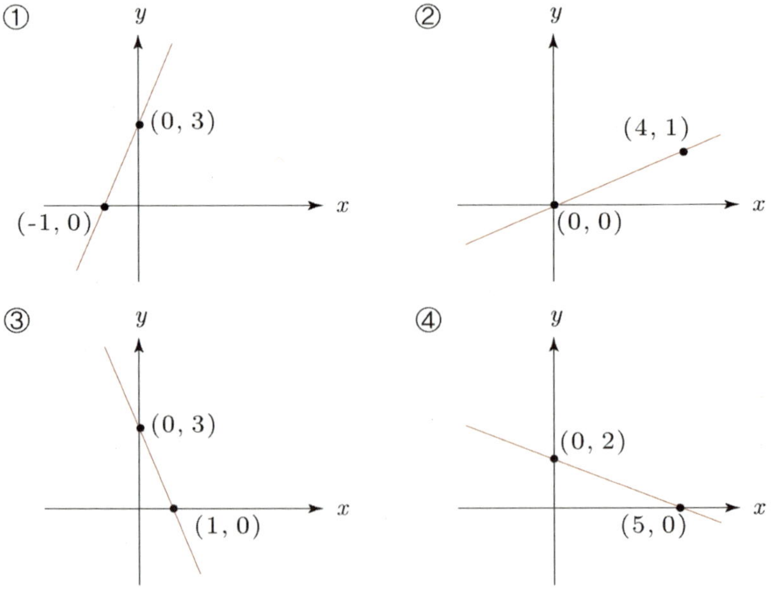

직선 위의 두 점이 주어졌으므로 우리는 쉽게 ①, ②, ③, ④의 직선에 대한 기울기를 구할 수 있습니다. 그러면 각각의 직선의 기울기를 구하여 네 직선의 방향과 경사도를 서로 비교해 보도록 하겠습니다. 여기서 두 점 (x_1, y_1), (x_2, y_2)를 지나는 직선의 기울기가 $\frac{\Delta y}{\Delta x}=\frac{y_2-y_1}{x_2-x_1}$임을 기억해 봅니다.

	①	②	③	④
방 향	증가	증가	감소	감소
경사도	가파름	완만함	가파름	완만함
두 점	$(0,3), (-1,0)$	$(0,0), (4,1)$	$(0,3), (1,0)$	$(0,2), (5,0)$
기울기 $\frac{\Delta y}{\Delta x}=\frac{y_2-y_1}{x_2-x_1}$	3	$\frac{1}{4}$	-3	$-\frac{2}{5}$

직선 ①, ②(증가)와 ③, ④(감소)의 기울기를 서로 비교해 보면 기울기의 값이 양수인지 음수인지에 따라 직선의 방향(증가 또는 감소)이 결정된다는 사실을 쉽게 알 수 있습니다. 즉, 기울기가 양수이면 증가하는 직선, 음수이면 감소하는 직선이 됩니다. 또한 직선 ①, ③(가파름)과 ②, ④(완만)의 기울기를 서로 비교해 보면 기울기의 크기(절댓값)에 따라 그 경사도(가파름과 완만함)가 결정된다는 것도 확인할 수 있습니다. 따라서 기울기의 크기(절댓값)가 크면 가파른 직선, 작으면 완만한 직선이 됩니다. 그러면 기울기와 관련하여 직선의 방향과 경사도에 대해 정리해 보면 다음과 같습니다.

기울기만 잘 확인하면
직선의 모양을 쉽게
알 수 있겠군. 기울기의
정의가 뭐였더라?

기울기(m)와 직선의 형태

① 기울기가 양의 값($m > 0$)을 가질 경우 → 증가하는 직선
기울기가 음의 값($m < 0$)을 가질 경우 → 감소하는 직선

② $|m|$의 값이 클수록 → 가파른 직선(y축에 근접한 직선)
$|m|$의 값이 작을수록 → 완만한 직선(x축에 근접한 직선)

좌표축에 평행한 직선

좌표평면에서 x축 또는 y축에 평행한 직선의 기울기는 어떻게 될까요? 다음 예시를 통해 좌표축에 평행한 직선의 기울기를 구해보도록 하겠습니다.

좌표축에 평행한 직선

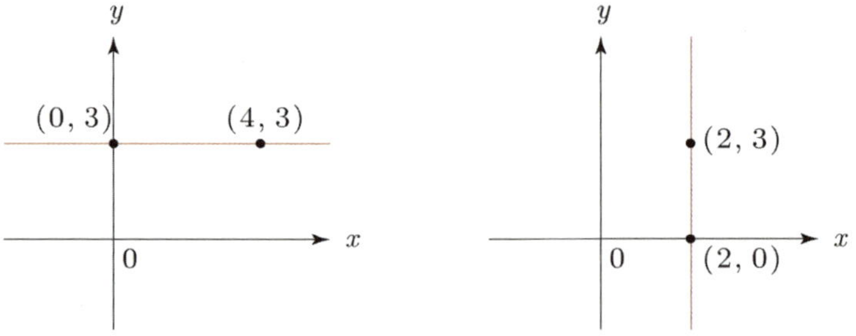

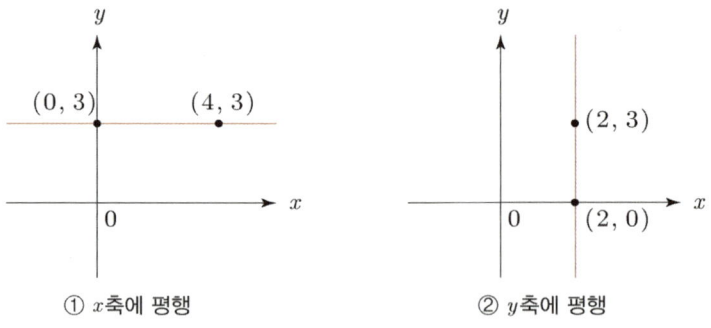

① x축에 평행 ② y축에 평행

두 직선의 기울기를 비교해 보면 다음과 같습니다.

	①	②
방 향	x축에 평행	y축에 평행
두 점	$(0, 3), (4, 3)$	$(2, 0), (2, 3)$
기울기 $\frac{\Delta y}{\Delta x} = \frac{y_2 - y_1}{x_2 - x_1}$	0	분모가 0이므로 구할 수 없음

①의 경우, x축에 평행한 직선의 두 점을 비교했을 때 두 점 사이에는 'y의 변화량'이 없습니다. 즉, y의 변화량은 0이 됩니다. 따라서 기울기 $\frac{\Delta y}{\Delta x}$에서 $\Delta y = 0$이므로 x축에 평행한 직선의 기울기는 0이 됩니다.

②의 경우, y축에 평행한 직선의 두 점을 비교했을 때 두 점 사이에는 'x의 변화량'이 없습니다. 즉, x의 변화량은 0이 됩니다. 따라서 기울기 $\frac{\Delta y}{\Delta x}$에서 분모 $\Delta x = 0$이므로 y축에 평행한 직선의 기울기는 구할 수 없습니다. 이러한 경우 '직선의 기울기는 없다'라고 말합니다.

기울기에 관한 문제

기울기에 관한 문제를 풀어보도록 하겠습니다. 어떻게 풀지 잠시 생각해 보는 시간을 가져봅시다.

세 점 $A(1, -3)$, $B(2, -1)$, $C(a, 1)$이 동일 직선상에 있을 때 미지수 a값을 찾아보아라.

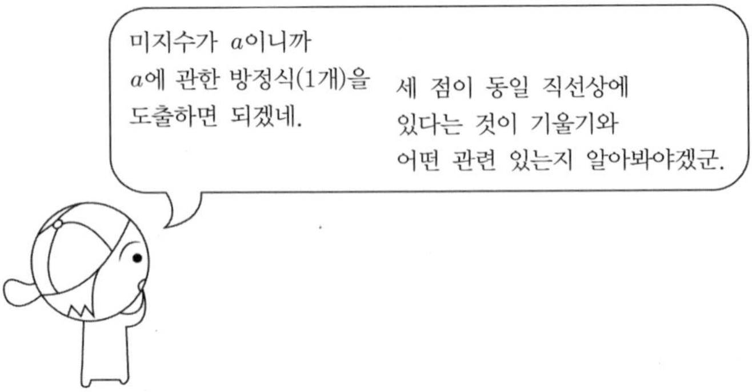
미지수가 a이니까
a에 관한 방정식(1개)을
도출하면 되겠네.
세 점이 동일 직선상에
있다는 것이 기울기와
어떤 관련 있는지 알아봐야겠군.

문제해결을 위한 기본설계가 끝나셨나요? 그러면 함께 풀어보도록 하겠습니다. 우선 세 점 A, B, C가 동일 직선상에 있도록 그려보면 다음과 같습니다. 여기서 $\overline{AB}$의 기울기와 $\overline{BC}$의 기울기는 같습니다.

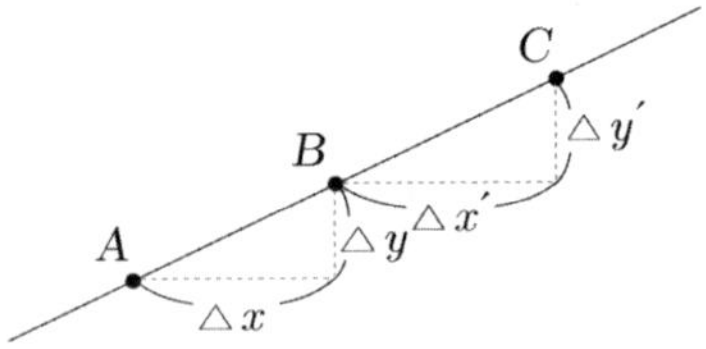
A
B
C
△x
△y
△x′
△y′

($\overline{AB}$의 기울기)=($\overline{BC}$의 기울기)

$$\frac{\triangle y}{\triangle x} = \frac{\triangle y'}{\triangle x'}$$

기울기의 정의를 이용하여 $\overline{AB}$와 $\overline{BC}$의 기울기를 구해보면 다음과 같습니다. 여기서 세 점의 좌표는 $A(1, -3)$, $B(2, -1)$, $C(a, 1)$입니다.

- $\overline{AB}$의 기울기 : $\frac{-1-(-3)}{2-1}=\frac{2}{1}=2$
- $\overline{BC}$의 기울기 : $\frac{1-(-1)}{a-2}=\frac{2}{a-2}$

여기서 $\overline{AB}$와 $\overline{BC}$의 기울기는 서로 같으므로 a에 관한 방정식을 도출할 수 있습니다. 만약 우리가 a에 관한 방정식을 도출했다면 a값을 구한 것과 다름없습니다.

$$\frac{2}{a-2}=2 \quad \rightarrow \quad a=3$$

따라서 세 점 $A(1,-3)$, $B(2,-1)$, $C(a,1)$이 동일 직선상에 있을 때 a값은 3이 됩니다. 어렵지 않죠? 한 문제 더 풀어보도록 하겠습니다.

두 점 $A(1,2)$, $B(-4,0)$과 원점 $O(0,0)$을 꼭짓점으로 하는 삼각형의 넓이를 이등분하면서 점 A를 지나는 직선의 기울기를 구하여라.

문제해결을 위한 기본설계가 끝나셨나요? 그러면 함께 풀어보도록 하겠습니다. 세 점 A, B, O를 꼭짓점으로 하는 삼각형을 그린 후 점 A를 지나면서 삼각형의 넓이를 이등분하는 직선을 그려보면 다음과 같습니다.

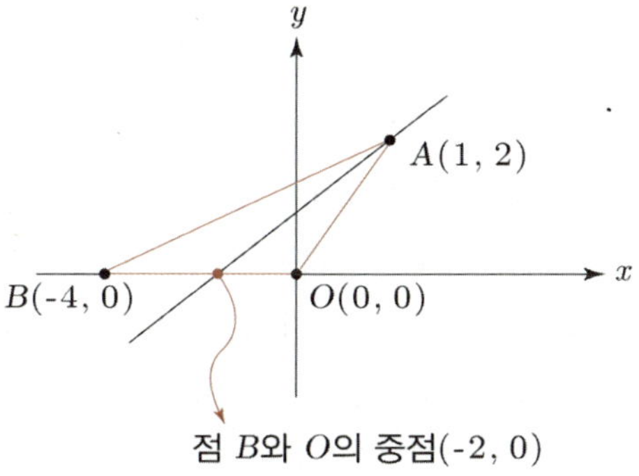

이 직선은 점 B와 원점 O의 중점을 지난다.

→ 점 B와 O의 중점 : $(-2, 0)$

두 점 A, B와 원점 O를 꼭짓점으로 하는 삼각형의 넓이를 이등분하면서 점 A를 지나는 직선은 '점 $A(1, 2)$와 점 B, O의 중점 $(-2, 0)$을 지나는 직선'과 같으므로 직선의 기울기는 $\frac{2}{3}$가 됩니다. (계산과정 생략)

직선의 방정식 찾기

주어진 조건에 맞는 도형의 방정식을 찾기 위해서는 도형 위를 움직이는 임의의 점을 (x, y)로 놓고 도형의 특성이나 조건을 이용하여 'x, y의 관계식 $f(x, y)=0$'을 도출하기만 하면 됩니다. 앞에서 배웠던 자취의 방정식을 찾는 방법과 동일하죠. 그러면 다음 직선의 결정조건 ①, ②에 해당하는 직선의 방정식을 직접 찾아보도록 하겠습니다.

직선의 결정조건

① 두 점이 주어졌을 때　　　② 한 점과 기울기가 주어졌을 때

먼저 두 점이 주어졌을 때 직선의 방정식을 구해보도록 하겠습니다. 일단 주어진 점을 $A(x_1, y_1)$, $B(x_2, y_2)$라고 하고 두 점을 지나는 직선 위를 움직이는 임의의 점을 $P(x, y)$라고 하면 $\overline{AB}$의 기울기와 $\overline{AP}$의 기울기는 서로 같게 됩니다. 여기서 우리는 직선의 방정식을 구하기 위해서 변수 x, y에 관한 방정식을 도출하기만 하면 됩니다. 단, x_1, x_2, y_1, y_2는 어떤 상수에 불과하다는 사실을 잊지 마시길 바랍니다.

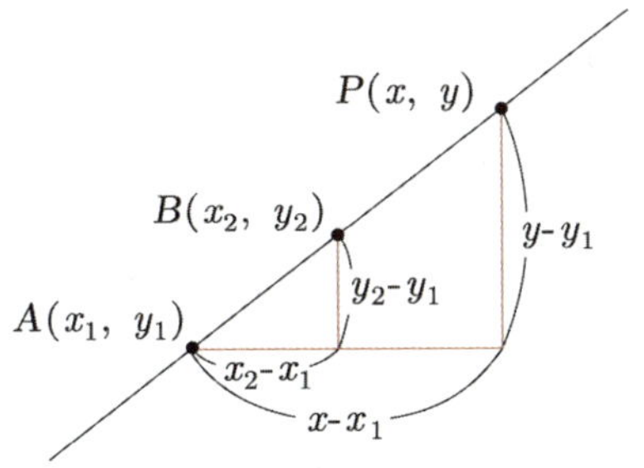

$$(\overline{AB}\text{의 기울기}) = \frac{y_2-y_1}{x_2-x_1},\quad (\overline{AP}\text{의 기울기}) = \frac{y-y_1}{x-x_1}$$

'$\overline{AB}$의 기울기와 $\overline{AP}$의 기울기가 서로 같다'는 것을 이용하면 'x, y의 관계식 $f(x, y)=0$'을 도출해 낼 수 있습니다. ($f(x, y)=0$ → 도형의 방정식)

$$\frac{y_2-y_1}{x_2-x_1}=\frac{y-y_1}{x-x_1} \rightarrow y-y_1=(\frac{y_2-y_1}{x_2-x_1})(x-x_1)$$

여기서 x_1, x_2, y_1, y_2는 어떤 상수에 불과하며 변수는 x, y라는 사실을 잊지 말아야겠습니다. 가끔씩 학생들이 (x, y)와 (x_1, y_1)에 대해 많이들 혼동하는데 이것의 차이를 간략히 살펴보면 다음과 같습니다.

(x, y)와 (x_1, y_1)의 차이

(x_1, y_1)은 정해진 점(상수)이며, (x, y)는 정해지지 않은 점(변수)으로 볼 수 있다. 임의의 점을 말할 때는 (x, y)라고 하며 정해진 점을 말할 때는 (x_1, y_1) 또는 (a, b) 등과 같이 말한다.

직선 위의 임의의 점 $P(x, y)$에 대한 'x, y의 관계식 $y-y_1=(\frac{y_2-y_1}{x_2-x_1})(x-x_1)$'은 두 점 $A(x_1, y_1)$, $B(x_2, y_2)$를 지나는 직선의 방정식이 됩니다. 복잡하게 보이지만 x_1, y_1, x_2, y_2는 어떤 상수에 해당되므로 x, y의 관계식 $y-y_1=(\frac{y_2-y_1}{x_2-x_1})(x-x_1)$은 변수 x, y에 관한 1차식에 불과합니다.

직선의 방정식 ①

두 점 (x_1, y_1), (x_2, y_2)를 지나는 직선의 방정식은 다음과 같다.

$$y-y_1=(\frac{y_2-y_1}{x_2-x_1})(x-x_1)$$

예를 들어 두 점 $(1, 2)$와 $(-1, -4)$를 지나는 직선의 방정식은 다음과 같습니다. 앞에서 구한 식 $y-y_1=(\frac{y_2-y_1}{x_2-x_1})(x-x_1)$에 주어진 값을 하나씩 대입해 보면,

$$y-2=(\frac{-4-2}{-1-1})(x-1) \rightarrow y=3x-1$$

이번에는 직선의 결정조건 ② '한 점과 기울기가 주어졌을 때'의 직선의 방정식을 찾아보도록 하겠습니다. 한 점을 $A(x_1, y_1)$, 기울기를 m이라고 놓고 직선 위를 움직이는 임의의 점을 $P(x, y)$라고 하면 $\overline{AP}$의 기울기는 m과 같습니다. 마찬가지로 우리는 직선의 방정식을 구하기 위해 변수 x, y에 관한 방정식을 도출하기만 하면 됩니다. 여기서 m과 x_1, y_1은 어떤 상수에 불과하겠죠?

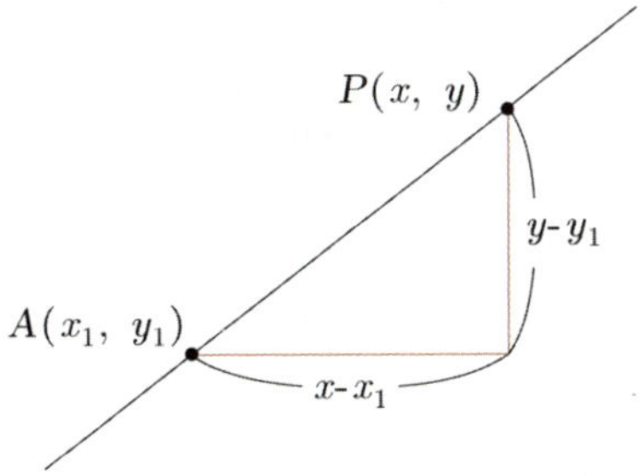

$$(\overline{AP}\text{의 기울기}) = \frac{y-y_1}{x-x_1} = m \rightarrow y-y_1 = m(x-x_1)$$

따라서 한 점 (x_1, y_1)을 지나고 기울기가 m인 직선의 방정식은 $y-y_1 = m(x-x_1)$이 됩니다.

직선의 방정식 ②

한 점 (x_1, y_1)을 지나고 기울기가 m인 직선의 방정식은 다음과 같다.

$$y-y_1 = m(x-x_1)$$

예를 들어 점 (1, 3)을 지나고 기울기가 2인 직선의 방정식은 다음과 같습니다. 식 $y-y_1 = m(x-x_1)$에 주어진 값을 하나씩 대입해 보면,

$$y-y_1 = m(x-x_1) \rightarrow y-3 = 2(x-1) \rightarrow y = 2x+1$$

이렇게 우리는 직선을 결정하는 2가지 조건(① 두 점, ② 한 점과 기울기) 중 하나만 알면 손쉽게 직선의 방정식을 도출할 수 있습니다.

직선의 방정식 찾기

① 두 점 (x_1, y_1), (x_2, y_2)를 지나는 직선의 방정식

$$y-y_1=(\frac{y_2-y_1}{x_2-x_1})(x-x_1)$$

② 한 점 (x_1, y_1)을 지나고 기울기가 m인 직선의 방정식

$$y-y_1=m(x-x_1)$$

참고로 직선 $y-y_1=m(x-x_1)$은 m값에 관계없이 항상 점 (x_1, y_1)을 지나는 직선으로도 볼 수 있습니다. 즉, 직선 $y-y_1=m(x-x_1)$에 점 (x_1, y_1)을 대입하면 m값에 관계없이 항상 등식이 성립하게 되지요.

$y-y_1=m(x-x_1)$에 점 (x_1, y_1)을 대입

$$y_1-y_1=m(x_1-x_1) \rightarrow \quad 0=m \cdot 0$$

여기서 우리는 어떤 점 (x_1, y_1)을 지나는 직선의 방정식을 도출해 낼 수 있습니다. 예를 들어 점 (1, 2)를 지나는 직선의 방정식을 찾아보면,

- 점 (x_1, y_1)을 지나는 직선 : $y-y_1=m(x-x_1)$
- 점 (1, 2)를 지나는 직선 : $y-2=m(x-1)$

즉, 미정계수 1개를 포함하는 직선의 방정식이 주어졌을 경우, 우리는 미정계수의 값에 관계없이 항상 지나는 점의 좌표를 찾아낼 수 있다는 사실을 반드시 기억하시길 바랍니다. 그러면 다음 직선의 방정식에서 미정계수 a, m값에 관계없이 항상 지나는 점을 찾아보도록 하겠습니다. 일단 주어진 직선의 방정식을 $y-y_1=m(x-x_1)$꼴로 변형해 보면 항상 지나는 점 (x_1, y_1)이 무엇인지 쉽게 찾을 수 있을 것입니다.

① $-ax+y+2a+1=0$

$\rightarrow (y+1)=a(x-2)$: a값에 관계없이 항상 점 $(2, -1)$을 지난다.

② $-x+my+3-2m=0$

$\rightarrow m(y-2)=x-3$: m값에 관계없이 항상 점 $(3, 2)$를 지난다.

직선의 방정식과 관련하여 다음 문제를 풀어보도록 하겠습니다. 어떻게 풀지 잠시 생각해 보는 시간을 가져봅시다.

점(m, n)이 직선 $y=4x-1$의 점일 때 m, n의 값에 관계없이 직선 $y=mx-n$이 항상 지나는 점은 무엇인가?

문제해결을 위한 기본설계가 끝나셨나요? 그러면 함께 풀어보도록 하겠습니다. 우선 점 (m, n)이 직선 $y=4x-1$ 위의 점이라고 했으므로 $y=4x-1$에 점 (m, n)을 대입하면 다음 등식이 성립합니다.

$$y=4x-1 \rightarrow n=4m-1$$

도출된 식 $n=4m-1$을 주어진 직선의 방정식 $y=mx-n$에 대입한 후 m에 관하여 정리하면 다음과 같습니다.

$$n=\underline{4m-1}$$

$$y=mx-n \rightarrow y=mx-(4m-1) \rightarrow y-1=m(x-4)$$

m의 값에 관계없이 항상 점 $(4, 1)$을 지난다.

따라서 점 (m, n)이 직선 $y=4x-1$ 위의 점일 때 m, n값에 관계없이 직선 $y=mx-n$은 항상 점 $(4, 1)$을 지나게 됩니다.

직선의 방정식(표준형)

두 점 $(x_1,\ y_1)$, $(x_2,\ y_2)$를 지나는 직선의 방정식 $y-y_1=(\frac{y_2-y_1}{x_2-x_1})(x-x_1)$과 한 점 $(x_1,\ y_1)$과 기울기가 m인 직선의 방정식 $y-y_1=m(x-x_1)$을 간단하게 정리해 보면 다음과 같습니다. 여기서 m, x_1, x_2, y_1, y_2, a, b는 어떤 상수에 불과합니다.

① $y-y_1=(\frac{y_2-y_1}{x_2-x_1})(x-x_1)$

$\rightarrow\ y=(\frac{y_2-y_1}{x_2-x_1})x-(\frac{y_2-y_1}{x_2-x_1})x_1+y_1$

$\rightarrow\ y=ax+b\quad (a=\frac{y_2-y_1}{x_2-x_1},\ \ b=-(\frac{y_2-y_1}{x_2-x_1})x_1+y_1)$

② $y-y_1=m(x-x_1)$

$\rightarrow\ y=mx-mx_1+y_1$

$\rightarrow\ y=ax+b\quad (a=m,\ \ b=-mx_1+y_1)$

직선의 방정식 '$y=ax+b$꼴'에서 a는 직선의 기울기가 되며, b는 y절편이 된다는 사실을 쉽게 알 수 있을 것입니다. 참고로 y절편은 직선과 y축이 만나는 점의 y좌표로서 직선의 방정식에 $x=0$을 대입하여 얻은 y값과 같습니다.

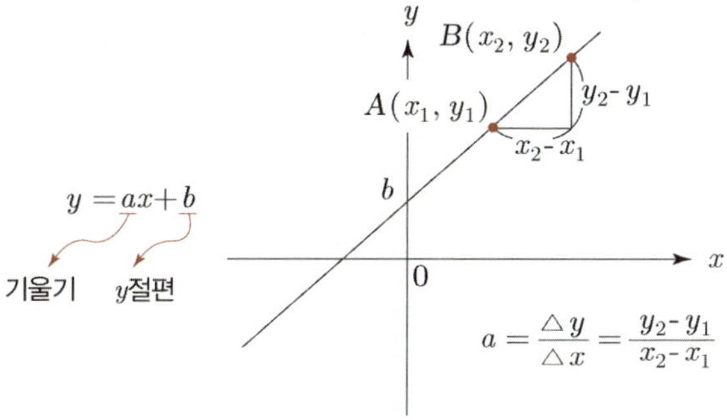

따라서 기울기와 y절편을 알면 우리는 직선의 방정식을 쉽게 도출할 수 있게 됩니다. 예를 들어, 기울기가 3이고 y절편이 -1인 직선의 방정식은 $y=3x-1$이 되겠지요? 뿐만 아니라 직선 $y=ax+b$에서 기울기 a와 y절편 b의 특성을 이용하면 직선의 그래프를 쉽게 그릴 수 있습니다. 또한 기울기의 값을 이용하여 직선을 지나는 두 점을 찾을 수도 있습니다. 예를 들어 임의의 한 점 $(0, 0)$을 선택하여 x, y의 변화량에 맞춰 점을 이동시켜 보겠습니다.

- (기울기) $=1=\dfrac{y\text{의 변화량}}{x\text{의 변화량}}=\dfrac{1}{1}$

  : x가 $+1$만큼 변할 때 y도 $+1$만큼 변함

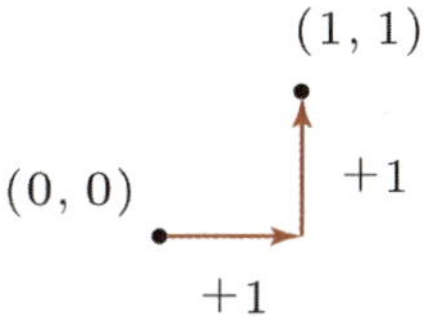

- (기울기) $=-1=\dfrac{y\text{의 변화량}}{x\text{의 변화량}}=\dfrac{-1}{1}$

  : x가 $+1$만큼 변할 때 y는 -1만큼 변함

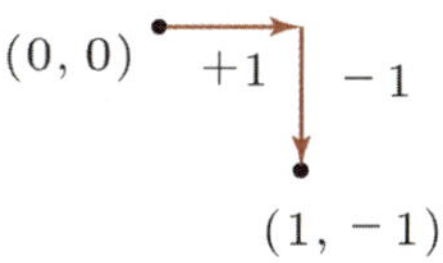

그러면 다음의 주어진 직선의 방정식의 그래프를 그려보도록 하겠습니다. 먼저 x의 변화량에 대한 y의 변화량의 비율, 즉 기울기와 y절편을 좌표평면에서 잘 따져보겠습니다.

$$① \ y = x + 1 \qquad ② \ y = -\frac{3}{2}x - 2$$

직선 ① $y = x + 1$의 기울기와 y절편은 1입니다.

• 기울기 : 1

→ $a = \frac{\Delta y}{\Delta x} = \frac{1}{1}$

→ x가 +1만큼 변할 때

y도 +1만큼 변한다.

• y절편 : 1

→ $(0, 1)$을 지난다.

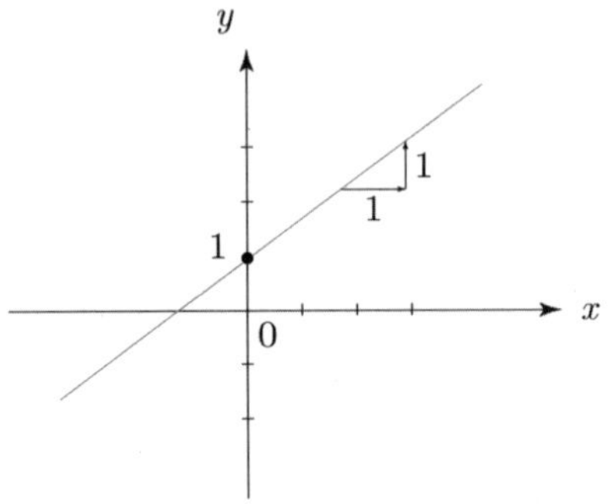

마찬가지로 직선 ② $y = -\frac{3}{2}x - 2$의 그래프도 그려보도록 하겠습니다. 이 직선의 기울기는 $-\frac{3}{2}$이며, y절편은 -2가 됩니다.

• 기울기 : $-\frac{3}{2}$

→ $a = \frac{\Delta y}{\Delta x} = \frac{-3}{2}$

→ x가 2만큼 변할 때

y는 −3만큼 변한다.

• y절편 : -2

→ $(0, -2)$를 지난다.

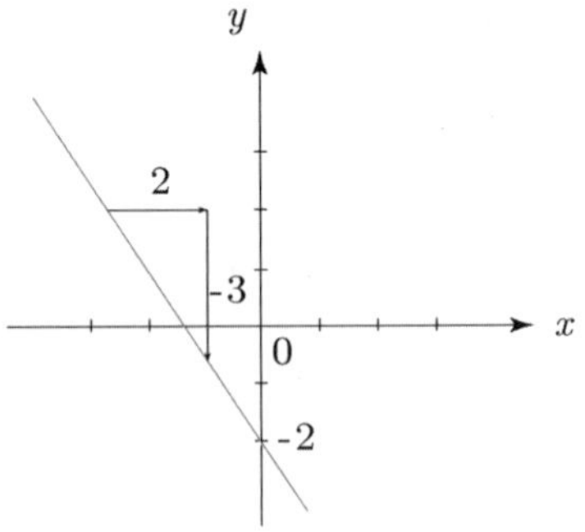

직선의 방정식 $y = ax + b$는 그래프의 표준이 된다고 하여 **직선의 방정식의 표준형**이라고 말합니다.

직선의 방정식의 표준형

- $y=f(x)$꼴 : $y=ax+b$ (a는 기울기, b는 y절편)

표준형 $y=ax+b$를 이용하여 어떤 직선의 방정식을 찾기 위해서는 미지수 a, b에 관한 2개의 연립방정식만 도출하면 됩니다. 즉, 직선에 관한 2개의 조건이 필요한 셈이지요. 예를 들어 두 점 $(1, 1), (2, 3)$을 지나는 직선의 방정식을 구한다고 가정하면 각각의 점 $(1, 1), (2, 3)$을 지난다는 것은 직선의 방정식을 구하는 두 조건이 될 수 있습니다.

① 점 $(1, 1)$을 지난다.
→ 표준형 $y=ax+b$에 점 $(1, 1)$을 대입 : $1=a+b$

② 점 $(2, 3)$을 지난다.
→ 표준형 $y=ax+b$에 점 $(2, 3)$을 대입 : $3=2a+b$

a, b에 관한 연립방정식 $1=a+b$와 $3=2a+b$를 풀면 쉽게 직선의 방정식을 찾을 수 있습니다.

$$1=a+b\text{와 } 3=2a+b \quad \rightarrow \quad a=2,\ b=-1$$

따라서 두 점 $(1, 1), (2, 3)$을 지나는 직선의 방정식은 $y=2x-1$이 됩니다. 간단하죠? 참고로 직선의 방정식 $ax+by+c=0$ ($f(x, y)=0$꼴)을 **직선의 방정식의 일반형**이라고 말하는데, 일반형 $ax+by+c=0$의 그래프를 그리기 위해서는 표준형 $y=ax+b$로 변형한 후 그리면 쉽습니다. 수학적 개념에 따라 표준형 $y=ax+b$를 적용하는 경우도 있고 일반형 $ax+by+c=0$을 적용하는 경우도 있으니 일반형과 표준형을 혼동하지 말아야겠습니다. 그러면 일반형의 직선의 방정식 $ax+by+c=0$과 관련하여 다음 문제를 풀어보도록 하겠습니다. 어떻게 풀지 잠시 생각해 보는 시간을 가져봅시다.

$ab>0$, $bc<0$일 때 직선 $ax+by+c=0$은 어느 사분면을 지나는가?

문제해결을 위한 기본설계가 끝나셨나요? 그러면 함께 풀어보도록 하겠습니다. 우선 직선 $ax+by+c=0$을 표준형으로 바꿔보면 다음과 같습니다.

$$ax+by+c=0 \rightarrow y=-\frac{a}{b}x-\frac{c}{b} \quad (b \neq 0)$$

직선의 방정식 $y=-\frac{a}{b}x-\frac{c}{b}$에서 기울기는 $-\frac{a}{b}$이며, y절편은 $-\frac{c}{b}$가 됩니다. 주어진 조건 '$ab>0$, $bc<0$'를 이용하여 기울기 $-\frac{a}{b}$와 y절편 $-\frac{c}{b}$의 부호를 알아보면 그래프의 개형을 쉽게 확인할 수 있습니다.

i) $ab>0 \rightarrow$ 기울기 $-\frac{a}{b}<0$

(감소하는 직선)

ii) $bc<0 \rightarrow$ y절편 $-\frac{c}{b}>0$

(y축의 양의 값을 가로지른다)

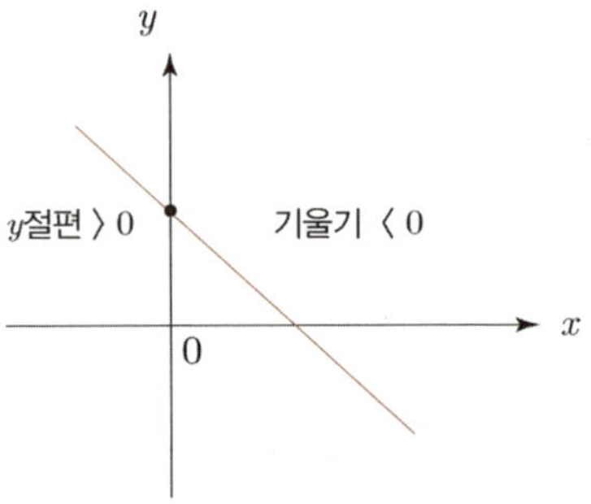

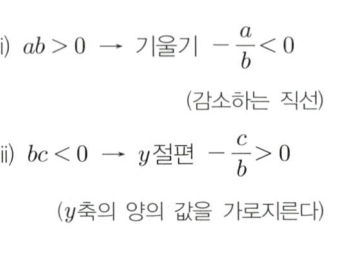

따라서 $ab>0$, $bc<0$일 때 직선 $ax+by+c=0$은 좌표평면의 1, 2, 4사분면을 지나게 됩니다. 참고로 기울기와 y절편의 양과 음의 값과 관련된 직선의 모양을 한번 정리하고 넘어가도록 하겠습니다. 직선의 그래프를 찾을 때 유용하게 활용되니 유심히 읽어보시길 바랍니다.

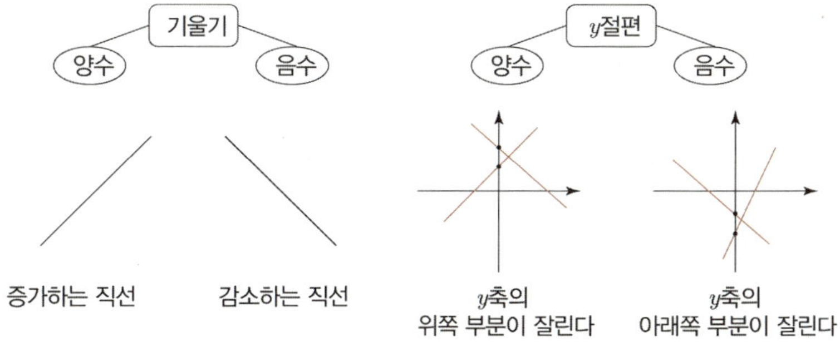

다음 직선의 방정식에 관한 응용문제를 풀어보도록 하겠습니다. 어떻게 풀지 잠시 생각해 보는 시간을 가져봅시다.

점 $(1, 2)$를 지나고 x축과 y축과 이루는 삼각형의 넓이가 4가 되도록 하는 직선 l의 방정식을 구하여라. (단, 직선 l의 기울기는 음수이다)

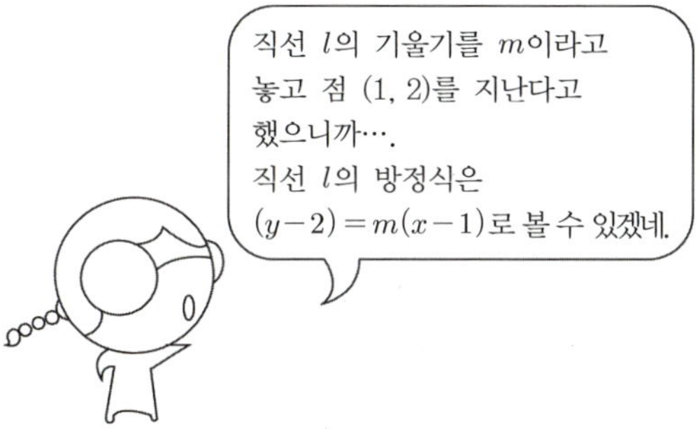

문제해결을 위한 기본설계가 끝나셨나요? 그러면 함께 풀어보도록 하겠습니다. 우선 직선 l의 기울기를 m(미지수)이라고 놓으면 직선 l의 방정식은 다음과 같습니다. 여기서 직선 l은 점 $(1, 2)$를 지납니다.

점 $(1, 2)$를 지나고 기울기가 m인 직선의 방정식 : $y-2=m(x-1)$

우리는 주어진 조건을 이용하여 미지수 m의 값만 찾으면 되는데, 문제에서 직선 l과 x, y축과 이루어진 삼각형의 넓이가 4가 되고 직선 l의 기울기가 음수라고 했으므로 조건에 맞는 삼각형을 그려보면 다음과 같습니다.

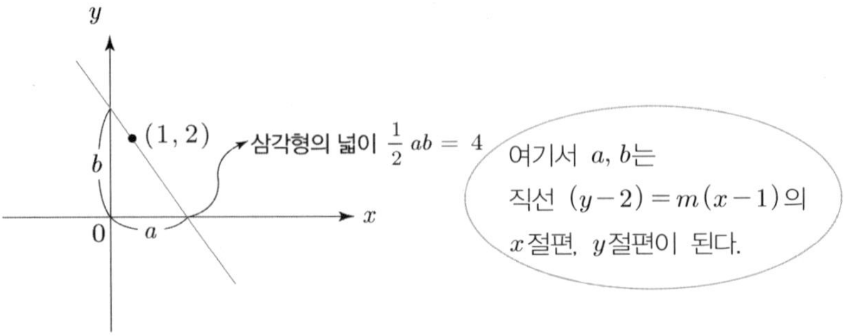

직선 $y-2=m(x-1)$의 x, y절편(a, b값)을 구한 후 삼각형의 넓이에 관한 식 $\frac{1}{2}ab=4$에 대입하면 m에 관한 방정식을 도출해 낼 수 있습니다. $(a>0, b>0)$

$$y-2=m(x-1)$$

$$\begin{cases} x\text{절편 : } y=0\text{일 때의 } x\text{좌표} \rightarrow y=0 : x=\underline{\dfrac{-2}{m}+1} \rightarrow a \\ y\text{절편 : } x=0\text{일 때의 } y\text{좌표} \rightarrow x=0 : y=\underline{-m+2} \rightarrow b \end{cases}$$

$$\frac{1}{2}ab=4 \rightarrow \frac{1}{2}\left(\frac{-2}{m}+1\right)(-m+2)=4$$

방정식을 풀면 $m=-2$가 된다는 것을 쉽게 알 수 있을 것입니다. 따라서 점 $(1, 2)$를 지나고 x축과 y축의 양의 방향과 이루는 삼각형의 넓이가 4가 되는 직선 l의 방정식은 $y=-2x+4$가 됩니다.

좌표축에 평행한 직선의 방정식

우선 x축과 y축에 평행한 직선의 특징을 정리하면 다음과 같습니다.

좌표축에 평행한 직선

① x축에 평행한 직선 : 기울기 0

② y축에 평행한 직선 : 기울기가 없다.

좌표축에 평행한 직선

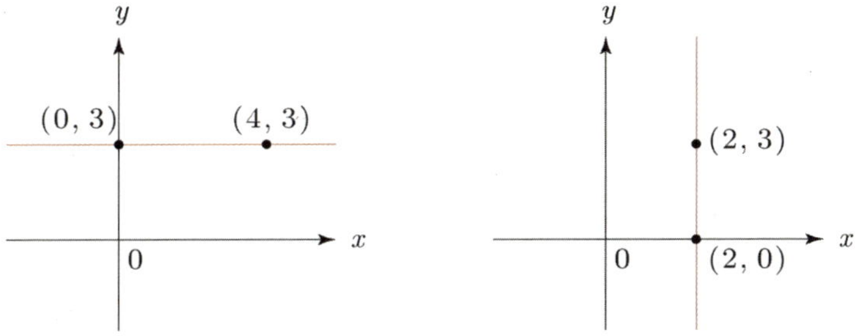

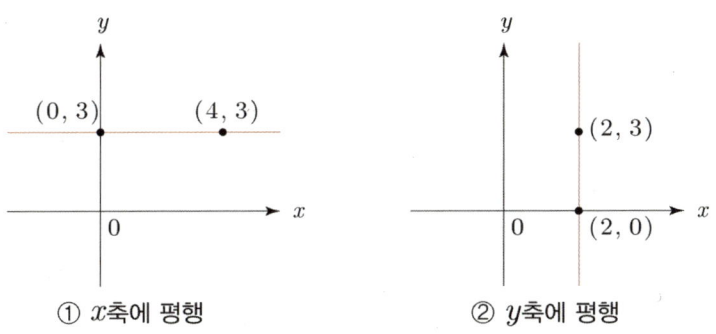

① x축에 평행　　② y축에 평행

다음 좌표축에 평행한 직선의 방정식을 구해보도록 하겠습니다.

① $(0, k)$를 지나고 x축에 평행한 직선

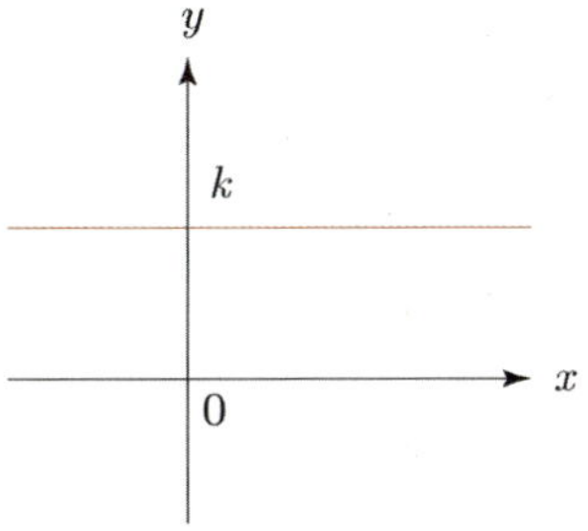

우선 점 $(0, k)$를 지나고 x축에 평행한 직선을 그려보면 오른쪽 그림과 같습니다. x축에 평행하다고 했으므로 직선의 기울기는 0이 됩니다. 또한 점 $(0, k)$는 y축을 가로지르는 점에 해당되므로 k값은 y절편이 됩니다. 여기서 우리가 구하고자 하는 직선의 방정식을 $y=ax+b$(기울기 a, y절편 b)라고 놓으면 a, b의 값은 다음과 같게 됩니다.

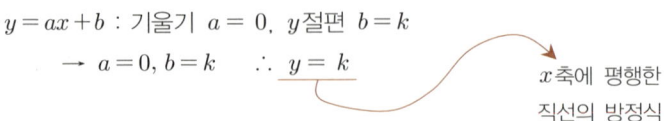

$y=ax+b$: 기울기 $a=0$, y절편 $b=k$

$\rightarrow a=0, b=k \quad \therefore y=k$

x축에 평행한 직선의 방정식

이번에는 $(k, 0)$을 지나고 y축에 평행한 직선의 방정식을 구해보도록 하겠습니다. y축에 평행한 직선은 y값에 관계없이, 즉 임의의 y값에 대해 항상 $x=k$이므로 y의 계수는 0이 될 것입니다.

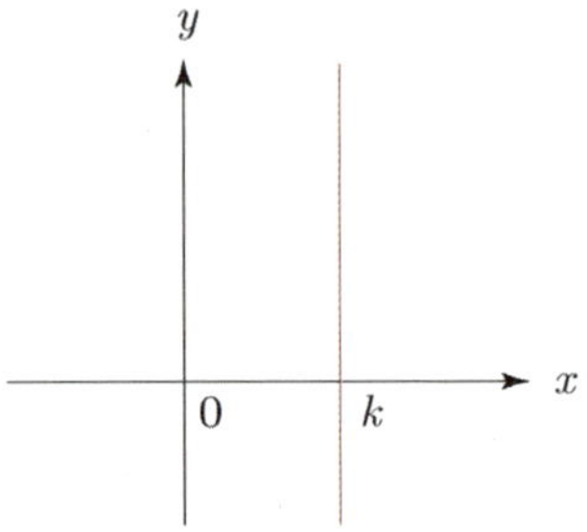

$$0\times y+x=k \rightarrow x=k$$

따라서 $(k, 0)$을 지나고 y축에 평행한 직선의 방정식은 $x=k$가 됩니다.

좌표축에 평행한 직선

① $(0, k)$를 지나고 x축에 평행한 직선 $\rightarrow$ $y=k$

② $(k, 0)$를 지나고 y축에 평행한 직선 $\rightarrow$ $x=k$

예를 들어 $(0, -3)$을 지나고 x축에 평행한 직선은 $y=-3$이 되며 $(4, 0)$을 지나고 y축에 평행한 직선은 $x=4$가 됩니다. 참고로 x축의 방정식은 $y=0$, y축의 방정식은 $x=0$으로 볼 수 있습니다.

두 직선의 위치관계

평면상에서 두 직선은 ① 한 점에서 만나거나(교차), ② 만나지 않거나(평행) 또는 ③ 무수히 많은 점에서 만나는(일치) 경우 중 하나가 될 것입니다.

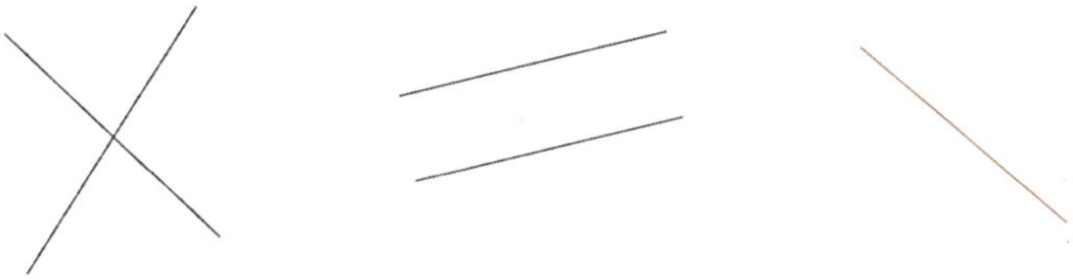

교차　　　　평행　　　　일치

두 직선의 위치관계

① 두 직선이 한 점에서 만난다. (교차)
② 두 직선이 만나지 않는다. (평행)
③ 두 직선이 일치한다. (일치)

그러면 두 직선의 위치관계(교차, 평행, 일치)에 대한 조건을 찾아보도록 하겠습니다. 편의상 두 직선을 $y=ax+b$, $y=a'x+b'$라고 놓겠습니다. 직선의 기울기와 y절편에 유념하면서 천천히 읽어보길 바랍니다.

① 두 직선이 교차할 조건

두 직선 $y=ax+b$, $y=a'x+b'$가 한 점에서 만나기 위해서는 일단 두 직선의 기울기 a와 a'가 달라야 합니다. $(a \neq a')$ 기울기가 서로 다른 두 직선을 상상해 보면 두 직선이 한 점에서 만날 수밖에 없다는 사실을 쉽게 짐작할 수 있을 것입니다.

두 직선 $y=ax+b$,
$y=a'x+b'$가
한 점에서 만날 조건
→ 기울기가 서로 달라야
한다. $(a \neq a')$

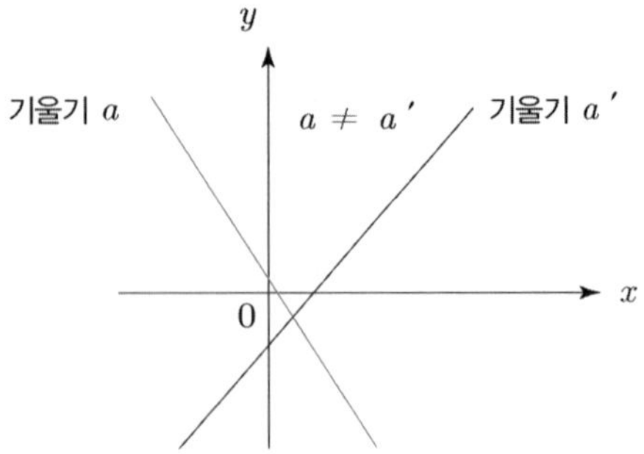

② 두 직선이 평행할 조건

두 직선 $y=ax+b$, $y=a'x+b'$가 서로 만나지 않으려면, 즉 평행하기 위해서는 다음 그림과 같이 두 직선의 기울기는 같아야 하며$(a=a')$, 두 직선의 y절편은 달라야 합니다. $(b \neq b')$

두 직선 $y=ax+b$, $y=a'x+b'$가
만나지 않을 조건
→ 기울기는 같고
y절편은 달라야 한다.
$(a=a',\ b \neq b')$

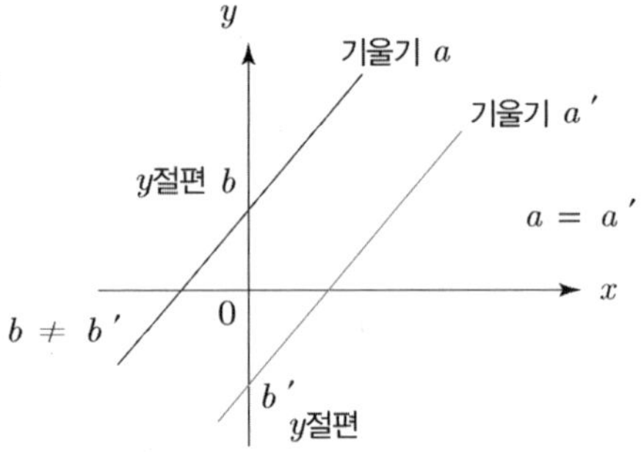

③ 두 직선이 일치할 조건

두 직선 $y=ax+b$, $y=a'x+b'$가 서로 일치하기 위해서는 다음 그림과 같이 두 직선의 기울기와 y절편이 모두 같아야 합니다. 즉, 직선의 방정식이 서로 같아야 하죠.

두 직선 $y=ax+b$, $y=a'x+b'$가 일치할 조건

→ 기울기와 y절편이 모두 같아야 한다. $(a=a',\ b=b')$

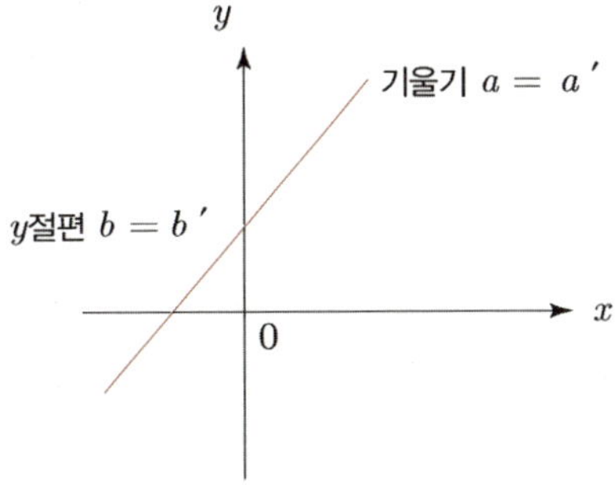

두 직선 $y=ax+b$, $y=a'x+b'$의 위치관계(교차, 평행, 일치)를 정리하면 다음과 같습니다.

두 직선 $y=ax+b$, $y=a'x+b'$의 위치관계

① 한 점에서 만난다. (교차) → $a \neq a'$

② 만나지 않는다. (평행) → $a=a'$, $b \neq b'$

③ 일치한다. (일치) → $a=a'$, $b=b'$

직선의 위치관계와 관련하여 다음 문제를 풀어보도록 하겠습니다. 어떻게 풀지 잠시 생각해 보는 시간을 가져봅시다.

점 (1, 3)을 지나고 $x-y+4=0$에 평행한 직선의 방정식을 구하여라.

문제해결을 위한 기본설계가 끝나셨나요? 그러면 함께 풀어보도록 하겠습니다. 우선 구하고자 하는 직선을 $y=ax+b$라고 놓으면 직선 $y=ax+b$와 $x-y+4=0$은 서로 평행하므로 두 직선의 기울기는 같게 됩니다. 일단 직선 $x-y+4=0$의 기울기를 찾아보겠습니다. 표준형으로 변형하면 쉽게 찾을 수 있겠죠?

$$\text{표준형 } y=x+4$$

$$x-y+4=0 \rightarrow \text{기울기 } 1$$

따라서 직선 $y=ax+b$의 기울기는 1이 됩니다. ($a=1$) 또한 직선 $y=ax+b$가 점 (1, 3)을 지난다고 했으므로 직선의 방정식에 점 (1, 3)을 대입하면 등식이 성립합니다. 우리는 여기서 y절편 b의 값을 구할 수 있습니다.

점 (1, 3)

$$y=ax+b \rightarrow 3=1\cdot 1+b \rightarrow b=2$$

$a=1$

따라서 점 (1, 3)을 지나고 직선 $x-y+4=0$에 평행한 직선의 방정식은 $y=x+2$가 됩니다.

두 직선의 수직관계

주위를 둘러보면 네모난 물건들이 얼마나 많은지 모릅니다. TV, 책상, 컴퓨터, 냉장고 등 많은 물건들이 네모의 형태를 띠고 있습니다. 네모난 물건이 많다는 것은 그만큼 직각(90°)이 일상생활에서 큰 영향을 미친다는 것을 의미하기도 하죠.

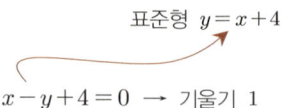

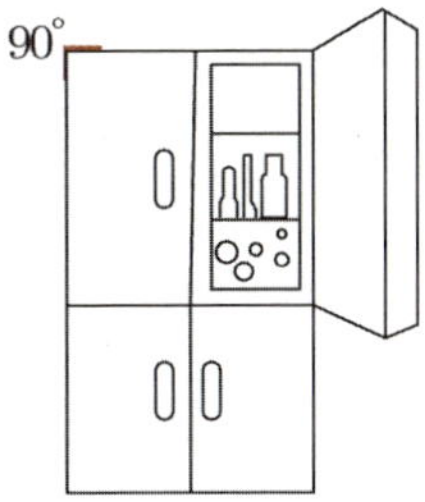

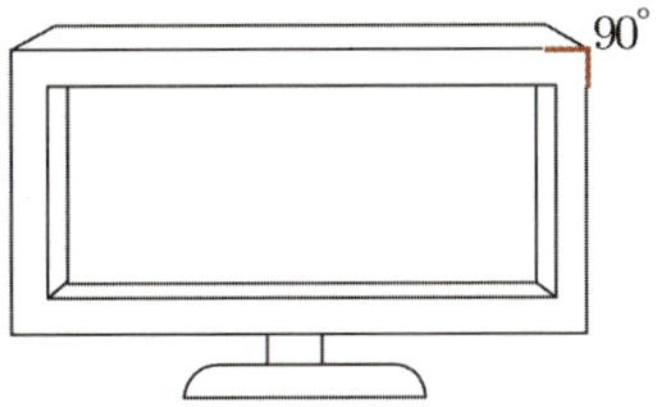

두 직선 $y=ax+b$, $y=a'x+b'$가 **수직(垂直)**이 되는 조건은 무엇일까요? 두 직선 $y=ax+b$, $y=a'x+b'$이 서로 수직이 될 조건은 두 직선의 기울기(a, a')와 아주 밀접한 관련이 있습니다. 다음 그림과 같이 한 직선을 조금만 기울이면 두 직선은 서로 수직(90°)이 될 수 있기 때문이죠.

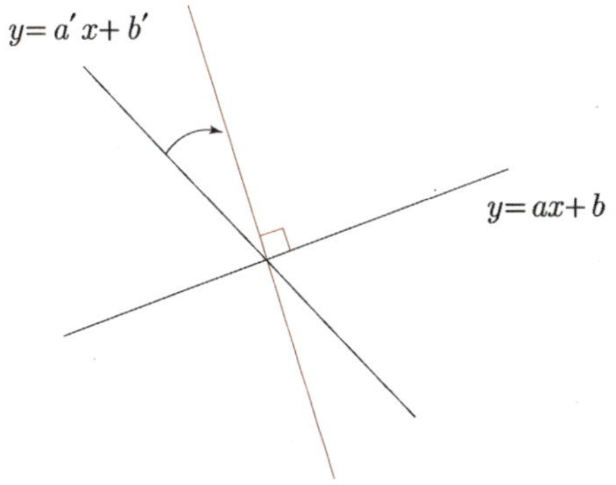

그러면 직선의 기울기와 관련하여 두 직선의 수직조건에 대해 알아보도록 하겠습니다. 우선 원점을 지나고 서로 수직인 두 직선 $y=ax$, $y=a'x$를 생각해 봅시다. 여기서 공식을 유도하는 과정이 복잡하므로 가급적 천천히 읽어 내려가시길 바랍니다.

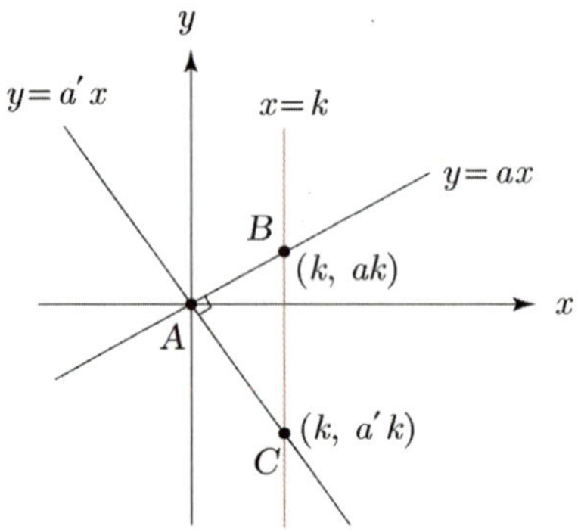

그림에서 보는 바와 같이 y축에 평행한 직선 $x=k$를 그린 후 두 직선과의 교점 B, C의 좌표를 찾으면 다음과 같습니다. 여기서 A는 원점 $(0, 0)$입니다.

$$B=(k,\ ak)\quad C=(k,\ a'k)$$

직각삼각형 ABC에 피타고라스의 정리를 적용하면 a와 k의 관계식을 도출해 낼 수 있습니다. 여기서 두 점의 (x_1, y_1), (x_2, y_2)의 거리는 $\sqrt{(x_2-x_1)^2+(y_2-y_1)^2}$ 임을 기억해 봅니다.

$$\overline{BC}^2=\overline{AB}^2+\overline{AC}^2$$
$$\rightarrow (ak-a'k)^2=\{(k-0)^2+(ak-0)^2\}+\{(k-0)^2+(a'k-0)^2\}$$

위 식을 정리하면 $aa'=-1$이 된다는 사실을 쉽게 알 수 있을 것입니다.
(계산과정 생략)

두 직선의 수직조건

두 직선 $y=ax+b$, $y=a'x+b'$가 서로 수직일 때 두 직선의 기울기의 곱은 -1이 된다. $\rightarrow aa'=-1$

두 직선의 수직조건과 관련하여 다음 문제를 풀어보도록 하겠습니다. 어떻게 풀지 잠시 생각해 보는 시간을 가져봅시다.

점 (1, 3)을 지나고 $y=2x-1$에 수직인 직선의 방정식을 구하여라.

문제해결을 위한 기본설계가 끝나셨나요? 그러면 함께 풀어보도록 하겠습니다. 우선 구하고자 하는 직선을 $y=ax+b$라고 놓으면 직선 $y=ax+b$와 $y=2x-1$은 서로 수직이므로 두 직선의 기울기의 곱은 -1이 됩니다. 즉, 직선 $y=2x-1$의 기울기가 2이므로 직선 $y=ax+b$의 기울기 a는 $-\frac{1}{2}$이 되겠죠? 또한 직선 $y=ax+b$가 점 (1, 3)을 지난다고 했으므로 직선의 방정식에 점 (1, 3)을 대입하면 등식이 성립합니다. 우리는 여기서 y절편 b의 값을 쉽게 구할 수 있습니다.

점 $(1, 3)$

$$y=ax+b \rightarrow 3=\left(-\frac{1}{2}\right)\cdot 1+b \rightarrow b=\frac{7}{2}$$

$a=-\frac{1}{2}$

따라서 점 (1, 3)을 지나고 직선 $y=2x-1$에 수직인 직선의 방정식은 $y=-\frac{1}{2}x+\frac{7}{2}$이 됩니다. 어렵지 않죠?

연립방정식과 직선과의 관계

점 (x_1, y_1)이 직선 $y=ax+b$ 위에 있다는 것은 상수 x_1, y_1을 직선의 방정식 $y=ax+b$에 대입하면 등식이 성립한다는 것을 의미합니다. 즉, x_1, y_1은 '직선의 방정식의 해'가 되는 셈이지요.

직선의 방정식의 해	⇔	직선 위의 점
$y=ax+b$ 위에 있는 점 (x_1, y_1)	⇔	점 (x_1, y_1)을 식에 대입하면 등식이 성립 $y_1=ax_1+b$

그러면 두 직선의 교점은 무엇을 의미할까요? 두 직선의 방정식 $y=ax+b$, $y=a'x+b'$는 x, y에 관한 연립방정식으로 볼 수 있으므로 두 직선의 교점의 좌표는 '연립방정식 $y=ax+b$, $y=a'x+b'$의 해'가 될 수 있습니다.

두 직선의 교점

두 직선 $y=ax+b$와 $y=a'x+b'$의 교점을 (α, β)라고 할 때 직선의 방정식에 α, β를 대입하면 등식이 성립하므로 교점 (α, β)는 연립방정식 $y=ax+b$, $y=a'x+b'$의 해가 된다.

- $y=ax+b \rightarrow \beta=a\alpha+b$
- $y=a'x+b' \rightarrow \beta=a'\alpha+b'$

다음 두 직선 $y=x+1$과 $y=2x$의 교점의 좌표를 구해보도록 하겠습니다. 여기서 연립방정식의 해를 구하면 쉽게 답을 찾을 수 있습니다.

연립방정식 $y=x+1, y=2x$의
해 : $x=1,\ y=2$

두 직선 $y=x+1,\ y=2x$의
교점의 좌표 : $(1, 2)$

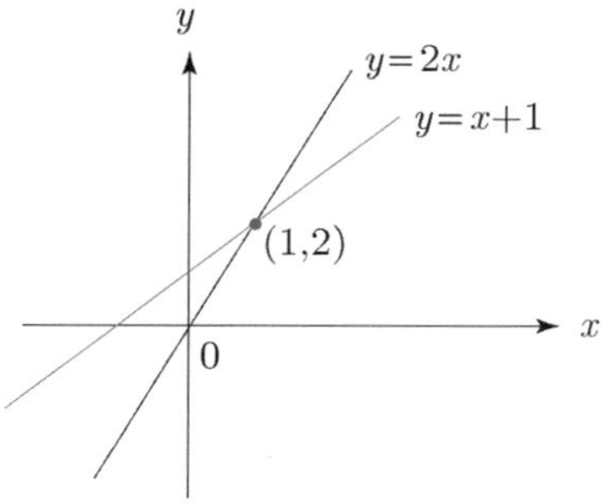

두 직선의 교점(연립방정식의 해)은 직선의 위치관계(교차, 평행, 일치)와 밀접한 관련이 있습니다.

$$y=ax+b,\ \ y=a'x+b'$$

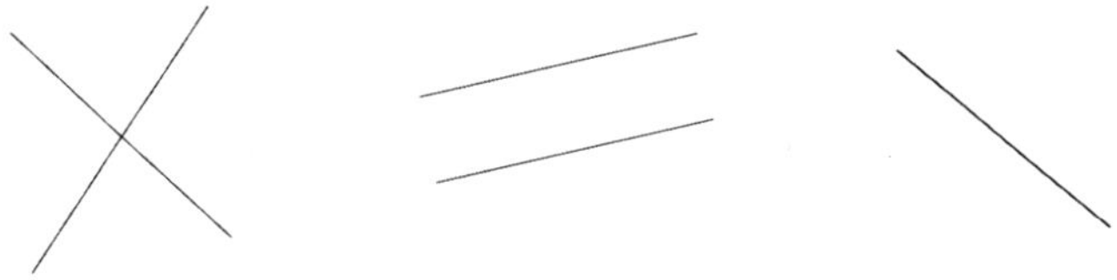

교차　　　평행　　　일치

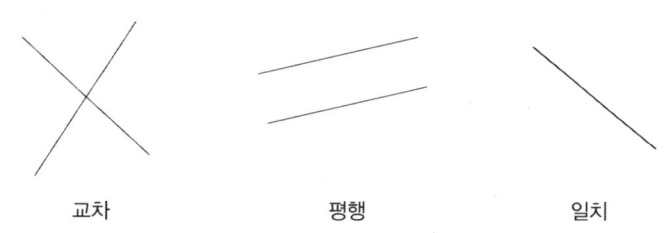

직선의 위치관계		연립방정식의 해
한 점에서 만난다. (교차) → 기울기가 다르다. $(a \neq a')$		한 쌍의 해를 갖는다.
만나지 않는다. (평행) → 기울기는 같고, y절편은 다르다. $(a=a', b \neq b')$	⇔	해가 없다. (불능)
일치한다. (일치) → 기울기와 y절편이 같다. $(a=a',\ b=b')$		해가 무수히 많다. (부정)

다음 연립방정식의 해의 개수를 구해보도록 하겠습니다. 여기서 두 직선의 기울기와 y절편을 비교하면 교점의 개수, 즉 연립방정식의 해의 개수를 쉽게 알 수 있습니다.

① $x-2y-1=0,\ 3x-y+1=0$
② $2x+y+1=0,\ 4x+2y+3=0$
③ $x+2y-1=0,\ 2x+4y-2=0$

①의 경우, 연립방정식 $x-2y-1=0,\ 3x-y+1=0$을 표준형($y=f(x)$)으로 변형한 후 기울기와 y절편을 서로 비교해 보면 다음과 같습니다.

$x-2y-1=0 \ \rightarrow \ y=\frac{1}{2}x-\frac{1}{2}$: 기울기 $\frac{1}{2}$ y절편 $-\frac{1}{2}$
$3x-y+1=0 \ \rightarrow \ y=3x+1$: 기울기 3 y절편 1

두 직선 $y=\frac{1}{2}x-\frac{1}{2}$과 $y=3x+1$은 기울기가 서로 다르므로 한 점에서 만납니다. 즉, 교점의 개수는 1개가 되는 셈이지요. 따라서 x, y에 관한 연립방정식 $x-2y-1=0,\ 3x-y+1=0$의 해의 개수는 1개가 됩니다.

②의 경우도 마찬가지입니다. 연립방정식 $2x+y+1=0,\ 4x+2y+3=0$을 표준형($y=f(x)$)으로 변형한 후 기울기와 y절편을 서로 비교해 보겠습니다.

$2x+y+1=0 \ \rightarrow \ y=-2x-1$: 기울기 -2 y절편 -1
$4x+2y+3=0 \ \rightarrow \ y=-2x-\frac{3}{2}$: 기울기 -2 y절편 $-\frac{3}{2}$

두 직선의 기울기는 서로 같지만 y절편이 다르므로 평행한 직선이 됩니다. 즉, 두 직선의 교점은 없습니다. 따라서 x, y에 관한 연립방정식 $2x+y+1=0,\ 4x+2y+3=0$의 해는 존재하지 않습니다. (불능)

③의 경우도 마찬가지로 연립방정식 $x+2y-1=0$, $2x+4y-2=0$을 표준형($y=f(x)$)으로 변형한 후 기울기와 y절편을 서로 비교해 보면 다음과 같습니다.

$x+2y-1=0 \rightarrow y=-\frac{1}{2}x+\frac{1}{2}$: 기울기 $-\frac{1}{2}$ y절편 $\frac{1}{2}$

$2x+4y-2=0 \rightarrow y=-\frac{1}{2}x+\frac{1}{2}$: 기울기 $-\frac{1}{2}$ y절편 $\frac{1}{2}$

두 직선의 기울기와 y절편은 서로 같으므로 두 직선은 일치합니다. 따라서 x, y에 관한 연립방정식 $x+2y-1=0$, $2x+4y-2=0$의 해는 무수히 많게 됩니다. 이를 연립방정식에서는 '부정'이라고 하죠. 참고로 두 직선 $ax+by+c=0$, $a'x+b'x+c'y=0$(일반형)의 위치관계는 다음과 같이 정리할 수 있는데, 앞서 배웠던 연립방정식의 부정과 불능조건을 생각해 보면서 천천히 이해해 보도록 하겠습니다.

$ax+by+c=0$, $a'x+b'y+c'=0$ (일반형)의 위치관계

- 교차 : $\frac{a}{a'} \neq \frac{b}{b'}$ → x, y의 계수의 비가 서로 다르다.
- 평행 : $\frac{a}{a'} = \frac{b}{b'} \neq \frac{c}{c'}$
  → 변수항의 배수관계와 상수항의 배수관계가 다르다.
- 일치 : $\frac{a}{a'} = \frac{b}{b'} = \frac{c}{c'}$
  → 변수항의 배수관계와 상수항의 배수관계가 같다.

직선의 방정식과 항등식

직선의 방정식과 항등식은 어떤 연관성이 있을까요? 먼저 항등식의 개념(성질)부터 살펴보도록 하겠습니다. 내용이 좀 난해하므로 두 직선의 교점의 개념과 항등식의 개념을 천천히 짚어가면서 읽어보시길 바랍니다.

항등식의 성질

k에 관한 항등식이란 'k값에 관계없이' 항상 성립하는 등식을 말하며 $A+Bk=0$이 k에 관한 항등식일 때 $A=0,\ B=0$이 된다.

다항식 A, B를 각각 직선 $A=ax+by+c$와 $B=a'x+b'y+c'$로 놓고 k에 관한 항등식으로 작성해 보면 다음과 같습니다. 참고로 식 $(ax+by+c)+k(a'x+b'y+c')=0$은 x, y에 관한 1차식이므로 직선의 방정식이 된다는 사실을 잊지 말아야겠습니다. (단, k는 상수)

$$\begin{matrix} A+Bk=0 \\ A=0,\ B=0 \end{matrix} \quad \Leftrightarrow \quad \begin{matrix} (ax+by+c)+k(a'x+b'y+c')=0 \\ ax+by+c=0, \quad a'x+b'y+c'=0 \end{matrix}$$

항등식과 직선? 어렵네.
일단 x, y에 관한 1차식이
직선이 된다는 사실만
정확히 기억해 두자.

두 직선 $ax+by+c=0$과 $a'x+b'y+c'=0$이 한 점 (x_1, y_1)에서 만날 때 $ax_1+by_1+c=0$과 $a'x_1+b'y_1+c'=0$이 성립하므로, 직선 $(ax+by+c)+k(a'x+b'y+c')=0$은 k값에 관계없이 항상 점 (x_1, y_1)을 지난다고 말할 수 있습니다.

두 직선 $ax+by+c=0$와 $a'x+b'y+c'=0$이 한 점 (x_1, y_1)에서 만난다. → $ax_1+by_1+c=0$, $a'x_1+b'y_1+c'=0$

k로 두 식을 연결

$$(\underbrace{ax_1+by_1+c}_{0})+k(\underbrace{a'x_1+b'y_1+c'}_{0})=0$$

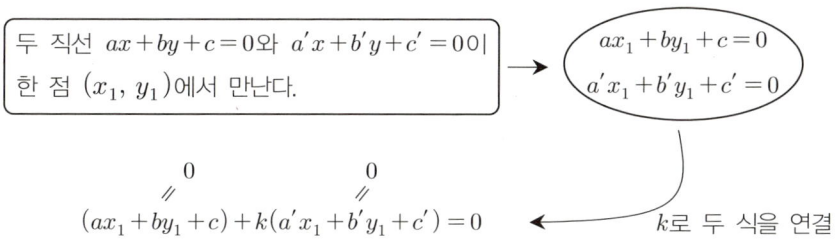

즉, 직선 $(ax+by+c)+k(a'x+b'y+c')=0$에 x_1, y_1을 대입하면 k값에 관계없이 항상 등식이 성립하므로, 직선 $(ax+by+c)+k(a'x+b'y+c')=0$은 점 (x_1, y_1)을 지나는 직선으로 볼 수 있게 되는 것이죠. 따라서 직선의 방정식 $(ax+by+c)+k(a'x+b'y+c')=0$은 k값에 관계없이 항상 두 직선 $ax+by+c=0$과 $a'x+b'y+c'=0$의 교점 (x_1, y_1)을 지나는 직선이 됩니다. 좀 난해하죠? 이 부분은 항등식과 두 직선의 교점의 개념을 정확히 알고 있어야 이해할 수 있습니다. 만약 이해가 잘 안 된다면 다시 한 번 천천히 읽어보시길 바랍니다.

두 직선의 교점을 지나는 직선

두 직선 $ax+by+c=0$, $a'x+b'y+c'=0$의 교점을 지나는 직선의 방정식은 $(ax+by+c)+k(a'x+b'y+c')=0$이 된다.
(단, 두 직선 $ax+by+c=0$, $a'x+b'y+c'=0$은 한 점에서 만난다)

다음 예시를 통해 '두 직선의 교점을 지나는 직선'을 직접 확인해 보도록 하겠습니다. 여기서 k값에 관계없이 두 직선의 교점을 지나는지도 확인해 보겠습니다.

$2x-y+1=0$, $x+y-1=0$의 교점 $(0, 1)$을 지나는 직선의 방정식 $\longrightarrow$ $(2x-y+1)+k(x+y-1)=0$

① $k=0$: $2x-y+1=0$
  → $(0, 1)$ 대입 → $2 \cdot 0-1+1=0$ (성립)

② $k=1$: $3x=0$
  → $(0, 1)$ 대입 → $3 \cdot 0=0$ (성립)

③ $k=2$: $4x+y-1=0$
  → $(0, 1)$ 대입 → $4 \cdot 0-1+1=0$ (성립)

두 직선의 교점을 지나는 직선과 관련하여 다음 문제를 풀어보도록 하겠습니다. 어떻게 풀지 잠시 생각해 보는 시간을 가져봅시다.

두 직선 $x-y+2=0$, $-2x-2y+3=0$의 교점과 점 (2, 1)을 지나는 직선을 구하여라.

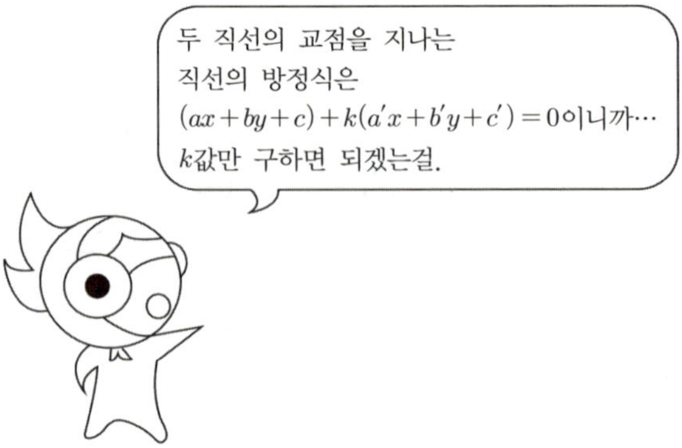
두 직선의 교점을 지나는
직선의 방정식은
$(ax+by+c)+k(a'x+b'y+c')=0$이니까…
k값만 구하면 되겠는걸.

문제해결을 위한 기본설계가 끝나셨나요? 그러면 함께 풀어보도록 하겠습니다. 우선 두 직선 $x-y+2=0$, $-2x-2y+3=0$의 교점을 지나는 방정식은 다음과 같습니다.

$$x-y+2+k(-2x-2y+3)=0 \text{ (}k\text{는 상수)}$$

문제에서 위 직선이 점 (2, 1)을 지난다고 했으므로 점 (2, 1)을 위 식에 대입하면 등식이 성립합니다.

$$2-1+2+k((-2)\cdot 2-2\cdot 1+3)=0 \quad \rightarrow \quad k=1$$

따라서 직선의 방정식 $x-y+2+k(-2x-2y+3)=0$에 $k=1$을 대입한 직선의 방정식 $-x-3y+5=0$은 두 직선 $x-y+2=0$과 $-2x-2y+3=0$의 교점 그리고 점 (2, 1)을 지나는 직선이 됩니다. 사실 위 문제는 항등식을 이용하지 않고 교점을 직접 구한 다음 직선의 방정식을 구할 수도 있습니다. 두 직선의 교점을 지나는 방정식 $(ax+by+c)k+(a'x+b'y+c')=0$을 굳이 암기할 필요는 없습니다. 다만 여기서 직선의 방정식에 항등식의 원리를 적용했다는 사실만은 반드시 기억하고 넘어가야 합니다. 다음에 배울 원의 방정식에서도 다시 한 번 다루기 때문이죠. 참고로 직선의 방정식에 대한 항등식의 원리를 역으로 설명하면 다음과 같습니다.

항등식의 원리의 역

미정계수를 1개 포함하고 있는 직선은 미정계수값에 관계없이 항상 정해진 한 점을 지나는 직선이라고 말할 수 있다.

ex) $(2k+1)x-(k+1)y+1=0 \quad \rightarrow \quad (x-y+1)+k(2x-y)=0$

$\therefore$ k값에 관계없이 두 직선 $x-y+1=0$과 $2x-y=0$의 교점을 지난다.

미정계수를 포함한 직선의 방정식과 관련하여 다음 문제를 풀어보도록 하겠습니다. 어떻게 풀지 잠시 생각해 보는 시간을 가져봅시다.

> **두 점 $A(1,\ 2), B(3,\ 0)$을 잇는 선분 $\overline{AB}$와 직선 $(1+k)x+y+3+k=0$이 한 점에서 만나기 위한 k값의 범위를 구하여라.**

문제해결을 위한 기본설계가 끝나셨나요? 그러면 함께 풀어보도록 하겠습니다. 우선 직선 $(1+k)x+y+3+k=0$을 k에 관하여 정리하면 다음과 같습니다.

$$(1+k)x+y+3+k=0 \quad \rightarrow \quad (x+y+3)+k(x+1)=0$$

직선 $(x+y+3)+k(x+1)=0$은 k값에 관계없이 두 직선 $x+y+3=0$과 $x+1=0$의 교점을 지나는 직선입니다.

두 직선 $x+y+3=0$과 $x+1=0$의 교점 → $(-1,\ -2)$

그렇다면 점 $(-1,\ -2)$를 지나고 선분 $\overline{AB}$와 한 점에서 만나는 직선 $(1+k)x+y+3+k=0$을 좌표평면에 그려보면 다음과 같습니다.

직선
$(1+k)x+y+3+k=0$이
선분 $\overline{AB}$와 만날 수 있도록
점 $(-1,\ -2)$를 기준으로
직선을 회전시켜 봐야겠다.

$$\left.\begin{aligned} x+y+3&=0 \\ x+1&=0 \end{aligned}\right) \text{ 교점 } (-1,\ -2)$$

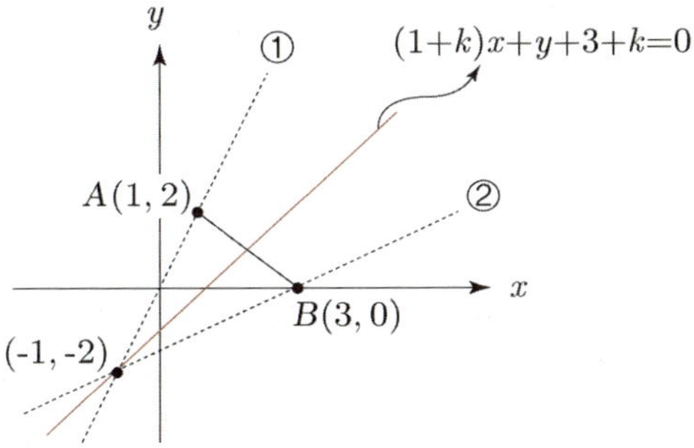

직선 $(1+k)x+y+3+k=0$이 선분 $\overline{AB}$와 만나기 위해서는 직선 ①과 ②의 사이에 있어야 합니다. 다시 말하면 직선 $(1+k)x+y+3+k=0$의 기울기 $-(1+k)$의 값은 직선 ①의 기울기보다는 작거나 같으며 직선 ②의 기울기보다는 크거나 같아야 한다는 말이죠.

직선 ① : $A(1,2)$와 $(-1,\ -2)$의 기울기

$\rightarrow\ \dfrac{-2-2}{-1-1}=2\geq-(1+k)$

직선 ② : $B(3,0)$과 $(-1,\ -2)$의 기울기

$\rightarrow\ \dfrac{-2-0}{-1-3}=\dfrac{1}{2}\leq-(1+k)$

$\rightarrow\ -3\leq k\leq-\dfrac{3}{2}$

따라서 두 점 $A(1,\ 2)$, $B(3,\ 0)$을 잇는 선분 $\overline{AB}$와 직선 $(1+k)x+y+3+k=0$이 한 점에서 만나기 위한 k값의 범위는 $-3\leq k\leq-\dfrac{3}{2}$가 됩니다.

점과 직선 사이의 거리

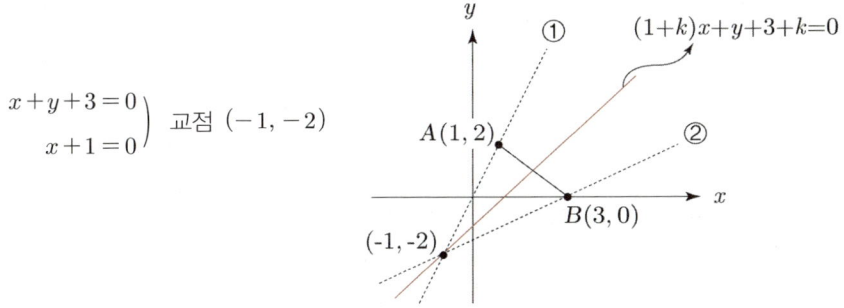

두 점 $(x_1,\ y_1)$, $(x_2,\ y_2)$ 사이의 거리는 공식 $\sqrt{(x_2-x_1)^2+(y_2-y_1)^2}$을

통해 쉽게 구할 수 있습니다. 그렇다면 점과 직선 사이의 거리는 어떻게 구할 수 있을까요? 먼저 '점과 직선 사이의 거리'를 정의해 보도록 하겠습니다.

점과 직선 사이의 거리

점 A와 직선 l 사이의 거리는 점 A에서 직선 l에 내린 수선의 발(점 H)과 점 A와의 거리를 말한다.

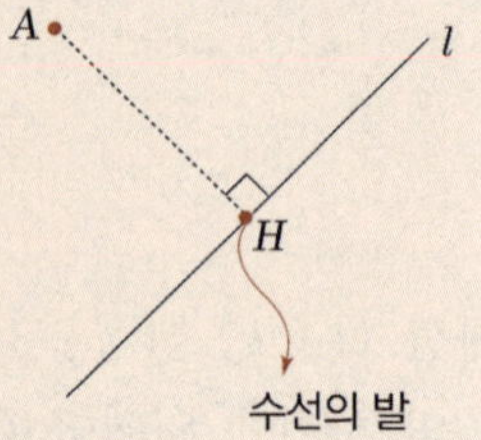

먼저 점 (x_1, y_1)과 좌표축(x, y축)에 평행한 직선 사이의 거리를 구해보도록 하겠습니다. 좌표축에 평행한 직선 $y=a$, $x=b$와 점 (x_1, y_1) 사이의 거리는 다음 그림에서 보는 바와 같이 간단히 계산할 수 있습니다. 여기서 d는 점과 직선 사이의 거리가 됩니다.

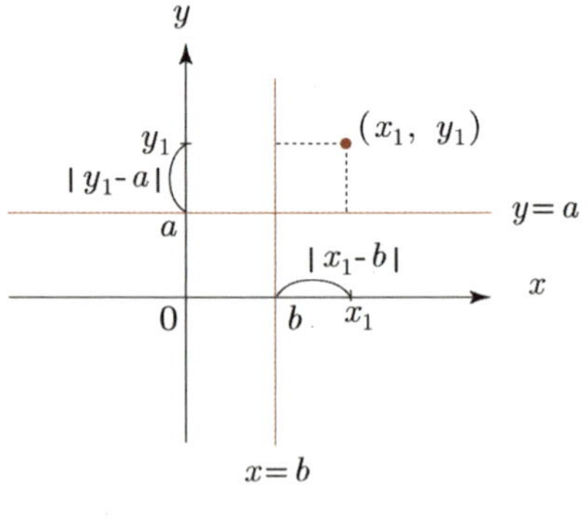

① x축에 평행한 직선 $y=a$와 점 (x_1, y_1) 사이의 거리

→ $d=|y_1-a|$

② y축에 평행한 직선 $x=b$와 점 (x_1, y_1) 사이의 거리

→ $d=|x_1-b|$

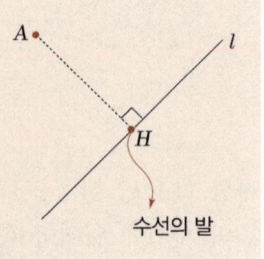

e메일을 통해 저자에게 직접 학습상담을 받아볼 수 있습니다. (기특수학 저자 **이형욱** : lhwmc99@sdm.go.kr)

아무리 문제를 많이 풀어도 수학이 쉽지 않군.
단순히 반복적으로 문제를 많이 푼다고 해서 수학실력이 늘지는 않아.
도출형 학습방식이란...
문제를 통해 필요한 개념을 도출한 후, 그 개념을 바탕으로 문제해결방법을 찾아내는 학습방식이다
먼저 문제를 풀기 위해 필요한 개념부터 찾아야지.
그다음에 개념을 활용해서 식을 세우는 방법을 머릿속으로 설계해야 해.
아~ 개념을 찾으면서 문제를 풀면 변형된 문제도 쉽게 풀 수 있겠군.
즉, 한 문제를 풀어도 여러 문제를 풀 수 있는 능력이 생기니까 수학을 효율적으로 공부할 수 있어.

그러면 다음 주어진 점과 직선 사이의 거리를 구해보도록 하겠습니다.

① $2y-1=0$, $(-1, 2)$ ② $x-2=0$, $(3, 4)$

①의 경우, 방정식의 변수가 y뿐이므로 x축에 평행한 직선이라는 사실을 쉽게 알 수 있습니다. 점 $(-1, 2)$와 x축에 평행한 직선 $2y-1=0$ 사이의 거리는 점의 y좌표와 직선의 방정식을 만족하는 y값의 차와 같습니다. 점 (x_1, y_1)과 직선 $y=a$ 사이의 거리가 $d=|y_1-a|$이므로 점 $(-1, 2)$와 직선 $2y-1=0(y=\frac{1}{2})$ 사이의 거리는 $d=\left|2-\frac{1}{2}\right|=\frac{3}{2}$이 됩니다. 따라서 직선 $2y-1=0$과 점 $(-1, 2)$ 사이의 거리는 $\frac{3}{2}$이 됩니다.

②의 경우, 방정식의 변수가 x뿐이므로 y축에 평행한 직선이라는 사실을 쉽게 알 수 있습니다. 점 $(3, 4)$와 y축에 평행한 직선 $x-2=0$ 사이의 거리는 점의 x좌표와 직선의 방정식을 만족하는 x값의 차와 같습니다. 점 (x_1, y_1)과 직선 $x=b$ 사이의 거리는 $d=|x_1-b|$이므로 점 $(3, 4)$와 직선 $x-2=0(x=2)$ 사이의 거리는 $d=|3-2|=1$이 됩니다. 쉽죠? 따라서 직선 $x-2=0$과 점 $(3, 4)$ 사이의 거리는 1이 됩니다.

이번에는 점 (x_1, y_1)과 x, y축에 평행하지 않은 직선 $ax+by+c=0$(일반형) 사이의 거리를 구해보도록 하겠습니다. 우선 점 $A(x_1, y_1)$과 직선 $ax+by+c=0$ 사이의 거리는 다음 그림과 같이 점 $A(x_1, y_1)$과 점 H(A에서 직선에 내린 수선의 발)와의 거리와 같습니다. 즉, 점 H의 좌표만 알 수 있다면 두 점 사이의 거리공식을 이용하여 손쉽게 $\overline{AH}$(점 A와 직선 $ax+by+c=0$ 사이의 거리)를 구할 수 있게 되죠.

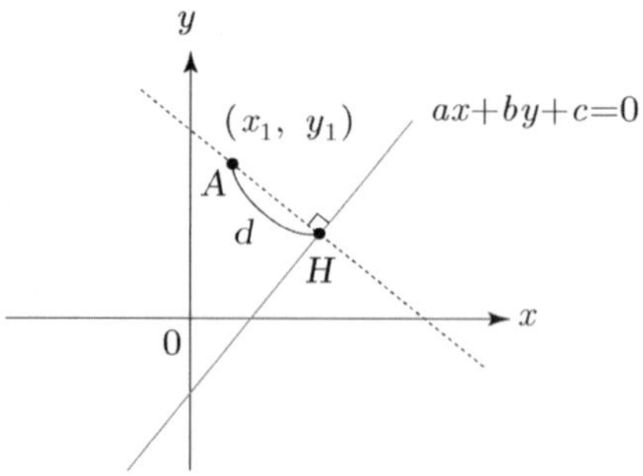

그러면 교점 H의 좌표를 찾아보도록 하겠습니다. 점 H의 좌표를 구하기 위해서는 점 A에서 직선 $ax+by+c=0$에 내린 '수선의 방정식'부터 알아야 합니다. 즉, 수선의 방정식과 직선 $ax+by+c=0$을 연립하면 교점 H의 좌표를 찾을 수 있기 때문이죠. 일단 두 직선이 서로 수직일 때 두 직선의 기울기의 곱은 -1이 된다는 사실을 이용하여 수선의 기울기 m을 구해보겠습니다. 여기서 직선 $ax+by+c=0$의 기울기는 $-\dfrac{a}{b}$이 됩니다. (표준형 $y=-\dfrac{a}{b}x-\dfrac{c}{b}$)

$$(-\frac{a}{b})\times m=-1 \quad \rightarrow \quad m=\frac{b}{a}$$

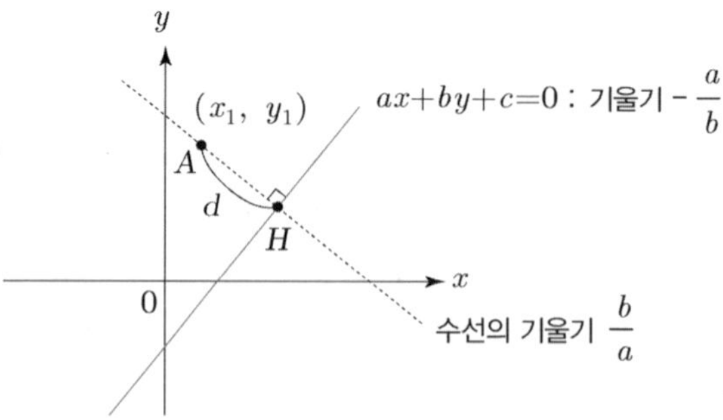

즉, 기울기가 $\frac{b}{a}$이고 점 (x_1, y_1)을 지나는 직선의 방정식이 바로 우리가 구하고자 하는 수선의 방정식이 됩니다. 여기서 기울기 m, 점 (x_1, y_1)을 지나는 직선의 방정식이 $y-y_1=m(x-x_1)$임을 기억해 봅니다.

수선의 방정식

: 기울기 $\frac{b}{a}$이고 점 (x_1, y_1)을 지난다. → $y-y_1=\frac{b}{a}(x-x_1)$

수선의 방정식이 $y-y_1=\frac{b}{a}(x-x_1)$이므로 직선 $ax+by+c=0$과 연립하여 점 H의 좌표를 구한 다음 점 A와 H와의 거리를 찾으면 점 $A(x_1, y_1)$과 직선 $ax+by+c=0$ 사이의 거리공식을 유도할 수 있습니다. (계산과정 생략)

점 $A(x_1, y_1)$과 직선 $ax+by+c=0$ 사이의 거리 : $d=\frac{|ax_1+by_1+c|}{\sqrt{a^2+b^2}}$

참고로 y축, 직선, 그리고 수선이 만드는 삼각형의 넓이를 이용하면 좀 더 쉽게 점과 직선 사이의 거리공식을 유도할 수 있습니다. 여기서 중요한 것은 공식을 유도하는 데 있어 '어떤 원리(개념)를 적용했느냐'와 '임의의 한 점과 직선을 알고 있다면 점과 직선 사이의 거리를 쉽게 구할 수 있는 공식'이 있다는 사실입니다. 그러면 점과 직선 사이의 거리공식을 이용하여 다음 점과 직선 사이의 거리를 구해보도록 하겠습니다. 공식에 대입만 하면 금방 답을 찾을 수 있을 것입니다.

점 $(1, 2)$와 직선 $2x+y-3=0$의 거리

$$d=\frac{|ax_1+by_1+c|}{\sqrt{a^2+b^2}} \rightarrow \frac{|2+2-3|}{\sqrt{2^2+1^2}}=\frac{1}{\sqrt{5}}$$

참고로 점 (x_1, y_1)과 직선 $y = ax + b$(표준형) 사이의 거리공식은 다음과 같다. (표준형의 경우, 미정계수를 2개(a, b)로 줄일 수 있다)

$$d = \frac{|ax_1 - y_1 + b|}{\sqrt{a^2 + (-1)^2}} \qquad (y = ax + b \rightarrow ax - y + b = 0)$$

점과 직선 사이의 거리공식을 이용하면 좌표평면 위의 세 점 $O(0,0)$, $A(x_1, y_1)$, $B(x_2, y_2)$를 꼭짓점으로 하는 삼각형의 넓이공식을 유도할 수 있습니다. 단, 점 O, A, B는 일직선 위에 있지 않습니다.

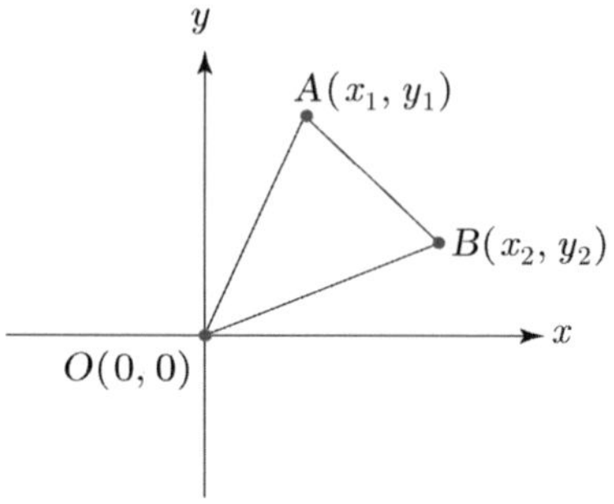

앞에서 배운 공식을 하나씩 생각하면서 다음 증명과정을 천천히 읽어보시길 바랍니다. (중간 계산과정은 생략한다)

- 점 O와 B의 거리 : $\sqrt{x_2^2 + y_2^2}$
- 직선 $\overline{OB}$의 방정식 : $y = (\frac{y_2}{x_2})x$
- 직선 $\overline{OB}$와 점 A 사이의 거리 :

$$d = \frac{\left|\frac{y_2}{x_2}x_1 - y_1\right|}{\sqrt{(\frac{y_2}{x_2})^2 + (-1)^2}} = \frac{|x_1y_2 - x_2y_1|}{\sqrt{x_2^2 + y_2^2}}$$

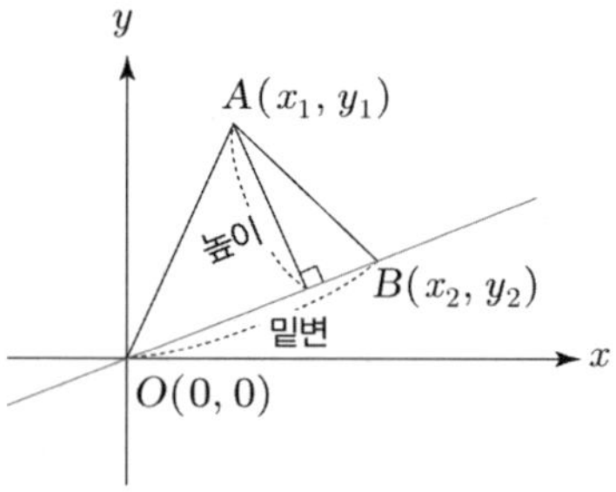

삼각형의 넓이 : $\frac{1}{2} \times$(밑변)$\times$(높이)

$$= \frac{1}{2} \times \sqrt{x_2^2 + y_2^2} \times \frac{|x_1y_2 - x_2y_1|}{\sqrt{x_2^2 + y_2^2}} = \frac{1}{2}|x_1y_2 - x_2y_1|$$

예를 들어 세 점 $(0,0)$, $(3,4)$, $(-2,-5)$를 꼭짓점으로 하는 삼각형의 넓이는 $\frac{1}{2}|(-15)-(-8)|=\frac{7}{2}$이 됩니다. 참고로 뒤쪽에서 점의 평행이동을 배우게 되면 임의의 세 점 (x_1, y_1), (x_2, y_2), (x_3, y_3)을 꼭짓점으로 하는 삼각형의 넓이공식을 쉽게 유도할 수도 있습니다. 그러면 점과 직선 사이의 거리공식과 관련하여 몇 문제 더 풀어보도록 하겠습니다. 어떻게 풀지 잘 생각하면서 각자 풀어보시길 바랍니다.

직선 $x+y-1=0$과의 거리가 $\sqrt{2}$가 되는 점 $P(k, 0)$을 지나고 기울기가 3인 직선의 방정식을 구하여라. (단, $k>0$)

정답 $y=3x-9$

다음 문제는 자취와 관련된 문제입니다. 자취의 개념, 기억하시죠?

두 직선 $2x+y-1=0$, $-x+2y+1=0$과 같은 거리에 있는 점의 자취를 구하여라.

자취 문제네. 일단 조건에 맞는 점을 (x, y)로 놓고 x, y의 관계식을 세워봐야겠다.
점 (x, y)와 직선 $2x+y-1=0$ 사이의 거리와 점 (x, y)와 직선 $-x+2y+1=0$ 사이의 거리는 같으니까….

정답 $3x-y-2=0$, $x+3y=0$

도형에 관한 문제를 풀 때 가장 중요한 것은 '주어진 조건에서 도형에 관한 원리를 어떻게 도출해 낼 수 있느냐' 하는 것입니다. 단순히 공식을 많이 외우는 것이 중요한 게 아니라는 사실을 반드시 명심하시길 바랍니다. 하지만 공식을 다 외우진 못해도 필요할 때마다 꺼내 쓸 수는 있어야겠죠?

개념 한눈에 보기

1. 직선의 결정조건

① 두 점이 주어졌을 때 ② 한 점과 기울기가 주어졌을 때

2. 직선의 기울기

두 점 $(x_1, y_1), (x_2, y_2)$를 지나는 직선의 기울기 : $\dfrac{\Delta y}{\Delta x}=\dfrac{y_2-y_1}{x_2-x_1}$

3. 기울기(m)와 직선의 형태

① 기울기가 양의 값($m>0$)을 가질 경우 → 증가하는 직선
기울기가 음의 값($m<0$)을 가질 경우 → 감소하는 직선

② $|m|$의 값이 클수록 → 가파른 직선(y축에 근접한 직선)
$|m|$의 값이 작을수록 → 완만한 직선(x축에 근접한 직선)

4. 직선의 방정식

① 두 점 (x_1, y_1), (x_2, y_2)를 지나는 직선의 방정식

: $y-y_1=\left(\dfrac{y_2-y_1}{x_2-x_1}\right)(x-x_1)$

② 점 (x_1, y_1)을 지나고 기울기가 m인 직선의 방정식 : $y-y_1=m(x-x_1)$

5. 좌표축에 평행한 직선

① $(0, k)$를 지나고 x축에 평행한 직선(기울기 0) : $y=k$

② $(k, 0)$을 지나고 y축에 평행한 직선(기울기가 없다) : $x=k$

6. 직선의 방정식의 표준형과 일반형

① 표준형($y=f(x)$) : $y=ax+b$ (a:기울기, b:y절편)

② 일반형($f(x, y)=0$) : $ax+by+c=0$

7. 두 직선 $y=ax+b$, $y=a'x+b'$의 위치관계

① 한 점에서 만난다. (교차) : $a\neq a'$

② 만나지 않는다. : $a=a'$, $b\neq b'$

③ 일치한다. (일치) : $a=a'$, $b=b'$

④ 두 직선이 서로 수직이다. : $aa'=-1$(기울기의 곱)

8. 두 직선의 교점을 지나는 직선

두 직선 $ax+by+c=0$, $a'x+b'y+c'=0$의 교점을 지나는 직선의 방정식
→ $(ax+by+c)+k(a'x+b'y+c')=0$

9. 점과 직선 사이의 거리

점 (x_1, y_1)과 직선 $ax+by+c=0$ 사이의 거리 : $d=\dfrac{|ax_1+by_1+c|}{\sqrt{a^2+b^2}}$

도출형 학습방식으로 다음 문제를 풀어보도록 하겠습니다. (개념이 잘 기억나지 않으면 앞의 내용을 찾아보길 바란다)

도형의 방정식 $x^2-y^2+2x+1=0$이 두 직선을 나타낼 때 두 직선과 y축으로 둘러싸인 삼각형의 넓이를 구하여라.

1단계 개념도출 문제를 풀기 위해서는 어떤 개념을 알아야 할까요?

2단계 개념설명 개념을 알고 있다면 간단히 설명해 보길 바랍니다.

3단계 문제해결 그러면 어떻게 문제를 해결할 수 있을까요?

도형의 방정식 $x^2-y^2+2x+1=0$이 두 직선을 나타낼 때 두 직선과 y축으로 둘러싸인 삼각형의 넓이를 구하여라.

1단계

문제를 풀기 위해서는 어떤 개념을 알아야 할까요?

직선의 방정식과 그래프, 인수분해, 두 수의 곱셈원리 등의 개념을 알아야 한다.

2단계

개념을 알고 있다면 간단히 설명해 보길 바랍니다.

직선의 방정식

일반적으로 x, y에 관한 1차식은 직선의 방정식을 나타낸다.

(표준형 : $y=ax+b$, 일반형 : $ax+by+c=0$)

직선의 그래프

표준형 : $y=ax+b$ (기울기 : a, y절편 : b)

(y절편 : $x=0$에 대응하는 y값)

인수분해

변수가 2개인 식을 인수분해하기 위해서는 한 문자에 관하여 내림차순으로 정리해 본다.

$x^2+(A+B)x+AB=(x+A)(x+B)$

두 수의 곱셈원리

두 수 또는 두 식의 곱이 0일 때 다음이 성립한다.

$A\times B=0 \quad \Leftrightarrow \quad A=0 \text{ or } B=0$

3단계 그러면 어떻게 문제를 해결할 수 있을까요?

주어진 도형의 방정식 $x^2-y^2+2x+1=0$이 두 직선을 나타낸다는 것은 x, y에 관한 2개의 1차식으로 인수분해된다는 것을 의미한다. 즉, x, y에 관한 1차식은 직선을 의미하기 때문이다.

따라서 식 $x^2-y^2+2x+1=0$을 인수분해한 다음 두 직선의 방정식을 구하여 두 직선과 y축으로 둘러싸인 삼각형의 넓이를 찾아보면 쉽게 문제를 해결할 수 있을 것이다.

정답이 궁금한 학생들은 다음 정답풀이를 참고하시기 바랍니다.

주어진 도형의 방정식 $x^2-y^2+2x+1=0$이 두 직선의 방정식을 나타낸다고 했으므로 x, y에 관한 1차식으로 인수분해된다는 것을 알 수 있다. 먼저 주어진 식을 x에 관하여 내림차순으로 정리해 보자.

$$x^2-y^2+2x+1=0 \rightarrow x^2+2x+(1-y^2)=0$$
$$\rightarrow x^2+2x+(1+y)(1-y)=0$$

(인수분해공식 : $x^2+(A+B)x+AB=(x+A)(x+B)$를 적용)

$$x^2+2x+(1+y)(1-y)=0 \rightarrow (x+1+y)(x+1-y)=0$$

두 수의 곱셈원리를 적용하여 2개의 직선의 방정식을 도출한 후, 직선의 그래프를 그려보면,

$$A\times B=0 \Leftrightarrow A=0 \text{ or } B=0$$
$$\underbrace{(x+1+y)}_{0}\underbrace{(x+1-y)}_{0}=0 \rightarrow y=-x-1,\ y=x+1$$

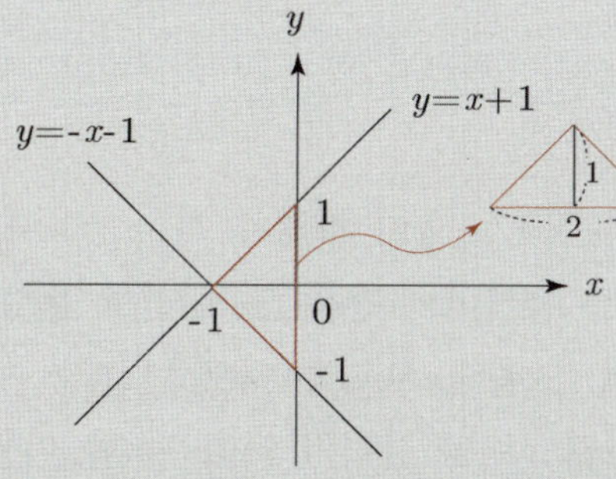

두 직선과 y축으로 둘러싸인 삼각형의 넓이는 1이 된다.

정답 1

3 원

원의 방정식

원이란 무엇일까요? 좌표평면에서 원에 대해 정의해 보도록 하겠습니다.

원의 정의

원이란 평면 위의 한 점 (a, b)로부터 일정한 거리(r)만큼 떨어진 점의 집합(자취)을 말하며, 여기서 (a, b)를 원의 중심, r을 원의 반지름이라고 한다.

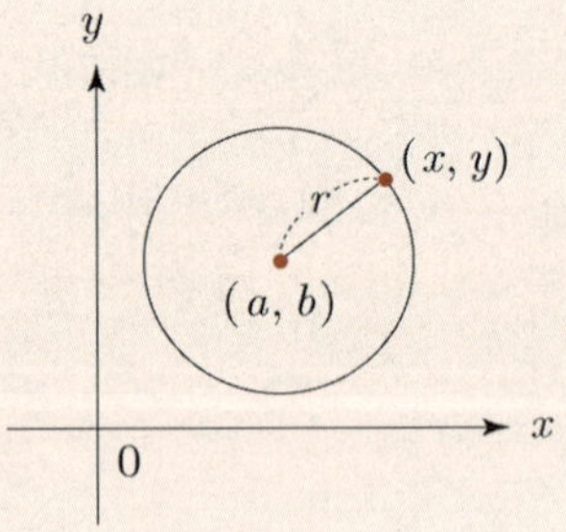

원도 평면 위의 도형이므로 x, y의 관계식 $f(x, y)=0$으로 표현할 수 있습니다. 그러면 원 위를 움직이는 점을 (x, y)라고 놓고 원의 정의를 이용하여 x, y의 관계식을 도출해 보도록 하겠습니다. 여기서 점 (x, y)와 (a, b)의 거리가 r이므로 두 점 사이의 거리공식을 이용하면 쉽게 x, y의 관계식을 유도할 수 있습니다. 또한 a, b, r은 상수이며 두 점 (x_1, y_1), (x_2, y_2) 사이의 거리는 $\sqrt{(x_2-x_1)^2+(y_2-y_1)^2}$ 라는 사실을 기억해 봅니다.

두 점 (a, b)와 (x, y)의
거리는 r과 같다.
→ $\sqrt{(x-a)^2+(y-b)^2}=r$
(x, y의 관계식)

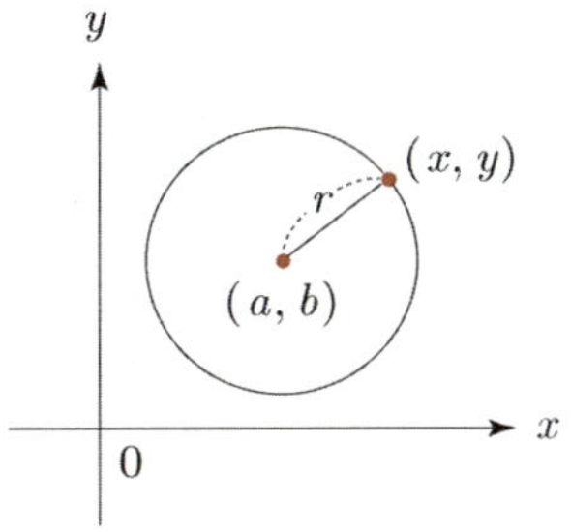

양변을 제곱하면 원의 방정식 $(x-a)^2+(y-b)^2=r^2$을 도출할 수 있습니다.

원의 방정식(표준형)

$(x-a)^2+(y-b)^2=r^2$ (원의 중심 : (a, b), 반지름 : r)

우리는 원의 방정식 $(x-a)^2+(y-b)^2=r^2$을 통해 원의 중심 (a, b)와 반지름 r을 쉽게 알 수 있습니다. 이는 그래프의 표준이 되기 때문에 **원의 방정식의 표준형**이라고 말합니다. 다음 원의 방정식의 그래프를 그려보도록 하겠습니다.

① $(x-1)^2+(y-2)^2=1$ → 원의 중심 $(1, 2)$, 반지름 1
② $(x+1)^2+(y+3)^2=4$ → 원의 중심 $(-1, -3)$, 반지름 2

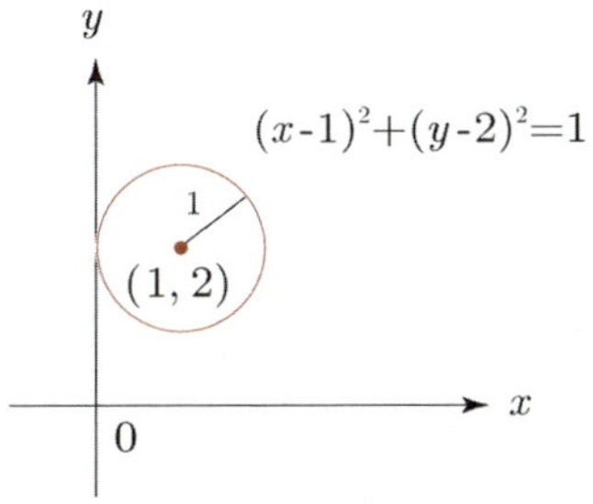

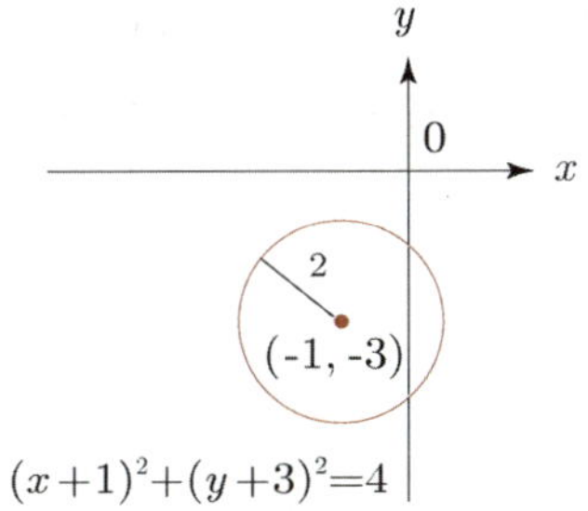

원의 방정식 찾기

원의 중심 (a, b)와 반지름 r만 알고 있으면 우리는 원의 방정식(표준형)을 쉽게 찾을 수 있습니다.

원의 방정식(표준형)

$(x-a)^2+(y-b)^2=r^2$

원의 중심 : (a, b), 반지름 : r

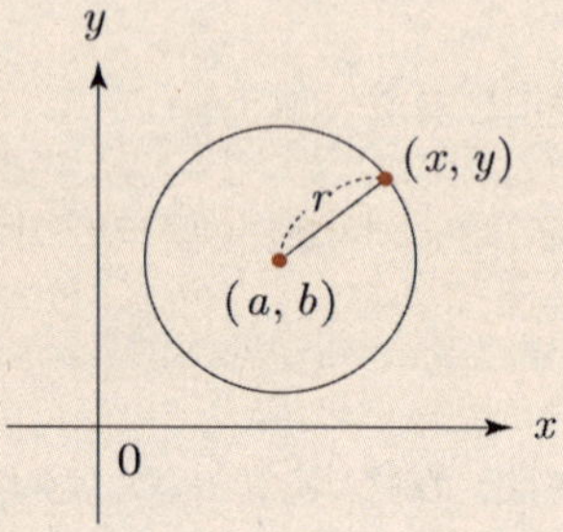

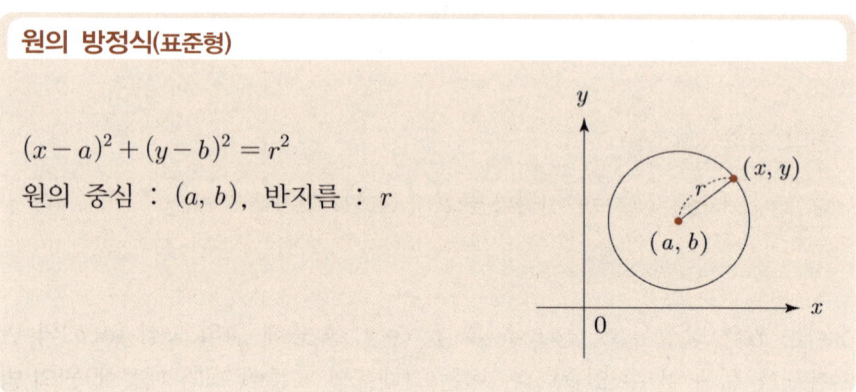

다음 조건에 맞는 원의 방정식을 찾아보도록 하겠습니다. 일단 원의 중심과 반지름을 찾아봅시다.

점 (−1, 2)를 중심으로 하고 지름이 6인 원

원의 방정식을 $(x-a)^2+(y-b)^2=r^2$이라고 놓고, 주어진 조건을 이용하여 a, b, r의 값을 구하면 다음과 같습니다.

점 (−1, 2)가 원의 중심이라고 했으므로 $a=-1$, $b=2$가 된다.
지름이 6이므로 원의 반지름은 3이 된다. $(r=3)$

따라서 구하고자 하는 원의 방정식은 $(x+1)^2+(y-2)^2=3^2$이 됩니다. 일반적으로 표준형에서는 반지름을 쉽게 파악하기 위해 r^2을 계산하지 않고 제곱의 형태로 놔두는 경우가 많습니다. 그러면 원의 방정식과 관련하여 다음 응용문제를 풀어보도록 하겠습니다. 어떻게 풀지 잠시 생각해 보는 시간을 가져봅시다.

점 (1, 2)를 지나고 x, y축에 동시에 접하는 원의 방정식을 구하여라.

문제해결을 위한 기본설계가 끝나셨나요? 그러면 함께 풀어보도록 하겠습니다. 우선 점 (1, 2)를 지나고 x, y축에 동시에 접하는 원을 그려보면 다음과 같습니다.

원의 중심의 좌표를 (a, b)라고 하고, 원의 반지름을 r이라고 할 경우,

x축, y축에 접하는 원은 $a=b=r$이 성립한다는 것을 알 수 있다.
(단 $a>0$, $b>0$이다)

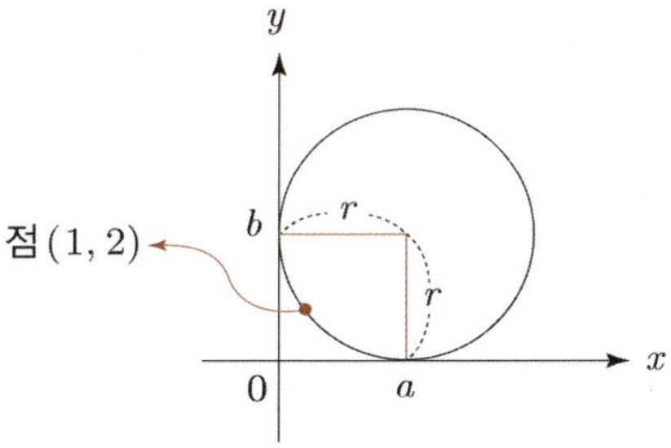

원의 방정식을 $(x-a)^2+(y-b)^2=r^2$이라고 할 경우, 그림에서 보는 바와 같이 x, y축에 동시에 접하는 원은 '$a=b=r$'의 관계가 성립합니다. 여기서 미지수 b, r을 a로 표현해 보면 다음과 같습니다.

$$(x-a)^2+(y-b)^2=r^2 \quad \rightarrow \quad (x-a)^2+(y-a)^2=a^2$$

이 원은 점 (1, 2)를 지난다고 했으므로 원의 방정식에 $x=1$, $y=2$를 대입하면 등식이 성립합니다. 즉, a에 관한 방정식이 도출되므로 방정식을 풀면 a값을 쉽게 구할 수 있게 되는 것이지요. ($a=1, 5$: 계산과정 생략)

따라서 점 (1, 2)를 지나고 x, y축에 동시에 접하는 원의 방정식은 $(x-1)^2+(y-1)^2=1^2$과 $(x-5)^2+(y-5)^2=5^2$이 됩니다.

원의 방정식(일반형)

표준형이란 좌표평면에서 그래프를 그릴 때 표준이 되는 식의 형태를 말합니다. 그렇다면 일반적인 원의 방정식(일반형) $f(x, y)=0$을 구해보도록 하겠습니다. 여기서 표준형 $(x-a)^2+(y-b)^2=r^2$을 전개하면 원의 방정식의 일반형 $f(x, y)=0$을 도출해 낼 수 있습니다. (일반형은 완전제곱을 전개한 식으로 상당히 복잡해 보일 수도 있지만 변수 x, y에 대한 특성을 이해한다면 그리 어렵지 않게 다룰 수 있을 것이다)

$$(x-a)^2+(y-b)^2=r^2$$
$$\rightarrow\ x^2+y^2-2ax-2by+(a^2+b^2-r^2)=0 \quad \text{(내림차순 정리)}$$

전개된 식의 계수를 간단히 정리하면 다음과 같습니다. 여기서 $A=-2a$, $B=-2b$, $C=a^2+b^2-r^2$로 치환해 봅시다.

$$x^2+y^2+Ax+By+C=0$$

식이 한결 간단해졌죠? 그러나 이것이 전부가 아닙니다. 방정식 $x^2+y^2+Ax+By+C=0$이 온전한 원의 방정식이 되기 위해서는 '반지름이 양수'라는 조건을 충족해야 합니다. 즉, 반지름의 조건은 계수 A, B, C에 대한 제한조건이 되는 것이죠. 그러면 일반형 $x^2+y^2+Ax+By+C=0$을 다시 표준형으로 변형하여 원의 반지름이 양수가 되는 A, B, C의 조건을 찾아보도록 하겠습니다.

$$x^2+y^2+Ax+By+C=0 \;\rightarrow\; (x+\frac{A}{2})^2+(y+\frac{B}{2})^2=\frac{A^2+B^2-4C}{4}$$

$$r^2=\frac{A^2+B^2-4C}{4}>0 \quad\rightarrow\; A^2+B^2-4C>0$$

즉, 방정식 $x^2+y^2+Ax+By+C=0$이 온전한 원의 방정식이 되기 위해서는 $A^2+B^2-4C>0$라는 조건이 반드시 수반되어야 합니다.

원의 방정식(일반형)

$$x^2+y^2+Ax+By+C=0 \text{ (단, } A^2+B^2-4C>0)$$

조건 $A^2+B^2-4C>0$를 굳이 외울 필요는 없습니다. 단지 일반형을 표준형으로 바꿀 수만 있으면 되기 때문이죠. 참고로 원의 방정식(일반형)은 'x^2항, y^2항의 계수가 같고 xy항이 없다'는 특징을 가지고 있습니다. 다음 방정식 $f(x, y)=0$이 어떤 도형을 나타내는지 판별해 보도록 하겠습니다.

$$x^2+y^2+4x-2y+4=0$$

일단 x^2, y^2항의 계수가 같고 xy항이 없는 것으로 보아 원의 방정식일 가능성이 높습니다. 온전한 원의 방정식이 되기 위해서는 표준형 $(x-a)^2+(x-b)^2=r^2$으로 변형했을 때 반지름이 양의 값을 갖는지 확인해 봐야 합니다. 그러면 위 식을 표준형으로 바꿔보도록 하겠습니다. (일단 x, y에 관한 완전제곱식을 만들기 위한 상수항을 찾아본다)

$$y^2 - 2y + \underline{1} = (y-1)^2$$

$$x^2 + y^2 + 4x - 2y + 4 = 0 \rightarrow (x^2 + 4x) + (y^2 - 2y) + 4 = 0$$

$$x^2 + 4x + \underline{4} = (x+2)^2$$

x, y에 관한 완전제곱식이 되기 위해서는 x쪽에 상수항 +4, y쪽에 상수항 +1이 필요합니다. 여기서 x쪽에 4를 더하고 빼주고, y쪽에 1을 더하고 빼주어서 완전제곱식의 형태로 정리해 보면 다음과 같습니다.

$$x^2 + y^2 + 4x - 2y + 4 = 0$$

$$\rightarrow \boxed{x^2 + 4x + 4} - 4 + \boxed{y^2 - 2y + 1} - 1 + 4 = 0 \quad \rightarrow (x+2)^2 + (y-1)^2 = 1$$

도출된 원의 방정식 $(x+2)^2 + (y-1)^2 = 1$은 중심의 좌표가 $(-2, 1)$이고, 반지름이 1인 원이 된다는 사실을 알 수 있습니다. 즉, $x^2 + y^2 + 4x - 2y + 4 = 0$은 원의 방정식이 되는 셈이지요.

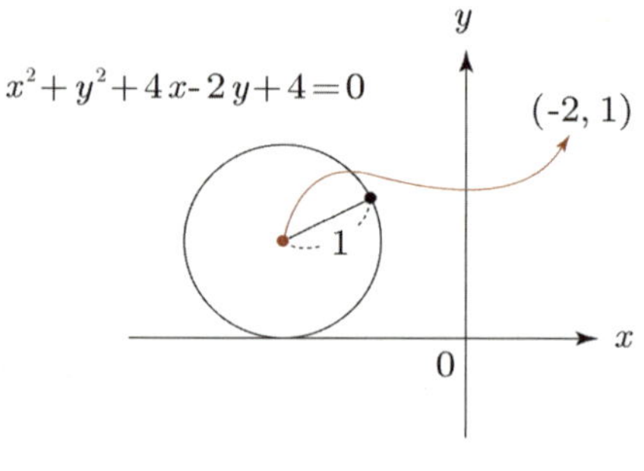

조건에 맞는 원의 방정식 찾기 (1)

다음 주어진 조건을 이용하여 원의 방정식을 도출해 보도록 하겠습니다. 어떻게 풀지 잠시 생각해 보는 시간을 가져봅시다.

점 (1, 3), (3, −1)을 지름의 양 끝점으로 하는 원의 방정식을 구하여라.

문제해결을 위한 기본설계가 끝나셨나요? 그러면 함께 풀어보도록 하겠습니다. 우선 주어진 조건에 맞는 원의 방정식을 $(x-a)^2+(y-b)^2=r^2$으로 놓고 미정계수 a, b, r의 값을 구해보면 다음과 같습니다. 여기서 두 점 (1, 3), (3, −1)이 지름의 양 끝점이라고 했으므로 두 점의 중점은 원의 중심이 된다는 것을 쉽게 알 수 있습니다.

$$\text{두 점 } (1,\ 3),\ (3,\ -1) \ \rightarrow \ \text{중점 } \left(\frac{1+3}{2},\ \frac{3-1}{2}\right)=(2,\ 1)$$

$$\text{원의 중심 } (2,\ 1) \qquad \therefore\ a=2,\ b=1$$

또한 두 점 (1, 3), (3, −1) 사이의 거리는 지름이 되므로 여기서 반지름 r의 값을 쉽게 구할 수 있습니다.

두 점 (1, 3), (3, −1) 사이의 거리

$$\rightarrow \sqrt{(3-1)^2+(-1-3)^2}=\sqrt{20}=2\sqrt{5} \rightarrow \text{지름 } 2\sqrt{5}\ (\text{반지름 } r=\sqrt{5})$$

따라서 점 (1, 3), (3, −1)을 지름의 양 끝점으로 하는 원의 방정식은 중심이 $(2,\ 1)$이고 반지름이 $\sqrt{5}$인 원 $(x-2)^2+(y-1)^2=(\sqrt{5})^2$이 됩니다.

(표준형 $(x-a)^2+(y-b)^2=r^2$에 $a=2$, $b=1$, $r=\sqrt{5}$을 대입하면 쉽게 원의 방정식을 구할 수 있다)

원의 중심이 직선 $y=x+1$ 위에 있고 x축에 접하면서 점 $(-1,\ -2)$를 지나는 원의 방정식을 구하여라.

문제해결을 위한 기본설계가 끝나셨나요? 그러면 함께 풀어보도록 하겠습니다. 우선 원의 방정식을 $(x-a)^2+(y-b)^2=r^2$으로 놓고 조건에 맞게 그래프를 그려보도록 하겠습니다. 먼저 중심 $(a,\ b)$가 직선 $y=x+1$ 위에 있고 x축에 접하면서 점 $(-1,\ -2)$를 지나는 원을 그려보면 다음과 같습니다.

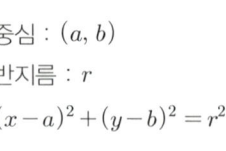

중심 : $(a,\ b)$
반지름 : r
$(x-a)^2+(y-b)^2=r^2$

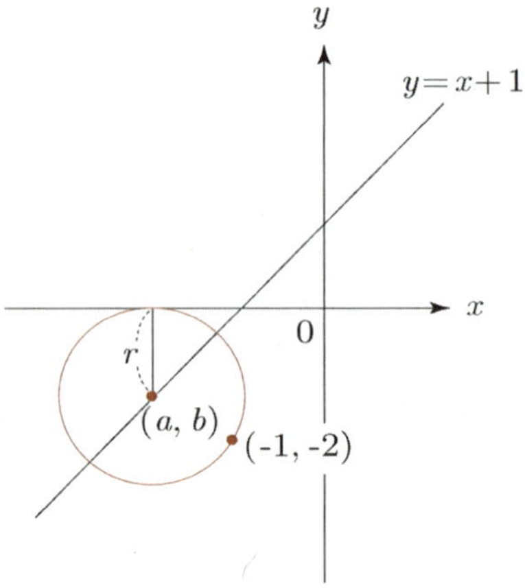

이제 주어진 조건(3가지)을 이용하여 a, b, r에 대한 연립방정식을 도출해 보도록 하겠습니다. 첫째, 원의 중심이 직선 $y=x+1$ 위에 있으므로 직선의 방정식 $y=x+1$에 점 $(a,\ b)$를 대입하면 등식이 성립합니다.

$$y=x+1\ :\ (a,\ b)\ \rightarrow\ b=a+1 \text{——①}$$

둘째, x축에 접하는 원의 방정식이라고 했으므로 그림에서 보는 바와 같이 원의 반지름 r은 $-b$가 됩니다. $(r>0,\ b<0)$

$$r=-b \quad \text{——②}$$

마지막으로 원의 방정식 $(x-a)^2+(y-b)^2=r^2$이 점 $(-1,\ -2)$를 지난다고 했으므로 원의 방정식에 점 $(-1,\ -2)$를 대입하면 등식이 성립합니다.

$$(x-a)^2+(y-b)^2=r^2 \rightarrow (-1-a)^2+(-2-b)^2=r^2 \quad \text{——③}$$

a, b, r에 관한 세 연립방정식 ①, ②, ③을 풀면 미지수 a, b, r의 값을 구할 수 있습니다.

$$\left.\begin{aligned} b&=a+1 \\ r&=-b \end{aligned}\right\} \rightarrow (-1-a)^2+(-2-b)^2=r^2$$

$$\downarrow$$

$$(-1-a)^2+(-2-a-1)^2=(-a-1)^2$$

a에 관한 2차방정식

a에 관한 2차방정식을 풀면 $a=-3$이 됩니다. 또한 $a=-3$을 ①, ②식에 대입하여 b, r의 값을 구하면 $b=-2$, $r=2$가 된다는 것을 쉽게 확인할 수 있습니다. 따라서 구하고자 하는 원의 방정식은 $(x+3)^2+(y+2)^2=2^2$이 됩니다. 즉, 중심이 $(-3,\ -2)$이고 반지름이 2인 원이 되는 셈이지요.

조건에 맞는 원의 방정식 (2)

원의 방정식과 관련하여 다음 문제를 풀어보도록 하겠습니다. 어떻게 풀지 잠시 생각해 보는 시간을 가져봅시다.

> **좌표평면 위의 두 점 $A(1, 0)$, $B(4, 0)$에서 $\overline{PA} : \overline{PB} = 2 : 1$이 되는 점 P의 자취를 구하여라.**

문제해결을 위한 기본설계가 끝나셨나요? 그러면 함께 풀어보도록 하겠습니다. 우선 두 점 $A(1, 0)$과 $B(4, 0)$에서 $\overline{PA} : \overline{PB} = 2 : 1$이 되는 점을 $P(x, y)$라고 놓으면 다음 관계식이 성립합니다. 여기서 두 점 (x_1, y_1), (x_2, y_2) 사이의 거리공식이 $\sqrt{(x_2 - x_1)^2 + (y_2 - y_1)^2}$ 임을 기억해 봅니다.

$$\overline{PA} : \overline{PB} = 2 : 1 \quad \rightarrow \quad \overline{PA} = 2\overline{PB}$$

$$\overline{PA} : \overline{PB} = 2 : 1 \rightarrow \overline{PA} = 2\overline{PB} \rightarrow \sqrt{(x-1)^2 + (y-0)^2} = 2\sqrt{(x-4)^2 + (y-0)^2}$$

$$\overline{PA} = \sqrt{(x-1)^2 + (y-0)^2}$$

$$\overline{PB} = \sqrt{(x-4)^2 + (y-0)^2}$$

양변제곱하여 식을 정리

$$(x-5)^2 + y^2 = 4$$

따라서 좌표평면 위의 두 점 $A(1, 0)$과 $B(4, 0)$에서 $\overline{PA} : \overline{PB} = 2 : 1$이 되는 점 P의 자취는 중심이 (5, 0)이고 반지름이 2인 원이 됩니다.

아폴로니우스의 원

좌표평면의 두 점 A, B와의 거리가 $m:n$인 점 $P(x, y)$의 자취는 두 점 A, B의 내분점과 외분점을 지름의 양 끝점으로 하는 원이 된다. 이를 아폴로니우스의 원이라고 한다.

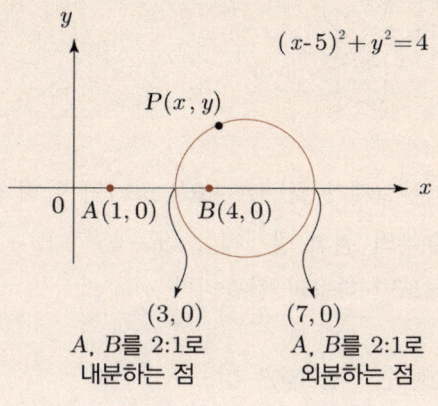

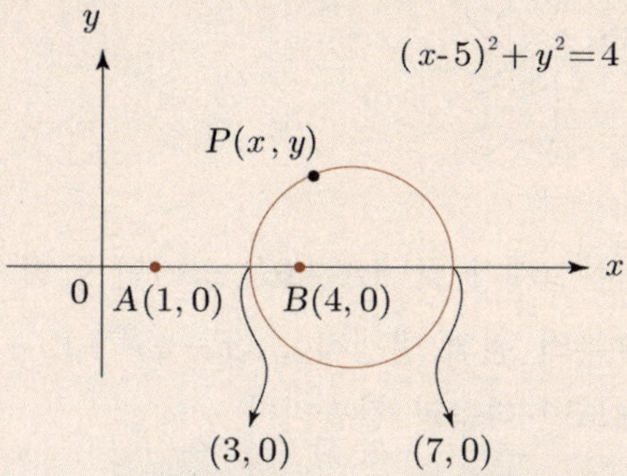

한 문제 더 풀어볼까요?

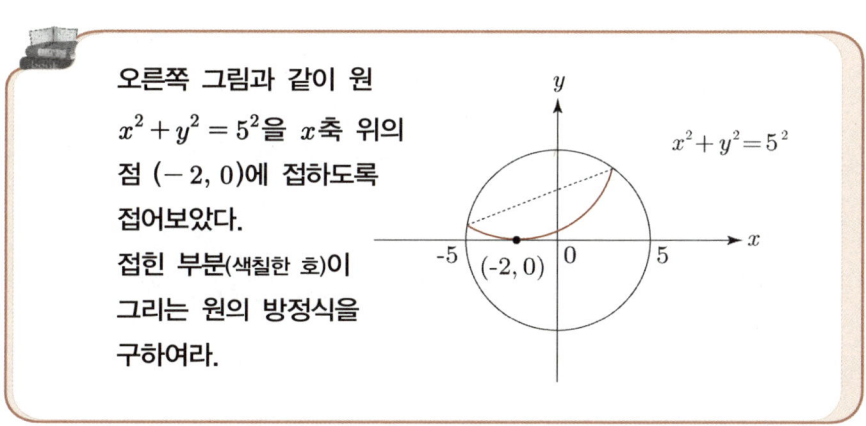

오른쪽 그림과 같이 원 $x^2+y^2=5^2$을 x축 위의 점 $(-2, 0)$에 접하도록 접어보았다. 접힌 부분(색칠한 호)**이 그리는 원의 방정식을 구하여라.**

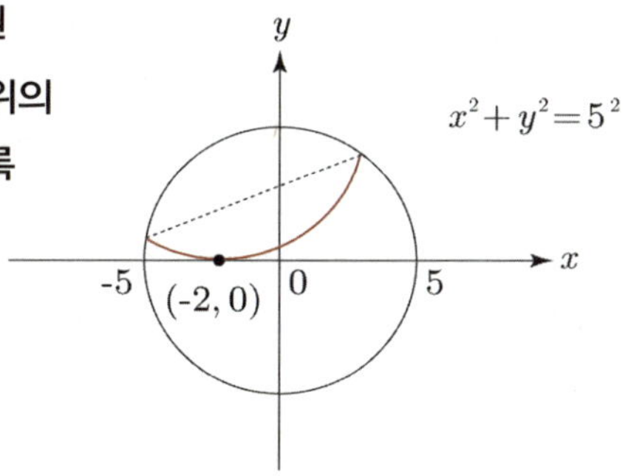

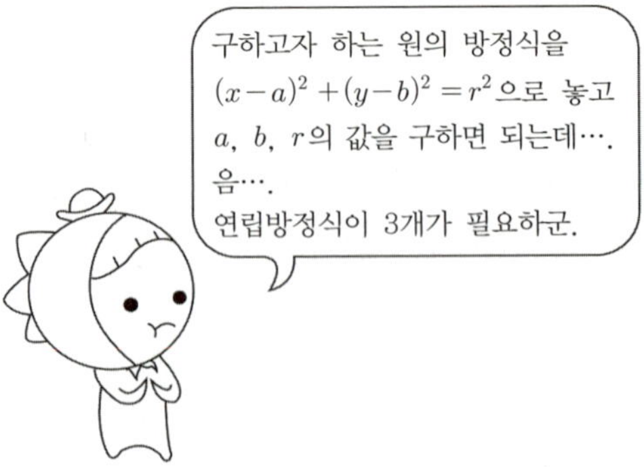

구하고자 하는 원의 방정식을
$(x-a)^2+(y-b)^2=r^2$으로 놓고
a, b, r의 값을 구하면 되는데….
음….
연립방정식이 3개가 필요하군.

문제해결을 위한 기본설계가 끝나셨나요? 그러면 함께 풀어보도록 하겠습니다. 우선 접힌 부분의 원의 방정식을 $(x-a)^2+(y-b)^2=r^2$으로 놓고 a, b, r의 값을 구해보면 다음과 같습니다.

① 기존 원과 접힌 원의 반지름은 같다. $\rightarrow r=5$

② x축에 접하므로 중심의 y좌표 b는 반지름 r과 같다.
$\rightarrow b=r=5$

③ 점 $(-2, 0)$을 지나므로 $(x-a)^2+(y-b)^2=r^2$에 $(-2, 0)$을 대입하면 등식이 성립한다.

$(-2, 0)$

$$(x-a)^2+(y-b)^2=r^2 \rightarrow (-2-a)^2+(0-5)^2=5^2 \rightarrow a=-2$$

$b=r=5$

정답 $(x+2)^2+(y-5)^2=5^2$

원과 직선의 위치관계

원과 직선은 ① 두 점 ② 한 점에서 만나거나 또는 ③ 만나지 않거나 하는 3가지 경우 중 하나가 됩니다.

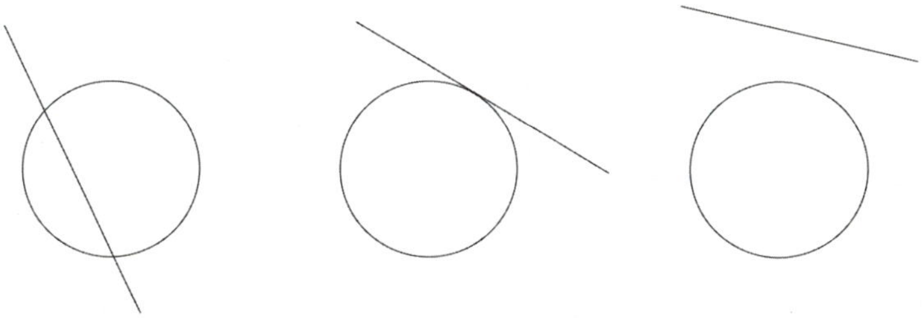

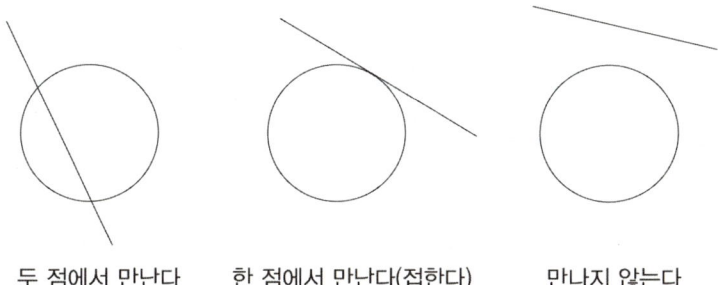

두 점에서 만난다　　한 점에서 만난다(접한다)　　만나지 않는다

그러면 원과 직선의 위치관계는 어떻게 결정될까요? 원의 방정식과 직선의 방정식을 연립하여 교점의 개수를 따져보면 원과 직선의 위치관계를 쉽게 확인할 수 있습니다. 우선 직선의 방정식을 $y=mx+n$으로 원의 방정식을 $x^2+y^2+Ax+By+C=0$으로 놓은 후 두 식을 연립해 보겠습니다. 여기서 y를 소거하면 x에 관한 2차방정식을 유도할 수 있습니다.

$$y=mx+n \text{(직선)}$$

$$x^2+y^2+Ax+By+C=0 \text{(원)}$$

$$\rightarrow x^2+(mx+n)^2+Ax+B(mx+n)+C=0 \text{(}x\text{에 관한 2차방정식)}$$

x에 관한 2차방정식의 근은 원과 직선의 교점의 x좌표가 되므로 2차방정식의 근의 개수를 통해 교점의 개수를 쉽게 확인할 수 있습니다. 2차방정식의 근의 개수를 구하기 위해서는 판별식 D를 이용하는 거 아시죠?

$$x^2+(mx+n)^2+Ax+B(mx+n)+C=0$$

$D>0$: 2개의 실근, $D=0$: 1개의 실근, $D<0$: 근이 없다

문자를 그대로 계산한 식이라 다소 복잡해 보일지 모르지만 판별식에 관한 사항만 정확히 이해했다면 원과 직선의 위치관계를 어렵지 않게 정리할 수 있을 것입니다.

원과 직선의 위치관계

원의 방정식을 $x^2+y^2+Ax+By+C=0$으로, 직선의 방정식을 $y=mx+n$으로 놓고 두 식을 연립(y를 소거)한 식 $x^2+(mx+n)^2+Ax+B(mx+n)+C=0$의 판별식을 D라고 할 때,

① $D>0 \Leftrightarrow$ 서로 다른 두 실근 $\Leftrightarrow$ 원과 직선은 두 점에서 만난다.
② $D=0 \Leftrightarrow$ 중근 $\Leftrightarrow$ 원과 직선은 한 점에서 만난다. (접한다)
③ $D<0 \Leftrightarrow$ 서로 다른 두 허근 $\Leftrightarrow$ 원과 직선은 만나지 않는다.

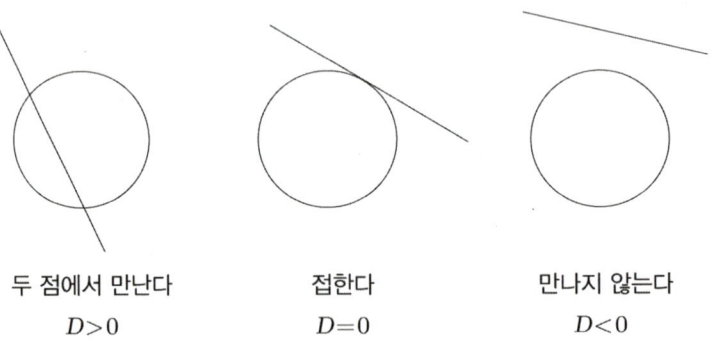

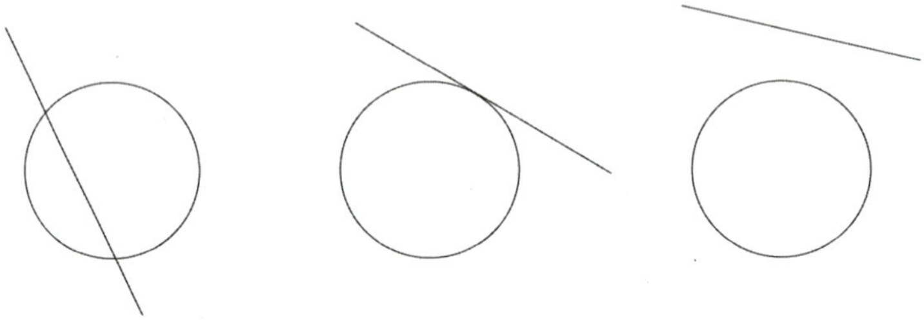

두 점에서 만난다 $D>0$　　접한다 $D=0$　　만나지 않는다 $D<0$

원과 직선의 교점의 개수 (1)

다음 원과 직선의 위치관계를 판별식 D를 통해 확인해 보도록 하겠습니다. 여기서 D는 두 방정식을 연립(y을 소거)한 'x에 관한 2차방정식'의 판별식입니다.

① $y=-x+1$(직선), $x^2+y^2=1$(원)

② $y=-x+\sqrt{6}$(직선), $x^2+y^2=3$(원)

③ $y=-x+2$(직선), $(x-1)^2+(y+3)^2=2^2$(원)

원과 직선의 위치관계는 판별식 D의 값에 따라 달라집니다.

$D>0$ ⇔ 두 점에서 만난다.
$D=0$ ⇔ 한 점에서 만난다. (접한다)
$D<0$ ⇔ 만나지 않는다.

$ax^2+bx+c=0$
→ 판별식 $D=b^2-4ac$

① $y=-x+1$ (직선), $x^2+y^2=1$ (원)
두 방정식을 연립하여(y를 소거) x에 관한 2차방정식을 유도한 후 판별식의 값을 확인해 보면 다음과 같습니다.

$$x^2+(-x+1)^2=1 \rightarrow 2x^2-2x=0$$
$$D=(-2)^2-4\cdot2\cdot0=4$$

$D>0$이므로 x에 관한 2차방정식 $2x^2-2x=0$은 두 실근을 갖습니다. 따라서 원 $x^2+y^2=1$과 직선 $y=-x+1$은 두 점에서 만나게 됩니다.

② $y = -x + \sqrt{6}$ (직선), $x^2 + y^2 = 3$ (원)
마찬가지로 두 방정식을 연립하여(y를 소거) x에 관한 2차방정식을 유도한 후 판별식 D의 값을 확인해 보면 다음과 같습니다.

$$x^2 + (-x + \sqrt{6})^2 = 3 \rightarrow D = 0$$

$D = 0$이므로 원 $x^2 + y^2 = 3$과 직선 $y = -x + \sqrt{6}$은 한 점에서 만나게 됩니다. (접한다)

③ $y = -x + 2$ (직선), $(x-1)^2 + (y+3)^2 = 2^2$ (원)
동일한 방법으로 $(x-1)^2 + (-x+2+3)^2 = 2^2$의 판별식의 값을 구하면 $D = -8$이 됩니다. 따라서 $D < 0$이므로 원 $(x-1)^2 + (y+3)^2 = 2^2$과 직선 $y = -x + 2$는 서로 만나지 않습니다.

원과 직선의 교점의 개수 (2)

원의 중심과 직선 사이의 거리를 이용하여 원과 직선의 위치관계를 확인할 수도 있습니다. 그러면 다음 그림을 보면서 원의 중심과 직선 사이의 거리 d와 원의 반지름 r의 값을 서로 비교해 보도록 하겠습니다.

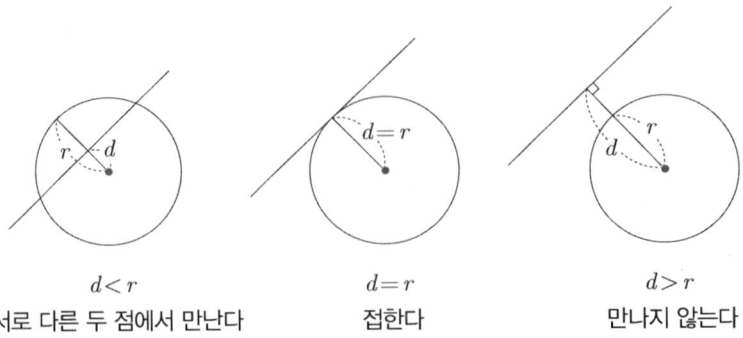

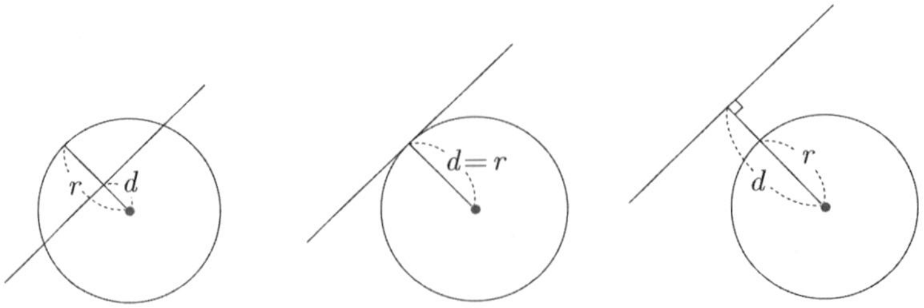

$d < r$ 서로 다른 두 점에서 만난다

$d = r$ 접한다

$d > r$ 만나지 않는다

그러면 다음 두 도형의 위치관계를 알아보도록 하겠습니다. 일단 원의 중심과 직선 사이의 거리(d)와 원의 반지름(r)의 값을 서로 비교해 봅시다.

① $y=-x+1$(직선), $x^2+y^2=1$(원)
② $y=-x+\sqrt{6}$(직선), $x^2+y^2=3$(원)
③ $y=-x+2$(직선), $(x-1)^2+(y+3)^2=2^2$(원)

① $y=-x+1$(직선), $x^2+y^2=1$(원)
원의 중심 (0, 0)과 직선 $y=-x+1$ 사이의 거리를 구해보면 다음과 같습니다. 여기서 직선 $ax+by+c=0$과 점 (x_1, y_1)의 거리는 $d=\dfrac{|ax_1+by_1+c|}{\sqrt{a^2+b^2}}$ 임을 기억해 봅니다.

점 (0, 0)과 직선 $y=-x+1$ 사이의 거리 : $\dfrac{|0+0-1|}{\sqrt{1^2+1^2}}=\dfrac{1}{\sqrt{2}}=\dfrac{\sqrt{2}}{2}$

원의 중심과 직선 사이의 거리가 $\dfrac{\sqrt{2}}{2}$($\fallingdotseq 0.7$)이므로 원의 반지름 1보다 작습니다. 따라서 두 도형은 두 점에서 만나게 됩니다.

② $y=-x+\sqrt{6}$(직선), $x^2+y^2=3$(원)
원의 중심 (0, 0)과 직선 사이의 거리가 $\sqrt{3}$이므로(계산과정 생략) 원의 반지름 $\sqrt{3}$과 같습니다. 따라서 두 도형은 한 점에서 만납니다. 즉, 원과 직선은 서로 접한다고 할 수 있습니다.

③ $y=-x+2$(직선), $(x-1)^2+(y+3)^2=2^2$(원)
원의 중심 (1, −3)과 직선 사이의 거리가 $2\sqrt{2}\fallingdotseq 2.8$이므로 원의 반지름 2보다 큽니다. 따라서 두 도형은 만나지 않습니다.

원 위의 점을 지나는 접선

우리는 일상생활에서 원에 접하고 있는 직선의 모습을 흔하게 찾아볼 수 있습니다. 다음 그림과 같이 '자동차 바퀴와 도로', '컵과 손잡이'가 바로 그 예시에 해당됩니다.

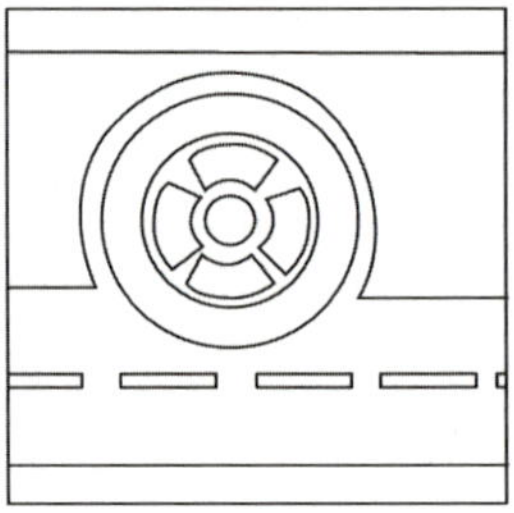

바 퀴 : 원
도로면 : 접선

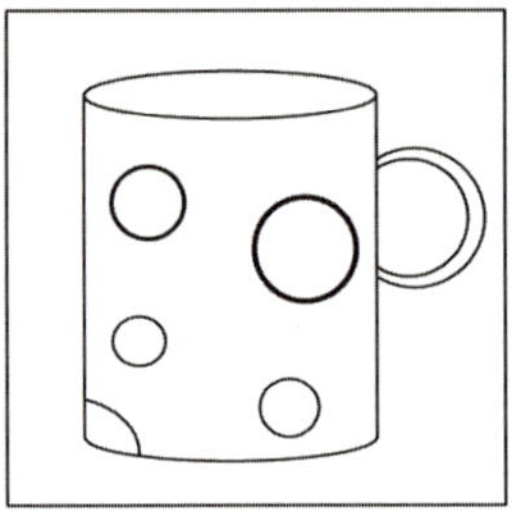

손잡이 : 원
컵 면 : 접선

원에 접하는 직선(접선)의 방정식은 어떻게 구할 수 있을까요? 원 $x^2+y^2=r^2$ 위의 점 (x_1, y_1)에 접하는 직선의 방정식을 구해보도록 하겠습니다. 우선 중심이 원점이고 반지름이 r인 원($x^2+y^2=r^2$) 위의 한 점 (x_1, y_1)을 지나고 기울기가 m인 직선의 방정식은 다음과 같습니다. 여기서 x_1, y_1은 주어진 상수이며 m은 아직 모르는 수인 거 아시죠?

$$(y-y_1)=m(x-x_1)$$

한 점과 기울기가 주어졌을 때 직선의 방정식

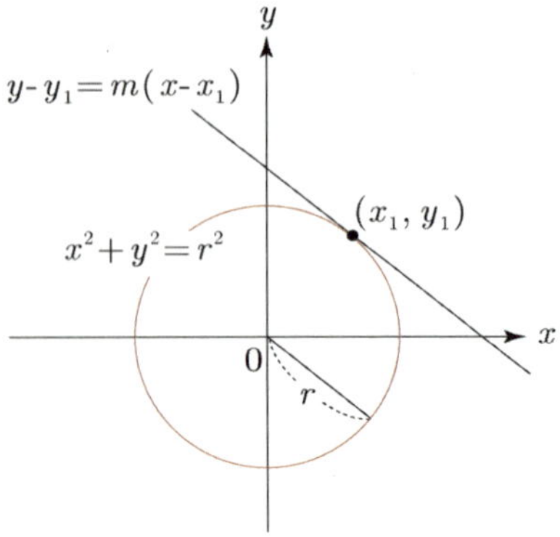

여기서 우리는 m의 값만 알면 원 $x^2+y^2=r^2$ 위의 한 점 $(x_1,\ y_1)$을 지나는 접선의 방정식을 찾을 수 있습니다. 그러면 원에 접하는 직선의 특징을 생각하면서 m의 값을 구해보도록 하겠습니다.

원에 접하는 직선의 특징

접점과 원의 중심을 잇는 직선은 원의 접선과 서로 수직관계에 있다.

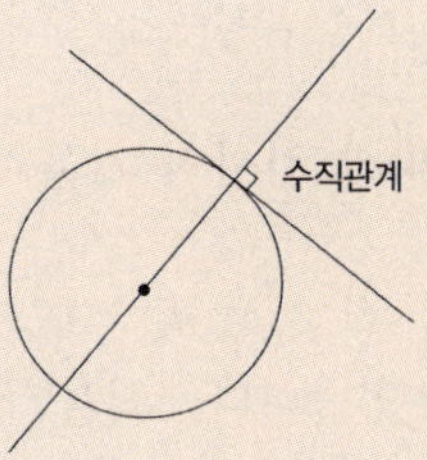

원의 접선 $y-y_1=m(x-x_1)$은 그림에서 보는 바와 같이 원점 $(0,\ 0)$과 $(x_1,\ y_1)$을 지나는 직선과 수직관계에 있습니다. 여기서 두 점 $(0,\ 0)$과 $(x_1,\ y_1)$을 지나는 직선의 방정식을 구하면 다음과 같습니다. 두 점 $(x_1,\ y_1)$, $(x_2,\ y_2)$를 지나는 직선은 $y-y_1=(\frac{y_2-y_1}{x_2-x_1})(x-x_1)$임을 기억해 봅니다.

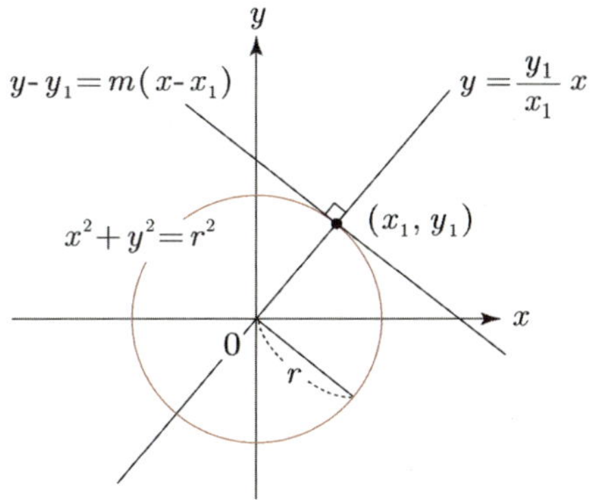

$(0,\ 0)$과 $(x_1,\ y_1)$을 지나는 직선 : $y-0=\frac{y_1}{x_1}(x-0)$

접선 $y-y_1=m(x-x_1)$과 직선 $y=\frac{y_1}{x_1}x$는 서로 수직이므로 두 직선의 기울기를 곱하면 -1이 됩니다.

$$\text{기울기의 곱} : \frac{y_1}{x_1}\times m=-1 \quad \rightarrow \quad m=-\frac{x_1}{y_1}$$

따라서 접선의 기울기 $m=-\frac{x_1}{y_1}$을 방정식 $y-y_1=m(x-x_1)$에 대입하면, 원 $x^2+y^2=r^2$ 위의 한 점 (x_1, y_1)을 지나는 접선의 방정식을 구할 수 있습니다. 식을 정리하면 다음과 같습니다. 여기서 점 (x_1, y_1)은 원 $x^2+y^2=r^2$ 위의 점이므로 $x_1^2+y_1^2=r^2$을 만족한다는 사실을 기억하시길 바랍니다.

$$y-y_1=m(x-x_1) \rightarrow y-y_1=-\frac{x_1}{y_1}(x-x_1)$$
$$\rightarrow x_1x+y_1y=x_1^2+y_1^2 \quad \rightarrow x_1x+y_1y=x_1^2+y_1^2=r^2$$

예를 들어 원 $x^2+y^2=4$ 위의 한 점 $(1, -\sqrt{3})$을 지나는 접선의 방정식은 $x-\sqrt{3}y-4=0$이 됩니다. 즉, $x_1x+y_1y=r^2$에 $r=2$, $x_1=1$, $y_1=-\sqrt{3}$을 대입하면 접선의 방정식을 쉽게 구할 수 있게 되지요.

기울기가 m인 원의 접선

이번에는 직선의 기울기가 주어졌을 때 원 $x^2+y^2=r^2$에 접하는 직선의 방정식을 구해보도록 하겠습니다.

기울기가 m일 때
원의 접선은 그림과 같이
2개가 존재한다.

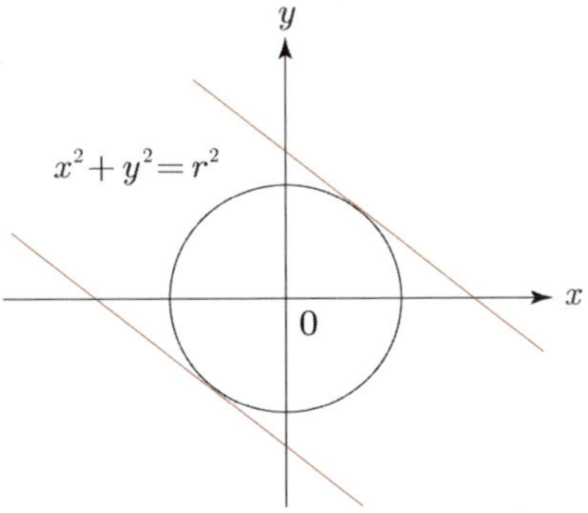

기울기가 m인 직선

우선 접선의 방정식을 $y=mx+b$로 놓을 수 있습니다. 즉, m은 주어진 값이며 b는 아직 모르는 수이므로 우리는 b의 값만 결정하면 됩니다. 여기서 직선 $y=mx+b$와 원 $x^2+y^2=r^2$을 연립하여(y를 소거) x에 관한 2차방정식을 유도해 보면 다음과 같습니다.

$$y=mx+b \quad x^2+y^2=r^2 \rightarrow (m^2+1)x^2+(2mb)x+b^2-r^2=0$$

직선이 원에 접한다는 것은 원과 직선의 방정식을 연립하여(y를 소거) 도출된 x에 관한 2차방정식의 판별식이 $D=0$이 된다는 것을 의미합니다.

$$(m^2+1)x^2+(2mb)x+b^2-r^2=0$$
$$\rightarrow D=(2mb)^2-4(m^2+1)(b^2-r^2)=0 \text{ } (r, m\text{은 주어진 상수})$$

근의 공식을 적용하여 b에 관한 2차방정식을 풀어보면 다음과 같습니다.
(계산과정 생략)

$$b=\pm r\sqrt{m^2+1}$$

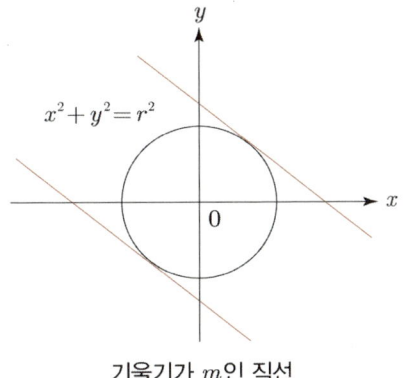

따라서 원 $x^2+y^2=r^2$에 접하고 기울기가 m인 직선의 방정식은 다음과 같습니다.

$$y=mx+r\sqrt{m^2+1},\quad y=mx-r\sqrt{m^2+1}$$

공식이 참 어렵게 보이죠? 굳이 외울 필요는 없습니다. 판별식의 원리를 적용할 수만 있다면 공식 없이도 접선의 방정식을 쉽게 구할 수 있기 때문입니다. 그러나 공식을 외우면 훨씬 계산이 편하긴 하겠죠? 사실 공식이란 게 원래 계산의 편의성 때문에 도출되었으니까요. 그러면 기울기가 1이고 원 $x^2+y^2=8$에 접하는 직선의 방정식을 구해보도록 하겠습니다.

① 공식에 대입하여 구하기

$$y=mx\pm r\sqrt{m^2+1}\quad m=1,\ r=\sqrt{8}\quad\rightarrow\quad y=x\pm 4$$

② 판별식 $D=0$을 이용하여 직접 구하기

기울기가 1인 직선을 $y=x+b$라고 놓고 원의 방정식 $x^2+y^2=8$과 연립하여(y를 소거) x에 관한 2차방정식을 유도합니다.

$$x^2+(x+b)^2=8\ \rightarrow\ 2x^2+2bx+b^2-8=0$$

2차방정식의 판별식 $D=0$을 이용하여 b의 값을 구하면,

$$D=(2b)^2-4\cdot 2\cdot (b^2-8)=0\ \rightarrow\ b^2=16\ \rightarrow\ b=\pm 4$$

따라서 기울기가 1이고 원 $x^2+y^2=8$에 접하는 직선의 방정식은 $y=x\pm 4$가 됩니다.

원 밖의 점에 대한 접선

마지막으로 원 밖의 점에 대한 접선의 방정식을 구해보도록 하겠습니다. 이번에는 공식을 찾지 않고 직접 예시를 풀어보도록 하겠습니다. 접선의 방정식을 구하기 위해서 어떤 원리를 적용해야 하는지 잠시 생각해 보는 시간을 가져봅시다.

점 $(2, 0)$에서 원 $x^2+y^2=1$에 그은 접선의 방정식을 구하여라.

일단 조건에 맞는 원과 접선을 그려봅니다. 오른쪽 그림과 같이 2개의 접선이 그려지겠죠?

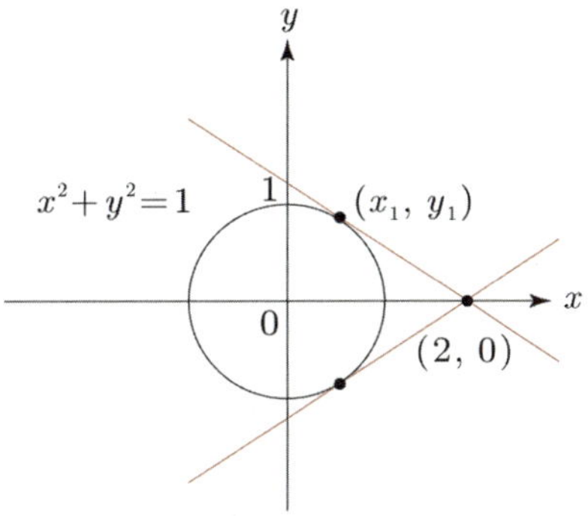

원 위의 접점을 (x_1, y_1)이라고 가정하고 접선의 방정식을 구하면 다음과 같습니다. 여기서 x_1, y_1은 아직 모르는 수입니다.

$$x_1x+y_1y=1$$

(원 위의 점에 대한 접선의 방정식)

여기서 우리는 미지수 x_1, y_1을 구하면 원 밖의 한 점에서 그은 접선의 방정식을 구할 수 있습니다. 그러면 그림을 보면서 미지수 x_1, y_1을 구할 수 있는 조건(2개)을 찾아보도록 하겠습니다.

1) 접선 $x_1x+y_1y=1$은 (2, 0)을 지난다.

2) 접점 (x_1, y_1)은 원 $x^2+y^2=1$ 위의 점이다.

접선의 방정식 $x_1x+y_1y=1$에 점 (2, 0)을 대입하면 다음 등식이 성립합니다.

$$x_1 \cdot 2+y_1 \cdot 0=1 \quad \rightarrow \quad x_1=\frac{1}{2} \text{ ——①}$$

또한 접점 (x_1, y_1)은 원 $x^2+y^2=1$ 위의 점이므로,

$$x_1^2+y_1^2=1 \text{ ——②}$$

①과 ②식을 연립하여 x_1과 y_1을 구하면 다음과 같습니다.

$$\left.\begin{aligned} x_1&=\frac{1}{2} \\ x_1^2+y_1^2&=1 \end{aligned}\right\} \rightarrow \frac{1}{4}+y_1^2=1 \rightarrow y_1=\pm\frac{\sqrt{3}}{2} \rightarrow \left\{\begin{aligned} x_1&=\frac{1}{2} \\ y_1&=\pm\frac{\sqrt{3}}{2} \end{aligned}\right.$$

따라서 원 밖의 한 점 $(2, 0)$에서 원 $x^2+y^2=1$에 그은 접선 방정식은 $\frac{1}{2}x\pm\frac{\sqrt{3}}{2}y=1$이 됩니다. 즉, 2개의 접선 방정식이 도출됩니다.

원의 접선 방정식을 구하는 방법이 여러 가지가 있군. 다 외워야 되나?
필요할 때마다 하나씩 찾아보면서 문제를 풀면 돼! 자주 활용하다 보면 쉽게 기억할 수 있어.

원 $x^2+y^2=r^2$에 대한 여러 가지 접선에 대해 알아보았습니다. 한꺼번에 정리하면 다음과 같습니다.

원 $x^2+y^2=r^2$ 위의 한 점 (x_1, y_1)에 접하는 직선	기울기가 m이고 원 $x^2+y^2=r^2$에 접하는 직선	원 밖의 한 점에서 원 $x^2+y^2=r^2$에 접하는 직선
$x_1x+y_1y=r^2$	$y=mx+r\sqrt{m^2+1}$ (y절편>0) $y=mx-r\sqrt{m^2+1}$ (y절편<0)	$x_1x+y_1y=r^2$을 활용하여 구한다

그러면 원의 중심이 (a, b)인 원의 방정식 '$(x-a)^2+(y-b)^2=r^2$'의 접선은 어떻게 구해야 할까요? 크게 걱정할 필요는 없습니다. 다음에 배우게 되는 도형의 평행이동을 적용하면 쉽게 구할 수 있기 때문입니다. 도형의 평행이동에 대해서는 뒤쪽에서 상세히 다루도록 하겠습니다.

접선에 관한 문제

원의 접선과 관련하여 다음 문제를 풀어보도록 하겠습니다. 계산과정보다는 어떻게 풀어야 할지 설계하는 데 초점을 맞추시길 바랍니다.

원 $x^2+y^2=4$ 위의 점 $(1, \sqrt{3})$에 접하는 직선이 또 다른 원 $(x-5)^2+(y-1)^2=r^2$에도 접할 때 반지름 r의 값은 얼마인가?

문제해결을 위한 기본설계가 끝나셨나요? 그러면 함께 풀어보도록 하겠습니다. 우선 원 $x^2+y^2=4$ 위의 점 $(1, \sqrt{3})$에 접하는 직선은 접선공식 $x_1x+y_1y=r^2$을 활용하면 쉽게 구할 수 있습니다.

$$x_1x+y_1y=r^2\text{에 점 }(1, \sqrt{3})\text{을 대입} \rightarrow x+\sqrt{3}y=4$$

또한 직선 $x+\sqrt{3}y=4$는 원 $(x-5)^2+(y-1)^2=r^2$에도 접한다고 했으므로 '원의 중심과 직선 사이의 거리가 반지름과 같다'는 사실을 이용하면 미지수 r에 대한 방정식을 도출할 수 있습니다. 각자 계산해 보길 바랍니다.

정답 $\dfrac{\sqrt{3}+1}{2}$

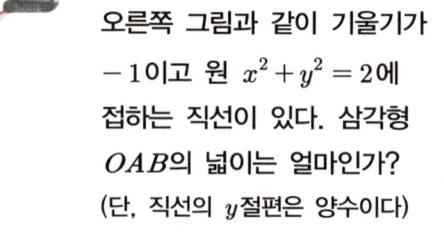

오른쪽 그림과 같이 기울기가 -1이고 원 $x^2+y^2=2$에 접하는 직선이 있다. 삼각형 OAB의 넓이는 얼마인가?
(단, 직선의 y절편은 양수이다)

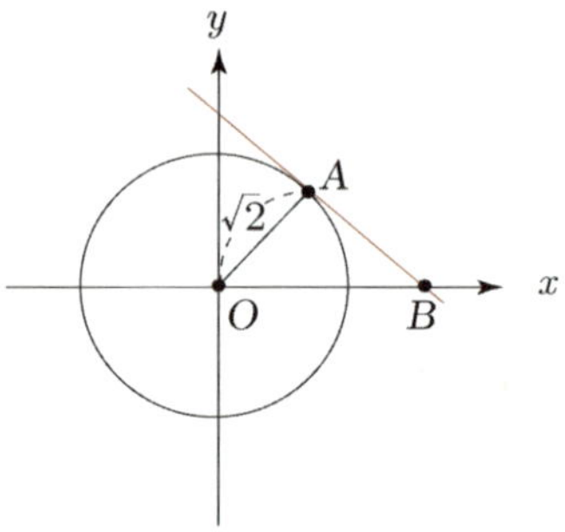

문제해결을 위한 기본설계가 끝나셨나요? 그러면 함께 풀어보도록 하겠습니다. 우선 기울기가 -1이고 원 $x^2+y^2=2$에 접하는 직선은 접선공식 $y=mx+r\sqrt{m^2+1}$을 이용하면 쉽게 구할 수 있습니다.

$$y=mx+r\sqrt{m^2+1} \rightarrow y=-x+2$$

점 B는 직선 $y=-x+2$의 x절편이므로 $(2, 0)$이 됩니다. 따라서 $\overline{OB}$의 길이는 2가 되겠죠? 또한 삼각형 OAB가 직각삼각형이므로 피타고라스의 정리를 이용하여 $\overline{AB}$의 길이도 구할 수 있습니다. 여기서 $\overline{OA}$의 길이는 반지름 $\sqrt{2}$가 됩니다.

$$\overline{OB}^2=\overline{AB}^2+\overline{OA}^2 \rightarrow 2^2=\overline{AB}^2+(\sqrt{2})^2 \quad \therefore\ \overline{AB}=\sqrt{2}$$

따라서 삼각형 OAB의 넓이는 다음과 같습니다.

$$\text{삼각형의 넓이 : } \frac{1}{2}\times\overline{OA}\times\overline{AB}=\frac{1}{2}\times\sqrt{2}\times\sqrt{2}=1$$

다음 문제들도 주어진 조건을 가지고 원과 직선에 관한 기본적인 원리를 도출할 수만 있다면 어렵지 않게 풀 수 있는 문제들입니다. 각자 머릿속으로 문제 해결과정을 설계해 보면서 천천히 풀어보길 바랍니다. 참고로 접선을 구하는 방법이나 공식이 생각나지 않을 때에는 앞의 내용을 보면서 천천히 풀어보십시오.

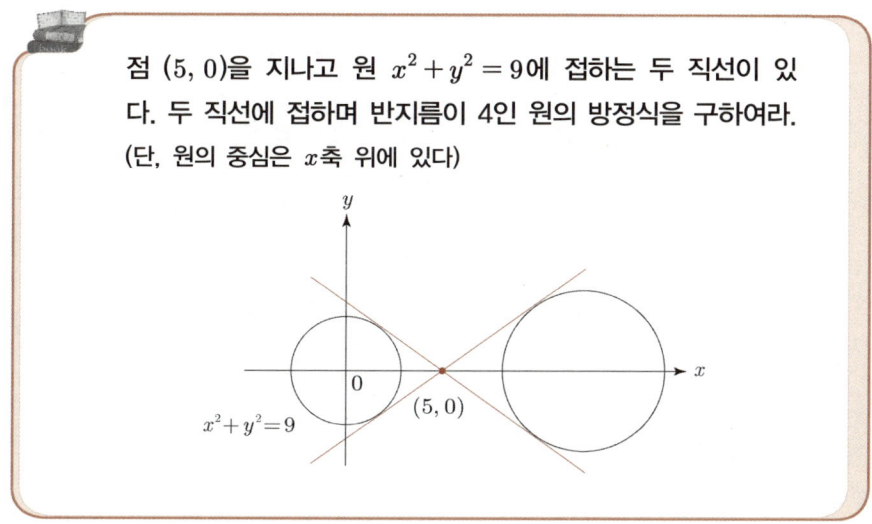

점 $(5, 0)$을 지나고 원 $x^2+y^2=9$에 접하는 두 직선이 있다. 두 직선에 접하며 반지름이 4인 원의 방정식을 구하여라.
(단, 원의 중심은 x축 위에 있다)

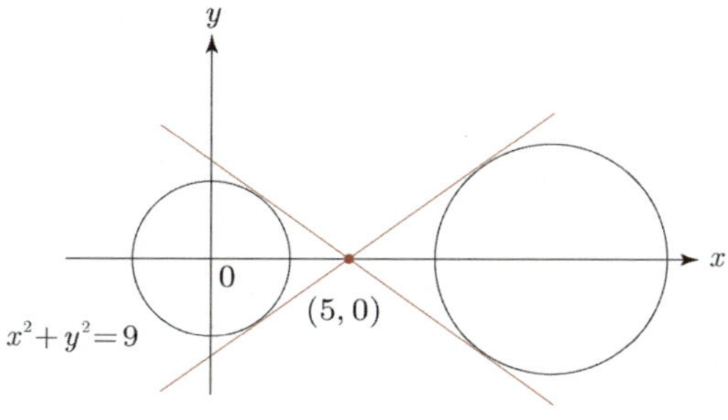

일단 점 (5, 0)을 지나고
원 $x^2+y^2=9$에 접하는
직선을 구해야겠군.
오른쪽에 있는 원을 자세히 보니
중심의 y좌표가 0이네.
중심의 x좌표를 a라고 놓고
반지름이 4이니까….

정답 $(x-\frac{35}{3})^2+y^2=4^2$

두 원 $x^2+y^2=4$와 $(x-2)^2+y^2=1$에 동시에 접하는 접선 중 기울기가 양인 직선의 방정식을 구하여라.

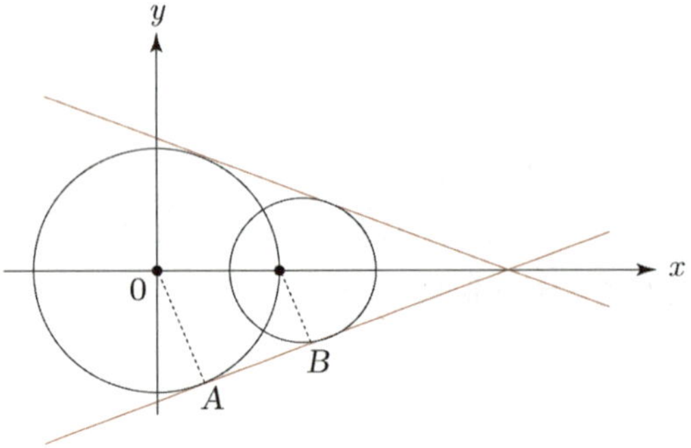

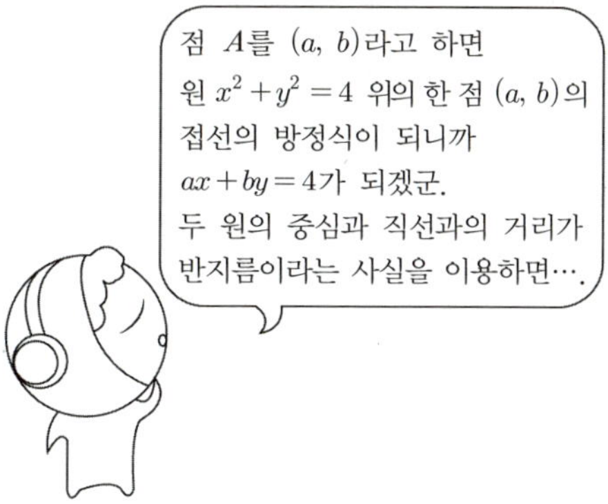
점 A를 $(a,\ b)$라고 하면
원 $x^2+y^2=4$ 위의 한 점 $(a,\ b)$의
접선의 방정식이 되니까
$ax+by=4$가 되겠군.
두 원의 중심과 직선과의 거리가
반지름이라는 사실을 이용하면….

정답 $x-\sqrt{3}\,y=4$

두 원의 위치관계

두 원의 반지름을 각각 r, r'라고 하고 중심 간 거리를 d라고 할 때, 두 원의 위치관계는 r, r', d의 값의 대소관계를 통해 쉽게 확인할 수 있습니다.

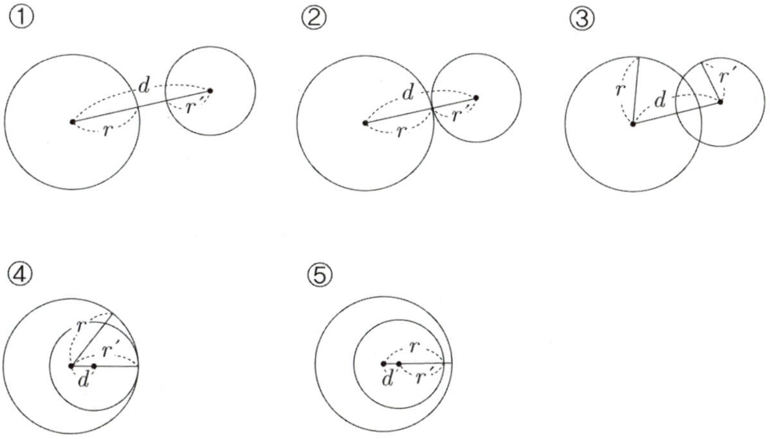

① $r+r' < d$ ⇔ 두 원은 서로 밖에 있으며 만나지 않는다.
② $r+r' = d$ ⇔ 두 원은 한 점에서 외접한다.
③ $|r-r'| < d < r+r'$ ⇔ 두 원은 서로 다른 두 점에서 만난다.
④ $|r-r'| = d$ ⇔ 두 원은 한 점에서 내접한다.
⑤ $|r-r'| > d$ ⇔ 두 원은 한쪽이 다른 쪽을 내부에 포함하고 만나지 않는다.

그러면 다음 두 원의 위치관계를 말해보도록 하겠습니다.

① $x^2+y^2=1$, $(x-1)^2+(y+3)^2=2^2$
② $x^2+2x+y^2+4y-4=0$, $x^2+y^2-2y=0$

①의 경우, 두 원 $x^2+y^2=1$과 $(x-1)^2+(y+3)^2=2^2$의 반지름 r, r'와 중심 간의 거리 d를 확인해 보면 다음과 같습니다.

$x^2+y^2=1$: 중심 $(0, 0)$, 반지름 $r=1$
$(x-1)^2+(y+3)^2=2^2$: 중심 $(1, -3)$, 반지름 $r'=2$

중심 간 거리
$d=\sqrt{(1-0)^2+(-3-0)^2}=\sqrt{10}$

두 원의 반지름의 합 $r+r'(=3)$이 중심 간의 거리 $d(=\sqrt{10})$보다 작으므로 두 원은 서로 밖에 있으며 만나지 않습니다.

$1+2<\sqrt{10}\,(r+r'<d)$ ⇔ 두 원은 서로 밖에 있으며 만나지 않는다.

②의 경우, 두 원의 방정식이 일반형으로 주어졌으므로 표준형으로 변형한 후 반지름(r, r') 및 중심 간의 거리(d)에 대한 관계를 확인할 수 있으니 여러분이 직접 해보시길 바랍니다. 그러면 두 원의 위치관계와 관련하여 다음 응용문제를 풀어보도록 하겠습니다. 어떻게 풀지 잠시 생각해 보는 시간을 가져봅시다.

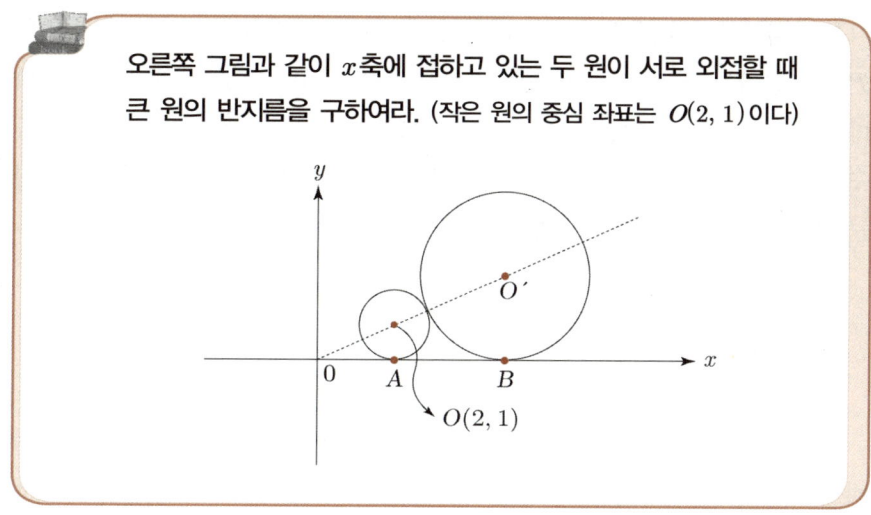

오른쪽 그림과 같이 x축에 접하고 있는 두 원이 서로 외접할 때 큰 원의 반지름을 구하여라. (작은 원의 중심 좌표는 $O(2, 1)$이다)

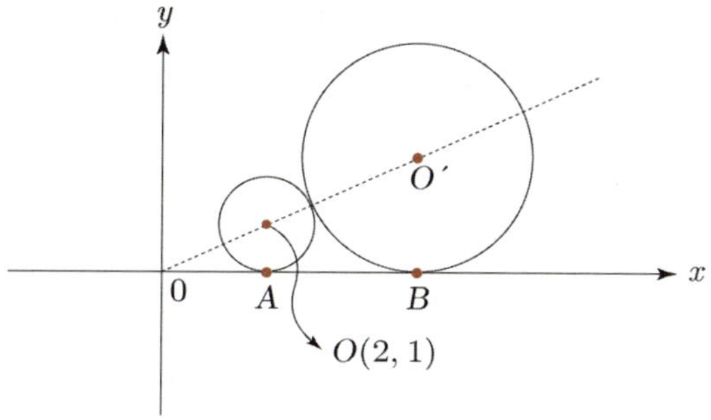

문제해결을 위한 기본설계가 끝나셨나요? 그러면 함께 풀어보도록 하겠습니다. 우선 원점을 점 P라고 한 후 도형에 대한 원리를 도출해 보면 다음과 같습니다. 여기서 우리가 알 수 있는 것들이 무엇인지 생각해 봅시다.

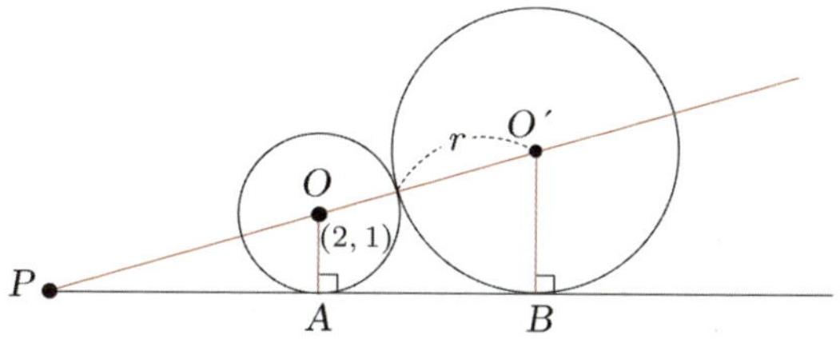

위 그림을 보고 우리가 알 수 있는 것은 다음과 같습니다.

① 작은 원의 반지름은 점 O의 y좌표와 같다.
② $\overline{PA}$의 길이는 점 O의 x좌표와 같다.
③ 삼각형 POA와 $PO'B$는 서로 닮음이다.

작은 원의 반지름($\overline{OA}$)은 점 O의 y좌표와 같으므로 1이 됩니다. 또한 $\overline{PA}$의 길이는 점 O의 x좌표와 같으므로 2가 됩니다. 삼각형 POA에 피타고라스의 정리를 적용하면 $\overline{PO}$의 길이가 $\sqrt{5}$가 된다는 사실을 쉽게 알 수 있을 것입니다. 여기서 삼각형 POA와 $PO'B$의 닮음 관계를 이용하여 큰 원의 반지름($\overline{OB}$) r에 관한 방정식을 도출하면 다음과 같습니다.

삼각형 POA와 $PO'B$의 닮음 관계

$$\overline{PO}:\overline{PO'}=\overline{OA}:\overline{OB} \quad \rightarrow \quad \sqrt{5}:\sqrt{5}+1+r=1:r$$

(작은 원의 반지름 = 1)

비례식 $\sqrt{5}:\sqrt{5}+1+r=1:r$을 풀면 큰 원의 반지름 r을 구할 수 있겠죠? 계산과정은 생략하니 스스로 풀어보길 바랍니다.

정답 $r=\dfrac{\sqrt{5}+1}{\sqrt{5}-1}$

두 원의 교점을 지나는 원과 직선

앞서 항등식을 이용하여 '두 직선의 교점을 지나는 직선의 방정식'을 구해 본 적이 있습니다.

두 직선의 교점을 지나는 직선

두 직선 $ax+by+c=0$, $a'x+b'y+c'=0$의 교점 (x_1, y_1)을 지나는 직선의 방정식은 $(ax+by+c)+k(a'x+b'y+c')=0$이다.

위 식은 k값에 관계없이 두 직선 $ax+by+c=0$, $a'x+b'y+c'=0$의 교점을 지나는 직선의 방정식이 됩니다. 마찬가지로 두 원 $x^2+y^2+Ax+By+C=0$, $x^2+y^2+A'x+B'y+C'=0$이 두 점에서 만날 때 '두 원의 교점을 지나는 원의 방정식'은 다음과 같습니다.

두 원의 교점을 지나는 원

두 원 $x^2+y^2+Ax+By+C=0$, $x^2+y^2+A'x+B'y+C'=0$의 교점을 지나는 원의 방정식은 다음과 같다.

$$(x^2+y^2+Ax+By+C)+k(x^2+y^2+A'x+B'y+C')=0$$

두 원의 교점을 지나는 원을 그림으로 나타내 보겠습니다. 참고로 두 점을 지나는 원은 무수히 많은데 그 이유는 원의 결정조건이 3개의 점이기 때문입니다.

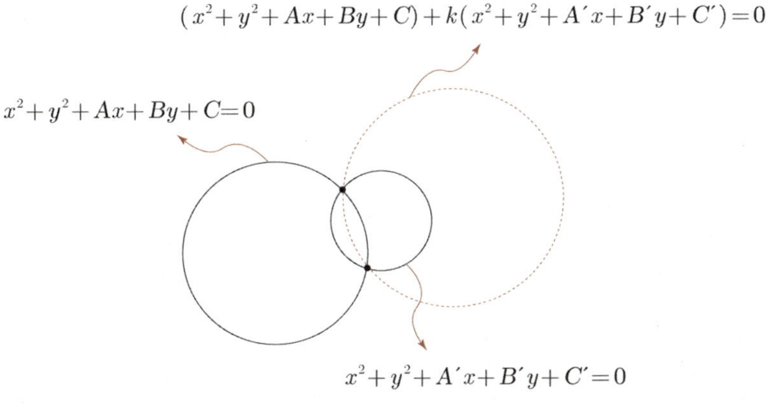

식 $(x^2+y^2+Ax+By+C)+k(x^2+y^2+A'x+B'y+C')=0$은 k값에 관계없이 두 원 $x^2+y^2+Ax+By+C=0$과 $x^2+y^2+A'x+B'y+C'=0$의 교점을 지나는 원의 방정식이 됩니다. 여기서 x^2, y^2항의 계수가

같고 xy항이 없는 방정식은 원의 방정식이 된다는 사실을 기억하시길 바랍니다. 그러면 k값이 -1이 되는 경우는 어떻게 될까요? 만약 $k=-1$이면 x^2, y^2 항이 없어지겠죠?

$$(x^2+y^2+Ax+By+C)+(-1)\cdot(x^2+y^2+A'x+B'y+C')=0$$
$$\rightarrow (A-A')x+(B-B')y+(C-C')=0$$

k가 -1이 될 경우, x^2, y^2항이 소거되어 x, y에 관한 1차방정식이 되므로 식 $(A-A')x+(B-B')y+(C-C')=0$은 두 원의 교점을 지나는 직선의 방정식이 될 것입니다.

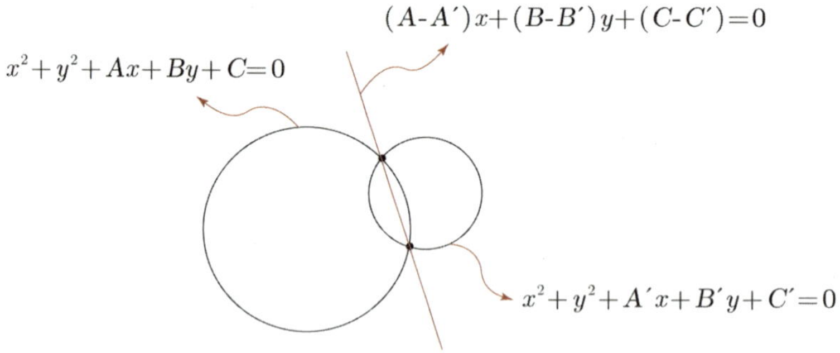

따라서 두 원 $x^2+y^2+Ax+By+C=0$, $x^2+y^2+A'x+B'y+C'=0$이 2개의 교점을 가질 때 '교점을 지나는 원과 직선'은 다음과 같이 정리해 볼 수 있습니다.

두 원의 교점을 지나는 원과 직선

두 원 $x^2+y^2+Ax+By+C=0$, $x^2+y^2+A'x+B'y+C'=0$의 교점을 지나는 원의 방정식은 다음과 같다. (단, $k=-1$일 때는 두 원의 교점을 지나는 직선이 된다)

$$(x^2+y^2+Ax+By+C)+k(x^2+y^2+A'x+B'y+C')=0$$

다음 두 원의 교점을 지나고 점 (0, 0)을 지나는 원의 방정식을 구해보도록 하겠습니다.

$$x^2+y^2=1,\ (x-1)^2+(y-1)^2=2^2$$

우선 두 원 $x^2+y^2=1$과 $(x-1)^2+(y-1)^2=2^2$을 일반형 $f(x, y)=0$의 꼴로 변형하여 상수 k로 연결하면 두 원의 교점을 지나는 원의 방정식을 도출할 수 있습니다. 여기서 $k=-1$일 경우, 두 원의 교점을 지나는 직선의 방정식이 됩니다.

$$x^2+y^2=1 \rightarrow x^2+y^2-1=0$$
$$(x-1)^2+(y-1)^2=2^2 \rightarrow x^2-2x+y^2-2y-2=0$$

$$\underline{x^2+y^2-1}+k(\underline{x^2-2x+y^2-2y-2})=0(k\neq-1)$$

문제에서 원 $x^2+y^2-1+k(x^2-2x+y^2-2y-2)=0$이 원점 (0, 0)을 지난다고 했으므로 점 (0, 0)을 대입하여 k값을 구하면 다음과 같습니다.

$$x^2+y^2-1+k(x^2-2x+y^2-2y-2)=0$$
$$\rightarrow x=0,\ y=0\text{을 대입} \rightarrow k=-\frac{1}{2}$$

따라서 두 원 $x^2+y^2=1$과 $(x-1)^2+(y-1)^2=2^2$의 교점을 지나고 점 (0, 0)을 지나는 원의 방정식을 구하면,

$$(x^2+y^2-1)-\frac{1}{2}(x^2-2x+y^2-2y-2)=0\ \left(k=-\frac{1}{2}\right)$$
$$\rightarrow x^2+y^2+2x+2y=0$$

위 문제는 세 점(두 원의 교점과 원점)을 지나는 원의 방정식을 구하는 문제와 같습니다. 즉, 원의 방정식을 $x^2+y^2+Ax+Bx+C=0$이라고 놓고 미정계수 A, B, C를 구할 수도 있지만 '두 원의 교점을 지나는 원의 방정식'의 개념을 적용하면 훨씬 더 문제를 쉽게 풀 수 있다는 사실을 기억하시길 바랍니다. 한 문제 더 풀어볼까요?

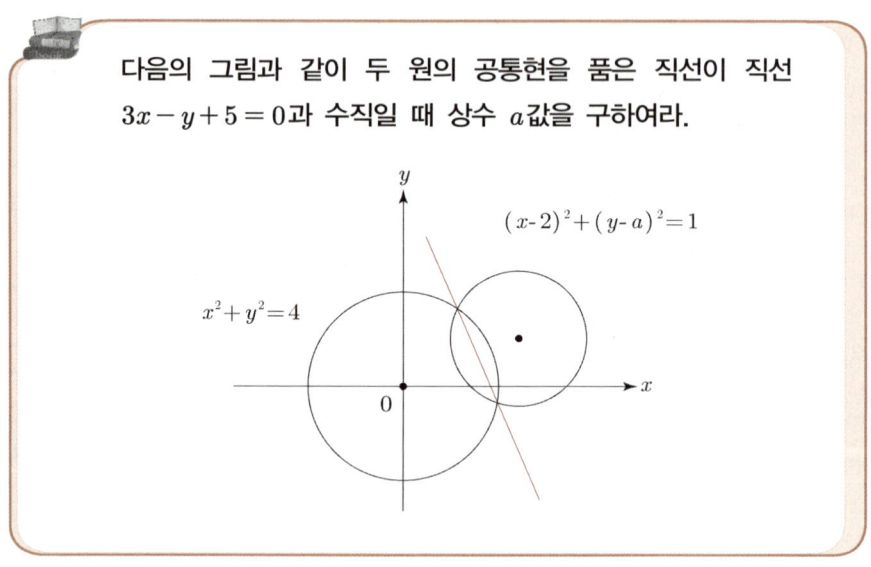

다음의 그림과 같이 두 원의 공통현을 품은 직선이 직선 $3x-y+5=0$과 수직일 때 상수 a값을 구하여라.

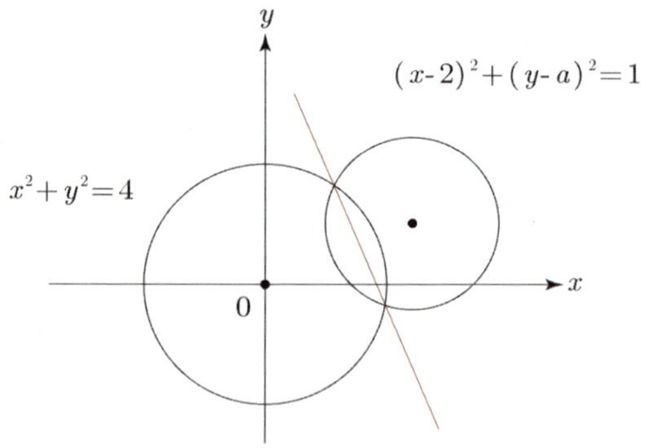

문제해결을 위한 기본설계가 끝나셨나요? 그러면 함께 풀어보도록 하겠습니다. 우선 두 원의 교점을 지나는 직선(공통현을 품은 직선)을 구해보겠습니다. 여기서 원의 방정식을 일반형 $f(x, y)=0$으로 바꾸어 두 원의 교점을 지나는 직선의 방정식을 도출해 보면 다음과 같습니다.

두 원의 교점을 지나는 직선의 방정식

$(x^2+y^2+Ax+By+C)+k(x^2+y^2+A'x+B'y+C')=0$

: $k=-1$

$$(x^2+y^2-4)+(-1)\cdot(x^2-4x+y^2-2ay+a^2+3)=0$$

$$\rightarrow\ 4x+2ay-a^2-7=0$$

직선 $4x+2ay-a^2-7=0$과 $3x-y+5=0$이 서로 수직이라고 했으므로 두 직선의 기울기의 곱은 -1이 됩니다.

$4x+2ay-a^2-7=0$ → 기울기 : $-\frac{2}{a}$
$3x-y+5=0$ → 기울기 : 3
$-\frac{2}{a}\times 3=-1$ → $a=6$

내접, 외접하는 두 원의 교점을 지나는 직선

두 원 $x^2+y^2+Ax+By+C=0$과 $x^2+y^2+A'x+B'y+C'=0$이 두 점에서 만날 때 교점을 지나는 직선의 방정식은 다음과 같습니다.

$(x^2+y^2+Ax+By+C)+k(x^2+y^2+A'x+B'y+C')=0$에서
$k=-1$일 때 두 원의 교점을 지나는 직선의 방정식을
도출할 수 있다. → $(A-A')x+(B-B')y+(C-C')=0$

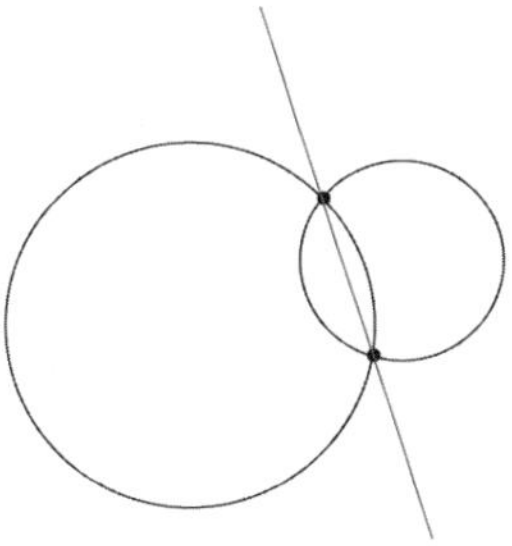

만약 두 원이 한 점에서 만날 때(내·외접), 직선 $(A-A')x+(B-B')y+(C-C')=0$은 어떤 직선이 될까요? 한번 상상해 보겠습니다. 두 점에서 만나는 두 원이 조금씩 서로 멀어져 외접하게 되거나 또는 두 원이 조

금씩 가까워져 내접하게 될 때 두 점의 교점을 지나는 직선은 두 원의 공통 접선이 될 것입니다.

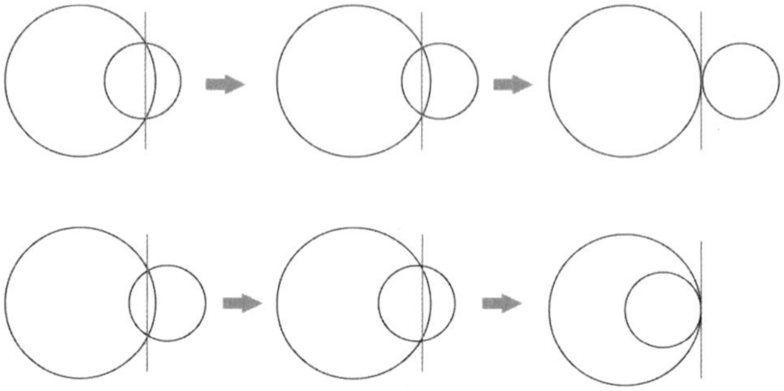

따라서 두 원 $x^2+y^2+Ax+By+C=0$과 $x^2+y^2+A'x+B'y+C'=0$이 접할 때 직선 $(A-A')x+(B-B')y+(C-C')=0$은 두 원의 공통접선의 방정식이 됩니다. 그러면 두 원 $x^2+y^2=4$와 $(x-1)^2+(y-1)^2=1$이 접할 때 공통접선의 방정식을 구해보도록 하겠습니다. 일단 두 원의 방정식을 일반형으로 변형하여 두 원의 교점을 지나는 직선의 방정식을 도출해 보면 다음과 같습니다.

$$x^2+y^2=4$$
$$\rightarrow \underline{x^2+y^2-4}=0$$
$$(x-1)^2+(y-1)^2=1$$
$$\rightarrow \underline{x^2+y^2-2x-2y+1}=0$$

$(\underline{x^2+y^2-4})+k(\underline{x^2+y^2-2x-2y+1})=0$에서

$k=-1$일 때 두 원의 교점을 지나는 직선

$\rightarrow 2x+2y-5=0$

따라서 두 원 $x^2+y^2=4$와 $(x-1)^2+(y-1)^2=1$이 접할 때 공통접선 방정식은 $2x+2y-5=0$이 됩니다.

개념 한눈에 보기

1. 원 : 평면 위의 한 정점에서 일정한 거리만큼 떨어져 있는 점의 집합(자취)

2. 원의 방정식(표준형) : $(x-a)^2+(y-b)^2=r^2$ (원의 중심 : (a, b), 반지름 : r)

3. 원의 방정식(일반형) : $x^2+y^2+Ax+By+C=0$ (단, $A^2+B^2-4C>0$)

4. 원과 직선의 위치관계 (1)

직선 $y=mx+n$과 원 $x^2+y^2+Ax+By+C=0$을 연립(y를 소거)한 방정식 $x^2+(mx+n)^2+Ax+B(mx+n)+C=0$의 판별식을 D라고 할 때,

① $D>0 \Leftrightarrow$ 서로 다른 두 실근 $\Leftrightarrow$ 원과 직선은 두 점에서 만난다.

② $D=0 \Leftrightarrow$ 중근 $\Leftrightarrow$ 원과 직선은 한 점에서 만난다. (접한다)

③ $D<0 \Leftrightarrow$ 서로 다른 두 허근 $\Leftrightarrow$ 원과 직선은 만나지 않는다.

5. 원의 접선의 방정식

① 원 $x^2+y^2=r^2$ 위의 한 점 (x_1, y_1)에 접하는 직선 : $x_1x+y_1y=r^2$

② 기울기가 m이고 원 $x^2+y^2=r^2$에 접하는 직선 : $y=mx\pm r\sqrt{m^2+1}$

6. 원과 직선의 위치관계 (2)

원의 반지름을 r, 원과 직선과의 거리를 d라고 할 때 원과 직선의 위치관계는 다음과 같다.

① $d<r$: 서로 다른 두 점에서 만난다.

② $d=r$: 원과 직선은 접한다.

③ $d>r$: 원과 직선은 만나지 않는다.

7. 두 원의 교점을 지나는 원의 방정식

두 원 $x^2+y^2+Ax+By+C=0$과 $x^2+y^2+A'x+B'y+C'=0$의 교점을 지나는 원의 방정식은 $(x^2+y^2+Ax+By+C)+k(x^2+y^2+A'x+B'y+C')=0$이다.

(단, $k=-1$일 때는 두 원의 교점을 지나는 직선의 방정식이 된다)

도출형 학습방식으로 다음 문제를 풀어보도록 하겠습니다. 개념이 잘 기억나지 않으면 앞의 내용을 찾아보길 바랍니다.

다음 두 원에 공통으로 접하고 기울기가 양수인 직선의 방정식을 구하여라.

$$x^2+y^2=1,\ x^2+y^2-4x=0$$

1 단계 개념도출 문제를 풀기 위해서는 어떤 개념을 알아야 할까요?

2 단계 개념설명 개념을 알고 있다면 간단히 설명해 보길 바랍니다.

3 단계 문제해결 그러면 어떻게 문제를 해결할 수 있을까요?

다음 두 원에 공통으로 접하고 기울기가 양수인 직선의 방정식을 구하여라.

$$x^2+y^2=1,\ x^2+y^2-4x=0$$

1단계 문제를 풀기 위해서는 어떤 개념을 알아야 할까요?

원의 방정식(표준형, 일반형), 원의 그래프, 원과 직선의 위치관계, 점과 직선과의 거리에 대해 알아야 한다.

2단계 개념을 알고 있다면 간단히 설명해 보길 바랍니다.

원의 방정식

- 표준형 : $(x-a)^2+(y-b)^2=r^2$ (원의 중심 : (a, b), 반지름 : r)
- 일반형 : $x^2+y^2+Ax+By+C=0$ (단, $A^2+B^2-4C>0$)

원의 그래프 그리기

일반형으로 원의 방정식이 주어졌을 때 표준형으로 바꾸어 그래프를 그린다.

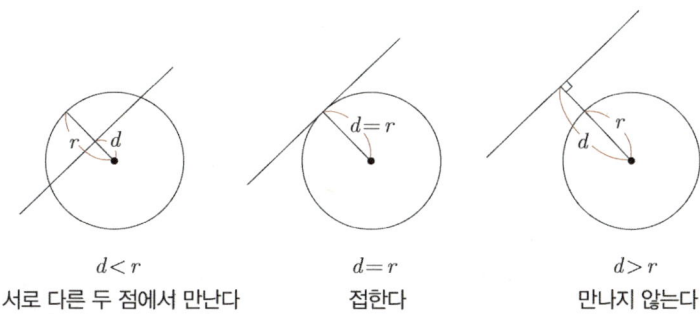

원과 직선과의 관계

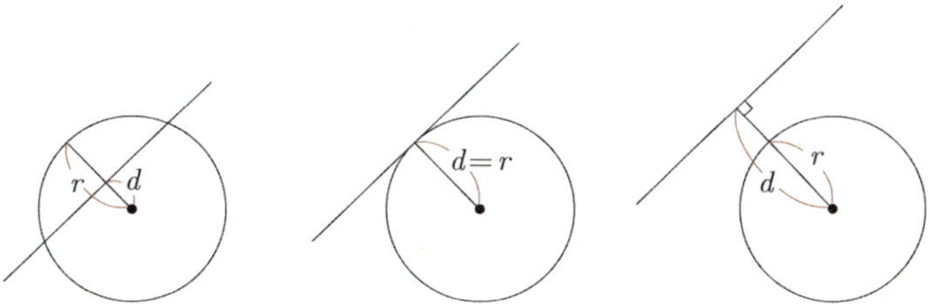

$d<r$ 서로 다른 두 점에서 만난다 | $d=r$ 접한다 | $d>r$ 만나지 않는다

점과 직선 사이의 거리

한 점 (x_1, y_1)과 직선 $ax+by+c=0$ 사이의 거리는

$d=\dfrac{|ax_1+by_2+c|}{\sqrt{a^2+b^2}}$와 같다.

3단계 그러면 어떻게 문제를 해결할 수 있을까요?

일단 주어진 두 원의 그래프를 그린 후 기울기가 양수인 공통접선을 그려본다. 여기서 접선의 방정식을 $y=ax+b$라고 놓고, 두 원과 직선의 위치관계를 이용하면 a, b에 관한 2개의 연립방정식을 도출할 수 있을 것이다. 즉, 연립방정식을 풀면 쉽게 미지수 a, b의 값을 구할 수 있다.

정답이 궁금한 학생들은 다음 정답풀이를 참고하시기 바랍니다.

일단 주어진 두 원의 그래프를 그린 후 기울기가 양수인 공통접선을 그려본다.
(공통접선의 방정식을 $y=ax+b$ $(a>0)$라고 한다)

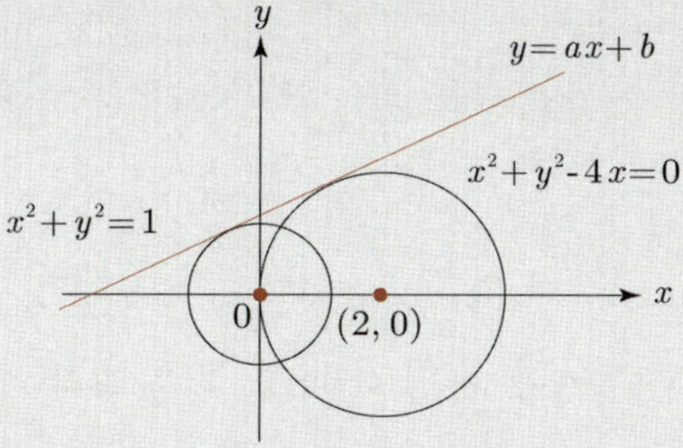

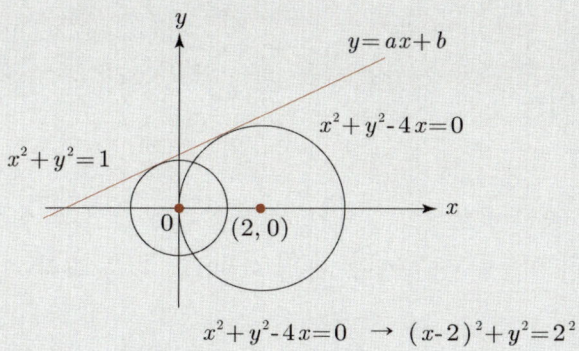

$$x^2+y^2-4x=0 \rightarrow (x-2)^2+y^2=2^2$$

그림에서 보는 바와 같이 b(y 절편) 또한 양의 값을 갖는다. 공통접선과 두 원과의 위치관계를 이용하여, 미지수 a, b $(a>0, b>0)$에 관한 연립방정식을 도출하면, $y=ax+b(a>0, b>0)$와 두 원의 중심 $(0, 0), (2, 0)$ 사이의 거리는 두 원의 반지름과 같게 된다.

i) $y=ax+b$와 점 $(0, 0)$ 사이의 거리 : $d=\dfrac{|b|}{\sqrt{a^2+(-1)^2}}=1$

ii) $y=ax+b$와 점 $(2, 0)$ 사이의 거리 : $d=\dfrac{|2a+b|}{\sqrt{a^2+(-1)^2}}=2$

두 식을 연립하면 $a=\dfrac{1}{\sqrt{3}}$, $b=\dfrac{2}{\sqrt{3}}$가 되며, 두 원 $x^2+y^2=1$ $x^2+y^2-4x=0$

의 기울기가 양수인 공통접선의 방정식은 $y=\dfrac{1}{\sqrt{3}}x+\dfrac{2}{\sqrt{3}}$가 된다.

정답 $y=\dfrac{1}{\sqrt{3}}x+\dfrac{2}{\sqrt{3}}$

4 도형의 이동

도형의 이동

좌표평면을 이용하면 도형의 길이, 넓이 등을 쉽게 구할 수 있습니다. 특히 도형을 적당히 이동할 경우(평행, 대칭, 회전이동) 더욱 그러합니다.

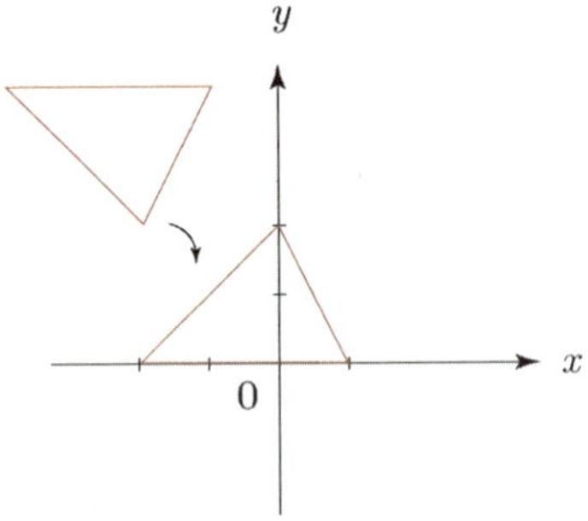

좌표평면에서 도형을 움직이는 것을 **도형의 이동**이라고 말하는데, 도형의 이동에는 **평행이동, 대칭이동, 회전이동** 등이 있습니다.

도형의 이동

① 평행이동 : 점 또는 도형을 좌표축(x, y축)에 평행하게 이동시키는 것

② 대칭이동 : 점 또는 도형을 점, 선, 면에 대하여 대칭적으로 이동시키는 것

③ 회전이동 : 점 또는 도형을 한 정점을 중심으로 회전시켜 이동시키는 것

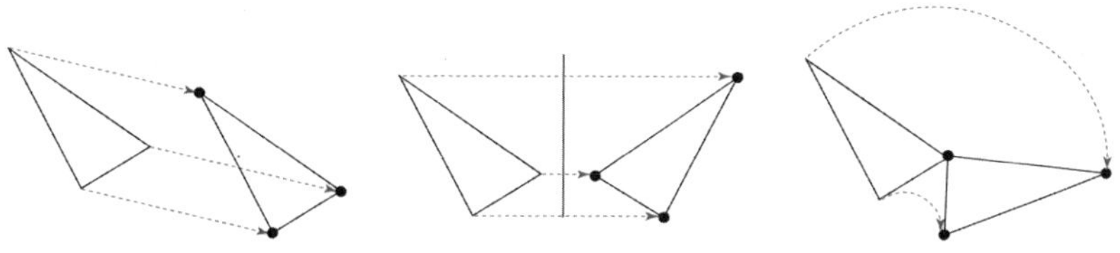

점의 평행이동

도형의 이동을 배우기에 앞서 점의 이동부터 살펴보도록 하겠습니다. 참고로 도형은 무수히 많은 점으로 이루어졌기 때문에 도형의 이동 원리는 근본적으로 점의 이동 원리와 같다는 사실을 기억하시길 바랍니다.

좌표평면 위의 점 $P(x, y)$를 x축 방향으로 a만큼, y축 방향으로 b만큼 이동한 점을 Q라고 할 때, 점 Q의 좌표는 $(x+a,\ y+b)$가 됩니다. 점의 평행이동($P \to Q$)을 수식으로 표현하면 다음과 같습니다.

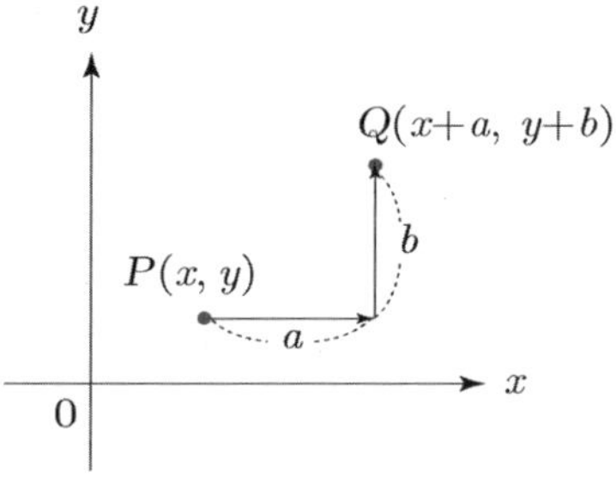

평행이동식 : $(x, y) \to (x+a,\ y+b)$

예를 들어 점 (2, 3)을 x축의 방향으로 -1, y축의 방향으로 4만큼 이동했을 때 이동된 점의 좌표는 (1, 7)이 됩니다.

평행이동식 $(x, y) \to (x-1,\ y+4)$: $(2, 3) \to (2-1,\ 3+4) = (1, 7)$

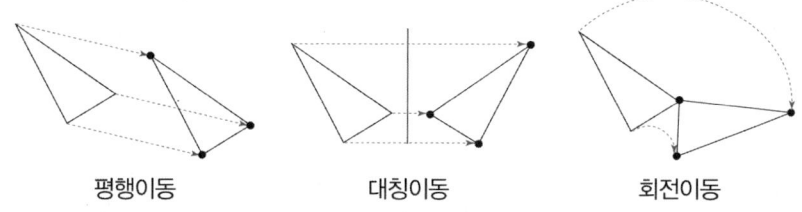

사실 점의 평행이동은 아주 단순합니다. 점의 좌표에 특정 숫자를 더하거나 빼는 것에 불과하죠. 그러면 개념 확인을 위해 평행이동에 관한 다음 문제를 풀어보도록 하겠습니다.

점 $(-1, 2)$를 x축으로 a만큼, y축으로 b만큼 평행이동시켰을 때, 이동된 점이 $(5, -9)$가 되었다면 a, b의 값은 무엇일까?

점 $(-1, 2)$를 x축으로 a만큼, y축으로 b만큼 평행이동하여 점 $(5, -9)$가 되었다면 다음과 같이 평행이동식을 적용할 수 있습니다.

$$\left.\begin{array}{r} x\text{축으로 } a\text{만큼} \\ y\text{축으로 } b\text{만큼} \end{array}\right) \text{평행이동} : (x, y) \rightarrow (x+a, y+b)$$

$$(-1, 2) \rightarrow (\underline{-1+a}, \underline{2+b}) = (\underline{5}, \underline{-9})$$

두 순서쌍이 서로 같다는 것은 x, y 좌표값이 각각 같다는 것을 의미하므로 등식 $-1+a=5$와 $2+b=-9$가 성립하게 됩니다. 따라서 $a=6$, $b=-11$이 되겠죠? 한 문제 더 풀어볼까요? 어떻게 풀지 잠시 생각해 보는 시간을 가져봅시다.

다음 그림에서 삼각형 ABC가 삼각형 $A'B'C'$로 평행이동되었다고 하자. 삼각형의 꼭짓점의 좌표가 다음과 같을 때 $A'B'C'$의 무게중심의 좌표를 찾아보아라.

$A(0, 0)$ $B(2, 1)$, $C(1, 2)$, $A'(-3, 2)$

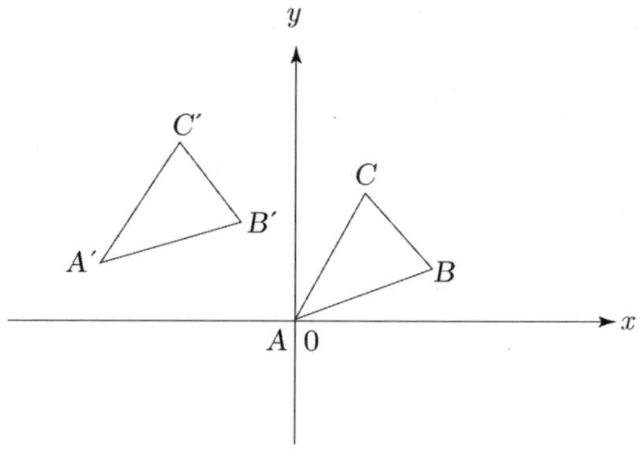

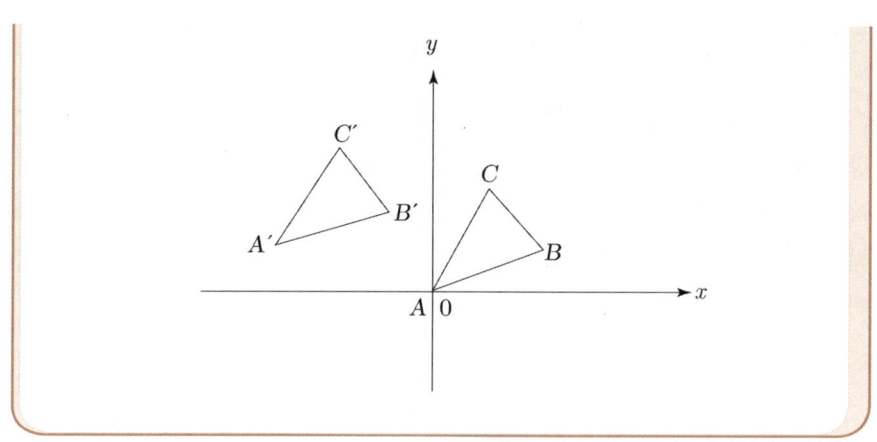

문제해결을 위한 기본설계가 끝나셨나요? 그러면 함께 풀어보도록 하겠습니다. 우선 점 $A(0, 0)$이 점 $A'(-3, 2)$로 평행이동했으므로 삼각형은 x축으로 -3만큼, y축으로 2만큼 평행이동했다고 볼 수 있습니다. 즉, 평행이동식은 $(x, y) \to (x-3, y+2)$이 됩니다. 따라서 삼각형 ABC의 무게중심의 좌표를 구하여 x축으로 -3만큼, y축으로 2만큼 평행이동시키면 삼각형 $A'B'C'$의 무게중심의 좌표를 쉽게 구할 수 있습니다. 여기서 꼭짓점이 (x_1, y_1), (x_2, y_2), (x_3, y_3)인 삼각형의 무게중심의 좌표는 $(\frac{x_1+x_2+x_3}{3}, \frac{y_1+y_2+y_3}{3})$임을 기억해 봅니다.

$$\text{삼각형 } ABC\text{의 무게중심 : } (\frac{0+2+1}{3}, \frac{0+1+2}{3}) = (1, 1)$$

여기서 삼각형 ABC의 무게중심 $(1, 1)$을 x축으로 -3만큼, y축으로 2만큼 평행이동시키면 삼각형 $A'B'C'$의 무게중심의 좌표가 됨을 짐작할 수 있을 것입니다.

$$(x, y) \to (x-3, y+2) \ : \ (1, 1) \to (-2, 3)$$

혹시 앞에서 유도했던 삼각형의 넓이공식을 기억하시나요? 세 점$(0, 0)$, (x_1, y_1), (x_2, y_2)가 주어졌을 때 삼각형의 넓이는 $\frac{1}{2}|x_1y_2 - x_2y_1|$입니다. 방금 배운 평행이동의 원리를 적용하여 세 점 $(-3, 2)$, $(0, -1)$, $(4, 5)$를 꼭짓점으로 하는 삼각형의 넓이를 한번 구해보시길 바랍니다. 단, 공식을 적용하기 위해서는 세 점 중 어느 한 점이 $(0, 0)$이 되도록 삼각형을 평행이동시켜야 합니다. (각자 풀어보도록 한다)

정답 15

도형의 평행이동

점이 아닌 도형을 평행이동할 경우, 이동된 도형의 방정식은 어떻게 표현될까요?

예를 들어 중심이 $(0, 0)$이고 반지름이 1인 원 $x^2+y^2=1$을 x축으로 a만큼, y축으로 b만큼 이동시켜 보겠습니다.

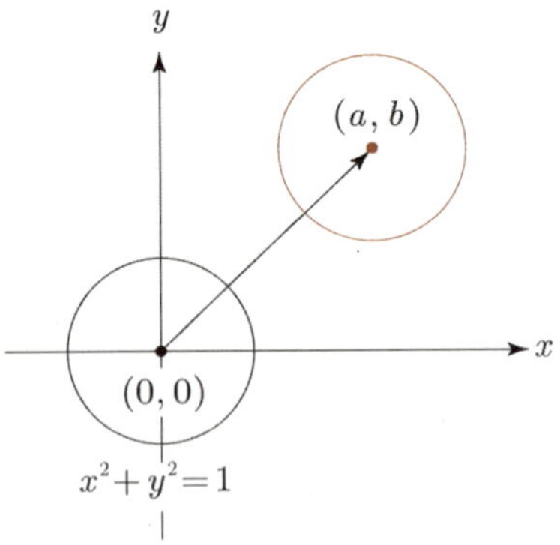

그림에서와 같이 평행이동된 도형은 '중심이 (a, b)이고, 반지름이 1인 원'이 됩니다. 그러면 평행이동 전후 도형의 방정식을 비교해 보도록 하겠습니다.

- 이동 전 원의 방정식 : $x^2+y^2=1$
  → 원의 중심이 $(0, 0)$이고 반지름이 1인 원

• 이동 후 원의 방정식 : $(x-a)^2+(y-b)^2=1$
→ 원의 중심이 (a, b)이고 반지름이 1인 원

여러분은 여기서 뭔가 이상한 점을 발견했을 것입니다. 분명히 x축 방향으로 $+a$만큼, y축 방향으로 $+b$만큼 평행이동하였음에도 이동된 원의 방정식에는 변수 x 자리에 $x-a$가, y 자리에 $y-b$가 떡하니 들어가 있습니다.

평행이동 조건 : $(x, y) \rightarrow (x+a, y+b)$

$$x^2+y^2=1 \quad \rightarrow \quad \underline{(x-a)}^2+\underline{(y-b)}^2=1$$

???

과연 어떻게 된 것일까요? 이것은 '숫자와 변수의 차이'에 의해 나타난 결과라고 할 수 있습니다.

숫자와 변수의 차이?

그러면 숫자와 변수의 차이가 무엇인지 자세히 알아보도록 하겠습니다. 일단 '평면 위의 한 점'은 숫자로, 그리고 '도형 위를 움직이는 점'은 변수 (x, y)로 생각할 수 있습니다. 도형은 무수히 많은 점의 집합이므로 도형 위를 움직이는 점은 특정한 좌표값으로 정해지지 않기 때문이죠.

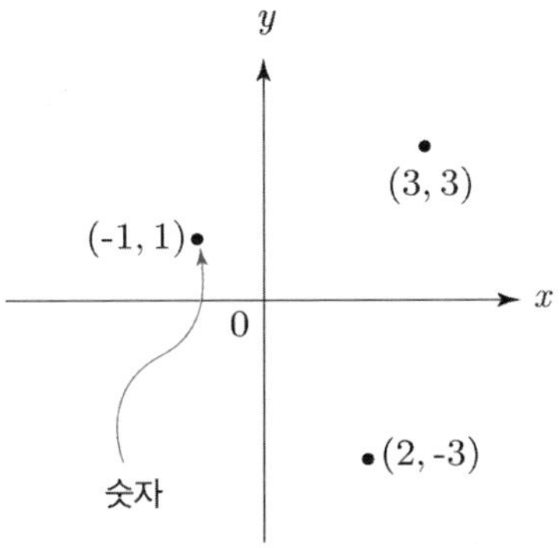

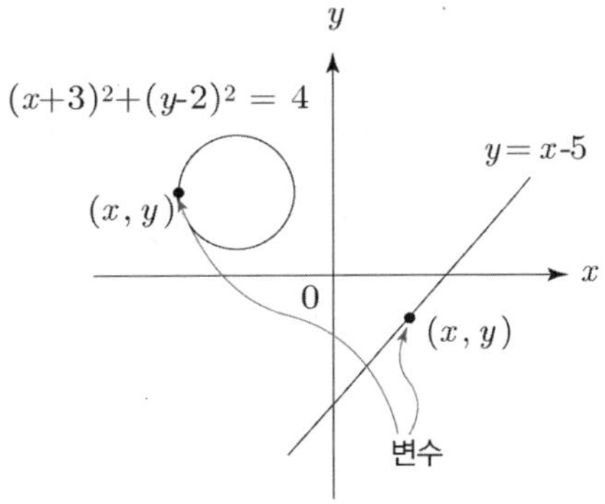

숫자는 그 값이 증가하거나 감소할 때, 단순히 변화량을 더하거나 빼주면 그만입니다.

숫자의 증가와 감소

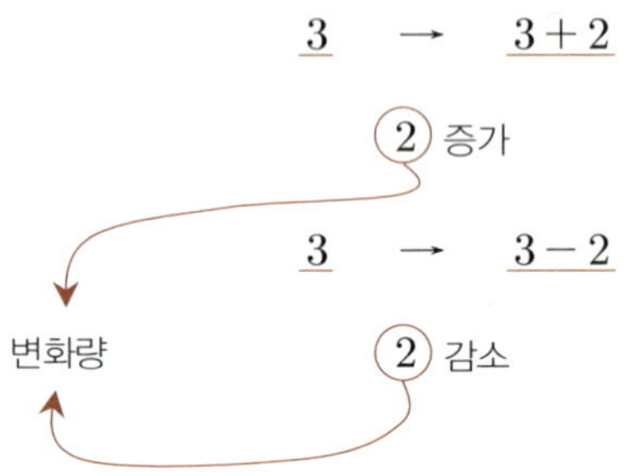

하지만 변수는 조금 다릅니다. 만약 변수 x가 3일 경우($x=3$) 2만큼 증가한다고 가정해 봅시다.

변수의 증가

$$x=3 \rightarrow x=3+2 \rightarrow x-2=3$$

2 증가 이항

변화량 2를 x쪽으로 이항하면 식 $x-2=3$이 도출됩니다. 이는 원래의 식 $x=3$과 비교하면 x 대신 $x-2$를 대입한 식과 같게 되죠. 즉, x가 3일 경우 2만큼 증가된 변수 x값을 구하기 위해서는 방정식 '$x=3$'에 x 대신 $x-2$를 대입해야 $x=5$를 구할 수 있게 되는 셈입니다.

$$x=3 \rightarrow x=3+2 \rightarrow (x-2)=3 \rightarrow x=5$$

2 증가 이항

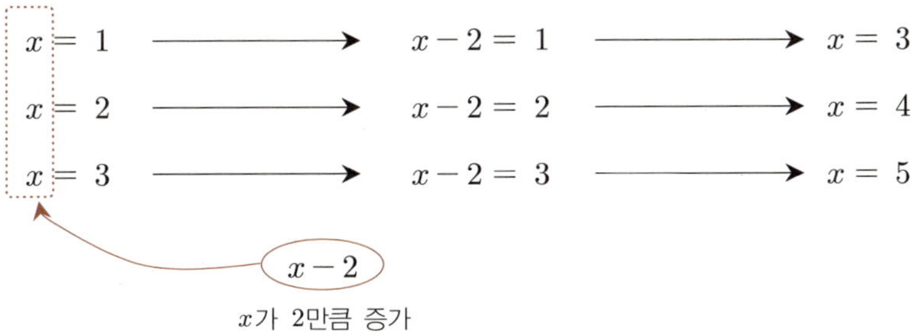

변수 x가 2만큼 증가한다면 x 대신 $x-2$를 대입한 후
식을 계산하면 2만큼 증가된 변수값 x를 구할 수 있다.

이러한 변수의 원리를 잘 생각하면서 다음 도형의 평행이동을 살펴보도록 하겠습니다.

원 $x^2+y^2=1$을 x축으로 a만큼, y축으로 b만큼 이동
평행이동식 : $(x, y) \rightarrow (x+a, y+b)$

평행이동된 도형 위의 점을 (X, Y)라고 하면 평행이동식에 의해 변수 X, Y를 x, y로 나타낼 수 있습니다.

$$(x, y) \rightarrow (x+a, y+b) = (X, Y) \rightarrow X = x+a, \quad Y = y+b$$

우리가 구하고자 하는 것은 평행이동된 도형의 방정식, 즉 X, Y의 관계식 $f(X, Y)=0$이므로 원의 방정식 $x^2+y^2=1$에 $X=x+a$, $Y=y+b$를 대입하면 X, Y의 관계식을 구할 수 있습니다.

$$X = x + a, \quad Y = y + b \;\longrightarrow\; x = X - a, \quad y = Y - b$$

$$x^2 + y^2 = 1 \;\longrightarrow\; \underline{(X-a)^2 + (Y-b)^2 = 1}$$

X, Y의 관계식

즉, 원 $x^2 + y^2 = 1$을 x축으로 a만큼, y축으로 b만큼 평행이동된 도형의 방정식은 $(X-a)^2 + (Y-b)^2 = 1$이 됩니다. 여기서 X, Y는 단순히 도형의 점을 대표하는 변수이므로 일반적인 변수인 x, y로 바꿔줄 수 있습니다.

변수의 전환 : $(X-a)^2 + (Y-b)^2 = 1 \;\rightarrow\; \underline{(x-a)^2 + (y-b)^2 = 1}$

평행이동된 도형의 방정식
(중심이 (a, b)이고 반지름이 1인 원의 방정식)

따라서 원 $x^2 + y^2 = 1$을 x축으로 a만큼, y축으로 b만큼 평행이동한 도형의 방정식은 $(x-a)^2 + (y-b)^2 = 1$이 됩니다.

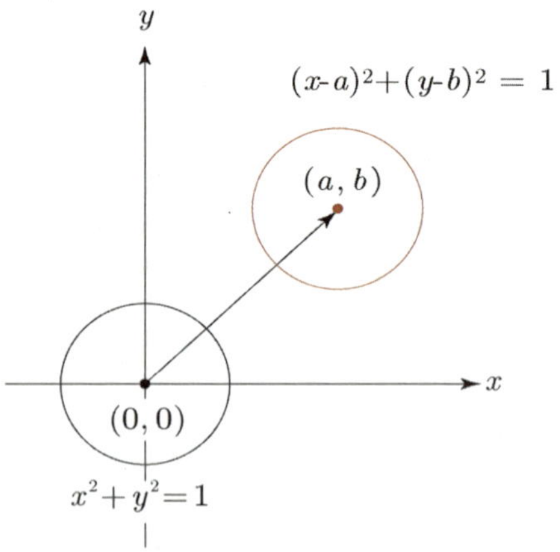

도형의 평행이동을 정리하면 다음과 같습니다.

도형의 평행이동

도형 $f(x, y)=0$을 x축으로 a만큼, y축으로 b만큼 평행이동할 경우 $((x, y) \rightarrow (x+a, y+b))$ 이동된 도형의 방정식은 $f(x-a, y-b)=0$이 된다.

평행이동시키기

직선 $y=2x+1$을 다음 조건에 맞춰 평행이동시켜 보도록 하겠습니다.

평행이동 조건 : $(x, y) \rightarrow (x+1, y+1)$

도형 $f(x, y)=0$를 x축으로 a만큼, y축으로 b만큼 평행이동시킨 도형의 방정식은 $f(x-a, y-b)=0$이므로 주어진 평행이동 조건 $(x, y) \rightarrow (x+1, y+1)$에 의해 평행이동된 도형의 방정식은 $f(x-1, y-1)=0$과 같습니다. 즉, 직선의 방정식 $y=2x+1$에서 'x 대신 $x-1$를', 'y 대신 $y-1$를' 대입하면 평행이동된 직선의 방정식을 구할 수 있게 됩니다.

평행이동 조건

: $(x, y) \rightarrow (x+1, y+1)$

대입 $x-1$ $y-1$

$y=2x+1$

$y-1=2(x-1)+1$

$$y = 2x + 1 \quad \rightarrow \; y - 1 = 2(x - 1) + 1 \quad \rightarrow \; y = 2x$$

그렇게 어렵지 않죠? 그러면 도형의 평행이동과 관련하여 다음 문제를 풀어보도록 하겠습니다. 어떻게 풀지 잠시 생각해 보는 시간을 가져봅시다.

> **직선 $2x - 3y + 1 = 0$을 $(x, y) \rightarrow (x - k, y + 2k - 1)$에 의해서 평행이동시켰더니 자기 자신이 되었다. k값은 얼마일까?**

문제해결을 위한 기본설계가 끝나셨나요? 그러면 함께 풀어보도록 하겠습니다. 우선 주어진 도형 $2x - 3y + 1 = 0$을 평행이동 조건 $(x, y) \rightarrow (x - k, y + 2k - 1)$에 맞춰 평행이동시키면 다음과 같습니다. 여기서 직선 $2x - 3y + 1 = 0$에서 x 대신 $x + k$를, y 대신 $y - 2k + 1$을 대입해야 하겠죠?

$$2x - 3y + 1 = 0 \rightarrow 2(x + k) - 3(y - 2k + 1) + 1 = 0$$
$$\rightarrow 2x - 3y + 8k - 2 = 0$$

도출된 방정식 $2x - 3y + 8k - 2 = 0$이 원래의 도형 $2x - 3y + 1 = 0$과 같다고 했으므로 두 식의 계수를 비교하면 쉽게 k값을 구할 수 있습니다.

$$2x - 3y + \underline{8k - 2} = 0 \Leftrightarrow 2x - 3y + \underline{1} = 0$$

$$8k - 2 = 1 \rightarrow k = \frac{3}{8}$$

직선 $2x - 3y + 1 = 0$을 평행이동 조건 $(x,y) \rightarrow (x - k, y + 2k - 1)$에 의해 이동시켰을 때 자기 자신이 되게 하는 k값은 바로 $\frac{3}{8}$이 됩니다.

점의 대칭이동

대칭은 일상생활 속에서 흔하게 볼 수 있는 현상 중 하나입니다.

대칭이 되기 위해서는 어떤 조건을 만족해야 할까요? 먼저 대칭의 기준이 있어야 합니다. 그것은 점이 될 수도(점대칭) 있으며, 선이 될 수도(선대칭) 있습니다. 그러면 점대칭과 선대칭에 대한 조건을 각각 살펴보도록 하겠습니다.

점대칭과 선대칭의 조건

① 기준점 O에 대하여 점 A와 대칭인 점을 P라고 할 때, 점 A와 P의 중점은 기준점 O과 같다.

② 기준선 l에 대하여 점 A와 대칭인 점을 P라고 할 때,

i) 점 A와 점 P의 중점은 기준선 l 위에 있다.

ii) 점 A와 P를 잇는 직선은 기준선 l과 수직이다.

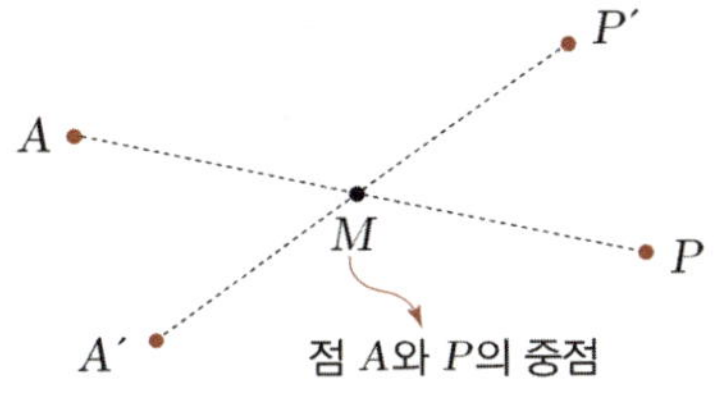

점대칭

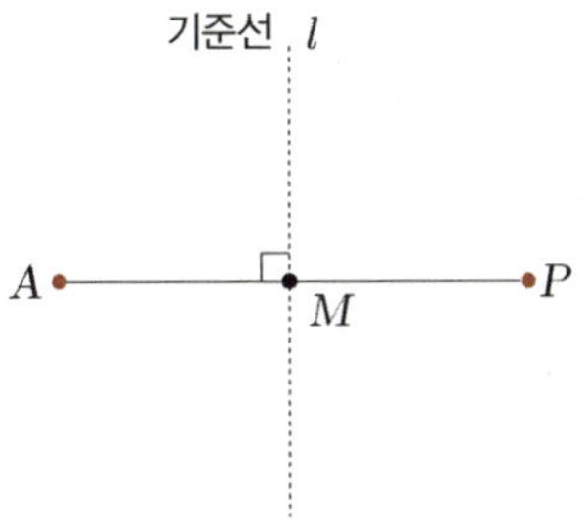

선대칭

대칭조건(점대칭, 선대칭)에 의해 점 $(1, 2)$를 'x축, y축, 원점, 그리고 직선 $y=x$'를 기준으로 대칭이동시켜 보겠습니다.

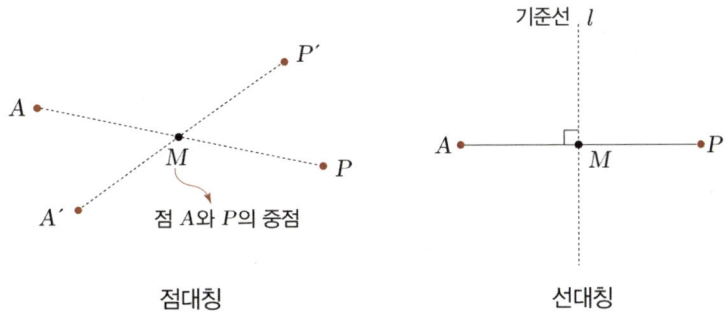

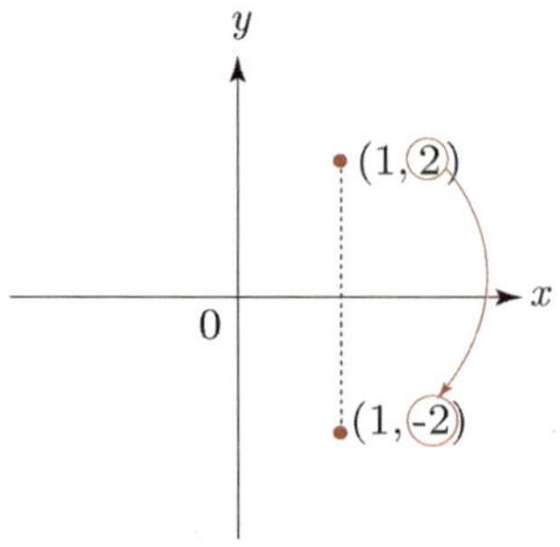

x축대칭

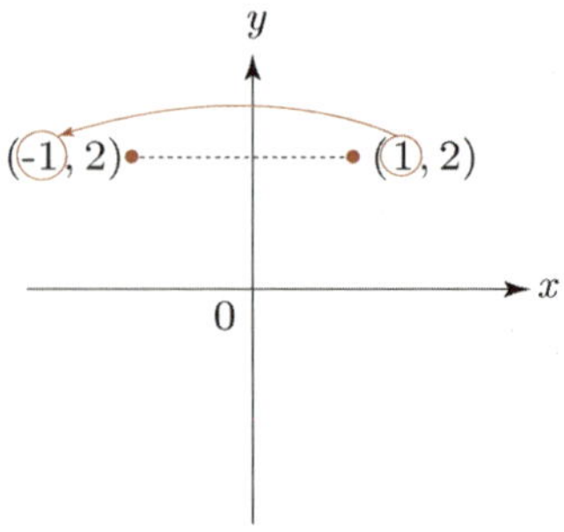

y축대칭

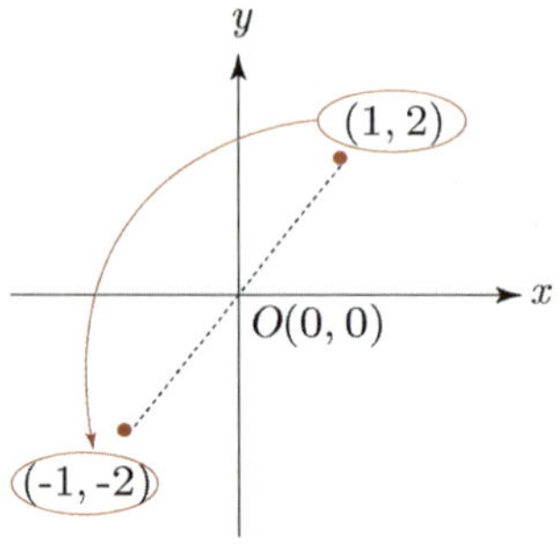

원점대칭

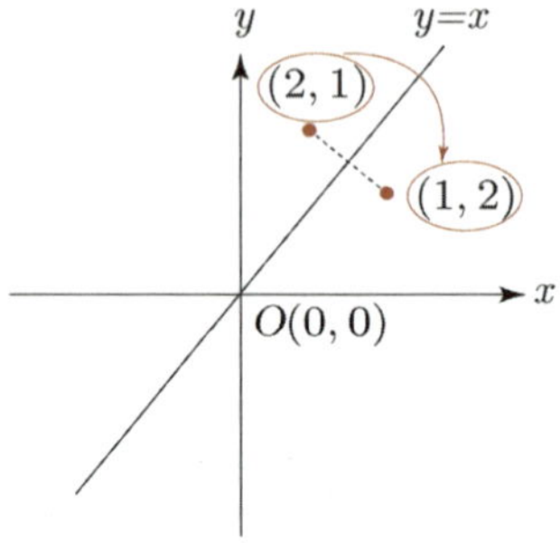

$y=x$대칭

임의의 점에 대한 대칭이동(x, y축, 원점, $y=x$ 대칭)은 다음과 같이 정리해 볼 수 있습니다. 부호의 의미를 잘 생각하면서 이해하길 바랍니다.

점의 대칭이동

① x축에 대한 대칭 : $(x,\ y) \rightarrow (x,\ -y)$ [y좌표에 (−)]
② y축에 대한 대칭 : $(x,\ y) \rightarrow (-x,\ y)$ [x좌표에 (−)]
③ 원점에 대한 대칭 : $(x,\ y) \rightarrow (-x,\ -y)$ [x, y좌표에 모두 (−)]
④ $y=x$에 대한 대칭 : $(x,\ y) \rightarrow (y,\ x)$ [x, y 자리 바꿈]

그러면 점의 대칭이동과 관련하여 다음 문제를 풀어보도록 하겠습니다. 어떻게 풀지 잠시 생각해 보는 시간을 가져봅시다.

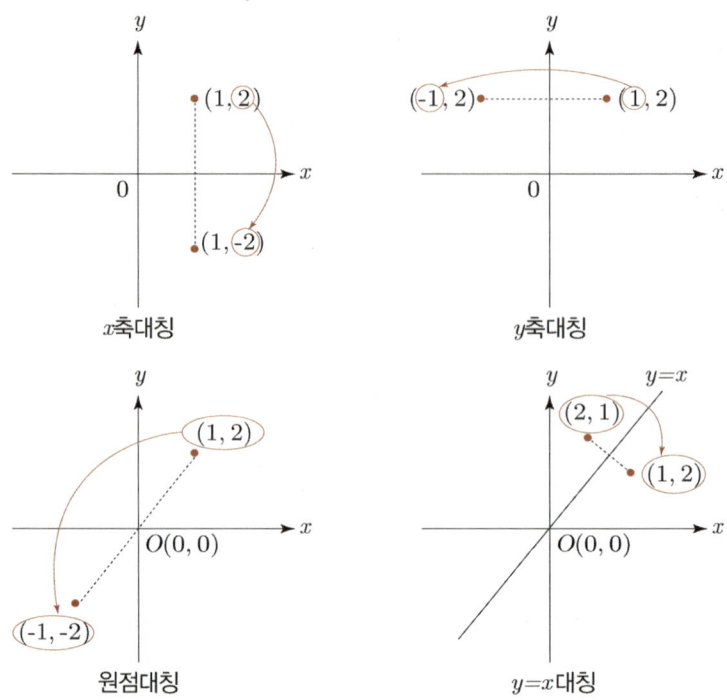

점 $A(2, 1)$을 직선 $y=2x-1$을 기준으로 대칭이동시켜라.

문제해결을 위한 기본설계가 끝나셨나요? 그러면 함께 풀어보도록 하겠습니다. 우선 대칭이동된 점의 좌표를 (a, b)라고 놓고 좌표평면에서 두 점의 대칭관계를 그려보면 다음과 같습니다.

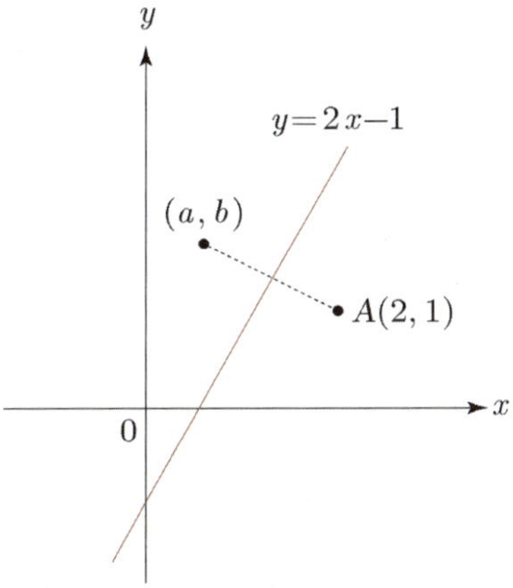

1) 점 $A(2, 1)$과 (a, b)의 중점은 직선 위에 있다.

2) 점 A와 (a, b)를 잇는 직선은 기준선과 수직이다.

여기서 대칭조건 1)과 2)를 수식으로 변환하면 미지수 a, b에 관한 2개의 연립방정식을 도출할 수 있습니다.

1) 점 $A(2, 1)$과 (a, b)의 중점 $\left(\frac{2+a}{2}, \frac{1+b}{2}\right)$는 직선 위에 있다.

$y=2x-1$에 점 $\left(\frac{2+a}{2}, \frac{1+b}{2}\right)$를 대입

$\rightarrow \frac{1+b}{2}=2\left(\frac{2+a}{2}\right)-1$ ——①

2) 점 A와 (a, b)를 잇는 직선은 기준선 $y=2x-1$과 수직이다.

즉, 점 A와 (a, b)를 잇는 직선의 기울기 $\frac{b-1}{a-2}$과 기준선의 기울기 2의 곱은 -1이 된다.

$$\rightarrow \frac{b-1}{a-2}\times 2=-1 \quad \text{——②}$$

두 식 ①, ②를 연립하면 a, b의 값을 쉽게 구할 수 있습니다. 각자 계산해 보시길 바랍니다.

정답 $\left(\frac{2}{5}, \frac{9}{5}\right)$

도형의 대칭이동

도형의 대칭이동이란 도형 위의 모든 점을 대칭기준(점 또는 선)에 맞춰 대칭이동시키는 것을 말합니다.

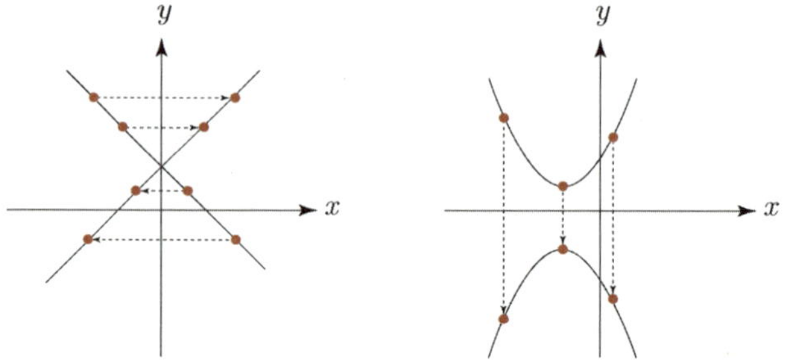

y축대칭 x축대칭

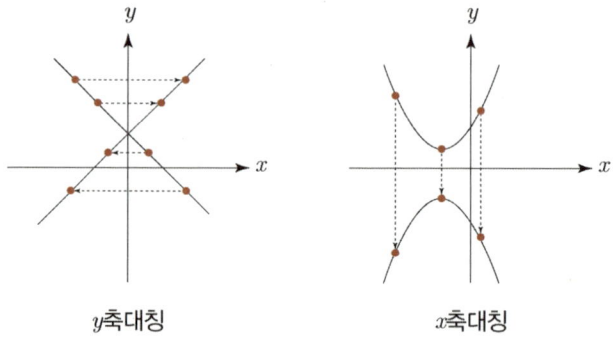

그러면 대칭이동된 도형의 방정식은 어떻게 구할 수 있을까요? 먼저 x축 대칭부터 살펴보도록 하겠습니다.

직선 $2x+y-3=0$을 x축을 기준으로 대칭이동시켜 보아라.

우선 직선 $2x+y-3=0$ 위의 점 (x, y)를 x축을 기준으로 대칭이동한 점을 (X, Y)라고 하면 X, Y와 x, y의 관계는 다음과 같습니다.

$$\underbrace{(x, y) \rightarrow (x, -y)}_{x\text{축대칭이동식}} = (X, Y) \rightarrow X=x, \quad Y=-y$$

대칭이동된 도형의 방정식은 'X, Y의 관계식'이므로 구좌표(x, y)와 신좌표(X, Y)의 관계$(X=x, \quad Y=-y)$를 직선 $2x+y-3=0$에 대입하여 X, Y의 관계식을 도출해 보면,

$$x=X, \quad y=-Y$$

$$2x+y-3=0 \rightarrow 2X+(-Y)-3=0$$

X, Y는 단순히 도형의 점을 대표하는 변수이므로 일반적인 변수 x, y로 고쳐 쓸 수 있습니다. 따라서 대칭이동된 도형의 방정식은 최종적으로 $2x-y-3=0$이 됩니다. 사실 이동된 도형의 좌표를 (X, Y)로 하지 않고 곧바로 도형의 방정식 $2x+y-3=0$에서 'x, y' 대신 '$x, -y$'를 대입해도 상관없습니다.

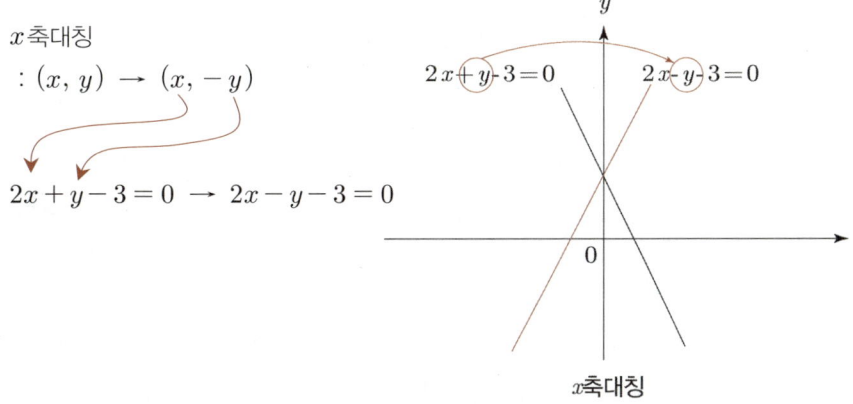

x축대칭

: $(x, y) \rightarrow (x, -y)$

$2x+y-3=0 \rightarrow 2x-y-3=0$

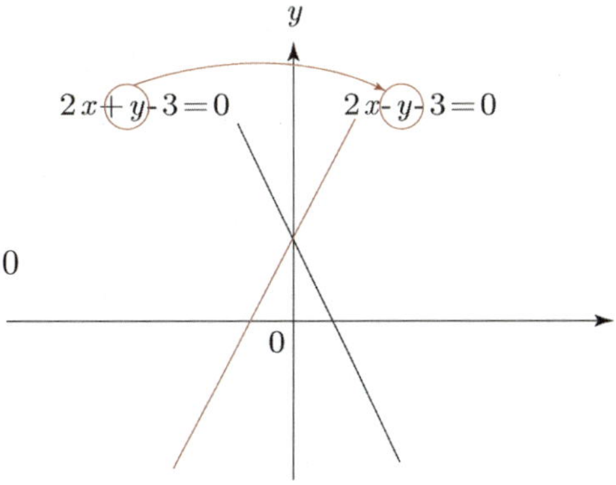

x축대칭

따라서 도형 $f(x,\ y)=0$을 x축을 기준으로 대칭이동($(x,\ y)\rightarrow(x,\ -y)$) 하면 이동된 도형의 방정식은 $f(x,\ -y)=0$이 됩니다. 다른 대칭이동도 마찬가지입니다.

도형 $f(x,\ y)$의 대칭이동

① x축에 대한 대칭이동 : $f(x,\ y)\rightarrow f(x,\ -y)$
② y축에 대한 대칭이동 : $f(x,\ y)\rightarrow f(-x,\ y)$
③ 원점에 대한 대칭이동 : $f(x,\ y)\rightarrow f(-x,\ -y)$
④ 직선 $y=x$에 대한 대칭이동 : $f(x,\ y)\rightarrow f(y,\ x)$

대칭이동은 평행이동과는 다르게 이동조건을 바로 도형의 방정식에 적용할 수 있습니다. 그러면 다음 도형을 주어진 조건에 맞춰 대칭이동시켜 보도록 하겠습니다.

① $(x-2)^2+(y-3)^2=1$: y축대칭이동

$$f(x,\ y)\ \rightarrow\ f(-x,\ y)\ \rightarrow\ (-x-2)^2+(y-3)^2=1$$
$$\rightarrow\ (x+2)^2+(y-3)^2=1$$

② $x-3y-5=0$: 원점대칭이동

$$f(x,\ y)\ \rightarrow\ f(-x,\ -y)\ \rightarrow\ (-x)-3(-y)-5=0$$
$$\rightarrow\ x-3y+5=0$$

대칭에 관한 문제

머릿속으로 좌표평면을 그린 다음, 대칭된 상황을 떠올려보면 쉽게 대칭이동식(x, y축, 원점, $y=x$대칭)을 기억할 수 있을 것입니다. 그러면 다 같이

점의 대칭이동을 떠올려봅시다.

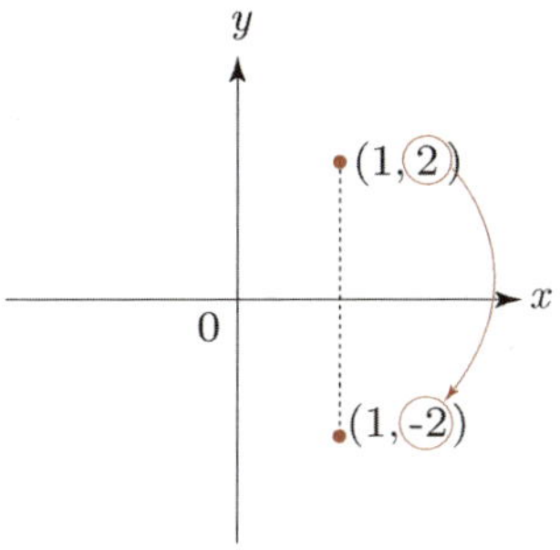

x축대칭

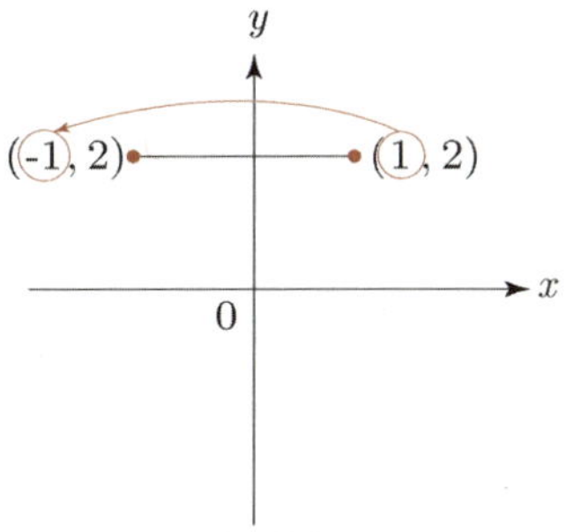

y축대칭

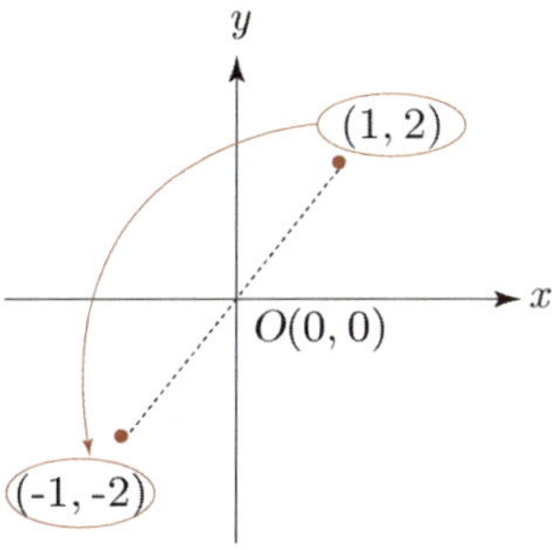

원점대칭

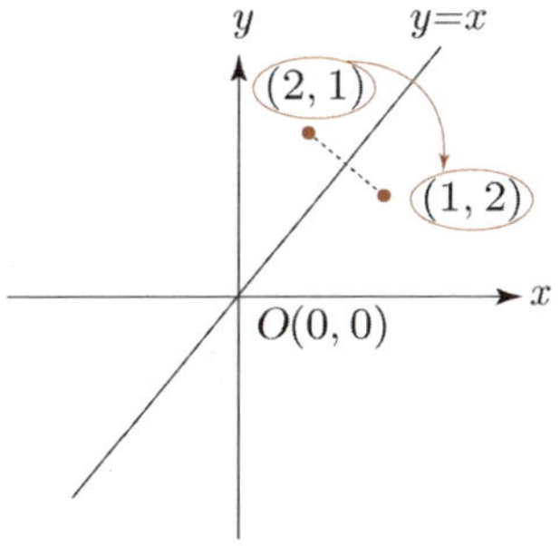

$y=x$대칭

다음 대칭이동에 관한 문제를 풀어보도록 하겠습니다. 어떻게 풀지 잠시 생각해 보는 시간을 가져봅시다.

원 $(x+2)^2+(y+2)^2=1$을 직선 $y=-x+1$을 기준으로 대칭이동시켜 보아라.

문제해결을 위한 기본설계가 끝나셨나요? 그러면 함께 풀어보도록 하겠습니다. 우선 다음 그림과 같이 좌표평면에 원 $(x+2)^2+(y+2)^2=1$과 기준선 $y=-x+1$을 그린 후 대칭이동된 도형을 찾아보면 다음과 같습니다.

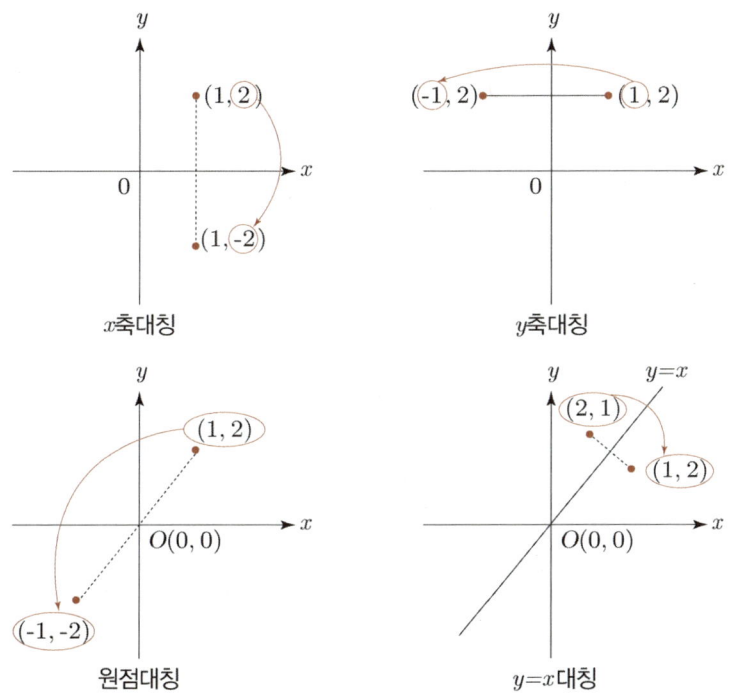

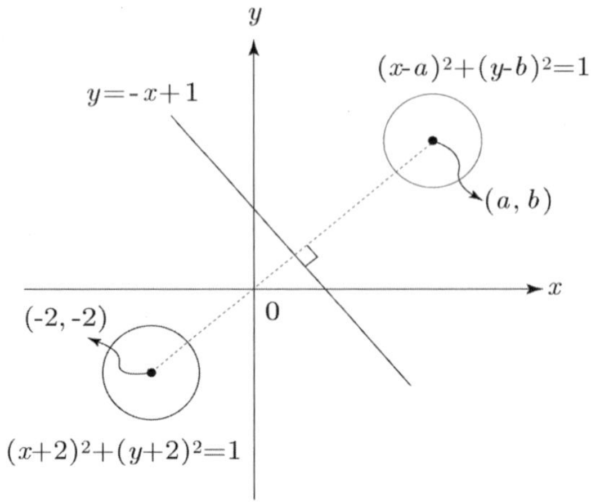

대칭이동된 도형 또한 반지름이 1인 원이라는 사실을 쉽게 알 수 있습니다. 그러면 이동된 도형의 방정식을 $(x-a)^2+(y-b)^2=1$로 놓고 미정계수 a, b의 값을 구해보도록 하겠습니다. 먼저 a, b에 관한 2개의 연립방정식을 도출해야겠죠? 원 $(x+2)^2+(y+2)^2=1$의 중심 $(-2, -2)$를 기준선 $y=-x+1$을 기준으로 대칭이동시키면 점 (a, b)가 되므로 다음 조건이 성립합니다.

1) 점 (−2, −2)와 (a, b)의 중점은 기준선 $y=-x+1$ 위에 있다.
2) 점 (−2, −2), (a, b)를 지나는 직선과 기준선 $y=-x+1$은 서로 수직이다.

첫 번째 조건

두 점 (−2, −2), (a, b)의 중점은 기준선 $y=-x+1$ 위에 있으므로 중점 $(\frac{a-2}{2}, \frac{b-2}{2})$를 직선 $y=-x+1$에 대입하면 다음 등식이 성립합니다.

$$y=-x+1 \rightarrow \frac{b-2}{2}=-(\frac{a-2}{2})+1 \rightarrow b=-a+6 \text{ ——①}$$

두 번째 조건

두 점 (−2, −2), (a, b)를 지나는 직선과 기준선 $y=-x+1$은 서로 수직이므로 두 직선의 기울기의 곱은 −1이 됩니다. 여기서 기준선 $y=-x+1$의 기울기가 −1이므로 두 점 (−2, −2)와 (a, b)를 지나는 직선의 기울기는 1이 됨을 알 수 있습니다.

점 (−2, −2)와 (a, b)를 지나는 직선의 기울기

$$: \frac{b-(-2)}{a-(-2)}=1 \rightarrow a=b \text{ ——②}$$

식 ①과 ②를 연립하면 $a=b=3$이 된다는 사실을 쉽게 알 수 있습니다. 따라서 원 $(x+2)^2+(y+2)^2=1$을 직선 $y=-x+1$을 기준으로 대칭이동시키면, 중심이 (3, 3)이고 반지름이 1인 원 $(x-3)^2+(y-3)^2=1$이 됩니다. 몇 문제 더 풀어볼까요? 계산보다는 어떻게 풀어야 할지 설계에 초점을 맞춰보시길 바랍니다.

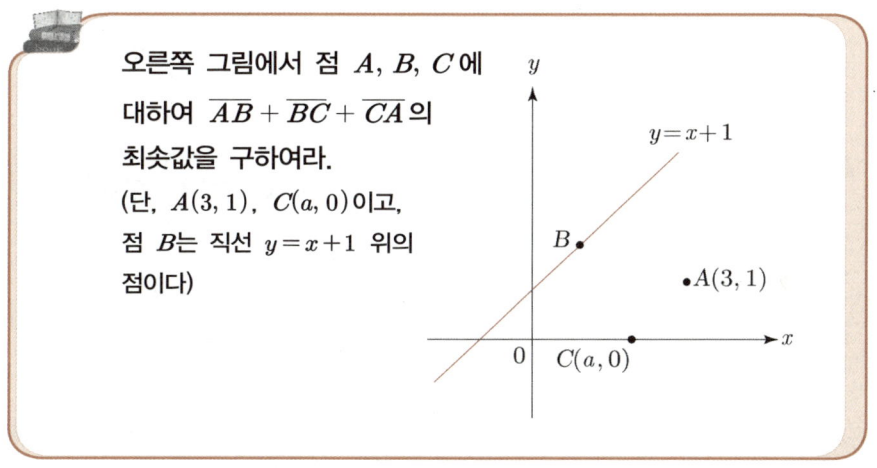

오른쪽 그림에서 점 A, B, C에 대하여 $\overline{AB}+\overline{BC}+\overline{CA}$의 최솟값을 구하여라.
(단, $A(3, 1)$, $C(a, 0)$이고, 점 B는 직선 $y=x+1$ 위의 점이다)

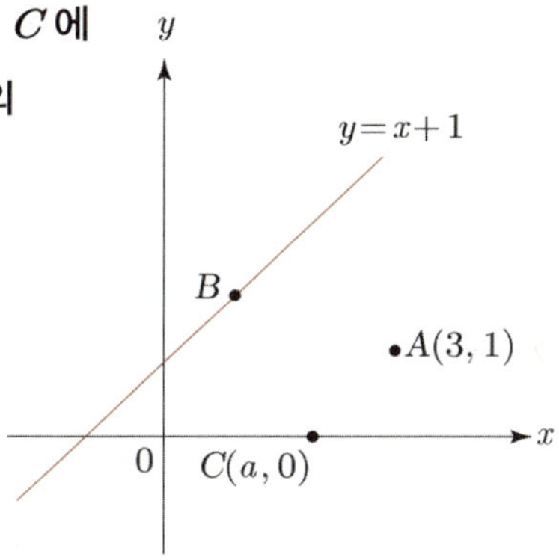

문제해결을 위한 기본설계가 끝나셨나요? 그러면 함께 풀어보도록 하겠습니다. 우선 점 A를 직선 $y=x+1$과 x축에 대하여 대칭이동시킨 점을 A_1, A_2라고 하여 그림을 그려보면 다음과 같습니다.

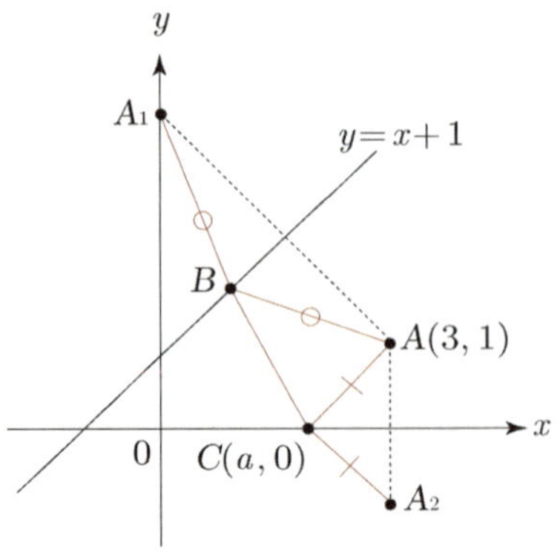

여기서 $\overline{AB}=\overline{A_1B}$이고 $\overline{CA}=\overline{CA_2}$가 되므로 우리가 구하고자 하는 $\overline{AB}+\overline{BC}+\overline{CA}$는 $\overline{A_1B}+\overline{BC}+\overline{CA_2}$와 같습니다. 즉, 네 점 A_1, B, C, A_2가 일직선일 때 $\overline{A_1B}+\overline{BC}+\overline{CA_2}$가 최솟값을 갖게 된다는 것을 어렵지 않게 짐작할 수 있을 것입니다. 따라서 $\overline{AB}+\overline{BC}+\overline{CA}$의 최솟값은 점 A_1과 A_2의 직선거리가 됩니다. 각자 계산해 보시길 바랍니다.

정답 $\sqrt{34}$

다음 도형이 $f(x, y)=0$에서 어떻게 이동된 것인지 설명하여라.

i) $f(x-1, -y)=0$　　　ii) $f(-y+1, -x+3)=0$

문제해결을 위한 기본설계가 끝나셨나요? 그러면 함께 풀어보도록 하겠습니다. 우선 i) $f(x-1, -y)=0$의 경우, 도형 $f(x, y)=0$에서 x 대신 $x-1$이 들어 있으므로 x축으로 1만큼 평행이동한 것으로 볼 수 있으며, y 대신 $-y$가 들어 있으므로 x축대칭이동으로 볼 수 있습니다. 따라서 i) $f(x-1, -y)=0$은 도형 $f(x, y)=0$을 x축으로 1만큼 평행이동시킨 후

x축을 기준으로 대칭이동시킨 도형이라고 말할 수 있겠죠?

그런데 ii) $f(-y+1, -x+3)=0$의 경우는 좀 복잡합니다. 일단 식을 좀 변형해 보면 다음과 같습니다.

$$f(-y+1, -x+3)=0 \rightarrow f(-(y-1), -(x-3))$$

먼저 도형 $f(x, y)=0$을 x축으로 3만큼 y축으로 1만큼 평행이동시킨 후 원점을 기준으로 대칭이동시켜 보겠습니다.

(원점대칭)
$x-3$ 대신 $-(x-3)$
$y-1$ 대신 $-(y-1)$ 대입

$$f(x, y)=0 \rightarrow f(x-3, y-1)=0 \rightarrow f(-(x-3), -(y-1))=0$$

x 대신 $x-3$
y 대신 $y-1$ 대입
(평행이동)

???

$$f(-(y-1), -(x-3))$$

최종적으로 변수의 자리가 서로 바뀌었으므로 직선 $y=x$에 대하여 대칭이동되었다는 사실을 알 수 있습니다. 따라서 도형 $f(-(y-1), -(x-3))=0$은 $f(x, y)=0$을 x축으로 3만큼 y축으로 1만큼 평행이동시킨 후 원점대칭 및 직선 $y=x$대칭이동시킨 도형이라고 볼 수 있습니다.

절댓값기호가 포함된 도형

도형 $f(|x|, y)=0$, $f(x, |y|)=0$ 의 그래프는 어떻게 될까?
우선 $f(|x|, y)=0$부터 살펴보자. $f(|x|, y)=0$에 x 대신 $|x|$가 있다는 것은 변수 x값의 부호에 관계없이 동일한 y값을 갖는다는 것을 의미한다. 즉, 도형 위의 한 점이 $(1, 2)$일 때, $(-1, 2)$ 또한 이 도형의 점이 된다는 것을 뜻한다. 따라서 $(1, 2)$와 $(-1, 2)$는 y축대칭이 되는 점이 된다. 예를 들어, $y=|x|+1$의 그래프를 그려보면 다음과 같다. 먼저 $y=x+1$ 위에서 $x>0$인 몇 개의 점을 찾은 후 그 점들의 y축 대칭점을 찾아보자.

$y=x+1$ 위의 점
$(1, 2), (2, 3), (3, 4)$

$y=|x|+1$ 위의 점
$(1, \underline{2}), (2, \underline{3}), (3, \underline{4})$
$(-1, \underline{2}), (-2, \underline{3}), (-3, \underline{4})$

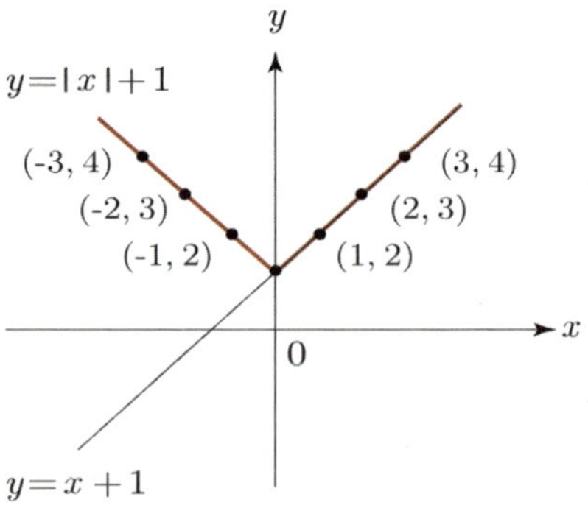

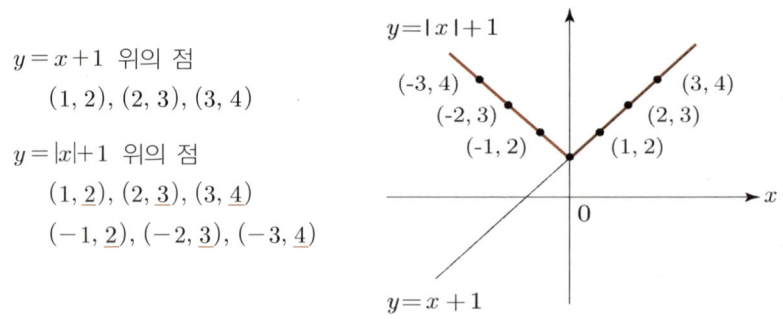

위 예시를 통해 $f(|x|, y)=0$의 특징을 유추해 보면 도형 $f(|x|, y)=0$은 $f(x, y)=0$의 $x>0$인 그래프를 y축 기준으로 대칭이동시킨(V자형) 도형이라는 것을 알 수 있다. 마찬가지로 $f(x, |y|)=0$의 그래프는 $f(x, y)=0$의 $y>0$인 그래프를 x축을 기준으로 대칭시킨 도형이 된다는 것이라는 것을 어렵지 않게 유추할 수 있을 것이다. 참고로 절댓값기호가 포함된 도형은 함수 단원(수Ⅱ)에서 다시 한 번 다루도록 하겠다.

개념 한눈에 보기

1. 평행이동

좌표평면에서 점 또는 도형을 좌표축(x, y축)과 평행하게 이동시킨 것

2. 평행이동식

x축 방향으로 a, y축 방향으로 b만큼의 평행이동을 표현한 식

$(x, y) \rightarrow (x+a, y+b)$

3. 점의 평행이동

점 (x_1, y_1)이 x축 방향으로 a, y축 방향으로 b만큼 평행이동한 점의 좌표는 (x_1+a, y_1+b)가 된다.

4. 도형의 평행이동

도형 $f(x, y)=0$이 x축 방향으로 a, y축 방향으로 b만큼 평행이동된 도형은 $f(x-a, y-b)=0$이 된다.

5. 점대칭과 선대칭의 조건

① 점대칭 : 기준점 O에 대하여 점 A와 대칭인 점을 P라고 할 때, 점 A와 P의 중점은 기준점 O과 같다.

② 선대칭 : 기준선 l에 대하여 점 A와 대칭인 점을 P라고 할 때, 점 A와 P의 중점이 기준선 l 위에 있고 점 A와 P를 잇는 직선은 기준선 l과 수직이다.

6. 대칭이동식

① x축대칭 : $(x, y) \rightarrow (x, -y)$

② y축대칭 : $(x, y) \rightarrow (-x, y)$

③ 원점대칭 : $(x, y) \rightarrow (-x, -y)$

④ $y=x$대칭 : $(x, y) \rightarrow (y, x)$

7. 점 (x_1, y_1)과 도형 $f(x, y)=0$의 대칭이동

① x축대칭 : 점 $(x_1, -y_1)$, 도형 $f(x, -y)=0$

② y축대칭 : 점 $(-x_1, y_1)$, 도형 $f(-x, y)=0$

③ 원점대칭 : 점 $(-x_1, -y_1)$, 도형 $f(-x, -y)=0$

④ $y=x$대칭 : 점 (y_1, x_1), 도형 $f(y, x)=0$

도출형 학습방식으로 다음 문제를 풀어보도록 하겠습니다. (개념이 잘 기억나지 않으면 앞의 내용을 찾아보길 바란다)

세 직선 $l : y=2x$, $m : y=-x+3$, $n : y=ax+b$가 한 점에서 만나고 직선 n을 기준으로 두 점 $(3, 1), (1, -5)$가 서로 대칭일 때, 직선 n의 방정식을 구하여라.

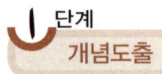

1단계 개념도출 문제를 풀기 위해서는 어떤 개념을 알아야 할까요?

2단계 개념설명 개념을 알고 있다면 간단히 설명해 보길 바랍니다.

3단계 문제해결 그러면 어떻게 문제를 해결할 수 있을까요?

세 직선 $l : y=2x$, $m : y=-x+3$, $n : y=ax+b$가 한 점에서 만나고 직선 n을 기준으로 두 점 $(3, 1), (1, -5)$가 서로 대칭일 때, 직선 n의 방정식을 구하여라.

1단계 문제를 풀기 위해서는 어떤 개념을 알아야 할까요?

두 직선의 교점의 좌표, 직선의 그래프, 선대칭의 조건을 알아야 한다.

2단계 개념을 알고 있다면 간단히 설명해 보길 바랍니다.

두 직선의 교점의 좌표

두 직선의 교점의 좌표는 두 직선의 방정식을 연립한 x, y값의 순서쌍이다.

직선의 그래프를 그리는 방법

① 직선의 방정식의 표준형으로 변형하여 기울기와 y절편을 찾아 그래프를 그린다.

② 직선 위의 두 점을 찾아 연결하여 그래프를 그린다.

선대칭의 조건

기준선 l에 대하여 점 A와 대칭인 점을 P라고 할 때, 점 A와 P의 중점이 기준선 l 위에 있고, 점 A와 P를 잇는 직선은 기준선 l과 수직이다.

3단계 그러면 어떻게 문제를 해결할 수 있을까요?

미지수는 a, b 2개이므로 a, b에 관한 연립방정식 2개를 만들면 문제를 해결할 수 있다.

(방정식 ①) 세 직선 l, m, n은 한 점에서 만나므로 직선 n은 두 직선 $l : y=2x$, $m : y=-x+3$의 교점을 지난다.

(방정식 ②) 직선 n을 기준으로 점 $(3, 1)$과 $(1, -5)$가 서로 대칭이므로 두 점의 중점은 직선 n 위에 있다.

여기서 방정식 ①, ②를 연립하면 a, b의 값을 쉽게 구할 수 있을 것이다.

정답이 궁금한 학생들은 다음 정답풀이를 참고하시기 바랍니다.

세 직선 l, m, n은 한 점에서 만나므로 직선 n은 두 직선 $l : y=2x$, $m : y=-x+3$의 교점을 지난다. 그리고 두 직선 l, m의 교점의 좌표는 두 직선의 방정식을 연립하면 쉽게 구할 수 있다. 여기서 직선 n을 $y=ax+b$라고 놓자.

$$l : y=2x \quad m : y=-x+3$$
$$2x=-x+3 \rightarrow x=1 \rightarrow y=2 \text{ : 교점의 좌표 } (1, 2)$$

직선 $n : y=ax+b$가 $(1, 2)$를 지나므로 $2=a+b$ ---①
직선 n을 기준으로 점 $(3, 1)$과 $(1, -5)$가 서로 대칭이므로 두 점의 중점은 직선 n 위에 있다.

$$\text{점 } (3, 1)\text{과 } (1, -5)\text{의 중점 : } \left(\frac{3+1}{2}, \frac{1-5}{2}\right)=(2, -2)$$

직선 $n : y=ax+b$가 $(2, -2)$를 지나므로 $-2=2a+b$ ---②

방정식 ①, ②를 연립하면 a, b를 구할 수 있다.

$$2=a+b, \ -2=2a+b$$
$$\rightarrow a=-4, \ b=6$$

a, b의 값을 대입하면 직선 $n : y=-4x+6$이 된다.

정답 $y=-4x+6$

5 부등식의 영역

부등식의 영역

부등식 $f(x) > 0$(변수가 1개인 부등식)의 해는 간단한 수식 또는 수직선을 이용하여 표현할 수 있습니다. 수식보다는 수직선이 훨씬 이해하기 편합니다.

$x^2 - x - 2 > 0$의 해 : $x < -1,\ x > 2$

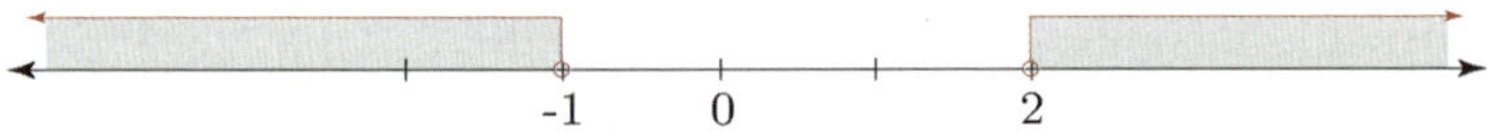

그러면 미지수가 2개인 부등식($f(x, y) > 0,\ f(x, y) < 0$)의 해는 어떻게 표현할 수 있을까요?

$x + y \geq 0$?

너무 어렵게 생각할 필요는 없습니다. 일단 부등식 $x + y \geq 0$를 만족하는 x, y값(순서쌍 (x, y))을 찾아보도록 하겠습니다. 여기서 순서쌍은 2차원 좌표(평면좌표)라는 사실을 잊지 말아야겠습니다.

$$x+y \geq 0 \ : \ (-1, 1),\ (1,\ -1),\ (\frac{1}{2},\ \frac{1}{2}),\ (\frac{1}{2},\ 2),\ (2,\ -1)$$

부등식 $x+y \geq 0$를 만족하는 순서쌍 $(x,\ y)$를 좌표평면에 하나씩 점으로 찍어보면 다음 그림과 같이 그려집니다.

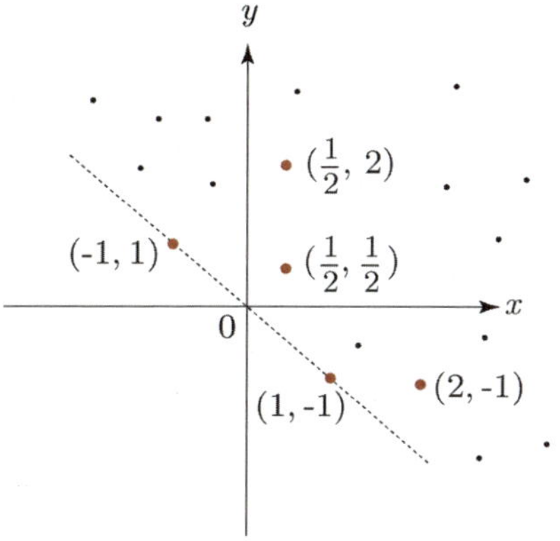

이제 등식 $x+y \geq 0$의 해의 윤곽을 짐작할 수 있겠죠? 그림에서 보는 바와 같이 부등식 $x+y \geq 0$의 해는 하나의 '영역'으로 표시됩니다.

부등식 $x+y \geq 0$의 해 : 직선 $y=-x$의 위쪽 영역
(경계선은 부등호를 등호로 바꾼 직선의 방정식 $x+y=0$이 된다)

일반적으로 미지수가 2개인 부등식($f(x,\ y)>0,\ f(x,\ y)<0$)의 해는 좌표평면에서 '영역'으로 표시되는데, 이 영역을 **부등식의 영역**이라고 말합니다. 또한 부등식의 영역에 대한 경계선은 부등식에서 부등호를 등호로 바꾼 도형의 방정식과 같습니다.

부등식의 영역에 대한 경계선

- 부등식 $f(x,\ y)>0,\ f(x,\ y)<0$의 경계선 : $f(x,\ y)=0$
- 부등식 $y>f(x),\ y<f(x)$의 경계선 : $y=f(x)$

$y > f(x)$의 해

x, y에 관한 부등식의 해가 좌표평면의 영역으로 표시되기 때문에 우리는 x, y에 관한 부등식의 해를 구하기 위해서는 그래프에 의존할 수밖에 없습니다. 다음 부등식을 만족하는 점을 좌표평면에 표시해 보도록 하겠습니다. 우선 영역에 대한 경계선 $y=f(x)$의 그래프를 기준으로 부등식을 만족하는 점 (x, y)가 어느 부분에 찍히는지 생각해 봅시다.

① $y>x$의 해 : $(1, 2)$, $(2, 3)$, $(-1, 0)\cdots$
→ y좌표가 x좌표보다 큰 영역

② $y \ge x$의 해 : $(1, 1)$, $(2, 3)$, $(-1, 0)\cdots$
→ y좌표가 x좌표보다 크거나 같은 영역

③ $y<x$의 해 : $(2, 1)$, $(3, 1)$, $(-1, -2)\cdots$
→ y좌표가 x좌표보다 작은 영역

④ $y \le x$의 해 : $(1, 1)$, $(3, 1)$, $(-1, -2)\cdots$
→ y좌표가 x좌표보다 작거나 같은 영역

여기서 경계선은 $y=x$가 되겠죠?

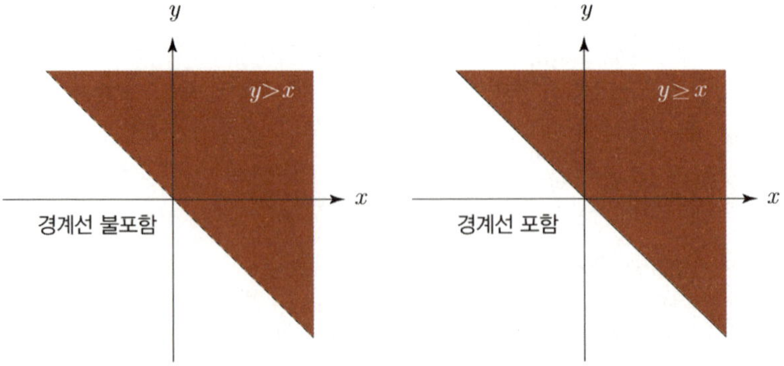

$y>x$의 해　　　　$y \ge x$의 해

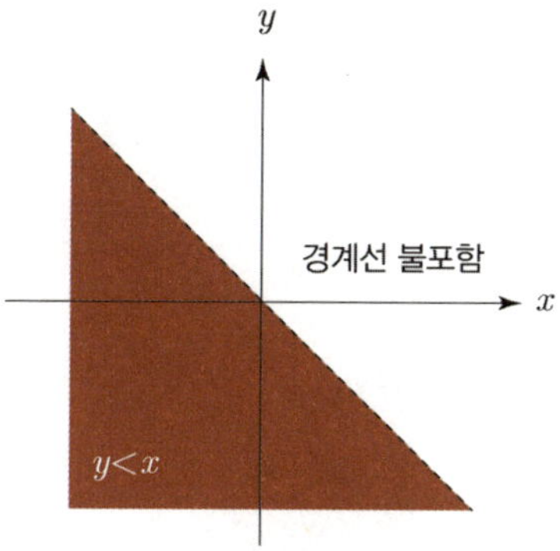

$y<x$의 해

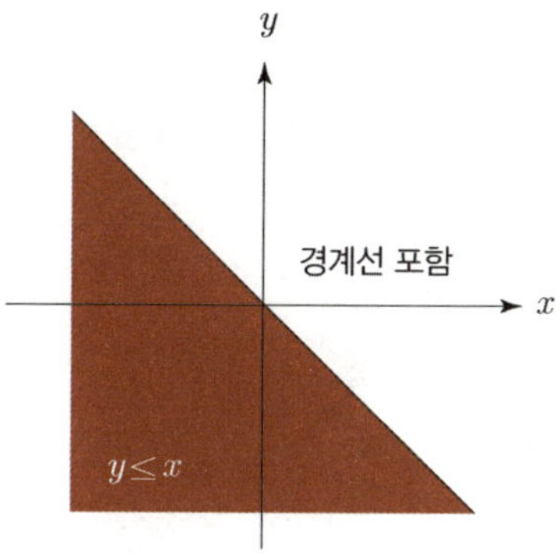

$y \le x$의 해

이제 x, y에 관한 부등식의 해에 대해 감이 잡히나요? $y=f(x)$꼴 부등식의 영역을 정리하면 다음과 같습니다.

$y=f(x)$꼴 부등식의 영역

① $y>f(x)$의 영역 : 경계선 $y=f(x)$의 윗부분 (경계선 미포함)
② $y \ge f(x)$의 영역 : 경계선 $y=f(x)$의 윗부분 (경계선 포함)
③ $y<f(x)$의 영역 : 경계선 $y=f(x)$의 아랫부분 (경계선 미포함)
④ $y \le f(x)$의 영역 : 경계선 $y=f(x)$의 아랫부분 (경계선 포함)

'$y=f(x)$꼴' 부등식의 영역은 '부등호의 방향'에 따라 그 영역이 결정된다는 사실을 쉽게 알 수 있습니다. 또한 영역에 대한 경계선만 잘 그린다면 어렵지 않게 부등식의 영역을 찾을 수 있습니다. 참고로 부등식의 영역을 함숫값 $f(x)$를 기준으로 설명하면 다음과 같습니다.

$y=f(x)$의 함숫값 $f(x)$와 좌표평면 위의 점 (x, y)의
y좌표를 비교하여 부등식의 영역을 추론해 보자.

$$y > f(x) \ : \ f(x)\text{보다 큰 } y\text{좌표를 가진 점 } (x, y)$$
$$y < f(x) \ : \ f(x)\text{보다 작은 } y\text{좌표를 가진 점 } (x, y)$$

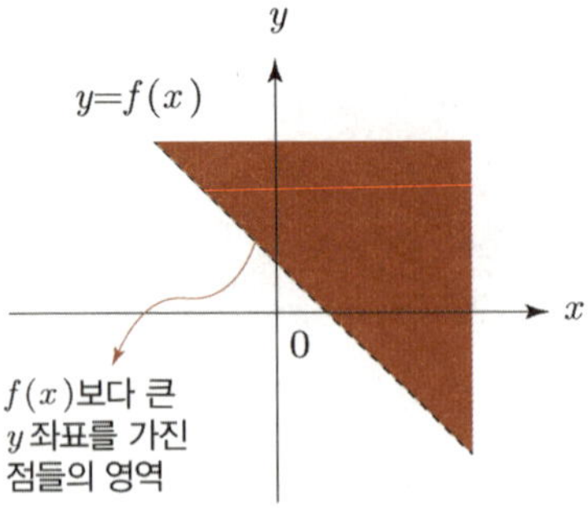

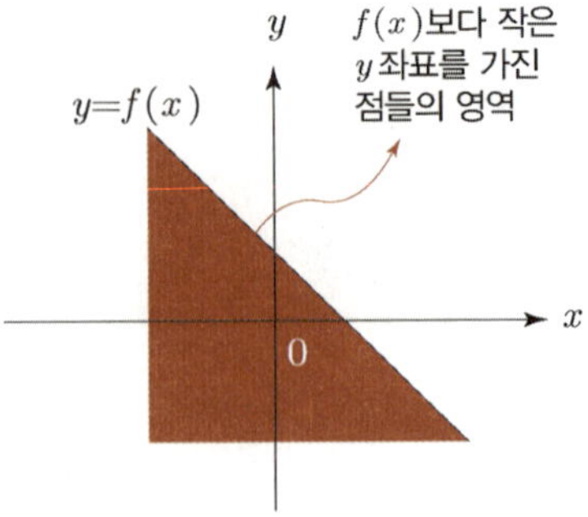

참고로 부등식의 영역에서 경계선의 포함 여부는 등호가 포함된 부등호인지 아닌지만 알아보면 쉽게 확인할 수 있습니다. 그러면 다음 부등식의 영역을 찾아보도록 하겠습니다.

$$y \geq 3x + 1$$

먼저 부등식의 영역에 대한 경계선을 찾아보면 다음과 같습니다. 일단 부등호를 등호로 바꾼 후 경계선의 방정식을 도출해 봅시다.

$$y \geq 3x + 1 \ \rightarrow \ y = 3x + 1 \ : \ \text{기울기 } 3,\ y\text{절편 } 1$$

부등호의 방향이 '$y \geq f(x)$'이므로 경계선 윗부분이 바로 부등식의 영역이 됩니다. 또한 등호를 포함하는 부등식이므로 경계선을 포함합니다.

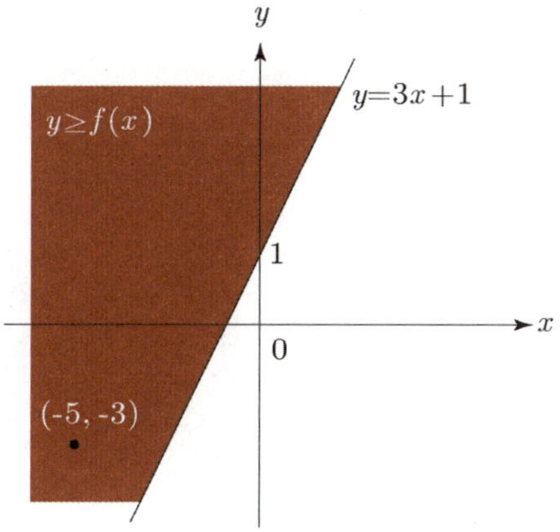

그러면 해당 영역의 임의의 한 점을 선택하여 부등식 $y \geq 3x+1$를 만족하는지 직접 확인해 보도록 하겠습니다.

해당 영역의 점 $(-5, -3)$을 부등식 $y \geq 3x+1$에 대입

$-5 \geq 3 \cdot (-3)+1 \quad \rightarrow \quad -5 \geq -8$ (성립)

이번에는 2차함수식에 대한 부등식의 영역을 찾아보도록 하겠습니다.

$$y \leq x^2$$

일단 부등식의 영역에 대한 경계선은 2차함수 $y=x^2$의 그래프가 됩니다. 부등호의 방향이 '$y \leq f(x)$'이므로 경계선 아랫부분이 바로 부등식의 영역이 됩니다. 여기서 등호를 포함하는 부등식이므로 경계선을 포함합니다.

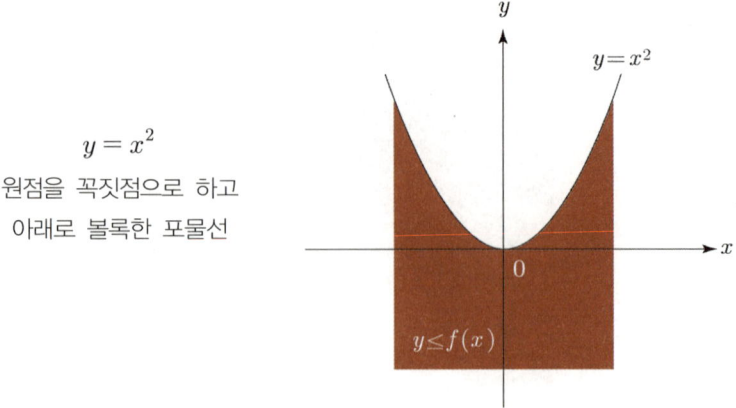

$y = x^2$
원점을 꼭짓점으로 하고
아래로 볼록한 포물선

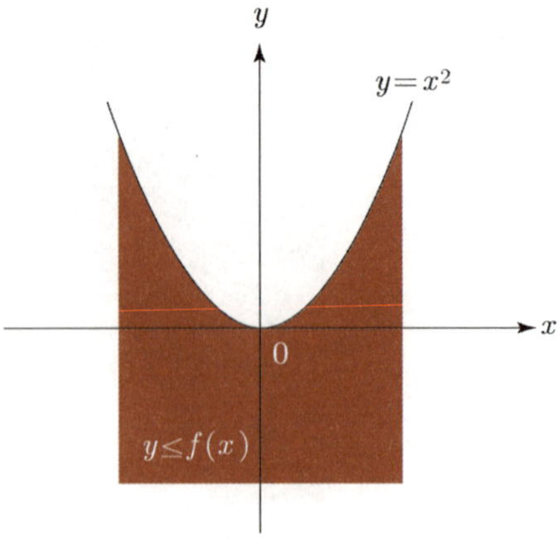

그러면 해당 영역의 임의의 한 점을 선택하여 부등식 $y \le x^2$를 만족하는지 직접 확인해 보도록 하겠습니다.

해당 영역의 점 $(5, -5)$를 부등식 $y \le x^2$에 대입

$y \le x^2 \quad \rightarrow \quad -5 \le 25$ (성립)

원에 대한 부등식의 영역

원과 같은 단일폐곡선에 대한 부등식의 영역은 어떻게 구할 수 있을까요? 하나의 원은 좌표평면을 2개의 영역(내부, 외부)으로 나눕니다.

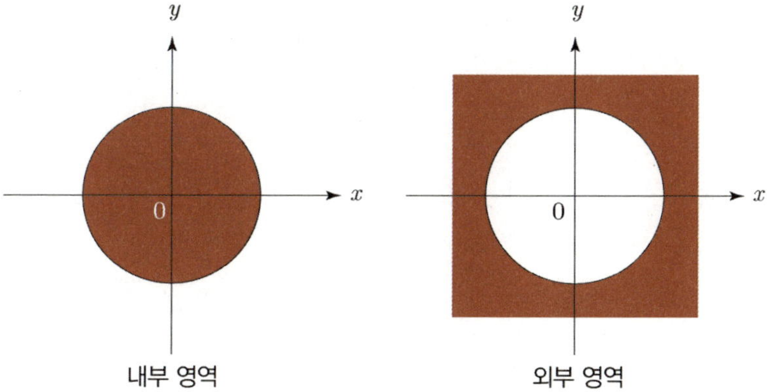

원의 내부 영역과 외부 영역이 어떻게 부등식으로 표현되는지, 원의 정의를 이용하여 확인해 보도록 하겠습니다. 여기서 원의 방정식(표준형)을 이용할 수 있습니다.

중심 (a, b), 반지름 r인
원의 방정식
$(x-a)^2+(y-b)^2=r^2$

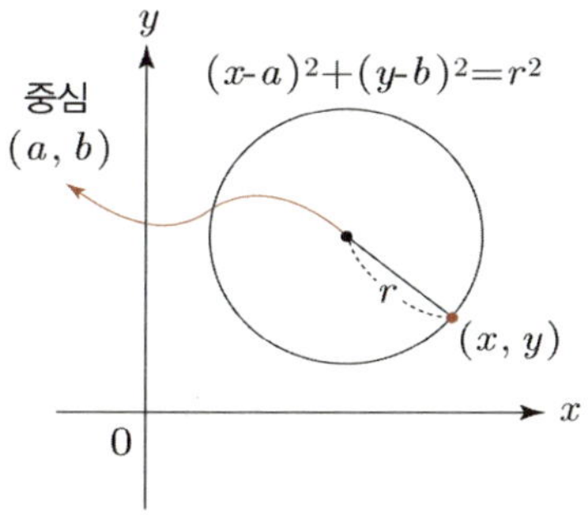

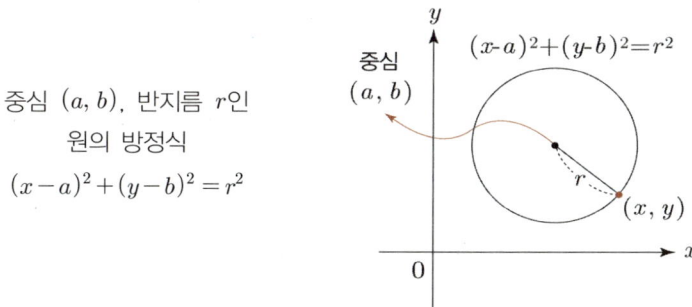

원의 정의에 의하면 원 위의 점 (x, y)는 원의 중심 (a, b)와 일정한 거리(r)만큼 떨어져 있는 점들의 집합입니다.

점 (x, y)와 (a, b)의 거리는 반지름 r과 같다.

$$\rightarrow \sqrt{(x-a)^2+(y-b)^2}=r$$

그렇다면 원의 내부 영역에 존재하는 임의의 한 점 (X, Y)와 원의 중심 (a, b) 사이의 거리는 r보다 작게 될 것입니다.

$$\sqrt{(X-a)^2+(Y-b)^2} < r$$

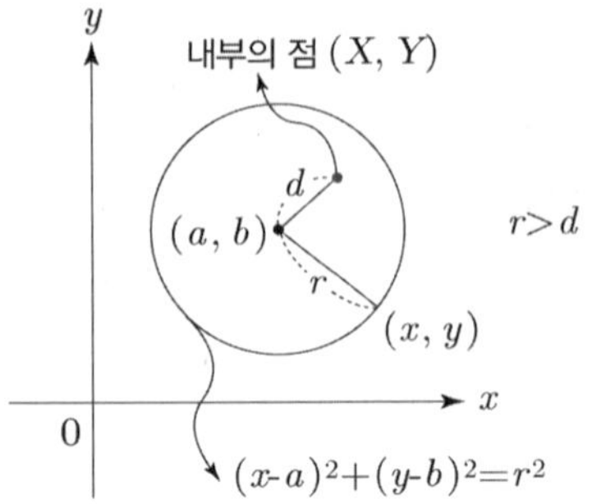

양변을 제곱하면 X, Y에 관한 부등식을 유도할 수 있습니다.

$$(X-a)^2+(Y-b)^2 < r^2$$

즉, 부등식 $(X-a)^2+(Y-b)^2 < r^2$를 만족하는 순서쌍 (X, Y)를 좌표평면에 찍어보면 원의 내부 영역이 될 것입니다. 여기서 부등식 $(X-a)^2+(Y-b)^2 < r^2$의 변수 X, Y는 일반적인 변수 x, y로 바꿔줄 수 있습니다.

$$(X-a)^2+(Y-b)^2 < r^2 \quad \rightarrow \quad (x-a)^2+(y-b)^2 < r^2$$

따라서 원 $(x-a)^2+(y-b)^2 = r^2$의 내부 영역을 나타내는 부등식은 $(x-a)^2+(y-b)^2 < r^2$로 표현할 수 있습니다. 마찬가지로 원의 외부 영역을 나타내는 부등식은 $(x-a)^2+(y-b)^2 > r^2$로 나타낼 수 있겠죠? 원의 외부 영역에 존재하는 임의의 한 점과 원의 중심 (a, b) 사이의 거리는 r보다 크게 됩니다.

원의 내·외부 영역

- 원의 내부 영역 : $(x-a)^2+(y-b)^2<r^2$
  → 원의 중심 (a, b)와의 거리가 원의 반지름보다 작은 점 (x, y)
- 원의 외부 영역 : $(x-a)^2+(y-b)^2>r^2$
  → 원의 중심 (a, b)와의 거리가 원의 반지름보다 큰 점 (x, y)

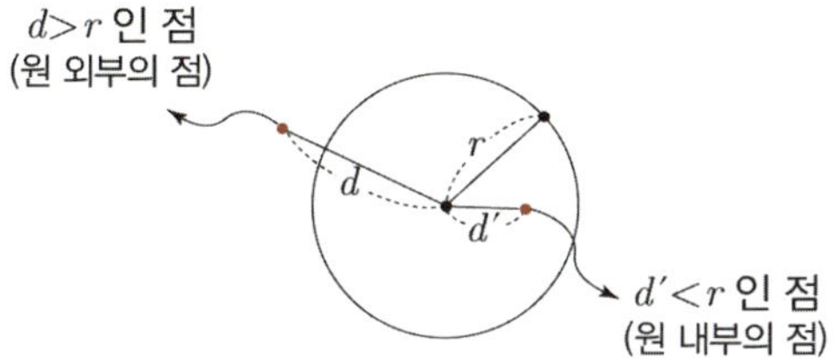

다음 부등식의 영역을 찾아보도록 하겠습니다. 일단 부등호를 등호로 바꾸어 경계선을 그려본 후 부등호의 방향에 맞춰 영역을 표시해 보겠습니다.

$$x^2+(y-1)^2 \geq 9$$

부등식 $x^2+(y-1)^2 \geq 9$를 만족하는 점 (x, y)는 원의 중심과의 거리가 반지름보다 큰 점이므로 원 $x^2+(y-1)^2=9$의 외부 영역의 점이 됩니다. 여기서 등호를 포함하는 부등식이므로 경계선을 포함합니다.

경계선 $x^2+(y-1)^2=9$
→ 중심 $(0, 1)$, 반지름 3인 원

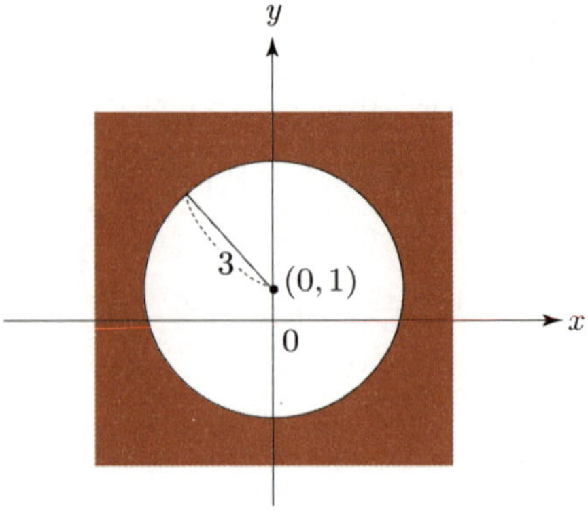

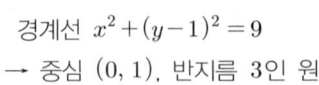

그러면 해당 영역의 임의의 한 점을 선택하여 부등식 $x^2+(y-1)^2 \geq 9$를 만족하는지 직접 확인해 보도록 하겠습니다.

해당 영역의 점 $(4, 2)$를 부등식 $x^2+(y-1)^2 \geq 9$에 대입

$x^2+(y-1)^2 \geq 9$ → $16+1 \geq 9$ (성립)

$f(x, y)=0$꼴 부등식의 영역

x, y에 관한 부등식의 영역은 경계선만 잘 그리면 쉽게 해결됩니다. 특히 일반형 '$f(x, y)=0$꼴' 부등식의 경우, 더욱 그러합니다. 그러면 일반형 '$f(x, y)=0$꼴' 부등식의 영역에 대해 살펴보도록 하겠습니다. 일단 우리가 다루고 있는 도형(직선, 원, 포물선)의 특성을 살펴보면 다음과 같습니다.

하나의 도형은 좌표평면을 2개의 영역으로 나눈다.

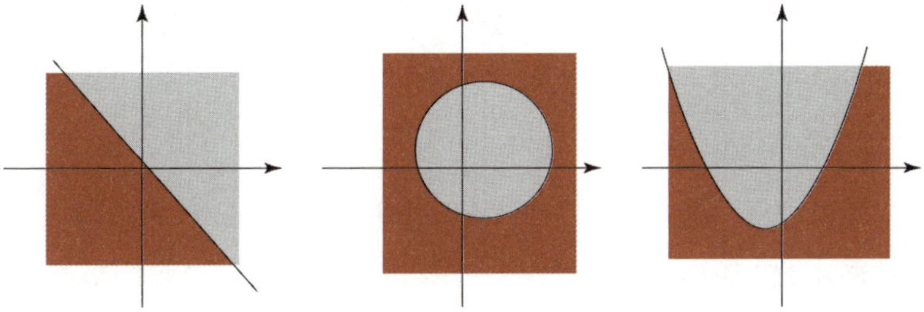

도형 $f(x, y)=0$이 '좌표평면을 2개의 영역으로 나눈다'는 것은 무엇을 의미할까요? 도형 $f(x, y)=0$이 좌표평면을 2개의 영역으로 나눈다는 것은 $f(x, y)=0$의 그래프를 경계선으로 한쪽은 부등식 $f(x, y)>0$의 영역이 되고 다른 한쪽은 $f(x, y)<0$의 영역이 된다는 것을 의미합니다. 이 말은 서로 다른 영역의 두 점에 대한 $f(x, y)$의 값이 서로 반대의 부호를 갖는다는 것을 의미하기도 합니다.

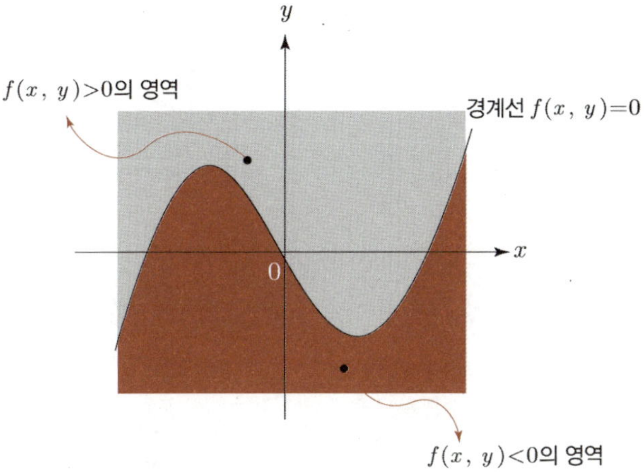

$f(x, y)=0$의 그래프를 경계선으로 한쪽이 $f(x, y)>0$이고 다른 한쪽은 $f(x, y)<0$가 되는 이유는 함수에 대한 개념을 배우게 되면 자연스럽게 이해할 수 있을 것입니다. 그러면 도형 $f(x, y)=0$이 좌표평면을 2개의 영역으로 나눈다는 특성을 이용하여 일반형 '$f(x, y)=0$꼴' 부등식의 영역

을 논리적으로 추론해 보도록 하겠습니다. (여기에 흑백논리를 적용해 본다)

부등식 $f(x, y) > 0$의 영역 찾기

① 경계선 $f(x, y) = 0$으로 나뉜 두 영역을 각각 A, B라고 하면
② 부등식 $f(x, y) > 0$의 해는 A, B 중 어느 하나의 영역에 해당되므로
③ A 영역의 임의의 한 점을 부등식 $f(x, y) > 0$에 대입하여
④ 부등식이 성립하면 $f(x, y) > 0$의 영역은 A가 된다. 그러나 부등식이 성립하지 않으면 $f(x, y) > 0$의 영역은 B가 된다.

$x^2 + y^2 - 1 > 0$
$(f(x, y) > 0)$
A, B영역?

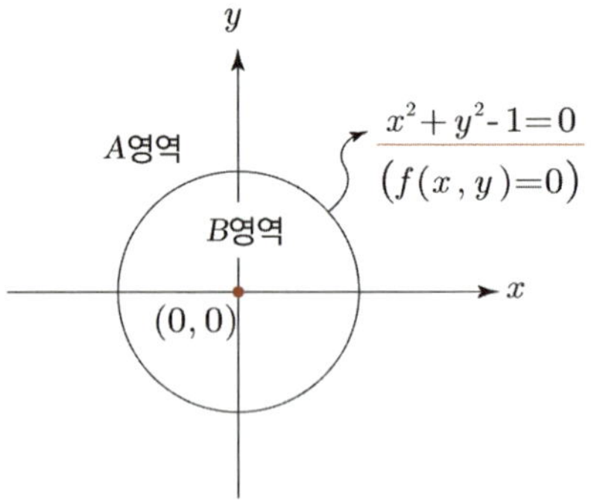

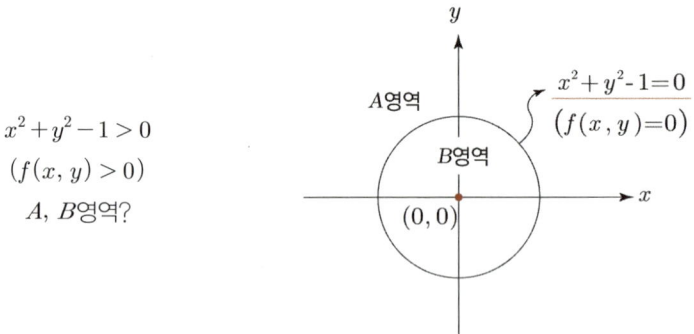

$x^2 + y^2 - 1 > 0$에 원점 $(0, 0)$ 대입 $\rightarrow$ $0+0-1 > 0$ (성립 ×)
B 영역

$$x^2 + y^2 - 1 > 0 \rightarrow A\text{영역}$$

일반적으로 계산하기 쉬운 점 $(0, 0)$ 또는 $(1, 0)$ 등을 부등식에 대입합니다. 그러면 이번에는 다음 부등식의 영역을 찾아보겠습니다.

$$(x-3)^2 + (y-1)^2 - 4 \leq 0$$

먼저 경계선 $(x-3)^2+(y-1)^2-4=0$ (중심이 (3, 1)이고 반지름이 2인 원)을 좌표평면에 그린 후 원점 (0, 0)이 속한 영역과 그렇지 않은 영역으로 나눠보면 다음과 같습니다.

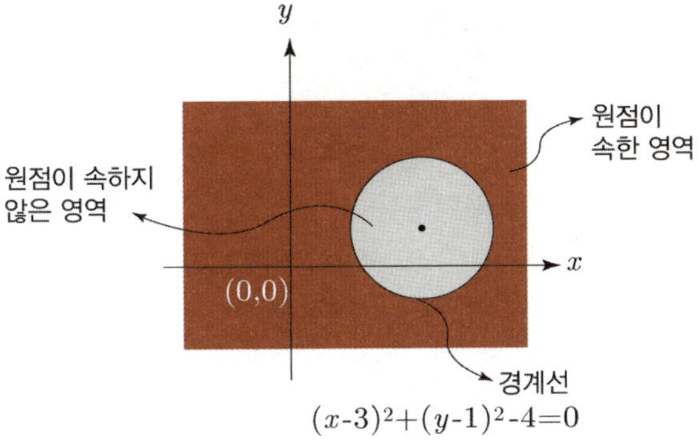

다음으로 원점 (0, 0)을 부등식 $(x-3)^2+(y-1)^2-4 \le 0$에 대입하여 부등식이 성립하는지 확인해 보겠습니다.

$$(x-3)^2+(y-1)^2-4 \le 0$$

$$\rightarrow (0-3)^2+(0-1)^2-4 \le 0 \quad \rightarrow \quad 6 \le 0 \text{ (성립 X)}$$

원점 (0, 0)을 대입했을 때 부등식이 성립하지 않았으므로 원점이 속하지 않은 영역이 바로 부등식 $(x-3)^2+(y-1)^2-4 \le 0$의 해가 됩니다. 참 쉽죠? 이번에는 포물선(2차함수)을 나타내는 부등식 $x^2-1-y \le 0$의 해를 찾아보도록 하겠습니다. 우선 원점 (0, 0)을 $x^2-1-y \le 0$에 대입하여 부등식이 성립하는지 확인해 보면,

$$0-1-0 \le 0 \quad \text{(성립 ○)}$$

부등식이 성립하므로 원점을 포함하는 영역이 바로 부등식 $x^2-1-y \le 0$의 해가 됩니다. 여기서 경계선은 $y=x^2-1$이며 등호가 포함된 부등식이므

로 경계선을 포함하겠죠?

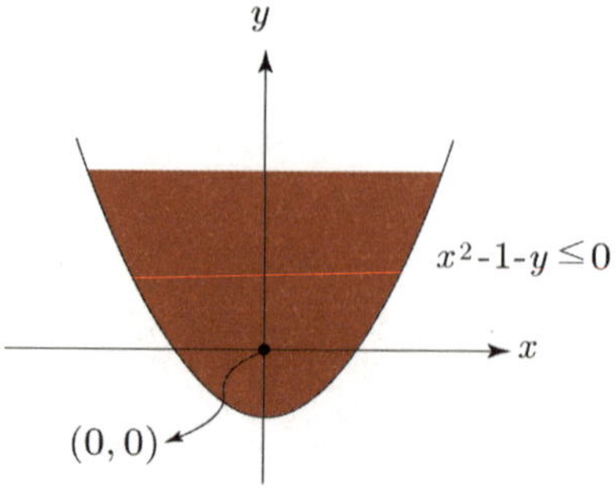

유형에 따른 부등식의 영역

부등식의 유형(표준형, 일반형)에 따라 부등식의 영역을 구하는 방법을 한꺼번에 정리하면 다음과 같습니다.

유형별(표준형, 일반형) 부등식의 영역

(1) 표준형 $y=f(x)$꼴

① $y>f(x)$: $y=f(x)$의 위쪽 영역(함숫값 $f(x)$보다 큰 y좌표를 가진 점)

② $y<f(x)$: $y=f(x)$의 아래쪽 영역(함숫값 $f(x)$보다 작은 y좌표를 가진 점)

(2) 일반형 $f(x, y)=0$꼴

경계선 $f(x, y)=0$ 위에 있지 않은 임의의 한 점 (x_1, y_1)을 부등식에 대입하여 부등식이 성립하면 점 (x_1, y_1)이 속한 영역이 부등식의 해가 되고, 부등식이 성립하지 않으면 점 (x_1, y_1)이 속하지 않은 영역이 부등식의 해(영역)가 된다.

다음 부등식의 영역을 구해보겠습니다.

$$① \ y > x^2 + 1 \qquad ② \ x + 2y - 1 \le 0$$

①의 경우, 부등식 $y > x^2 + 1$의 영역은 경계선 $y = x^2 + 1$의 위쪽 영역이 됩니다. (경계선 제외)

②의 경우, 원점 $(0, 0)$을 부등식 $x + 2y - 1 \le 0$에 대입하면,

$$0 + 0 - 1 \le 0 \quad \text{(성립 ○)}$$

부등식이 성립하므로 부등식 $x + 2y - 1 \le 0$의 영역은 경계선 $x + 2y - 1 = 0$을 기준으로 원점이 속한 영역이 됩니다. (경계선 포함)

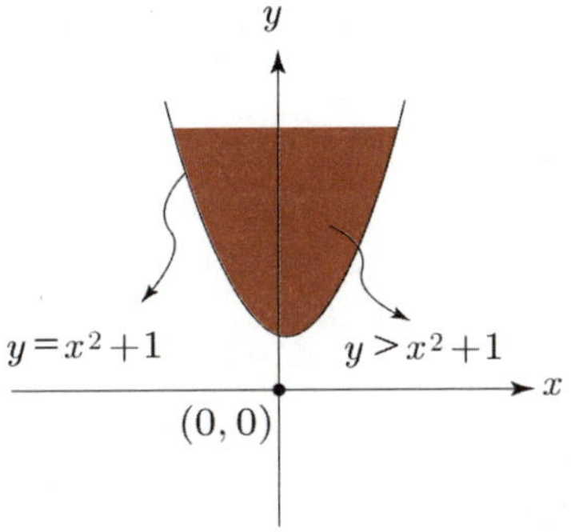

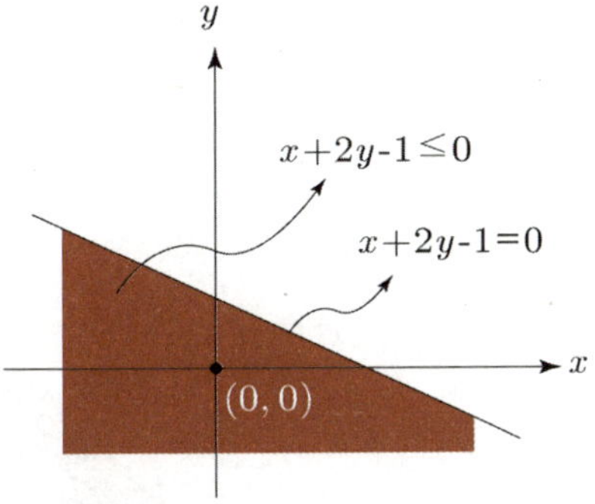

부등식의 영역과 관련하여 다음 응용문제를 풀어보도록 하겠습니다. 어떻게 풀지 잠시 생각해 보는 시간을 가져봅시다.

다음 부등식을 만족하는 영역을 찾아라.

$$|x| + |y| < 1$$

문제해결을 위한 기본설계가 끝나셨나요? 그러면 함께 풀어보도록 하겠습니다. 절댓값의 정의에 의해 변수 x, y의 범위를 분류한 후 분류된 범위에 맞는 부등식의 영역을 찾아보면 다음과 같습니다. 여기서 부등식 $|x|+|y|<1$의 해는 분류된 변수의 범위에 해당하는 각 해들의 합이 된다는 사실을 기억해야 합니다.

$|x|+|y|<1$

1) $x \geq 0$ i) $y \geq 0$: $|x|+|y|<1 \rightarrow x+y<1$ ——①

ii) $y<0$: $|x|+|y|<1 \rightarrow x-y<1$ ——②

2) $x<0$ i) $y \geq 0$: $|x|+|y|<1 \rightarrow -x+y<1$ ——③

ii) $y<0$: $|x|+|y|<1 \rightarrow -x-y<1$ ——④

여기서 해는 ① or ② or ③ or ④와 같습니다. 앞서 정리했던 부등식의 해법을 활용하여 ①, ②, ③, ④에 대한 해(영역)를 그려보면 다음과 같습니다. (①, ②, ③, ④에 대한 부등식의 영역을 하나씩 따져보면서 다음 부등식의 영역을 이해해 본다)

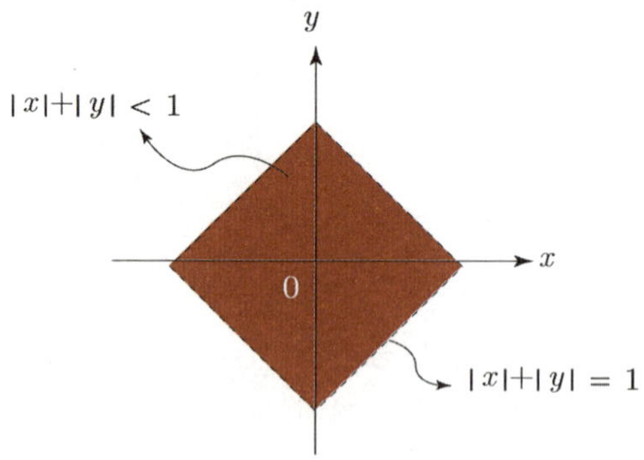

$f(x, y)$와 두 점의 위치

이번에는 직선 $-2x+y+1=0$과 직선 외부의 두 점 $(0, 2)$, $(1, 0)$을 생각해 보겠습니다.

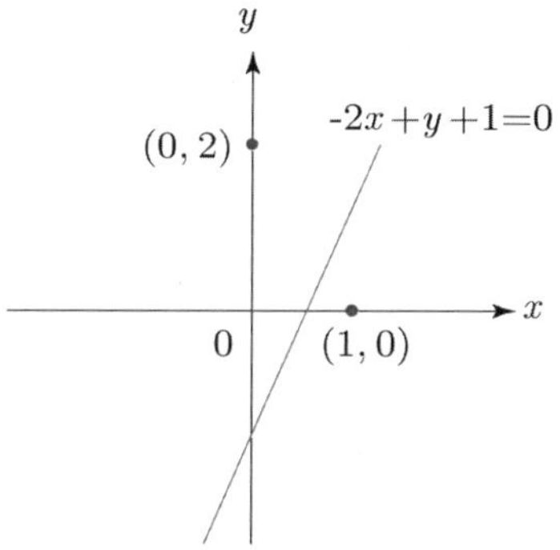

• 점 $(0,2)$: 직선 위쪽 영역의 점
• 점 $(1,0)$: 직선 아래쪽 영역의 점

서로 다른 영역에 있는 두 점 $(0, 2)$, $(1, 0)$에 대한 함숫값 $f(0, 2)$, $f(1, 0)$의 부호는 어떻게 될까요?

양수일까? 음수일까?

여기서 $f(0, 2)$, $f(1, 0)$은 $f(x, y)=-2x+y+1$에 점의 좌표를 대입한 값에 불과합니다.

$$f(x, y)=-2x+y+1=0$$

① 점 $(0, 2)$를 $f(x, y)$에 대입하면, $f(0, 2)=3>0$
② 점 $(1, 0)$을 $f(x, y)$에 대입하면 $f(1, 0)=-1<0$

위쪽 영역의 점 $(0, 2)$에 대한 함숫값 $f(0, 2)$는 양수가 되며, 아래쪽 영역의 점 $(1, 0)$에 대한 함숫값 $f(1, 0)$은 음수가 된다는 사실을 쉽게 알 수 있습니다. 이는 뒤에서 배울 함수의 개념을 적용하면 좀 더 쉽게 이해할 수 있을 것입니다. 즉, 도형의 방정식 $f(x, y)=0$에 의해 나뉜 서로 다른 두 영역의 점에 대한 함숫값 $f(x, y)$는 서로 반대의 부호를 갖게 되는 셈이지요. 그러면 이것을 일반화하여 부등식의 영역에 대한 '두 점의 원리'를 도출해 보도록 하겠습니다.

부등식영역의 두 점(흑백논리)

경계선 $f(x, y)=0$의 외부에 있는 두 점 $P(x_1, y_1)$과 $Q(x_2, y_2)$에 대하여 다음 부등식이 성립한다.

① 점 P, Q가 같은 영역에 있을 때, $f(x_1, y_1)\times f(x_2, y_2)>0$
(여기서 $f(x_1, y_1)$, $f(x_2, y_2)$의 값은 서로 같은 부호를 갖는다)

② 점 P, Q가 다른 영역에 있을 때, $f(x_1, y_1)\times f(x_2, y_2)<0$
(여기서 $f(x_1, y_1)$, $f(x_2, y_2)$의 값은 서로 다른 부호를 갖는다)

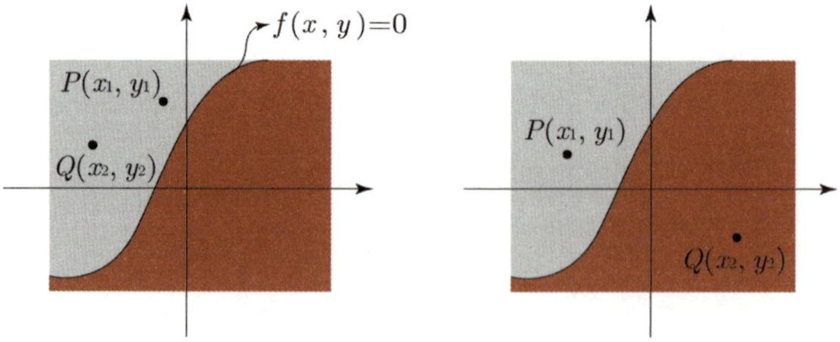

부등식의 영역에 관한 흑백논리를 이용하여 다음 문제를 풀어보도록 하겠습니다.

부등식 $(m+1)x+y-1>0$에 대하여 두 점 $(0,0),(1,-4)$가 서로 같은 영역에 있을 때 m값의 범위를 구하여라.

우선 $f(x,y)=(m+1)x+y-1$이라고 놓으면 두 점 $(0,0)$과 $(1,-4)$는 경계선 $(m+1)x+y-1=0$을 기준으로 서로 같은 영역에 있으므로 $f(0,0)\cdot f(1,-4)>0$가 성립합니다. 여기서 $f(0,0)$값과 $f(1,-4)$값의 부호는 서로 같습니다.

$$f(0,0)\cdot f(1,-4)>0 \rightarrow (-1)\cdot(m-4)>0 \rightarrow m<4$$

두 점 $(2,\ m-1)$과 $(m+2,\ -1)$이 원 $x^2+y^2=4$의 내부에 한 점, 외부에 한 점이 되도록 m값의 범위를 정하여라. (단, $m\neq 1$)

여기서 $f(x,y)=x^2+y^2-4$라고 놓으면 경계선 $x^2+y^2=4$를 기준으로 점 $(2,\ m-1)$과 $(m+2,\ -1)$이 서로 반대 영역에 있게 됩니다. 즉, $f(2,\ m-1)$값과 $f(m+2,\ -1)$값의 부호는 서로 반대이므로 부등식 $f(2,\ m-1)\times f(m+2,\ -1)<0$가 성립합니다.

$$f(2,\ m-1)\cdot f(m+2,\ -1)<0$$

$$\rightarrow (2^2+(m-1)^2-4)\cdot((m+2)^2+(-1)^2-4)<0$$

$$\rightarrow (m-1)^2\cdot(m^2+4m+1)<0$$

$m\neq 1$이므로 양변을 $(m-1)^2$으로 나누면

$$\rightarrow (m^2+4m+1)<0$$

근의 공식을 이용하여 2차식 m^2+4m+1을 인수분해하면

$$\rightarrow (m-(-2+\sqrt{3}))(m-(-2-\sqrt{3}))<0$$

$$\rightarrow -2-\sqrt{3}<m<-2+\sqrt{3}$$

따라서 점 $(2, m-1)$과 $(m+2, -1)$이 원 $x^2+y^2=4$의 내부에 한 점, 외부에 한 점이 되도록 하는 m값의 범위는 $-2-\sqrt{3}<m<-2+\sqrt{3}$이 됩니다.

연립부등식의 영역

x, y에 관한 2개 이상의 부등식을 **연립부등식**이라고 말합니다. x, y에 관한 연립부등식의 해(영역)는 각 부등식의 해(영역)의 공통영역과 같습니다. 그러면 다음 연립부등식의 해를 구해보도록 하겠습니다.

$$① \ y>x+1 \qquad ② \ y>-x+1$$

우선 각각의 부등식의 영역을 그려보면 다음과 같습니다.

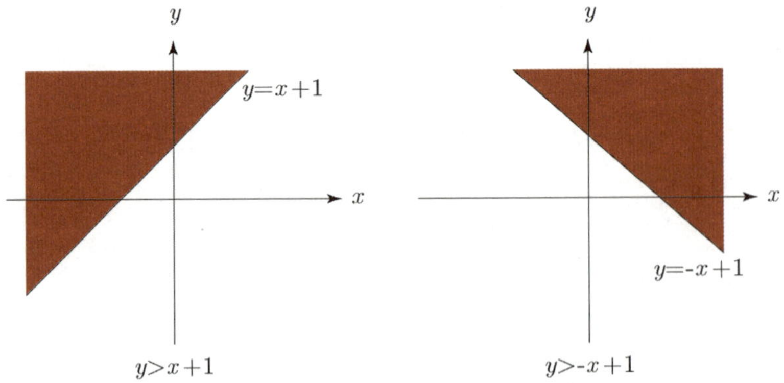

(경계선 불포함)

두 영역의 공통부분이 바로 연립부등식 1), 2)의 해가 됩니다.

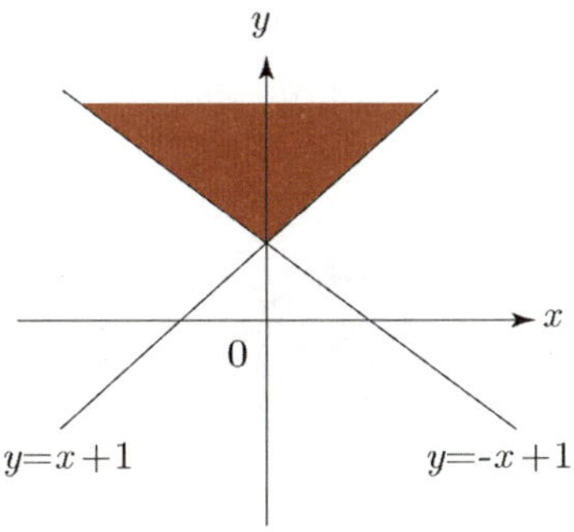

(경계선 불포함)

어렵지 않죠?

변수가 2개인 연립부등식은 좌표평면에 영역 표시를 정확히 하는 것이 중요하군.

그래프를 정확히 그린 다음 공통영역만 잘 찾으면 어려울 게 하나도 없어.

다음 부등식의 영역은 어떻게 그려질까요?

$$1 \le x^2 + y^2 \le 4$$

부등식 $1 \le x^2 + y^2 \le 4$는 2개의 부등식 $x^2 + y^2 \ge 1$와 $x^2 + y^2 \le 4$로 분리가 가능합니다. 즉, 각 부등식의 영역을 그린 후 공통영역을 찾으면 부등식 $1 \le x^2 + y^2 \le 4$의 영역을 찾을 수 있습니다.

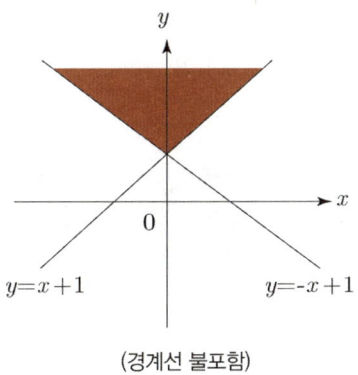

$$1 \le x^2+y^2 \le 4 \quad \rightarrow \quad 1 \le x^2+y^2 \quad \text{and} \quad x^2+y^2 \le 4$$

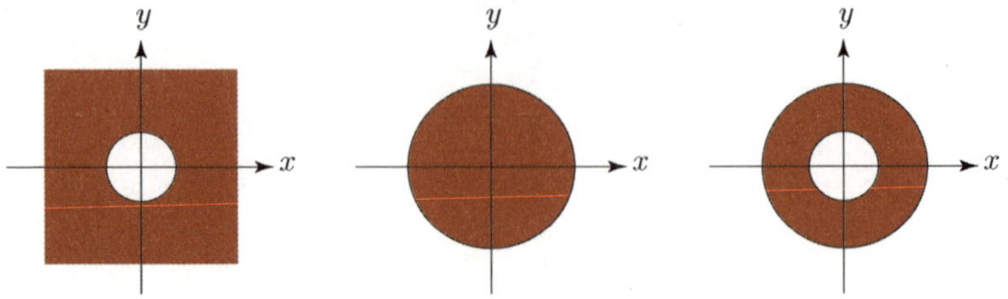

y
x
y
x
y
x

$1 \le x^2+y^2$ $\qquad$ $x^2+y^2 \le 4$ $\qquad$ $1 \le x^2+y^2 \le 4$

연립부등식과 관련하여 다음 응용문제를 풀어보도록 하겠습니다. 어떻게 풀지 잠시 생각해 보는 시간을 가져봅시다.

다음 두 연립부등식의 해가 없을 때, 즉 공통영역이 없을 때, r의 최솟값은 얼마인가?

$$|x|+|y| \le 1, \qquad (x-1)^2+y^2-r^2>0$$

일단 각각의 부등식 영역을
찾아봐야겠군.

문제해결을 위한 기본설계가 끝나셨나요? 그러면 함께 풀어보도록 하겠습니다. 우선 두 부등식의 영역을 좌표평면에 표시해 보면 다음과 같습니다. 앞서 그렸던 절댓값부등식 $|x|+|y|<1$의 영역을 활용하여 공통영역이 없게 그려봅니다.

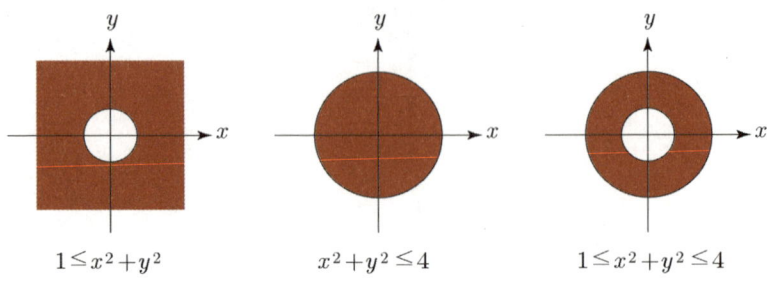

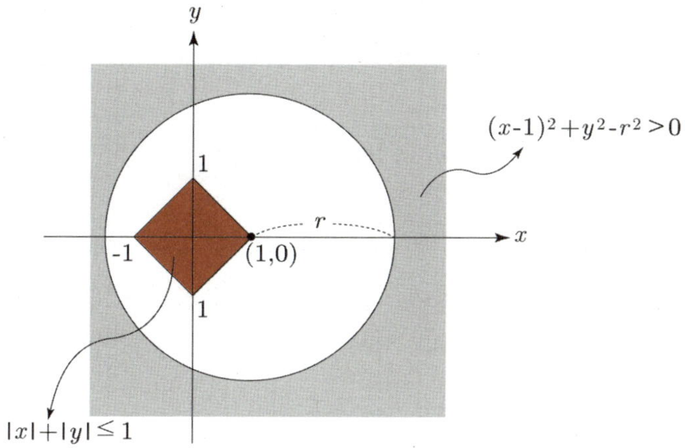

그림에서 보는 바와 같이 두 부등식의 공통영역이 없을때 r의 최솟값은 2가 된다는 것을 쉽게 짐작할 수 있을 것입니다. (반지름 r값을 변화시켜 원을 그려봄으로써 해당 조건을 만족하는 r의 최솟값을 찾아본다)

곱의 꼴 연립부등식의 영역

다음과 같은 경우도 연립부등식의 한 형태라고 말할 수 있습니다.

$$f(x, y)\times g(x, y)>0 \text{ 또는 } f(x, y)\times g(x, y)<0$$

위 부등식은 실수 A, B의 **곱의 원리**를 적용하면 쉽게 풀이가 가능합니다. 즉, 곱의 원리로 부등식을 분리하면 2개의 연립부등식이 도출됩니다.

$$AB>0 \Leftrightarrow A>0, B>0 \text{ or } A<0, B<0$$
$$AB<0 \Leftrightarrow A>0, B<0 \text{ or } A<0, B>0$$

다음 곱의 꼴 연립부등식의 영역을 찾아보도록 하겠습니다. 여기서 and와 or의 개념을 정확히 따져야 한다는 사실을 잊지 마시길 바랍니다.

$$(x+y-1)(x-2y-1)>0$$

부등식 $(x+y-1)(x-2y-1)>0$는 인수 $(x+y-1)$과 $(x-2y-1)$의 곱이 0보다 크게 되는 부등식이므로, 두 인수의 곱이 양수가 되기 위해서는 '두 인수가 모두 양수이거나 모두 음수가 되는 경우'이어야 합니다.

① 두 인수 모두 양 : $x+y-1>0$, $x-2y-1>0$
② 두 인수 모두 음 : $x+y-1<0$, $x-2y-1<0$

①, ②의 영역을 찾아 좌표평면에 표시해 보면 다음과 같습니다.

① 두 인수 모두 양
- $x+y-1>0$: 직선 $y=-x+1$(경계선 불포함) 위쪽 영역
- $x-2y-1>0$: 직선 $y=\frac{1}{2}x-\frac{1}{2}$(경계선 불포함) 아래쪽 영역

② 두 인수 모두 음
- $x+y-1<0$: 직선 $y=-x+1$(경계선 불포함) 아래쪽 영역
- $x-2y-1<0$: 직선 $y=\frac{1}{2}x-\frac{1}{2}$(경계선 불포함) 위쪽 영역

두 식의 곱의 원리를
부등식에 정확히 적용해야겠어.
그리고 and와 or의 개념도
꼼꼼히 따져보고!

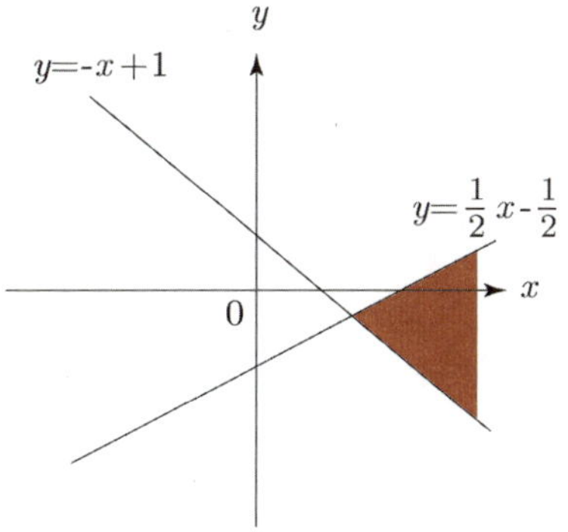

$x+y-1>0,\ x-2y-1>0$

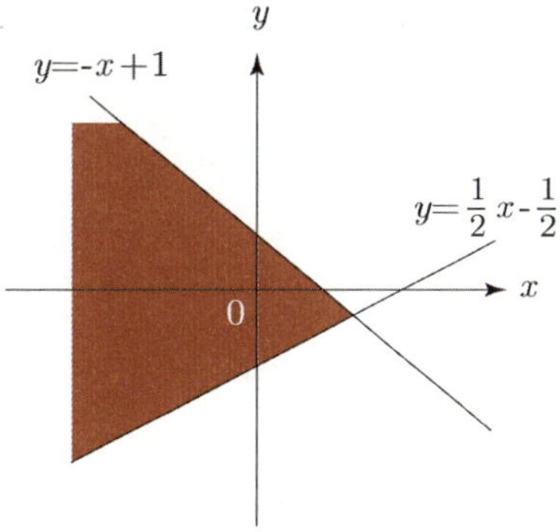

$x+y-1<0,\ x-2y-1<0$

(경계선 불포함)

부등식 $(x+y-1)(x-2y-1)>0$의 영역은 ① 또는 ②이므로 '①과 ②의 영역'을 모두 표시해야 합니다.

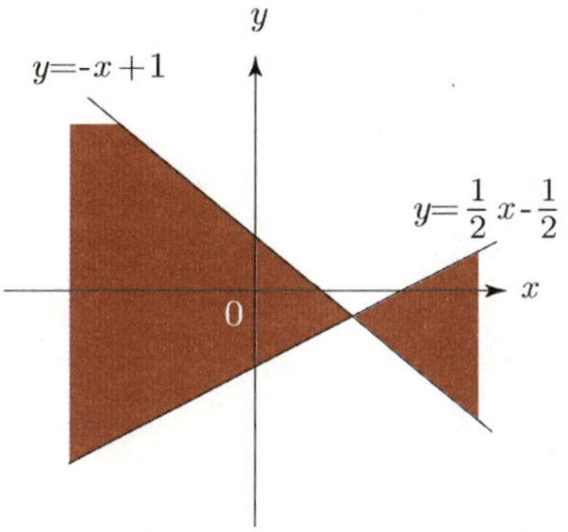

$(x+y-1)(x-2y-1)>0$의 영역 (경계선 불포함)

이번에는 좀 더 복잡한 부등식을 풀어보도록 하겠습니다.

$$(x^2+y^2-1)\times(y-x^2)<0$$

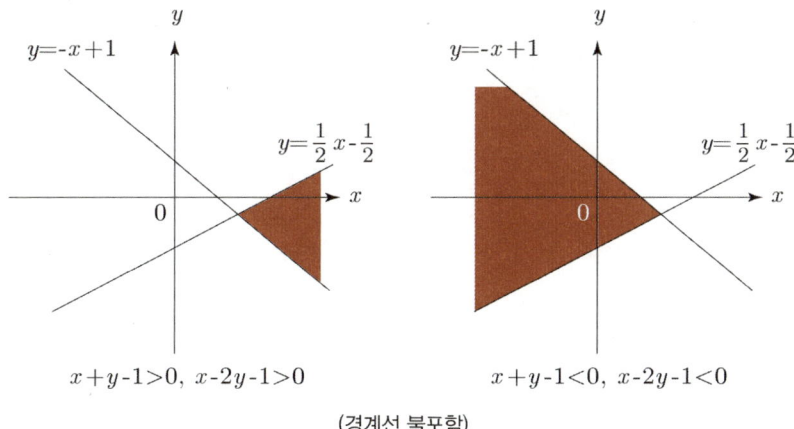

인수 (x^2+y^2-1)과 $(y-x^2)$의 곱이 0보다 작게 되는 경우는 아래와 같이 2가지 경우로 나뉩니다.

① $x^2+y^2-1>0,\ y-x^2<0$　　② $x^2+y^2-1<0,\ y-x^2>0$

①과 ②의 영역을 찾아 좌표평면에 표시해 보면 다음과 같습니다.

① (x^2+y^2-1)은 양, $(y-x^2)$은 음
- $x^2+y^2-1>0$: 원 $x^2+y^2=1$(경계선 불포함)의 바깥쪽 영역
- $y-x^2<0$: 포물선 $y=x^2$(경계선 불포함)의 아래쪽 영역

② (x^2+y^2-1)은 음, $(y-x^2)$은 양
- $x^2+y^2-1<0$: 원 $x^2+y^2=1$(경계선 불포함) 안쪽 영역
- $y-x^2>0$: 포물선 $y=x^2$(경계선 불포함) 위쪽 영역

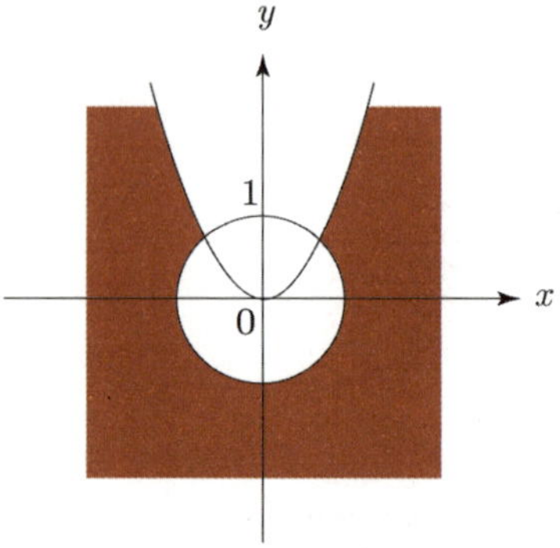

$x^2+y^2-1>0,\ y-x^2<0$

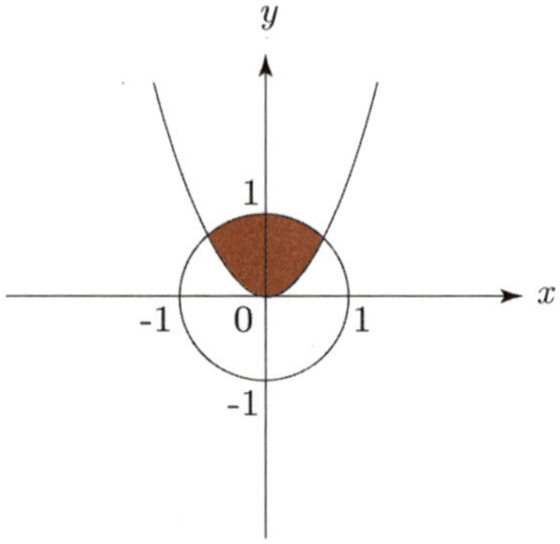

$x^2+y^2-1<0,\ y-x^2>0$

(경계선 불포함)

부등식 $(x^2+y^2-1)\times(y-x^2)<0$의 영역은 ① 또는 ②이므로 '①과 ②의 영역'을 모두 표시해 주면 다음과 같습니다.

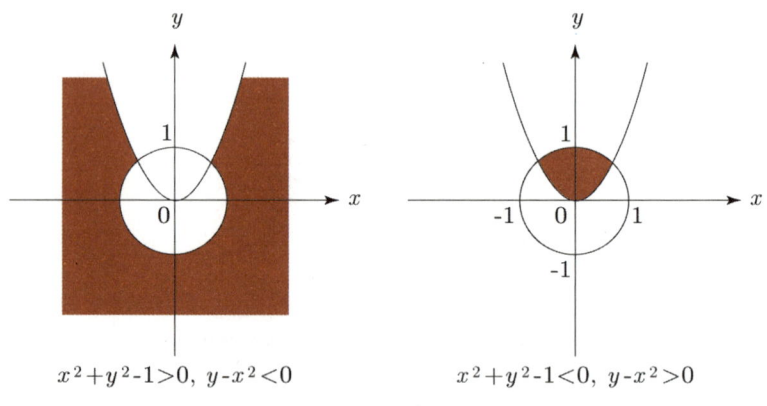

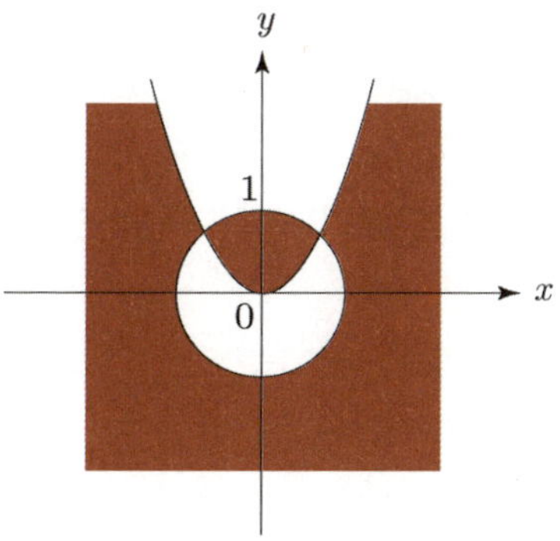

$(x^2+y^2-1)\times(y-x^2)<0$의 영역 (경계선 불포함)

영역에서 부등식 찾기

다음 색칠한 영역에 대한 연립부등식을 찾아보도록 하겠습니다.

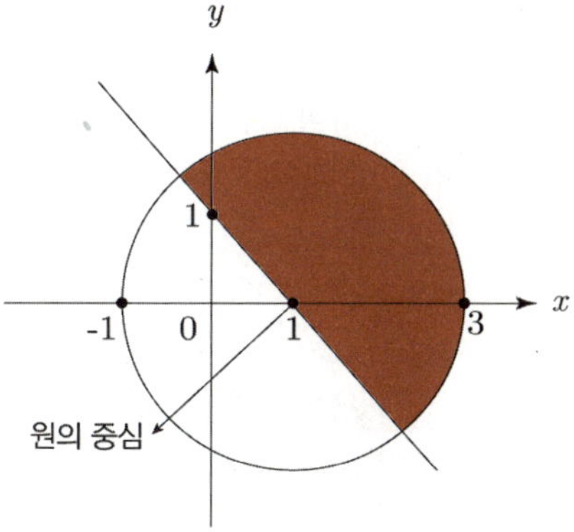

먼저 각각의 경계선에 대한 도형의 방정식을 구해봅시다.

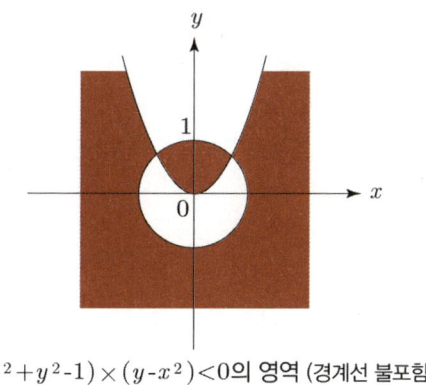

① 두 점 $(1, 0)$, $(0, 1)$을 지나는 직선 → $y = -x + 1$
② 중심이 $(1, 0)$이고 반지름이 2인 원 → $(x-1)^2 + y^2 = 2^2$

색칠한 부분은 직선의 위쪽 영역과 원의 내부 영역의 공통영역이므로,

① 직선의 위쪽 영역 : $y > -x + 1$
② 원의 내부 영역 : $(x-1)^2 + y^2 < 2^2$

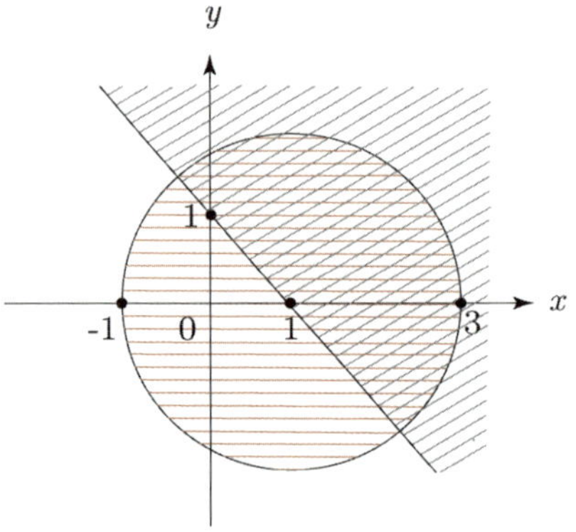

따라서 색칠한 영역에 해당하는 연립부등식은 $y > -x + 1$와 $(x-1)^2 + y^2 < 2^2$가 됩니다. 잘 이해가 안 가시나요? 그러면 한 문제 더 풀어보도록 하겠습니다. 다음 색칠한 영역에 해당하는 연립부등식은 무엇일까요?

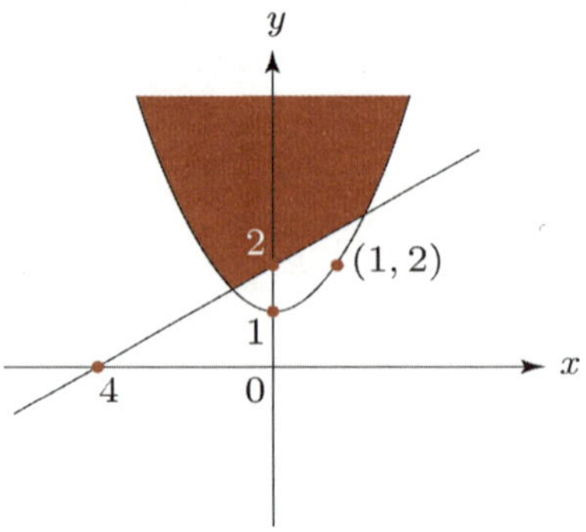

마찬가지로 각각의 경계선에 대한 도형의 방정식을 구해봅시다.

① 직선 : $y=\frac{1}{2}x+2$

② 포물선(2차함수) : $y=x^2+1$

색칠한 부분은 직선과 포물선의 위쪽 영역의 공통영역이므로,

① 직선의 위쪽 : $y>\frac{1}{2}x+2$

② 포물선의 위쪽 : $y>x^2+1$

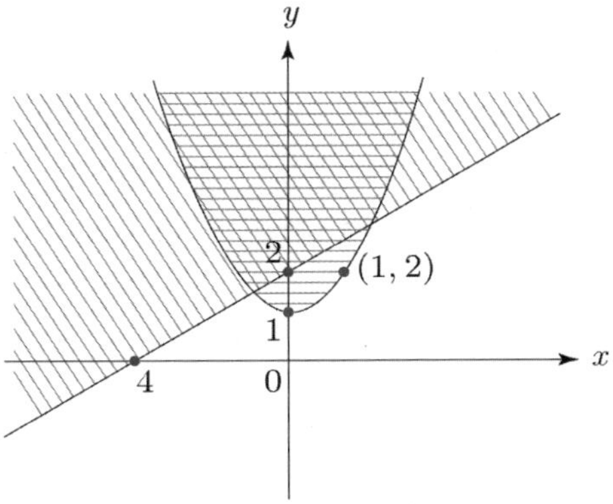

따라서 색칠한 영역에 대한 연립부등식은 $y>\frac{1}{2}x+2$와 $y>x^2+1$가 됩니다. 앞으로 어떠한 도형의 방정식이 나오더라도 부등식의 영역을 찾는 원리는 동일하므로 기본 개념을 충실히 이해하고 넘어가길 바랍니다.

부등식의 영역과 최대, 최소

부등식의 영역은 주로 어디에 사용될까요?

제품 A와 B를 만드는 공장에서 한정된 원료 X, Y를 가지고 최대 수익을 낼 수 있는 A, B의 생산량은 얼마인가?

이 문제는 한정된 원료 X, Y를 변수로 하는 부등식의 영역에 관한 문제로서, X, Y의 부등식의 영역을 찾아 최대 수익을 낼 수 있는 A, B의 생산량을 구하는 실생활 응용문제라고 할 수 있습니다. 실제로 부등식의 영역은 생산관리 분야에 주로 활용됩니다. 응용문제를 풀기에 앞서 부등식의 영역을 활용한 다음 문제를 풀어보도록 하겠습니다.

두 실수 x, y가 $x \geq 0,\ y \geq 0,\ x+y-2 \leq 0$를 만족할 때 $\frac{x}{2}+y$의 최댓값과 최솟값을 구하여라.

우선 주어진 부등식의 영역을 좌표평면에 그려보면 다음과 같습니다.

$$x \geq 0,\ y \geq 0,\ x+y-2 \leq 0$$

(연립부등식)

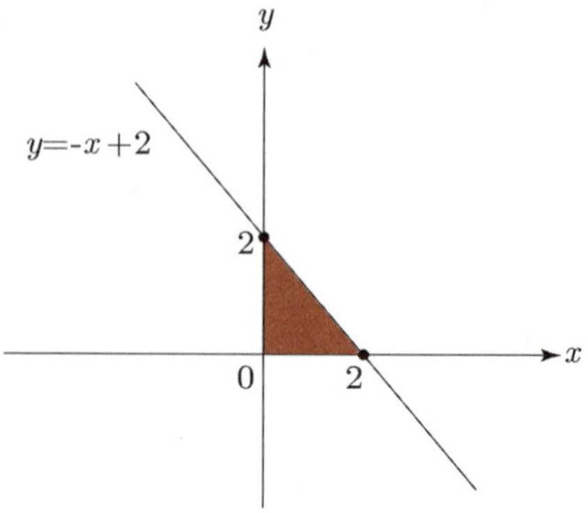

- $x \geq 0,\ y \geq 0$: 1사분면의 영역 (좌표축 포함)
- $x+y-2 \leq 0$: 경계선 $y=-x+2$의 아래쪽 영역 (경계선 포함)

$\frac{x}{2}+y$의 최대, 최소를 찾기 위해서는 영역 내에 있는 각각의 점에 대한 $\frac{x}{2}+y$의 값을 확인해야 합니다. 위 부등식의 영역을 잘 살펴보면 영역 내 무수히 많은 점 중 점 $(0, 2)$에서 식 $\frac{x}{2}+y$의 값이 최대가 된다는 사실을 어렵지 않게 알아낼 수 있을 것입니다. 또한 점 $(0, 0)$에서 식 $\frac{x}{2}+y$의 값이 최소가 될 것이라는 것도 쉽게 짐작할 수 있습니다.

- 최대 : $\frac{x}{2}+y=0+2=2$
- 최소 : $\frac{x}{2}+y=0+0=0$

그러나 이것이 정답인지 아닌지는 단정할 수 없습니다. 또한 실제로 이것이 정답이라고 하더라도 매번 이렇게 풀 수는 없습니다. 좀 더 수학적인 해법을 찾아보도록 하겠습니다. 우선 구하고자 하는 값 $\frac{x}{2}+y$를 '$\frac{x}{2}+y=k$'라고 놓으면, 식 $x+2y=k$는 직선의 방정식이 됩니다. (직선의 방정식 : x, y에 관한 1차식)

부등식의 영역과 직선 $\frac{x}{2}+y=k$ $(y=-\frac{1}{2}x+k)$를 좌표평면에 함께 그려보면,

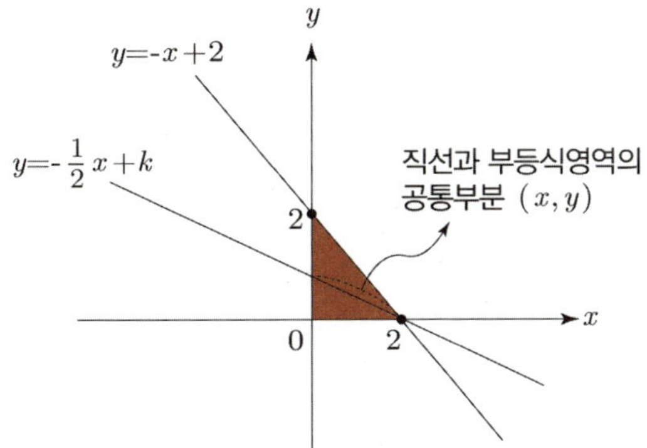

즉, 영역과 직선을 모두 만족시키는 x, y값은 바로 영역 내에 있는 직선 위의 점이 됩니다. 직선 $\frac{x}{2}+y=k(y=-\frac{1}{2}x+k)$의 기울기는 $-\frac{1}{2}$, y절편은 k가 되므로 부등식의 영역 내에 있는 점 (x, y)에 대하여 식 $x+2y$의 최대·최솟값은 k(y절편)의 최대·최솟값과 같습니다. 그러면 영역 내에서 직선을 움직여가며 y절편(k)이 최대 또는 최소가 되는 직선을 찾아봅시다.

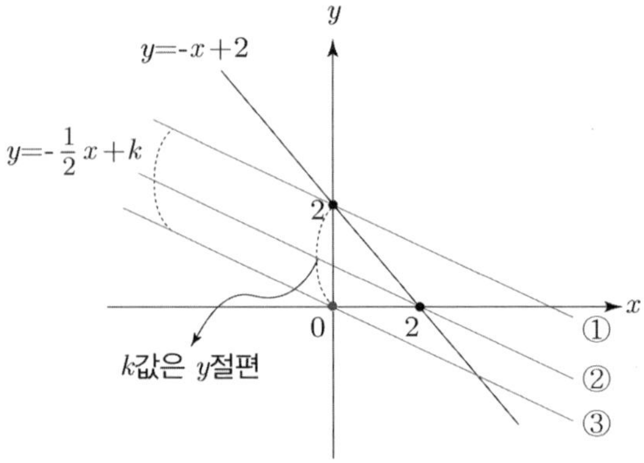

위 그림에서 보는 바와 같이 직선 ①은 k(y절편)가 최대가 되는 직선이 되며, 직선 ③은 최소가 되는 직선이 됩니다. 참고로 직선 $y=-\frac{1}{2}x+k$가 직선 ①의 위쪽 또는 직선 ③의 아래쪽으로 가면 부등식의 영역을 벗어나게 되므로 조건을 만족하는 (x, y)값은 없습니다. 여기서 부등식의 영역 내에서 $\frac{x}{2}+y$의 최대가 되는 점의 좌표는 직선 ①과 영역의 교점인 $(0, 2)$가 되며, 최소가 되는 점의 좌표는 직선 ③과 영역의 교점인 $(0, 0)$이 됩니다.

- $\frac{x}{2}+y$의 최댓값 : $(x, y)=(0, 2)$ → $0+2=2$
- $\frac{x}{2}+y$의 최댓값 : $(x, y)=(0, 0)$ → $0+0=0$

따라서 두 실수 x, y가 $x \geq 0,\ y \geq 0,\ x+y-2 \leq 0$를 만족할 때 $\frac{x}{2}+y$의 최댓값은 2, 최솟값은 0이 됩니다. 내용이 좀 난해하죠? 이해를 돕기 위해 유사한 문제를 하나 더 풀어보도록 하겠습니다. 어떻게 풀지 잠시 생각해 보는 시간을 가져봅시다.

두 실수 x, y가 $x^2+y^2-4 \leq 0,\ x+y-1 \geq 0$를 만족할 때 $x-y$의 최댓값과 최솟값을 구해보아라.

주어진 조건을 연립부등식이라고
생각하고 좌표평면에
표시해 봐야겠다.
$x-y$를 k로 놓고 직선 $x-y=k$를
부등식의 영역 내에서 움직여보면
최대, 최소가 되는 k값을 찾을 수
있을 거 같은데….

문제해결을 위한 기본설계가 끝나셨나요? 그러면 함께 풀어보도록 하겠습니다. 우선 주어진 부등식의 영역을 좌표평면에 그려보면 다음과 같습니다.

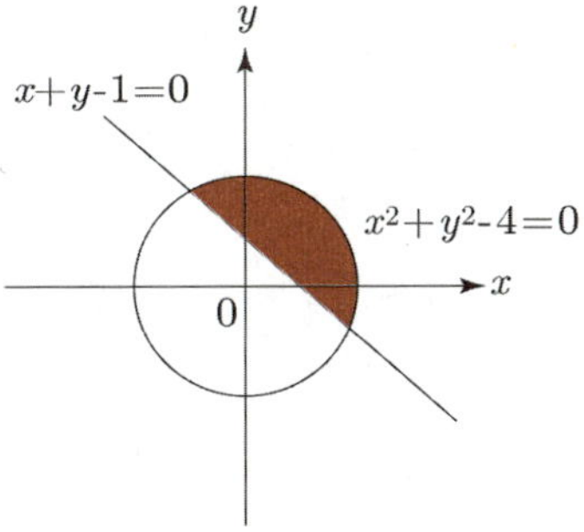

그러면 $x-y$를 k라고 놓고 직선 $x-y=k(y=x-k)$를 주어진 영역 내에서 움직여가며 k가 최대 또는 최소가 되는 직선을 찾아보도록 하겠습니다. 여기서 직선의 y절편이 $-k$라는 사실에 주의해야 합니다.

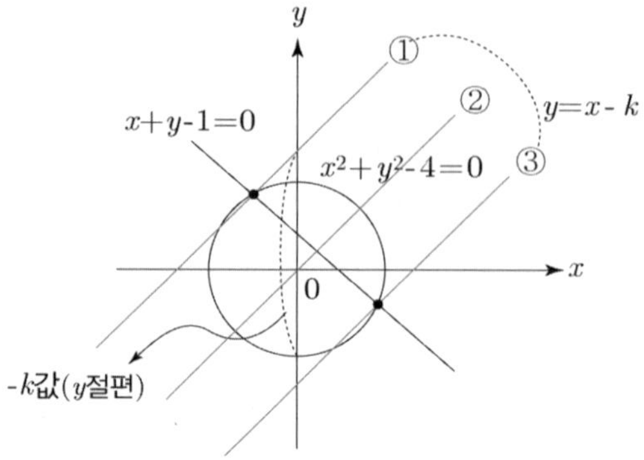

부등식의 영역 내에서 직선 ③은 $x-y$(k값)가 최대가 되는 직선이고, 직선 ①은 $x-y$(k값)가 최소가 되는 직선이 됩니다. 참고로 직선 $y=x-k$가 직선 ①의 위쪽 또는 직선 ③의 아래쪽으로 가면 부등식의 영역을 벗어나게 되므로 주어진 조건을 만족하는 (x, y)값은 없습니다. 여기서 직선 ①, ③과 부등식의 영역의 교점은 원 $x^2+y^2-4=0$과 직선 $x+y-1=0$의 교점의 좌표와 같습니다. 그러면 직선의 방정식과 원의 방정식을 연립하여 교점의 좌표를 구해보겠습니다. $x^2+y^2-4=0$과 $x+y-1=0$을 연립하면 다음과 같습니다. (계산과정 생략)

원 $x^2+y^2-4=0$과 직선 $x+y-1=0$의 교점

$$\left(\frac{1+\sqrt{7}}{2}, \frac{1-\sqrt{7}}{2}\right), \left(\frac{1-\sqrt{7}}{2}, \frac{1+\sqrt{7}}{2}\right)$$

원과 직선의 두 교점 중 점 $\left(\frac{1+\sqrt{7}}{2}, \frac{1-\sqrt{7}}{2}\right)$에서 $x-y$의 값이 최대가 되며 $\left(\frac{1-\sqrt{7}}{2}, \frac{1+\sqrt{7}}{2}\right)$에서 최소가 됩니다.

• $x-y$의 최댓값 : $(x, y)=(\frac{1+\sqrt{7}}{2}, \frac{1-\sqrt{7}}{2}) \rightarrow x-y=\sqrt{7}$

• $x-y$의 최댓값 : $(x, y)=(\frac{1-\sqrt{7}}{2}, \frac{1+\sqrt{7}}{2}) \rightarrow x-y=-\sqrt{7}$

따라서 두 실수 x, y가 $x^2+y^2-4 \leq 0$, $x+y-1 \geq 0$를 만족할 때 $x-y$의 최댓값은 $\sqrt{7}$이 되고, 최솟값은 $-\sqrt{7}$이 됩니다. 계산이 복잡해 보이지만 문제를 해결하는 원리는 앞의 문제와 동일합니다.

부등식영역의 응용

부등식영역의 최대, 최소를 구하는 방법을 단계별로 정리하면 다음과 같습니다.

부등식영역의 최대, 최소 찾기

① 주어진 부등식을 만족하는 영역을 좌표평면에 표시한다.
② 최댓값 또는 최솟값으로 구하려는 식 $f(x, y)$를 $f(x, y)=k$로 놓고, $f(x, y)=k$의 그래프를 영역 내에서 그려본다.
③ $f(x, y)=k$의 그래프를 영역 내에서 움직여가며 k가 최대 또는 최소가 되는 점 (x, y)를 찾는다.

그러면 처음에 언급했던 어느 공장의 생산관리 문제를 풀어보도록 하겠습니다.

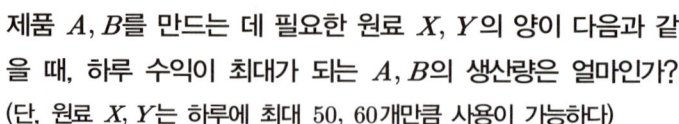

제품 A, B를 만드는 데 필요한 원료 X, Y의 양이 다음과 같을 때, 하루 수익이 최대가 되는 A, B의 생산량은 얼마인가?
(단, 원료 X, Y는 하루에 최대 50, 60개만큼 사용이 가능하다)

원료 / 제품	X	Y	이익
A	2	4	1만 원
B	3	2	1만 원

문제가 조금 어려워 보이죠? 그러면 부등식의 영역을 이용하여 답을 찾아보도록 하겠습니다. 우선 A의 생산량을 x, B의 생산량을 y라고 놓고 원료 X, Y의 총 소모량을 계산해 보면 다음과 같습니다. 내용이 상당히 난해하므로 가급적 천천히 생각하면서 읽어보시길 바랍니다.

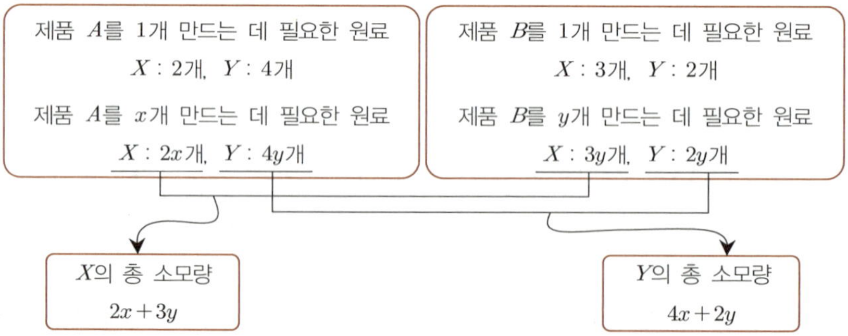

X, Y에 대한 일일 제한량이 50, 60이므로,

$$2x + 3y \leq 50 \qquad 4x + 2y \leq 60$$

제품 A, B를 1개씩 만들었을 때의 수익이 각각 1만 원씩이라고 했으므로 A를 x개, B를 y개 생산하면 총 수익은 $(x + y)$만 원이 됩니다. 즉, 이 문제는 주어진 조건$(2x + 3y \leq 50,\ 4x + 2y \leq 60)$을 이용하여 총 수익 $(x + y)$

가 최대가 되는 x, y의 값을 찾는 부등식영역의 응용문제로 볼 수 있습니다. 우선 부등식 $2x+3y \leq 50$와 $4x+2y \leq 60$의 영역을 좌표평면에 표시해 보면 다음과 같습니다. (단, $x>0$, $y>0$이다)

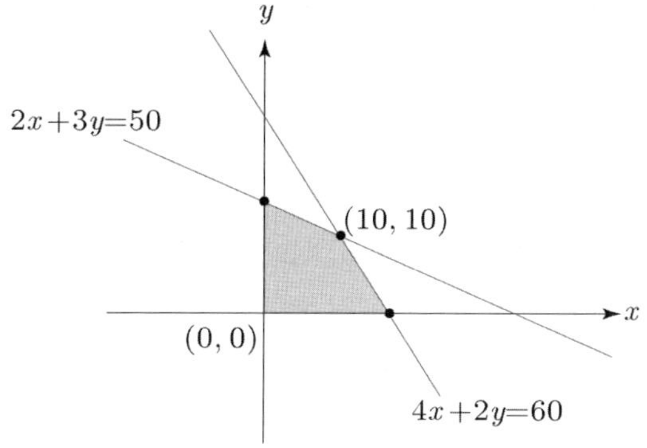

총 수익 $(x+y)$를 k로 놓으면 $x+y=k$는 직선의 방정식이 됩니다. 여기서 k값은 직선의 y절편이 되겠죠? 부등식의 영역 내에서 직선 $y=-x+k$를 움직여가며 k가 최대가 되는 x, y의 점(순서쌍)을 찾아보면 다음과 같습니다.

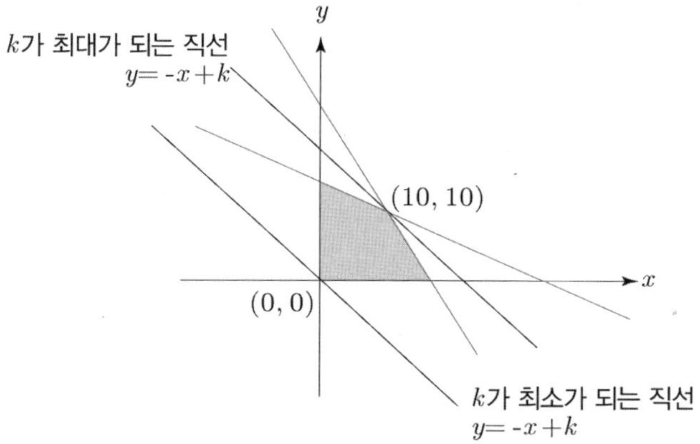

그림에서 보는 바와 같이 직선 $y=-x+k$가 점 $(10, 10)$을 지날 때 k값이 최대가 됩니다. 따라서 제품 A, B를 각각 10개씩 생산하게 되면 공장의 하루 최대 수익$(x+y)$은 20만 원이 될 것입니다. 조금 어렵죠? 이러한 부등식영역의 응용문제에서는 어떤 것을 변수로 정해야 할지 또한 어떤 수학적 원리를 적용해야 할지 스스로 도출해 내는 것이 중요합니다. 즉, 머리를 쓰는 문제라는 것이죠. 꾸준히 두뇌를 자극하면서 창의력과 사고력을 키우게 되면 고등학교 3년 동안 여러분의 두뇌는 이전과는 몰라보게 달라져 있을 것입니다. 인간의 두뇌는 자주 사용하면 할수록 엄청나게 진화한다는 사실을 반드시 기억하시길 바랍니다.

개념 한눈에 보기

1. **부등식의 영역** : x, y에 관한 부등식의 영역을 좌표평면에 표시한 영역

2. **부등식의 꼴**

   ① 표준형 : $y > f(x)$, $y \geq f(x)$, $y < f(x)$, $y \leq f(x)$

   ② 일반형 : $f(x, y) > 0$, $f(x, y) \geq 0$, $f(x, y) < 0$, $f(x, y) \leq 0$

3. **부등식의 영역에 대한 경계선** : $y = f(x)$, $f(x, y) = 0$ (부등호 대신 등호를 대입한 식)

4. **원의 내·외부 영역**

   • 원의 내부 영역 : $(x-a)^2 + (y-b)^2 < r^2$

   → 중심 (a, b)와의 거리가 원의 반지름보다 작은 점 (x, y)

   • 원의 외부 영역 : $(x-a)^2 + (y-b)^2 > r^2$

   → 중심 (a, b)와의 거리가 원의 반지름보다 큰 점 (x, y)

5. **$y = f(x)$꼴 부등식의 영역**

   ① $y > f(x)$의 영역 : 경계선 $y = f(x)$의 윗부분 (경계선 미포함)

   ② $y \geq f(x)$의 영역 : 경계선 $y = f(x)$의 윗부분 (경계선 포함)

   ③ $y < f(x)$의 영역 : 경계선 $y = f(x)$의 아랫부분 (경계선 미포함)

   ④ $y \leq f(x)$의 영역 : 경계선 $y = f(x)$의 아랫부분 (경계선 포함)

6. **$f(x, y) = 0$꼴 부등식의 영역 찾기**

   경계선 $f(x, y) = 0$ 위에 있지 않은 임의의 점 (x_1, y_1)을 부등식에 대입하여 그 성립 여부를 확인한다.

   – 성립 O : 점 (x_1, y_1)이 속한 영역이 부등식의 해가 된다.

   – 성립 X : 점 (x_1, y_1)이 속하지 않은 영역이 부등식의 해가 된다.

7. **부등식영역의 두 점**

   경계선 $f(x, y) = 0$의 외부에 있는 두 점 $P(x_1, y_1)$, $Q(x_2, y_2)$에 대한 성질

   ① P, Q가 같은 영역에 있을 때 → $f(x_1, y_1) \cdot f(x_2, y_2) > 0$

   ② P, Q가 반대 영역에 있을 때 → $f(x_1, y_1) \cdot f(x_2, y_2) < 0$

8. **연립부등식의 영역** : x, y에 관한 연립부등식의 영역은 각 부등식의 영역의 공통영역과 같다.

9. **곱의 꼴 연립부등식의 영역**

   $f(x, y) \times g(x, y) > 0$, $f(x, y) \times g(x, y) < 0$

   • $AB > 0 \Leftrightarrow A > 0, B > 0$ or $A < 0, B < 0$

   • $AB < 0 \Leftrightarrow A > 0, B < 0$ or $A < 0, B > 0$

3단계 그러면 어떻게 문제를 해결할 수 있을까요?

부등식 $(a^2+a+1)x-(a^2-a+1)y-2a>0$를 a에 관하여 정리해 보면 a에 관한 2차부등식이 도출된다.

$$(a^2+a+1)x-(a^2-a+1)y-2a>0$$
$$\rightarrow \underbrace{(x-y)}_{\text{계수}}a^2+\underline{(x+y-2)}a+\underline{(x-y)}>0$$

임의의 실수 a에 대하여 2차부등식 $(x-y)a^2+(x+y-2)a+(x-y)>0$가 성립하기 위해서는 a^2항의 계수 $(x-y)>0$이고 판별식 $D<0$이어야 한다. 즉, $(x-y)>0$와 $D<0$를 모두 만족하는 x, y값(부등식의 영역)을 찾으면 된다.

정답이 궁금한 학생들은 다음 정답풀이를 참고하시기 바랍니다.

부등식 $(a^2+a+1)x-(a^2-a+1)y-2a>0$을 a에 관하여 정리해 보면 a에 관한 2차부등식이 도출된다.

$$(a^2+a+1)x-(a^2-a+1)y-2a>0$$

$$\rightarrow \underbrace{(x-y)}_{\text{계수}}a^2+\underline{(x+y-2)}a+\underline{(x-y)}>0$$

임의의 a에 대하여 2차부등식 $(x-y)a^2+(x+y-2)a+(x-y)>0$이 성립하기 위해서는 a^2항의 계수 $(x-y)$가 양수가 되어야 하며 판별식 $D<0$이어야 한다.

① $(x-y)>0$ ② $D<0$

두 부등식을 연립하여 x, y의 범위를 구해보면,

① $y<x$

② $D<0 \rightarrow D=(x+y-2)^2-4(x-y)^2<0$

$\rightarrow (x+y-2)^2-\{2(x-y)\}^2 \rightarrow (3x-y-2)(-x+3y-2)$

여기서 ② $D<0$의 경우, 곱의 꼴 부등식영역의 해법을 참고한다.

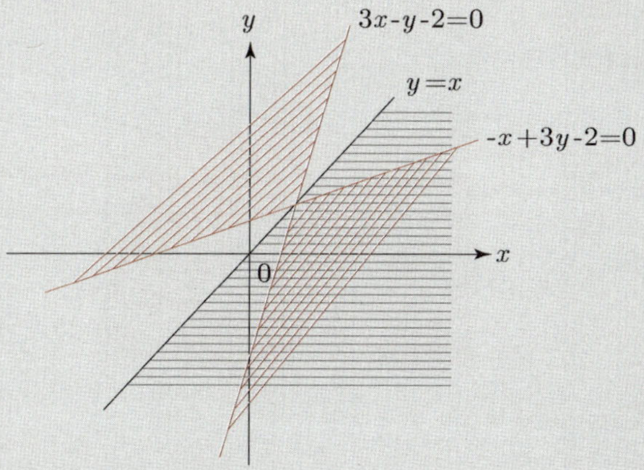

따라서 임의의 실수 a에 대하여 식 $(a^2+a+1)x-(a^2-a+1)y-2a>0$를 만족하는 x, y의 범위는 부등식 ① $y<x$, ② $D<0$를 모두 만족시키는, 즉 빗금이 공통으로 칠해진 부분이 된다.

정답 위 그래프 참조